农民欢迎的200种农药（第二版）

王江柱　主编

中国农业出版社

图书在版编目（CIP）数据

农民欢迎的200种农药/王江柱主编．—2版．—北京：中国农业出版社，2015.2（2020.8重印）

ISBN 978-7-109-20090-6

Ⅰ．①农…　Ⅱ．①王…　Ⅲ．①农药—基本知识　Ⅳ．①S482

中国版本图书馆CIP数据核字（2015）第008437号

中国农业出版社出版

（北京市朝阳区麦子店街18号楼）

（邮政编码 100125）

责任编辑　郭晨茜

北京通州皇家印刷厂印刷　　新华书店北京发行所发行

2016年10月第2版　　2020年8月第2版北京第4次印刷

开本：850mm×1168mm 1/32　　印张：19.625

字数：500千字

定价：35.00元

第二版编写人员

主　　编： 王江柱

副 主 编： 徐　扩　吴　研

编写人员：（按姓氏笔画排序）

王江柱　李铁旺　吴　研

何克健　张月辰　范荣俊

周宏宇　侯淑英　姜贵平

徐　扩

第一版编写人员

主　　编： 王江柱

副 主 编： 徐　扩　吴　研

编写人员：（按姓氏笔画排序）

王　东　王江柱　孙双全

李铁旺　吴　研　何克健

张月辰　范荣俊　周宏宇

姜贵平　徐　扩

前言

《农民欢迎的200种农药》第一版自2009年8月正式出版上市以来，深受广大读者的喜爱与认可，到2012年6月已印刷第七次，发行量达60900册，并成功入选“农家书屋”，为推广普及优质高效农药、保护农业生产、减少病虫草害损失做出了巨大贡献。如今，第一版上市已超过五年，在这五年时间内，有的农药出台了限用或禁用政令，有的农药使用技术与范围又有了新的突破与拓展，同时还上市了一些新的优质农药品种。因此，中国农业出版社责任编辑建议对第一版进行修改完善，恰遇编写团队具有共识。

第二版内容，一方面对原有农药种类进行了删减，另一方面又进行了一些新农药补充。杀菌剂部分删除了10种，补充了18种，扩展为78种；杀虫、杀螨剂部分删除了15种，补充了20种，扩展为75种，并更新了1种农药名称（原“氟虫双酰胺”更名为“氟苯虫酰胺”）；除草剂部分删除了8种，补充了14种，扩展为56种；植物生长调节剂部分补充了2种，扩展为12种。因此，第二版中实际收录并介绍了221种优质农药。同时，还对每种农药的内容及使用技术进行了更新与补充，原“常见商品名称”更新为“常见商标名称”，并对名称部分根据市场状况做了增减；增加了一些有效成分的高含量制剂及新的剂型，并对有效成分的混配情况做了补充；根据农民用药习惯，面积单位不再使用“667平方米”叙述，而更改为农民习惯接受的“亩”进行叙述（1亩≈667平方米，亩为非法定计量单位）。

书中所涉及农药的使用浓度或使用剂量及使用技术，可能会因作物品种、栽培方式、生长时期、栽培地域生态环境条件及不同生产企业的生产工艺等不同而有一定的差异。因此，实际使用过程中，以所购买产品的使用说明书为准，或在当地技术人员指导下进行使用。

在本书编写过程中，得到了河北农业大学科教兴农中心、江苏龙灯化学有限公司、四川国光农化股份有限公司等单位的大力支持与指导，在此表示诚挚的感谢！

由于作者的研究工作、所收录和积累的技术资料及生产实践经验还十分有限，书中不足之处在所难免，恳请各位同仁及广大读者予以批评指正，以便今后进一步修改、完善，在此深致谢意！

编著者

2014年10月

200
目 录

杀 菌 剂

第一节 单剂农药

硫 黄

【有效成分】硫黄（sulfur）。

【常见商标名称】成标、园标、双吉胜、燚晟、明赛、千清、清润、通关、统青、赢利、渝西、百益宝、大光明红远等。

【主要含量与剂型】45%悬浮剂、50%悬浮剂、80%水分散粒剂、91%粉剂。

【理化性质】原药为黄色固体粉末，熔点115℃，闪点206℃，沸点444.6℃。不溶于水，微溶于乙醇、乙醚，可溶于四氯化碳、苯等有机溶剂，有吸湿性，易燃，自燃温度为248～266℃，与氧化剂混合能发生爆炸。硫黄水悬浮液呈微酸性，与碱性物质反应生成多硫化物。属低毒杀菌剂，人每日口服500～750毫克/千克未发生中毒，对眼结膜和皮肤有一定刺激作用，对水生生物低毒，对蜜蜂几乎无毒。

【产品特点】硫黄是一种传统的无机硫保护性杀菌剂，兼有一定的杀螨作用。其作用机理是作用于氧化还原过程中细胞色素b和c之间的电子传递过程，夺取电子，干扰正常的氧化—还原反应，而导致病菌或害螨死亡。硫黄的杀菌及杀螨活性因温度升高而逐渐增强，但安全性却逐渐降低，用药时应特别注意气温变化。另外，硫黄燃烧时产生有刺激性臭味的二氧化硫气体，多用于密闭空间消毒。

硫黄多用于熬制石硫合剂，也常用于与多菌灵、甲基硫菌灵、福美双、代森锰锌、三唑酮、三环唑、百菌清等药剂混配，生产复配杀菌剂。

【适用作物及防治对象】硫黄适用范围非常广泛，对许多种病虫害均具有良好的防治效果。生产中主要用于防治麦类作物的白粉病，瓜类的白粉病、炭疽病，芦笋茎枯病，花生的叶斑病（褐斑病、黑斑病、网斑病等）、疮痂病，苹果的白粉病、腐烂病，梨的腐烂病、白粉病、梨木虱，桃的缩叶病、褐腐病、炭疽病、瘿螨畸果病，葡萄的白粉病、毛毡病，山楂白粉病，柑橘的疮痂病、炭疽病、白粉病、锈蜘蛛，枸杞锈蜘蛛，花卉植物的白粉病、叶斑病，橡胶白粉病，及密闭环境熏蒸消毒等。

【使用技术】硫黄主要通过喷雾方式进行用药，也可用于喷粉、涂抹等。

麦类作物白粉病 从发病初期开始喷药，10天左右1次，连喷2次左右。一般每亩次使用45%悬浮剂或50%悬浮剂250～500克，或80%水分散粒剂150～300克，对水30～45千克均匀喷雾。

瓜类白粉病、炭疽病 从初见病斑时开始喷药，7～10天1次，连喷3～4次。一般使用45%悬浮剂或50%悬浮剂400～500倍液，或80%水分散粒剂600～800倍液均匀喷雾。

芦笋茎枯病 从发病初期开始喷药，7～10天1次，连喷3～4次，重点喷洒植株中下部。一般使用45%悬浮剂或50%悬浮剂300～400倍液，或80%水分散粒剂500～600倍液及时喷雾。

花生叶斑病、疮痂病 从初见病斑时开始喷药，10天左右1次，连喷2～3次。一般使用45%悬浮剂或50%悬浮剂400～500倍液，或80%水分散粒剂600～800倍液均匀喷雾。

苹果、梨腐烂病 刮治病斑后在伤口上涂药，以保护伤口。一般使用45%悬浮剂或50%悬浮剂20～30倍液，或80%水分散粒剂30～50倍液涂抹伤口。

苹果白粉病 花芽露红期喷第1次药，落花后立即喷第2次药，往年病害严重果园落花后15天左右再喷药1次，即可基本控制白粉病的发生为害。一般使用45%悬浮剂或50%悬浮剂400～500倍液，或80%水分散粒剂600～800倍液均匀喷雾。

梨白粉病 从初见病斑时开始喷药，10天左右1次，连喷3次左右，注意喷洒叶片背面。一般使用45%悬浮剂或50%悬浮剂500～600倍液，或80%水分散粒剂800～1000倍液喷雾。

梨木虱 主要用于防治梨木虱若虫，从若虫发生初期开始喷药，5～7天1次，每代需喷药1～2次。一般使用45%悬浮剂或50%悬浮剂600～800倍液，或80%水分散粒剂1000～1500倍液喷雾。

桃缩叶病、瘿螨畸果病 在花芽露红期喷第1次药，落花后立即喷第2次药，7～10天后再喷药1次，即可有效防治缩叶病及瘿螨畸果病。一般使用45%悬浮剂或50%悬浮剂300～400倍液，或80%水分散粒剂500～700倍液均匀喷雾。

桃褐腐病 从果实采收前1.5个月开始喷药，10天左右1次，连喷3～4次。一般使用45%悬浮剂或50%悬浮剂500～600倍液，或80%水分散粒剂800～1000倍液均匀喷雾。

桃炭疽病 从桃果硬核期前开始喷药，7～10天1次，连喷3～4次。一般使用45%悬浮剂或50%悬浮剂500～600倍液，或80%水分散粒剂800～1000倍液均匀喷雾。

葡萄白粉病 从初见病斑时开始喷药，10天左右1次，连喷2～3次。一般使用45%悬浮剂或50%悬浮剂500～600倍液，或80%水分散粒剂800～1000倍液均匀喷雾。

葡萄毛毡病 从新梢长至15厘米左右时开始喷药，10天左右1次，连喷2～3次。一般使用45%悬浮剂或50%悬浮剂400～500倍液，或80%水分散粒剂600～800倍液均匀喷雾。

山楂白粉病 在山楂现蕾期和落花后各喷药1次，一般使用45%悬浮剂或50%悬浮剂500～600倍液，或80%水分散粒剂

800～1000倍液均匀喷雾。

柑橘疮痂病、炭疽病、白粉病 从病害发生初期开始喷药，7～10天1次，连喷2～3次。一般使用45%悬浮剂或50%悬浮剂200～400倍液，或80%水分散粒剂400～600倍液均匀喷雾。

柑橘锈蜘蛛 当个别枝有少数锈蜘蛛为害状出现时开始喷药（一般果区为7月上旬），7～10天1次，连喷2～3次。一般使用45%悬浮剂或50%悬浮剂300～500倍液，或80%水分散粒剂600～800倍液均匀喷雾。

枸杞锈蜘蛛 从害螨发生为害初期开始喷药，10～15天1次，全生长季节需喷药4～6次。一般使用45%悬浮剂或50%悬浮剂300～500倍液，或80%水分散粒剂600～800倍液均匀喷雾。

花卉植物的白粉病、叶斑病 从病害发生初期开始喷药，7～10天1次，连喷2～3次。一般使用45%悬浮剂或50%悬浮剂300～600倍液，或80%水分散粒剂500～1000倍液均匀喷雾。

橡胶白粉病 在病害发生初期，每亩使用91%粉剂750～1000克均匀喷粉，注意选择无风天气施药。7～10天后再施药1次效果较好。

密闭环境熏蒸消毒 果窖、大棚、菇棚等密闭环境消毒时，在贮放或栽植前进行。一般每立方米空间使用硫黄块或硫黄粉20～25克，分几点均匀放置，点燃（硫黄粉先伴少量锯末或木屑）后封闭一昼夜，然后开窗通风后再行进入作业。

【注意事项】硫黄的药效及造成药害的可能性均与环境温度成正相关，气温较高的季节应在早、晚施药，避免中午用药，并适当降低用药浓度，以免发生药害。硫黄不宜与硫酸铜等金属盐类药剂混用，以防降低药效。本剂对黄瓜、大豆、马铃薯、桃、李、梨、葡萄等较敏感，使用时应适当降低浓度及使用次数。保护性药剂在病害发生前或发生初期开始使用效果较好，当病害已普遍发生时用药防效较差，且喷药应均匀周到。悬浮剂型可能会有一些沉淀，摇匀后使用不影响药效。施药后各种工具要认真清洗，污水和剩余药液要妥善处理或保存，不得任意倾倒，以防污染。用药时注意安全保护，如万一误食应立即催吐、洗胃、导泻，并送医院对症治疗。

代 森 铵

【有效成分】代森铵（amobam）。

【常见商标名称】施纳宁、禾思安等。

【主要含量与剂型】45%水剂。

【理化性质】纯品为无色结晶，熔点72.5～72.8℃，制剂为淡黄色至橙黄色透明水溶液，呈弱碱性，有氨和硫化氢气味。易溶于水，微溶于乙醇、丙酮，不溶于苯等有机溶剂。水溶液较稳定，在空气中不稳定，温度高于40℃时易分解，与酸性物质也易分解。代森铵属中等毒性，大鼠急性经口LD_{50}为450毫克/千克，对皮肤有刺激作用，对鱼低毒。

【产品特点】代森铵是一种有机硫类广谱杀菌剂，对植物病害具有治疗、保护和铲除作用。该药具渗透力，不污染作物，其水溶液能渗入植物组织，杀灭或铲除内部病菌，且在植物体内分解后还具有一定的肥效作用。

【适用作物及防治对象】代森铵适用范围很广，目前生产上主要应用于防治苹果、梨、葡萄、桃、李、杏、枣、柑橘、核桃、板栗、猕猴桃等果树的根朽病、圆斑根腐病、紫纹羽病、白纹羽病、腐烂病、干腐病、轮纹病、流胶病、树脂病、溃疡病等枝干和根部病害，也常用于防治梨黑星病、梨炭疽病、桃褐腐病、柑橘炭疽病、柑橘白粉病、柑橘溃疡病、柑橘霉斑病、黄瓜霜霉病、黄瓜白粉病、黄瓜炭疽病、十字花科蔬菜霜霉病、芹菜叶斑病、豆类白粉病、豆类叶斑病、瓜果蔬菜苗期病害（立枯病、猝倒病等）、棉花苗期病害（立枯病、猝倒病、炭疽病等）、甘薯黑斑病、水稻恶苗病、水稻白叶枯病、水稻纹枯病、水稻稻瘟病、玉米叶斑病（大斑病、小斑病、灰斑病、黄斑病等）、谷子白发病、橡胶树条溃疡病等多种病害。

【使用技术】根据适用作物和防治对象不同代森铵用药方法不同，既可用于喷雾、也可土壤浇灌，还可用于处理种子及涂抹病斑。

苹果、梨、桃等果树根部病害 一般使用45%水剂800～1000倍液浇灌病树根区土壤，浇灌药液量以将病树主要根区土壤湿润透为宜。早春病树治疗效果较好。

苹果、梨、桃、板栗等落叶果树枝干病害 在果树发芽前喷洒枝干，铲除树体带菌，控制枝干病害发生，一般使用45%水剂200～300倍液均匀喷雾。枝干病斑手术治疗后，也可使用45%水剂50～100倍液涂抹病斑处，对病斑进一步治疗。

柑橘病害 在春梢生长前，喷施1次45%水剂300～400倍液，铲除树体及枝叶带菌，防治树脂病等多种病害；也可使用45%水剂50～100倍液直接涂抹树脂病斑，进行病斑直接治疗。在春末夏初喷施45%水剂300～400倍液，防治霉斑病，兼防溃疡病、炭疽病等。在夏梢和秋梢的抽发期和生长期，喷施45%水剂600～800倍液，10天左右1次，防治溃疡病，兼防炭疽病、白粉病。在柑橘幼果期和春、夏、秋嫩梢期各喷施1次45%水剂800～1000倍液，防治炭疽病。

梨黑星病 萌芽后开花前和落花后各喷施1次45%水剂800～1000倍液，防治黑星病梢形成；从落花后1个月左右开始，喷施45%水剂1000～1200倍液，与戊唑·多菌灵、腈菌唑、烯唑醇、苯醚甲环唑、甲基硫菌灵、吡唑醚菌酯、戊唑醇等药剂交替使用，防治黑星病为害叶片和果实。

梨炭疽病 从落花后20天左右开始喷药防治，10～15天1次，连喷5～7次，一般选择45%水剂1000～1200倍液与戊唑·多菌灵、甲基硫菌灵、代森锰锌、克菌丹、苯醚甲环唑、戊唑醇、吡唑醚菌酯等药剂交替喷施。

桃褐腐病 从桃果采收前 1.5 个月开始喷药防治，10 天左右 1 次，连喷 2～4 次。一般使用 45％水剂 1000～1200 倍液均匀喷雾。

黄瓜霜霉病 从初见病斑时开始喷药，5～7 天后再喷药 1 次，以后每 7～10 天喷药 1 次，连续喷施。一般选择 45％水剂 800～1000 倍液与烯酰吗啉、氟吗啉、波尔・霜脲氰、波尔・甲霜灵、霜脲・锰锌、氟菌・霜霉威等药剂交替喷雾，重点喷洒叶片背面。

黄瓜炭疽病、白粉病 从发病初期开始喷药，7 天左右 1 次，连喷 2～3 次。一般使用 45％水剂 800～1000 倍液均匀喷雾。

十字花科蔬菜霜霉病 从初见病斑时开始喷药，7 天左右 1 次，连喷 2～3 次。一般使用 45％水剂 800～1000 倍液均匀喷雾。

芹菜叶斑病 从发病初期开始喷药，7 天左右 1 次，连喷 2～4 次。一般使用 45％水剂 700～900 倍液均匀喷雾。

豆类白粉病、叶斑病 从初见病斑时开始喷药，10 天左右 1 次，连喷 2 次左右。一般使用 45％水剂 1000～1200 倍液均匀喷雾。

瓜果蔬菜苗期病害 在病害发生初期，使用 45％水剂 300～400 倍液浇灌苗床，或使用 45％水剂 800～1000 倍液喷淋苗床，防止病害扩大蔓延。

棉花苗期病害 棉花苗期持续阴天地温低时，使用 45％水剂 300～400 倍液浇灌播种沟，每平方米浇灌药液 2～3 千克，可有效控制苗期病害的发生为害。

甘薯黑斑病 一般使用 45％水剂 300～400 倍液浸泡薯块 2 分钟，晾干后催芽；或用 45％水剂 500 倍液浸秧苗基部 7～10 厘米处 5 分钟，而后栽植。

水稻恶苗病 使用45%水剂500倍液浸泡稻种3～5天（种子重量的0.25%的45%水剂），捞出后直接催芽播种即可。

水稻白叶枯病、纹枯病、稻瘟病 防治白叶枯病从发病初期开始喷药，7～10天后再喷药1次；防治纹枯病分别在拔节期和孕穗期各喷药1次；防治苗瘟、叶瘟时，田间出现中心病株时各喷药1次，防治穗颈瘟时在孕穗期（破肚期）和齐穗期各喷药1次。一般每亩次使用45%水剂70～90毫升，对水30～45千克均匀喷雾。

玉米叶斑病 从病害发生初期开始喷药，7～10天后再喷施1次。一般使用45%水剂800～1000倍液均匀喷雾。

谷子白发病 使用45%水剂300倍液浸泡谷种10～15分钟，捞出后水洗，阴干后播种。

橡胶树条溃疡病 使用45%水剂150～200倍液直接涂抹病斑。

【注意事项】本品不能与石硫合剂、波尔多液、铜制剂及碱性药剂等混用。生长期喷雾时，稀释倍数若少于1000倍则有些作物易发生药害，气温高时对豆类作物易产生药害。代森铵对皮肤有刺激作用，使用时注意安全保护，如沾着皮肤上应立即用水清洗。误食后应立即催吐、洗胃，并送医院对症治疗。

代　森　锌

【有效成分】代森锌（zineb）。

【常见商标名称】邦蓝、纯蓝、锦蓝、精蓝、飘蓝、蓝标、蓝络、蓝爽、蓝鑫、兰宝、兰金、吉宝、福达、冠盖、凯护、蔬胜、天将、天选、统福、统禧、威克、海格蓝、好生灵、惠乃滋、蓝斯顿、锌贝克、锌而浦、锌尔奇、锌浦蓝、独占鳌头等。

【主要含量与剂型】80%可湿性粉剂、65%可湿性粉剂。

【理化性质】纯品为白色粉末，原粉为灰白色或淡黄色粉末，有臭鸡蛋味，难溶于水，不溶于大多数有机溶剂，能溶于吡啶。

吸湿性强，在潮湿空气中及遇光、热和碱性物质易分解释放出二硫化碳而失效。干燥时无腐蚀性，潮湿时可腐蚀铁、铜等金属。本剂低毒，大鼠急性经口 LD_{50} 大于 5.2 克/千克，对人发现的急性经口最低致死剂量为 5 克/千克，对人的皮肤、黏膜有刺激性，对蜜蜂无毒，对植物较安全，一般无药害。

【产品特点】代森锌是一种广谱保护性杀菌剂，对许多种真菌性病害均具有很好的防治效果，并对多种细菌性病害也具有较好的控制作用。其在水中易被氧化释放出异硫氰化合物，该化合物对病原菌体内含有－SH 基的酶有强烈的抑制作用，且能直接杀死病菌孢子，并可抑制孢子的萌发、阻止病菌侵入植物体内，但对已侵入植物体内的病菌杀伤作用很小。因此，使用代森锌防治病害时应掌握在病菌侵入前用药，才能获得较好的防治效果。该药在日光照射及吸收空气中的水分后分解较快，持效期较短，约为 7 天。

【适用作物及防治对象】代森锌防病范围非常广泛，对许多植物上的多种真菌性病害均具有很好的预防效果，同时还可兼防一些细菌性病害。目前生产中常用于防治：苹果和梨的轮纹病、炭疽病、褐腐病、褐斑病、黑斑病、黑星病、斑点落叶病、花腐病、锈病、黑腐病、果实斑点病，葡萄的霜霉病、炭疽病、褐斑病、黑痘病，桃的炭疽病、黑星病（疮痂病）、褐腐病、缩叶病、锈病、真菌性穿孔病、细菌性穿孔病，杏和李的炭疽病、褐腐病、黑星病、穿孔病，枣树的轮纹病、炭疽病、锈病、果实斑点病、褐斑病，核桃的炭疽病、黑斑病，板栗的炭疽病、叶斑病，柿的圆斑病、角斑病、炭疽病，山楂花腐病，草莓的灰霉病、叶斑病，石榴的炭疽病、麻皮病、叶斑病，柑橘的疮痂病、炭疽病、黑星病、黄斑病、溃疡病、黑点病，忙果的炭疽病、叶斑病，瓜类（黄瓜、甜瓜、西瓜、苦瓜、西葫芦、南瓜、冬瓜、瓠瓜等）的霜霉病、炭疽病、疫病、蔓枯病，十字花科蔬菜的霜霉病、黑斑病、白斑病、白锈病、炭疽病、褐斑病，菜豆、豇豆等豆类蔬菜的炭疽病、霜霉病、锈病，番茄的早疫病、晚疫病、炭疽病、叶霉病，茄子的褐纹病、绵疫病、叶斑病，辣椒的炭疽病、疮痂病、疫病，芹菜叶斑病，葱紫斑病，芦笋茎枯病，菠菜的霜霉病、白锈病，马铃薯的早疫病、晚疫病、疮痂病、黑痣病，麦类作物的锈病、纹枯病，水稻的纹枯病、稻瘟病、稻曲病、鞘腐病，玉米的大斑病、小斑病、灰斑病、黄斑病、纹枯病、锈病，花生的叶斑病、锈病，大豆、绿豆等豆类作物的霜霉病、菌核病、紫斑病、锈病，油菜的菌核病、白锈病、叶斑病，棉花的炭疽病、褐斑病、轮斑病及棉铃病害，麻类作物的炭疽病，烟草的炭疽病、赤星病、立枯病、黑胫病，茶树的炭疽病、茶饼病，观赏植物的炭疽病、锈病、叶斑病、黑斑病，中药植物的炭疽病、锈病、叶斑病等。

【使用技术】代森锌主要通过喷雾防治各种植物病害，只有在病害发生前或发生初期喷药才能获得较好的预防效果。

苹果、梨、葡萄、枣、柑橘等果树病害 从病害发生前或初见病斑时开始喷药，7～10天1次，与戊唑·多菌灵、甲基硫菌灵、多菌灵、戊唑醇、苯醚甲环唑、克菌丹、吡唑醚菌酯等药剂交替使用。代森锌一般使用80%可湿性粉剂500～700倍液，或65%可湿性粉剂400～600倍液均匀喷雾。

瓜类、茄果类蔬菜及十字花科蔬菜等瓜果蔬菜类病害 从病害发生初期开始喷药，7天左右1次，与内吸治疗性杀菌剂交替使用。代森锌一般使用80%可湿性粉剂500～700倍液，或65%可湿性粉剂400～500倍液均匀喷雾。

麦类、水稻、玉米、马铃薯等粮食作物病害 从病害发生初期开始喷药，7～10天1次，连喷2～3次。一般每亩次使用80%可湿性粉剂80～100克，或65%可湿性粉剂100～120克，对水30～45千克均匀喷雾。

花生、大豆、油菜等油料作物病害 从初见病斑时开始喷药，10天左右1次，连喷2～3次。一般每亩次使用80%可湿性粉剂 80～100 克，或 65%可湿性粉剂 100～120 克，对水 30～45 千克均匀喷雾。

棉花、麻类等棉麻类作物病害 从病害发生初期开始喷药，7～10 天 1 次，连喷 2～3 次。一般每亩次使用 80%可湿性粉剂 80～120 克，或 65%可湿性粉剂 100～150 克，对水 30～60 千克均匀喷雾。

烟草 从病害发生初期开始喷药，苗期 5 天左右 1 次，连喷 2 次左右；定植后 10 天左右 1 次，连喷 3～4 次，与内吸治疗性杀菌剂交替使用效果更好。一般使用 80%可湿性粉剂 500～600 倍液，或 65%可湿性粉剂 400～500 倍液均匀喷雾。

茶树病害 从发病初期开始喷药，7～10 天 1 次，连喷 3 次左右，与内吸治疗性杀菌剂交替使用效果更好。一般使用 80%可湿性粉剂 500～700 倍液，或 65%可湿性粉剂 400～500 倍液均匀喷雾。

观赏植物及中药植物病害 从病害发生初期开始喷药，7～10 天 1 次，连喷 2～3 次。一般使用 80%可湿性粉剂 500～700 倍液，或 65%可湿性粉剂 400～500 倍液均匀喷雾。

【注意事项】不能与铜制剂或碱性药物混用。对烟草及葫芦科植物较敏感，使用时应注意，以免发生药害。最佳用药时期为病害发生前至发病初期，且喷药应均匀周到。使用时注意安全保护，误食者应立即催吐，用清水或 0.05%高锰酸钾溶液洗胃，口服硫酸钠 30 克导泻，并根据临床症状对症治疗。安全采收间隔期为 15 天。

代森锰锌

【有效成分】代森锰锌（mancozeb）。

【常见商标名称】太盛、大生、喷克、必得利、新万生、猛杀生、山德生、猛飞灵、贝生、皇生、共生、冠生、久生、赛生、胜生、诺胜、博农、刺霜、翠滴、翠秀、娇翠、骄阳、金络、络典、络克、多得、奥巧、百润、富达、宝泰、好意、佳卡、京品、凯泰、康护、科锋、克星、蓝卡、蓝丽、胜爽、世品、鑫马、园晶、运精、正艳、卓势、叶隆、保叶生、好太生、新猛生、新玉生、兴农生、兴农富、好利特、邦佳威、砂煤尽、允收果、嘉堡玉、蒙特森、猛威灵、金猛络、津绿宝、爱诺爱生、绿润大生、伊诺大生、默赛美生、升联大一生、瑞德丰太生、诺普信络合生等。

【主要含量与剂型】 80%可湿性粉剂、75%水分散粒剂、70%可湿性粉剂、50%可湿性粉剂。

【理化性质】 原药为灰黄色粉末，熔点136℃（熔点前分解）。不溶于水及大多数有机溶剂，遇酸、碱分解。高温暴露在空气中及受潮易分解，可引起燃烧。属低毒杀菌剂，原药雄性大鼠急性经口 LD_{50} 大于 5 克/千克，对皮肤和黏膜有一定刺激作用，在试验剂量下未发现致畸、致突变作用，对鱼类有毒。

【产品特点】 代森锰锌属硫代氨基甲酸酯类广谱保护性杀菌剂，主要通过金属离子杀菌。其杀菌机理是抑制病菌代谢过程中丙酮酸的氧化，而导致病菌死亡，该抑制过程具有六个作用位点，故病菌极难产生抗药性。

目前市场上代森锰锌类产品分为两类，一类为全络合态结构、一类为不是全络合态结构（又称“普通代森锰锌”）。全络合态产品主要为80%可湿性粉剂和75%水分散粒剂，该类产品使用安全，防病效果稳定，并具有促进果面亮洁、提高果品质量的作用。非全络合态结构的产品，防病效果不稳定，使用不安全，使用不当经常造成不同程度的药害，严重影响农产品质量。

代森锰锌常与硫黄粉、多菌灵、甲基硫菌灵、福美双、三乙膦酸铝、甲霜灵、霜脲氰、噁霜灵、烯酰吗啉、噁唑菌酮、腈菌唑、氟吗啉等杀菌成分混配，生产复配杀菌剂。与内吸性杀菌成分混配时，可显著延缓病菌对内吸成分抗药性的产生。

【适用作物及防治对象】 代森锰锌适用作物很多、防病范围极广，可广泛应用于防治许多种植物上的许多种真菌性病害，并对锈螨类具有很好的防治效果。目前生产上的应用范围主要有：苹果的轮纹病、炭疽病、褐斑病、斑点落叶病、霉心病、锈病、花腐病、褐腐病、黑星病、套袋果斑点病、疫腐病等，梨的黑星病、黑斑病、锈病、轮纹病、炭疽病、套袋果黑点病、褐斑病、白粉病等，葡萄的霜霉病、黑痘病、炭疽病、白腐病、穗轴褐枯病、褐斑病、房枯病、黑腐病等，桃、杏、李的炭疽病、黑星病（疮痂病）、褐腐病、真菌性穿孔病等，枣的锈病、轮纹病、炭疽病、褐斑病、果实斑点病等，柿的炭疽病、圆斑病、角斑病等，板栗的炭疽病、叶斑病等，核桃的炭疽病、叶斑病等，石榴的麻皮病、炭疽病、褐斑病等，草莓的腐霉果腐病、叶斑病等，樱桃的叶斑病、穿孔病、早期落叶病等，柑橘的炭疽病、疮痂病、黑星病、黄斑病、砂皮病、锈壁虱等，香蕉的叶斑病、黑星病、炭疽病等，忙果炭疽病，荔枝霜疫霉病，木瓜的炭疽病、果腐病、黑斑病等，黄瓜的霜霉病、炭疽病、黑星病、蔓枯病、疫病等，甜瓜的炭疽病、霜霉病、果腐病等，苦瓜的炭疽病、霜霉病等，西瓜的炭疽病、蔓枯病、叶斑病等，番茄的早疫病、晚疫病、叶霉病、叶斑病等，茄子的褐纹病、轮斑病、绵疫病、叶斑病等，辣椒的炭疽病、疫病、黑斑病等，马铃薯的早疫病、晚疫病等，菜豆及豇豆等豆类蔬菜的炭疽病、锈病、角斑病、叶斑病等，十字花科蔬菜的霜霉病、白锈病、炭疽病、黑斑病、白斑病等，芹菜的叶斑病、疫病等，芦笋的茎枯病、锈病等，麻山药的炭疽病、叶斑病等，花生的叶斑病、疮痂病等，大豆、绿豆等豆类的炭疽病、紫斑病、锈病等，烟草的炭疽病、赤星病、黑胫病等，草坪的褐斑病、斑点病、雪腐病、锈病、红丝病等，人参的炭疽病、黑斑病、叶斑病等。

【使用技术】代森锰锌属保护性杀菌剂，对病害没有治疗作用，必须在病菌侵害寄主植物前喷施才能获得理想的防治效果。代森锰锌可以连续多次使用，病菌极难产生抗药性。喷雾防治病害时，在果树等高大植物体上，全络合态产品（80%可湿性粉剂、75%水分散粒剂）一般使用600～800倍液喷雾，普通代森锰锌为避免发生药害，一般使用80%可湿性粉剂1200～1500倍液，或70%可湿性粉剂1000～1200倍液，或50%可湿性粉剂800～1000倍液喷雾；在花生、大豆、十字花科蔬菜等矮秆植物体上，全络合态产品（80%可湿性粉剂、75%水分散粒剂）一般每亩次使用50～100克对水30～60千克均匀喷雾，普通代森锰锌一般每亩次使用80%可湿性粉剂30～60克，或70%可湿性粉剂35～70克，或50%可湿性粉剂50～100克对水30～60千克均匀喷雾。

苹果病害 在花芽露红期和落花后各喷药1次，防治锈病、花腐病。盛花末期喷施1次80%可湿性粉剂或75%水分散粒剂600～800倍液，防治霉心病。从苹果落花后7～10天开始喷施，10天左右1次，连喷3次（而后套袋），防治轮纹病、炭疽病、斑点落叶病、黑星病、套袋果斑点病等，兼防褐斑病，套袋苹果第3次药特别重要。套袋后连续喷药3～5次，防治褐斑病、斑点落叶病、黑星病；不套袋果还可兼防轮纹病、炭疽病、褐腐病、疫腐病等多种病害，且应增加喷药2次左右，以提高对果实病害的防治效果。落花后1.5个月内以选用全络合态代森锰锌较好，避免对幼果造成药害、后期形成果锈。

梨病害 从落花后10天左右开始喷药，10～15天1次，连续喷施，直到果实采收。具体喷药间隔期及喷药次数根据降雨情况而定，雨多多喷，雨少少喷。落花后1.5个月内以选用全络合态代森锰锌较好，避免对幼果造成药害、形成果锈。

葡萄病害 开花前、后各喷药1次，防治黑痘病和穗轴褐枯病，兼防霜霉病；以后从落花后10天左右开始继续喷药，10天左右1次，连续喷施，直到果实采收或雨季结束，具体喷药时间及次数根据降雨情况而定，雨多多喷，雨少少喷，多雨潮湿年份果实采收后还需喷药1～2次，以防霜霉病的进一步发生为害。

桃、杏、李病害 防治黑星病时，从落花后20天左右开始喷药，10～15天1次，到果实采收前1个月结束，兼防炭疽病、真菌性穿孔病；防治褐腐病时，从采收前1.5个月开始喷药，10～15天1次，直到果实采收前一周，兼防炭疽病、真菌性穿孔病。核果类果树上尽量选用全络合态产品，以免发生药害。

枣病害 开花前、后各喷药1次，防治褐斑病，兼防果实斑点病；而后从落花后（第一茬花）半月左右开始连续喷药，10～15天1次，连喷4～7次，防治锈病及多种果实病害。幼果期尽量选用全络合态产品，以免造成果面果锈。

柿病害 从落花后15天左右开始喷药，15天左右1次，连喷2～3次，即可有效防治柿树的圆斑病、角斑病及炭疽病的发生为害。

板栗病害 从病害发生初期开始喷药，10～15天1次，连喷2次左右，即可有效防治炭疽病及叶斑病的发生为害。

核桃病害 从落花后1个月左右开始喷药，10～15天1次，连喷2～3次，可有效防治炭疽病的发生为害，并可兼防叶斑病。

石榴病害 开花前喷药1次，防治褐斑病，兼防炭疽病等；大部分花坐果后开始喷药，10～15天1次，连喷2～4次，防治炭疽病、干腐病、褐斑病、麻皮病等多种病害。

草莓病害 从病害发生初期开始喷药，10天左右1次，连喷2～3次，可有效防治腐霉果腐病、叶斑病等多种病害。

樱桃病害 从病害发生初期开始喷药，10～15天1次，连喷2～3次，可有效防治叶斑病、穿孔病、早期落叶病等多种病害。

柑橘病害 柑橘萌芽2～3毫米、谢花2/3、幼果期各喷药1次可有效防治疮痂病、炭疽病、砂皮病（黑点病），兼防蒂腐病、黑星病、黄斑病等；多雨年份及重病果园应适当增加喷药1～2次，以保证防治效果。6月底或7月上旬、8月中旬各喷药1次，彻底防治锈壁虱，兼防砂皮病、炭疽病、黑星病、煤烟病等果实病害。椪柑和橙类，9 月上中旬再喷药 1 次，有效防治炭疽病。在柑橘上，一般使用全络合态的 80%可湿性粉剂或 75%水分散粒剂 500～600 倍液均匀喷雾。

香蕉病害 从病害发生初期开始喷药，10 天左右 1 次，连喷 3～4 次，可有效防治叶斑病、黑星病及炭疽病的发生为害。选用全络合态产品时，一般使用 80%可湿性粉剂或 75%水分散粒剂 600～700 倍液均匀喷雾；选用非全络合态产品时，一般使用 80%可湿性粉剂 1000～1200 倍液，或 70%可湿性粉剂 800～1000 倍液，或 50%可湿性粉剂 600～700 倍液均匀喷雾。

杧果炭疽病 从落花后开始喷药，7～10 天 1 次，连喷 2 次；而后从采收前 1.5 个月开始继续喷药，10 天左右 1 次，连喷 2～4 次。

荔枝霜疫霉病 从发病初期开始喷药，7 天左右 1 次，每期连喷 2～3 次。选用全络合态产品效果较好，一般使用 80%可湿性粉剂或 75%水分散粒剂 600～800 倍液均匀喷雾。

木瓜病害 从发病初期开始喷药，10 天左右 1 次，连喷 2～4 次，可有效防治炭疽病、果腐病、黑斑病等。选用全络合态产品效果较好。

黄瓜病害 以防治霜霉病为主，兼防其他病害。从初见霜霉病斑时开始喷药，7～10 天 1 次，连续喷施，着重喷洒叶片背面，注意与治疗性药剂交替使用。一般选用全络合态结构的 80%可湿性粉剂或 75%水分散粒剂 600～800 倍液喷雾。

甜瓜及西瓜病害 从病害发生初期开始喷药，7～10 天 1 次，连喷 2～4 次，可有效防治炭疽病、蔓枯病、叶斑病、霜霉病及果腐病等真菌性病害的发生为害。

苦瓜病害 从病害发生初期开始喷药，7～10 天 1 次，连喷 2～4 次，可有效防治炭疽病、霜霉病等真菌性病害的发生为害。

番茄病害 从初见病斑时开始喷药，7～10 天 1 次，连喷 3～5 次，可有效防治早疫病、晚疫病、叶霉病及叶斑病的发生为害。

茄子病害　从病害发生初期开始喷药，7～10天1次，连喷3～4次，可有效防治褐纹病、轮斑病、绵疫病及叶斑病的发生为害。

辣椒病害　从病害发生初期开始喷药，7～10天1次，连喷3～4次，可有效防治炭疽病、疫病及黑斑病的发生为害。

马铃薯早疫病、晚疫病　从初见病斑时开始喷药，10天左右1次，连喷5～7次，可有效防治早疫病和晚疫病的发生为害。

菜豆及豇豆等豆类蔬菜病害　从病害发生初期开始喷药，7～10天1次，连喷3～5次，可有效防治炭疽病、锈病、角斑病及叶斑病的发生为害。

十字花科蔬菜病害　从病害发生初期开始喷药，7～10天1次，连喷2～3次，可有效防治霜霉病、白锈病、炭疽病、黑斑病及白斑病的发生为害。

芹菜病害　从初见病斑时开始喷药，7～10天1次，连喷2～4次，可有效防治叶斑病及疫病的发生为害。

芦笋病害　从病害发生初期开始喷药，7～10天1次，连喷3～5次，可有效防治茎枯病及锈病的发生为害。

麻山药病害　从初见病斑时开始喷药，10天左右1次，连喷4～6次，可有效防治炭疽病及叶斑病的发生为害。

花生病害　从病害发生初期开始喷药，10天左右1次，连喷2～3次，可有效防治叶斑病的发生为害。

大豆、绿豆等豆类病害　从病害发生初期开始喷药，10天左右1次，连喷2次左右，可有效防治炭疽病、紫斑病及锈病的发生为害。

烟草病害　从病害发生初期开始喷药，10天左右1次，连喷2～4次，可有效防治炭疽病、赤星病及黑胫病的发生为害。

草坪病害　从病害发生初期开始喷药，7～10天1次，每期连喷2～3次，可有效防治褐斑病、斑点病、雪腐病、锈病及红丝病的发生为害。喷药时，适当增大喷药液量，可显著提高防病效果。

人参病害 从病害发生初期开始喷药，10天左右1次，连喷3～5次，可有效防治炭疽病、黑斑病及叶斑病的发生为害。

【注意事项】幼叶、幼果期应慎重使用普通代森锰锌，以免发生药害，生产优质高档农产品需特别注意。不要与铜制剂及碱性药剂混用，喷药时必须均匀周到。苹果、梨、葡萄、荔枝、烟草的安全采收间隔期均为15天，西瓜上为10天，番茄、黄瓜、辣椒为2天。施药时注意个人保护，避免将药液溅及眼睛和皮肤。如有误食，请立即催吐、洗胃和导泻，并送医院对症诊治。

代　森　联

【有效成分】代森联（metiram）。

【常见商标名称】品润等。

【主要含量与剂型】70%水分散粒剂、70%可湿性粉剂。

【理化性质】代森联纯品为白色粉末，工业品为灰白色或淡黄色粉末，有鱼腥味，难溶于水，不溶于大多数有机溶剂，但能溶于吡啶。对光、热、潮湿不稳定，易分解出二硫化碳，遇碱性物质或铜、汞等物质均易分解放出二硫化碳而减效，挥发性小。大鼠急性经口 LD_{50} 为10克/千克，大鼠急性经皮 LD_{50} 大于2000毫克/千克，对皮肤和眼睛有轻微刺激。

【产品特点】代森联是一种优良的广谱保护性低毒杀菌剂，连续使用病菌不易产生抗药性。由于其防治效果明显优于其他同类产品，所以是目前发展较快的主要保护性杀菌剂之一。

代森联可与吡唑醚菌酯等杀菌剂成分混配，用于生产复配杀菌剂。

【适用作物及防治对象】代森联适用于防治多种植物上的许多种真菌性病害，目前生产中主要用于防治：苹果的斑点落叶病、褐斑病、轮纹病、炭疽病、黑星病等，梨的黑星病、轮纹病、炭疽病、黑斑病等，葡萄的霜霉病、炭疽病、褐斑病等，柑橘的疮痂病、溃疡病、黑星病、炭疽病等，荔枝霜疫霉病，番茄、茄子、辣椒、马铃薯等茄科蔬菜的晚疫病、早疫病、叶斑病，黄瓜、西瓜、甜瓜等瓜类的霜霉病、叶斑病，小麦的锈病、白粉病，玉米的大斑病、小斑病、灰斑病，烟草黑胫病，麻山药的炭疽病、叶斑病等。

【使用技术】代森联主要应用于喷雾，且要求在发病前或发病初期开始用药。

苹果斑点落叶病、褐斑病、黑星病、轮纹病、炭疽病 从苹果落花后10天左右开始喷药，10～15天1次，连喷3次药后套袋；套袋后（或不套袋苹果）继续喷药，15天左右1次，连喷3～4次。与治疗性杀菌剂交替使用或混合使用效果更好。一般使用70%可湿性粉剂或70%水分散粒剂800～1000倍液均匀喷雾。

梨黑星病、轮纹病、炭疽病、黑斑病 从梨树落花后开始喷药，10～15天1次，连喷3次药后套袋；套袋后（或不套袋梨）继续喷药，15天左右1次，连喷5～7次。与治疗性杀菌剂交替使用或混合使用效果更好。一般使用70%水分散粒剂或70%可湿性粉剂800～1000倍液均匀喷雾。

葡萄霜霉病、炭疽病、褐斑病 以防治霜霉病为主导，兼防褐斑病、炭疽病。一般葡萄园多从幼果期开始喷施本剂，10天左右1次，连续喷药，并建议与治疗性杀菌剂交替使用或混合使用，注意喷洒叶片背面。常使用70%水分散粒剂或70%可湿性粉剂600～800倍液均匀喷雾。

柑橘疮痂病、溃疡病、黑星病、炭疽病 首先在柑橘春梢萌发期、嫩梢转绿期、开花前及谢花2/3时各喷药1次，然后在幼果期、果实膨大期及果实转色期再各喷药1次。一般使用70%水分散粒剂或70%可湿性粉剂800～1000倍液均匀喷雾。

荔枝霜疫霉病 幼果期、果实膨大期及果实转色期各喷药1

次，即可有效防治霜疫霉病的发生为害。一般使用70%水分散粒剂或70%可湿性粉剂800～1000倍液均匀喷雾。

番茄、茄子、辣椒、马铃薯等茄科蔬菜的晚疫病、早疫病、叶斑病 从病害发生初期开始喷药，7～10天1次，与治疗性杀菌剂交替使用或混合喷洒，连续喷药。一般每亩次使用70%水分散粒剂或70%可湿性粉剂80～120克，对水45～60千克均匀喷雾。

黄瓜、西瓜、甜瓜等瓜类的霜霉病、叶斑病 从病害发生初期或初见病斑时开始喷药，7～10天1次，与治疗性杀菌剂交替使用或混合使用，连续喷药，注意喷洒叶片背面。一般每亩次使用70%水分散粒剂或70%可湿性粉剂80～120克，对水45～60千克均匀喷雾。

小麦锈病、白粉病 从病害发生初期开始喷药，10天左右1次，连喷2次左右。一般每亩次使用70%水分散粒剂或70%可湿性粉剂60～80克，对水30～45千克均匀喷雾。

玉米大斑病、小斑病、灰斑病 从病害发生初期开始喷药，10天左右1次，连喷2次左右。一般每亩次使用70%水分散粒剂或70%可湿性粉剂60～80克，对水30～45千克均匀喷雾。

烟草黑胫病 从病害发生前或田间初见病株时开始喷药，7～10天1次，连喷2～3次，重点喷洒植株中下部及茎基部。一般每亩次使用70%水分散粒剂或70%可湿性粉剂80～120克，对水45～60千克均匀喷雾。

麻山药炭疽病、叶斑病 从病害发生初期开始喷药，10天左右1次，与治疗性杀菌剂交替使用或混合使用，连喷喷药。一般使用70%水分散粒剂或70%可湿性粉剂600～800倍液均匀喷雾。

【注意事项】 本剂对光、热、潮湿不稳定，贮藏时应注意防止高温，并保持干燥。代森联遇碱性物质或铜制剂等物质时易分解放出二硫化碳而减效，在与其它农药混配使用过程中，不能与碱性农药、肥料及含铜的溶液混用。对鱼类有毒，剩余药液及洗涤药械的废液严禁污染水源。

丙 森 锌

【有效成分】丙森锌（propineb）。

【常见商标名称】安泰生、喜多生、韩德收、好锌泰、锌瑞泰、爽星等。

【主要含量与剂型】70%可湿性粉剂、80%可湿性粉剂、80%水分散粒剂。

【理化性质】原药为白色或微黄色粉末，熔点150℃，160℃以上分解，微溶于水和甲苯、二氯甲烷、己烷等有机溶剂，在干燥低温条件下贮存稳定。对高等动物低毒，原药大鼠急性经口LD_{50}大于5克/千克，对蜜蜂无毒，对兔皮肤和眼睛无刺激。制剂为米黄色粉末，有特殊气味，常温贮存稳定性2年以上。

【产品特点】丙森锌是一种硫代氨基甲酸酯类广谱保护性杀菌剂，具有较好的速效性，其杀菌机理是抑制病菌体内丙酮酸的氧化而导致病菌死亡，属蛋白质合成抑制剂。该药使用安全，并对作物有一定的补锌效果。

丙森锌常与多菌灵、缬霉威、烯酰吗啉、霜脲氰、甲霜灵、三乙膦酸铝等杀菌成分混配，用于生产复配杀菌剂。

【适用作物及防治对象】丙森锌适用作物非常广泛，对许多种真菌性病害均具有很好的预防效果。目前生产中主要用于防治，苹果的斑点落叶病、褐斑病、轮纹病、炭疽病、锈病、黑星病等，梨的黑星病、黑斑病、轮纹病、炭疽病、锈病、白粉病等，葡萄的霜霉病、黑痘病、穗轴褐枯病、炭疽病、褐斑病等，桃的黑星病、褐腐病、穿孔病等，忙果的炭疽病、白粉病等，柑橘的炭疽病、黑星病、黄斑病等，黄瓜、甜瓜、西瓜等瓜类的炭疽病、霜霉病、叶斑病等，番茄的早疫病、晚疫病、叶霉病等，十字花科蔬菜的霜霉病、黑斑病等，烟草的赤星病、炭疽病、黑胫病等，马铃薯的早疫病、晚疫病等，花生的褐斑病、黑斑病、网斑病等叶斑病，花卉植物的褐斑病、炭疽病、黑斑病等。

【使用技术】丙森锌主要通过喷雾防治各种植物病害，该药为保护性杀菌剂，必须在病害发生前或始发期喷施，且应喷药均匀周到，使叶片正面、背面、果实表面都要着药。

苹果病害 防治锈病时，在花序分离期和落花后各喷药1次；防治斑点落叶病时，在春梢生长期和秋梢生长期各喷药2次左右，间隔期7～10天，同时兼防轮纹病、炭疽病、褐斑病、黑星病等；防治轮纹病、炭疽病时，从落花后10天左右开始喷药，10天左右1次，连喷3次后套袋，不套袋果继续喷药4～7次，兼防褐斑病、黑星病、斑点落叶病等；防治褐斑病时，从落花后35天左右开始喷药，10天左右1次，连喷4～6次，兼防黑星病、斑点落叶病等。一般使用70%可湿性粉剂600～700倍液，或80%可湿性粉剂或水分散粒剂600～800倍液均匀喷雾。

梨病害 防治锈病时，在花序分离期和落花后各喷药1次；防治轮纹病、炭疽病时，从落花后10天左右开始喷药，10天左右1次，连喷3次后套袋，不套袋果继续喷药4～6次，兼防黑星病、黑斑病等；防治黑星病时，从初见病梢时开始喷药，10天左右1次，麦收前后连喷3～4次，采收前1.5个月连喷3次左右，兼防黑斑病、轮纹病、炭疽病、白粉病等；防治白粉病时，从初见病斑时开始喷药，10天左右1次，连喷2～3次，兼防黑星病等。一般使用70%可湿性粉剂600～700倍液，或80%可湿性粉剂或水分散粒剂600～800倍液均匀喷雾。

葡萄病害 防治黑痘病、穗轴褐枯病时，在开花前、后各喷药1次，往年黑痘病严重果园，落花后15天左右再喷药1次，兼防霜霉病（为害果穗）；防治霜霉病时，从初见病斑时开始喷药，7～10天1次，连续喷施，直到雨季及雾露等高湿条件结束时，兼防炭疽病、褐斑病等；防治炭疽病时，从果粒膨大后期开始喷药，7～10天1次，连续喷施，鲜食品种到果实采收前一周结束，兼防褐斑病、霜霉病等；防治褐斑病时，从初见病斑时开始喷药，10天左右1次，连喷3～4次，兼防霜霉病、炭疽病。一般使用70%可湿性粉剂500～600倍液，或80%可湿性粉剂或水分散粒剂600～800倍液均匀喷雾。

桃病害　防治黑星病时，从落花后20天左右开始喷药，10～15天1次，连喷3～4次，兼防穿孔病；防治褐腐病时，从果实采收前1.5个月开始喷药，10天左右1次，连喷3次左右，兼防黑星病、穿孔病。一般使用70%可湿性粉剂600～700倍液，或80%可湿性粉剂或水分散粒剂600～800倍液均匀喷雾。

杧果病害　在开花前和落花后各喷药1次，防治炭疽病、白粉病；而后在果实采收前1个月内再喷药1～2次，防治炭疽病。一般使用70%可湿性粉剂500～600倍液，或80%可湿性粉剂或水分散粒剂600～800倍液均匀喷雾。

柑橘病害　从病害发生初期开始喷药，7～10天1次，每期连喷2～3次，可有效防治炭疽病、黑星病、黄斑病等病害的发生为害。一般使用70%可湿性粉剂600～700倍液，或80%可湿性粉剂或水分散粒剂600～800倍液均匀喷雾。

黄瓜病害　以霜霉病防治为主，兼防其他病害。从初见病斑时、或早晚有雾露时开始喷药，7天左右1次，连续喷施。一般每亩次使用70%可湿性粉剂150～200克，或80%可湿性粉剂或水分散粒剂120～150克，对水75～120千克均匀喷雾。

甜瓜、西瓜的炭疽病、霜霉病、叶斑病等　从初见病斑时开始喷药，7～10天1次，连喷3～4次。一般每亩次使用70%可湿性粉剂120～180克，或80%可湿性粉剂或水分散粒剂100～150克，对水45～75千克均匀喷雾。

番茄早疫病、晚疫病、叶霉病　从病害发生初期或早晚有雾露时开始喷药，7～10天左右1次，连喷3～5次。一般每亩次使用70%可湿性粉剂150～200克，或80%可湿性粉剂或水分散粒剂600～800倍液，对水60～90千克均匀喷雾。

十字花科蔬菜霜霉病、黑斑病 从病害发生初期开始喷药，7天左右1次，连喷2～3次。一般每亩次使用70%可湿性粉剂100～150克，或80%可湿性粉剂或水分散粒剂80～100克，对水45～75千克均匀喷雾。

烟草赤星病、炭疽病、黑胫病 从病害发生初期开始喷药，7～10天1次，连喷3次左右。一般每亩次使用70%可湿性粉剂120～180克，或80%可湿性粉剂或水分散粒剂100～150克，对水60～90千克均匀喷雾。

马铃薯早疫病、晚疫病 从初见病斑时开始喷药，7～10天1次，连喷4～7次。一般每亩次使用70%可湿性粉剂120～180克，或80%可湿性粉剂或水分散粒剂100～150克，对水45～75千克均匀喷雾。

花生叶斑病 从初见病斑时开始喷药，10天左右1次，连喷2～3次。一般每亩次使用70%可湿性粉剂120～150克，或80%可湿性粉剂或水分散粒剂100～130克，对水45～60千克均匀喷雾。

花卉植物的褐斑病、炭疽病、黑斑病等 从初见病斑时开始喷药，10天左右1次，每期连喷2～3次。一般使用70%可湿性粉剂500～600倍液，或80%可湿性粉剂或水分散粒剂600～700倍液均匀喷雾。

【注意事项】不能与碱性农药或含铜的农药混用，并前、后分别间隔7天以上。与其它杀菌剂混用时，应先进行少量混用试验，以避免发生药害或药物分解。用药时注意安全保护，若使用不当引起不适，要立即离开施药现场，脱去被污染的衣服，用肥皂和清水冲洗手、脸和暴露的皮肤，并根据症状就医治疗。

百 菌 清

【有效成分】百菌清（chlorothalonil）。

【常见商标名称】达科宁、每达宁、邦克宁、菌乃安、疮溃灵、韩古特、思维普、一把清、殷实、多清、耐尔、泰顺、圣克、克达、川乐、立治、喜源、百恒、陆城、绿龙、明龙、耐尔、诺致、奇烟、渠光、赛艳、新禾、银灿、悦露、震旦、宜农康正屏、诺普信达双宁等。

【主要含量与剂型】75%可湿性粉剂、720克/升悬浮剂、40%悬浮剂、45%烟剂、30%烟剂、5%粉剂、5%粉尘剂。

【理化性质】纯品为无色无味结晶，工业品略有刺激性气味，熔点250～251℃，沸点350℃。微溶于水，溶于丙酮、二甲苯等有机溶剂。原粉有效成分含量为96%，外观为浅黄色粉末，稍有刺激臭味，对酸、碱、紫外线稳定，不腐蚀容器。属低毒杀菌剂，大鼠急性经口 LD_{50} 大于10克/千克，对兔眼睛和角膜有明显刺激作用，可产生不可逆的角膜混浊，但对人眼睛没有此种作用。对某些人的皮肤有明显刺激作用，对鱼毒性大，对蜜蜂无毒。试验条件下未见致畸、致突变作用。

【产品特点】百菌清属有机氯类极广谱保护性杀菌剂，没有内吸传导作用，喷施到植物表面后黏着性能良好，不易被雨水冲刷，药剂持效期较长。其杀菌机理是与真菌细胞中的3-磷酸甘油醛脱氢酶中的半胱氨酸的蛋白质结合，破坏细胞的新陈代谢而使其丧失生命力。百菌清主要是保护作物免受病菌侵染，对已经侵入植物体内的病菌基本无效。必须在病菌侵染寄主植物前用药才能获得理想的防病效果，连续使用病菌不易产生抗药性。

百菌清常与甲霜灵、精甲霜灵、代森锰锌、硫黄、霜脲氰、三乙膦酸铝、甲基硫菌灵、多菌灵、福美双、腐霉利、异菌脲、嘧霉胺、乙霉威、嘧菌酯、戊唑醇、琥胶肥酸铜等杀菌成分混配，生产复配杀菌剂。

【适用作物及防治对象】百菌清属极广谱性杀菌剂，可广泛应用于防治许多种植物的许多种真菌性病害。目前生产中主要应用于防治，叶菜类蔬菜的霜霉病、白粉病、炭疽病、叶斑病、灰霉病、菌核病、黑斑病等，葱蒜类蔬菜的锈病、叶斑病等，黄瓜、甜瓜、西瓜、西葫芦等瓜类的霜霉病、炭疽病、白粉病、灰霉病、黑星病、叶斑病、蔓枯病等，番茄的早疫病、晚疫病、叶霉病、灰霉病、叶斑病等，茄子的褐纹病、炭疽病、疫病、灰霉病、叶斑病等，辣椒的炭疽病、疫病、灰霉病、霜霉病、白粉病等，菜豆、豇豆等豆类蔬菜的炭疽病、锈病、灰霉病、叶斑病等，芦笋的茎枯病、锈病等，马铃薯的早疫病、晚疫病等，花生的叶斑病（褐斑病、黑斑病、网斑病、灰斑病）、锈病等，甜菜褐斑病，油菜的菌核病、锈病等，小麦的锈病、白粉病、赤霉病等，水稻的纹枯病、鞘腐病、稻瘟病、稻曲病等，玉米的大斑病、小斑病、黄斑病、纹枯病等，柑橘的疮痂病、砂皮病、炭疽病、黑星病、黄斑病等，苹果的早期落叶病、黑星病、炭疽病、轮纹病等，葡萄的霜霉病、炭疽病、黑痘病、褐斑病、白粉病等，桃的褐腐病、黑星病（疮痂病）、真菌性穿孔病等，草莓的灰霉病、白粉病、褐斑病、叶枯病等，香蕉的叶斑病、黑星病等，烟草的赤星病、炭疽病、黑胫病等，观赏植物的炭疽病、白粉病、灰霉病、叶斑病等，中药植物的炭疽病、锈病、白粉病、叶斑病等，橡胶炭疽病等。

【使用技术】百菌清主要应用于喷雾，在保护地内也常通过熏烟和喷粉进行用药。喷雾防治病害时，注意与相应治疗性杀菌剂交替使用。

叶菜类蔬菜病害 防治叶菜类蔬菜的霜霉病、白粉病、炭疽病、叶斑病、灰霉病、菌核病、黑斑病等病害时，从初见病斑时开始喷药，7～10天1次，连喷2～3次。一般每亩次使用75%可湿性粉剂80～100克，或720克/升悬浮剂60～80毫升，或40%悬浮剂80～100毫升，对水45～60千克均匀喷雾。

葱蒜类蔬菜病害 从病害发生初期开始喷药，7～10天1次，连喷2～3次，可有效防治锈病、叶斑病的发生为害。用药量同“叶菜类蔬菜病害”。

黄瓜、甜瓜、西瓜、西葫芦等瓜类病害 黄瓜病害防治以霜霉病为主，其他病害（不含灰霉病）考虑兼防即可，从初见病斑时开始喷药，7天左右1次，连续喷施；防治其他瓜类病害（不含灰霉病）时，从病害发生初期开始喷药，7～10天1次，连喷3～4次；防治瓜类灰霉病时，掌握连阴2天后开始喷药，5～7天1次，每期连喷2～3次。一般使用75%可湿性粉剂600～800倍液，或720克/升悬浮剂800～1000倍液，或40%悬浮剂600～700倍液均匀喷雾。

番茄病害 防治早疫病、晚疫病、叶霉病及叶斑病时，从病害发生初期开始喷药，7天左右1次，连喷3～5次；防治灰霉病时，在连阴2天后开始喷药，5～7天1次，每期连喷2～3次。用药量同“瓜类病害”。

茄子病害 防治褐纹病、炭疽病、疫病及叶斑病时，从病害发生初期开始喷药，7～10天1次，连喷2～4次；防治灰霉病时，在连阴2天后开始喷药，5～7天1次，每期连喷2～3次。用药量同“瓜类病害”。

辣椒病害 防治炭疽病、疫病、霜霉病及白粉病时，从病害发生初期开始喷药，7～10天1次，连喷3～5次；防治灰霉病时，在连阴2天后开始喷药，5～7天1次，每期连喷2～3次。用药量同“瓜类病害”。

菜豆、豇豆等豆类蔬菜病害 防治炭疽病、锈病及叶斑病时，从病害发生初期开始喷药，7～10天1次，连喷2～4次；防治灰霉病时，在连阴2天后开始喷药，5～7天1次，每期连喷2～3次。用药量同“瓜类病害”。

芦笋茎枯病、锈病 从病害发生初期开始喷药，7～10天1次，连喷3～4次。一般使用75%可湿性粉剂500～700倍液，或720克/升悬浮剂800～1000倍液，或40%悬浮剂500～600倍液均匀喷雾。

马铃薯早疫病、晚疫病 从初见病斑时开始喷药，7～10天1次，连喷4～7次。一般每亩次使用75%可湿性粉剂100～150

克，或720克/升悬浮剂80～100毫升，或40％悬浮剂120～150毫升，对水45～60千克均匀喷雾。

花生叶斑病、锈病 从病害发生初期开始喷药，10天左右1次，连喷2～3次。一般每亩次使用75％可湿性粉剂80～100克，或720克/升悬浮剂60～80毫升，或40％悬浮剂80～100毫升，对水30～45千克均匀喷雾。

甜菜褐斑病 从病害发生初期开始喷药，10天左右1次，连喷2次左右。用药量同“花生病害”。

油菜菌核病、锈病 从病害发生初期开始喷药，7～10天1次，连喷2次左右。用药量同“马铃薯病害”。

小麦锈病、白粉病、赤霉病 防治锈病、白粉病时，在小麦拔节期喷药1次，防治赤霉病时，在小麦灌浆期喷药1次。一般每亩次使用75％可湿性粉剂80～100克，或720克/升悬浮剂50～70毫升，或40％悬浮剂80～100毫升，对水30～45千克均匀喷雾。

水稻纹枯病、鞘腐病、稻瘟病、稻曲病 防治苗瘟、叶瘟时，田间出现中心病株时喷药1次；防治穗颈瘟时，孕穗期（破肚期）、齐穗期各喷药1次。防治稻曲病时，孕穗后期、出穗初期各喷药1次。防治纹枯病、鞘腐病时，拔节期、孕穗期各喷药1次。用药量同“小麦病害”。

玉米大斑病、小斑病、黄斑病、纹枯病 田间出现病斑后，当气候条件有利于病害发生时开始喷药，7～10天1次，连喷1～2次。一般每亩次使用75％可湿性粉剂100～150克，或720克/升悬浮剂80～100毫升，或40％悬浮剂100～150毫升，对水60～75千克均匀喷雾。

柑橘疮痂病、砂皮病、炭疽病、黑星病、黄斑病 在春梢生长期、花瓣脱落时、夏梢生长期、秋梢生长期及果实转色期各喷药1次，一般使用75％可湿性粉剂600～800倍液，或720克/升悬浮剂800～1000倍液，或40％悬浮剂600～800倍液均匀喷雾。

苹果早期落叶病、黑星病、炭疽病、轮纹病 从苹果落花后10天左右开始喷药，与戊唑·多菌灵、甲基硫菌灵、苯醚甲环唑等治疗性药剂交替使用，10～15天1次，连续喷施。百菌清一般使用75%可湿性粉剂800～1000倍液，或720克/升悬浮剂1200～1500倍液，或40%悬浮剂800～1000倍液均匀喷雾。

葡萄病害 开花前、后各喷药1次，防治黑痘病，兼防霜霉病；防治霜霉病时，从初见病斑时开始喷药，10天左右1次，连喷5～7次（注意与治疗性药剂交替使用），兼防炭疽病、褐斑病、白粉病；从果粒将要着色时，开始喷药防治炭疽病，10天左右1次，连喷3～4次（注意与治疗性药剂交替使用），兼防霜霉病、褐斑病、白粉病。百菌清喷施浓度同“苹果病害”。

桃病害 防治黑星病（疮痂病）时，从落花后20～30天开始喷药，10～15天1次，直到果实采收前1个月，兼防真菌性穿孔病；防治褐腐病时，从果实采收前1.5个月开始喷药，10天左右1次，连喷2～4次。一般使用75%可湿性粉剂800～1000倍液，或720克/升悬浮剂1200～1500倍液，或40%悬浮剂800～1000倍液均匀喷雾。

草莓病害 在开花初期、中期、末期各喷药1次，对白粉病、灰霉病、褐斑病、叶枯病均具有较好的防治效果。用药量同“花生病害”。

香蕉叶斑病、黑星病 从病害发生初期开始喷药，10天左右1次，连喷2～3次。一般使用75%可湿性粉剂500～700倍液，或720克/升悬浮剂800～1000倍液，或40%悬浮剂500～600倍液均匀喷雾。

烟草赤星病、炭疽病、黑胫病 从病害发生初期开始喷药，7～10天1次，连喷2～3次。用药量同“苹果病害”。

观赏植物的炭疽病、白粉病、灰霉病、叶斑病 从病害发生初期开始喷药，7～10天1次，连喷2～4次。用药量同“苹果病害”。

中药植物的炭疽病、锈病、白粉病、叶斑病 从病害发生初期开始喷药，7～10天1次，连喷2～4次。用药量同“苹果病害”。

橡胶炭疽病 从病害发生初期开始喷药，10～15天1次，连喷2～3次。用药量同“苹果病害”。

保护地植物病害 除上述喷雾防治外，也常通过熏烟或喷粉进行用药。熏烟防病时，在病害发生前一般每亩次使用45%烟剂150～180克，或30%烟剂200～250克分多点点燃，而后密闭熏烟一夜。喷粉防病时，在病害发生前一般每亩次使用5%粉剂或5%粉尘剂1000～1500克进行喷粉。喷粉需要专用喷粉器械。

【注意事项】百菌清对鱼有毒，药液不能污染鱼塘和水域。不能与石硫合剂、波尔多液等碱性农药混用。在红提葡萄及忙果上可能会出现药害，应当慎用；在梨、柿、桃、梅和苹果树等植物上使用浓度偏高会发生药害；与杀螟松混用，桃树上易发生药害；与克螨特、三环锡等混用，茶树上会发生药害。悬浮剂可能会有一些沉淀，摇匀后使用不影响药效。蔬菜上的安全间隔期一般为7天、花生为14天。使用时注意安全保护，如有药液溅到眼睛里，立即用大量清水冲洗15分钟，直到疼痛消失；误食后不要进行催吐，立即送医院对症治疗。

福　美　双

【有效成分】福美双（thiram）。

【常见商标名称】秋兰姆、多重宝、金红康、金纳海、菌必康、茄果安、保托、创典、春雨、东冠、都美、贵蓝、惠农、蓝炫、明爽、普保、森白、土洁、土消、托生、万丰、威克、育润、中达果园、绿丰日昇等。

【主要含量与剂型】50%可湿性粉剂、70%可湿性粉剂。

【理化性质】 纯品为白色无味结晶，工业品为具鱼腥味的灰黄色粉末，熔点155～156℃。不溶于水，微溶于乙醇、乙醚、己烷、异丙醇，易溶于丙酮、氯仿、二氯甲烷。遇酸易分解，长期暴露在空气、热及潮湿环境下易变质。属中毒杀菌剂，原药大鼠急性经口LD_{50}为378～865毫克/千克，对人的致死量约为800毫克/千克，对皮肤和粘膜有刺激作用，对鱼有毒。

【产品特点】 福美双是一种有机硫类广谱保护性杀菌剂。其杀菌机理是通过抑制病菌一些酶的活性和干扰三羧酸代谢循环而导致病菌死亡。该药有一定渗透性，在土壤中持效期较长，高剂量时对田鼠和野兔有一定驱避作用。

福美双常与硫黄、多菌灵、甲基硫菌灵、异菌脲、腈菌唑、三乙膦酸铝、腐霉利、烯酰吗啉、拌种灵、甲霜灵、三唑酮、嘧霉胺、噁霉灵、戊唑醇、福美锌、菌核净、萎锈灵、五氯硝基苯、苯醚甲环唑等杀菌成分混配，用于生产复配杀菌剂。

【适用作物及防治对象】 福美双适用范围非常广泛，对许多种植物上的许多种真菌性病害均具有很好的防治效果。目前生产中主要应用于防治：苹果的轮纹病、炭疽病、黑星病、褐斑病、斑点落叶病等，梨的黑星病、黑斑病、轮纹病、炭疽病、褐斑病、白粉病等，葡萄的白腐病、炭疽病、霜霉病、褐斑病、白粉病等，桃、李、杏的黑星病（疮痂病）、褐腐病等，枣的锈病、轮纹病、炭疽病、褐斑病、缩果病等，柑橘的炭疽病、黑星病、黄斑病等，梅灰霉病，黄瓜的霜霉病、炭疽病、白粉病等，西瓜、甜瓜、南瓜等瓜类的炭疽病、白粉病、叶斑病等，番茄的早疫病、晚疫病、灰霉病、叶霉病、叶斑病等，辣椒的早疫病、炭疽病、霜霉病、白粉病等，茄子的黑斑病、叶斑病、褐纹病、灰霉病等，豇豆、菜豆等豆类蔬菜的锈病、炭疽病等，芹菜叶斑病，花生叶斑病，大豆、绿豆等豆类的炭疽病、白粉病、叶斑病等，水稻的秧苗立枯病、稻瘟病、胡麻叶斑病等，麦类作物的黑穗病、白粉病、赤霉病等，玉米黑穗病，许多种植物的根腐病、苗立枯病、苗猝倒病等。

【使用技术】福美双的用药方法因防治目的不同而异，除常规喷雾防治病害外，还可用于浇灌、土壤消毒、拌种及枝干涂抹等。

苹果病害 多从落花后1.5个月后或套袋后开始喷施，10～15天1次，连喷3～4次，对黑星病、褐斑病、斑点落叶病及不套袋果的轮纹病、炭疽病均有很好的防治效果。一般使用50%可湿性粉剂600～800倍液，或70%可湿性粉剂800～1000倍液均匀喷雾。

梨病害 多从落花后1.5个月或套袋后开始喷施，10～15天1次，与其他治疗性杀菌剂交替使用，需喷药5～7次，对黑星病、黑斑病、褐斑病、白粉病及不套袋果的轮纹病、炭疽病均有很好的防治效果。福美双用药量同“苹果病害”。

葡萄病害 防治霜霉病时，从初见病害时开始喷药，10天左右1次，与其他治疗性药剂交替使用，连续喷药，兼防褐斑病、白粉病、炭疽病；防治白腐病时，从果粒开始转色前或果粒长成大小时开始喷药，7～10天1次，与其他类型杀菌剂交替使用，连续喷施，直到果实采收（鲜食品种），兼防炭疽病、褐斑病、白粉病等。福美双用药量同“苹果病害”。

桃、李、杏病害 防治黑星病（疮痂病）时，从落花后20～30天开始喷药，10～15天1次，连喷2～4次；防治褐腐病时，从病害发生初期开始喷药，10天左右1次，连喷2～4次。用药量同“苹果病害”。

枣病害 防治褐斑病时，在开花（一茬花）前、后各喷药1次；而后从6月中下旬开始继续喷药，10～15天1次，与其他不同类型药剂交替喷施，连喷5～7次，对锈病、轮纹病、炭疽病、褐斑病、缩果病等均具有很好的防治效果。福美双用药量同“苹果病害”。

柑橘炭疽病、黑星病、黄斑病 从病害发生初期开始喷药，

10～15 天 1 次，连喷 2～4 次。用药量同“苹果病害”。

梅灰霉病 在开花初期和落花后 10～15 天各喷药 1 次，可有效防治灰霉病的发生为害。用药量同“苹果病害”。

黄瓜病害 以防治霜霉病为主，兼防炭疽病、白粉病等病害。从初见霜霉病斑时开始喷药，7～10 天 1 次，与不同类型杀菌剂交替喷施，连续喷药。福美双一般使用 50%可湿性粉剂 500～700 倍液，或 70%可湿性粉剂 800～1000 倍液均匀喷雾。

西瓜、甜瓜、南瓜等瓜类的炭疽病、白粉病、叶斑病 从病害发生初期开始喷药，10 天左右 1 次，连喷 2～4 次。用药量同“黄瓜病害”。

番茄病害 防治早疫病、晚疫病、叶霉病、叶斑病时，从初见病斑时开始喷药，7～10 天 1 次，与不同类型杀菌剂交替使用，连喷 3～6 次；防治灰霉病时，在连阴 2 天后立即喷药，5～7 天 1 次，连喷 2～3 次。福美双用药量同“黄瓜病害”。

辣椒早疫病、炭疽病、霜霉病、白粉病 从病害发生初期开始喷药，10 天左右 1 次，连喷 3～5 次。用药量同“黄瓜病害”。

茄子病害 防治黑斑病、叶斑病、褐纹病时，从病害发生初期开始喷药，10 天左右 1 次，连喷 3～4 次；防治灰霉病时，在连阴 2 天后立即喷药，5～7 天 1 次，连喷 2～3 次。用药量同“黄瓜病害”。

豇豆、菜豆等豆类蔬菜的锈病、炭疽病 从病害发生初期开始喷药，10 天左右 1 次，与其他类型药剂交替喷施，连喷 3～5 次。福美双用药量同“黄瓜病害”。

芹菜叶斑病 从病害发生初期开始喷药，10 天左右 1 次，连喷 2～4 次。用药量同“黄瓜病害”。

花生叶斑病 从病害发生初期开始喷药，10～15 天 1 次，连喷 2～3 次。用药量同“黄瓜病害”。

大豆、绿豆等豆类的炭疽病、白粉病、叶斑病 从病害发生初期开始喷药，10～15 天 1 次，连喷 2～3 次。用药量同“黄瓜病害”。

麦类作物白粉病、赤霉病 在拔节期和灌浆期各喷药1次即可。一般使用50%可湿性粉剂500倍液、或70%可湿性粉剂700倍液均匀喷雾。

拌种 ①防治水稻秧苗立枯病、稻瘟病（苗期）、胡麻叶斑病（苗期）时，每10千克种子使用50%可湿性粉剂50克、或70%可湿性粉剂35克均匀拌种。②防治麦类作物黑穗病及玉米黑穗病时，药剂拌种量与“水稻”相同。③防治豌豆、花生及大豆苗期病害时，每10千克种子使用50%可湿性粉剂80克、或70%可湿性粉剂60克均匀拌种。④防治十字花科蔬菜苗期病害时，每千克种子使用50%可湿性粉剂2.5克，或70%可湿性粉剂1.8克均匀拌种。

土壤消毒 防治瓜果蔬菜苗期病害（根部土传病害）及甜菜根腐病、烟草根腐病时，常采用土壤消毒方法进行用药。一般每平方米使用50%可湿性粉剂6～8克，或70%可湿性粉剂4～6克，拌一定量细土后均匀撒施（播种时用该药土下垫上覆）。

浇灌 防治植株茎基部病害（疫病、疫腐病等）时，多采用浇灌方法施药。一般使用50%可湿性粉剂600～800倍液，或70%可湿性粉剂800～1000倍液，顺植株茎基部向土壤浇灌药液。

涂抹 在苹果、梨、桃、柑橘等果树的幼树期，冬前使用高浓度药剂涂抹树干，可拒避野兔和野鼠啃食树皮。一般使用50%可湿性粉剂8～10倍液，或70%可湿性粉剂12～14倍液涂抹树干。

【注意事项】用药时，尽量均匀周到，以保证防治效果；不能与铜制剂及碱性药剂混用或前后紧接使用；幼叶、幼果期应当慎重使用，避免发生药害。用药时严格按操作规程操作，注意安全保护。皮肤沾染常发生接触性皮炎，出现斑丘疹，甚至有水泡、糜烂等现象；误服后可引起强烈的消化道症状，如恶心、呕吐、腹痛、腹泻等，应迅速催吐、洗胃，并送医院对症治疗。拌过药的种子禁止饲喂家禽、家畜等。安全间隔期一般为 7 天。

克 菌 丹

【有效成分】 克菌丹（captan）。

【常见商标名称】 美派安、喜思安、武将等。

【主要含量与剂型】 50%可湿性粉剂、80%水分散粒剂。

【理化性质】 原药为白色结晶，稍有臭味，熔点 172℃。不溶于水，稍溶于丙酮、苯、二甲苯、环己酮，溶于二氯乙烷、氯仿。遇碱易分解，遇酸稳定。无腐蚀性，但分解产物有腐蚀性。属低毒杀菌剂，大白鼠急性经口 LD_{50} 为 9 克/千克，对蜜蜂无毒，对人的皮肤及粘膜有刺激作用。

【产品特点】 克菌丹属有机硫类广谱杀菌剂，以保护作用为主，兼有一定的治疗作用，使用较安全，对多种作物上的许多种真菌性病害均具有良好的预防效果，特别适用于对铜制剂农药敏感的作物。在水果上使用具有美容、去斑、促进果面光洁靓丽的作用。克菌丹可渗透至病菌的细胞膜，即可干扰病菌的呼吸过程、又可干扰其细胞分裂，具有多个杀菌作用位点，连续多次使用极难诱导病菌产生抗药性。连续喷施防病效果更加明显，并可显著提高水果采收后的保水性能。

克菌丹常与戊唑醇等杀菌剂成分混配，生产复配杀菌剂。

【适用作物及防治对象】 克菌丹适用范围和防治对象均非常广泛，对多种植物上的许多种真菌性病害均具有良好的预防效果。目前生产上主要应用于防治：苹果的轮纹病、炭疽病、褐斑病、斑点落叶病、煤污病、黑星病等，梨的黑星病、黑斑病、褐斑病、煤污病、轮纹病、炭疽病、白粉病等，葡萄的炭疽病、白腐病、霜霉病、黑痘病、褐斑病、穗轴褐枯病、白粉病等，桃、杏、李的黑星病（疮痂病）、炭疽病、褐腐病、真菌性穿孔病等，柑橘的炭疽病、疮痂病、黑星病、树脂病（黑点病、沙皮病）、黄斑病等，杧果的炭疽病、白粉病、煤烟病、叶斑病等，草莓的灰霉病、白粉病、叶斑病等，马铃薯的晚疫病、早疫病、干腐病等，黄瓜的霜霉病、白粉病、炭疽病、疫病等，西瓜、甜瓜、西葫芦的炭疽病、霜霉病、白粉病、叶斑病等，番茄的晚疫病、早疫病、叶斑病、叶霉病等，辣椒的炭疽病、白粉病、叶斑病、疫病等，茄子的轮斑病、褐纹病、白粉病、疫病等，芹菜叶斑病，芦笋茎枯病，花生的叶斑病、疮痂病，观赏植物的炭疽病、叶斑病、霜霉病等，及多种瓜果蔬菜等植物的土传病害、根腐病、疫病、枯萎病、立枯病、猝倒病等。

【使用技术】根据防病目的不同，克菌丹用药方法多样，既可常规喷雾，又可药剂拌种，还可浇灌根颈部及土壤消毒处理等。

苹果病害　从落花后10天左右开始喷药，10～15天1次，连续喷施，也可与戊唑·多菌灵、甲基硫菌灵、多菌灵、苯醚甲环唑等内吸治疗性杀菌剂交替使用，对轮纹病、炭疽病、褐斑病、斑点落叶病、煤污病、黑星病等均具有很好的防治效果。特别是在雨季等高湿环境下喷施，对煤污病具有独特防治效果。一般使用50%可湿性粉剂600～800倍液，或80%水分散粒剂1000～1200倍液均匀喷雾。

梨病害　从落花后10天左右开始喷药，10～15天1次，连续喷施，也可与戊唑·多菌灵、甲基硫菌灵、腈菌唑、苯醚甲环唑等内吸治疗性杀菌剂交替使用，对黑星病、黑斑病、褐斑病、煤污病、轮纹病、炭疽病、白粉病等均具有很好的防治效果。特别是在阴雨等高湿环境下喷施，对煤污病防治效果良好，并可提高果面外观质量和采收后的保水性能。一般使用50%可湿性粉剂600～800倍液，或80%水分散粒剂1000～1200倍液均匀喷雾。

葡萄病害　开花前、后各喷药1次，防治穗轴褐枯病、黑痘病和霜霉病为害果穗；以后从叶片上初见霜霉病斑时开始继续喷药，10 天左右 1 次，连续喷施，对霜霉病、褐斑病、炭疽病、白腐病、白粉病等均具有很好的防治效果。一般使用 50%可湿性粉剂 600～800 倍液，或 80%水分散粒剂 1000～1200 倍液均匀喷雾。注意不要在红提和薄皮品种上使用，也不要与有机磷药剂及含有金属离子的药剂混用。

桃、杏、李病害 防治炭疽病时，从落花后 15～20 天开始喷药，10～15 天 1 次，连续喷施，兼防黑星病、真菌性穿孔病等；防治黑星病时，从落花后 20～30 天开始喷药，10～15 天 1 次，连喷 3～4 次，兼防炭疽病、真菌性穿孔病；防治褐腐病时，从果实成熟前 1.5 个月开始喷药，10 天左右 1 次，连喷 2～4 次，兼防炭疽病、黑星病、真菌性穿孔病。一般使用 50%可湿性粉剂 600～800 倍液，或 80%水分散粒剂 1000～1200 倍液均匀喷雾。

柑橘炭疽病、疮痂病、黑星病、树脂病、黄斑病 从病害发生初期开始喷药，10～15 天 1 次，连喷 3～4 次。一般使用 50%可湿性粉剂 500～700 倍液，或 80%水分散粒剂 800～1000 倍液均匀喷雾。

杧果病害 在花蕾初期、花期及小果期各喷药 1 次，对炭疽病、白粉病具有良好的防治效果；以后从煤烟病或叶斑病发生初期再开始喷药 2 次左右，间隔期 10～15 天。一般使用 50%可湿性粉剂 500～600 倍液，或 80%水分散粒剂 800～1000 倍液均匀喷雾。

草莓病害 在花蕾期、初花期、中花期、末花期各喷药 1 次，对灰霉病、白粉病、叶斑病等均具有很好的防治效果。一般使用 50%可湿性粉剂 500～600 倍液，或 80%水分散粒剂 800～1000 倍液均匀喷雾。

马铃薯晚疫病、早疫病 从初见病斑时开始喷药，10 天左右 1 次，与其他不同类型药剂交替使用，连喷 4～7 次，即可有效控制晚疫病和早疫病的发生为害。一般每亩次使用 50%可湿性粉剂100～120克，或80%水分散粒剂800～100克，对水45～75千克均匀喷雾。

黄瓜霜霉病、白粉病、炭疽病 以防治霜霉病为主，从初见霜霉病斑时开始喷药，7～10天1次，连续喷施，或与其他不同类型药剂交替使用，兼防白粉病、炭疽病。一般使用50%可湿性粉剂400～600倍液，或80%水分散粒剂800～1000倍液均匀喷雾。

西瓜、甜瓜及西葫芦病害 从病害发生初期开始喷药，7～10天1次，连喷3～5次，即可有效控制炭疽病、霜霉病、白粉病、叶斑病的发生为害。一般使用50%可湿性粉剂400～600倍液，或80%水分散粒剂800～1000倍液均匀喷雾。

番茄病害 以晚疫病防治为主，兼防早疫病、叶斑病、叶霉病等。从初见晚疫病斑时开始喷药，7～10天1次，连喷5～7次，或与其他不同类型药剂交替使用。克菌丹一般使用50%可湿性粉剂500～600倍液，或80%水分散粒剂800～1000倍液均匀喷雾。

辣椒炭疽病、白粉病、叶斑病 从病害发生初期开始喷药，7～10天1次，连喷3～5次。一般使用50%可湿性粉剂500～600倍液，或80%水分散粒剂800～1000倍液均匀喷雾。

茄子轮斑病、褐纹病、白粉病 从病害发生初期开始喷药，7～10天1次，连喷2～4次。一般使用50%可湿性粉剂500～600倍液，或80%水分散粒剂800～1000倍液均匀喷雾。

芹菜叶斑病 从初见病斑时开始喷药，7～10天1次，连喷2～4次。一般使用50%可湿性粉剂400～500倍液，或80%水分散粒剂700～800倍液均匀喷雾。

芦笋茎枯病 从初见病斑时开始喷药，10～15天1次，连喷3～5次。一般使用50%可湿性粉剂400～600倍液，或80%水分散粒剂700～800倍液均匀喷雾。

花生叶斑病、疮痂病 从病害发生初期开始喷药，10～15

天1次，连喷2～3次。一般使用50%可湿性粉剂500～600倍液，或80%水分散粒剂700～800倍液均匀喷雾。

观赏植物的炭疽病、叶斑病、霜霉病 从病害发生初期开始喷药，10天左右1次，连喷2～4次。一般使用50%可湿性粉剂500～600倍液，或80%水分散粒剂800～1000倍液均匀喷雾。

浇灌根颈部 防治瓜果蔬菜近地面处根颈部病害（疫病、茎基腐病）及根部病害（根腐病、枯萎病、黄萎病）时，常采用顺茎基部向下灌药的方式进行防治，一般使用50%可湿性粉剂600～800倍液，或80%水分散粒剂800～1000倍液浇灌，每株需浇灌药液250～500毫升。

拌种 防治马铃薯种传及土传病害时，每百千克种薯使用50%可湿性粉剂50～70克在播种前均匀拌种。防治花生、荷兰豆、三七等种传及土传病害时，按每10千克种子使用50%可湿性粉剂30～50克药量均匀拌种。

土壤消毒 防治苗床病害时，育苗前每立方米苗床土均匀拌施50%可湿性粉剂50克，而后播种。田间防治瓜果蔬菜土传病害时，定植前按每亩次使用50%可湿性粉剂1～1.5千克药量均匀撒施于定植沟或穴内，混土后定植；或生长期使用50%可湿性粉剂600～800倍液，或80%水分散粒剂800～1000倍液浇灌植株根颈部及其周围土壤。

【注意事项】 在各种作物上不要与有机磷类农药及石硫合剂等碱性农药混用，也不能与机油混用。高温干旱季节在鲜食葡萄的薄皮品种及红提品种上使用可能会出现药害，应先试验后使用。马铃薯拌种后必须晾干后才能播种。喷药必须及时、均匀、周到，以保证防治效果。用药时按操作规程进行，注意安全保护。

多菌灵

【有效成分】 多菌灵（carbendazim）。

【常见商标名称】 统旺、凯江、旺宁、健农、金生、蓝多、赞歌、惠好、百诺、贝农、沧佳、刺炭、翠托、迪巧、都灵、尔福、开霸、乐邦、亮颖、绿丰、纳银、品翠、青苗、润择、神蛙、胜美、旺品、星冠、银多、迎丰、永绿、滋农、允收丁、康思丹、韩初星、皇多灵、稼之源、菌大夫、菌立怕、卡菌丹、大富生、轮果停、双菌清、立复康、益禾康、农百金、天义华、助农兴、丰田菌克、兴农贝芬替等。

【主要含量与剂型】25%可湿性粉剂、40%可湿性粉剂、50%可湿性粉剂、80%可湿性粉剂、50%水分散粒剂、75%水分散粒剂、80%水分散粒剂、40%悬浮剂、50%悬浮剂、500克/升悬浮剂、15%烟剂。

【理化性质】纯品为白色结晶，熔点306℃。原粉为浅棕色粉末，熔点290℃。不溶于水及一般有机溶剂，微溶于丙酮、氯仿、乙酸乙酯，可溶于无机酸及醋酸，并形成相应的盐。对酸、碱不稳定，对热较稳定。属低毒杀菌剂，原粉大鼠急性经口LD_{50}大于10克/千克，对鱼类和蜜蜂低毒，试验条件下未见致癌作用。

【产品特点】多菌灵是一种杂环类高效内吸性广谱杀菌剂。其作用机制是干扰真菌细胞的有丝分裂中纺锤体的形成，从而影响细胞分裂，导致病菌死亡。该药通过植物叶片和种子渗入到植物体内，耐雨水冲刷，持效期较长。其在植物体内的传导和分布与植物的蒸腾作用有关，蒸腾作用强，传导分布快；蒸腾作用弱，传导分布慢；在蒸腾作用较强的部位，如叶片药剂的分布量较多；在蒸腾作用较弱的器官，如花、果，分布的药剂较少。在酸性条件下，可以增加多菌灵的水溶性，提高药剂的渗透和输导能力。多菌灵在酸化后，透过植物表面角质层的移动力比未酸化时增大4倍。

多菌灵常与硫黄粉、三唑酮、三环唑、丙环唑、代森锰锌、井冈霉素、嘧霉胺、氟硅唑、腐霉利、三乙膦酸铝、乙霉威、异菌脲、溴菌腈、戊唑醇、丙森锌、硫酸铜钙、福美双、咪鲜胺、甲霜灵、烯唑醇、苯醚甲环唑、己唑醇、氟环唑、五氯硝基苯、中生菌素、春雷霉素、甲基立枯磷等杀菌剂成分混配，生产复配杀菌剂。

【适用作物及防治对象】多菌灵适用范围和防治对象非常广泛，对许多植物的根部、叶片、花、果实及贮运期的多种高等真菌性病害均具有良好的治疗和预防效果。目前生产中应用的防治范围主要有：各种果树的根朽病、紫纹羽病、白纹羽病、白绢病，苹果的轮纹烂果病、炭疽病、褐斑病、花腐病、褐腐病、黑星病、锈病、水锈病及采后烂果病，梨的黑星病、轮纹病、炭疽病、锈病、褐斑病，葡萄的黑痘病、炭疽病、褐斑病、房枯病；桃的缩叶病、炭疽病、真菌性穿孔病、黑星病、褐腐病，杏、李的炭疽病、黑星病、褐腐病、真菌性穿孔病，樱桃的褐腐病、炭疽病、真菌性穿孔病，核桃的炭疽病、枝枯病、叶斑病，枣的褐斑病、轮纹病、锈病、炭疽病、果实斑点病，柿的角斑病、圆斑病、炭疽病，板栗的炭疽病、叶斑病，石榴的炭疽病、麻皮病、叶斑病，山楂的枯梢病、叶斑病、炭疽病、黑星病，草莓的根腐病、褐斑病，香蕉的黑星病、炭疽病、叶斑病，柑橘的炭疽病、疮痂病、黑星病、黄斑病、树脂病、树干流胶病，杧果的炭疽病、叶斑病，枇杷炭疽病，番木瓜炭疽病，水稻的纹枯病、稻瘟病、稻曲病、鞘腐病、褐变穗、小粒菌核病，小麦的赤霉病、全蚀病，玉米的大斑病、小斑病、灰斑病、黄斑病、纹枯病，马铃薯干腐病，甘薯黑斑病，棉花的炭疽病、叶斑病、烂铃病、苗期病害，花生的褐斑病、黑斑病、网斑病、茎腐病、疮痂病，大豆、绿豆等豆类的根腐病、灰斑病、菌核病、褐斑病、紫斑病，油菜菌核病，甜菜褐斑病，黄瓜、西瓜、甜瓜等瓜类的炭疽病、黑星病、蔓枯病、枯萎病，茄子的根腐病、黄萎病、叶斑病，辣椒的炭疽病、菌核病、根腐病，番茄的根腐病、炭疽病、叶斑病，芹菜叶斑病，芦笋茎枯病，中药植物的根腐病、炭疽病、叶斑病，观赏植物的根腐病、炭疽病、叶斑病，橡胶炭疽病，蘑菇的褐腐病、木霉病等。

【使用技术】多菌灵使用方法多样，除常规喷雾用药外，还可用于灌根、涂抹、浸泡、拌种、土壤消毒及放烟等。

果树根部病害 在清除病根组织的基础上，用药液浇灌果树根部，浇灌药液量因树体大小而异，一般以树体的主要根区土壤湿润为宜。一般使用25%可湿性粉剂300～400倍液，或40%可湿性粉剂或40%悬浮剂500～600倍液，或50%可湿性粉剂或50%水分散粒剂或50%悬浮剂或500克/升悬浮剂600～800倍液，或75%水分散粒剂1000～1200倍液，或80%可湿性粉剂或80%水分散粒剂1000～1200倍液进行浇灌。根部病害防治多在春季进行。

苹果病害 开花前后阴雨湿度大时或在风景绿化区的果园，开花前、后各喷药1次，防治花腐病、锈病，兼防白粉病。从落花后10天左右开始连续喷药，10天左右1次，连喷3次后套袋，与全络合态代森锰锌、克菌丹、戊唑·多菌灵等药剂交替使用效果好；不套袋苹果则10～15天喷药1次，落花后1.5个月后可与硫酸铜钙、代森锰锌、戊唑·多菌灵等不同类型药剂交替使用，需连喷7～10次，对轮纹烂果病、炭疽病、褐斑病、褐腐病、黑星病、水锈病均具有很好的防治效果，具体喷药时间及次数根据降雨情况灵活掌握，雨多多喷，雨少少喷。一般使用25%可湿性粉剂300～400倍液，或40%可湿性粉剂500～600倍液，或50%可湿性粉剂或50%水分散粒剂或40%悬浮剂600～800倍液，或50%悬浮剂或500克/升悬浮剂800～1000倍液，或75%水分散粒剂1000～1200倍液，或80%可湿性粉剂或80%水分散粒剂1000～1200倍液均匀喷雾。不套袋苹果采收后，用上述药液浸果20～30秒，捞出晾干后贮运，对采后烂果病具有很好的控制效果。

梨病害 在风景绿化区的果园，于开花前、后各喷药1次，防治锈病的发生为害。以后从落花后10天左右开始连续喷药，

10～15天1次，与腈菌唑、烯唑醇、苯醚甲环唑、克菌丹、全络合态代森锰锌等药剂交替使用，需连喷7～10次，即可控制黑星病、轮纹病、炭疽病、褐斑病的发生为害。具体喷药时间及次数根据降雨情况灵活掌握，雨多多喷，雨少少喷。用药量同“苹果病害”。

葡萄病害 在葡萄开花前、后各喷药1次，防治黑痘病；防治褐斑病时，从初见病斑时开始喷药，10天左右1次，连喷3～4次，兼防炭疽病；然后从果粒开始着色前继续喷药，7～10天1次，连喷3～5次，有效防治炭疽病，兼防房枯病、褐斑病。用药量同“苹果病害”。

桃病害 花芽露红期，喷施1次25%可湿性粉剂100～150倍液，或40%可湿性粉剂150～200倍液，或50%可湿性粉剂或50%水分散粒剂或40%悬浮剂200～300倍液，或80%可湿性粉剂或80%水分散粒剂或50%悬浮剂或500克/升悬浮剂300～500倍液，有效防治缩叶病。然后从落花后20天左右开始继续喷药，10～15天1次，与不同类型药剂交替使用，连喷3～4次，有效防治黑星病、炭疽病、真菌性穿孔病；往年褐腐病较重果园，从果实采收前1.5个月开始喷药防治，10天左右1次，连喷2～3次，兼防炭疽病。落花后用药量同“苹果病害”。

杏、李病害 从落花后20天左右开始喷药，10～15天1次，与不同类型药剂交替使用，连喷3～5次，可有效防治黑星病、炭疽病、真菌性穿孔病及褐腐病的发生为害。用药量同“苹果病害”。

樱桃病害 从落花后20天左右开始喷药，10～15天1次，连喷2～3次，可有效防治炭疽病、真菌性穿孔病及褐腐病的发生为害。用药量同“苹果病害”。

核桃病害 以炭疽病防治为主，兼防枝枯病、叶斑病。从落花后1个月左右或病害发生初期开始喷药，10～15天1次，连喷2～3次。用药量同“苹果病害”。

枣病害 开花前、后各喷药1次，主要防治褐斑病，兼防果实斑点病；然后从落花后半月左右开始继续喷药，10～15天1次，与不同类型药剂交替使用，连喷4～7次，可有效防治锈病、炭疽病、轮纹病、果实斑点病及褐斑病的发生为害。用药量同“苹果病害”。

柿病害 从落花后半月左右开始喷药，10～15天1次，连喷2～3次，可有效防治角斑病、圆斑病及炭疽病的发生为害。用药量同“苹果病害”。

板栗病害 以防治炭疽病、叶斑病为主，从病害发生初期开始喷药，10～15天1次，连喷2～3次。用药量同“苹果病害”。

石榴病害 从开花初期开始喷药，10～15天1次，连喷4～6次，对炭疽病、麻皮病及叶斑病均具有很好的防治效果。用药量同“苹果病害”。

山楂病害 在山楂展叶期、初花期和落花后10天各喷药1次，有效防治枯梢病，兼防叶斑病；防治黑星病时，从初见病斑时开始喷药，10～15天1次，连喷2～3次，兼防炭疽病、叶斑病。用药量同“苹果病害”。

草莓病害 从花蕾期开始，使用多菌灵药液灌根，10天后再浇灌1次，对根腐病具有较好的防治效果，灌药浓度同“果树根部病害”。防治褐斑病时，从初见病斑时开始喷药，10～15天1次，连喷2～3次，喷药浓度同“苹果病害”。

香蕉病害 从病害发生初期开始喷药，10～15天1次（多雨潮湿时为7～10天），连喷2～4次，对黑星病、炭疽病及叶斑病均具有较好的防治效果。一般使用25%可湿性粉剂200～300倍液，或40%可湿性粉剂300～500倍液，或50%可湿性粉剂或50%水分散粒剂或40%悬浮剂400～600倍液，或50%悬浮剂或500克/升悬浮剂或75%水分散粒剂600～800倍液，或80%可湿性粉剂或80%水分散粒剂800～1000倍液均匀喷雾。

柑橘病害 防治树干流胶病、树脂病时，在4～7月用刀在病部纵向划道切割，深达木质部，然后使用25%可湿性粉剂10～20倍液，或40%可湿性粉剂20～40倍液，或50%可湿性粉剂或50%水分散粒剂或40%悬浮剂30～50倍液，或50%悬浮剂或500克/升悬浮剂或75%水分散粒剂50～80倍液，或80%可湿性粉剂或80%水分散粒剂60～90倍液涂抹病部表面。防治炭疽病、疮痂病、黑星病及黄斑病时，在新梢抽发期喷药或从病害发生初期开始喷药，10天左右1次，每期连喷2～3次，喷药浓度同“苹果病害”。

杧果病害 从初花期开始喷药，10天左右1次，连喷3～4次，可有效防治炭疽病的发生为害，并兼防叶斑病。用药量同“苹果病害”。

枇杷炭疽病 从病害发生初期开始喷药，10～15天1次，连喷2～3次。用药量同“苹果病害”。

番木瓜炭疽病 从落花后开始喷药，10～15天1次，连喷2～4次。用药量同“苹果病害”。

水稻病害 防治苗瘟、叶瘟时，在田间出现中心病株时喷药1次；防治穗颈瘟时，在孕穗后期（破肚期）、齐穗期各喷药1次。防治稻曲病时，在孕穗后期、出穗初期各喷药1次。防治纹枯病、鞘腐病时，在拔节期、孕穗期各喷药1次。防治褐变穗时，在孕穗后期（破肚期）、齐穗期各喷药1次。防治小粒菌核病时，在拔节期、抽穗期各喷药1次。一般每亩次使用25%可湿性粉剂150～200克，或40%可湿性粉剂100～125克，或50%可湿性粉剂或50%水分散粒剂或40%悬浮剂80～100克（或毫升）、或50%悬浮剂或500克/升悬浮剂或75%水分散粒剂60～80克（或毫升）、或80%可湿性粉剂或80%水分散粒剂50～75克，对水45～60千克均匀喷雾。

小麦病害 防治全蚀病时，在返青至拔节期喷药1～2次；防治赤霉病时，在灌浆期喷药1～2次。用药量同“水稻病害”。

玉米大斑病、小斑病、灰斑病、黄斑病、纹枯病 田间出现病斑后，从多雨潮湿时开始喷药，10天左右1次，连喷1～2次。用药量同“水稻病害”。

马铃薯干腐病 主要通过贮运前浸薯及播种前拌种进行防治。采收后使用25%可湿性粉剂200～300倍液，或40%可湿性粉剂300～500倍液，或50%可湿性粉剂或50%水分散粒剂或40%悬浮剂400～600倍液，或50%悬浮剂或500克/升悬浮剂或75%水分散粒剂500～700倍液，或80%可湿性粉剂或80%水分散粒剂600～800倍液浸薯20～30秒，捞出后晾干贮运；播种前每百千克种薯使用25%可湿性粉剂120～150克，或40%可湿性粉剂75～100克，或50%可湿性粉剂60～80克，或80%可湿性粉剂40～50克药剂均匀拌种。

甘薯黑斑病 育秧前，使用25%可湿性粉剂300～400倍液，或40%可湿性粉剂500～600倍液，或50%可湿性粉剂或50%水分散粒剂或40%悬浮剂600～800倍液，或50%悬浮剂或500克/升悬浮剂或75%水分散粒剂800～1000倍液，或80%可湿性粉剂或80%水分散粒剂1000～1200倍液浸薯1～2分钟，捞出晾干后开始摆薯育秧。或使用上述药液浸苗基部5～10厘米处半分钟，而后栽植。

棉花病害 每10千克种子使用25%可湿性粉剂200克，或40%可湿性粉剂125克，或50%可湿性粉剂100克，或80%可湿性粉剂40克药剂均匀拌种，而后播种，对苗期病害具有很好的防治效果。防治烂铃病时，从病害发生初期开始喷药，10天左右1次，连喷2次左右，同时兼防炭疽病、叶斑病等。用药量同“水稻病害”。

花生病害 从病害发生初期开始喷药，10天左右1次，连喷2～3次，对褐斑病、黑斑病、网斑病、疮痂病及茎腐病均具有很好的防治效果。用药量同“水稻病害”。

大豆、绿豆等豆类的灰斑病、菌核病、褐斑病、紫斑病 在封垄前和封垄后各喷药1次即可。用药量同“水稻病害”。

油菜菌核病 从病害发生初期或封垄初期开始喷药，10天左右1次，连喷2～3次。用药量同“水稻病害”。

甜菜褐斑病 从病害发生初期开始喷药，10天左右1次，连喷2～3次。用药量同“水稻病害”。

黄瓜、西瓜、甜瓜等瓜类病害 防治炭疽病、黑星病及蔓枯病时，从病害发生初期开始喷药，7～10天1次，连喷3～4次，一般使用25%可湿性粉剂300～400倍液，或40%可湿性粉剂500～600倍液，或50%可湿性粉剂或50%水分散粒剂或40%悬浮剂600～800倍液，或50%悬浮剂或500克/升悬浮剂或75%水分散粒剂800～1000倍液，或80%可湿性粉剂或80%水分散粒剂1000～1200倍液均匀喷雾。防治枯萎病时，在定植后30天、40天、50天各浇灌植株主要根区1次，每株浇灌药液量200～300毫升，浇灌药液浓度同上述喷药倍数。

茄子病害 防治叶斑病时，从病害发生初期开始喷药，10天左右1次，连喷2～4次。防治黄萎病时，从门茄似鸡蛋大小时开始浇灌植株根部，10天1次，连灌2～3次。用药量及浓度同“瓜类病害”。

辣椒炭疽病、菌核病 从病害发生初期开始喷药，10天左右1次，连喷3～4次。用药量同“瓜类病害”。

番茄炭疽病、叶斑病 从病害发生初期开始喷药，10天左右1次，连喷3～4次。用药量同“瓜类病害”。

芹菜叶斑病 从病害发生初期开始喷药，7～10天1次，连喷3～5次。用药量同“瓜类病害”。

芦笋茎枯病 从病害发生初期开始喷药，10天左右1次，连喷3～4次。用药量同“瓜类病害”。

中药植物炭疽病、叶斑病 从病害发生初期开始喷药，10天左右1次，连喷2～4次。用药量同“瓜类病害”。

观赏植物炭疽病、叶斑病 从病害发生初期开始喷药，10天左右1次，连喷2～4次。用药量同“瓜类病害”。

橡胶炭疽病 从病害发生初期开始用药，每亩次使用15%烟剂200～250克点燃放烟，10～15天后再点放1次。

蘑菇褐腐病、木霉病 拌料时，按照每百千克基料使用25%可湿性粉剂80～120克，或40%可湿性粉剂或40%悬浮剂50～75克，或50%可湿性粉剂或50%悬浮剂或500克/升悬浮剂40～60克，或80%可湿性粉剂25～40克药剂充分拌匀；或通过床面喷雾进行用药，一般每平方米床面使用25%可湿性粉剂2～3克，或40%可湿性粉剂或40%悬浮剂1.3～1.8克，或50%可湿性粉剂或50%水分散粒剂或50%悬浮剂或500克/升悬浮剂1～1.5克，或80%可湿性粉剂或80%水分散粒剂0.6～0.9克药剂，对适量水均匀喷雾。

瓜果蔬菜等一年生作物根腐病 栽植或播种前进行土壤消毒，将药粉均匀撒施在栽植或播种沟内即可。一般每亩次使用25%可湿性粉剂2～4千克，或40%可湿性粉剂1.25～2.5千克，或50%可湿性粉剂1～2千克，或80%可湿性粉剂0.8～1.5千克。栽植后也可用药液进行灌根，每株约需灌药液200～300毫升，浇灌药液浓度同“黄瓜病害”。

【注意事项】多菌灵可与非碱性杀虫、杀螨剂随混随用，但不能与波尔多液、石硫合剂等碱性农药混用。连续多次单一使用，易诱导病菌产生抗药性，最好与不同类型杀菌剂交替使用或混合使用。悬浮剂型有时可能会有一些沉淀，摇匀后使用不影响药效。用药时注意安全保护，工作完毕后及时清洗手脸和可能被污染的部位；误服后尽快服用或注射阿托品，并送医院对症治疗。露地作物在多雨季节喷用，间隔期不要超过10天。在苹果、梨上的安全采收间隔期为7天，在葡萄上为25天。

甲基硫菌灵

【有效成分】甲基硫菌灵（thiophanate-methyl）。

【常见商标名称】甲基托布津、杀灭尔、纳米欣、艾普兰、奥利托、大佳托、金家托、鑫佳托、珍托津、保叶生、农百金、曹氏甲托、日友甲托、罗邦甲托、安德瑞普、兴农征露、甲托、瑞托、标托、翠托、菌托、凯托、乳托、上托、世托、爽托、尊托、凯来、红日、震旦、宝鲜、禾晶、金雀、劲瑞、绿爱、能孚、喷康、全福、松尔、益秀、燕化托上托、诺普信白托、威尔达甲托、鑫瑞德甲托、悦联白精托、至纯白甲托、宜农康正津等。

【主要含量与剂型】 70%可湿性粉剂、50%可湿性粉剂、50%悬浮剂、500克/升悬浮剂、36%悬浮剂、3%糊剂。

【理化性质】 纯品为无色结晶，原粉为微黄色结晶，熔点172℃。原药几乎不溶于水，可溶于甲醇、乙醇、丙酮、氯仿等有机溶剂，对酸、碱稳定。属低毒杀菌剂，大鼠急性经口 LD_{50} 为7.5克/千克，大鼠急性经皮 LD_{50} 大于10克/千克，在动物体内代谢排出较快，代谢物毒性低，无明显积累现象。试验条件下未见致畸、致癌、致突变作用。对鱼类有毒，对蜜蜂低毒，对鸟类低毒，对蜜蜂无接触毒性。

【产品特点】 甲基硫菌灵是一种取代苯类广谱治疗性杀菌剂，具有保护、治疗、内吸多种作用方式。其杀菌机理有两个，一是在植物体内部分转化为多菌灵，干扰病菌有丝分裂中纺锤体的形成，影响细胞分裂，导致病菌死亡；二是甲基硫菌灵直接作用于病菌，阻碍其呼吸过程，影响病菌孢子的产生、萌发及菌丝体生长。该药可混用性好，使用方便、安全，低毒、低残留，但连续使用易诱使病菌产生抗药性。悬浮剂相对加工颗粒微细、黏着性好、耐雨水冲刷、药效利用率高，使用方便、环保。

甲基硫菌灵常与硫黄粉、福美双、代森锰锌、乙霉威、腈菌唑、丙环唑、三环唑、戊唑醇、己唑醇、异菌脲、苯醚甲环唑、醚菌酯、烯唑醇、噁霉灵等杀菌剂成分混配，生产复配杀菌剂。

【适用作物及防治对象】 甲基硫菌灵广泛适用于多种果树、多种蔬菜、麦类、水稻、玉米、高粱、马铃薯、甘薯、棉花、油菜、甘蔗、甜菜、豆类、瓜类、麻类、花卉、林木、中药植物等植物；对许多种高等真菌性病害均具有很好的防治效果，如苹果和梨树的腐烂病、轮纹病、炭疽病、褐斑病、花腐病、霉心病、褐腐病、套袋果斑点病、黑星病、白粉病、锈病、水锈病、采后烂果病、根腐病，葡萄的黑痘病、炭疽病、白粉病、褐斑病、灰霉病、房枯病，桃树的缩叶病、炭疽病、真菌性穿孔病、黑星病、褐腐病，核桃的炭疽病、枝枯病、叶斑病，枣树的褐斑病、轮纹病、锈病、炭疽病，柿树的角斑病、圆斑病、炭疽病、白粉病，板栗的炭疽病、叶斑病，石榴的炭疽病、麻皮病、叶斑病，香蕉的黑星病、炭疽病、叶斑病，柑橘类的炭疽病、疮痂病、黑星病、黄斑病，杧果的炭疽病、白粉病、叶斑病，水稻的纹枯病、稻瘟病、稻曲病、鞘腐病、褐变穗，麦类的赤霉病、纹枯病、白粉病、锈病、全蚀病、黑穗病，玉米的大斑病、小斑病、灰斑病、黄斑病、纹枯病、黑穗病，高粱的炭疽病、叶斑病，棉花的炭疽病、褐斑病、轮斑病，花生的褐斑病、黑斑病、网斑病、锈病、疮痂病，大豆、绿豆等豆类的根腐病、炭疽病、灰斑病、褐斑病、紫斑病、锈病、白粉病，西瓜、甜瓜等瓜类的炭疽病、蔓枯病、枯萎病、白粉病、灰霉病，茄子、辣椒、番茄等茄果类蔬菜的根腐病、炭疽病、叶斑病、菌核病、灰霉病，芹菜叶斑病，芦笋的茎枯病、锈病，油菜菌核病，甘薯黑斑病，马铃薯干腐病，甜菜褐斑病，麻类炭疽病，毛竹枯梢病，中药植物的根腐病、叶斑病，花卉植物的叶斑病、白粉病、锈病等。

【使用技术】甲基硫菌灵主要应用于喷雾，也可用于种子处理、枝干涂抹及果树灌根。

果树根部病害（根腐病、紫纹羽病、白纹羽病、白绢病） 在清除或刮除病根组织的基础上，于树盘下用土培埂浇灌，每年早春施药效果最好。一般使用70%可湿性粉剂800～1000倍液，或50%可湿性粉剂或50%悬浮剂或500克/升悬浮剂600～800倍液，或36%悬浮剂400～500倍液浇灌。浇灌药液量因树体大小而异，以树体大部分根区土壤湿润为宜。

果树枝干腐烂病 在刮除病斑的基础上，使用3%糊剂、或70%可湿性粉剂20～30倍液、或50%可湿性粉剂或50%悬浮剂或500克/升悬浮剂15～20倍液，或36%悬浮剂10～15倍液在病斑表面涂抹。一个月后再涂药1次效果更好。

苹果和梨的枝干轮纹病 春季轻刮病瘤后涂药。一般使用70%可湿性粉剂与植物油按1∶20～25的比例，充分搅拌均匀后涂抹枝干。

苹果和梨的轮纹烂果病、炭疽病 使用70%可湿性粉剂800～1000倍液，或50%可湿性粉剂600～800倍液，或50%悬浮剂或500克/升悬浮剂800～1000倍液，或36%悬浮剂400～500倍液均匀喷雾。从落花后7～10天开始喷第1次药，以后视降雨情况每隔7～15天喷药1次（多雨潮湿时7～10天喷药1次，少雨干旱时10～15天喷药1次）。苹果或梨幼果期（若果实套袋，则为套袋前），最好与戊唑·多菌灵、全络合态代森锰锌交替使用。套袋果到套袋后结束用药；非套袋果，6月中下旬后可选择与戊唑·多菌灵、三乙膦酸铝、硫酸铜钙等药剂交替使用。防治非套袋苹果的轮纹烂果病时，中熟品种一般到8月上中旬结束用药，晚熟品种一般到9月上中旬结束用药；防治非套袋梨的轮纹烂果病时，一般到8月中旬结束用药；防治非套袋苹果或梨的炭疽病时，一般应喷药到采收前7～10天。但具体用药结束期，应根据病害防治水平及果实生长后期的降雨情况而灵活掌握。

苹果和梨的锈病 开花前、落花后各喷药1次即可，严重果园落花后10天左右需再喷药1次。一般使用70%可湿性粉剂800～1000倍液，或50%可湿性粉剂600～800倍液，或50%悬浮剂或500克/升悬浮剂800～1000倍液，或36%悬浮剂400～500倍液均匀喷雾。

苹果白粉病 开花前、落花后及落花后10～15天为药剂防治关键期，需各喷药1次。一般使用70%可湿性粉剂800～1000倍液，或50%可湿性粉剂600～800倍液，或50%悬浮剂或500克/升悬浮剂800～1000倍液，或36%悬浮剂400～500倍液均匀喷雾，也可与戊唑·多菌灵、烯唑醇、腈菌唑、苯醚甲环唑等药剂交替使用。

苹果和梨的花腐病 多雨潮湿地区果园，在初花期和盛花末期各喷药1次；一般果园只需在初花期喷药1次即可。一般使用70%可湿性粉剂800～1000倍液，或50%可湿性粉剂600～800倍液，或50%悬浮剂或500克/升悬浮剂800～1000倍液，或36%悬浮剂400～500倍液均匀喷雾。

苹果和梨的霉心病 盛花末期喷药1次即可，落花后用药基本无效。一般使用70%可湿性粉剂600～800倍液，或50%可湿性粉剂500～600倍液，或50%悬浮剂或500克/升悬浮剂600～800倍液，或36%悬浮剂300～400倍液均匀喷雾。

苹果和梨的套袋果斑点病 套袋前5天内喷药效果最好。一般使用70%可湿性粉剂800～1000倍液，或50%可湿性粉剂600～800倍液，或50%悬浮剂或500克/升悬浮剂800～1000倍液，或36%悬浮剂400～500倍液均匀喷雾，与全络合态代森锰锌混用效果更好。

苹果褐斑病 从历年初见病斑前10天左右的降雨后（一般为6月初或6月上旬），开始喷第一次药，以后视降雨情况每隔10～15天喷药1次，连喷4～6次。一般使用70%可湿性粉剂800～1000倍液，或50%可湿性粉剂600～800倍液，或50%悬浮剂或500克/升悬浮剂800～1000倍液，或36%悬浮剂400～500倍液均匀喷雾。可与戊唑·多菌灵、硫酸铜钙、波尔多液等药剂交替使用。

苹果褐腐病 从采收前1.5个月（中熟品种）至2个月（晚熟品种）开始喷药防治，10～15天1次，连喷2次即可有效控制该病为害。药剂使用倍数同“苹果褐斑病”。

苹果黑星病 一般发生地区或果园，多从5月中下旬开始喷药，10～15天1次，连喷2～4次。药剂使用倍数同“苹果褐斑病”，也可与腈菌唑、苯醚甲环唑、烯唑醇、戊唑·多菌灵、硫酸铜钙等药剂交替使用。

苹果和梨的水锈病（煤污病、蝇粪病） 往年严重果园一般从7月下旬开始喷药，10～15天1次，连喷2～3次即可。药剂使用倍数同“苹果褐斑病”，与克菌丹混合使用效果更好。

苹果和梨的采后烂果病 采后贮运前，一般使用70%可湿性粉剂600～800倍液，或50%可湿性粉剂500～600倍液，或50%悬浮剂或500克/升悬浮剂600～800倍液，或36%悬浮剂300～400倍液浸果，1～2分钟后捞出晾干即可。

梨黑星病 从初见病梢（乌码）或病叶、病果时开始喷药，往年黑星病较重果园需从落花后即开始喷药，以后每隔10～15天喷药1次，一般幼果期需喷药2～3次，中后期需喷药4～6次。具体喷药间隔期视降雨情况而定，多雨潮湿时应适当缩短喷药间隔期。一般使用70%可湿性粉剂800～1000倍液，或50%可湿性粉剂600～800倍液，或50%悬浮剂或500克/升悬浮剂800～1000倍液，或36%悬浮剂400～500倍液均匀喷雾。为避免病菌产生抗性，幼果期可与苯醚甲环唑、腈菌唑、烯唑醇、戊唑·多菌灵、全络合态代森锰锌、克菌丹等杀菌剂交替使用；中后期除可与上述药剂交替使用外，还可与硫酸铜钙、波尔多液等交替使用。

梨褐斑病 从发病初期（北方梨区多为7月中下旬）开始喷药，一般果园连喷2次即可有效控制病情为害。药剂使用倍数同“梨黑星病”，也可与戊唑·多菌灵、代森锰锌等交替使用。

梨白粉病 从发病初期开始喷药，10～15天1次，连喷2～3次即可，注意喷洒叶片背面。药剂使用倍数同“梨黑星病”，也可与戊唑·多菌灵、腈菌唑、苯醚甲环唑等药剂交替使用。

葡萄黑痘病 葡萄开花前、落花70%～80%及落花后10天左右是防治黑痘病的关键时期，各喷药1次即可有效控制该病的发生为害。一般使用70%可湿性粉剂800～1000倍液，或50%可湿性粉剂600～700倍液，或50%悬浮剂或500克/升悬浮剂800～1000倍液，或36%悬浮剂400～500倍液均匀喷雾，也可与戊唑·多菌灵、全络合态代森锰锌、苯醚甲环唑、硫酸铜钙等药剂交替使用。

葡萄炭疽病、房枯病 一般从葡萄果粒长成大小前7～10天开始喷药，10天左右1次，需连喷4～6次。药剂使用倍数及交替用药种类同“葡萄黑痘病”。

葡萄褐斑病 从发病初期开始喷药，10天左右1次，一般需连喷3～4次。药剂使用倍数及交替用药种类同“葡萄黑痘病”。

葡萄灰霉病 从发病初期开始喷药，7～10天1次，连喷2～3次，即可控制灰霉病的蔓延为害。药剂使用倍数同“葡萄黑痘病”，可与腐霉利、异菌脲、嘧霉胺等药剂交替使用。

葡萄白粉病 从发病初期开始喷药，7～10天1次，连喷2～3次，即可控制白粉病的发生为害。药剂使用倍数同“葡萄黑痘病”，可与戊唑·多菌灵、腈菌唑、苯醚甲环唑、戊唑醇等药剂交替使用。

桃树缩叶病 在桃芽露红但尚未展开时，使用70%可湿性粉剂500～600倍液，或50%可湿性粉剂300～400倍液，或50%悬浮剂或500克/升悬浮剂500～600倍液，或36%悬浮剂300～400倍液均匀喷雾，1次用药即可有效控制缩叶病为害。

桃炭疽病 从果实采收前1.5个月开始喷药，10～15天1次，连喷2～4次。一般使用70%可湿性粉剂800～1000倍液，或50%可湿性粉剂600～800倍液，或50%悬浮剂或500克/升悬浮剂800～1000倍液，或36%悬浮剂400～500倍液均匀喷雾，可与戊唑·多菌灵、溴菌腈、苯醚甲环唑等药剂交替使用。

桃树真菌性穿孔病 一般果园从落花后10天左右或发病初

期开始喷药，10～15天1次，连喷2～4次即可。药剂使用倍数同“桃炭疽病”，可与代森锌、丙森锌、戊唑·多菌灵、全络合态代森锰锌等药剂交替使用。

桃黑星病（疮痂病） 从落花后1个月左右开始喷药，10～15天1次，到采收前1个月结束。一般使用70%可湿性粉剂800～1000倍液，或50%可湿性粉剂600～700倍液，或50%悬浮剂或500克/升悬浮剂800～1000倍液，或36%悬浮剂400～500倍液均匀喷雾，可与腈菌唑、苯醚甲环唑、烯唑醇、戊唑·多菌灵等药剂交替使用。

桃褐腐病 防治花腐及幼果褐腐时，在初花期、落花后及落花后半月各喷药1次；防治近成熟果褐腐时，一般从果实成熟前1个月左右开始喷药，7～10天1次，连喷2～3次。药剂使用倍数同“桃黑星病”，可与异菌脲、腐霉利、戊唑·多菌灵等药剂交替使用。

核桃炭疽病、真菌性叶斑病 从雨季到来前开始喷药，15天左右1次，连喷2～4次，炭疽病在幼果期喷药最为关键。一般使用70%可湿性粉剂800～1000倍液，或50%可湿性粉剂600～800倍液，或50%悬浮剂或500克/升悬浮剂800～1000倍液，或36%悬浮剂400～500倍液均匀喷雾，也可与戊唑·多菌灵、溴菌腈、苯醚甲环唑、全络合态代森锰锌等药剂交替使用。

枣轮纹病（浆果病）、炭疽病、锈病、褐斑病 一般从一茬花落花后10～15天开始喷药，10～15天1次，需连喷6次左右；具体喷药间隔期及次数视降雨情况灵活掌握，阴雨潮湿多喷、无雨干旱少喷。一般使用70%可湿性粉剂800～1000倍液，或50%可湿性粉剂600～700倍液，或50%悬浮剂或500克/升悬浮剂800～1000倍液，或36%悬浮剂400～500倍液均匀喷雾，可与硫酸铜钙、戊唑·多菌灵、代森锰锌、苯醚甲环唑、代森锌等药剂交替使用。

柿角斑病、圆斑病、炭疽病 从柿树落花后15天左右开始喷药，15 天左右 1 次，连喷 2～3 次，即可有效控制柿树病害。一般使用 70%可湿性粉剂 800～1000 倍液，或 50%可湿性粉剂 600～800 倍液，或 50%悬浮剂或 500 克/升悬浮剂 800～1000 倍液，或 36%悬浮剂 400～500 倍液均匀喷雾。

板栗炭疽病、叶斑病 从病害发生初期开始喷药，10～15 天 1 次，连喷 2～3 次。一般使用 70%可湿性粉剂 800～1000 倍液，或 50%可湿性粉剂 600～800 倍液，或 50%悬浮剂或 500 克/升悬浮剂 800～1000 倍液，或 36%悬浮剂 400～500 倍液均匀喷雾。

石榴炭疽病、麻皮病、叶斑病 从病害发生初期或幼果期开始喷药，10 天左右 1 次，连喷 3～5 次。一般使用 70%可湿性粉剂 800～1000 倍液，或 50%可湿性粉剂 600～800 倍液，或 50%悬浮剂或 500 克/升悬浮剂 800～1000 倍液，或 36%悬浮剂 400～500 倍液均匀喷雾，可与戊唑·多菌灵、苯醚甲环唑、全络合态代森锰锌等药剂交替使用。

香蕉叶斑病、黑星病、炭疽病 从结果初期或病害发生初期开始喷药，10 天左右 1 次，连喷 3 次左右。一般使用 70%可湿性粉剂 600～800 倍液，或 50%可湿性粉剂 400～500 倍液，或 50%悬浮剂或 500 克/升悬浮剂 600～800 倍液，或 36%悬浮剂 300～400 倍液均匀喷雾，可与丙环唑、戊唑·多菌灵、苯醚甲环唑等药剂交替使用。

杧果炭疽病、白粉病、叶斑病 在杧果开花初期、开花末期及谢花后 20 天各喷药 1 次，可有效防治炭疽病和白粉病；防治叶斑病时从病害发生初期开始喷药，10～15 天 1 次，连喷 2～3 次。一般使用 70%可湿性粉剂 800～1000 倍液，或 50%可湿性粉剂 600～800 倍液，或 50%悬浮剂或 500 克/升悬浮剂 800～1000 倍液，或 36%悬浮剂 400～500 倍液均匀喷雾。

柑橘类的炭疽病、疮痂病、黑星病、黄斑病 萌芽 1/3 厘米、谢花 2/3 是防治疮痂病的关键时期，同时兼防前期叶片炭疽病；谢花 2/3、幼果期是防治炭疽病、并保果的关键期，同时兼防疮痂病、黄斑病；果实膨大期至转色期是防治黑星病、黄斑病的关键期，同时兼防炭疽病。一般使用 70%可湿性粉剂 800～1000 倍液，或 50%可湿性粉剂 600～700 倍液，或 50%悬浮剂或 500 克/升悬浮剂 800～1000 倍液，或 36%悬浮剂 400～500 倍液均匀喷雾，可与全络合态代森锰锌、戊唑·多菌灵、克菌丹、苯醚甲环唑等药剂交替使用。

水稻纹枯病、稻瘟病、稻曲病、鞘腐病、褐变穗 防治苗瘟、叶瘟时，田间出现中心病株时喷药 1 次；防治穗颈瘟、褐变穗时，破口期、齐穗初期各喷药 1 次；防治纹枯病和鞘腐病时，拔节期、孕穗期各喷药 1 次；防治稻曲病时，孕穗后期、出穗初期各喷药 1 次。一般每亩次使用 70%可湿性粉剂 100～120 克，或 50%可湿性粉剂 140～180 克，或 50%悬浮剂或 500 克/升悬浮剂 100～120 毫升，或 36%悬浮剂 150～200 毫升，对水 30～45 千克均匀喷雾。

麦类作物及玉米黑穗病 一般使用 70%可湿性粉剂 143 克，或 50%可湿性粉剂 200 克，或 50%悬浮剂或 500 克/升悬浮剂 200 毫升，或 36%悬浮剂 250 毫升，加水 4 千克搅拌均匀，而后均匀拌种 100 千克，闷种 6 小时后播种；或用 70%可湿性粉剂 214 克，或 50%可湿性粉剂 300 克，或 50%悬浮剂或 500 克/升悬浮剂 300 毫升，或 36%悬浮剂 400 毫升，加水 150 千克搅拌均匀，而后浸种 100 千克 36～48 小时，捞出晾干播种。

麦类纹枯病、赤霉病、白粉病、锈病 返青期至孕穗期是防治纹枯病的关键期，需喷药 1～2 次；始花期喷药 1 次、7 天后再喷药 1 次，可有效防治赤霉病；白粉病、锈病从发病初期开始喷药，10～15 天 1 次，连喷 2 次。用药量同“水稻病害防治”。

玉米大斑病、小斑病、灰斑病、黄斑病、纹枯病 从病害发生初期开始喷药，10 天左右 1 次，连喷 2 次即可有效控制病情为害。用药量同“水稻病害防治”。

高粱炭疽病、叶斑病 从病害发生初期开始喷药，10天左右1次，连喷1～2次即可有效控制病情为害。用药量同“水稻病害防治”。

棉花炭疽病、褐斑病、轮斑病 棉花结铃后，从病害发生初期开始喷药，10～15天1次，连喷2次即可有效控制病情为害。用药量同“水稻病害防治”。

花生褐斑病、黑斑病、网斑病、锈病、疮痂病 一般在花生封垄后或生长中后期，从病害发生初期开始喷药，10～15天1次，连喷2次即可有效控制病情为害。一般每亩次使用70%可湿性粉剂80～100克，或50%可湿性粉剂120～140克，或50%悬浮剂或500克/升悬浮剂80～100毫升，或36%悬浮剂120～150毫升，对水30～45千克均匀喷雾。

大豆、绿豆等豆类的根腐病 根腐病发生较重的地块，播种前按每亩使用70%可湿性粉剂0.5～1千克、或50%可湿性粉剂0.7～1.4千克，在播种垄内均匀撒施，而后播种，可有效防治根腐病的发生为害。

大豆、绿豆等豆类的炭疽病、灰斑病、褐斑病、紫斑病、锈病、白粉病 进入结荚盛期后，从病害发生初期开始喷药，10～15天1次，一般需连喷2次。每亩次使用70%可湿性粉剂80～100克，或50%可湿性粉剂120～140克，或50%悬浮剂或500克/升悬浮剂80～100毫升，或36%悬浮剂120～150毫升，对水30～45千克均匀喷雾。

西瓜、甜瓜等瓜类的枯萎病 播种前或定植前，按每亩使用70%可湿性粉剂0.5～1千克、或50%可湿性粉剂0.7～1.4千克，在播种或定植垄内均匀撒施，而后播种或定植，对枯萎病的防治效果很好。

西瓜、甜瓜等瓜类的炭疽病、蔓枯病、白粉病、灰霉病 从病害发生初期开始喷药，10天左右1次，连喷2～3次。一般每亩次使用70%可湿性粉剂100～120克，或50%可湿性粉剂

120～150 克，或 50%悬浮剂或 500 克/升悬浮剂 100～120 毫升，或 36%悬浮剂 120～150 毫升，对水 45～60 千克均匀喷雾；防治炭疽病、蔓枯病可与戊唑·多菌灵、全络合态代森锰锌、苯醚甲环唑等药剂交替使用，防治白粉病可与腈菌唑、苯醚甲环唑、烯唑醇、乙嘧酚等药剂交替使用，防治灰霉病可与乙霉·多菌灵、嘧霉胺、腐霉利、双胍三辛烷基苯磺酸盐等药剂交替使用。

茄子、辣椒、番茄等茄果类蔬菜的根腐病、炭疽病、叶斑病、菌核病、灰霉病 根腐病防治同“瓜类枯萎病”防治技术。防治其他病害时，从病害发生初期开始喷药，7～10 天 1 次，连喷 3 次左右。一般每亩次使用 70%可湿性粉剂 100～120 克，或 50%可湿性粉剂 120～150 克，或 50%悬浮剂或 500 克/升悬浮剂 100～120 毫升，或 36%悬浮剂 120～150 毫升，对水 45～60 千克均匀喷雾；防治炭疽病、叶斑病可与戊唑·多菌灵、丙森锌、苯醚甲环唑等药剂交替使用，防治菌核病、灰霉病可与腐霉利、嘧霉胺、乙霉·多菌灵等药剂交替使用。

芹菜叶斑病 从病害发生初期开始喷药，7～10 天 1 次，连喷 3 次左右。用药量及使用技术同“瓜类叶斑病”。

芦笋茎枯病、锈病 从病害发生初期开始喷药，10 天左右 1 次，连喷 3 次左右，注意喷洒植株中下部。用药量同“瓜类叶斑病”，可与代森锰锌、硫悬浮剂、戊唑·多菌灵等药剂交替使用。

油菜菌核病 从油菜盛花期开始喷药，10 天左右 1 次，连喷 2 次即可有效控制病情为害。用药量及使用技术同“瓜类灰霉病”。

甘薯黑斑病 育秧前浸泡种薯、栽种前浸泡薯苗基部、种薯贮存前药液浸泡薯块。一般使用 70%可湿性粉剂 800～1000 倍液，或 50%可湿性粉剂 600～700 倍液，或 50%悬浮剂或 500 克/升悬浮剂 800～1000 倍液，或 36%悬浮剂 500～600 倍液浸泡，浸泡 5 分钟即可。

马铃薯干腐病 播种前拌种、贮运前药液浸泡薯块。拌种时每100千克种薯使用70%可湿性粉剂70～80克加滑石粉1～1.5千克，先将药剂与滑石粉拌匀，而后再均匀拌种薯。贮运前使用70%可湿性粉剂600～800倍液，或50%可湿性粉剂400～500倍液，或50%悬浮剂或500克/升悬浮剂600～800倍液，或36%悬浮剂400～500倍液浸泡薯块，浸泡2分钟后捞出、晾干，而后贮运。

甜菜褐斑病、麻类炭疽病 从病害盛发前开始喷药，10天后再喷1次。一般每亩次使用70%可湿性粉剂100～120克，或50%可湿性粉剂120～150克，或50%悬浮剂或500克/升悬浮剂100～120毫升，或36%悬浮剂120～150毫升，对水30～45千克均匀喷雾。

毛竹枯梢病 从病害发生初期开始喷药，7～10天后再喷施1次。一般使用70%可湿性粉剂800～1000倍液，或50%可湿性粉剂500～700倍液，或50%悬浮剂或500克/升悬浮剂800～1000倍液，或36%悬浮剂500～600倍液均匀喷雾。

中药植物的根腐病 用药量及用药方法同"瓜类枯萎病"。

中药植物的叶斑病，花卉植物的叶斑病、白粉病、锈病 从病害盛发初期开始喷药，10天左右1次，连喷2～3次。一般使用70%可湿性粉剂800～1000倍液，或50%可湿性粉剂500～700倍液，或50%悬浮剂或500克/升悬浮剂800～1000倍液，或36%悬浮剂500～600倍液均匀喷雾，可与戊唑·多菌灵、苯醚甲环唑等药剂交替使用。

【注意事项】不能与铜制剂及碱性农药混用；连续多次使用，病菌易产生抗药性，应注意与不同类型药剂交替使用或混合使用；悬浮剂型可能会有一些沉淀，摇匀后使用不影响药效；安全采收间隔期为14天。用药时，若药液溅入眼睛，应立即用清水或2%苏打水冲洗；疼痛时，向眼睛结膜滴1～2滴2%奴佛卡因液；若误食而引起急性中毒时，应立即催吐，症状严重的立即送医院诊治。

三　唑　酮

【有效成分】三唑酮（triadimefon）。

【常见商标名称】百理通、粉锈宁、粉锈清、粉绣托、粉菌特、富力特、优特克、菌克灵、天保丰、丰收乐、保丽特、代士高、粉力斯、菌通散、麦斗欣、农家旺、去粉佳、爱丰、艾苗、翠通、斗粉、禾键、郁冠、佳品、麦秀、普星、是高、旺苗、喜令、勇将、玉病菌克、瑞德丰宝通、默赛粉锈通等。

【主要含量与剂型】25%可湿性粉剂、20%乳油、15%可湿性粉剂、15%烟雾剂。

【理化性质】纯品为无色结晶，有特殊气味，熔点 82.3℃。原粉为白色至浅黄色固体，熔点大于 70℃。微溶于水，可溶于二氯甲烷、环己酮、甲苯、异丙醇。在酸性和碱性条件下均较稳定。属低毒杀菌剂，原粉大鼠急性经口 LD_{50} 为 1000～1500 毫克/千克，在动物体内代谢快，无明显积累作用，对皮肤和黏膜无明显刺激作用。对蜜蜂无毒，对鱼和鸟类安全。

【产品特点】三唑酮属三唑类内吸治疗性杀菌剂，高效、低残留、持效期长，易被植物吸收，并可在植物体内传导，药剂被根吸收后向顶部传导能力很强，对锈病和白粉病具有预防、治疗、铲除和熏蒸等多种作用。其杀菌机理主要是抑制病菌体内麦角甾醇的生物合成，进而抑制病菌附着胞及吸器的发育、菌丝的生长和孢子的形成。该药目前在一些地区表现抗药性较强，因此抗性较严重的地区用药时应适当加大药量、或与其他类型杀菌剂交替或混合使用。

三唑酮常与硫黄粉、多菌灵、腈菌唑、三环唑、咪鲜胺、福美双、代森锰锌、井冈霉素、乙蒜素等杀菌成分混配，生产复配杀菌剂；也常与一些内吸性杀虫剂（吡虫啉等）混配，生产复合拌种剂。

【适用作物及防治对象】三唑酮适用于多种植物，对锈病、白粉病、黑穗病、黑星病等多种病害均具有很好的防治效果。目前生产中主要应用于防治：麦类作物的锈病、白粉病、黑穗病、纹枯病，玉米的黑穗病、纹枯病、叶斑病，水稻的纹枯病、鞘腐病、叶黑粉病，高粱黑穗病，黄瓜、甜瓜等瓜类的白粉病，菜豆、豇豆、豌豆等豆类的白粉病、锈病，苹果、山楂的白粉病、锈病、黑星病，梨的白粉病、锈病、黑星病，葡萄、桃、板栗、核桃的白粉病，枣锈病，草莓白粉病，桑树锈病、白粉病，橡胶白粉病，烟草、甜菜、啤酒花的白粉病，花卉植物的白粉病、锈病，草坪锈病等。

【使用技术】三唑酮主要用于喷雾，常与其他不同类型杀菌剂交替或混合使用，也可用于拌种，还可用烟雾机喷烟雾。

麦类作物黑穗病、锈病、白粉病、纹枯病　防治黑穗病时，主要为药剂拌种，每10千克种子使用25%可湿性粉剂12克，或20%乳油15毫升，或15%可湿性粉剂20克均匀拌种，拌种后立即晾干。防治锈病、白粉病、纹枯病时，在拔节期和抽穗前各喷药1次，一般每亩次使用25%可湿性粉剂35～50克，或20%乳油45～60毫升，或15%可湿性粉剂60～80克，对水30～45千克均匀喷雾。

玉米黑穗病、纹枯病、叶斑病　防治黑穗病时，主要为药剂拌种，每10千克种子使用25%可湿性粉剂24～32克，或20%乳油30～40毫升，或15%可湿性粉剂40～50克均匀拌种，拌种后立即晾干。防治纹枯病、叶斑病时，在玉米抽雄时喷药1次，一般使用25%可湿性粉剂1000～1500倍液，或20%乳油800～1200倍液，或15%可湿性粉剂600～900倍液均匀喷雾。

水稻纹枯病、鞘腐病、叶黑粉病　拔节期、孕穗期各喷药1次，即可基本控制这三种病害的为害。一般每亩次使用25%可湿性粉剂35～50克，或20%乳油45～60毫升，或15%可湿性粉剂60～80克，对水30～45千克均匀喷雾。

高粱黑穗病 主要为药剂拌种，每10千克种子使用25%可湿性粉剂16～24克，或20%乳油20～30毫升，或15%可湿性粉剂30～40克均匀拌种。拌种后立即晾干。

黄瓜、甜瓜等瓜类白粉病 从病害发生初期开始喷药，7～10天1次，每期连喷2次。一般使用25%可湿性粉剂2000～2500倍液，或20%乳油1500～2000倍液，或15%可湿性粉剂1000～1500倍液均匀喷雾。

菜豆、豇豆、豌豆等豆类白粉病、锈病 从病害发生初期开始喷药，7～10天1次，每期连喷2次。用药量同“瓜类白粉病”。

草莓白粉病 在花蕾期、盛花期、末花期各喷药1次，即可有效控制白粉病的发生为害。用药量同“瓜类白粉病”。

苹果、山楂的白粉病、锈病、黑星病 防治白粉病、锈病时，在开花前、后各喷药1次；防治黑星病时，从病害发生初期开始喷药，10～15天1次，连喷2～3次。一般使用25%可湿性粉剂1600～2000倍液，或20%乳油1300～1500倍液，或15%可湿性粉剂1000～1200倍液均匀喷雾。

梨白粉病、锈病、黑星病 开花前、后各喷药1次，防治锈病，兼防黑星病；防治黑星病时，从初见病梢或病叶时开始喷药，10～15天1次，连喷5～7次；防治白粉病时，从初见病斑时开始喷药，10～15天1次，连喷2～3次，兼防黑星病。用药量同“苹果病害”。

葡萄、桃、板栗、核桃的白粉病 从初见病斑时开始喷药，10～15天1次，连喷2～3次。用药量同“苹果病害”。

枣锈病 从6月下旬至7月初开始喷药，10～15天1次，与戊唑·多菌灵、硫酸铜钙、苯醚甲环唑等药剂交替使用，连喷4～6次。用药量同“苹果病害”。

桑树锈病、白粉病 从病害发生初期开始喷药，10天左右1次，连喷2～3次。用药量同“苹果病害”。

橡胶白粉病 从病害发生初期开始用药，10天左右1次，连用2次。一般每亩次使用15%烟雾剂80～100克用烟雾机喷烟雾。无风天气用药效果好。

烟草、甜菜、啤酒花的白粉病 从病害发生初期开始喷药，10天左右1次，连喷2～3次。用药量同“瓜类白粉病”。

花卉植物白粉病、锈病 从病害发生初期开始喷药，10天左右1次，连喷2～3次。一般使用25%可湿性粉剂1800～2000倍液，或20%乳油1400～1600倍液，或15%可湿性粉剂1000～1200倍液均匀喷雾。

草坪锈病 从病害发生初期开始喷药，10～15天1次，每期连喷2次。一般使用25%可湿性粉剂1500～2000倍液，或20%乳油1200～1500倍液，或15%可湿性粉剂800～1000倍液均匀喷雾。

【注意事项】可与许多非碱性的杀菌剂、杀虫剂、除草剂混用。该药已使用多年，一些地区抗药性较重，用药时不要随意加大药量，以免发生药害，注意与不同类型杀菌剂混合或交替使用。药量过大的主要药害表现为：植株生长缓慢，株型矮化，叶片变小，颜色深绿等。一般作物的安全采收间隔期为20天。使用不当引起中毒或误服时，无特殊解毒药剂，应立即送医院对症治疗。

腈 菌 唑

【有效成分】腈菌唑（myclobutanil）。

【常见商标名称】信生、剔病、耘翠、允净、纯通、诺田、倾止、世俊、势冠、陶冶、瑞力脱、施可得、秀可多、标正多彩、中保高信、燕化信绿、黑白立消等。

【主要含量与剂型】12%乳油、12.5%乳油、12.5%可湿性粉剂、25%乳油、40%可湿性粉剂、40%水分散粒剂、40%悬浮剂。

【理化性质】 纯品为浅黄色结晶，原药为棕色或棕褐色粘稠状液体，熔点63～68℃。微溶于水，溶于醇、芳烃、酯、酮类有机溶剂，不溶于脂肪烃。水溶液在光照下分解。属低毒杀菌剂，原药大鼠急性经口 LD_{50} 为1080～1470毫克/千克，对兔眼睛有轻微刺激性，对皮肤无刺激性，对蜜蜂无毒，试验条件下无致突变作用。

【产品特点】 腈菌唑是一种三唑类内吸治疗性广谱杀菌剂，具有预防、治疗双重作用。其杀菌机理是抑制病菌麦角甾醇的生物合成，使病菌细胞膜不正常，而最终导致病菌死亡。该药内吸性强，药效高，持效期长，对作物安全，并具有一定刺激生长作用。

腈菌唑常与福美双、代森锰锌、三唑酮、咪鲜胺、丙森锌、甲基硫菌灵等杀菌剂成分混配，用于生产复配杀菌剂。

【适用作物及防治对象】 腈菌唑适用范围和防治对象非常广泛，目前生产中主要应用于防治：梨的黑星病、锈病、白粉病，苹果的白粉病、锈病、黑星病，桃、杏、李的黑星病、白粉病，葡萄的白粉病、炭疽病、白腐病、黑痘病，山楂的白粉病、黑星病、锈病，核桃、板栗、柿的白粉病，枣锈病，草莓白粉病，香蕉的叶斑病、黑星病，柑橘的疮痂病、炭疽病、黑星病，麦类作物的黑穗病、锈病、白粉病，花生的叶斑病、锈病，玉米丝黑穗病，大豆、豌豆、绿豆的白粉病、锈病，菜豆、豇豆等豆类蔬菜的锈病、白粉病、炭疽病，黄瓜黑星病、白粉病、炭疽病，西瓜、甜瓜、南瓜的白粉病，芦笋茎枯病，烟草白粉病，花卉植物的锈病、白粉病，草坪锈病等。

【使用技术】 腈菌唑主要应用于喷雾，也常用于药剂拌种。

梨黑星病、锈病、白粉病 开花前、后各喷药1次，防治锈病发生及黑星病梢形成；而后从出现黑星病病梢或病叶时开始继续喷药，10～15天1次，与其他不同类型药剂交替使用，连喷6～8次，防治黑星病；防治白粉病时，从出现病叶时开始喷药，

10～15天1次，连喷2～3次，重点喷洒叶片背面。一般使用12%乳油或12.5%乳油或12.5%可湿性粉剂2000～2500倍液，或25%乳油4000～5000倍液，或40%可湿性粉剂或40%水分散粒剂或40%悬浮剂7000～8000倍液均匀喷雾。

苹果白粉病、锈病、黑星病 开花前、后各喷药1次，有效防治白粉病、锈病，往年白粉病严重的果园，落花后10～15天再喷药1次。防治黑星病时，从病害发生初期开始喷药，10～15天1次，连喷2～4次。药剂使用倍数同“梨病害”。

桃、杏、李的黑星病、白粉病 防治黑星病时，从落花后20～30天开始喷药，10～15天1次，连喷2～4次；防治白粉病时，从病害发生初期开始喷药，10～15天1次，连喷1～2次。药剂使用倍数同“梨病害”。

葡萄白粉病、炭疽病、白腐病、黑痘病 防治黑痘病时，在开花前、落花后及落花后15天各喷药1次；然后从果粒基本长成大小时开始继续喷药，10天左右1次，连喷4～6次，防治炭疽病、白腐病，兼防白粉病；若白粉病发生较早，则从白粉病发生初期开始喷药，10天左右1次，连喷2次。药剂使用倍数同“梨病害”。

山楂白粉病、黑星病、锈病 从病害发生初期开始喷药，10～15天1次，连喷2～3次。药剂使用倍数同“梨病害”。

核桃、板栗、柿的白粉病 从初见病斑时开始喷药，10～15天1次，连喷2次左右。药剂使用倍数同“梨病害”。

枣锈病 从6月底7月初开始喷药，10～15天1次，与不同类型药剂交替使用，连喷4～5次。药剂使用倍数同“梨病害”。

草莓白粉病 从病害发生初期开始喷药，10～15天1次，连喷2～3次。药剂使用倍数同“梨病害”。

柑橘疮痂病、炭疽病、黑星病 在春梢生长期、夏梢生长期、秋梢生长期各喷药2次，可基本控制疮痂病、炭疽病及黑星病的发生为害。药剂使用倍数同“梨病害”。

香蕉叶斑病、黑星病 从病害发生初期或套袋后开始喷药，10～15天1次，连喷2～4次。一般使用12%乳油或12.5%乳油或12.5%可湿性粉剂1000～1200倍液，或25%乳油2000～2500倍液，或40%可湿性粉剂或40%水分散粒剂或40%悬浮剂3500～4000倍液均匀喷雾。

麦类作物的黑穗病、锈病、白粉病 防治黑穗病时，通过药剂拌种进行用药，一般每10千克种子使用12%乳油或12.5%乳油8～15毫升，或12.5%可湿性粉剂8～15克，或25%乳油4～8毫升，或40%可湿性粉剂2.5～5克，或40%悬浮剂2.5～5毫升均匀拌种，拌种后立即晾干。防治锈病、白粉病时，在拔节期和抽穗初期至扬花期各喷药1次即可，一般每亩次使用12%乳油或12.5%乳油25～40毫升，或12.5%可湿性粉剂25～40克，或25%乳油12～20毫升，或40%可湿性粉剂或40%水分散粒剂8～10克，或40%悬浮剂8～10毫升，对水45～60千克均匀喷雾。

玉米丝黑穗病 通过药剂拌种进行用药，一般每10千克种子使用12%乳油或12.5%乳油20～25毫升，或12.5%可湿性粉剂20～25克，或25%乳油10～15毫升，或40%可湿性粉剂5～8克，或40%悬浮剂5～8毫升均匀拌种，拌种后立即晾干。

花生叶斑病、锈病 从病害发生初期开始喷药，10～15天1次，连喷2次左右。一般每亩次使用12%乳油或12.5%乳油20～30毫升，或12.5%可湿性粉剂20～30克，或25%乳油10～15毫升，或40%可湿性粉剂或40%水分散粒剂6～8克，或40%悬浮剂6～8毫升，对水45～60千克均匀喷雾。

大豆、豌豆、绿豆的白粉病、锈病 从病害发生初期开始喷药，10～15天1次，连喷2次左右。用药量同“花生病害”。

菜豆、豇豆等豆类蔬菜的锈病、白粉病、炭疽病 从病害发生初期开始喷药，10天左右1次，连喷2～4次。用药量同“花生病害”。

黄瓜黑星病、白粉病、炭疽病 从病害发生初期开始喷药，10天左右1次，连喷2～4次。一般每亩次使用12%乳油或12.5%乳油30～40毫升，或12.5%可湿性粉剂30～40克，或25%乳油15～20毫升，或40%可湿性粉剂或40%水分散粒剂10～12克，或40%悬浮剂10～12毫升，对水60～90千克均匀喷雾。

西瓜、甜瓜、南瓜的白粉病 从病害发生初期开始喷药，10天左右1次，连喷2～3次。用药量同“花生病害”。

芦笋茎枯病 从病害发生初期开始喷药，10天左右1次，连喷3～4次。用药量同“花生病害”。

烟草白粉病 从病害发生初期开始喷药，10～15天1次，连喷2～3次。用药量同“花生病害”。

花卉植物的锈病、白粉病 从病害发生初期开始喷药，10～15天1次，连喷2～3次。用药量同“黄瓜病害”。

草坪锈病 从病害发生初期开始喷药，10天左右1次，每期连喷2次。用药量同“花生病害”。

【注意事项】三唑类杀菌剂易产生抗药性，注意与不同类型杀菌剂交替或混合使用。不要与碱性农药混用。用药时注意安全保护，如发生意外中毒，应立即转移到新鲜空气处，并根据中毒程度进行对症治疗。

丙 环 唑

【有效成分】丙环唑（propiconazol）。

【常见商标名称】必扑尔、赛纳松、敌力脱、倍敌脱、金力士、敌速净、巴纳利、阿敌脱、新力托、爱育宁、奥美加、百灵树、斑迪力、得利克、丰乐龙、果满红、金阿泰、金力士、龙普清、叶冠秀、叶立青、康福宁、三晶兴、科惠、绿株、绿苗、扮绿、奥行、斑疗、宝元、标斑、格治、攻抗、浩尔、恒诚、慧博、佳冠、蕉安、蕉丰、捷托、金汇、巨能、科献、力护、名秀、内秀、飘洒、强力、赛世、世尊、胜风、盛唐、双珠、秀特、炫力、炫瑞、展靓、正势、标正天冠、志信敌脱、龙金敌力、安格诺世超、瑞德丰金世、美邦敌力冠、马克西姆必扑尔等。

【主要含量与剂型】25%乳油、250克/升乳油、40%微乳剂、50%微乳剂等。

【理化性质】原油为明黄色粘滞液体，沸点180℃。微溶于水，易溶于丙酮、甲醇、异丙醇、己烷等有机溶剂。对光较稳定，在酸性、碱性介质中较稳定，水解不明显，不腐蚀金属，贮存稳定性3年。属低毒杀菌剂，原油大鼠急性经口LD_{50}为1517毫克/千克，大鼠急性经皮LD_{50}大于4000毫克/千克，对兔眼睛、皮肤有轻度刺激作用，试验条件下未见致畸、致癌、致突变作用。

【产品特点】丙环唑是一种三唑类内吸性广谱杀菌剂，具有保护和治疗作用，可被根、茎、叶部吸收，并能很快地在植株体内向上传导。对许多高等真菌性病害均具有较好的防治效果，但对卵菌病害无效。该药内吸治疗性好，持效期长，可达一个月左右。

丙环唑常与多菌灵、苯醚甲环唑、三环唑、戊唑醇、井冈霉素、嘧菌酯、咪鲜胺等杀菌剂成分混配，用于生产复配杀菌剂。

【适用作物及防治对象】丙环唑目前在生产上主要应用于防治香蕉叶斑病，除此以外还常用于防治，麦类作物的纹枯病、根腐病、叶枯病、锈病、白粉病、颖枯病、网斑病，水稻的纹枯病、恶苗病，花生叶斑病，葡萄的白粉病、炭疽病，辣椒的褐斑病、叶枯病，瓜果蔬菜的白粉病，草坪褐斑病，观赏植物白粉病等。

【使用技术】丙环唑主要通过喷雾防治植物病害，有时也可用于浸种。

香蕉叶斑病 从病害发生初期开始喷药，20天左右1次，连喷2～4次。一般使用25%乳油或250克/升乳油600～800倍液，或40%微乳剂1000～1200倍液，或50%微乳剂1200～1500倍液均匀喷雾。

麦类作物病害 在返青后喷药1次，防治根腐病，兼防纹枯病；拔节期、孕穗期各喷药1次，防治纹枯病，兼防根腐病、叶枯病、网斑病、锈病、白粉病；在抽穗后至扬花前喷药1次，防治颖枯病，兼防其他病害；或从病害发生初期开始喷药，15～20天1次，连喷1～2次。一般每亩次使用25%乳油或250克/升乳油30～40毫升，或40%微乳剂20～25毫升，或50%微乳剂15～20毫升，对水30～45千克均匀喷雾。防治根腐病时，应重点喷洒植株茎基部。

水稻恶苗病、纹枯病 防治恶苗病时，通过药剂浸种进行，使用25%乳油或250克/升乳油1000倍液，或40%微乳剂1500倍液，或50%微乳剂2000倍液，浸泡水稻种子2～3天，而后催芽播种。防治纹枯病时，在拔节期和孕穗期各喷药1次，用药量同“麦类作物病害”。

花生叶斑病 从病害发生初期开始喷药，15～20天1次，连喷1～2次。用药量同“麦类作物病害”。

葡萄白粉病、炭疽病 防治白粉病时，从初见病斑时开始喷药，15～20天1次，连喷1～2次，兼防炭疽病；防治炭疽病时，从果粒基本长成大小时开始喷药，15天左右1次，与其他不同类型药剂交替使用，连喷3～4次，兼防白粉病。一般使用25%乳油或250克/升乳油4000～5000倍液，或40%微乳剂7000～8000倍液，或50%微乳剂8000～10000倍液均匀喷雾。

辣椒褐斑病、叶枯病 从病害发生初期开始喷药，15～20天1次，连喷2次左右。一般每亩次使用25%乳油或250克/升乳油30～40毫升，或40%微乳剂20～25毫升，或50%微乳剂15～20毫升，对水45～60千克均匀喷雾。

瓜果蔬菜的白粉病 从病害发生初期开始喷药，15～20天1次，连喷2～3次。用药量同“辣椒病害”。

草坪褐斑病 从病害发生初期开始喷药，15～20天1次，每期连喷2次。一般每亩次使用25%乳油或250克/升乳油100～150毫升，或40%微乳剂60～90毫升，或50%微乳剂50～75毫升，对水45～60千克均匀喷雾。

观赏植物白粉病 从病害发生初期开始喷药，15～20天1次，每期连喷2次。用药量同“麦类作物病害”。

【注意事项】该药对皮肤、眼睛有一定刺激作用，用药时应注意安全保护，且不要在用药时吃东西、喝水和吸烟。有些作物可能对该药敏感，高浓度下抑制植株生长，用药时应严格控制好用药量。贮存温度不得超过35℃。

三 环 唑

【有效成分】三环唑（tricyclazole）。

【常见商标名称】比艳、稻艳、稻丽、稻泰、稻幸、稻娇、瘟福、穗丹、禾景、翠百、丰灿、富宝、韩盾、佳艳、爽艳、艳谷、克静、隆苗、欧效、赛瑞、温福、温洁、瘟保、克瘟灵、平瘟乐、瘟施顿、多保净、戈温能、好省星、沃必达、稻康保、万亩安、大方庄艳、兴农穗丹等。

【主要含量与剂型】75%可湿性粉剂、75%水分散粒剂、20%可湿性粉剂、80%水分散粒剂。

【理化性质】原粉为白色结晶固体，熔点187～188℃。微溶于水，易溶于氯仿。在水中稳定，对光、热亦稳定。工业品为淡土黄色粉末。属中毒杀菌剂，大鼠急性经口LD_{50}为314毫克/千克，兔急性经皮LD_{50}大于2克/千克，对兔眼睛和皮肤有轻度刺激作用，试验条件下在动物体内无蓄积作用，未见致畸、致癌、致突变作用。在推荐剂量下对蜜蜂和蜘蛛无毒害作用。

【产品特点】三环唑是一种具有较强内吸性的保护性三唑类

杀菌剂，能迅速被水稻根、茎、叶吸收，并输送到植株各部位，对稻瘟病具有防治特效。其杀菌机理主要是抑制孢子萌发和附着孢形成，进而有效地阻止病菌侵入和减少稻瘟病菌孢子的产生。三环唑抗雨水冲刷能力强，喷药1小时后遇雨不需要补喷。

三环唑常与硫黄、多菌灵、三唑酮、井冈霉素、春雷霉素、异稻瘟净、咪鲜胺、烯唑醇、甲基硫菌灵等杀菌剂成分混配，用于生产复配杀菌剂。

【适用作物及防治对象】三环唑主要用于防治水稻稻瘟病。

【使用技术】防治叶瘟时，从发病初期或初见病斑时喷药1次；防治穗瘟时，在孕穗末期和齐穗初期各喷药1次。一般每亩次使用75%可湿性粉剂或75%水分散粒剂20～25克，或20%可湿性粉剂80～100克，或80%水分散粒剂20～25克，对水30～45千克均匀喷雾。

【注意事项】防治穗颈瘟，第一次喷药最迟不能超过破口后3天。水稻的安全采收间隔期为25天。用药时注意安全保护，如有药液溅到眼睛里或皮肤上，立即用大量清水冲洗；如有误服者，立即催吐，并送医院对症治疗，本剂无特殊解毒药。

氟环唑

【有效成分】氟环唑（epoxiconazol）。

【常见商标名称】欧宝、欧博、福满门、旗化、欧得等。

【主要含量与剂型】12.5%悬浮剂、125克/升悬浮剂、50%水分散粒剂、70%水分散粒剂。

【理化性质】原药为白色结晶粉末，熔点136.2℃，比重（25℃）1.374克/厘米^3，溶解度（20℃）水中为8.42毫克/升、丙酮为14毫克/升、二氯甲烷为29.1毫克/升、甲醇为2.8毫克/升、乙腈为7毫克/升、甲苯为4.4毫克/升。在pH值为7和pH值为9的条件下12天不水解。急性经口LD_{50}大鼠（雄）大于3160毫克/千克、大鼠（雌）大于5000毫克/千克，急性经皮

LD_{50}大鼠（雄、雌）大于2000毫克/千克。

【产品特点】氟环唑是一种含氟的三唑类低毒杀菌剂，其作用机理是通过抑制病菌甾醇生物合成中C-14脱甲基化酶的活性，而抑制和杀灭病菌，兼具保护和治疗双重作用。正常使用对作物安全、无药害，持效期较长。

氟环唑可与稻瘟灵、多菌灵、甲基硫菌灵、氟菌唑、醚菌酯、烯肟菌酯等杀菌成分混配，用于生产复配杀菌剂。

【适用作物及防治对象】氟环唑适用于多种作物，对许多种高等真菌性病害均具有较好的防治效果。目前生产中主要用于防治：香蕉叶斑病，柑橘的炭疽病、疮痂病，苹果的斑点落叶病、褐斑病，葡萄的炭疽病、褐斑病、白粉病，小麦的锈病、白粉病、纹枯病，水稻的稻曲病、纹枯病、稻瘟病，番茄、茄子、辣椒的炭疽病、叶霉病，黄瓜、甜瓜等瓜类的炭疽病、褐斑病等。

【使用技术】氟环唑主要通过喷雾进行用药。

香蕉叶斑病 从病害发生初期开始喷药，15～20天1次，连喷3次左右。一般使用12.5%悬浮剂或125克/升悬浮剂600～800倍液，或50%水分散粒剂2000～3000倍液，或70%水分散粒剂3000～5000倍液均匀喷雾。

柑橘疮痂病、炭疽病 防治疮痂病时，在春梢生长期、夏梢生长期、秋梢生长期各喷药1～2次，间隔期10～15天，兼防炭疽病；防治炭疽病时，从幼果期开始喷药，10～15天1次，连喷2～4次。一般使用12.5%悬浮剂或125克/升悬浮剂1500～2000倍液，或50%水分散粒剂6000～8000倍液，或70%水分散粒剂8000～10000倍液均匀喷雾。

苹果褐斑病、斑点落叶病 防治褐斑病时，北方果区一般从6月初开始喷药，半月左右1次，连喷4～5次；防治斑点落叶病时，在春梢生长期喷药1～2次、秋梢生长期喷药2～3次，间隔期半月左右。一般使用12.5%悬浮剂或125克/升悬浮剂1000～1200倍液，或50%水分散粒剂4000～5000倍液，或

70%水分散粒剂6000～7000倍液均匀喷雾。

葡萄炭疽病、褐斑病、白粉病 防治炭疽病时，从葡萄果粒基本长成大小时开始喷药，10～15天1次，直到采收前一周左右；防治褐斑病、白粉病时，从病害发生初期开始喷药，10～15天1次，连喷3次左右。药剂使用倍数同"苹果褐斑病"。

小麦纹枯病、白粉病、锈病 从病害发生初期开始喷药，10天左右1次，连喷1～2次，重点喷洒植株中下部。一般每亩次使用12.5%悬浮剂或125克/升悬浮剂50～60毫升，或50%水分散粒剂13～15克，或70%水分散粒剂9～11克，对水30～45千克均匀喷雾。

水稻纹枯病、稻瘟病、稻曲病 防治纹枯病时，在拔节期和齐穗期各喷药1次；防治苗瘟和叶瘟时，在病害发生初期进行喷药；防治穗颈瘟时，在破口期和齐穗期各喷药1次；防治稻曲病时，在破口前5～7天和齐穗初期各喷药1次。具体用药量同"小麦纹枯病"。

番茄、辣椒、茄子的炭疽病、叶霉病 从病害发生初期开始喷药，10天左右1次，连喷2～3次。一般每亩次使用12.5%悬浮剂或125克/升悬浮剂40～50毫升，或50%水分散粒剂10～13克，或70%水分散粒剂8～10克，对水45～60千克均匀喷雾。

黄瓜、甜瓜等瓜类的炭疽病、褐斑病 从病害发生初期开始喷药，10天左右1次，连喷2～3次。药剂使用量同"番茄炭疽病"。

【注意事项】不能与强酸及碱性药剂混用。注意与不同作用机理的药剂混用或轮换使用，以延缓病菌产生抗药性。使用剂量偏高时对瓜类等作物苗期有一定抑制生长作用，用药过程中需要注意。

戊 唑 醇

【有效成分】戊唑醇（tebuconazole）。

【常见商标名称】马克西姆欧利思、好力克、富力库、立克秀、四季秀、粒儿秀、特玉乐、万福地、治粉高、卓之选、安万思、剑力通、超润、亮穗、得穗、博秀、翠高、翠生、果盾、好艾、亨达、护苗、击迪、新颖、秀库、优库、应保、永富、真彩、美邦顶端、七洲戊康、正业叶美、龙灯洛敌克等。

【主要含量与剂型】 80%可湿性粉剂、80%水分散粒剂、50%水分散粒剂、430 克/升悬浮剂、250 克/升水乳剂、250 克/升乳油、25%水乳剂、25%乳油、25%可湿性粉剂、60 克/升悬浮种衣剂、2%湿拌种剂等。

【理化性质】 原药为无色结晶，熔点 102.4℃。微溶于水、己烷，溶于二氯甲烷、甲苯、异丙酮。属低毒杀菌剂，大鼠急性经口 LD_{50} 大于 4 克/千克，大鼠急性经皮 LD_{50} 大于 5 克/千克。试验剂量下，无致畸、致癌、致突变作用。对鱼中等毒性，对鸟低毒，对蜜蜂无毒。

【产品特点】 戊唑醇是一种三唑类内吸治疗性广谱杀菌剂，杀菌活性高，持效期长。使用后，即可杀灭作物表面或附着在种子表面的病菌，也可在植物体内向顶（上）传导，进而杀死作物内部的病菌。其杀菌机制为抑制病原菌细胞膜上麦角甾醇的去甲基化，使病菌无法形成细胞膜，进而杀死病原菌。另外，该药不仅可有效防治多种真菌性病害，还可促进作物生长、根系发达、叶色浓绿、植株健壮、提高产量等。

戊唑醇常与福美双、烯肟菌胺、甲基硫菌灵、多菌灵、异菌脲、腐霉利、丙森锌、腈菌唑、丙环唑、百菌清、氨基寡糖素、嘧菌酯、肟菌酯、代森锰锌、噻呋酰胺、咪鲜胺等杀菌剂成分混配，用于生产复配杀菌剂。

【适用作物及防治对象】 戊唑醇适用范围非常广泛，对许多种高等真菌性病害均具有很好的防治效果。目前生产中主要应用于防治：香蕉的叶斑病、黑星病，杧果炭疽病，柑橘的疮痂病、炭疽病、黑星病、黄斑病、砂皮病，苹果的白粉病、锈病、黑星病、炭疽病、轮纹病、斑点落叶病、褐斑病，梨的黑星病、锈病、白粉病、黑斑病、炭疽病、轮纹病、褐斑病，葡萄的黑痘病、穗轴褐枯病、炭疽病、白腐病、褐斑病、房枯病、白粉病，桃、杏、李的黑星病、炭疽病、白粉病，枣的锈病、炭疽病、轮纹病、褐斑病、果实斑点病，核桃的白粉病、炭疽病，柿的角斑病、圆斑病、炭疽病、白粉病，茶树的炭疽病、茶饼病，麦类作物的黑穗病、纹枯病、白粉病、锈病，水稻的纹枯病、稻瘟病、稻曲病，玉米黑穗病，高粱黑穗病，花生的叶斑病、疮痂病、锈病，大豆、绿豆的锈病、白粉病，油菜菌核病，芦笋茎枯病，黄瓜的白粉病、黑星病、炭疽病，西瓜、甜瓜、南瓜的白粉病、炭疽病，菜豆、豇豆的锈病、炭疽病，十字花科蔬菜的黑斑病等。

【使用技术】戊唑醇主要通过喷雾防治植物病害，有时也可用作种子包衣或拌种。喷雾防治病害时，单一连续多次使用易诱发病菌产生抗药性，应与不同类型药剂交替使用。

香蕉叶斑病、黑星病 从病害发生初期开始喷药，10～15天1次，连喷3～4次。一般使用250克/升水乳剂或250克/升乳油或25%水乳剂或25%乳油或25%可湿性粉剂1000～1500倍液，或430克/升悬浮剂2000～2500倍液，或50%水分散粒剂2500～3000倍液，或80%可湿性粉剂或80%水分散粒剂4000～5000倍液均匀喷雾。蕉仔期尽量不要用药，以免发生药害。

杧果炭疽病 从病害发生初期开始喷药，10～15天1次，每期连喷2次。一般使用250克/升水乳剂或250克/升乳油或25%水乳剂或25%乳油或25%可湿性粉剂1500～2000倍液，或430克/升悬浮剂2500～3000倍液，或50%水分散粒剂3000～4000倍液，或80%可湿性粉剂或80%水分散粒剂5000～6000倍液均匀喷雾。

柑橘病害 在春梢生长期、夏梢生长期、秋梢生长期各喷药2次，开花前、后各喷药1次，即可基本控制疮痂病、炭疽病、黑星病、黄斑病及砂皮病的发生为害。药剂使用倍数同“杧果炭疽病”。注意与不同类型药剂交替使用。

苹果病害 开花前、后各喷药1次，有效防治锈病、白粉病；从落花后10天左右开始连续喷药，10～15天1次，与不同类型药剂交替使用，连喷6～8次，可有效控制炭疽病、轮纹病、黑星病、斑点落叶病及褐斑病的发生为害。斑点落叶病的防治关键期为春梢和秋梢生长期，褐斑病的防治关键期一般为5月底6月初至8月中旬左右。一般使用250克/升水乳剂或250克/升乳油或25%水乳剂或25%乳油或25%可湿性粉剂2000～2500倍液，或430克/升悬浮剂3500～4500倍液，或50%水分散粒剂4000～5000倍液，或80%可湿性粉剂或80%水分散粒剂7000～8000倍液均匀喷雾。

梨病害 开花前、后各喷药1次，防治锈病及控制黑星病梢形成；然后从落花后10天左右开始连续喷药，10～15天1次，与不同类型药剂交替使用，连喷6～8次，对炭疽病、轮纹病、黑星病及黑斑病均具有很好的防治效果，并兼防白粉病及褐斑病。药剂使用倍数同“苹果病害”。

葡萄病害 开花前、后各喷药1次，防治黑痘病、穗轴褐枯病，往年黑痘病严重果园，落花后10～15天再喷药1次；防治炭疽病、白腐病时，从果粒基本长成大小时开始喷药，10天左右1次，与不同类型药剂交替连续喷施，直到果实采收前一周，同时兼防房枯病、白粉病；防治褐斑病时，从初见病斑时开始喷药，10～15天1次，连喷2～4次，兼防白粉病。药剂使用倍数同“苹果病害”。

桃、杏、李的黑星病、炭疽病、白粉病 从落花后20～30天开始喷药，10～15天1次，连喷2～4次，对黑星病具有很好的防治效果，并兼防炭疽病、白粉病；防治炭疽病时，从病害发生初期开始喷药，10～15天1次，连喷3～4次，兼防白粉病。药剂使用倍数同“苹果病害”。

枣病害 开花前、后各喷药1次，防治褐斑病，兼防果实斑点病；然后从6月下旬开始连续喷药，与不同类型药剂交替使用，连喷4～7次，可有效防治锈病、炭疽病、轮纹病、果实斑点病及褐斑病等。药剂使用倍数同“苹果病害”。

核桃白粉病、炭疽病 从病害发生初期开始喷药，10～15天1次，连喷2～3次。药剂使用倍数同“苹果病害”。

柿病害 在落花后15～20天喷药1次，防治角斑病、圆斑病，兼防白粉病；防治白粉病时，在初见病斑时喷药1次即可；防治炭疽病时，从落花后半月左右开始喷药，10～15天1次，连喷2～3次（南方柿区需喷药4～6次）。药剂使用倍数同“苹果病害”。

茶树炭疽病、茶饼病 从病害发生初期开始喷药，10～15天1次，连喷2～3次。药剂使用倍数同“杧果炭疽病”。

麦类作物病害 防治黑穗病时，通过药剂拌种或包衣进行用药，兼防纹枯病，一般每10千克种子使用60克/升悬浮种衣剂5～6克，或2%湿拌种剂15～20克。生长期防治纹枯病时，在拔节期喷药1次，兼防白粉病、锈病；在孕穗期至扬花前喷药1次，防治锈病、白粉病。喷药时，一般每亩次使用250克/升水乳剂或250克/升乳油或25%水乳剂或25%乳油20～30毫升，或25%可湿性粉剂20～30克，或430克/升悬浮剂12～16毫升，或50%水分散粒剂10～15克，或80%可湿性粉剂或80%水分散粒剂6～8克，对水30～45千克均匀喷雾。

水稻病害 拔节期、破口期、齐穗期各喷药1次，可有效防治纹枯病、稻瘟病及稻曲病的发生为害。药剂使用量同“麦类作物病害”。

玉米黑穗病 通过药剂拌种或包衣进行防治，一般每10千克种子使用60克/升悬浮种衣剂15～20克，或2%湿拌种剂40～60克均匀种子处理。

高粱黑穗病 通过药剂拌种或包衣进行防治，一般每10千克种子使用60克/升悬浮种衣剂13～17克，或2%湿拌种剂

40～50 克均匀种子处理。

花生叶斑病、疮痂病、锈病　从病害发生初期开始喷药，10～15 天 1 次，连喷 2 次。药剂使用量同“麦类作物病害”。

大豆、绿豆的锈病、白粉病　从病害发生初期开始喷药，10～15 天 1 次，连喷 2 次。药剂使用量同“麦类作物病害”。

油菜菌核病　从初花期开始喷药，10～15 天 1 次，连喷 2～3 次，重点喷洒植株中下部。药剂使用量同“麦类作物病害”。

芦笋茎枯病　从病害发生初期开始喷药，10 天左右 1 次，连喷 2～4 次，重点喷洒植株中下部。一般使用 250 克/升水乳剂或 250 克/升乳油或 25%水乳剂或 25%乳油或 25%可湿性粉剂 1500～2000 倍液，或 430 克/升悬浮剂 2500～3500 倍液，或 50%水分散粒剂 3000～4000 倍液，或 80%可湿性粉剂或 80%水分散粒剂 5000～6000 倍液喷雾。

黄瓜白粉病、黑星病、炭疽病　从病害发生初期开始喷药，10 天左右 1 次，连喷 2～3 次。一般每亩次使用 250 克/升水乳剂或 250 克/升乳油或 25%水乳剂或 25%乳油 30～40 毫升，或 25%可湿性粉剂 30～40 克，或 430 克/升悬浮剂 18～20 毫升，或 50%水分散粒剂 15～20 克，或 80%可湿性粉剂或 80%水分散粒剂 10～12 克，对水 60～90 千克均匀喷雾。

西瓜、甜瓜、南瓜的白粉病、炭疽病　从病害发生初期开始喷药，10 天左右 1 次，连喷 2～4 次。药剂使用量同“黄瓜病害”。

菜豆、豇豆的锈病、炭疽病　从病害发生初期开始喷药，10 天左右 1 次，连喷 2～3 次。药剂使用量同“黄瓜病害”。

十字花科蔬菜的黑斑病　从病害发生初期开始喷药，10 天左右 1 次，连喷 1～2 次。一般每亩次使用 250 克/升水乳剂或 250 克/升乳油或 25%水乳剂或 25%乳油 25～30 毫升，或 25%可湿性粉剂 25～30 克，或 430 克/升悬浮剂 15～18 毫升，或 50%水分散粒剂 12～15 克，或 80%可湿性粉剂或 80%水分散粒剂8～10克，对水30～45千克均匀喷雾。

【注意事项】戊唑醇对水生动物有毒，药剂及药液严禁污染水源。包衣种子未用完时严禁用作饲料或食用。该药在一定浓度下具有刺激作物生长作用，但用量过大时显著抑制作物生长。用药时注意安全保护，药液溅入眼睛或皮肤上时，立即用清水冲洗；如误服，不可引吐或服用麻黄碱等药物，应立即送医院对症治疗，本剂无特殊解毒药剂。

氟　硅　唑

【有效成分】氟硅唑（flusilazole）。

【常见商标名称】福星、帅星、斑星、采星、奇星、胜星、托星、超欣、贵美、黑亮、华典、惠威、开福、美翠、秋福、香鲜、准好、紫迅、稳歼菌、翠如意、泰意净等。

【主要含量与剂型】400克/升乳油、25%水乳剂、10%水乳剂、8%微乳剂。

【理化性质】纯品为白色结晶，熔点55℃。微溶于水，易溶于有机溶剂。对日光稳定。属低毒杀菌剂，原药雄性大鼠急性经口LD_{50}为1110毫克/千克，对兔皮肤和眼睛有轻微刺激，无致突变性。

【产品特点】氟硅唑是一种三唑类内吸性杀菌剂，具有内吸治疗和保护双重作用。其杀菌机理是破坏和阻止病菌代谢过程中的麦角甾醇的生物合成，使细胞膜不能形成，而导致病菌死亡。该药对高等真菌性病害效果好，对卵菌病害无效。

氟硅唑有时与噁唑菌酮、多菌灵、咪鲜胺、代森锰锌、甲基硫菌灵、氨基寡糖素等杀菌剂成分混配，用于生产复配杀菌剂。

【适用作物及防治对象】氟硅唑适用于多种作物，对许多种高等真菌性病害均具有较好的防治效果。目前生产中主要用于防治：梨的黑星病、锈病、白粉病、炭疽病，苹果的锈病、白粉病、黑星病，葡萄的黑痘病、白粉病、褐斑病、白腐病、炭疽病，桃、杏、李的黑星病（疮痂病），枣的锈病、轮纹病、炭疽病，柑橘的黑星病、炭疽病，黄瓜的黑星病、白粉病，甜瓜、西瓜、南瓜的白粉病，菜豆、豇豆等豆类蔬菜的白粉病、锈病，花生的锈病、叶斑病、疮痂病，麦类作物的锈病、白粉病等。

【使用技术】氟硅唑主要通过喷雾防治植物病害，连续单一使用易诱发病菌产生抗药性，建议与其他不同类型杀菌剂交替使用。

梨黑星病、锈病、白粉病、炭疽病 开花前、后各喷药1次，防治锈病和控制黑星病梢形成；然后从初见黑星病梢或病叶时开始喷药，10～15天1次，需连喷5～8次，防治黑星病，兼防白粉病、炭疽病。一般使用400克/升乳油7000～8000倍液，或25%水乳剂4000～5000倍液，或10%水乳剂1500～2000倍液，或8%微乳剂1200～1500倍液均匀喷雾。

苹果锈病、白粉病、黑星病 开花前、后各喷药1次，防治锈病、白粉病，往年白粉病严重的果园落花后10～15天再喷药1次；防治黑星病时，从病害发生初期开始喷药，10～15天1次，连喷2～3次。药剂使用倍数同“梨黑星病”。

葡萄黑痘病、白粉病、褐斑病、白腐病、炭疽病 开花前、落花80%、落花后10天各喷药1次，防治黑痘病；防治白粉病时，从初见病斑时开始喷药，10～15天1次，连喷2次左右；防治炭疽病、白腐病时，从果粒长成大小时开始喷药，10天左右1次，到果实采收前一周结束。药剂使用倍数同“梨黑星病”。果实采收前1.5个月内，避免使用乳油剂型，以免影响果面蜡粉。

桃、杏、李的黑星病 从落花后20～30天开始喷药，10～15天1次，连喷2～4次。药剂使用倍数同“梨黑星病”。

枣锈病、轮纹病、炭疽病 从6月下旬开始喷药，10～15天1次，连喷3～6次。药剂使用倍数同“梨黑星病”。

柑橘黑星病、炭疽病 从病害发生初期开始喷药，10～15

天1次，连喷2～3次。药剂使用倍数同“梨黑星病”。

黄瓜黑星病、白粉病 从病害发生初期开始喷药，7～10天1次，连喷2～3次。一般每亩次使用400克/升乳油10～12毫升，或25%水乳剂15～20毫升，或10%水乳剂40～50毫升，或8%微乳剂50～60毫升，对水60～75千克均匀喷雾。

甜瓜、西瓜、南瓜的白粉病 从病害发生初期开始喷药，7～10天1次，连喷2～3次。药剂使用量同“黄瓜黑星病”。

菜豆、豇豆等豆类蔬菜的白粉病、锈病 从病害发生初期开始喷药，10天左右1次，连喷2～4次。药剂使用量同“黄瓜黑星病”。

花生锈病、叶斑病、疮痂病 从病害发生初期开始喷药，10～15天1次，连喷2次左右。一般每亩次使用400克/升乳油6～8毫升，或25%水乳剂10～12毫升，或10%水乳剂25～30毫升，或8%微乳剂30～40毫升，对水30～45千克均匀喷雾。

麦类作物的锈病、白粉病 拔节期、扬花前各喷药1次即可。药剂使用量同“花生锈病”。

【注意事项】酥梨类品种在幼果期对本药敏感，应慎重使用。用药时注意安全保护，如误服不可引吐，不能服麻黄碱等有关药物，可饮2大杯水，并立即送医院对症治疗。梨的采收安全间隔期为18天。

苯醚甲环唑

【有效成分】苯醚甲环唑（difenoconazole）。

【常见商标名称】世高、世标、世欢、世亮、势克、冠世、傲世、美世、胜世、赛世、示浩、百倍、博邦、博君、佳施、捷菌、妙品、纳珠、瑞星、上景、势宁、首欢、双亮、天沐、显粹、质环、卓势、敌委丹、真士高、丁呱呱、佳丽奇、爱偌清翠、美邦翠艳、生农世泽、甲基保利特等。

【主要含量与剂型】37%水分散粒剂、250克/升乳油、25%

乳油、10%水分散粒剂、30%悬浮剂、30%水乳剂、30%水分散粒剂、40%悬浮剂、40%水乳剂、40%乳油、30克/升悬浮种衣剂等。

【理化性质】原药为灰白色粉状物，熔点78.6℃。微溶于水，可溶于乙醇、丙酮、甲苯、正辛醇。属低毒杀菌剂，原药大鼠急性经口LD_{50}为1453毫克/千克，兔急性经皮LD_{50}大于2010毫克/千克，对兔皮肤和眼睛有刺激作用，对蜜蜂无毒，对鱼及水生生物有毒。

【产品特点】苯醚甲环唑是一种杂环类广谱内吸治疗性杀菌剂，其杀菌机理是抑制病菌甾醇脱甲基化而将病菌杀死。该药内吸性好，可通过输导组织传到植物各部位，持效期较长，对许多高等真菌性病害均具有治疗和保护活性。

苯醚甲环唑可与丙环唑、嘧菌酯、醚菌酯、吡唑醚菌酯、咪鲜胺、噻呋酰胺、戊唑醇、代森锰锌、甲基硫菌灵、多菌灵、井冈霉素、中生菌素、福美双、咯菌腈等杀菌剂成分混配，用于生产复配杀菌剂。

【适用作物及防治对象】苯醚甲环唑适用作物非常广泛，对许多种高等真菌性病害均具有良好的防治效果。目前生产中主要用于防治：香蕉的叶斑病、黑星病，梨的黑星病、黑斑病、锈病、白粉病、炭疽病、轮纹病、褐斑病，苹果的斑点落叶病、褐斑病、锈病、白粉病、黑星病、炭疽病、轮纹病，葡萄的黑痘病、穗轴褐枯病、炭疽病、白腐病、房枯病、褐斑病、白粉病，桃、杏、李的黑星病、炭疽病、真菌性穿孔病，枣的锈病、炭疽病、果实斑点病、轮纹病、褐斑病，石榴的麻皮病、炭疽病、叶斑病，草莓白粉病，柑橘的疮痂病、炭疽病、黑星病、黄斑病，杧果的白粉病、炭疽病，荔枝炭疽病，茶树炭疽病，麻山药炭疽病，芦笋茎枯病，番茄的早疫病、叶霉病、叶斑病，辣椒炭疽病，茄子的褐纹病、叶斑病、白粉病，黄瓜的黑星病、炭疽病、白粉病，西瓜、甜瓜、南瓜的炭疽病、白粉病、蔓枯病，菜豆、豇豆等豆类蔬菜的锈病、炭疽病，十字花科蔬菜黑斑病，芹菜叶斑病，大蒜叶枯病，葱、洋葱的紫斑病，水稻的纹枯病、稻瘟病、鞘腐病、稻曲病，小麦、大麦的黑穗病、锈病、白粉病，大豆的根腐病、锈病，棉花的立枯病、叶斑病、炭疽病，花生的叶斑病、疮痂病、锈病，马铃薯早疫病，甜菜褐斑病，花卉植物的炭疽病、叶斑病等。

【使用技术】苯醚甲环唑既可叶面喷雾、又可用于种子处理，喷雾用药时在病害发生前或发生初期喷施效果最佳。

香蕉叶斑病、黑星病 从病害发生初期开始喷药，10～15天1次，连喷3～4次。一般使用37%水分散粒剂3000～3500倍液，或40%悬浮剂或40%水乳剂或40%乳油3500～4000倍液，或30%悬浮剂或30%乳油或30%水分散粒剂2500～3000倍液，或250克/升乳油或25%乳油2000～2500倍液，或10%水分散粒剂800～1000倍液均匀喷雾。

梨病害 开花前、后各喷药1次，防治锈病及控制黑星病梢形成；以后从初见黑星病梢或病叶时开始继续喷药，10～15天1次，与不同类型药剂交替使用，连喷5～8次，防治黑星病，兼防黑斑病、炭疽病、轮纹病、褐斑病及白粉病。防治黑星病时，一般使用37%水分散粒剂7000～9000倍液，或40%悬浮剂或40%水乳剂或40%乳油8000～10000倍液，或30%悬浮剂或30%乳油或30%水分散粒剂6000～7000倍液，或250克/升乳油或25%乳油5000～6000倍液，或10%水分散粒剂2000～2500倍液均匀喷雾；防治其他病害时，一般使用37%水分散粒剂6000～7000倍液，或40%悬浮剂或40%水乳剂或40%乳油6000～8000倍液，或30%悬浮剂或30%乳油或30%水分散粒剂5000～6000倍液，或250克/升乳油或25%乳油4000～5000倍液，或10%水分散粒剂1500～2000倍液均匀喷雾。

苹果病害 开花前、后各喷药1次，防治锈病、白粉病；从落花后10天左右开始连续喷药，10～15天1次，与不同类型药剂交替使用，连喷6～9次，可有效防治斑点落叶病、炭疽病、轮纹病、黑星病及褐斑病等。一般使用37%水分散粒剂6000～7000倍液，或40%悬浮剂或40%水乳剂或40%乳油6000～8000倍液，或30%悬浮剂或30%乳油或30%水分散粒剂5000～6000倍液，或250克/升乳油或25%乳油4000～5000倍液，或10%水分散粒剂1500～2000倍液均匀喷雾。

葡萄病害 开花前、后各喷药1次，防治黑痘病、穗轴褐枯病，往年黑痘病严重果园落花后10～15天再喷药1次；防治褐斑病、白粉病时，从发病初期开始喷药，10～15天1次，连喷2～3次；以后从果粒基本长成大小时开始继续喷药，10天左右1次，到果实采收前一周结束，防治炭疽病、白腐病及房枯病。药剂使用倍数同“苹果病害”。

桃、杏、李病害 从落花后20～30天开始喷药，10～15天1次，连喷3～5次，可有效防治黑星病、炭疽病及真菌性穿孔病。药剂使用倍数同“苹果病害”。

枣病害 开花前、后各喷药1次，防治褐斑病，兼防果实斑点病；以后从6月下旬开始继续喷药，10～15天1次，连喷4～6次，可有效防治锈病、炭疽病、轮纹病及果实斑点病。药剂使用倍数同“苹果病害”。

草莓白粉病 从病害发生初期开始喷药，10～15天1次，连喷2～3次。药剂使用倍数同“苹果病害”。

杧果白粉病、炭疽病 开花前、后各喷药1次，近成果期喷药2次（间隔期10～15天）。药剂使用倍数同“苹果病害”。

石榴病害 从幼果似核桃大小时开始喷药，10～15天1次，连喷3～5次，可有效防治麻皮病、炭疽病及叶斑病。一般使用37%水分散粒剂4000～5000倍液，或40%悬浮剂或40%水乳剂或40%乳油5000～6000倍液，或30%悬浮剂或30%乳油或30%水分散粒剂3000～4000倍液，或250克/升乳油或25%乳油2500～3000倍液，或10%水分散粒剂1000～1500倍液喷雾。

柑橘病害 在春梢生长期、夏梢生长期、幼果期及秋梢生长期各喷药2次左右，即可有效控制疮痂病、炭疽病、黄斑病及黑星病的发生为害。药剂使用倍数同“石榴病害”。

荔枝炭疽病 从病害发生初期开始喷药，10～15天1次，连喷2～3次。药剂使用倍数同“石榴病害”。

茶树炭疽病 从病害发生初期开始喷药，10～15天1次，连喷2次左右。药剂使用倍数同“石榴病害”。

芦笋茎枯病 从病害发生初期开始喷药，10天左右1次，连喷2～4次，重点喷洒植株基部。药剂使用倍数同“石榴病害”。

麻山药炭疽病 从病害发生初期开始喷药，10天左右1次，与不同类型药剂交替使用，连喷5～7次。药剂使用倍数同“石榴病害”。

番茄早疫病、叶霉病、叶斑病 从初见病斑时开始喷药，10天左右1次，连喷2～4次。一般每亩次使用37%水分散粒剂18～22克，或40%悬浮剂或40%水乳剂或40%乳油15～20毫升，或30%悬浮剂或30%乳油或30%水分散粒剂20～27毫升，或250克/升乳油或25%乳油25～30毫升，或10%水分散粒剂60～80克，对水60～75千克均匀喷雾。

辣椒炭疽病 从病害发生初期开始喷药，10天左右1次，连喷2～3次。药剂使用量同“番茄病害”。

茄子褐纹病、叶斑病、白粉病 从病害发生初期开始喷药，10天左右1次，连喷2～3次。药剂使用量同“番茄病害”。

黄瓜黑星病、炭疽病、白粉病 从病害发生初期开始喷药，10天左右1次，每期连喷2次。药剂使用量同“番茄病害”。

西瓜、甜瓜、南瓜的炭疽病、白粉病、蔓枯病 从病害发生初期开始喷药，10天左右1次，连喷3～4次。药剂使用量同“番茄病害”。

菜豆、豇豆等豆类蔬菜的锈病、炭疽病 从病害发生初期开始喷药，10天左右1次，连喷2～4次。药剂使用量同“番茄病害”。

芹菜叶斑病　从病害发生初期开始喷药，7～10天1次，连喷2～4次。一般每亩次使用37%水分散粒剂10～13克，或40%悬浮剂或40%水乳剂或40%乳油10～12毫升，或30%悬浮剂或30%乳油或30%水分散粒剂13～17毫升，或250克/升乳油或25%乳油15～20毫升，或10%水分散粒剂40～50克，对水45～60千克均匀喷雾。

十字花科蔬菜黑斑病　从病害发生初期开始喷药，10天左右1次，连喷2次左右。药剂使用量同“芹菜叶斑病”。

大蒜叶枯病　在病害发生初期喷药1次即可。药剂使用量同“芹菜叶斑病”。

葱、洋葱的紫斑病　从病害发生初期开始喷药，10～15天1次，连喷2次左右。药剂使用量同“芹菜叶斑病”。

水稻病害　拔节期、破口期、齐穗期各喷药1次，可有效防治纹枯病、鞘腐病、稻瘟病及稻曲病的发生为害。一般每亩次使用37%水分散粒剂11～14克，或40%悬浮剂或40%水乳剂或40%乳油10～12毫升，或30%悬浮剂或30%乳油或30%水分散粒剂13～17毫升，或250克/升乳油或25%乳油16～20毫升，或10%水分散粒剂40～50克，对水30～45千克均匀喷雾。

小麦、大麦的黑穗病、锈病、白粉病　防治黑穗病时，每10千克种子使用30克/升悬浮种衣剂25～30毫升均匀拌种或包衣。防治锈病、白粉病时，在拔节期至扬花期喷药1次即可，药剂使用量同“水稻病害”。

大豆根腐病、锈病　防治根腐病时，每10千克种子使用30克/升悬浮种衣剂30～40毫升均匀拌种或包衣。防治锈病时，从病害发生初期开始喷药10～15天1次，连喷1～2次，药剂使用量同“水稻病害”。

棉花立枯病、叶斑病、炭疽病　防治立枯病时，每10千克种子使用30克/升悬浮种衣剂60～80毫升均匀拌种或包衣。防治叶斑病、炭疽病时，从病害发生初期开始喷药，10～15天1次，连喷1～2次，药剂使用量同“番茄病害”。

花生叶斑病、锈病 从病害发生初期开始喷药，10～15天1次，连喷2～3次。药剂使用量同“水稻病害”。

马铃薯早疫病 从病害发生初期开始喷药，10天左右1次，连喷2～3次。药剂使用量同“番茄病害”。

甜菜褐斑病 从病害发生初期开始喷药，10～15天1次，连喷2次左右。药剂使用量同“水稻病害”。

花卉植物的炭疽病、叶斑病 从病害发生初期开始喷药，10～15天1次，连喷2～3次。药剂使用量同“苹果病害”。

【注意事项】不要连续多次使用，避免病菌产生抗药性。不宜与铜制剂混用，以免降低该药杀菌能力。用药时注意安全保护，如药液溅及眼睛，立即用清水冲洗眼睛至少10分钟；如误服，立即送医院对症治疗，本药无专用解毒剂。剩余药液及洗涤废水不能污染鱼塘、水池及水源。

溴　菌　腈

【有效成分】溴菌腈（bromothalonil）。

【常见商标名称】炭特灵、休菌清。

【主要含量与剂型】25%可湿性粉剂、25%乳油。

【理化性质】纯品为白色结晶，原药为白色或浅黄色结晶，熔点52.5～54.5℃。难溶于水，易溶于醇、苯类有机溶剂。对光、热、水稳定。属低毒杀菌剂，原药雌性大鼠急性经口LD_{50}为794毫克/千克，对兔眼睛有轻度刺激性，对皮肤无刺激性，试验条件下未见致畸、致突变作用。

【产品特点】溴菌腈是一种广谱防霉、灭藻杀菌剂，在工业防霉、防腐、灭藻等方面应用很广，对农作物的许多病害也有较好的防治效果，特别对炭疽病有特效。该药残留低，使用安全，在植物表面黏附性好，耐雨水冲刷。

溴菌腈常与多菌灵、福美双、咪鲜胺、五氯硝基苯等杀菌剂成分混配，用于生产复配杀菌剂。

【适用作物及防治对象】 溴菌腈主要用于防治多种植物的炭疽病，如苹果、桃、李、梨、葡萄、核桃、枣、柑橘、黄瓜、西瓜、甜瓜、菜豆、芸豆、豇豆、辣椒等。

【使用技术】

苹果、梨 从落花后半月左右开始喷药，10～15天1次，与不同类型药剂交替使用，连喷5～7次。一般使用25%可湿性粉剂或25%乳油500～600倍液均匀喷雾。

桃 从落花后1.5月左右开始喷药，10～15天1次，连喷2～4次。用药倍数同“苹果”。

李 从落花后20天左右开始喷药，10～15天1次，与不同类型药剂交替使用，连喷3～5次。用药倍数同“苹果”。

葡萄 从果粒长成大小时开始连续喷药，10天左右1次，到采收前一周结束。用药倍数同“苹果”。

核桃、枣 从病害发生初期开始喷药，10～15天1次，连喷2～3次。用药倍数同“苹果”。

柑橘 在春梢生长期、夏梢生长期、幼果期及秋梢生长期各喷药2次，间隔期10天左右。用药倍数同“苹果”。

黄瓜、菜豆、芸豆、豇豆 从病害发生初期开始喷药，7～10天1次，连喷3～4次。一般每亩次使用25%可湿性粉剂100～150克，或25%乳油100～150毫升，对水45～75千克均匀喷雾。

西瓜、甜瓜、辣椒 从病害发生初期开始喷药，7～10天1次，连喷3～4次。一般每亩次使用25%可湿性粉剂100～120克，或25%乳油100～120毫升，对水45～60千克均匀喷雾。

【注意事项】 不能与碱性农药混用。用药时注意安全保护。安全采收间隔期一般为7天。

咪鲜胺

【有效成分】 咪鲜胺（prochloraz）。

【常见商标名称】 施保克、百使特、果鲜灵、果鲜宝、保禾利、安疽尔、百力强、施嘉翠、施先可、坦阻克、鲜丽果、允发富、公道宁、天立、金雨、采杰、冠惠、酷乐、酷轮、美沃、农佳、强尔、胜炭、炭飞、炭科、炭威、炭星、舒米、永富、翠喜、高赞、安大、美邦热情、田园真洁、标正好施保、辉丰使百克、马克西姆扑霉灵等。

【主要含量与剂型】 45%乳油、45%微乳剂、45%水乳剂、450克/升水乳剂、25%乳油、250克/升乳油等。

【理化性质】 纯品为白色结晶，沸点208～210℃。原药为黄褐色液体，有芳香味，遇冷固化。微溶于水，易溶于丙酮、氯仿、乙醚、甲苯、二甲苯。在水中稳定，对浓酸或碱和阳光不稳定。属低毒杀菌剂，大鼠急性经口LD_{50}为1600毫克/千克，对兔皮肤和眼睛有中度刺激，试验剂量下未见致畸、致癌、致突变作用。对鱼类中毒。

【产品特点】 咪鲜胺是一种咪唑类广谱杀菌剂，具有保护和铲除作用，无内吸作用，但有一定的渗透传导性能，对子囊菌及半知菌引起的多种作物病害有特效。其杀菌机理主要是通过抑制甾醇的生物合成而起作用，最终导致病菌死亡。在土壤中主要降解为易挥发的代谢产物，易被土壤颗粒吸附，不易被雨水冲刷，对土壤生物低毒，但对某些土壤真菌有抑制作用。

咪鲜胺常与甲霜灵、异菌脲、三唑酮、三环唑、腈菌唑、氟硅唑、抑霉唑、多菌灵、甲基硫菌灵、苯醚甲环唑、丙森锌、烯酰吗啉、稻瘟灵、戊唑醇、百菌清等杀菌剂成分混配，用于生产复配杀菌剂。

【适用作物及防治对象】 咪鲜胺适用作物非常广泛，对许多真菌性病害特别是水果采后病害（防腐保鲜）均具有很好的防治效果。目前生产中主要应用于防治：柑橘的青霉病、绿霉病、蒂腐病、炭疽病，杧果的炭疽病、黑腐病、轴腐病，香蕉的炭疽病、冠腐病，荔枝黑腐病，苹果的青霉病、绿霉病、褐腐病、霉心病、炭疽病，梨的青霉病、绿霉病、褐腐病、炭疽病，桃的褐腐病、炭疽病，葡萄的黑痘病、炭疽病，水稻的恶苗病、纹枯病、稻瘟病、稻曲病、胡麻叶斑病，小麦的白粉病、赤霉病，甜菜褐斑病，烟草赤星病，油菜菌核病，辣椒炭疽病，西瓜炭疽病，菜豆炭疽病，大蒜叶枯病，葱、洋葱紫斑病等。

【使用技术】咪鲜胺的使用方法因防治目的不同而异，既常用于浸果、浸种，又常用于叶面喷雾。

水果保鲜 用于防治柑橘（青霉病、绿霉病、蒂腐病、炭疽病）、杧果（炭疽病、黑腐病、轴腐病）、香蕉（炭疽病、冠腐病）、荔枝（黑腐病）、苹果（青霉病、绿霉病、褐腐病）、梨（青霉病、绿霉病、褐腐病）及桃（褐腐病）等水果的采后病害。一般使用45%乳油或450克/升水乳剂或45%水乳剂或45%微乳剂1200～1500倍液，或25%乳油或250克/升乳油700～800倍液浸果，浸果1分钟后捞出晾干贮存。

水稻恶苗病、纹枯病、胡麻叶斑病 通过药剂浸种防病。一般使用45%乳油或450克/升水乳剂或45%水乳剂或45%微乳剂3500～7000倍液，或25%乳油或250克/升乳油2000～4000倍液浸种。浸种时间长短因温度高低而定，温度低时间长，温度高时间短；长江流域及其以南地区，一般浸种1～2天；黄河流域及华北地区，一般浸种3～5天；东北地区，一般浸种5～7天。药液使用倍数南方较低、北方较高。浸种后取出，用清水冲洗后进行催芽即可。

水稻稻瘟病、稻曲病 破口前、齐穗期各喷药1次。一般每亩次使用45%乳油或450克/升水乳剂或45%水乳剂或45%微乳剂40～50毫升，或25%乳油或250克/升乳油60～80毫升，对水30～45千克均匀喷雾。

忙果炭疽病 现蕾期、初花期、落花后各喷药1次，采收前1个月连续喷药2次（间隔10天左右）。一般使用45%乳油或450克/升水乳剂或45%水乳剂或45%微乳剂1000～1500倍液，或25%乳油或250克/升乳油500～1000倍液均匀喷雾。

苹果霉心病、炭疽病 防治炭疽病时，从落花后20天左右开始喷药，10～15天1次，与不同类型药剂交替使用，连喷4～6次。一般使用45%乳油或450克/升水乳剂或45%水乳剂或45%微乳剂1500～1800倍液，或25%乳油或250克/升乳油800～1000倍液均匀喷雾。防治霉心病时，采收后沿萼筒向心室注射药液进行防治，每果注射药液0.5毫升，一般使用45%乳油或450克/升水乳剂或45%水乳剂或45%微乳剂2500倍液，或25%乳油或250克/升乳油1500倍液进行注射。

梨炭疽病 从落花后20天左右开始喷药，10～15天1次，与不同类型药剂交替使用，连喷5～7次。一般使用45%乳油或450克/升水乳剂或45%水乳剂或45%微乳剂1500～1800倍液，或25%乳油或250克/升乳油800～1000倍液均匀喷雾。

桃褐腐病、炭疽病 从采收前2个月开始喷药，10～15天1次，连喷3～4次。用药倍数同“梨炭疽病”。

葡萄黑痘病、炭疽病 开花前、落花后、落花后10～15天各喷药1次，防治黑痘病；从果粒基本长成大小时开始喷药，10天左右1次，连续喷施，到果实采收前一周结束，防治炭疽病。用药倍数同“梨炭疽病”。

小麦白粉病、赤霉病 孕穗期、灌浆初期各喷药1次即可。一般每亩次使用45%乳油或450克/升水乳剂或45%水乳剂或45%微乳剂30～35毫升，或25%乳油或250克/升乳油50～60毫升，对水30～45千克均匀喷雾。

甜菜褐斑病 从病害发生初期开始喷药，10天左右1次，连喷2～3次。用药量同“小麦白粉病”。

烟草赤星病 从初见病斑时开始喷药，10～15天1次，连喷 2～3 次。用药量同“小麦白粉病”。

油菜菌核病 从病害发生初期开始喷药，10 天左右 1 次，连喷 2 次左右。用药量同“小麦白粉病”。

辣椒炭疽病 从病害发生初期开始喷药，10 天左右 1 次，连喷 2～3 次。一般每亩次使用 45%乳油或 450 克/升水乳剂或 45%水乳剂或 45%微乳剂 40～50 毫升，或 25%乳油或 250 克/升乳油 60～80 毫升，对水 45～60 千克均匀喷雾。

西瓜炭疽病 从病害发生初期开始喷药，10 天左右 1 次，连喷 3～4 次。用药量同“辣椒炭疽病”。

菜豆炭疽病 从病害发生初期开始喷药，10～15 天 1 次，连喷 2～4 次。用药量同“辣椒炭疽病”。

大蒜叶枯病 在蒜头迅速膨大期喷药 1 次即可。用药量同“小麦白粉病”。

葱、洋葱紫斑病 从病害发生初期开始喷药，10～15 天 1 次，连喷 1～2 次。用药量同“小麦白粉病”。

【注意事项】水果防腐保鲜时，当天采收的果实应当天用药处理完毕；浸果前必须将药剂搅拌均匀。本品对鱼类等水生动物有毒，药液严禁污染鱼塘、湖泊、河流等水域。不能与强酸或碱性药剂混用。用药时注意安全保护，本品无特殊解毒药，不可引吐；如误服，立即送医院对症治疗。

醚 菌 酯

【有效成分】醚菌酯（kresoxim-methyl）。

【常见商标名称】翠贝、品劲、百美、康泽、钟爱、粉翠、护翠等。

【主要含量与剂型】50%水分散粒剂、60%水分散粒剂、40%悬浮剂、30%悬浮剂、30%可湿性粉剂。

【理化性质】原药为浅棕色粉末，有芳香味，熔点 101℃。属低毒杀菌剂，大鼠急性经口 LD_{50} 大于 5000 毫克/千克，大鼠急性经皮LD_{50}大于2000毫克/千克，对鱼和水生生物有毒。

【产品特点】醚菌酯属甲氧基丙烯酸酯类广谱杀菌剂，对病害具有预防治疗、铲除作用，并可诱导植物在一定程度上产生免疫特性。其杀菌机理主要是破坏病菌细胞内线粒体呼吸链的电子传递，阻止能量ATP的形成，而导致病菌死亡。该药可作用于病害发生的各个过程，通过抑制孢子萌发、阻止病菌芽管侵入、抑制菌丝生长、抑制产孢等作用控制病害的发生为害。醚菌酯具有渗透层移活性，药剂分布均匀，药效稳定；亲脂性好，易被叶片和果实的表面蜡质层吸收，并呈气态扩散，可长时间缓慢释放，耐雨水冲刷，持效期长。

醚菌酯可与甲霜灵、代森联、丙森锌、苯醚甲环唑、己唑醇、啶酰菌胺、多菌灵、甲基硫菌灵、氟环唑、烯酰吗啉等杀菌剂成分混配，用于生产复配杀菌剂。

【适用作物及防治对象】醚菌酯适用作物非常广泛，对许多真菌性病害均具有很好的控制效果。目前生产上主要应用于防治：香蕉叶斑病，苹果的斑点落叶病、黑星病、套袋果斑点病，梨的黑星病、黑斑病、炭疽病、套袋果斑点病，葡萄的炭疽病、黑痘病、白粉病，草莓的白粉病、灰霉病，黄瓜、西瓜、甜瓜、苦瓜等瓜类的白粉病、炭疽病，番茄的早疫病、叶霉病，辣椒的炭疽病、白粉病，菜豆、豇豆、芸豆等豆类蔬菜的白粉病、锈病，十字花科蔬菜叶斑病，人参的黑斑病、灰霉病、炭疽病，小麦的锈病、白粉病等。

【使用技术】醚菌酯主要用于喷雾，在病害发生前用药效果最好，并可诱导植物在一定程度上产生免疫抗病能力。

香蕉叶斑病 从病害发生初期开始喷药，15～20天1次，连喷2～3次。一般使用50%水分散粒剂1000～2000倍液，或60%水分散粒剂1200～2400倍液，或40%悬浮剂800～1600倍液，或30%悬浮剂或30%可湿性粉剂600～1200倍液均匀喷雾。

苹果斑点落叶病、黑星病、套袋果斑点病 春梢生长期、秋梢生长期各喷药 2 次，可有效防治斑点落叶病；套袋前喷施 1 次，有效防治套袋果斑点病；防治黑星病时，从初见病斑时开始喷药，15 天 1 次，连喷 2 次。一般使用 50%水分散粒剂 2500～3000 倍液，或 60%水分散粒剂 3000～4000 倍液，或 40%悬浮剂 2000～2500 倍液，或 30%悬浮剂或 30%可湿性粉剂 1500～2000 倍液均匀喷雾。

梨黑星病、黑斑病、炭疽病、套袋果斑点病 从初见黑星病梢或病叶时开始喷药，15 天左右 1 次，与其它不同类型药剂交替使用，连喷 4～6 次；防治套袋果斑点病时，在临近套袋前喷施 1 次。用药倍数同“苹果病害”。

葡萄炭疽病、黑痘病、白粉病 开花前、落花后、落花后半月各喷药 1 次，然后从果粒长成大小时继续喷施，10～15 天 1 次，连喷 3～4 次。用药倍数同“苹果病害”。

草莓白粉病、灰霉病 从病害发生初期开始喷药，10～15 天 1 次，连喷 2～3 次。用药倍数同“苹果病害”。

黄瓜、西瓜、甜瓜、苦瓜等瓜类的白粉病、炭疽病 从病害发生初期开始喷药，10～15 天 1 次，连喷 3～4 次。一般每亩次使用 50%水分散粒剂 25～35 克，或 60%水分散粒剂 20～30 克，或 40%悬浮剂 30～45 毫升，或 30%悬浮剂 40～60 毫升，或 30%可湿性粉剂 40～60 克，对水 45～60 千克均匀喷雾。

番茄早疫病、叶霉病 从病害发生初期开始喷药，10～15 天 1 次，连喷 2～4 次。用药量同“瓜类病害”。

辣椒炭疽病、白粉病 从病害发生初期开始喷药，10～15 天 1 次，连喷 2～3 次。用药量同“瓜类病害”。

菜豆、豇豆、芸豆等豆类蔬菜的白粉病、锈病 从病害发生初期开始喷药，10～15 天 1 次，连喷 2～4 次。用药量同“瓜类病害”。

十字花科蔬菜叶斑病 从病害发生初期开始喷药，10～15 天 1 次，连喷 1～2 次。一般每亩次使用 50%水分散粒剂 20～25

克，或60%水分散粒剂15～20克，或40%悬浮剂25～30毫升，或30%悬浮剂30～40毫升，或30%可湿性粉剂30～40克，对水30～45千克均匀喷雾。

人参黑斑病、灰霉病、炭疽病 从病害发生初期开始喷药，10～15天1次，连喷3～4次。用药倍数同“苹果病害”。

小麦锈病、白粉病 从病害发生初期开始喷药，10天左右1次，连喷1～2次。一般每亩次使用50%水分散粒剂30～40克，或60%水分散粒剂25～35克，或40%悬浮剂40～50毫升，或30%悬浮剂50～70毫升，或30%可湿性粉剂50～70克，对水30～45千克均匀喷雾。

【注意事项】不能与碱性农药混用，药液不要污染水源。适当与不同类型杀菌剂混用或交替使用，避免病菌产生抗药性。一般作物的安全采收间隔期建议为1天。本剂无解毒药剂，如误服，请立即送医院根据症状治疗。

吡唑醚菌酯

【有效成分】吡唑醚菌酯（pyraclostrobin）。

【常见商标名称】凯润、施乐键等。

【主要含量与剂型】250克/升乳油。

【理化性质】原药为白色至浅米色结晶状固体，无味，熔点63.7～65.2℃，20℃时水中溶解度为1.9毫克/升。原药属低毒杀菌剂，大鼠急性经口LD_{50}大于5000毫克/千克，大鼠急性经皮LD_{50}大于2000毫克/千克。制剂中毒。

【产品特点】吡唑醚菌酯是一种新型甲氧基丙烯酸酯类广谱杀菌剂，属线粒体呼吸抑制剂，具有保护、治疗、铲除、渗透、强内吸及耐雨水冲刷作用，对多种真菌性病害均具有很好地预防和治疗效果。该药杀菌活性高、作用迅速、药效持久、使用安全，并在一定程度上可以诱发植株产生抗病能力，促进植株生长健壮、提高作物品质。

吡唑醚菌酯常与代森联、烯酰吗啉、氟唑菌酰胺等杀菌剂成分混配，用于生产复配杀菌剂。

【适用作物及防治对象】吡唑醚菌酯适用作物很广，对许多种真菌性病害均具有很好的防治效果。目前生产中主要应用于防治：香蕉的叶斑病、黑星病、炭疽病、轴腐病，杧果炭疽病，柑橘的炭疽病、黄斑病、疮痂病、黑星病，茶树炭疽病，草坪褐斑病，黄瓜的白粉病、霜霉病、炭疽病，西瓜、甜瓜的炭疽病，番茄、辣椒等炭疽病、叶斑病，十字花科蔬菜炭疽病，玉米的大斑病、小斑病，花生叶斑病，苹果的炭疽病、褐斑病、斑点落叶病、炭疽叶枯病、腐烂病等。

【使用技术】

香蕉叶斑病、黑星病、炭疽病、轴腐病　防治叶斑病、黑星病时，从病害发生初期开始喷药，10～15 天 1 次，连喷 2～4 次，一般使用 250 克/升乳油 1000～2000 倍液均匀喷雾。防治炭疽病、轴腐病时，香蕉采收后使用 250 克/升乳油 1000～2000 倍液浸果 1 分钟，而后晾干、包装、贮运。

杧果炭疽病　现蕾期、初花期、落花后各喷药 1 次，采收前 1 个月间隔 10～15 天连喷 2 次。一般使用 250 克/升乳油 1000～2000 倍液均匀喷雾。

柑橘炭疽病、黄斑病、疮痂病、黑星病　春梢生长期、幼果期及果实膨大期各喷药 1～2 次，间隔期 10～15 天，并注意与不同类型药剂交替使用。一般使用 250 克/升乳油 2000～3000 倍液均匀喷雾。

茶树炭疽病　从病害发生初期开始喷药，10～15 天 1 次，连喷 2～3 次。用药倍数同“杧果炭疽病”。

草坪褐斑病　从病害发生初期开始喷药，10～15 天 1 次，每期连喷 2 次。用药倍数同“杧果炭疽病”。

黄瓜霜霉病、白粉病、炭疽病　以防治霜霉病为主，从初见病斑时开始喷药，与不同类型药剂交替使用，7～10 天 1 次，连续喷药，其他病害兼防即可。一般每亩次使用250克/升乳油40～60毫升，对水45～75千克均匀喷雾。

西瓜、甜瓜的炭疽病 从病害发生初期开始喷药，10天左右1次，连喷3～4次。一般每亩次使用250克/升乳油40～50毫升，对水45～60千克均匀喷雾。

番茄、辣椒的炭疽病、叶斑病 从病害发生初期开始喷药，10天左右1次，连喷3～4次。药剂使用量同“黄瓜霜霉病”。

十字花科蔬菜炭疽病 从病害发生初期开始喷药，7～10天1次，连喷2次左右。一般每亩次使用250克/升乳油30～40毫升，对水30～45千克均匀喷雾。

玉米大斑病、小斑病 从病害发生初期开始喷药，10～15天1次，连喷1～2次。一般每亩次使用250克/升乳油30～50毫升，对水30～45千克均匀喷雾。

花生叶斑病 从病害发生初期开始喷药，10～15天1次，连喷2～3次。一般每亩次使用250克/升乳油30～40毫升，对水30～45千克均匀喷雾。

苹果炭疽病、褐斑病、斑点落叶病、炭疽叶枯病、腐烂病 防治炭疽病时，从苹果落花后7～10天开始喷药，10天左右1次，连喷3次药后套袋，兼防褐斑病、斑点落叶病；防治斑点落叶病时，在秋梢生长期再喷药2次左右；防治炭疽叶枯病时，在7、8月雨季的降雨前2～3天喷药，每次有效降雨前喷药1次。一般使用250克/升乳油2000～3000倍液均匀喷雾。防治树体腐烂病时，既可使用250克/升乳油200～300倍液涂干（发芽前及生长期），又可刮治病斑后使用30～50倍液涂抹伤口。

【注意事项】合理与其他不同类型杀菌剂交替使用，避免病菌产生抗药性。用药时注意安全保护。

嘧　菌　酯

【有效成分】嘧菌酯（azoxystrobin）。

【常见商标名称】 阿米西达、绘绿等。

【主要含量与剂型】 250克/升悬浮剂、25%悬浮剂、50%水分散粒剂、20%水分散粒剂、30%悬浮剂、80%水分散粒剂、60%水分散粒剂等。

【理化性质】 纯品为白色结晶，原药为浅棕色固体，无特殊气味，熔点114～116℃，纯品沸点在360℃左右分解。可溶于水、甲醇、甲苯、丙酮、乙酸乙酯、二氯甲烷。水溶液中光解半衰期为11～17天。属低毒杀菌剂，大鼠（雌、雄）急性经口LD_{50}大于5克/千克，大鼠（雌、雄）急性经皮LD_{50}大于2克/千克，对兔皮肤和眼睛稍有刺激，对鸟类低毒，对蜜蜂安全，无致畸、致突变和致肿瘤作用。

【产品特点】 嘧菌酯是一种天然化合物的内吸性广谱杀菌剂，具有保护、治疗、铲除、渗透、内吸及缓慢向顶移动活性，属线粒体呼吸抑制剂，即通过抑制细胞色素Bcl向Cl间电子转移而抑制线粒体的呼吸，破坏病菌的能量形成，最终导致病菌死亡。通过抑制孢子萌发、菌丝生长及孢子产生而发挥防病作用。对14-脱甲基化酶抑制剂、苯甲酰胺类、二羧酰胺类和苯并咪唑类产生抗性的菌株有效。另外，该药在一定程度上还可诱导寄主植物产生免疫特性，防止病菌侵染。

嘧菌酯可与丙环唑、烯酰吗啉、百菌清、苯醚甲环唑、霜霉威盐酸盐、精甲霜灵、戊唑醇、咪鲜胺、腐霉利、霜脲氰、氟酰胺、己唑醇、噻唑锌、丙森锌、多菌灵、乙嘧酚、宁南霉素、氟环唑、噻呋酰胺等杀菌剂成分混配，用于生产复配杀菌剂。

【适用作物及防治对象】 嘧菌酯适用作物非常广泛，对许多真菌性病害均具有很好的防治效果。目前生产中主要应用于防治：香蕉的叶斑病、黑星病，西瓜的炭疽病、蔓枯病、白粉病，辣椒的炭疽病、疫病，十字花科蔬菜的霜霉病、黑斑病，大豆的锈病、紫斑病，人参黑斑病，黄瓜的霜霉病、白粉病、黑星病、炭疽病、枯萎病，丝瓜的霜霉病、炭疽病，冬瓜的霜霉病、疫病、炭疽病，番茄的晚疫病、早疫病、叶霉病，荔枝霜疫霉病，杧果的炭疽病、白粉病，菊科、蔷薇科观赏植物的白粉病，马铃薯的晚疫病、早疫病、黑痣病，柑橘的疮痂病、炭疽病，葡萄的霜霉病、黑痘病、白腐病、白粉病，枣树的炭疽病、轮纹病、锈病，麦类的锈病、白粉病、纹枯病，水稻纹枯病，花生的叶斑病、锈病、疮痂病，草坪的枯萎病、褐斑病等。

【使用技术】嘧菌酯主要通过喷雾防治病害，在病害发生前或发生初期开始用药，能充分发挥药效、保证防治效果，且喷药应及时均匀周到。

香蕉叶斑病、黑星病 从病害发生初期开始喷药，半月左右1次，连喷3～4次。一般使用250克/升悬浮剂或25%悬浮剂1000～1500倍液，或50%水分散粒剂2000～3000倍液，或30%悬浮剂1200～1800倍液，或20%水分散粒剂800～1200倍液，或60%水分散粒剂2500～3500倍液，或80%水分散粒剂3500～5000倍液均匀喷雾。

西瓜炭疽病、蔓枯病、白粉病 从初见病斑时开始喷药，10～15天1次，连喷3～4次。一般每亩次使用250克/升悬浮剂或25%悬浮剂50～70毫升，或50%水分散粒剂25～35克，或30%悬浮剂40～60毫升，或20%水分散粒剂50～70克，或60%水分散粒剂20～30克，或80%水分散粒剂15～20克，对水45～60千克均匀喷雾。

辣椒炭疽病、疫病 从病害发生初期开始喷药，10～15天1次，连喷3～4次。用药量同“西瓜炭疽病”。

十字花科蔬菜霜霉病、黑斑病 从初见病斑时开始喷药，10天左右1次，连喷1～2次。用药量同“西瓜炭疽病”。

大豆锈病、紫斑病 从病害发生初期开始喷药，10～15天1次，连喷1～2次。用药量同“西瓜炭疽病”。

人参黑斑病 从病害发生初期开始喷药，10～15天1次，每期连喷2次。用药量同“西瓜炭疽病”。

黄瓜霜霉病、白粉病、黑星病、炭疽病、枯萎病 以防治霜霉病为主，从定植后3～5天或初见病斑时开始喷药，7～10天1次，与不同类型药剂交替使用，连续喷施，兼防其他病害。一般每亩次使用250克/升悬浮剂或25%悬浮剂60～90毫升、或50%水分散粒剂30～45克，或30%悬浮剂50～75毫升，或20%水分散粒剂75～100克，或60%水分散粒剂25～35克，或80%水分散粒剂20～25克，对水60～90千克均匀喷雾。

丝瓜霜霉病、炭疽病 从病害发生初期开始喷药，7～10天1次，连喷2～4次。用药量同"黄瓜霜霉病"。

冬瓜霜霉病、疫病、炭疽病 从病害发生初期开始喷药，7～10天1次，连喷2～4次。用药量同"黄瓜霜霉病"。

番茄晚疫病、早疫病、叶霉病 前期以防治晚疫病为主，兼防早疫病，从初见病斑时开始喷药，10天左右1次，与不同类型药剂交替使用，连喷3～5次；后期以防治叶霉病为主，兼防其他病害，从初见病斑时开始喷药，10天左右1次，连喷2～3次。用药量同"黄瓜霜霉病"。

荔枝霜疫霉病 在花蕾期、幼果期、果实转色期、成熟期各喷药1次，一般使用250克/升悬浮剂或25%悬浮剂1200～1500倍液，或50%水分散粒剂2500～3000倍液，或30%悬浮剂1500～1800倍液，或20%水分散粒剂1000～1200倍液，或60%水分散粒剂3000～3500倍液，或80%水分散粒剂4000～5000倍液均匀喷雾。

杧果炭疽病、白粉病 在花蕾期、落花后、落花后半月左右各喷药1次，然后在成熟前1个月内间隔10～15天再喷药2次。喷药倍数同"荔枝霜疫霉病"。

菊科、蔷薇科观赏植物的白粉病 从病害发生初期开始喷药，10～15天1次，连喷2～3次。喷药倍数同"荔枝霜疫霉病"。

马铃薯黑痣病、晚疫病、早疫病 防治黑痣病时，于播种时在播种沟内喷药，每亩次使用250克/升悬浮剂或25%悬浮剂40～60毫升，或50%水分散粒剂20～30克，或30%悬浮剂30～50毫升，或20%水分散粒剂45～75克，或60%水分散粒剂15～25克，或80%水分散粒剂12～18克。防治晚疫病、早疫病时，从初见病斑时开始喷药，10天左右1次，与不同类型药剂交替使用，连喷5～7次，一般每亩次使用250克/升悬浮剂或25%悬浮剂60～80毫升，或50%水分散粒剂30～40克，或30%悬浮剂50～70毫升，或20%水分散粒剂75～100克，或60%水分散粒剂25～30克，或80%水分散粒剂20～25克，对水60～75千克均匀喷雾。

柑橘疮痂病、炭疽病 在春梢生长期、夏梢生长期、秋梢生长期、幼果期、转色期各喷药1～2次，一般使用250克/升悬浮剂或25%悬浮剂800～1200倍液，或50%水分散粒剂1600～2400倍液，或30%悬浮剂1000～1400倍液，或20%水分散粒剂600～800倍液，或60%水分散粒剂2000～2500倍液，或80%水分散粒剂2500～3500倍液均匀喷雾。

葡萄霜霉病、黑痘病、白腐病、白粉病 开花前、落花后、落花后10～15天各喷药1次，防治黑痘病及霜霉病为害幼穗；然后从初见霜霉病斑时开始喷药，10天左右1次，与不同类型药剂交替使用，连续喷施，到采收前一周结束，防治霜霉病、白腐病、白粉病。用药倍数同“柑橘疮痂病”。

枣炭疽病、轮纹病、锈病 从落花后半月左右或初见锈病时开始喷药，15天左右1次，连喷5～7次，注意与不同类型药剂交替使用。一般使用250克/升悬浮剂或25%悬浮剂1500～2500倍液，或50%水分散粒剂3000～5000倍液，或30%悬浮剂1800～3000倍液，或20%水分散粒剂1200～2000倍液，或60%水分散粒剂4000～6000倍液，或80%水分散粒剂5000～8000倍液均匀喷雾。

麦类锈病、白粉病、纹枯病 在拔节期、灌浆初期各喷药1

次即可，一般每亩次使用250克/升悬浮剂或25%悬浮剂60～80毫升，或50%水分散粒剂30～40克，或30%悬浮剂50～65毫升，或20%水分散粒剂75～100克，或60%水分散粒剂25～30克，或80%水分散粒剂20～25克，对水30～45千克均匀喷雾。

水稻纹枯病 在拔节期和齐穗初期各喷药1次，即可有效控制纹枯病的发生为害。药剂使用量同“麦类锈病”，且喷药时注意喷洒植株中下部。

花生叶斑病、锈病、疮痂病 从病害发生初期开始喷药，10～15天1次，连喷2次左右。一般每亩次使用250克/升悬浮剂或25%悬浮剂50～60毫升，或50%水分散粒剂25～30克，或30%悬浮剂40～50毫升，或20%水分散粒剂60～75克，或60%水分散粒剂20～25克，或80%水分散粒剂15～20克，对水30～45千克均匀喷雾。

草坪的枯萎病、褐斑病 从病害发生初期开始喷药，10天左右1次，每期连喷2～3次。一般每亩次使用250克/升悬浮剂或25%悬浮剂50～100毫升，或50%水分散粒剂30～50克，或30%悬浮剂50～90毫升，或20%水分散粒剂70～130克，或60%水分散粒剂25～45克，或80%水分散粒剂20～30克，对水30～60千克均匀喷雾。

【注意事项】不能与碱性农药混用；注意与不同类型杀菌剂交替使用，避免病菌产生抗药性。苹果树上禁止使用，以免产生药害。用药时注意安全保护；如误服，切勿引吐，应立即送医院对症治疗，使用医用活性炭洗胃等，并注意防止胃容物进入呼吸道。

丁香菌酯

【有效成分】丁香菌酯（coumoxystrobin）。

【常见商标名称】武灵士等。

【主要含量与剂型】20%悬浮剂。

【理化性质】原药外观为乳白色或淡黄色固体，熔点109～111℃，pH值6.5～8.5时易溶于二甲基甲酰胺、丙酮、乙酸乙酯、甲醇，微溶于石油醚，几乎不溶于水。常温下贮存稳定。雌性大鼠急性经口LD_{50}为926毫克/千克，雄性大鼠急性经口LD_{50}为1260毫克/千克，大鼠急性经皮LD_{50}为2150毫克/千克。

【产品特点】丁香菌酯是一种新型甲氧基丙烯酸酯类广谱低毒高效杀菌剂，对真菌性病害具有良好的预防保护和免疫作用，使用安全。其作用机理是通过阻碍病菌线粒体细胞色素b和细胞色素c之间的电子传递，抑制真菌细胞的呼吸作用，干扰细胞能量供给，进而导致病菌死亡。该成分结构中含有丁香内酯族基团，不仅具有杀菌功能，还能使侵入菌丝找不到契合位点而迷向；同时，刺激作物启动应急反应和抗病因子，加强自身抑菌系统，加速作物组织愈伤，使作物表现出对真菌病害的免疫功能，并进一步改善作物品质，到达增产、增收。

丁香菌酯可与戊唑醇、苯醚甲环唑、丙环唑、多菌灵、甲基硫菌灵、烯酰吗啉、乙嘧酚等杀菌剂成分混配，用于生产复配杀菌剂。

【适用作物及防治对象】丁香菌酯适用于许多种作物，对多种真菌性病害均具有良好的防治效果。目前生产中主要用于防治：苹果的腐烂病、轮纹病、炭疽病、斑点落叶病、褐斑病，梨的腐烂病、轮纹病、黑星病，葡萄的霜霉病、白粉病、炭疽病，枣的锈病、炭疽病、轮纹病，桃的炭疽病、疮痂病、褐腐病，香蕉的叶斑病、黑星病，杧果的炭疽病、白粉病，柑橘的疮痂病、炭疽病、黄斑病、树脂病，水稻的稻瘟病、纹枯病、恶苗病，小麦的纹枯病、锈病、赤霉病，玉米的小斑病、大斑病、黄斑病，番茄的叶霉病、灰霉病、炭疽病、晚疫病，黄瓜、甜瓜等瓜类的炭疽病、霜霉病、黑星病、蔓枯病，马铃薯晚疫病，花生的叶斑病、疮痂病，油菜菌核病等。

【使用技术】丁香菌酯主要用于茎叶喷雾，也可通过枝干药剂涂抹进行用药。

苹果腐烂病、轮纹病、炭疽病、斑点落叶病、褐斑病　防治腐烂病及枝干轮纹病时，既可在春季树体萌芽前使用20%悬浮剂600～800倍液均匀喷洒干枝，又可在生长季节使用20%悬浮剂500～600倍液涂干，同时还可在刮治腐烂病病斑后使用20%悬浮剂100～200倍液涂抹伤口。防治果实轮纹病及炭疽病时，从苹果落花后7～10天开始喷药，10天左右1次，连喷3次药后套袋，兼防斑点落叶病、褐斑病。防治斑点落叶病时，在春梢生长期喷药1～2次，在秋梢生长期喷药2～3次，喷药间隔期10～15天。防治褐斑病时，临近套袋的用药为第1次喷药，以后从套袋后开始连续喷药，半月左右1次，连喷4～5次。生长期防治果实病害及叶部病害时，一般使用20%悬浮剂2000～2500倍液均匀喷雾。

梨腐烂病、轮纹病、黑星病　防治腐烂病及枝干轮纹病时，一般果园在早春发芽前使用20%悬浮剂600～800倍液喷药1次；病害特别严重果园，还可在生长季节使用20%悬浮剂500～600倍液涂抹枝干。防治果实轮纹病及黑星病时，多从落花后7～10天开始喷药，10～15天1次，连喷喷药，并注意与不同类型药剂交替使用，丁香菌酯一般使用20%悬浮剂2000～2500倍液均匀喷雾。

葡萄霜霉病、白粉病、炭疽病　以防治霜霉病为主，兼防白粉病、炭疽病。一般果园在开花前、后各喷药1次，预防幼果穗受害；然后从落花后20天左右开始连续喷药，10天左右1次，并注意与不同类型药剂交替使用。丁香菌酯一般使用20%悬浮剂2000～2500倍液均匀喷雾。

枣锈病、炭疽病、轮纹病　多从落花后半月左右开始喷药，10～15天1次，连喷5～7次。一般使用20%悬浮剂2000～2500倍液均匀喷雾，并注意与不同类型药剂交替使用。

桃炭疽病、疮痂病、褐腐病　防治疮痂病时，多从落花后

20～30天开始喷药，半月左右1次，连喷2～4次，兼防炭疽病；防治褐腐病时，多从果实采收前1～1.5个月开始喷药，10～15天1次，连喷2次左右，兼防炭疽病。一般使用20%悬浮剂1000～1500倍液均匀喷雾。

香蕉叶斑病、黑星病 从病害发生初期开始喷药，15～20天1次，与不同类型药剂交替使用，连喷3～5次。丁香菌酯一般使用1500～2000倍液均匀喷雾。

杧果炭疽病、白粉病 从病害发生初期开始喷药，半月左右1次，连喷2～4次。一般使用20%悬浮剂1500～2000倍液均匀喷雾。

柑橘疮痂病、炭疽病、黄斑病、树脂病 防治疮痂病、炭疽病时，在开花前、落花后及坐果后各喷药1次；防治黄斑病、树脂病时，多从果实膨大期开始喷药，半月左右1次，连喷2～3次，兼防炭疽病。一般使用20%悬浮剂1500～2000倍液均匀喷雾。

水稻恶苗病、纹枯病、稻瘟病 防治恶苗病时，在苗期或苗床期进行用药，多在发病前喷药；防治纹枯病、稻瘟病时，多从发病初期开始喷药，或在拔节期、破口前及齐穗期各喷药1次。一般每亩次使用20%悬浮剂50～100毫升，对水30～45千克均匀喷雾。

小麦纹枯病、锈病、赤霉病 从病害发生初期开始喷药，或在拔节期、孕穗期至齐穗期及扬花后各喷药1次。药剂使用量同“水稻病害”。

玉米小斑病、大斑病、黄斑病 从病害发生初期开始喷药，10～15天1次，连喷1～2次。一般使用20%悬浮剂1500倍液均匀喷雾。

番茄叶霉病、灰霉病、炭疽病、晚疫病 从病害发生初期或发生前开始喷药，10天左右1次，连喷2～4次。一般每亩次使用20%悬浮剂50～150毫升，对水45～60千克均匀喷雾。

黄瓜、甜瓜等瓜类的炭疽病、霜霉病、黑星病、蔓枯病 从病害发生初期或发生前开始喷药，10 天左右 1 次，连喷 2～4 次。一般使用 20%悬浮剂 1500～2000 倍液均匀喷雾。

马铃薯晚疫病 从病害发生初期或植株现蕾期开始喷药，10 天左右 1 次，连喷 5～7 次。一般每亩次使用 20%悬浮剂 80～150 毫升，对水 60～75 千克均匀喷雾。

花生叶斑病、疮痂病 从病害发生初期或初花期开始喷药，10～15 天 1 次，连喷 2～3 次。一般每亩次使用 20%悬浮剂50～100 毫升，对水 30～45 千克均匀喷雾。

油菜菌核病 从病害发生初期或初花期开始喷药，10～15 天 1 次，连喷 2～3 次，重点喷洒植株中下部。一般每亩次使用 20%悬浮剂 75～100 毫升，对水 30～60 千克均匀喷雾。

【注意事项】不能与碱性及强酸性药剂混用。注意与不同类型药剂交替使用或混合使用，以延缓病菌产生抗药性。为充分发挥该药剂激活作物自身的防御潜能，使用本药剂时应较其他普通杀菌剂稍早些喷雾。在新作物上使用时，应先试验安全后再推广应用，以避免造成药害。

肟 菌 酯

【有效成分】肟菌酯（trifloxystrobin）。

【常见商标名称】肟菌酯等。

【主要含量与剂型】12.5%乳油、25%水乳剂、30%悬浮剂、40%悬浮剂、50%悬浮剂、50%水分散粒剂等。

【理化性质】肟菌酯纯品为白色无臭固体。原药外观为白色到灰色精状粉末，熔点 72.9℃，水中溶解度（25℃）610 微克/升，在 pH 值 5 的水溶液中稳定。大鼠（雄、雌）急性经口 LD_{50} 大于 5000 毫克/千克，大鼠（雄、雌）急性经皮 LD_{50} 大于 2000 毫克/千克，属低毒杀菌剂。

【产品特点】肟菌酯是一种甲氧基丙烯酸酯类广谱杀菌剂，

对许多种真菌性病害均具有良好的防治效果。其杀菌机理是通过抑制病菌线粒体的呼吸作用而发挥药效，即通过锁住细胞色素b与c1之间的电子传递而阻止细胞ATP合成。并具有化学动力学特性，能被植物的蜡质层强烈吸附，进而对植物提供优异的保护活性。制剂渗透性好，能被作物快速吸收，具有向顶传导特性，耐雨水冲刷，持效性良好。

肟菌酯可与戊唑醇、咪鲜胺、异菌脲、丙环唑、丙森锌、克菌丹、代森联、二氰蒽醌、氰霜唑、霜脲氰、己唑醇、苯醚甲环唑、氟吡菌酰胺、噻呋酰胺、异噻菌胺等杀菌剂成分混配，用于生产复配杀菌剂。

【适用作物及防治对象】 肟菌酯适用于多种作物，对许多种真菌性病害均具有良好的防治效果。目前生产中建议用于防治：小麦的白粉病、锈病，玉米叶斑病，水稻的稻瘟病、稻曲病、纹枯病，花生叶斑病，辣椒炭疽病，马铃薯晚疫病，香蕉的叶斑病、黑星病，葡萄的白粉病、褐斑病、霜霉病，苹果的褐斑病、黑星病，玫瑰白粉病等。

【使用技术】 肟菌酯主要通过茎叶喷雾进行用药。

小麦白粉病、锈病 从病害发生初期开始喷药，10～15天1次，连喷1～2次。一般每亩次使用12.5%乳油50～100毫升，或25%水乳剂25～50毫升，或30%悬浮剂20～40毫升，或40%悬浮剂15～30毫升，或50%悬浮剂15～25毫升，或50%水分散粒剂15～25克，对水30～45千克均匀喷雾。

玉米叶斑病 从病害发生初期开始喷药，10～15天1次，连喷1～2次。药剂使用量同“小麦白粉病”。

水稻稻瘟病、稻曲病、纹枯病 防治叶瘟时，从病害发生初期开始喷药，10天左右1次，连喷1～2次；防治穗颈瘟时，在破口期和齐穗初期各喷药1次；防治稻曲病时，在破口前5～7天和齐穗初期各喷药1次；防治纹枯病时，在拔节期和破口至齐穗期各喷药1次。药剂使用量同“小麦白粉病”。

花生叶斑病 从病害发生初期或初花期开始喷药，10～15天1次，连喷2～3次。一般每亩次使用12.5%乳油50～70毫升，或25%水乳剂25～35毫升，或30%悬浮剂25～30毫升，或40%悬浮剂20～25毫升，或50%悬浮剂15～20毫升，或50%水分散粒剂15～20克，对水30～45千克均匀喷雾。

辣椒炭疽病 从病害发生初期开始喷药，10～15天1次，连喷2～4次。一般每亩次使用12.5%乳油40～80毫升，或25%水乳剂20～40毫升，或30%悬浮剂20～30毫升，或40%悬浮剂15～25毫升，或50%悬浮剂10～20毫升，或50%水分散粒剂10～20克，对水45～60千克均匀喷雾。

马铃薯晚疫病 从病害发生初期或初花期开始喷药，10天左右1次，连喷5～7次，注意与不同类型药剂交替使用。肟菌酯一般每亩次使用12.5%乳油60～100毫升，或25%水乳剂30～50毫升，或30%悬浮剂30～40毫升，或40%悬浮剂20～30毫升，或50%悬浮剂20～25毫升，或50%水分散粒剂20～25克，对水60～75千克均匀喷雾。

香蕉叶斑病、黑星病 从病害发生初期开始喷药，15～20天1次，连喷3～5次。一般使用50%悬浮剂或50%水分散粒剂2500～3000倍液，或40%悬浮剂2000～2500倍液，或30%悬浮剂1500～2000倍液，或25%水乳剂1200～1500倍液，或12.5%乳油600～800倍液均匀喷雾。

葡萄白粉病、褐斑病、霜霉病 防治白粉病、褐斑病时，从病害发生初期开始喷药，10～15天1次，连喷2～3次；防治霜霉病时，多从落花后10～15天或病害发生初期开始喷药，10天左右1次，与不同类型药剂交替喷施。一般使用50%悬浮剂或50%水分散粒剂4000～5000倍液，或40%悬浮剂3500～4500倍液，或30%悬浮剂2500～3500倍液，或25%水乳剂2000～3000倍液，12.5%乳油1000～1500倍液均匀喷雾。

苹果褐斑病、黑星病 从病害发生初期开始喷药，10～15

天1次，连喷3～5次。药剂喷施倍数同“葡萄白粉病”。

玫瑰白粉病 从病害发生初期开始喷药，10～15天1次，连喷2～3次。药剂喷施倍数同“葡萄白粉病”。

【注意事项】不能与强酸性及碱性药剂混用。为延缓病菌产生抗药性，注意与不同杀菌机理的药剂混用或轮换使用。该药剂以保护作用为主，因此用药时应尽量在发病前或发病初期使用。误服后不要催吐，用水漱口，并立即送医院对症治疗。

丙硫菌唑

【有效成分】丙硫菌唑（prothioconazole）。

【常见商标名称】丙硫菌唑等。

【主要含量与剂型】20%悬浮剂、40%悬浮剂、480克/升悬浮剂、50%水分散粒剂等。

【理化性质】丙硫菌唑纯品为白色或浅褐色粉末状结晶，无典型特征性气味，熔点为139.1～144.5℃，pH值4时水中溶解度为5毫克/升。20℃时有机溶剂中的溶解度（克/升）为：正庚烷小于0.1、二甲苯8、1-辛醇58、2-丙醇87、乙酸乙酯大于250、聚乙二醇大于250、乙腈69、丙酮大于250、二氯甲烷88。大鼠（雌、雄）急性经口LD_{50}大于6200毫克/千克，大鼠（雌、雄）急性经皮LD_{50}大于2000毫克/千克。

【产品特点】丙硫菌唑是一种新型三唑硫酮类广谱内吸性低毒杀菌剂，具有良好的保护、治疗和铲除活性，内吸性好，持效期长，对人和环境安全，并具有一定增产功效。属于脱甲基化抑制剂，即通过抑制真菌中甾醇的前体羊毛甾醇在14一或24一位亚甲基二氢羊毛甾醇上的脱甲基化作用而达到杀菌效果。

丙硫菌唑可与戊唑醇、氟嘧菌酯、肟菌酯、螺环菌胺等杀菌成分混配，用于生产复配杀菌剂。

【适用作物及防治对象】丙硫菌唑适用于多种作物，对许多种高等真菌性病害均有较好的防治效果。目前生产中建议用于防治：小麦、大麦等麦类作物的白粉病、锈病、纹枯病，水稻纹枯病，玉米的纹枯病、大斑病、小斑病、锈病，油菜菌核病，花生菌核病（白绢病），瓜类蔬菜的白粉病、灰霉病、叶斑病等。

【使用技术】

麦类作物的白粉病、纹枯病、锈病　从病害发生初期或发病前开始喷药，10～15 天 1 次，连喷 1～2 次。一般每亩次使用 20%悬浮剂 60～80 毫升，或 40%悬浮剂 30～40 毫升、或 480 克/升悬浮剂 25～35 毫升，或 50%水分散粒剂 25～30 克，对水 30～45 千克均匀喷雾。

水稻纹枯病　从病害发生初期开始喷药，或在水稻拔节期和齐穗初期各喷药 1 次。药剂使用量同“麦类作物的纹枯病”。

玉米纹枯病、大斑病、小斑病、锈病　从病害发生初期开始喷药，10～15 天 1 次，连喷 1～2 次。药剂使用量同“麦类作物的纹枯病”。

油菜菌核病　在油菜封垄前或初花期开始喷药，10～15 天 1 次，连喷 2 次左右，注意喷洒植株中下部。一般使用 20%悬浮剂 500～600 倍液，或 40%悬浮剂 1000～1200 倍液，或 480 克/升悬浮剂 1200～1500 倍液，或 50%水分散粒剂 1200～1500 倍液喷雾。

花生菌核病　从病害发生初期或花生初花期开始喷药，10～15 天 1 次，连喷 1～2 次，注意喷洒植株茎基部。药剂喷施倍数同“油菜菌核病”。

瓜类蔬菜的白粉病、灰霉病、叶斑病　从病害发生初期开始喷药，10 天左右 1 次，连喷 2 次左右。一般每亩次使用 20%悬浮剂 80～100 毫升，或 40%悬浮剂 40～50 毫升，或 480 克/升悬浮剂 35～45 毫升，或 50%水分散粒剂 30～40 克，对水 45～60 千克均匀喷雾。

【注意事项】不能与强酸性及碱性药剂混用。用药时做好必要的安全防护，施药器械的清洗等不能污染水源。注意与其它不同作用机理的杀菌剂混用或交替使用，以延缓病菌产生抗药性。误服后不要催吐，用水漱口，并立即送医院对症治疗。一般不要洗胃，可服用活性炭和硫酸钠。不能与含铜制剂混用。

啶 酰 菌 胺

【有效成分】啶酰菌胺（boscalid）。

【常见商标名称】凯泽等。

【主要含量与剂型】50%水分散粒剂、25%悬浮剂。

【理化性质】啶酰菌胺纯品为白色无色晶体，熔点142.8～143.8℃，20℃时水中溶解度为4.6毫克/升。室温下在空气中稳定，54℃可以放置14天，在水中不光解。大鼠急性经口LD_{50}大于2000毫克/千克，大鼠急性经皮LD_{50}大于2000毫克/千克。

【产品特点】啶酰菌胺是一种烟酰胺类广谱低毒杀菌剂，具有保护和治疗双重作用。其杀菌机理主要通过抑制病菌呼吸作用中的线粒体琥珀酸酯脱氢酶活性，阻碍三羧酸循环，使氨基酸、糖缺乏，能量减少，进而干扰细胞的分裂和生长，对病菌孢子萌发、芽管伸长、菌丝生长及孢子产生等整个生长发育环节均有作用。该成分可以在植物叶部垂直渗透和向顶传输，叶面喷雾后表现出卓越的耐雨水冲刷和持效性能。

啶酰菌胺可与醚菌酯、吡唑醚菌酯、菌核净、异菌脲、腐霉利、抑霉唑等杀菌剂成分混配，用于生产复配杀菌剂。

【适用作物及防治对象】啶酰菌胺适用于多种作物，对许多种真菌性病害均具有较好的预防保护和治疗作用，且保护效果明显优于治疗。目前生产中主要应用于防治：葡萄的灰霉病、白粉病、炭疽病、黑痘病，香蕉的叶斑病、黑星病，草莓的灰霉病、白粉病，番茄的灰霉病、早疫病，黄瓜、甜瓜、西瓜等瓜类的灰霉病、炭疽病、白粉病，马铃薯早疫病，油菜菌核病等。

【使用技术】

葡萄灰霉病、白粉病、炭疽病、黑痘病　葡萄开花前、后各喷药1次，防治幼穗灰霉病，兼防黑痘病；落花后10～15天喷药1次，防治黑痘病；套袋葡萄套袋前喷药1次，有效防治灰霉病、炭疽病，兼防白粉病；不套袋葡萄多从落花后半月左右开始喷药预防炭疽病，兼防白粉病、灰霉病，10～15天1次，连喷3～5次。一般使用50%水分散粒剂1000～1500倍液，或25%悬浮剂500～700倍液均匀喷雾。

香蕉叶斑病、黑星病 从病害发生初期开始喷药，15～20天1次，连喷3～5次。一般使用50%水分散粒剂800～1000倍液，或25%悬浮剂400～500倍液均匀喷雾。

草莓灰霉病、白粉病 从草莓初花期或病害发生初期开始喷药，10～15天1次，连喷3～4次。一般每亩次使用50%水分散粒剂30～45克，或25%悬浮剂60～90毫升，对水45～60千克均匀喷雾。

番茄灰霉病、早疫病 从病害发生初期或连阴天时开始喷药，7～10天1次，连喷2～3次。一般每亩次使用50%水分散粒剂30～50克，或25%悬浮剂60～100毫升，对水60～75千克均匀喷雾。

黄瓜、甜瓜、西瓜等瓜类的灰霉病、炭疽病、白粉病 从病害发生初期开始喷药，10天左右1次，连喷3次左右。一般每亩次使用50%水分散粒剂35～45克，或25%悬浮剂70～90毫升，对水60～75千克均匀喷雾。

马铃薯早疫病 从病害发生初期或田间初见病斑时开始喷药，10～15天1次，连喷2～3次。药剂使用量同“番茄灰霉病”。

油菜菌核病 从油菜初花期或封垄前开始喷药，10～15天1次，连喷2次左右。一般每亩次使用50%水分散粒剂30～50克，或25%悬浮剂60～100毫升，对水30～60千克进行喷雾，重点喷洒植株中下部。

【注意事项】不能与强酸性及碱性药剂混用。连续喷药时，注意与不同类型药剂交替使用或混用，以延缓或避免病菌产生抗药性。

烯 肟 菌 胺

【有效成分】烯肟菌胺（xiwojunan）。

【常见商标名称】高扑等。

【主要含量与剂型】5%乳油。

【理化性质】烯肟菌胺纯品为白色固体粉末或结晶，熔点131～132℃，易溶于乙腈、丙酮、乙酸乙酯及二氯乙烷，在二甲亚砜和甲苯中有一定溶解度，在甲醇中溶解度约为20克/升，不溶于石油醚、正己烷等非极性有机溶剂及水，在强酸、强碱条件下不稳定。大鼠急性经口LD_{50}大于4640毫克/千克，大鼠急性经皮LD_{50}大于2000毫克/千克。

【产品特点】烯肟菌胺属于甲氧基丙烯酸酯类新型低毒杀菌剂，具有杀菌活性高、杀菌谱广、对环境生物相容性良好等特点，并具有预防保护和治疗双重作用。同时对作物生长性状和品质有明显的改善功效，且能提高作物产量。其作用机理是通过阻止细胞色素b和cl间的电子传导而抑制线粒体的呼吸作用，进而导致病菌死亡。

烯肟菌胺可与戊唑醇、多菌灵、甲基硫菌灵、苯醚甲环唑等多种杀菌成分混配，用于生产复配杀菌剂。

【适用作物及防治对象】烯肟菌胺适用于谷类作物、果树、蔬菜等多种植物，对许多种真菌性病害均具有较好的防治效果。目前生产中主要用于防治：小麦的锈病、白粉病、纹枯病，水稻纹枯病，黄瓜的白粉病、炭疽病、霜霉病，番茄的早疫病、晚疫病，苹果的白粉病、斑点落叶病，梨树黑星病，葡萄霜霉病，香蕉叶斑病等。

【使用技术】

小麦锈病、白粉病、纹枯病　从病害发生初期开始喷药，

10～15 天 1 次，连喷 1～2 次；或在小麦拔节期和孕穗至扬花前各喷药 1 次。一般每亩次使用 5%乳油 80～100 毫升，对水 30～45 千克均匀喷雾。

水稻纹枯病 在水稻封行前后或病害发生初期开始喷药，10～15 天 1 次，连喷 1～2 次。一般每亩次使用 5%乳油 130～200 毫升，对水 30～45 千克均匀喷雾。

黄瓜白粉病、炭疽病、霜霉病 在病害发生初期开始喷药，7～10 天 1 次，与不同类型药剂交替使用，直到生长后期。一般每亩次使用 5%乳油 100～150 毫升，对水 45～75 千克均匀喷雾。

番茄早疫病、晚疫病 从病害发生初期开始喷药，10 天左右 1 次，连喷 3 次左右，并注意与不同类型药剂交替使用或混用。药剂使用量同“黄瓜白粉病”。

苹果白粉病、斑点落叶病 防治白粉病时，在开花前、落花后和落花后 10～15 天各喷药 1 次，并兼防斑点落叶病；防治斑点落叶病时，在春梢生长期和秋梢生长期各喷药 2 次左右，间隔期 10～15 天。一般使用 5%乳油 1000～1500 倍液均匀喷雾。

梨树黑星病 从梨树落花后 10～15 天开始喷药，10～15 天 1 次，与不同类型药剂交替使用，连续喷药 5～7 次。烯肟菌胺使用倍数同“苹果白粉病”。

葡萄霜霉病 从病害发生初期开始喷药，10 天左右 1 次，与不同类型药剂交替使用，连续喷药。一般使用 5%乳油 1000～1500 倍液均匀喷雾，并注意喷洒叶片背面。

香蕉叶斑病 从病害发生初期开始喷药，15～20 天 1 次，连喷 3～5 次。一般使用 5%乳油 600～800 倍液均匀喷雾。

【注意事项】不能与强酸性及碱性药剂混合使用。连续喷药时，注意与不同类型药剂交替使用或混用，以延缓或控制病菌产生抗药性。为有效发挥本药剂的“增产提质”作用，药剂使用应适当提前。

稻瘟酰胺

【有效成分】稻瘟酰胺（fenoxanil）。

【常见商标名称】稻夸、贵气、京博施美清、施立顿等。

【主要含量与剂型】20%悬浮剂、30%悬浮剂、40%悬浮剂、20%可湿性粉剂。

【理化性质】稻瘟酰胺纯品为浅褐色结晶固体，熔点111℃，20℃时pH值5.3环境下水中溶解度为0.167克/升。常温下贮存至少在9个月内稳定。

【产品特点】稻瘟酰胺是一种苯氧酰胺类新型专用低毒杀菌剂，具有良好的内吸传导性和卓越的特效性，施药后对新展开的叶片也有很好的预防效果。其杀菌机理主要是通过抑制小柱孢酮脱氢酶的活性，进而抑制稻瘟病菌黑色素形成。该药持效期长，施药40天后仍能抑制病斑上孢子的脱落和飞散，进而避免再侵染。

稻瘟酰胺可与戊唑醇、稻瘟灵、三环唑等杀菌成分混配，用于生产复配杀菌剂。

【适用作物及防治对象】稻瘟酰胺主要应用于水稻，用于防治稻瘟病的发生为害。

【使用技术】稻瘟酰胺主要用于茎叶喷雾，既可单独使用，又可与其他杀菌剂混用；还可做成颗粒剂进行撒施。防治苗瘟及叶瘟时，多从病害发生初期开始用药，10天左右1次，连喷1～2次；防治穗颈瘟时，在破口前5～7天和齐穗初期各喷药1次。一般每亩次使用40%悬浮剂40～50毫升，或30%悬浮剂55～65毫升，或20%悬浮剂80～100毫升，或20%可湿性粉剂80～100克，对水30～45千克均匀喷雾。

【注意事项】不能与强酸性及碱性药剂混用。连续喷药时，注意与不同类型药剂交替使用或混用，以延缓病菌产生抗药性。贮存时避免热源、明火或火花，并避免直接暴露在阳光下。如有渗漏，用吸收材料或土吸收。不慎误服，不要引吐，立即携带标签请医生诊治。由于该药剂有迟缓发作的可能性，因而必须对误服者进行至少 48 小时的观察。

噻呋酰胺

【有效成分】噻呋酰胺（thifluzamide）。

【常见商标名称】满穗、千斤丹等。

【主要含量与剂型】240 克/升悬浮剂、24%悬浮剂、30%悬浮剂、40%水分散粒剂。

【理化性质】噻呋酰胺纯品为白色粉状固体，熔点 177.9～178.6℃，20℃时水中溶解度为 1.6 毫克/升，pH 值 5～9 时稳定。大鼠急性经口 LD_{50} 大于 6500 毫克/千克，大鼠急性经皮 LD_{50} 大于 5000 毫克/千克。

【产品特点】噻呋酰胺是一种噻唑酰胺类低毒杀菌剂，具有较强的内吸传导性，且杀菌作用稳定，持效期较长。其杀菌机理主要是通过抑制病菌三羧酸循环中琥珀酸酯脱氢酶的活性，而导致病菌死亡。由于其结构中含有氟，且在生化过程中竞争力很强，与底物或酶结合后很难恢复，所以药效非常稳定。

噻呋酰胺可与戊唑醇、己唑醇、苯醚甲环唑、嘧菌酯、井冈霉素等杀菌成分混配，用于生产复配杀菌剂。

【适用作物及防治对象】噻呋酰胺适用于许多作物，对多种高等真菌性病害均具有很好的防治效果。目前生产中主要用于防治：水稻纹枯病，小麦纹枯病，马铃薯黑痣病，香蕉叶斑病等。

【使用技术】主要用于茎叶喷雾，也可用于种薯（马铃薯）处理和播种沟施药。

水稻纹枯病　在水稻封垄前和孕穗期至齐穗初期各喷药 1 次；或在病害发生初期开始喷药。一般每亩次使用 240 克/升悬浮剂或 24%悬浮剂 15～30 毫升，或 30%悬浮剂 12～24 毫升，或 40%水分散粒剂 10～18 克，对水 30～45 千克均匀喷雾，注意喷洒植株中下部。

小麦纹枯病 从病害发生初期开始喷药，或在小麦拔节期和抽穗期各喷药1次。药剂使用量及用药方法同“水稻纹枯病”。

马铃薯黑痣病 种薯处理可防治种薯带病和土壤传染，多在种薯切块后使用药剂浸种或拌种，一般使用240克/升悬浮剂或24%悬浮剂150～300倍液，或30%悬浮剂200～250倍液，或40%水分散粒剂300～500倍液处理种薯；也可在种薯播种到垄沟内后覆土前进行沟内喷药，使药剂附着到土壤和薯块上，然后覆土，一般使用240克/升悬浮剂或24%悬浮剂70～120毫升，或30%悬浮剂60～100毫升，或40%水分散粒剂35～60克，对水60～90千克均匀喷洒。

【注意事项】不能与强酸性及碱性药剂混用。连续喷药时，注意与不同类型药剂交替使用或混用，以延缓病菌产生抗药性。贮存环境需要低温，适宜温度为0～6℃。

二氰蒽醌

【有效成分】二氰蒽醌（dithianon）。

【常见商标名称】博青等。

【主要含量与剂型】22.7%悬浮剂、50%悬浮剂、70%水分散粒剂。

【理化性质】二氰蒽醌纯品为棕褐色结晶，熔点225℃；工业品为黑褐色固体，含量大于95%。在80℃以下稳定，微溶于水，在碱性条件下易分解。大鼠急性经口LD_{50}雄性为619毫克/千克、雌性为681毫克/千克，大鼠急性经皮LD_{50}大于2150毫克/千克。

【产品特点】二氰蒽醌是一种新型广谱低毒杀菌剂，以保护作用为主，兼有一定的治疗活性。其杀菌机理是通过与含硫基团的反应和干扰一系列酶的活性，进而抑制细胞的呼吸作用，最后导致病菌死亡。常规使用安全，但不能与矿物油喷雾剂混用。

二氰蒽醌可与代森锰锌、苯醚甲环唑、戊唑醇等杀菌成分混配，用于生产复配杀菌剂。

【适用作物及防治对象】二氰蒽醌适用于苹果、梨、桃、杏、李、樱桃、葡萄、柑橘、草莓、辣椒、黄瓜、十字花科蔬菜等多种种植作物，对许多种真菌性病害均有较好的预防效果。目前生产中主要用于防治：苹果的轮纹病、炭疽病，梨的黑星病、轮纹病、炭疽病，桃、李、杏的炭疽病、黑星病（疮痂病），柑橘的疮痂病、炭疽病，草莓叶斑病，辣椒炭疽病，黄瓜炭疽病，十字花科蔬菜霜霉病等。

【使用技术】二氰蒽醌主要通过喷雾进行用药。

苹果轮纹病、炭疽病 从落花后7～10天开始喷药，10天左右1次，连喷3次药后套袋；不套袋苹果继续喷药3～5次，间隔期10～15天。一般使用22.7%悬浮剂400～500倍液，或50%悬浮剂800～1000倍液，或70%水分散粒剂1200～1500倍液均匀喷雾。

梨黑星病、轮纹病、炭疽病 从落花后10～15天开始喷药，10～15天1次，连喷7次左右，注意与不同类型药剂交替使用。二氰蒽醌喷施倍数同“苹果轮纹病”。

桃、李、杏的炭疽病、黑星病 从落花后20～30天开始喷药，10～15天1次，连喷2～4次。药剂喷施倍数同“苹果轮纹病”。

柑橘疮痂病、炭疽病 春梢萌发1/3厘米、落花2/3时及幼果期、果实膨大期、果实转色期各喷施1次。药剂喷施倍数同“苹果轮纹病”。

草莓叶斑病 从病害发生初期开始喷药，10～15天1次，连喷2～3次。药剂喷施倍数同“苹果轮纹病”。

辣椒炭疽病 从病害发生初期开始喷药，10天左右1次，连喷3～4次。一般每亩次使用22.7%悬浮剂70～100毫升，或50%悬浮剂30～40毫升，或70%水分散粒剂20～30克，对水

45～75千克均匀喷雾。

黄瓜炭疽病 从病害发生初期开始喷药，10天左右1次，连喷3～4次。药剂使用量同“辣椒炭疽病”。

十字花科蔬菜霜霉病 从病害发生初期开始喷药，7～10天1次，连喷2～3次，注意喷洒叶片背面。一般每亩次使用22.7%悬浮剂60～80毫升，或50%悬浮剂30～40毫升，或70%水分散粒剂20～25克，对水45～60千克均匀喷雾。

【注意事项】不能与强酸性及碱性药剂混用，也不能与矿物油类混用。本剂对白粉病基本无效，当有白粉病混和发生时，应复配相应白粉病防治药剂。药剂对眼睛有轻度刺激性，用药时注意安全保护。

腐霉利

【有效成分】腐霉利（procymidone）。

【常见商标名称】速克灵、灰霉星、韩墨特、灰比立、虹尔、灰佳、齐秀、兴农悦购、远见助农、瑞德丰速科灵等。

【主要含量与剂型】50%可湿性粉剂、80%可湿性粉剂、80%水分散粒剂、10%烟剂。

【理化性质】原粉为白色或浅棕色结晶，熔点166～166.5℃。不溶于水，微溶于乙醇，易溶于丙酮、氯仿、二甲苯、二甲基甲酰胺。酸性条件下稳定，碱性条件下不稳定。属低毒杀菌剂，原药雄性大鼠急性经口LD_{50}为6.8克/千克，试验条件下未见致畸、致癌、致突变作用。制剂对皮肤、眼睛有刺激作用。

【产品特点】腐霉利属二羧甲酰亚胺类杀菌剂，具有保护、治疗双重作用，使用安全，持效期较长，并有一定向新叶传导效果。在发病前使用或发病初期使用均可获得满意的防治效果。该药使用适期长，耐雨水冲刷，内吸作用突出，对病菌菌丝生长和孢子萌发有很强的抑制作用。腐霉利的杀菌机理与苯并咪唑类不同，对苯并咪唑类药剂有抗药性的病菌，使用腐霉利也可获得很好的防治效果。

腐霉利常与福美双、多菌灵、异菌脲、己唑醇等杀菌剂成分混配，用于生产复配杀菌剂。

【适用作物及防治对象】腐霉利主要用于防治灰霉类植物病害，如：黄瓜、甜瓜、西葫芦、苦瓜、番茄、辣椒、茄子、芸豆、莴苣、葱类等瓜果蔬菜的灰霉病、菌核病，油菜菌核病，人参灰霉病，草莓灰霉病，葡萄的灰霉病、白腐病，桃、杏、李的灰霉病、花腐病、褐腐病，樱桃褐腐病，苹果的花腐病、褐腐病、斑点落叶病，梨褐腐病，柑橘灰霉病，枇杷花腐病，花卉植物的灰霉病，玉米的大斑病、小斑病，向日葵菌核病等。

【使用技术】腐霉利主要用于喷雾，在保护地内也可使用烟剂熏烟。

熏烟　适用于防治保护地内的各种瓜果蔬菜及果树的灰霉病、菌核病及花腐病、褐腐病，特别适合于连阴天时用药。一般保护地每亩次使用10%烟剂300～600克，分多点点燃，而后密闭熏烟，7～10天1次，连用2～3次。

黄瓜、甜瓜、西葫芦、苦瓜、番茄、辣椒、茄子、芸豆、莴苣、葱类等瓜果蔬菜的灰霉病、菌核病　连阴2天后或从病害发生初期开始喷药，7天左右1次，每期连喷2～3次。一般每亩次使用50%可湿性粉剂75～100克，或80%可湿性粉剂或80%水分散粒剂50～65克，对水45～60千克均匀喷雾。

油菜菌核病　初花期、盛花期各喷药1次，重点喷洒植株中下部。一般每亩次使用50%可湿性粉剂50～80克，或80%可湿性粉剂或80%水分散粒剂35～50克，对水30～45千克均匀喷雾。

人参灰霉病　从病害发生初期开始喷药，7天左右1次，每期连喷2～3次。用药量同“油菜菌核病”。

草莓灰霉病　初花期、盛花期、末花期各喷药1次，用药量同“油菜菌核病”。

农民欢迎、落花后各喷药1次，防治幼穗受灰霉病为害 粒增糖转色期开始继续喷药，7～10天1次，直到 一周。一般使用50%可湿性粉剂1000～1500倍液 80%可湿性粉剂或80%水分散粒剂1500～2000倍液喷雾，重点喷洒果穗即可。

葡萄灰霉病、白腐

桃、杏、李的灰霉病、花腐病、褐腐病　开花前、落花后各喷药1次，防治灰霉病、花腐病；防治褐腐病时，从初见病斑时开始喷药，7～10天1次，连喷2～3次。用药量同“葡萄灰霉病”。

樱桃褐腐病　开花前、落花后、成熟前10天左右各喷药1次即可。用药量同“葡萄灰霉病”。

苹果花腐病、褐腐病、斑点落叶病　开花前、落花后各喷药1次，防治花腐病；春梢生长期、秋梢生长期各喷药1～2次，防治斑点落叶病；防治褐腐病时，从初见病斑时开始喷药，7～10天1次，连喷1～2次。用药量同“葡萄灰霉病”。

梨褐腐病　从病害发生初期开始喷药，7～10天1次，连喷2～3次。用药量同“葡萄灰霉病”。

柑橘灰霉病　开花前、落花后各喷药1次即可，用药量同“葡萄灰霉病”。

枇杷花腐病　开花前、落花后各喷药1次即可，用药量同“葡萄灰霉病”。

花卉植物的灰霉病　从病害发生初期开始喷药，7～10天1次，每期连喷2次。用药量同“葡萄灰霉病”。

玉米大斑病、小斑病　从病害发生初期或于心叶末期至抽丝期开始喷药，7～10天1次，连喷1～2次。一般每亩次使用50%可湿性粉剂50～100克，或80%可湿性粉剂或80%水分散粒剂35～60克，对水45～60千克均匀喷雾。

向日葵菌核病　从病害发生初期开始喷药，7～10天1次，连喷2次，重点喷洒植株茎基部及其周边土壤。一般每亩次使用

50%可湿性粉剂50～80克，或80%可湿性粉剂或80%水分散粒剂35～50克，对水30～45千克喷雾。

【注意事项】不要与碱性农药混用，也不宜与有机磷类农药混配。单一连续多次使用，病菌易产生抗药性，注意与其他不同类型杀菌剂交替使用。用药时注意安全保护；如误服，立即洗胃，并送医院对症治疗。

异 菌 脲

【有效成分】异菌脲（iprodione）。

【常见商标名称】扑海因、抑菌星、统俊、爱因思、大扑因、力冠音、允发旺、鲜果星、高扑、怪客、广美、海欣、鹤神、灰创、佳镜、立秀、统秀、妙净、妙锐、普因、润艳、原分、响彻、兴农包正青、正业疫加米等。

【主要含量与剂型】50%可湿性粉剂、500克/升悬浮剂、255克/升悬浮剂、45%悬浮剂。

【理化性质】纯品为无色结晶，熔点136℃。微溶于水，溶于丙酮、乙腈、甲苯、苯甲醚、苯乙酮、苯、二氯甲烷、乙酸乙酯。在碱性条件下不稳定。属低毒杀菌剂，原药大鼠急性经口LD_{50}为3.5克/千克，对兔眼睛和皮肤无刺激性。

【产品特点】异菌脲是一种二羧甲酰亚胺类触杀型广谱保护性杀菌剂，并有一定的治疗作用。其杀菌机理是抑制病菌蛋白激酶，干扰细胞内信号和碳水化合物正常进入细胞组分等；该机理作用于病菌生长为害的各个发育阶段，既可抑制病菌孢子萌发，又可抑制菌丝体生长，还可抑制病菌孢子的产生。

异菌脲常与福美双、代森锰锌、咪鲜胺、嘧霉胺、甲基硫菌灵、多菌灵、戊唑醇、百菌清、烯酰吗啉等杀菌剂成分混配，用于生产复配杀菌剂。

【适用作物及防治对象】异菌脲适用于许多种植物，对多种真菌性病害均具有很好的防治效果。目前生产中主要用于防治：

黄瓜、西瓜、甜瓜、苦瓜、冬瓜、茄子、辣椒、菜豆、芸豆、韭菜等瓜果蔬菜的灰霉病、菌核病，番茄的灰霉病、菌核病、早疫病，苹果的斑点落叶病、褐腐病、花腐病、青霉病、绿霉病，葡萄的穗轴褐枯病、灰霉病，草莓灰霉病，桃、杏、李、樱桃的花腐病、褐腐病、灰霉病、根霉病，柑橘的蒂腐病、青霉病、绿霉病、灰霉病，香蕉的冠腐病、轴腐病，油菜菌核病，水稻的纹枯病、菌核病，花生叶斑病，马铃薯早疫病，人参的灰霉病、黑斑病，三七黑斑病，观赏植物的灰霉病、菌核病、叶斑病等。

【使用技术】异菌脲主要通过喷雾防治各种病害，也可通过药液浸果进行水果防腐保鲜。

水果防腐保鲜 主要用于防治柑橘的蒂腐病、青霉病、绿霉病、灰霉病，香蕉的冠腐病、轴腐病，苹果的青霉病、绿霉病、褐腐病，桃、杏、李的褐腐病、根霉病等。一般使用50%可湿性粉剂300～400倍液，或500克/升悬浮剂或45%悬浮剂400～500倍液，或255克/升悬浮剂200～250倍液浸果1～2分钟，捞出晾干后开始贮运。

黄瓜、西瓜、甜瓜、苦瓜、冬瓜、茄子、辣椒、菜豆、芸豆、韭菜等瓜果蔬菜的灰霉病、菌核病 连阴2天后或病害发生初期开始喷药，7天左右1次，每期连喷2～3次。一般每亩次使用50%可湿性粉剂80～100克，或500克/升悬浮剂或45%悬浮剂60～80毫升，或255克/升悬浮剂100～150毫升，对水30～60千克喷雾。

番茄灰霉病、菌核病、早疫病 从病害发生初期开始喷药，7天左右1次，每期连喷2～3次。用药量同“黄瓜灰霉病”。

油菜菌核病 初花期、盛花期各喷药1次即可，用药量同“黄瓜灰霉病”。

苹果斑点落叶病、褐腐病、花腐病 开花前、后各喷药1次，防治花腐病；春梢生长期、秋梢生长期各喷药2次，间隔10～15天，防治斑点落叶病；采收前1.5个月、1个月各喷药1

次，防治褐腐病（不套袋果）。一般使用50%可湿性粉剂1000～1200倍液，或500克/升悬浮剂或45%悬浮剂1200～1500倍液，或255克/升悬浮剂600～800倍液均匀喷雾。

葡萄穗轴褐枯病、灰霉病 开花前、落花后各喷药1次；果实近成熟期，从初见灰霉病果时开始喷药，10天左右1次，连喷2次左右。用药倍数同“苹果斑点落叶病”，重点喷洒果穗即可。

桃、杏、李、樱桃的花腐病、褐腐病、灰霉病 开花前、后各喷药1次，防治花腐病，兼防灰霉病；采收前1个月、采收前半月各喷药1次，防治褐腐病。用药量同“苹果斑点落叶病”。

草莓灰霉病 初花期、盛花期、末花期各喷药1次即可。一般每亩次使用50%可湿性粉剂60～80克、或500克/升悬浮剂或45%悬浮剂50～60毫升，或255克/升悬浮剂100～120毫升，对水30～45千克均匀喷雾。

花生叶斑病 从病害发生初期开始喷药，10～15天1次，连喷2次左右。用药量同“草莓灰霉病”。

水稻纹枯病、菌核病 拔节期至破口期喷药1～2次，间隔期10天左右，重点喷洒植株中下部。一般每亩次使用50%可湿性粉剂80～100克，或500克/升悬浮剂或45%悬浮剂60～80毫升，或255克/升悬浮剂100～150毫升，对水30～45千克喷雾。

马铃薯早疫病 从病害发生初期开始喷药，10～15天1次，连喷2～3次。用药量同“水稻纹枯病”。

人参灰霉病、黑斑病 从病害发生初期开始喷药，10天左右1次，每期连喷2～3次。用药量同“水稻纹枯病”。

三七黑斑病 从病害发生初期开始喷药，10天左右1次，每期连喷2～3次。用药量同“水稻纹枯病”。

观赏植物的灰霉病、菌核病、叶斑病 从病害发生初期开始喷药，10天左右1次，每期连喷2次左右。用药量同“苹果斑点落叶病”。

【注意事项】悬浮剂可能会有一些沉淀，摇匀后使用不影响药效。不能与强碱性或强酸性药剂混用。不要与腐霉利、乙烯菌核利、乙霉威等杀菌原理相同的药剂混用或交替使用。用药时注意安全保护。

嘧霉胺

【有效成分】嘧霉胺（pyrimethanil）。

【常见商标名称】施佳乐、灰佳宁、赤星雷、美清乐、扑瑞风、灰力脱、使即可、灰雄、灰捷、灰崩、灰达、灰典、灰电、灰定、灰复、灰卡、灰落、灰瑞、断灰、菌萨、蓝潮、隆利、丹荣、点峰、劲舒、巨能、欧诺、帅佳、灰霉农丰、中保施灰乐、安格诺灰美佳等。

【主要含量与剂型】40%悬浮剂、400克/升悬浮剂、40%可湿性粉剂、40%水分散粒剂、20%悬浮剂、20%可湿性粉剂、70%水分散粒剂、80%水分散粒剂。

【理化性质】原药为白色结晶粉，无特殊气味，熔点96.3℃。微溶于水，易溶于甲醇、丙酮、乙酸乙酯、甲苯、二氯甲烷。性质稳定，无腐蚀性。属低毒杀菌剂。原药大鼠急性经口LD_{50}为4150～5971毫克/千克，试验条件下无致突变作用。

【产品特点】嘧霉胺属杂环类杀菌剂，具有预防、保护、治疗三种杀菌作用。其作用机理是通过抑制病菌侵染酶的产生而阻止病菌的侵染、并杀死病菌，与苯并咪唑类、二羧酰胺类、乙霉威等杀菌剂没有交互抗性。该药具有内吸传导和熏蒸作用，施药后可迅速到达植株的花、幼果等新鲜幼嫩组织而杀死病菌，药效快而稳定，黏着性好，持效期长。嘧霉胺对温度不敏感，低温时也能充分发挥药效。

嘧霉胺常与多菌灵、异菌脲、福美双、百菌清、乙霉威、氨基寡糖素等杀菌成分混配，用于生产复配杀菌剂。

【适用作物及防治对象】嘧霉胺属专性杀菌剂，对灰霉类病害具有特效。生产上主要用于防治：番茄、辣椒、茄子、黄瓜、西葫芦、苦瓜、芸豆、韭菜、莴笋等瓜果蔬菜及豆类的灰霉病、菌核病，草莓灰霉病，葡萄灰霉病，人参灰霉病，观赏植物灰霉病等。

【使用技术】

番茄、辣椒、茄子、黄瓜、西葫芦、苦瓜、芸豆、韭菜、莴笋等瓜果蔬菜及豆类的灰霉病、菌核病 连阴2天后或初见病斑时立即开始喷药，7～10天1次，每期连喷2～3次。一般每亩次使用40%悬浮剂或400克/升悬浮剂50～100毫升，或40%可湿性粉剂或40%水分散粒剂50～100克，或20%悬浮剂100～200毫升，或20%可湿性粉剂100～200克，或70%水分散粒剂30～50克，或80%水分散粒剂25～50克，对水30～60千克喷雾。

草莓灰霉病 初花期、盛花期、末花期各喷药1次即可。一般每亩次使用40%悬浮剂或400克/升悬浮剂40～60毫升，或40%可湿性粉剂或40%水分散粒剂40～60克，或20%悬浮剂80～120毫升，或20%可湿性粉剂80～120克，或70%水分散粒剂25～35克，或80%水分散粒剂20～30克，对水30～45千克喷雾。

人参灰霉病 从病害发生初期开始喷药，7～10天1次，每期连喷2～3次即可。用药量同"草莓灰霉病"。

葡萄灰霉病 开花前、落花后各喷药1次；转色期或采收前1个月喷药1～2次，间隔10天左右。一般使用40%悬浮剂或400克/升悬浮剂或40%可湿性粉剂或40%水分散粒剂1000～1500倍液，或20%悬浮剂或20%可湿性粉剂500～700克，或70%水分散粒剂2000～2500倍液，或80%水分散粒剂2000～3000倍液喷雾，重点喷洒果穗。

观赏植物灰霉病 从病害发生初期开始喷药，7～10天1

次，每期连喷2次左右。用药量同“葡萄灰霉病”。

【注意事项】 通风不良的棚室中使用浓度过高时，可能在有些作物的叶片上会出现褐色斑点。注意与不同类型药剂交替使用，避免病菌产生抗药性。蔬菜、草莓上的安全采收间隔期为3天。用药时注意安全保护，如发生意外中毒，立即送医院对症治疗。

波 尔 多 液

【有效成分】 波尔多液（bordeaux mixture）。

【常见商标名称】 必备、普展、多病宁。

【主要含量与剂型】 不同配制比例的悬浮液、80%可湿性粉剂、28%悬浮剂。

【理化性质】 波尔多液是由硫酸铜和生石灰为主料配制而成的，其有效成分主要为碱式硫酸铜。该药有自己配制的天蓝色黏稠状悬浮液和工业化生产的可湿性粉剂两种，呈碱性，对金属有腐蚀作用。喷施波尔多液后，碱式硫酸铜在空气、水等作用下，逐渐解离出铜离子而起杀菌作用。属低毒杀菌剂，大鼠急性经口LD_{50}大于4克/千克，但人大量吞服后可引起致命的胃肠炎。

【产品特点】 波尔多液是一种广谱保护性铜素杀菌剂，具有展着性好、粘着性强、耐雨水冲刷、持效期长、防病范围广等特点，在发病前或发病初期喷施效果最佳。铜离子为主要杀菌成分，其主要阻碍和抑制病菌的代谢过程，而导致病菌死亡；铜离子对病菌作用位点多，使病菌很难产生抗药性，可以连续多次使用。

工业化生产的可湿性粉剂品质稳定，使用方便，颗粒微细，悬浮性好，喷施后植物表面没有明显药斑污染，有利于叶片光合作用。

自己配制的波尔多液（天蓝色液体）稳定性差，久置即沉淀，并产生结晶，逐渐变质降效。其中硫酸铜和生石灰的比例不同，配制的波尔多液药效、持效期、耐雨水冲刷能力及安全性均不相同。硫酸铜比例越高、生石灰比例越低，波尔多液药效越高、持效期越短、耐雨水冲刷能力越弱、越容易发生药害；相反，硫酸铜比例越低、生石灰比例越高，波尔多液药效越低、持效期越长、耐雨水冲刷能力越强、安全性越高。另外，生石灰比例越高，对作物表面污染越严重。

不同作物对波尔多液的反应不同，使用时要注意硫酸铜和石灰对作物的安全性。对石灰敏感的作物有葡萄、香蕉、瓜类、番茄、辣椒等，这些作物使用波尔多液后，在高温干燥条件下易发生药害，因此要用石灰少量式或半量式波尔多液。对铜非常敏感的作物有桃、李、杏、白菜、莴苣等，一般不能使用波尔多液。对铜较敏感的作物有梨、苹果、柿等，这些作物在潮湿多雨条件下易发生药害，应使用石灰倍量式或多量式波尔多液。

工业化生产的波尔多液有时与代森锰锌、甲霜灵、霜脲氰、烯酰吗啉等杀菌剂成分混配，用于生产复配杀菌剂。

配制方法　波尔多液常用的配制比例有石灰少量式：硫酸铜∶生石灰∶水＝1∶（0.3～0.7）∶X；石灰半量式：硫酸铜∶生石灰∶水＝1∶0.5∶X；石灰等量式：硫酸铜∶生石灰∶水＝1∶1∶X；石灰倍量式：硫酸铜∶生石灰∶水＝1∶(2～3)∶X；石灰多量式：硫酸铜∶生石灰∶水＝1∶（4～6）∶X。

波尔多液常用的配制方法通常有如下两种。

两液对等配制法（两液法）取优质的硫酸铜晶体和生石灰，分别先用少量水消化生石灰和少量热水溶解硫酸铜，然后分别各加入全水量的一半，制成硫酸铜液和石灰乳，待两种液体的温度相等且不高于环境温度时，将两种液体同时缓缓注入第三个容器内，边注入边搅拌即成。此法配制的波尔多液质量高，防病效果好。

稀硫酸铜液注入浓石灰乳配制法（稀铜浓灰法）　用90%的水溶解硫酸铜、10%的水消化生石灰（搅拌成石灰乳），然后将稀硫酸铜溶液缓慢注入浓石灰乳中（如喷入石灰乳中效果更好），边倒入边搅拌即成。绝不能将石灰乳倒入硫酸铜溶液中，否则会产生大量沉淀，降低药效，造成药害。

【适用作物及防治对象】波尔多液适用作物非常广泛，对许多病害均具有很好的预防效果。目前生产中主要应用于防治果树的多种病害及少数蔬菜病害，如：苹果的褐斑病、黑星病、轮纹病、炭疽病、疫腐病、褐腐病，梨的黑星病、褐斑病、炭疽病、轮纹病、褐腐病，葡萄的霜霉病、褐斑病、炭疽病、房枯病，枣的锈病、轮纹病、炭疽病、褐斑病，桃、杏、李、樱桃的流胶病（发芽前），柿树的圆斑病、角斑病、炭疽病，核桃的黑斑病、炭疽病，柑橘的溃疡病、疮痂病、炭疽病、黄斑病、黑星病，香蕉的叶斑病、黑星病，荔枝霜疫霉病，杧果炭疽病，枇杷的炭疽病、叶斑病，番木瓜炭疽病，辣椒炭疽病等。

【使用技术】波尔多液为保护性杀菌剂，在病菌侵入前用药效果最好，且喷药应均匀周到。

苹果病害　从落花后1.5个月开始喷施波尔多液，15天左右1次，可以连续喷施，能有效防治中后期的褐斑病、黑星病、轮纹病、炭疽病、疫腐病、褐腐病等。幼果期尽量不要喷施，以避免造成果锈。一般使用1∶（2～3）∶（200～240）倍波尔多液，或80％可湿性粉剂500～600倍液，或28％悬浮剂150～200倍液均匀喷雾。

梨病害　从落花后1.5个月开始喷施波尔多液，15天左右1次，可以连续喷施，能有效防治中后期的黑星病、褐斑病、炭疽病、轮纹病、褐腐病等。幼果期尽量不要喷施，以避免造成果锈。用药倍数同“苹果病害”。

葡萄病害　以防治霜霉病为主，兼防褐斑病、炭疽病、房枯病等。从霜霉病发生初期开始喷药（开花前、后尽量不要喷施），10～15天1次，连续喷施。一般使用1∶（0.5～0.7）∶（160～240）倍波尔多液，或80％可湿性粉剂400～500倍液，或28%悬浮剂100～150倍液均匀喷雾。

枣病害 从落花后（一茬花）20天左右开始喷药，15天左右1次，连喷5～7次（可以与其他不同类型药剂交替使用），能有效防治锈病、轮纹病、炭疽病及褐斑病的发生为害。一般使用1：2：200倍波尔多液，或80%可湿性粉剂600～800倍液，或28%悬浮剂150～200倍液均匀喷雾。

桃、杏、李、樱桃病害 在萌芽期喷施1次，可有效防治流胶病的为害，生长期禁止喷施。一般使用1：1：100倍波尔多液，或80%可湿性粉剂200～300倍液喷雾。

柿树病害 从落花后10～15天开始喷药，10～15天1次，连喷2～3次，能有效防治圆斑病、角斑病及炭疽病的发生为害。一般使用1：（3～5）：（400～600）倍波尔多液均匀喷雾。

核桃病害 核桃展叶期、落花后、幼果期及成果期各喷药1次，可有效防治黑斑病及炭疽病的发生为害。一般使用1：1：200倍波尔多液均匀喷雾。

柑橘病害 春梢抽出1.5～3厘米时喷药1次，10～15天后再喷1次；谢花2/3时喷药1次，谢花后半月喷药1次；夏梢生长初期喷药1次，10～15天后再喷1次；秋梢生长初期喷药1次，10～15天后再喷1次；果实转色前喷药1～2次。能有效防治溃疡病、疮痂病、炭疽病、黄斑病及黑星病的发生为害。一般使用1：1：（150～200）倍波尔多液，或80%可湿性粉剂500～600倍液，或28%悬浮剂100～150倍液均匀喷雾。

香蕉叶斑病、黑星病 从病害发生初期开始喷药，10～15天1次，连喷3次左右。一般使用1：0.5：100倍波尔多液，或80%可湿性粉剂400～500倍液均匀喷雾，如加入500倍木薯粉或面粉，可增加药液黏着性。

荔枝霜疫霉病 花蕾期、幼果期、果实近成熟期各喷药1次即可，一般使用1：1：200倍波尔多液，或80%可湿性粉剂500～600倍液均匀喷雾。应当指出，自己配制的波尔多液容易污染果面。

杧果炭疽病 春梢萌动期、花蕾期、落花后及落花后1个月各喷药1次，一般使用1∶1∶（100～200）倍波尔多液均匀喷雾。

枇杷病害 防治炭疽病时，在果实生长期喷药，10～15天1次，连喷2次左右；防治叶斑病时，从春梢新叶长出后开始喷药，10～15天1次，连喷2～3次。一般使用1∶1∶200倍波尔多液，或80%可湿性粉剂600～800倍液均匀喷雾。

番木瓜炭疽病 冬季喷洒1次1∶1∶100倍波尔多液；8～9月喷洒3～4次1∶1∶200倍波尔多液，间隔期10～15天。

辣椒炭疽病 从病害发生初期开始喷药，10～15天1次，连喷2～4次。一般使用80%可湿性粉剂400～500倍液，或28%悬浮剂100～150倍液均匀喷雾。

【注意事项】不能与其他农药混用。自己配制的波尔多液长时间放置易产生沉淀，影响药效，应现用现配，且不能使用金属容器。果实近成熟期（采收前30天左右）不要使用自己配制的波尔多液，以免污染果面。桃、杏、李、樱桃对铜离子非常敏感，生长期使用会引起严重药害，造成大量落叶、落果。阴雨连绵或露水未干时喷施波尔多液易发生药害。对石灰敏感的作物如茄科、葫芦科、葡萄、黄瓜、西瓜等，在高温干燥条件下易产生药害。

硫 酸 铜 钙

【有效成分】硫酸铜钙（copper calcium sulphate）。

【常见商标名称】多宁、高欣等。

【主要含量与剂型】77%可湿性粉剂。

【理化性质】原药外观为淡蓝色细粉末，熔点200℃。不溶于水及有机溶剂。属低毒杀菌剂，原药大鼠急性经口LD_{50}为2302毫克/千克，大鼠急性经皮LD_{50}大于2000毫克/千克。

【产品特点】 硫酸铜钙是一种广谱保护性铜素杀菌剂，相当于工业化生产的“波尔多粉”，但喷施后对叶面没有药斑污染。其杀菌机理是通过释放的铜离子与病原真菌或细菌体内的多种生物基团结合，形成铜的络合物等物质，使蛋白质变性，进而阻碍和抑制代谢，导致病菌死亡。独特的“铜”、“钙”化合物，遇水或水膜时缓慢释放出杀菌的铜离子，与病菌的萌发、侵染同步，杀菌、防病及时彻底，并对真菌性和细菌性病害同时有效。硫酸铜钙与普通波尔多液不同，药液呈微酸性，可与不含金属离子的非碱性农药混用，使用方便。该药颗粒微细，呈绒毛状结构，喷施后能均匀分布并紧密黏附在作物的叶片表面，耐雨水冲刷能力强。另外，硫酸铜钙富含 12％的硫酸钙，在防治病害的同时，还具有一定的补钙功效。

硫酸铜钙可与多菌灵、甲霜灵、霜脲氰、烯酰吗啉等杀菌剂成分混配，用于生产复配杀菌剂。

【适用作物及防治对象】 硫酸铜钙适用于对铜离子不敏感的多种植物，对许多种真菌性与细菌性病害均具有很好的防治效果。目前生产上主要应用于防治：苹果、梨、葡萄、桃、杏、李、枣等果树的枝干病害，苹果、梨、葡萄的根部病害，苹果的褐斑病、黑星病，梨的黑星病、炭疽病、褐斑病，柑橘的溃疡病、疮痂病、炭疽病、黄斑病，葡萄的霜霉病、炭疽病、褐斑病、黑痘病，枣树的锈病、轮纹病、炭疽病、褐斑病，香蕉叶鞘腐败病，烟草的野火病、赤星病，姜的烂脖子病（腐霉茎基腐病）、姜瘟病，大蒜的根腐病、软腐病，黄瓜的霜霉病、细菌性叶斑病，甜瓜的霜霉病、细菌性叶斑病、细菌性果腐病，西瓜的炭疽病、细菌性果斑病，番茄的晚疫病、溃疡病，马铃薯的晚疫病、青枯病，辣椒的疫病、疮痂病、炭疽病，芹菜叶斑病，花生叶斑病，多种瓜果蔬菜的土传病害（根腐病、青枯病、枯萎病、黄萎病）、根部病害及苗期病害（立枯病、猝倒病、苗疫病），人参土传病害等。

【使用技术】硫酸铜钙使用方法多样，既可喷雾或喷淋防病，又可土壤用药消毒或浇灌，还可用于无性繁殖材料（种姜、种蒜等）的处理。

落叶果树枝干病害 萌芽期（发芽前）使用77%可湿性粉剂200～400倍液喷洒1次，铲除树体带菌，防治枝干病害。

苹果、梨、葡萄的根部病害 清除病组织后，使用77%可湿性粉剂500～600倍液浇灌病树主要根区范围，杀死残余病菌，促进根系恢复生长。

苹果褐斑病、黑星病 从套袋后开始喷施，10～15天1次，连喷4次左右。一般使用77%可湿性粉剂600～800倍液均匀喷雾，重点喷洒树冠下部及内膛。不是全套袋的苹果树慎重使用，或使用800～1000倍液喷雾。

梨黑星病、炭疽病、褐斑病 从套袋后开始喷施，10～15天1次，连喷4～5次。一般使用77%可湿性粉剂600～800倍液均匀喷雾；在酥梨上，建议喷施1000～1200倍液。

柑橘溃疡病、疮痂病、炭疽病、黄斑病 春梢萌生初期、春梢萌生后10～15天、谢花2/3时、夏梢萌生初期、夏梢萌生后10～15天、秋梢萌生初期、秋梢萌生后10～15天各喷药1次。一般使用77%可湿性粉剂400～600倍液均匀喷雾。

葡萄霜霉病、炭疽病、褐斑病、黑痘病 开花前、落花后、落花后10～15天各喷药1次，有效防治黑痘病及果穗霜霉病；以后从初见叶片上的霜霉病斑时开始继续喷药，7～10天1次，连喷到采收前半月，对霜霉病、炭疽病、褐斑病均具有很好的防治效果。一般使用77%可湿性粉剂500～700倍液均匀喷雾，已有霜霉病发生时，建议与相应治疗性药剂交替使用或混用。

枣树锈病、轮纹病、炭疽病、褐斑病 从6月下旬或落花后（一茬花）20天左右开始喷药，10～15天1次，连喷5～7次。一般使用77%可湿性粉剂600～800倍液均匀喷雾。

香蕉叶鞘腐败病 在台风发生前、后各喷药1次，或7～10

天1次，每期连喷2次，重点喷洒叶片基部及叶鞘上部。一般使用77%可湿性粉剂400～600倍液喷雾。

烟草野火病、赤星病 从病害发生初期开始喷药，10～15天1次，连喷2～4次。一般使用77%可湿性粉剂400～600倍液喷雾。

姜烂脖子病、姜瘟病 栽种前使用硫酸铜钙土壤消毒，一般每亩次使用77%可湿性粉剂1～2千克均匀撒施于栽种沟内，混土后摆种；然后在生长期使用500～600倍液浇灌植株根茎基部及其周围土壤（顺水浇灌种植沟），每次每亩浇灌77%可湿性粉剂1千克左右。另外，也可使用400～500倍液浸泡姜种1分钟，而后在播种沟内摆种。

大蒜根腐病、软腐病 按0.1%～0.2%药种量使用77%可湿性粉剂拌种；或每亩次使用77%可湿性粉剂1千克在播种前撒施于播种沟内；也可在生长期使用77%可湿性粉剂500～600倍液浇灌蒜田，每亩次使用77%可湿性粉剂1千克左右。

黄瓜霜霉病、细菌性叶斑病 从病害发生初期开始喷药，7～10天1次，与不同类型药剂交替使用，连续喷施，重点喷洒叶片背面。一般每亩次使用77%可湿性粉剂120～175克，对水60～90千克均匀喷雾。

番茄晚疫病、溃疡病 从病害发生初期开始喷药，7～10天1次，连喷4～6次；或每次整枝打杈后及时喷药1次（主要防治溃疡病）。用药量同“黄瓜霜霉病”。

甜瓜霜霉病、细菌性叶斑病、细菌性果腐病 从病害发生初期开始喷药，7～10天1次，连喷3～4次，重点喷洒叶片背面及果实表面。一般每亩次使用77%可湿性粉剂100～120克，对水45～60千克均匀喷雾。

西瓜炭疽病、细菌性果斑病 从病害发生初期开始喷药，7～10天1次，连喷3～5次，喷药必须均匀周到。用药量同“甜瓜霜霉病”。

辣椒疫病、疮痂病、炭疽病 从病害发生初期开始喷药，7～10天1次，连喷3～4次。用药量同“甜瓜霜霉病”。

马铃薯晚疫病、青枯病 防治晚疫病时，从病害发生初期（初见病斑时）开始喷药，10天左右1次，连喷4～6次；一般每亩次使用77%可湿性粉剂100～150克，对水45～75千克均匀喷雾。防治青枯病时，从马铃薯长到10～15厘米高时或田间初见病株时开始灌药，15天左右1次，连灌2～3次；一般使用77%可湿性粉剂500～600倍液浇灌。

芹菜叶斑病 从病害发生初期开始喷药，7～10天1次，连喷2～4次。一般每亩次使用77%可湿性粉剂80～100克，对水30～45千克均匀喷雾。

花生叶斑病 从病害发生初期开始喷药，10天左右1次，连喷2～3次。用药量同“芹菜叶斑病”。

瓜果蔬菜的土传病害、根部病害及苗期病害 防治苗床的土传病害及根部病害时，按照每立方米床土使用77%可湿性粉剂30～50克均匀拌土；防治苗期病害时，在病害发生初期使用77%可湿性粉剂500～600倍液喷淋苗床。防治田间土传病害时，在定（栽）植前于定植沟内撒药，每亩次使用77%可湿性粉剂1～1.5千克。防治根部病害时，使用77%可湿性粉剂500～600倍液浇灌植株基部及周围土壤，定植后的植株在10～15天后再浇灌1次。

人参土传病害 栽植前，每亩次使用77%可湿性粉剂2～3千克均匀撒施；生长期使用77%可湿性粉剂500～600倍液浇灌参畦。

【注意事项】可与大多数杀虫剂、杀螨剂混合使用，但不能与含有其他金属离子的药剂和微肥混合使用，也不宜与强碱性或强酸性物质混用。桃、李、梅、杏、柿子、大白菜、菜豆、莴苣、荸荠等对铜离子敏感，他们的生长期不宜使用。苹果、梨树的花期、幼果期对铜离子敏感，应慎用。阴雨连绵季节或地区慎用，高温干旱时应提高喷施倍数，以免出现药害。一般作物的安全采收间隔期至少为 15 天。

氢 氧 化 铜

【有效成分】氢氧化铜（copper hydroxide）。

【常见商标名称】可杀得、可杀得叁仟、可杀得贰仟、可杀得壹零壹、冠菌铜、冠菌乐、库珀宝、卢卡斯、毒露、凯燕、蓝润、妙刺、泉程、细星等。

【主要含量与剂型】77%可湿性粉剂、57.6%可分散粒剂、53.8%可湿性粉剂、53.8%水分散粒剂、46%水分散粒剂、37.5%悬浮剂。

【理化性质】原药外观为蓝色粉末，溶于酸，不溶于水，常温下性质稳定。属低毒杀菌剂，原药大鼠急性经口 LD_{50} 大于 1000 毫克/千克，兔急性经皮 LD_{50} 大于 3160 毫克/千克，对兔眼睛有较强的刺激作用，对兔皮肤有轻微刺激作用，对鱼类有毒。对人畜安全，没有残留问题，在作物收获期仍可继续使用。

【产品特点】氢氧化铜是一种无机铜素广谱保护性杀菌剂，对真菌和细菌性病害均具有很好的防治效果。其杀菌机理是通过释放的铜离子与病原菌体内或芽管内蛋白质中的-SH、$-NH_2$、-COOH、-OH 等基团结合，形成铜的络合物，使蛋白质变性，进而阻碍和抑制病菌代谢，最终导致病菌死亡。该药杀菌防病范围广，渗透性好，但没有内吸作用，且使用不当容易发生药害。喷施在植物表面后没有明显药斑残留。

氢氧化铜可与多菌灵、霜脲氰、代森锰锌混配，用于生产复配杀菌剂。

【适用作物及防治对象】氢氧化铜适用范围很广，既可用于防治多种真菌性病害，又可用于防治细菌性病害。目前生产中主要应用于防治：柑橘的溃疡病、疮痂病，荔枝霜疫霉病，香蕉的叶斑病、黑星病，葡萄的黑痘病、霜霉病、穗轴褐枯病、褐斑病、炭疽病，苹果、梨、山楂的烂根病、腐烂病、干腐病、枝干轮纹病，桃、杏、李、樱桃的流胶病，西瓜、甜瓜的炭疽病、枯萎病、细菌性果斑病，番茄的早疫病、晚疫病、溃疡病，黄瓜的霜霉病、细菌性叶斑病，辣椒的疫病、疮痂病、炭疽病，白菜软腐病，芹菜叶斑病，花生叶斑病，马铃薯的晚疫病、早疫病，水稻的纹枯病、稻曲病，人参的叶斑病、锈腐病，姜的腐烂病、姜瘟病，烟草野火病等。

【使用技术】防治病害不同，氢氧化铜使用方法不同。喷药时，不要在高温、高湿环境下进行，且喷药必须均匀周到。

柑橘溃疡病、疮痂病 春梢生长初期、幼果期、夏梢生长初期、秋梢生长初期各喷药1次，一般使用77%可湿性粉剂800～1000倍液，或53.8%可湿性粉剂或53.8%水分散粒剂800～1000倍液，或57.6%可分散粒剂1000～1200倍液，或46%水分散粒剂1000～1500倍液，或37.5%悬浮剂800～1000倍液均匀喷雾。

荔枝霜疫霉病 花蕾期、幼果期、成果期各喷药1次即可，药剂使用量同“柑橘溃疡病”。

香蕉叶斑病、黑星病 从病害发生初期开始喷药，10～15天1次，连喷2～4次。一般使用77%可湿性粉剂500～600倍液，或53.8%可湿性粉剂或53.8%水分散粒剂600～800倍液，或57.6%可分散粒剂800～1000倍液，或46%水分散粒剂800～1000倍液，或37.5%悬浮剂600～800倍液均匀喷雾。

葡萄黑痘病、霜霉病、穗轴褐枯病、褐斑病、炭疽病 开花前、落花后、落花后15天左右各喷药1次，防治穗轴褐枯病、黑痘病及果穗霜霉病；然后从叶片上初见霜霉病斑时开始继续喷药，10天左右1次，与不同类型药剂交替使用，连喷5～7次，有效防治霜霉病、褐斑病、炭疽病。一般使用77%可湿性粉剂800～1000倍液，或53.8%可湿性粉剂或53.8%水分散粒剂800～1000倍液，或57.6%可分散粒剂1000～1200倍液，或

46%水分散粒剂1000～1500倍液，或37.5%悬浮剂800～1000倍液均匀喷雾。

苹果、梨、山楂的烂根病、腐烂病、干腐病、枝干轮纹病 治疗烂根病时，将病残组织清除后或直接灌药治疗，灌药液量要求将病树的主要根区渗透，一般使用77%可湿性粉剂500～600倍液，或53.8%可湿性粉剂或53.8%水分散粒剂400～500倍液，或57.6%可分散粒剂500～600倍液，或46%水分散粒剂400～500倍液，或37.5%悬浮剂400～500倍液浇灌。预防腐烂病等枝干病害时，在发芽前使用77%可湿性粉剂200～400倍液，或53.8%可湿性粉剂或53.8%水分散粒剂200～300倍液，或57.6%可分散粒剂200～300倍液，或46%水分散粒剂200～300倍液，或37.5%悬浮剂200～250倍液喷洒枝干。

桃、杏、李、樱桃的流胶病 在发芽前对枝干喷药1次即可，生长期严禁使用。一般使用77%可湿性粉剂200～400倍液，或53.8%可湿性粉剂或53.8%水分散粒剂200～300倍液，或57.6%可分散粒剂200～300倍液，或46%水分散粒剂200～300倍液，或37.5%悬浮剂150～200倍液喷雾。

西瓜、甜瓜的炭疽病、细菌性果斑病、枯萎病 防治炭疽病、细菌性果斑病时，从病害发生初期开始喷药，7～10天1次，连喷3～4次，一般每亩次使用77%可湿性粉剂80～100克，或53.8%可湿性粉剂或53.8%水分散粒剂70～100克，或57.6%可分散粒剂80～100克，或46%水分散粒剂60～80克，或37.5%悬浮剂100～120毫升，对水45～60千克均匀喷雾。防治枯萎病时，从坐瓜后开始灌根，每株浇灌药液250～300毫升，15天后再浇灌1次，一般使用77%可湿性粉剂500～600倍液，或53.8%可湿性粉剂或53.8%水分散粒剂400～500倍液，或57.6%可分散粒剂400～500倍液，或46%水分散粒剂500～600倍液，或37.5%悬浮剂300～500倍液浇灌。

番茄早疫病、晚疫病、溃疡病 从病害发生初期开始喷药，

10天左右1次，连喷4～6次。一般每亩次使用77%可湿性粉剂100～120克，或53.8%可湿性粉剂或53.8%水分散粒剂70～100克，或57.6%可分散粒剂80～100克，或46%水分散粒剂60～80克，或37.5%悬浮剂100～120毫升，对水60～75千克均匀喷雾。

黄瓜霜霉病、细菌性叶斑病 从病害发生初期开始喷药，7～10天1次，与不同类型药剂交替使用，连喷喷施，重点喷洒叶片背面。药剂使用量同“番茄早疫病”。

辣椒疫病、疮痂病、炭疽病 从病害发生初期开始喷药，7～10天1次，连喷3～4次。药剂使用量同“西瓜炭疽病喷雾”。

白菜软腐病 从莲座期开始喷药，7～10天1次，连喷2～3次，重点喷洒植株的茎基部。一般每亩次使用77%可湿性粉剂40～60克，或53.8%可湿性粉剂或53.8%水分散粒剂40～50克，或57.6%可分散粒剂50～60克，或46%水分散粒剂30～45克，或37.5%悬浮剂50～75毫升，对水30～45千克均匀喷雾。

芹菜叶斑病 从病害发生初期开始喷药，7～10天1次，连喷2～4次。药剂使用量同“白菜软腐病”。

花生叶斑病 从病害发生初期开始喷药，10天左右1次，连喷2～3次。药剂使用量同“白菜软腐病”。

马铃薯晚疫病、早疫病 从病害发生初期或植株现蕾期开始喷药，10天左右1次，连喷5～7次，注意与相应治疗性药剂交替使用。药剂使用量同“番茄早疫病”。

水稻纹枯病、稻曲病 拔节期、孕穗期、破口期各喷药1次，一般每亩次使用77%可湿性粉剂50～75克，或53.8%可湿性粉剂或53.8%水分散粒剂35～50克，或57.6%可分散粒剂40～60克，或46%水分散粒剂30～45克，或37.5%悬浮剂60～80毫升，对水30～45千克均匀喷雾。

人参叶斑病、锈腐病 人参出苗前，使用77%可湿性粉剂800～1000倍液，或53.8%可湿性粉剂或53.8%水分散粒剂600～800倍液，或57.6%可分散粒剂600～800倍液，或46%水分散粒剂600～700倍液，或37.5%悬浮剂400～500倍液喷洒参床，消毒灭菌；生长期从初见叶片病斑时开始再次喷药，10天左右1次，连喷3～4次，喷药浓度同前。锈腐病严重的畦块，也可使用77%可湿性粉剂600～800倍液，或53.8%可湿性粉剂或53.8%水分散粒剂600～700倍液，或57.6%可分散粒剂600～700倍液，或46%水分散粒剂500～600倍液，或37.5%悬浮剂400～500倍液灌根。

姜腐烂病、姜瘟病 栽种时，在摆种沟内撒施药剂，而后摆种，每亩次使用77%可湿性粉剂1～1.5千克，或53.8%可湿性粉剂或53.8%水分散粒剂1～1.5千克，或57.6%可分散粒剂1～1.2千克，或46%水分散粒剂0.8～1千克。生长期，从病害发生初期开始灌药，10～15天后再浇灌1次，一般每亩次随水浇灌77%可湿性粉剂0.8～1千克，或53.8%可湿性粉剂或53.8%水分散粒剂1～1.2千克，或57.6%可分散粒剂0.8～1千克，或46%水分散粒剂0.8～1千克，或37.5%悬浮剂1000～1500毫升。

烟草野火病 从病害发生初期开始喷药，10天左右1次，连喷2～3次。一般使用77%可湿性粉剂800～1000倍液，或53.8%可湿性粉剂或53.8%水分散粒剂800～1000倍液，或57.6%可分散粒剂700～900倍液，或46%水分散粒剂1000～1200倍液，或37.5%悬浮剂600～800倍液均匀喷雾。

【注意事项】不能与碱性农药、三乙膦酸铝、多硫化钙及怕铜农药混用。在桃、杏、李、樱桃等核果类果树上仅限于发芽前喷施，发芽后的生长期禁止使用。苹果、梨的花期和幼果期禁用，以免发生药害。严格按使用说明的推荐用药量使用，不要随意加大药量，以免发生药害。用药时注意安全保护；如误服，立即服用大量牛奶、蛋白液或清水，并送医院对症治疗。

腐 殖 酸 铜

【有效成分】腐殖酸铜（HA－Cu）。

【常见商标名称】果腐康、愈合灵、腐剑、843康复剂等。

【主要含量与剂型】2.12%水剂、2.2%水剂。

【理化性质】腐殖酸铜是由腐殖酸、硫酸铜及辅助成分组成的有机铜制剂，外观为棕黑色液体，弱碱性，在碱性溶液中化学性质较稳定。属低毒杀菌剂，原液大鼠急性经口LD_{50}大于2064毫克/千克，对兔眼睛及皮肤无刺激作用。

【产品特点】腐殖酸铜是一种有机铜素杀菌剂，属螯合态亲水胶体，在植物表面使用后逐渐释放出铜离子而起杀菌作用。另外，腐殖酸可以刺激组织生长，促进伤口愈合。该药使用安全，无药害，低残留，不污染环境。

【适用作物及防治对象】腐殖酸铜主要应用于果树，用于防治枝干病害，如苹果和梨的腐烂病、干腐病，桃、杏、李、樱桃的流胶病，枣树腐烂病、干腐病，栗树干枯病，核桃腐烂病，山楂腐烂病，柑橘树脂病、脚腐病等。

【使用技术】腐殖酸铜主要用于涂抹果树枝干病斑，有时也用于果树修剪后剪锯口的保护（封口剂），伤口涂抹该药后愈合快，利于树势恢复。

苹果、梨、枣、山楂及栗的枝干病害　首先将病斑刮除干净，刮至病斑边缘光滑无刺，然后用毛刷将药液均匀涂抹在病斑表面，涂药超出病斑边缘2～4厘米，用药量一般为每平方米200克制剂。

桃、杏、李、樱桃的流胶病　用刀轻刮流胶部位，然后在病斑表面均匀涂药。涂药方法及用药量同“苹果枝干病害”。

核桃腐烂病　首先用刀在病斑表面均匀划道，刀口间距0.5厘米，深达木质部；然后在病斑表面均匀涂药。涂药方法及用药量同“苹果枝干病害”。

柑橘树脂病、脚腐病　先用刀将病组织全部刮除干净，使病斑周围圆滑无毛刺，然后将药液均匀涂在病斑表面。用药量一般为每平方米300～500克制剂。

【注意事项】本药不用稀释，直接涂抹，但使用前应将药剂搅匀。仅适用于树体的枝干部位。

稻　瘟　灵

【有效成分】稻瘟灵（isoprothiolane）。

【常见商标名称】富士一号、瘟瑞清、瘟立康、金福土、格耳福、韩稻爱、田润禾、三高秀、稻山、稻点、稻通、比丰、比质、丰派、禾壮、华杰、米秀、农豪、农魂、温科、瘟息、祥旺、旭辉等。

【主要含量与剂型】40%乳油、40%可湿性粉剂、30%乳油。

【理化性质】纯品为白色结晶，略有臭味；原粉为淡黄色结晶，具有机硫臭味，熔点50～51℃。微溶于水，溶于甲醇、氯仿、二甲苯、苯、丙酮。对酸、光、热稳定，在水中、紫外线下不稳定。属低毒杀菌剂，原粉雄性大鼠急性经口LD_{50}为1190毫克/千克，大鼠急性经皮LD_{50}大于10250毫克/千克，对兔眼睛和皮肤无刺激作用，试验条件下未见致畸、致癌、致突变作用，通常剂量下对蜜蜂、鸟及昆虫天敌无影响。

【产品特点】稻瘟灵是一种含硫杂环类内吸治疗性杀菌剂，具有有机硫臭味，易被根、茎、叶吸收，对稻瘟病有特效。水稻植株吸收药剂后累积于叶组织，特别集中于穗轴与枝梗，从而抑制病菌侵入，阻碍病菌脂质代谢，抑制病菌生长，起到预防与治疗作用。该药持效期长，耐雨水冲刷，大面积使用还可兼治稻飞虱。对人、畜安全，对作物无药害，但对鱼类有一定毒性。

稻瘟灵常与噁霉灵、异稻瘟净、咪鲜胺、己唑醇、春雷霉素、硫黄等杀菌成分混配，用于生产复配杀菌剂。

【适用作物及防治对象】 稻瘟灵主要用于防治水稻稻瘟病，特别对穗颈瘟效果好。

【使用技术】 防治叶瘟时，田间出现叶瘟发病中心、或出现急性型病斑时喷药1次；防治穗（颈）瘟时，在破口期和齐穗期各喷药1次。一般每亩次使用40%乳油80～100毫升，或40%可湿性粉剂80～100克，或30%乳油110～130毫升，对水30～45千克均匀喷雾。

【注意事项】 不能与强碱性农药混用。该药对鱼和水生生物有一定影响，不宜在养鱼水田里施药。用药时注意安全保护，中毒或误服时，用浓食盐水洗胃，并立即送医院对症治疗，可用一般含硫化合物的治疗药物。水稻的安全采收间隔期为15天。

噁霉灵

【有效成分】 噁霉灵（hymexazol）。

【常见商标名称】 土菌消、绿佳宝、重茬宝、保地宁、韩兰亭、好润根、枯可茵、百苗、苗灵、南灵、茂灵、根标、康波、科坦、绿佳、清茬、丰田绿地丹等。

【主要含量与剂型】 15%水剂、30%水剂、70%可湿性粉剂。

【理化性质】 原粉外观为无色结晶，熔点86～87℃，溶于水和大多数有机溶剂，在酸、碱溶液中均稳定，无腐蚀性。属低毒杀菌剂，原粉雄性大鼠急性经口LD_{50}为4678毫克/千克，大鼠急性经皮LD_{50}大于10克/千克，对兔皮肤和眼睛有轻度刺激作用，试验条件下未见致畸、致癌、致突变作用。

【产品特点】 噁霉灵是一种杂环类内吸性杀菌剂，主要用于防治土传病害，常作为土壤消毒剂使用。在土壤中可与土壤中的铁、铝离子结合，抑制土传病菌（腐霉菌、镰刀菌等）的孢子萌发。在土壤中能被植物的根吸收并在根系内移动，在植株内代谢产生两种糖苷，对作物有提高生理活性的效果，从而能促进植株生长、根的分孽、根毛的增加和根的活性提高等。噁霉灵对土壤中的非靶标微生物没有影响，在土壤中分解后为毒性很低的化合物，对环境安全。

噁霉灵可与甲霜灵、稻瘟灵、福美双、甲基硫菌灵、精甲霜灵、络氨铜等杀菌成分混配，用于生产复配杀菌剂。

【适用作物及防治对象】 噁霉灵适用于多种作物，对由镰刀菌、腐霉菌、丝核菌引起的土传病害具有良好的防治效果。目前生产中主要用于防治：水稻的恶苗病、立枯病，甜菜立枯病，西瓜、甜瓜、黄瓜等瓜类的枯萎病，黄瓜、西瓜、甜瓜、西葫芦、番茄、辣椒、茄子、芹菜等瓜果蔬菜的立枯病、猝倒病，大豆立枯病，棉花立枯病，油菜立枯病等。

【使用技术】 噁霉灵主要通过种子处理（浸种或拌种）和土壤处理（喷淋或浇灌）进行用药。

水稻恶苗病、立枯病 首先使用15%水剂1000～1500倍液，或30%水剂2000～3000倍液，或70%可湿性粉剂4000～6000倍液浸种；然后在播种前每平方米使用15%水剂8～10毫升，或30%水剂4～5毫升，或70%可湿性粉剂2～2.5克，对水3千克喷淋苗床或育秧盘，浇透为止；秧苗1～2叶期，使用同样药量再喷淋浇灌1次。

甜菜立枯病 主要为拌种处理。每10千克种子使用70%可湿性粉剂40～70克与50%福美双可湿性粉剂40～80克混合均匀后干法拌种；或每10千克种子加水10千克加50%福美双可湿性粉剂80克混合拌种，闷种24小时后再用70%可湿性粉剂40～70克湿法拌种。

瓜类枯萎病 从定植后1～1.5个月开始灌根，15～20天1次，连灌2～3次。一般使用15%水剂300～400倍液，或30%水剂600～800倍液，或70%可湿性粉剂1500～2000倍液灌根，每株浇灌药液200～300毫升。

瓜果蔬菜的立枯病、猝倒病 播种前，每平方米使用15%水剂8～10毫升，或30%水剂4～5毫升，或70%可湿性粉剂

2～2.5克处理苗床土壤，也可对水3千克苗床喷雾或喷淋；出苗后，两片子叶至1片真叶期，再使用15%水剂300～400倍液，或30%水剂600～800倍液，或70%可湿性粉剂1500～2000倍液喷淋1次苗床。

大豆立枯病 种子包衣处理。每10千克种子使用70%可湿性粉剂10～20克，或30%水剂30～40克，或15%水剂50～80克，对适量水稀释后均匀包衣，而后晾干、播种。

棉花立枯病 种子包衣处理。每10千克种子使用70%可湿性粉剂10～14克，或30%水剂25～30克，或15%水剂50～65克，对适量水稀释后均匀包衣，而后晾干、播种。

油菜立枯病 种子包衣处理。每10千克种子使用70%可湿性粉剂10～20克，或30%水剂30～40克，或15%水剂50～80克，对适量水稀释后均匀包衣，而后晾干、播种。

【注意事项】拌种时宜选用干拌方法，湿拌和闷种时易出现药害。严格控制用药量，以防抑制作物生长。如沾染皮肤或眼睛应立即用清水冲洗；误服后，立即催吐，并送医院对症治疗。

抑　霉　唑

【有效成分】抑霉唑（imazalil）。

【常见商标名称】万利得、戴唑霉、树大夫、仙亮、真鲜、亮奇、美艳。

【主要含量与剂型】500克/升乳油、50%乳油、22.2%乳油、20%水乳剂、15%烟剂。

【理化性质】纯品外观为黄色至棕色结晶，熔点52℃，微溶于水，易溶于甲醇、乙醇、苯、二甲苯、己烷、正庚烷、石油醚，室温下避光贮存稳定，对热稳定。属中毒杀菌剂，原药雄性大鼠急性经口LD_{50}为343毫克/千克，大鼠急性经皮LD_{50}为4200～4880毫克/千克，无致畸、致癌作用，无迟发性神经毒性，对皮肤和眼睛有刺激作用，对鱼有毒，对蜜蜂无毒。

【产品特点】抑霉唑是一种内吸性广谱杀菌剂，具有内吸、治疗、保护多种作用，广泛用于水果采后的防腐保鲜处理。其杀菌机理主要是通过抑制病菌麦角甾醇的生物合成，影响病菌细胞膜的渗透性、生理功能和脂类合成代谢，进而破坏病菌的细胞膜，同时抑制病菌孢子的形成。

抑霉唑有时与咪鲜胺、苯醚甲环唑混配，用于生产复配杀菌剂。

【适用作物及防治对象】抑霉唑主要应用于果品的采后保鲜处理，对柑橘的青霉病、绿霉病，香蕉的轴腐病、炭疽病，杧果的蒂腐病、炭疽病，苹果和梨的青霉病、炭疽病，及瓜类的炭疽病等，均具有很好的防治效果，并可显著延长果品的货架期。另外，也可用于喷雾或熏烟，有效防治葡萄炭疽病、苹果炭疽病、番茄叶霉病等。

【使用技术】抑霉唑主要通过药液浸果防治果实病害，也可用于喷雾及熏烟。

果品采后保鲜 挑选当天采收的无病、无伤果品，使用500克/升乳油或50%乳油1000～1500倍液，或22.2%乳油400～600倍液，或20%水乳剂400～500倍液浸果，浸果0.5～1分钟后捞起、晾干，而后包装、贮运。

葡萄炭疽病 从果粒膨大期开始喷药，10～15天1次，连喷3～5次，注意与不同类型药剂交替使用。抑霉唑一般使用500克/升乳油或50%乳油2000～2500倍液，或22.2%乳油900～1200倍液，或20%水乳剂800～1000倍液均匀喷雾。

苹果炭疽病 从苹果落花后10天左右开始喷药，10天左右1次，连喷3次药后套袋；不套袋苹果继续喷药，15天左右1次，仍需喷药3～4次。药剂使用倍数同“葡萄炭疽病”，并注意与不同类型药剂交替使用。

番茄叶霉病 从病害发生初期开始用药，既可喷雾，也可熏烟，10天左右1次，连续用药2～3次。喷雾用药，使用倍数同

“葡萄炭疽病”。熏烟用药，一般每亩次使用15%烟剂250～350克，分多点点燃密闭熏烟。

【注意事项】不能与碱性农药混用，用药浓度不要随意加大。用药时注意安全保护，皮肤或眼睛接触药物后，立即用清水冲洗；如误服，立即饮水催吐，并送医院对症治疗，解毒剂为阿托品。

双胍三辛烷基苯磺酸盐

【有效成分】双胍三辛烷基苯磺酸盐［iminoctadine tris (albesilate)］。

【常见商标名称】百可得。

【主要含量与剂型】40%可湿性粉剂。

【理化性质】纯品为白色粉末，原药为浅褐色蜡质固体，熔点92～96℃。微溶于水，易溶于甲醇、乙醇、异丙酮。制剂外观为白色粉末。属低毒杀菌剂，制剂大鼠急性经口LD_{50}为2100～2600毫克/千克，大鼠急性经皮LD_{50}大于2000毫克/千克，试验剂量下未见致畸、致癌、致突变作用，对鱼类、蜜蜂及鸟类低毒，对兔皮肤和眼睛有轻微刺激作用。

【产品特点】双胍三辛烷基苯磺酸盐是一种广谱保护性杀菌剂，具有触杀和预防作用，且局部渗透性强。其主要对病原真菌的类脂化合物的生物合成和细胞膜机能起作用，具有两个作用为点，表现为抑制孢子萌发、芽管伸长、附着胞和菌丝的形成，可作用于病害发生的整个过程。与三唑类、苯并咪唑类、二甲酰亚胺类杀菌剂的作用机理不同，没有交互抗性。

双胍三辛烷基苯磺酸盐有时与咪鲜胺混配，用于生产复配杀菌剂。

【适用作物及防治对象】双胍三辛烷基苯磺酸盐应用范围非常广泛，对许多真菌性病害均具有很好的防治效果。目前生产中多应用于柑橘类的防腐保鲜，对柑橘的酸腐病、蒂腐病、青霉病、绿霉病防治效果良好，尤其对酸腐病特效；另外，还可用于防治：苹果的斑点落叶病、褐腐病、水锈病、炭疽病，葡萄的灰霉病、白粉病、炭疽病，梨的黑星病、褐腐病、白粉病、炭疽病，桃、杏、李的黑星病、褐腐病，柿的黑星病、炭疽病、白粉病，猕猴桃灰霉病，草莓的灰霉病、白粉病，番茄的灰霉病、叶霉病，西瓜、甜瓜的炭疽病、蔓枯病、白粉病，黄瓜的白粉病、灰霉病、炭疽病，茄子的灰霉病、白粉病，芦笋茎枯病等多种病害。

【使用技术】双胍三辛烷基苯磺酸盐既可用于喷雾防治生长期病害（特别适用于灰霉病、白粉病一并发生的时期），也可用于浸果防治果实贮运期病害（防腐保鲜）。

柑橘防腐保鲜 挑选当天采收的无病、无伤柑橘，使用40%可湿性粉剂1000～1500倍液浸果0.5～1分钟，捞出后晾干，包装贮运。

苹果斑点落叶病、褐腐病、水锈病、炭疽病 防治斑点落叶病时，在春梢生长期、秋梢生长期各喷药2次左右，间隔期10～15天；防治褐腐病时，从采收前1.5个月开始喷药，10～15天1次，连喷2～3次，兼防炭疽病、水锈病；防治水锈病（不套袋果）时，从8月中下旬开始喷药，10～15天1次，连喷2次左右，兼防炭疽病。一般使用40%可湿性粉剂1000～1500倍液均匀喷雾。

葡萄灰霉病、白粉病、炭疽病 开花前、落花后各喷药1次，防治灰霉病为害幼穗；以后从病害发生初期开始喷药，10天左右1次，连喷2～4次。一般使用40%可湿性粉剂1000～1500倍液均匀喷雾。

梨黑星病、褐腐病、白粉病、炭疽病 以黑星病防治为主，兼防炭疽病、白粉病、褐腐病。从初见黑星病叶时开始喷药，10～15天1次，与不同类型药剂交替使用，连喷5～7次。喷施倍数同“葡萄灰霉病”。

桃、杏、李的黑星病、褐腐病 防治黑星病时，从落花后20～30天开始喷药，10～15天1次，连喷2～3次；防治褐腐病时，从采收前1.5个月开始喷药，10天左右1次，连喷2次左右。喷施倍数同“葡萄灰霉病”。

柿黑星病、炭疽病、白粉病 从病害发生初期开始喷药，10～15天1次，连喷2～3次。喷施倍数同“葡萄灰霉病”。

猕猴桃灰霉病 从病害发生初期或初见病斑时开始喷药，10天左右1次，连喷2～3次，喷施倍数同“葡萄灰霉病”。

草莓灰霉病、白粉病 初花期、盛花期、末花期各喷药1次即可，一般使用40%可湿性粉剂800～1000倍液均匀喷雾。

番茄灰霉病、叶霉病 从连阴2天时或初见病斑时开始喷药，7～10天1次，连喷3～4次。用药量同“草莓灰霉病”。

西瓜、甜瓜的炭疽病、蔓枯病、白粉病 从初见病斑时开始喷药，7～10天1次，连喷3～4次。用药量同“草莓灰霉病”。

黄瓜白粉病、灰霉病、炭疽病 从连阴2天时或初见病斑时开始喷药，7～10天1次，连喷3～4次。用药量同“草莓灰霉病”。

茄子灰霉病、白粉病 进入开花期后，从连阴2天时或初见病斑时开始喷药，7～10天1次，连喷3～4次。用药量同“草莓灰霉病”。

芦笋茎枯病 从地上茎嫩枝开始伸展时或初见病斑时开始喷药，7～10天1次，连喷3～4次。用药量同“草莓灰霉病”。

【注意事项】该药会造成芦笋嫩茎轻微弯曲，但不影响母茎生长。在苹果、梨落花后20天之内喷雾会造成果锈，应当慎用。喷药时要均匀周到，在发病前或初期开始喷药效果好，但避免药液接触到玫瑰花等花卉。对蚕有毒，不要在桑树上使用。不能与强酸及强碱性农药混用。注意安全用药，如误服，立即催吐，并送医院对症治疗。

乙　蒜　素

【有效成分】 乙蒜素（ethylicin）。

【常见商标名称】 抗菌素402、群科、鸿安、舒农、帅方、细治等。

【主要含量与剂型】 80%乳油、41%乳油、30%乳油。

【理化性质】 纯品为无色或微黄色油状液体，工业品为微黄色油状液体，有大蒜臭味，挥发性强，有强腐蚀性，可燃，加热至130～140℃分解，沸点56℃，微溶于水，可溶于多种有机溶剂。属中毒杀菌剂，原油大鼠急性经口LD_{50}为140毫克/千克，大鼠急性经皮LD_{50}为80毫克/千克，对皮肤和黏膜有强烈的刺激作用，试验剂量下无致畸、致癌、致突变作用。

【产品特点】 乙蒜素属有机硫类广谱性杀菌剂，仿照有杀菌作用的大蒜素人工合成，具有治疗和保护作用。其杀菌机理是药剂中的-S-S-基团与病菌分子中含-SH基的物质反应，进而抑制病菌正常代谢。该药在防治病害的同时，对植物生长具有刺激作用，经药剂处理过的种子出苗快、且幼苗生长健壮。制剂有大蒜臭味。

乙蒜素可与三唑酮、噁霉灵、咪鲜胺、氨基寡糖素、氯霉素等杀菌成分混配，用于生产复配杀菌剂。

【适用作物及防治对象】 乙蒜素适用于多种作物，对许多种真菌性及细菌性病害均有较好的防治作用。目前生产中主要用于防治：水稻的烂秧病、恶苗病、稻瘟病，大麦条纹病，棉花的苗期病害（立枯病、猝倒病）、枯萎病、黄萎病，甘薯黑斑病，苜蓿的炭疽病、茎斑病，黄瓜及甜瓜的细菌性叶斑病，番茄及辣椒的青枯病，茄子黄萎病，大豆紫斑病，油菜霜霉病，苹果的白绢病、腐烂病、叶斑病，葡萄根癌病，桃、杏、李、樱桃的根癌病，板栗干枯病，柑橘树脂病等。

【使用技术】 乙蒜素使用方法灵活多样，根据病害发生特点，既可浸泡种子或种薯，又可喷雾、灌根，还可涂抹病斑。

水稻烂秧病、恶苗病、稻瘟病　首先使用80%乳油6000～8000倍液，或41%乳油3000～4000倍液，或30%乳油2200～3000倍液浸种，籼稻浸泡2～3天、粳稻浸泡3～4天，捞出后催芽、播种。其次在田间出现叶瘟发病中心时、破口期及齐穗期各喷药1次，有效防治稻瘟病，一般每亩次使用80%乳油30～45毫升，或41%乳油60～90毫升，或30%乳油80～120毫升，对水30～45千克均匀喷雾。

大麦条纹病　使用80%乳油2000倍液，或41%乳油1000倍液，或30%乳油750倍液浸种24小时，而后捞出、晾干、播种。

棉花苗期病害　使用80%乳油5000～6000倍液，或41%乳油2500～3000倍液，或30%乳油1800～2200倍液浸种16～20小时，而后捞出、催芽、播种。

棉花枯萎病、黄萎病　从蕾铃期开始，使用80%乳油1200～1500倍液，或41%乳油600～700倍液，或30%乳油450～550倍液喷雾，10～15天1次，连喷2～3次，对枯萎病、黄萎病有一定控制作用。

甘薯黑斑病　育秧前，使用80%乳油2000～2500倍液，或41%乳油1000～1200倍液，或30%乳油750～900倍液浸泡种薯10分钟，而后上炕摆薯育秧。栽植前，使用80%乳油4000～5000倍液，或41%乳油2000～2500倍液，或30%乳油1500～1800倍液成捆浸泡薯苗基部7～10厘米处10分钟，而后栽植。

苜蓿炭疽病、茎斑病　播种前，使用80%乳油8000倍液，或41%乳油4000倍液，或30%乳油3000倍液浸泡种子24小时，捞出后晾干、播种。生长期，从病害发生初期开始喷药，10天左右1次，连喷2～3次，一般使用80%乳油4000倍液，或41%乳油2000倍液，或30%乳油1500倍液均匀喷雾。

黄瓜及甜瓜的细菌性叶斑病　从病害发生初期开始喷药，

7～10天1次，连喷2～4次。一般每亩次使用80%乳油40～50毫升，或41%乳油80～100毫升，或30%乳油100～130毫升，对水45～60千克均匀喷雾。重点喷洒叶片背面。

番茄及辣椒的青枯病 从植株坐果后或田间初见病株时开始用药浇灌，10～15天1次，连灌2～3次。一般使用80%乳油1000～1200倍液，或41%乳油500～600倍液，或30%乳油400～500倍液浇灌植株根部，每株（穴）浇灌药液250～300毫升。

茄子黄萎病 从门茄似鸡蛋大小时或田间初见病株时开始用药灌根，10～15天1次，连灌2～3次。用药量同“番茄青枯病”。

大豆紫斑病 使用80%乳油5000倍液，或41%乳油2500倍液，或30%乳油2000倍液浸泡种子1小时，而后捞出、晾干、播种。

油菜霜霉病 从病害发生初期开始喷药，7～10天1次，连喷2～3次，重点喷洒叶片背面。一般使用80%乳油5000～6000倍液，或41%乳油2500～3000倍液，或30%乳油2000～2200倍液均匀喷雾。

苹果腐烂病、白绢病、叶斑病 治疗白绢病、腐烂病时，首先彻底刮除病斑，然后使用80%乳油100倍液，或41%乳油50倍液，或30%乳油40倍液涂抹病斑，1个月后可以再涂抹1次。防治叶斑病时，从病害发生初期开始喷药，10天左右1次，连喷2～3次，一般使用80%乳油1000～1200倍液，或41%乳油500～600倍液，或30%乳油400～500倍液均匀喷雾。

葡萄根癌病 首先彻底刮除病组织，然后用药剂涂抹病斑处及伤口，1个月后再涂抹1次。用药量同“苹果腐烂病”。

桃、杏、李、樱桃的根癌病 发现病树后，首先彻底刮除病组织，然后用药剂涂抹病斑处及伤口，1个月后再涂药1次。用药量同“苹果腐烂病”。

板栗干枯病 首先彻底刮除病斑组织，然后用药剂涂抹病斑处及伤口，1个月后再涂抹1次。用药量同“苹果腐烂病”。

柑橘树脂病 处理方法及用药量同“板栗干枯病”。

【注意事项】不能与碱性农药混用。经处理过的种子不能食用或作饲料，棉籽不能用于榨油；浸过药液的种子不得与草木灰一起播种，以免影响药效。本剂对铁质容器有腐蚀作用，不能用铁器存放。使用时注意安全保护，沾染药剂后立即用清水冲洗；如误服，立即送医院对症治疗，无特效解毒剂，洗胃时要慎重，注意保护消化道黏膜。

春雷霉素

【有效成分】春雷霉素（kasugamycin）。

【常见商标名称】加收米、美思达、爱诺春雷、旺野、田翔、傲方、精质、科雨、靓星、群达、细极等。

【主要含量与剂型】2%水剂、2%可溶液剂、2%可湿性粉剂、4%可湿性粉剂、6%可湿性粉剂、10%可湿性粉剂。

【理化性质】原粉外观为棕色粉末，其盐酸盐为白色针状或片状结晶，熔点202～210℃。易溶于水，微溶于甲醇，不溶于乙醇、丙酮、苯等有机溶剂。在酸性和中性溶液中较稳定，在强酸或碱性溶液中不稳定。属低毒杀菌剂，原粉小鼠急性经口LD_{50}大于8克/千克，兔急性经皮LD_{50}大于2克/千克，对兔眼睛和皮肤无刺激作用，在动物体内排泄快，无明显蓄积作用，试验剂量下未见致畸、致癌、致突变作用，对鱼类及蜜蜂低毒。

【产品特点】春雷霉素是一种微生物代谢产物，属农用抗生素类杀菌剂，具有较强的渗透性和内吸性，并能在植物体内移动。喷药后见效快，耐雨水冲刷，持效期长，对病害具有预防和治疗作用，尤为治疗效果更显著。其杀菌机理是干扰病菌氨基酸代谢的酯酶系统，影响蛋白质合成，而抑制菌丝生长并造成细胞颗粒化，但对孢子萌发没有作用。该药使用安全，瓜类植物喷施后叶色浓绿、并能延长收获期。

春雷霉素常与王铜、三环唑、多菌灵、稻瘟灵、四氯苯酞、硫黄等杀菌成分混配，用于生产复配杀菌剂。

【适用作物及防治对象】春雷霉素适用于多种作物，对多种真菌性和细菌性病害均具有很好的防治效果。目前生产中主要用于防治：水稻稻瘟病，番茄叶霉病，辣椒疮痂病，黄瓜、甜瓜的细菌性叶斑病，黄瓜、西瓜、甜瓜等瓜类的枯萎病，芹菜叶斑病，菜豆晕枯病，柑橘溃疡病，梨黑星病，猕猴桃溃疡病等。

【使用技术】春雷霉素主要用于喷雾和灌根，在病害发生初期用药效果较好；另外，也可用于对树干输液。

水稻稻瘟病 防治叶瘟时，在田间出现发病中心时或有急性型病斑时喷药1次；防治穗颈瘟时，在破口期和齐穗期各喷药1次。一般每亩次使用2%水剂或2%可溶液剂120～150毫升，或2%可湿性粉剂120～150克，或4%可湿性粉剂60～75克，或6%可湿性粉剂40～50克或10%可湿性粉剂25～30克，对水30～45千克均匀喷雾。

番茄叶霉病 从病害发生初期开始喷药，7～10天1次，连喷3次左右，重点喷洒叶片背面。一般每亩次使用2%水剂或2%可溶液剂140～170毫升，或2%可湿性粉剂140～170克，或4%可湿性粉剂70～85克，或6%可湿性粉剂45～55克，或10%可湿性粉剂30～35克，对水45～60千克均匀喷雾。

黄瓜、甜瓜的细菌性叶斑病 从病害发生初期或初见病斑时开始喷药，7～10天1次，连喷3～4次，重点喷洒叶片背面。用药量同“番茄叶霉病”。

黄瓜、西瓜、甜瓜等瓜类的枯萎病 从定植后1个月左右或田间初见病株时开始用药液浇灌植株根部，15天后再浇灌1次，每株浇灌药液250～300毫升。一般使用2%水剂或2%可溶液剂或2%可湿性粉剂200～300倍液，或4%可湿性粉剂400～600倍液，或6%可湿性粉剂600～800倍液，或10%可湿性粉剂

1000～1500倍液灌根。

辣椒疮痂病 从病害发生初期开始喷药，7～10天1次，连喷3～4次。一般每亩次使用2%水剂或2%可溶液剂100～130毫升，或2%可湿性粉剂100～130克，或4%可湿性粉剂50～65克，或6%可湿性粉剂35～45克，或10%可湿性粉剂20～25克，对水45～60千克均匀喷雾。

菜豆晕枯病 从病害发生初期开始喷药，7～10天1次，连喷2～3次。用药量同“辣椒疮痂病”。

芹菜叶斑病 从病害发生初期开始喷药，7～10天1次，连喷3～4次。用药量同“辣椒疮痂病”。

柑橘溃疡病 春梢萌生后7天左右、落花后、夏梢萌生后7天左右及秋梢萌生后7天左右各喷药1次。一般使用2%水剂或2%可溶液剂或2%可湿性粉剂300～400倍液，或4%可湿性粉剂600～800倍液，或6%可湿性粉剂1000～1200倍液，或10%可湿性粉剂1500～2000倍液均匀喷雾。

梨黑星病 从初见病叶时开始喷药，10天左右1次，与不同类型药剂交替使用，连喷5～7次。喷药倍数同“柑橘溃疡病”。

猕猴桃溃疡病 从叶片开始出现病斑时开始喷药，7～10天1次，连喷2～4次。喷药倍数同“柑橘溃疡病”。

【注意事项】不能与碱性农药混用。该药对大豆、莲藕有轻微药害，用药时应特别注意。如药液接触皮肤，立即用肥皂或清水洗净；如误服，饮大量食盐水催吐，并送医院对症治疗。番茄、黄瓜的安全采收间隔期为7天，水稻的安全采收间隔期为21天。

多抗霉素

【有效成分】多抗霉素（polyoxin）。

【常见商标名称】多氧霉素、宝丽安、宝粒精、多氧清、速尔惠、多凯、百妥、伏瑞、金抗、品秀、标正秀明等。

【主要含量与剂型】1.5%可湿性粉剂、1.5%水剂、2%可湿性粉剂、3%水剂、3%可湿性粉剂、5%水剂、10%可湿性粉剂。

【理化性质】分为多抗霉素 A 和多抗霉素 B 两种有效成分，原粉为浅褐色粉末，易溶于水，不溶于有机溶剂，对紫外线稳定，在酸性和中性溶液中稳定，在碱性溶液中不稳定。属低毒杀菌剂，原粉大鼠急性经口 LD_{50} 大于 21 克/千克，大鼠急性经皮 LD_{50} 大于 20 克/千克，对兔皮肤和眼睛无刺激作用，试验剂量下无致畸、致癌、致突变作用。在动物体内无蓄积，能很快排出体外。对鱼类及蜜蜂低毒。

【产品特点】多抗霉素是一种农用抗生素类广谱性杀菌剂，具有较好的内吸传导作用，杀菌力强。其杀菌机理是干扰病菌细胞壁几丁质的生物合成，芽管和菌丝体接触药剂后，局部膨大、破裂，溢出细胞内含物，不能正常发育而最终死亡；同时，还有抑制病菌产孢和病斑扩大的作用。该药使用安全，对人、畜基本无毒，也不污染环境。

多抗霉素可与克菌丹、代森锰锌、福美双、喹啉铜、嘧肽霉素等杀菌成分混配，用于生产复配杀菌剂。

【适用作物及防治对象】多抗霉素适用于许多种植物，对多种真菌性病害均具有很好的防治效果。目前生产中主要用于防治：苹果的霉心病、斑点落叶病、轮纹病、炭疽病、套袋果斑点病，梨的黑斑病、黑星病、白粉病、轮纹病、炭疽病、套袋果黑点病，葡萄的穗轴褐枯病、灰霉病，桃黑星病，草莓的灰霉病、白粉病，黄瓜、番茄、辣椒、茄子的灰霉病，黄瓜的白粉病、霜霉病、炭疽病，甜瓜的白粉病、炭疽病，西瓜炭疽病，番茄的早疫病、晚疫病、叶霉病、叶斑病，茄子叶斑病，芹菜叶斑病，十字花科蔬菜黑斑病，马铃薯的早疫病、晚疫病，水稻纹枯病，小麦的纹枯病、白粉病，花生叶斑病，甜菜褐斑病，烟草赤星病，茶饼病，人参、三七的黑斑病，花卉植物的白粉病、叶斑病等。

【使用技术】 多抗霉素主要应用于喷雾，在病害发生前或初见病斑时开始用药效果最好，且喷药应均匀周到。

苹果病害 花铃铛球期、盛花末期各喷药1次，有效防治霉心病；从落花后7～10天开始喷药，10天左右1次，连喷3次，而后套袋，有效防治轮纹病、炭疽病、套袋果斑点病及春梢期的斑点落叶病；秋梢生长期再喷药2次左右，间隔10～15天，有效防治秋梢期的斑点落叶病。一般使用1.5%可湿性粉剂或1.5%水剂200～300倍液，或2%可湿性粉剂300～400倍液，或3%水剂或3%可湿性粉剂400～600倍液，或5%水剂600～700倍液，或10%可湿性粉剂1000～1500倍液均匀喷雾。

梨病害 从初见黑斑病叶或黑星病叶时开始喷药，10天左右1次，与不同类型药剂交替使用，连喷4～6次，有效防治黑斑病、黑星病、套袋果黑点病，兼防轮纹病、炭疽病；秋季初见白粉病斑时再次开始喷药，10天左右1次，连喷2～3次，兼防黑星病。喷药倍数同“苹果病害”。

葡萄穗轴褐枯病、灰霉病 开花前、落花后各喷药1次；果实近成熟期初见灰霉病时再开始喷药，7～10天1次，连喷2次左右，重点喷洒果穗。喷药倍数同“苹果病害”。果实近成熟期喷药，应选用水剂，以免污染果面。

桃黑星病 从落花后20～30天开始喷药，10～15天1次，连喷2～4次。喷药倍数同“苹果病害”。

草莓灰霉病、白粉病 初花期、盛花期、末花期各喷药1次即可。喷药倍数同“苹果病害”。

茶饼病 从病害发生初期开始喷药，10天左右1次，连喷2～3次。喷药倍数同“苹果病害”。

烟草赤星病 从初见病斑时开始喷药，10～15天1次，连喷2～3次。喷药倍数同“苹果病害”。

人参、三七的黑斑病 从初见病斑时开始喷药，10天左右1次，与不同类型药剂交替使用，整生长季连续喷施。喷药倍数同

“苹果病害”。

花卉植物的白粉病、叶斑病 从初见病斑时开始喷药，7～10天1次，连喷3～4次。喷药倍数同“苹果病害”。

黄瓜、番茄、辣椒、茄子的灰霉病 从连阴2天后或初见病斑时立即开始喷药，7～10天1次，每期连喷2～3次。一般每亩次使用1.5%可湿性粉剂或1.5%水剂800～1000克，或2%可湿性粉剂600～750克，或3%水剂或3%可湿性粉剂400～500克，或5%水剂克250～300克，或10%可湿性粉剂120～150克，对水60～75千克均匀喷雾。

黄瓜白粉病、霜霉病、炭疽病 以防治霜霉病为主，从霜霉病发生初期开始喷药，7～10天1次，与不同类型药剂交替使用，连续喷施。用药量同“黄瓜灰霉病”。

番茄早疫病、晚疫病、叶霉病、叶斑病 前期以防治晚疫病为主，后期以防治叶霉病为主，兼防其他病害。从初见病斑时开始喷药，7～10天1次，每期连喷3～4次。用药量同“黄瓜灰霉病”。

甜瓜炭疽病、白粉病 从病害发生初期开始喷药，7～10天1次，连喷3～4次。一般每亩次使用1.5%可湿性粉剂或1.5%水剂300～400克，或2%可湿性粉剂250～300克，或3%水剂或3%可湿性粉剂150～200克，或5%水剂100～120克，或10%可湿性粉剂50～60克，对水45～60千克均匀喷雾。

西瓜炭疽病 从病害发生初期开始喷药，7～10天1次，连喷3～4次。用药量同“甜瓜炭疽病”。

茄子叶斑病 从病害发生初期开始喷药，10天左右1次，连喷2～3次。用药量同“甜瓜炭疽病”。

芹菜叶斑病 从病害发生初期开始喷药，7～10天1次，连喷2～4次。用药量同“甜瓜炭疽病”。

十字花科蔬菜黑斑病 从病害发生初期开始喷药，7～10天1次，连喷1～2次。用药量同“甜瓜炭疽病”。

甜菜褐斑病 从病害发生初期开始喷药，10～15天1次，连喷2～3次。用药量同“甜瓜炭疽病”。

马铃薯早疫病、晚疫病 从病害发生初期或植株现蕾期开始喷药，10天左右1次，与不同类型药剂交替使用，连喷5～7次。多抗霉素用药量同“黄瓜灰霉病”。

水稻纹枯病 拔节期、破口前各喷药1次即可。一般每亩次使用1.5%可湿性粉剂或1.5%水剂250～300克，或2%可湿性粉剂200～250克，或3%水剂或3%可湿性粉剂125～150克，或5%水剂80～100克，或10%可湿性粉剂40～50克，对水30～45千克均匀喷雾。

小麦纹枯病、白粉病 拔节期、抽穗期各喷药1次即可，用药量同“水稻纹枯病”。

花生叶斑病 从病害发生初期开始喷药，10～15天1次，连喷2次左右。用药量同“水稻纹枯病”。

【注意事项】不能与酸性或碱性药剂混用。适当与其他不同类型药剂交替使用，以防病菌产生抗药性。如药剂接触到皮肤或眼睛，立即用大量清水冲洗干净；如误服，立即送医院对症治疗。

井冈霉素

【有效成分】井冈霉素（jingangmycin）。

【常见商标名称】稻纹清、客纹林、纹病清、纹特佳、纹中行、纹枯净、绿宝来、穗穗福、禾枯宁、瑞兆丰、纹雷、纹决、纹铭、摞纹、歼纹、千瑞、春浓、福仙、浩尔、美翠、品效、圣丰、喜意、钱江千钧、天诺纹净等。

【主要含量与剂型】2.4%水剂、3%水剂、3%可溶粉剂、4%水剂、5%水剂、5%可溶粉剂、10%水剂、10%可溶粉剂、16%可溶粉剂、20%可溶粉剂。

【理化性质】井冈霉素属微生物代谢产物，有六个组分，其主要活性物质为井冈霉素A和井冈霉素B。纯品为白色粉末，无一定熔点，易溶于水，可溶于甲醇、二氧六环、二甲基甲酰胺，在酸性溶液中较稳定。属低毒杀菌剂，纯品大鼠急性经口 LD_{50} 大于 20 克/千克，大鼠急性经皮 LD_{50} 大于 5 克/千克，对鱼低毒。

【产品特点】 井冈霉素是一种具有治疗和保护作用的农用抗生素类杀菌剂，易溶于水，内吸作用很强。当井冈霉素接触到病菌菌丝后，能很快被菌体细胞吸收并在菌体内传导，进而干扰和抑制菌体细胞的正常生长发育，阻碍侵入菌丝和菌核的形成，逐渐杀死病菌，对病害起到治疗作用。该药使用安全，持效期较长。

井冈霉素常与蜡质芽孢杆菌、枯草芽胞杆菌、三环唑、丙环唑、三唑酮、多菌灵、戊唑醇、己唑醇、苯醚甲环唑、嘧啶核苷类抗菌素、烯唑醇、硫酸铜、水扬酸、杀虫单、杀虫双、吡虫啉、噻嗪酮等药剂混配，用于生产复方药剂。

【适用作物及防治对象】 井冈霉素主要用于防治水稻和麦类作物的纹枯病，也可用于防治水稻稻曲病、草坪褐斑病、桃缩叶病、棉花立枯病及黄瓜、西瓜、甜瓜、番茄、辣椒等瓜果蔬菜的苗立枯病等。

【使用技术】

水稻纹枯病　当病株率达 10%～20%时开始用药，10～15 天 1 次，连用 2 次。一般每亩次使用 2.4%水剂 400～500 克，或 3%水剂或 3%可溶粉剂 300～400 克，或 4%水剂 250～300 克，或 5%水剂或 5%可溶粉剂 200～250 克，或 10%水剂或 10%可溶粉剂 100～125 克，或 16%可溶粉剂 60～80 克，或 20%可溶粉剂 50～60 克，喷雾或泼浇。喷雾时，每亩次药剂对水 45～60 千克，重点喷洒植株中下部；泼浇时，每亩次药剂对水 200～400 千克，要求田内保持 3～6 厘米水层。

水稻稻曲病　孕穗后期、齐穗期各喷药 1 次即可。一般每亩次使用 2.4%水剂 250～300 克，或 3%水剂或 3%可溶粉剂

200～250克，或4%水剂150～180克，或5%水剂或5%可溶粉剂100～150克，或10%水剂或10%可溶粉剂50～75克，或16%可溶粉剂40～50克，或20%可溶粉剂25～40克，对水30～45千克均匀喷雾。

麦类作物纹枯病 当病株率达20%左右时开始喷药，10～15天1次，连喷2次。一般每亩次使用2.4%水剂320～375克，或3%水剂或3%可溶粉剂250～300克，或4%水剂190～220克，或5%水剂或5%可溶粉剂140～180克，或10%水剂或10%可溶粉剂70～90克，或16%水剂45～55克，或20%可溶粉剂35～45克，对水45～60千克喷雾，重点喷洒植株中下部。

草坪褐斑病 从病害发生初期开始喷药，10～15天1次，每期连喷2～3次。一般使用2.4%水剂80～120倍液，或3%水剂或3%可溶粉剂100～150倍液，或4%水剂150～200倍液，或5%水剂或5%可溶粉剂200～250倍液，或10%水剂或10%可溶粉剂300～500倍液，或16%可溶粉剂600～800倍液，或20%可溶粉剂800～1000倍液均匀喷雾，喷洒药液量大些可显著提高防治效果。

桃缩叶病 在桃芽裂嘴期和落花后各喷药1次即可。一般使用2.4%水剂200～240倍液，或3%水剂或3%可溶粉剂250～300倍液，或4%水剂350～400倍液，或5%水剂或5%可溶粉剂400～500倍液，或10%水剂或10%可溶粉剂800～1000倍液，或16%可溶粉剂1200～1500倍液，或20%水溶性粉剂1500～2000倍液均匀喷雾。

棉花立枯病 播种后出苗期，使用2.4%水剂160～240倍液，或3%水剂或3%可溶粉剂200～300倍液，或4%水剂300～400倍液，或5%水剂或5%可溶粉剂400～500倍液，或10%水剂或10%可溶粉剂800～1000倍液，或16%可溶粉剂1200～1500倍液，或20%可溶粉剂1500～2000倍液喷淋苗床或营养钵，每平方米苗床喷淋药液3～4千克。

瓜果蔬菜的苗立枯病 出苗期或发病初期，使用井冈霉素药液喷淋苗床或营养钵，15 天后再喷淋 1 次。用药浓度及药量同“棉花立枯病”。

【注意事项】可与多种杀虫剂混用。防治水稻纹枯病时，保持稻田水深 3～6 厘米防效最好。水稻的安全采收间隔期为 14 天。用药时注意安全保护，如有中毒事故，立即送医院对症治疗，本药无特效解毒剂。

中生菌素

【有效成分】中生菌素（zhongshengmycin）。

【常见商标名称】中生霉素、克菌康、佳爽等。

【主要含量与剂型】3%可湿性粉剂、1%水剂。

【理化性质】原药为浅黄色粉末，溶点 173～190℃，易溶于水。属低毒杀菌剂，原药雄性小鼠急性经口 LD_{50} 为 316 毫克/千克，对大白鼠的皮肤及眼睛无刺激，无致畸、致突变作用。水剂为深褐色液体，pH 值为 4；可湿性粉剂为浅黄色，无异味。

【产品特点】中生菌素是微生物发酵产生的一种农用抗生素类广谱杀菌剂，属 N-糖苷类农用抗生素。其杀菌机理主要是抑制病原菌菌体蛋白质的合成，并能使丝状真菌畸形，抑制孢子萌发和杀死孢子。该药具有广谱、高效、低毒、无污染等特点，喷施后可刺激植物体内植保素及木质素的前体物质的生成，进而提高植株的抗病能力。

中生菌素可与多菌灵、苯醚甲环唑、代森锌、烯酰吗啉等杀菌成分混配，用于生产复配杀菌剂。

【适用作物及防治对象】中生菌素适用作物非常广泛，对多种细菌性及真菌性病害均具有较好的防治效果。目前生产中主要用于防治：苹果的霉心病、轮纹病、炭疽病、斑点落叶病，桃、杏、李的疮痂病、细菌性穿孔病，柑橘的溃疡病、疮痂病，黄瓜、甜瓜的细菌性叶斑病，番茄、辣椒的青枯病，辣椒疮痂病，芦笋茎枯病，菜豆细菌性疫病，西瓜、黄瓜、甜瓜等瓜类的枯萎病，姜瘟病，白菜软腐病，水稻的白叶枯病、细菌性条斑病，小麦赤霉病等。

【使用技术】

苹果霉心病、轮纹病、炭疽病、斑点落叶病 花铃铛球期、盛花末期各喷药1次，有效防治霉心病；从落花后7～10天开始继续喷药，10天左右1次，连喷3次，而后套袋，有效防治轮纹病、炭疽病及春梢期的斑点落叶病；秋梢生长期，间隔10～15天再喷药2次左右，防治秋梢期的斑点落叶病。一般使用3%可湿性粉剂700～800倍液，或1%水剂200～300倍液均匀喷雾。

桃、杏、李的疮痂病、细菌性穿孔病 从落花后20～30天开始喷药，10～15天1次，连喷2～4次。喷药倍数同“苹果霉心病”。

柑橘溃疡病、疮痂病 春梢萌生后7天左右、落花后、夏梢萌生后7天左右及秋梢萌生后7天左右各喷药1次。一般使用3%可湿性粉剂800～1000倍液，或1%水剂200～300倍液均匀喷雾。

黄瓜、甜瓜的细菌性叶斑病 从病害发生初期开始喷药，7～10天1次，连喷2～4次，重点喷洒叶片背面。一般每亩次使用3%可湿性粉剂80～100克，或1%水剂250～300克，对水45～60千克均匀喷雾。

番茄、辣椒的青枯病 从定植后1个月或田间出现病株时开始用药液灌根，10～15天1次，连灌2～3次。一般使用3%可湿性粉剂600～800倍液，或1%水剂200～300倍液浇灌，每株（穴）浇灌药液250～300毫升。

辣椒疮痂病 从病害发生初期开始喷药，7～10天1次，连喷3～4次。一般每亩次使用3%可湿性粉剂50～100克，或1%水剂150～300克，对水45～60千克均匀喷雾。

芦笋茎枯病 从初见病斑时开始喷药，10天左右1次，连喷3～4次。用药量同“辣椒疮痂病”。

菜豆细菌性疫病 首先使用3%可湿性粉剂300～500倍液，或1%水剂100～200倍液浸种1～2小时，而后捞出、晾干、播种。然后从生长期发病初期开始喷药，7～10天1次，连喷2～4次，每亩次使用3%可湿性粉剂60～80克，或1%水剂180～240克，对水45～60千克均匀喷雾。

西瓜、黄瓜、甜瓜等瓜类的枯萎病 从定植后1个月或田间初见病株时开始用药液灌根，10～15天1次，连灌2～3次。灌药量同“番茄青枯病”。

姜瘟病 从病害发生初期开始用药液灌根，顺种植沟灌药。浇灌药液倍数同“番茄青枯病”。

白菜软腐病 从莲座期开始喷药，10～15天1次，连喷2～3次，重点喷洒植株基部。一般使用3%可湿性粉剂600～800倍液，或1%水剂200～300倍液喷雾。

水稻白叶枯病、细菌性条斑病 首先使用3%可湿性粉剂300倍液，或1%水剂100倍液浸泡种子，浸种1～2小时后捞出、催芽、播种。而后生长期从病害发生初期开始喷药，7～10天1次，连喷2～3次。一般每亩次使用3%可湿性粉剂120～180克，或1%水剂360～540克，对水30～45千克均匀喷雾。

小麦赤霉病 扬花后至灌浆期喷药1次即可。用药量同“水稻白叶枯病”喷雾药量。

【注意事项】不能与碱性药剂混用。药剂要现配现用，不能久存。用药时注意安全保护。

硫酸链霉素

【有效成分】硫酸链霉素（streptomycin sulfate）。

【常见商标名称】农用链霉素、农用硫酸链霉素、细菌特克、天抗之星、真攻腐、菌斯福等。

【主要含量与剂型】72%可溶粉剂、100万单位/片泡腾片剂。

【理化性质】原药为白色粉末，易溶于水，不溶于大多数有机溶剂，弱酸性，低温下较稳定，高温及碱性条件下易分解失效。属低毒杀菌剂，原药大鼠急性经口LD_{50}大于10克/千克，大鼠急性经皮LD_{50}大于10克/千克，可引起皮肤过敏反应，对人、畜低毒。

【产品特点】硫酸链霉素是一种放线菌代谢产生的微生物源抗生素类杀细菌剂，对细菌性病害具有保护和治疗作用。其杀菌机理是干扰细菌蛋白质的合成、抑制肽链的延长，而导致病菌死亡。可溶粉剂呈白色粉末，略带苦味，使用安全，低残留，不污染环境，持效期为7～10天。

硫酸链霉素可与土霉素、王铜混配，用于生产复配杀菌剂。

【适用作物及防治对象】硫酸链霉素是防治细菌性病害的专用药剂，适用于多种植物。目前生产中主要用于防治：黄瓜、甜瓜的细菌性叶斑病（角斑病、斑点病、缘枯病）、细菌性果斑病，辣椒溃疡病，辣椒、番茄、茄子的青枯病，芹菜细菌性疫病，大白菜软腐病，烟草野火病，水稻的白叶枯病、细菌性条斑病，柑橘溃疡病，桃、杏、李、樱桃的细菌性穿孔病，核桃黑斑病，猕猴桃细菌性溃疡病等。

【使用技术】

黄瓜、甜瓜的细菌性叶斑病、细菌性果斑病 从病害发生初期开始喷药，7～10天1次，连喷3～4次，重点喷洒叶片背面及瓜的表面。一般使用72%可溶粉剂2000～3000倍液，或100万单位/片泡腾片每片加水7～8千克均匀喷雾。

辣椒溃疡病 从病害发生初期开始喷药，7～10天1次，连喷2～3次。用药量同“黄瓜细菌性叶斑病”。

辣椒、番茄、茄子的青枯病 从定植后1个月或田间初见病株时开始用药液灌根，10～15天1次，连灌2～3次。一般使用

72%可溶粉剂2000～3000倍液沿茎基部浇灌，每株（穴）浇灌药液200～300毫升。

芹菜细菌性疫病 从病害发生初期开始喷药，7～10天1次，连喷2次。用药量同"黄瓜细菌性叶斑病"。

大白菜软腐病 从莲座期开始喷药，10～15天后再喷施1次，重点喷洒植株下部叶片的基部背面。用药量同"黄瓜细菌性叶斑病"。

烟草野火病 从病害发生初期开始喷药，7～10天1次，连喷2～3次。一般使用72%可溶粉剂1000～2000倍液，或100万单位/片泡腾片每片加水5千克均匀喷雾。

水稻白叶枯病、细菌性条斑病 从病害发生初期开始喷药，10天左右1次，连喷2次。一般使用72%可溶粉剂1500～2000倍液，或100万单位/片泡腾片每片加水5～8千克均匀喷雾。

柑橘溃疡病 春梢长至1.5～3厘米时和落花后10天、30天、50天各喷药1次。一般使用72%可溶粉剂1000～1500倍液，或100万单位/片泡腾片每片加水5千克均匀喷雾。

桃、杏、李、樱桃的细菌性穿孔病 从落花后20天左右开始喷药，10～15天1次，连喷2～3次。一般使用72%可溶粉剂2000～3000倍液，或100万单位/片泡腾片每片加水7～8千克均匀喷雾。

核桃黑斑病 从落花后10～15天或初见病斑时开始喷药，10天左右1次，连喷2次左右。用药量同"桃细菌性穿孔病"。

猕猴桃细菌性溃疡病 从病害发生初期开始喷药，7～10天1次，与不同类型药剂交替使用，连喷3～5次。用药量同"桃细菌性穿孔病"。

【注意事项】不能与碱性农药或污水混合使用，否则容易失效。在通风、干燥处贮存，避免高温、日晒、受潮，结块后不影响药效。药剂使用时应现配现用，药液不能久存。喷药后8小时内降雨，应在晴天后补喷。

叶　枯　唑

【有效成分】叶枯唑（bismerthiazol）。

【常见商标名称】叶枯宁、叶青双、噻枯唑、猛克菌、豪格、速补、奥朴、世品、细治、川研恩穗、病菌通灭、一帆速扑等。

【主要含量与剂型】20％可湿性粉剂、25％可湿性粉剂。

【理化性质】纯品为白色长方柱状结晶或浅黄色疏松细粉，熔点190±1℃。溶于二甲基甲酰胺、二甲基亚砜、吡啶、乙醇、甲醇等有机溶剂，难溶于水。工业品为浅褐色粉末，化学性质稳定。属低毒杀菌剂，原粉大鼠急性经口LD_{50}为3160～3250毫克/千克，对人、畜未发现过敏、皮炎等现象。

【产品特点】叶枯唑是一种有机杂环类内吸性杀菌剂，具有预防和治疗作用，持效期长，药效稳定，使用安全无药害。用药方式以弥雾效果最好，不宜作毒土使用。

叶枯唑有时与氢氧化铜混配，生产复配杀菌剂。

【适用作物及防治对象】叶枯唑是一种防治细菌性病害的专用药剂，适用于多种植物。目前生产中主要用于防治：水稻的白叶枯病、细菌性条斑病，柑橘溃疡病，桃、杏、李、樱桃的细菌性穿孔病，大白菜软腐病，番茄、辣椒、茄子的青枯病，马铃薯青枯病等。

【使用技术】

水稻白叶枯病、细菌性条斑病　秧田在4～5叶期施药1次；本田在发病初期和齐穗期各施药1次，前后间隔7～10天。一般每亩次使用20％可湿性粉剂100～125克，或25％可湿性粉剂80～100克，对水30～45千克均匀喷雾。

柑橘溃疡病　春梢长至1.5～3厘米时和落花后10天、30天、50天各喷药1次。一般使用20％可湿性粉剂400～500倍液，或25％可湿性粉剂500～700倍液均匀喷雾。

桃、杏、李、樱桃的细菌性穿孔病　从落花后20天左右开始喷药，10～15天1次，连喷2～4次。用药倍数同“柑橘溃疡病”。

大白菜软腐病 从莲座期或田间初见病株时开始喷药，重点喷洒植株基部的叶片背面，10～15天1次，连喷2次左右。一般每亩次使用20%可湿性粉剂100～150克，或25%可湿性粉剂80～120克，对水45～60千克喷雾。

番茄、辣椒、茄子的青枯病 从定植后1个月或田间初见病株时开始用药液灌根，半月左右1次，连灌2～3次。一般使用20%可湿性粉剂300～500倍液，或25%可湿性粉剂400～600倍液灌根，每株（穴）浇灌药液250～300毫升。

马铃薯青枯病 从植株10～15厘米高时或田间初见病株时开始灌药，半月左右1次，连灌2～3次。灌药量同“番茄青枯病”。

【注意事项】不能与碱性农药混用。本剂内吸性好，抗雨水冲刷，喷药后4小时下雨，基本不影响药效。孕妇严禁接触本药。水稻和柑橘的安全采收间隔期为30天。用药时注意安全保护，如有身体不适，立即送医院检查治疗。

三乙膦酸铝

【有效成分】三乙膦酸铝（fosetyl-aluminium）。

【常见商标名称】乙膦铝、疫霜灵、达克佳、百菌消、福赛特、果丽奇、喷除、霜崩、创丰、蓝博、财富、百生、纯喜、高优、休顿、卓冠、击霜、罗拉、顺爽、兴农敏佳、瑞德丰安凯等。

【主要含量与剂型】90%可溶粉剂、80%可湿性粉剂、80%水分散粒剂、40%可湿性粉剂。

【理化性质】纯品为白色无味结晶，工业品为白色粉末，熔点大于300℃，不易挥发，难溶于一般有机溶剂，20℃时在水中溶解度为120克/升。遇强酸、强碱易分解。属低毒杀菌剂，原

粉大鼠急性经口 LD_{50} 为 5.8 克/千克，大鼠急性经皮 LD_{50} 大于 3.2 克/千克，对皮肤、眼睛无刺激作用，对蜜蜂及野生生物较安全，试验剂量下未见致畸、致癌、致突变作用。

【产品特点】三乙膦酸铝是一种有机磷类内吸性高效广谱低毒杀菌剂，具有治疗和保护作用，在植物体内可以上、下双向传导，对低等真菌性病害和高等真菌性病害均具有很好的防治效果。该药水溶性好，内吸渗透性强，持效期较长，使用较安全，但喷施浓度过高时对黄瓜、白菜有轻微药害。

三乙膦酸铝常与福美双、代森锰锌、丙森锌、百菌清、多菌灵、甲霜灵、氟吗啉、烯酰吗啉、琥胶肥酸铜、乙酸铜等杀菌成分混配，用于生产复配杀菌剂。

【适用作物及防治对象】三乙膦酸铝适用作物非常广泛，对许多真菌性病害均具有很好的防治效果。目前生产中主要应用于防治：黄瓜的霜霉病、疫病、白粉病，甜瓜、西瓜、西葫芦、南瓜的白粉病、疫病、霜霉病、疫腐病，冬瓜的疫病、白粉病、霜霉病，番茄的晚疫病、褐腐病，辣椒、茄子的疫病、霜霉病、绵疫病，十字花科蔬菜霜霉病，菠菜霜霉病，芹菜叶斑病，瓜果蔬菜的苗疫病、猝倒病，芦笋茎枯病，马铃薯晚疫病，烟草黑胫病，棉花疫病，酒花霜霉病，胡椒瘟病，葡萄的霜霉病、疫腐病，苹果的疫腐病、轮纹病、炭疽病，梨的疫腐病、黑星病、轮纹病、炭疽病、白粉病，草莓疫腐病，柑橘溃疡病，荔枝霜疫霉病，菠萝心腐病，橡胶割面条溃疡病，水稻的纹枯病、鞘腐病、稻瘟病等。

【使用技术】三乙膦酸铝主要应用于喷雾，也常用于喷淋、浇灌（灌根），还可用于病斑涂抹。从病害发生前或发生初期开始用药防病效果较好，并注意与不同类型药剂交替使用。

黄瓜霜霉病、疫病、白粉病　以防治霜霉病为主，兼防白粉病，从初见霜霉病斑时开始喷药，7 天左右 1 次，与不同类型药剂交替使用，连续喷施。防治疫病时，从田间初见病株时开始使用药液浇灌根颈部及其周围土壤，7～10天1次，连灌2次，每株浇灌药液150～200毫升。一般使用90%可溶粉剂600～800倍液，或80%可湿性粉剂或80%水分散粒剂500～700倍液，或40%可湿性粉剂200～300倍液喷雾或灌根。

甜瓜、西瓜、西葫芦、南瓜的白粉病、疫病、霜霉病、疫腐病 从病害发生初期开始喷药，7天左右1次，连喷3～4次，喷药必须均匀周到，使叶片两面、果实表面及植株根颈部均要着药。药剂使用倍数同“黄瓜霜霉病”。

冬瓜疫病、白粉病、霜霉病 从病害发生初期开始喷药，7天左右1次，连喷2～4次。喷药必须均匀周到，使叶片两面、果实表面及植株根颈部均要着药。药剂使用倍数同“黄瓜霜霉病”。

番茄晚疫病、褐腐病 从病害发生初期开始喷药，7天左右1次，连喷3～5次。药剂使用倍数同“黄瓜霜霉病”。

辣椒、茄子的疫病、霜霉病、绵疫病 防治疫病时，从田间初见病株时开始用药液喷淋植株根颈部及其周围土壤，7～10天1次，连喷2次。防治霜霉病、绵疫病时，从初见病斑时开始喷药，7天左右1次，连喷2～4次。药剂使用倍数同“黄瓜霜霉病”。

十字花科蔬菜霜霉病 从病害发生初期开始喷药，7～10天1次，连喷2次左右，重点喷洒叶片背面。一般使用90%可溶粉剂500～600倍液，或80%可湿性粉剂或80%水分散粒剂400～500倍液，或40%可湿性粉剂200～250倍液喷雾，每亩次喷洒药液30～45千克。

菠菜霜霉病 从病害发生初期开始喷药，7～10天1次，连喷2次左右，重点喷洒叶片背面。喷药浓度及药液量同“十字花科蔬菜霜霉病”。

芹菜叶斑病 从病害发生初期开始喷药，7～10天1次，连喷2～4次。喷药浓度及药液量同“十字花科蔬菜霜霉病”。

瓜果蔬菜的苗疫病、猝倒病 从病害发生初期或初见病苗时开始用药喷淋苗床，10天左右1次，连续喷淋2次。一般使用90%可溶粉剂600～700倍液，或80%可湿性粉剂或80%水分散粒剂500～600倍液，或40%可湿性粉剂200～300倍液喷淋苗床。

芦笋茎枯病 从病害发生初期开始喷药，7～10天1次，连喷3～4次。喷药浓度及药液量同“十字花科蔬菜霜霉病”。

马铃薯晚疫病 从田间初见病斑时或植株现蕾时开始喷药，7～10天1次，与不同类型药剂交替使用，连喷4～7次。一般每亩次使用90%可溶粉剂150～200克，或80%可湿性粉剂或80%水分散粒剂200～225克，或40%可湿性粉剂400～450克，对水60～75千克均匀喷雾。

烟草黑胫病 从病害发生初期开始喷药，重点喷洒植株茎部，并使药液沿植株茎基部向下流淌，湿润茎基部周围土壤。一般使用90%可溶粉剂500～700倍液，或80%可湿性粉剂或80%水分散粒剂400～600倍液，或40%可湿性粉剂200～300倍液喷药。

棉花疫病 从病害发生初期开始喷药，7～10天1次，连喷2～3次。药剂喷施倍数同“烟草黑胫病”。

酒花霜霉病 从病害发生初期开始喷药，10～15天1次，连喷3～4次。药剂喷施倍数同“烟草黑胫病”。

胡椒瘟病 从病害发生初期开始灌根，10～15天1次，连灌2次。每株使用90%可溶粉剂1.1～1.6克，或80%可湿性粉剂或80%水分散粒剂1.3～2克，或40%可湿性粉剂2.5～3克，对水300～500克灌根。

葡萄霜霉病、疫腐病 防治霜霉病时，从病害发生初期开始喷药，10天左右1次，与不同类型药剂交替使用，连续喷施；防治疫腐病时，从植株初显症状时开始用药液浇灌植株基部，10～15天1次，连灌2次。一般使用90%可溶粉剂600～800倍液，或80%可湿性粉剂或80%水分散粒剂500～700倍液，或40%可湿性粉剂200～300倍液均匀喷雾或浇灌。

苹果疫腐病、轮纹病、炭疽病 从落花后7～10天开始喷药，10天左右1次，连喷3次药后套袋；不套袋果以后每10～15天喷药1次，与不同类型药剂交替使用，再连喷3～5次。喷药倍数同“葡萄霜霉病”。

梨疫腐病、黑星病、轮纹病、炭疽病、白粉病 以防治黑星病为主，兼防其他病害。从初见黑星病叶时开始喷药，10～15天1次，与不同类型药剂交替使用，连喷6～8次。喷药倍数同“葡萄霜霉病”。

草莓疫腐病 从病害发生初期开始用药液灌根。10～15天1次，连灌2次。药液使用倍数同“葡萄霜霉病”。

柑橘溃疡病 春梢芽长1～3厘米、落花后10天、30天、50天各喷药1次，药液使用倍数同“葡萄霜霉病”。

荔枝霜疫霉病 现蕾期、幼果期、果实近成熟期各喷药1次，药液使用倍数同“葡萄霜霉病”。

菠萝心腐病 苗期、初花期各喷药1次或使用相同倍数药液灌根。一般使用90%可溶粉剂400～600倍液，或80%可湿性粉剂或80%水分散粒剂300～500倍液，或40%可湿性粉剂150～250倍液喷雾或灌根。

橡胶割面条溃疡病 使用90%可溶粉剂150～250倍液，或80%可湿性粉剂或80%水分散粒剂100～200倍液，或40%可湿性粉剂50～100倍液涂抹切口。

水稻纹枯病、鞘腐病、稻瘟病 拔节期、孕穗末期至破口期、齐穗期各喷药1次。一般每亩次使用90%可溶粉剂100～150克，或80%可湿性粉剂或80%水分散粒剂120～180克，或40%可湿性粉剂235～350克，对水30～45千克均匀喷雾。

【注意事项】 不能与酸性或碱性农药混用，以免分解失效。与多菌灵、代森锰锌等药剂混用，可提高防效、扩大防治范围。

本剂易吸潮结块，贮运中应注意密封干燥保存，如遇结块，不影响药效。用药时注意安全保护，如有不适反应，立即到医院检查治疗。

霜 霉 威

【有效成分】霜霉威（propamocarb）、或霜霉威盐酸盐（propamocarb hydrochloride）。

【常见商标名称】普力克、扑霉特、疫霜净、宝力克、地乐胺、洁尔霜、卡普多、免劳露、普尔富、泰易净、威普科、蓝霜、亮霜、霜剪、霜杰、霜剑、霜敏、霜危、破霜、上宝、惠佳、双泰、捷宝、凯斯、海普、普露、露洁、霉敌、七星、强尔、耘尔、疫格、霜霉普克、诺普信金发利等。

【主要含量与剂型】722克/升水剂、66.5%水剂、35%水剂。

【理化性质】纯品为无色、无味的结晶固体，极易吸湿，熔点45～55℃，易溶于水，易溶于甲醇、甲苯、丙酮、己烷、二氯甲烷及乙酸乙酯。原药为无色、无味水溶液，性质稳定。属低毒杀菌剂，原药大鼠急性经口LD_{50}为2～8.55克/千克，大鼠急性经皮LD_{50}大于3.92克/千克，对兔眼睛及皮肤无刺激作用，试验剂量下未见致畸、致癌、致突变作用，对蚯蚓、鱼、鸟低毒。

【产品特点】霜霉威是一种具有局部内吸作用的氨基甲酸酯类低毒杀菌剂，对卵菌纲真菌有特效。其杀菌机理主要是抑制病菌细胞膜成分的磷脂和脂肪酸的生物合成，进而抑制菌丝生长、孢子囊的形成和萌发。与其他类型杀菌剂无交互抗药性。该药内吸传导性好，用做土壤处理时，能很快被根吸收并向上输送到整个植株；用做茎叶处理时，能很快被叶片吸收并分布在叶片中，在30分钟内就能起到保护作用。霜霉威使用安全，并对作物的根、茎、叶有明显的促进生长作用。

霜霉威可与氟吡菌胺、辛菌胺、络氨铜、甲霜灵、苯醚甲环唑、嘧菌酯、菌毒清、代森锰锌等杀菌成分混配，用于生产复配杀菌剂。

【适用作物及防治对象】霜霉威主要应用于防治黄瓜、甜瓜、番茄、辣椒、莴苣、十字花科蔬菜、马铃薯、烟草及花卉植物的卵菌纲真菌性病害，如霜霉病、疫病、疫腐病、苗疫病、猝倒病、晚疫病、黑胫病等。

【使用技术】霜霉威主要应用于喷雾，也可用于苗床浇灌。

黄瓜霜霉病、甜瓜霜霉病、番茄晚疫病、辣椒疫病 从病害发生初期或初见病斑时开始喷药，7～10 天 1 次，与不同类型药剂交替使用。一般每亩次使用 722 克/升水剂或 66.5%水剂 70～110 毫升，或 35%水剂 150～220 毫升，对水 45～75 千克均匀喷雾。黄瓜、甜瓜上重点喷洒叶片背面，辣椒上还要注意喷洒植株茎基部。

莴苣霜霉病、十字花科蔬菜霜霉病 从病害发生初期开始喷药，7～10 天 1 次，连喷 2 次左右，重点喷洒叶片背面。一般每亩次使用 722 克/升水剂或 66.5%水剂 60～90 毫升，或 35%水剂 120～180 毫升，对水 30～45 千克喷雾。

马铃薯晚疫病 从田间初见病斑时开始喷药，7～10 天 1 次，与不同类型药剂交替使用，连喷 5～7 次。用药量同“黄瓜霜霉病”。

烟草黑胫病 从病害发生初期开始喷药，7～10 天 1 次，连喷 2～3 次，重点喷洒植株茎的中下部。一般使用 722 克/升水剂或 66.5%水剂 600～800 倍液，或 35%水剂 300～400 倍液喷雾。

花卉植物的霜霉病、疫病 从病害发生初期开始喷药，7～10 天 1 次，连喷 2～3 次。用药量同“烟草黑胫病”。

瓜果蔬菜的猝倒病、苗疫病 从病害发生初期开始用药液浇灌苗床，7～10 天 1 次，连灌 2 次。一般每平方米使用 722 克/升水剂或 66.5%水剂 5～7.5 毫升，或 35%水剂 10～15 毫升，对水2～3千克均匀浇灌。

【注意事项】不能与碱性物质混用，不能与液体化肥及植物生长调节剂混用。不推荐用于防治葡萄霜霉病。注意与其他不同类型杀菌剂交替使用，以免病菌产生抗药性。在黄瓜等蔬菜上的安全采收间隔期为3天。药剂不慎接触皮肤或眼睛，立即用大量清水冲洗干净；不慎误服，立即送医院诊治。

烯 酰 吗 啉

【有效成分】烯酰吗啉（dimethomorph）。

【常见商标名称】阿克白、安克、专克、品克、上品、霜品、世耘、太妙、安库、拔萃、斗疫、优润、佳激、标正品顶、威远双喜、中保霜克、诺普信安法利等。

【主要含量与剂型】80%水分散粒剂、80%可湿性粉剂、50%可湿性粉剂、50%水分散粒剂、40%水分散粒剂、40%悬浮剂、25%可湿性粉剂。

【理化性质】纯品为无色结晶，熔点127～148℃，微溶于水，溶于丙酮、乙醇和芳烃类有机溶剂。原药为米黄色结晶粉。属低毒杀菌剂，原药大鼠急性经口LD_{50}大于3.9克/千克，大鼠急性经皮LD_{50}大于2克/千克，对兔皮肤无刺激性，对兔眼睛有轻微刺激，对蜜蜂和鸟低毒，对鱼中毒。试验条件下未见致畸、致癌、致突变作用。

【产品特点】烯酰吗啉是一种肉桂酸衍生物，属有机杂环吗啉类内吸治疗性专用杀菌剂，对卵菌病害高效。其作用机理是破坏病菌细胞壁膜的形成，引起孢子囊壁的分解，而使病菌死亡。除游动孢子形成及孢子游动期外，对卵菌生活史的各个阶段均有作用，尤其对孢子囊梗和卵孢子的形成阶段更敏感，若在孢子囊和卵孢子形成前用药，则可完全抑制孢子的产生。该药内吸性强，根部施药，可通过根部进入植株的各个部位；叶片喷药，可进入叶片内部。烯酰吗啉与甲霜灵等苯酰胺类杀菌剂没有交互抗性。

烯酰吗啉常与代森锰锌、福美双、百菌清、丙森锌、甲霜灵、霜脲氰、咪鲜胺、三乙膦酸铝、异菌脲、唑嘧菌胺、嘧菌酯、醚菌酯、吡唑醚菌酯、松脂酸铜等杀菌成分混配，用于生产复配杀菌剂，以延缓病菌抗药性的产生。

【适用作物及防治对象】烯酰吗啉适用于多种植物，是一种防治卵菌纲真菌性病害的专性杀菌剂，目前生产中主要用于防治：葡萄霜霉病，荔枝霜疫霉病，苹果疫腐病，黄瓜、甜瓜、苦瓜等瓜类的霜霉病，番茄的晚疫病、褐腐病，辣椒疫病，马铃薯晚疫病，十字花科蔬菜霜霉病，烟草黑胫病，及瓜果蔬菜的苗疫病、猝倒病、茎基部疫病等。

【使用技术】

葡萄霜霉病 从初见病斑时开始喷药，10天左右1次，与不同类型药剂交替使用。一般使用80%水分散粒剂或80%可湿性粉剂4000～5000倍液，或50%可湿性粉剂或50%水分散粒剂2000～3000倍液，或40%水分散粒剂或40%悬浮剂2000～2500倍液，或25%可湿性粉剂1000～1500倍液均匀喷雾。

荔枝霜疫霉病 在花蕾期、幼果期及果实近成熟期各喷药1次。喷药倍数同“葡萄霜霉病”。

苹果疫腐病 从病害发生初期开始喷药，10天左右1次，连喷2～3次，重点喷洒中下部果实。喷药倍数同“葡萄霜霉病”。

黄瓜、甜瓜、苦瓜等瓜类的霜霉病 从初见病斑时开始喷药，7～10天1次，与不同类型药剂交替使用，重点喷洒叶片背面。一般每亩次使用80%水分散粒剂或80%可湿性粉剂20～25克，或50%可湿性粉剂或50%水分散粒剂30～40克，或40%水分散粒剂40～50克，或40%悬浮剂40～50毫升，或25%可湿性粉剂60～80克，对水45～75千克喷雾。

番茄晚疫病、褐腐病 从病害发生初期开始喷药，7～10天

1次，与不同类型药剂交替使用，连喷4～6次。用药量同“黄瓜霜霉病”。

辣椒疫病 从病害发生初期开始喷药，7～10天1次，与不同类型药剂交替使用，连喷3～5次。用药量同“黄瓜霜霉病”。

马铃薯晚疫病 从病害发生初期开始喷药，7～10天1次，与不同类型药剂交替使用，连喷5～7次。用药量同“黄瓜霜霉病”。

十字花科蔬菜霜霉病 从病害发生初期开始喷药，7～10天1次，连喷2次左右，重点喷洒叶片背面。一般每亩次使用80%水分散粒剂或80%可湿性粉剂15～20克，或50%可湿性粉剂或50%水分散粒剂20～30克，或40%水分散粒剂30～40克，或40%悬浮剂30～40毫升，或25%可湿性粉剂40～60克，对水30～45千克喷雾。

烟草黑胫病 从病害发生初期开始喷药，7～10天1次，连喷2～3次，重点喷洒植株中下部的茎部。喷药倍数同“葡萄霜霉病”。

瓜果蔬菜的苗疫病、猝倒病、茎基部疫病 从初见病株时开始用药液浇灌（或喷淋）苗床或植株茎基部，10天左右1次，连续用药2次。一般使用80%水分散粒剂或80%可湿性粉剂2000～3000倍液，或50%可湿性粉剂或50%水分散粒剂1500～2000倍液，或40%水分散粒剂或40%悬浮剂1000～1500倍液，或25%可湿性粉剂800～1000倍液。

【注意事项】本品虽为内吸治疗性药剂，但喷药时还应均匀周到。注意与苯酰胺类药剂交替使用，或与代森锰锌等药剂混用，以免病菌产生抗药性。用药时注意安全保护，如药液沾染皮肤，立即用肥皂和清水冲洗；如药液溅入眼内，迅速用清水冲洗；如误服，千万不能催吐，尽快送医院对症治疗，该药没有解毒剂。

氰 霜 唑

【有效成分】氰霜唑（cyazofamid）。

【常见商标名称】 科佳等。

【主要含量与剂型】 100克/升悬浮剂等。

【理化性质】 氰霜唑纯品为浅黄色无味粉状固体，熔点152.7℃，20℃时pH值5条件下在水中溶解度为0.121毫克/升。属低毒杀菌剂。

【产品特点】 氰霜唑是一种磺胺咪唑类杀菌剂，对卵菌的各生长阶段均有杀灭活性，用药时期灵活，持效期长，尤其对甲霜灵等产生抗药性的病害仍有很高的防治效果。其杀菌机理是通过阻断卵菌纲病菌线粒体细胞色素bc1复合体的电子传递而干扰能量的供应，结合部位是酶的Q中心，因此与其他类型杀菌剂无交叉抗性。其对病菌的高度选择活性是因靶标酶对药剂的敏感程度差异而产生的。

【适用作物及防治对象】 氰霜唑主要用于瓜果蔬菜、果树、马铃薯等作物，对由卵菌纲真菌引起的低等真菌性病害具有良好的防治效果。目前生产中主要用于防治：黄瓜霜霉病，番茄晚疫病，马铃薯晚疫病，西瓜、甜瓜等瓜类的疫病，荔枝霜疫霉病，葡萄霜霉病，白菜等十字花科蔬菜的根肿病等。

【使用技术】 主要通过茎叶喷雾用药，也可用于土壤处理。

黄瓜霜霉病　从病害发生初期开始喷药，7～10天1次，与不同类型药剂交替使用，直到生长后期。一般每亩次使用100克/升悬浮剂55～65毫升，对水45～75千克喷雾，重点喷洒叶片背面。

番茄晚疫病　从病害发生初期开始喷药，7～10天1次，与不同类型药剂交替使用，连喷3～5次。药剂使用量同“黄瓜霜霉病”。

马铃薯晚疫病　从病害发生初期或植株现蕾时开始喷药，7～10天1次，连喷5～7次，注意与不同类型药剂交替使用。一般每亩次使用100克/升悬浮剂55～70毫升，对水60～75千克均匀喷雾。

西瓜、甜瓜等瓜类的疫病 从病害发生初期开始喷药，7～10天1次，连喷2～3次，重点喷洒植株近地面处。药剂使用量同“黄瓜霜霉病”。

葡萄霜霉病 从病害发生初期或田间初见病斑时开始喷药，10天左右1次，与不同类型药剂交替使用，连续喷药至生长后期。一般使用100克/升悬浮剂2000～2500倍液均匀喷雾，并注意喷洒叶片背面。

荔枝霜疫霉病 在花蕾期、幼果期、果实近成熟期各喷药1次，药剂喷施倍数同“葡萄霜霉病”。

白菜等十字花科蔬菜的根肿病 育苗时，每立方米苗床土使用100克/升悬浮剂80～100克进行混土，防治幼苗受害。移栽时用药液灌根或浇灌定植药水，生长期发现病苗后及时浇灌药液进行治疗。灌根或浇灌时，一般使用100克/升悬浮剂800～1500倍液进行。

【注意事项】 不能与强酸性及碱性药剂混用。连续喷药时，注意与不同类型药剂交替使用，以避免或延缓病菌产生抗药性。霜霉病、疫病发病后流行很快，因此用药时应尽量掌握在发病前或发病初期进行。

菇 类 多 糖

【有效成分】 菇类多糖（fungous proteoglycan）。

【常见商标名称】 抗毒丰、菌毒宁、条枯毙、扫毒、振亚等。

【主要含量与剂型】 0.5%水剂、1%水剂、2%水剂。

【理化性质】 菇类多糖的主要成分是菌类多糖，主要由葡萄糖、甘露糖、半乳糖、木糖并挂有蛋白质片段组成。原药为乳白色粉末，溶于水，制剂外观为深棕色，稍有沉淀，无异味，pH值为4.5～5.5，常温下贮存稳定，不宜与酸碱性药剂相混。属低毒药剂，制剂大鼠急性经口 LD_{50} 大于5克/千克，大鼠急性经皮 LD_{50} 大于2克/千克。

【产品特点】菇类多糖是一种多糖类预防型病毒钝化剂，主要活性成分为蛋白多糖，对病毒具有抑制作用。其通过抑制病毒核酸和蛋白质的合成，干扰病毒 RNA 的转录和翻译 DNA 的合成与复制，进而控制病毒增殖；并能在植物体内形成一层“致密的保护膜”，阻止病毒二次侵染。制剂中富含一定量的氨基酸，喷施后不仅抗病毒、还具有明显的增产作用。

菇类多糖有时与井冈霉素等杀菌成分混配，用于生产复配药剂。

【适用作物及防治对象】菇类多糖主要用于控制一年生植物的病毒类病害，如花叶病、卷叶病、蕨叶病、条纹叶枯病、丛矮病、粗缩病等，适用作物有番茄、辣椒、茄子、西葫芦、西瓜、黄瓜、甜瓜、苦瓜、豇豆、芸豆、芹菜、十字花科蔬菜、马铃薯、烟草、水稻、麦类、玉米等。

【使用技术】菇类蛋白多糖主要通过喷雾控制病毒类病害，也可用于浸种防治种子带毒。

浸种 许多瓜果蔬菜类种子可以携带病毒，催芽播种前使用0.5%水剂 100 倍液，或 1%水剂 200 倍液，或 2%水剂 400 倍液浸种 20～30 分钟，而后洗净、播种，对控制种传病毒病的为害效果较好。

番茄、辣椒、茄子、黄瓜、西瓜、甜瓜、西葫芦、苦瓜、豇豆、芸豆等瓜果蔬菜的病毒病 从病害发生初期开始喷药，10～15 天 1 次，连喷 2～4 次。一般每亩次使用 0.5%水剂200～400 毫升，或 1%水剂 100～200 毫升，或 2%水剂 60～100 毫升，对水 45～60 千克均匀喷雾；或使用 0.5%水剂 200～300 倍液，或 1%水剂 400～600 倍液，或 2%水剂 1000～1200 倍液均匀喷雾。

芹菜及十字花科蔬菜的病毒病 从病害发生初期开始喷药，10～15 天 1 次，连喷 2～3 次。一般使用 0.5%水剂 200～300 倍液，或 1%水剂 400～600 倍液，或 2%水剂 1000～1200 倍液均匀喷雾。

烟草病毒病 从病害发生初期开始喷药，10～15 天 1 次，连喷 2～4 次。一般每亩次使用 0.5%水剂 160～200 毫升，或 1%水剂 80～100 毫升，或 2%水剂 40～50 毫升，对水 45～60 千克均匀喷雾。

水稻条纹叶枯病 从植株初显症状时立即开始喷药，10～15 天 1 次，连喷 2～3 次。一般每亩次使用 0.5%水剂 200～250 毫升，或 1%水剂 100～120 毫升，或 2%水剂 50～60 毫升，对水 30～45 千克均匀喷雾。

【注意事项】不能与酸性及碱性物质混用，配药时必须用清水，且要现配现用。病毒病不能彻底根除，只能控制其减轻症状表现及危害。喷药时在药液中加入一定比例的营养成分（如糖、叶面肥等），可提高该药对病毒病的控制效果。

盐酸吗啉胍

【有效成分】盐酸吗啉胍（moroxydine hydrochloride）。

【常见商标名称】病毒康、歼毒令、花叶清、土疙瘩、成老施、普塔尔、毒枯、毒静、毒飞、舒好、劲叶、美邦斩典、瑞德丰速退宝等。

【主要含量与剂型】20%可湿性粉剂、20%悬浮剂、5%可溶粉剂、80%水分散粒剂。

【理化性质】原药为无臭、味微苦的白色结晶状粉末，熔点 206～212℃，易溶于水，微溶于乙醇。属低毒农药，原药大鼠急性经口 LD_{50} 大于 5 克/千克，大鼠急性经皮 LD_{50} 大于 10 克/千克，对兔眼睛和皮肤无刺激性，试验条件下无致突变作用，在动物体内代谢、排出较快，无蓄积作用。

【产品特点】盐酸吗啉胍是一种吗啉类广谱性病毒病防治剂，对植物病毒病具有较好的控制作用和保护作用。稀释后的药液喷施到植物叶面后，药剂可通过水孔、气孔进入植物体内，抑制或破坏核酸和脂蛋白的形成，阻止病毒的复制过程，起到控制病毒病的作用。

盐酸吗啉胍常与乙酸铜、菌毒清、琥胶肥酸铜、辛菌胺醋酸盐、硫酸锌、硫酸铜、三氮唑核苷、羟烯腺嘌呤等药剂混配，用于生产复配药剂。

【适用作物及防治对象】盐酸吗啉胍主要用于防治草本植物的病毒类病害，如番茄、辣椒、茄子、黄瓜、西瓜、甜瓜、西葫芦、苦瓜、十字花科蔬菜、芹菜、烟草、马铃薯、水稻、花生、豆类等。

【使用技术】

瓜果蔬菜的病毒病　从病害发生初期开始喷药，10 天左右 1 次，连喷 3～4 次。一般每亩次使用 20%可湿性粉剂 200～250 克，或 20%悬浮剂 200～250 毫升，或 5%可溶粉剂 800～1000 克，或 80%水分散粒剂 50～60 克，对水 45～60 千克均匀喷雾。

水稻条纹叶枯病　从症状表现初期开始喷药，7～10 天 1 次，连喷 2～3 次。一般每亩次使用 20%可湿性粉剂 100～120 克，或 20%悬浮剂 100～120 毫升，或 5%可溶粉剂 400～500 克，或 80%水分散粒剂 25～30 克，对水 30～45 千克均匀喷雾。

烟草病毒病　从病害发生初期开始喷药，10 天左右 1 次，连喷 2～3 次。一般使用 20%可湿性粉剂或 20%悬浮剂 300～400 倍液，或 5%可溶粉剂 80～100 倍液，或 80%水分散粒剂 1200～1500 倍液均匀喷雾。

马铃薯、花生及豆类病毒病　从病害发生初期开始喷药，10 天左右 1 次，连喷 2 次。用药倍数同“烟草病毒病”。

【注意事项】本剂只能控制病毒病的发生及为害程度，并不能将病毒彻底防除。不能与碱性药剂混用。如眼睛和皮肤接触药剂，必须用大量清水和肥皂水冲洗；如误服，立即送医院对症治疗。

第二节　混配制剂

波尔·甲霜灵

【有效成分】 波尔多液（bordeaux mixture）＋甲霜灵（metalaxyl）。

【常见商标名称】 异果定。

【主要含量与剂型】 85%可湿性粉剂（77%波尔多液＋8%甲霜灵）。

【理化性质】 波尔多液原药外观为淡蓝色细粉末，熔点200℃。不溶于水及有机溶剂。属低毒杀菌剂成分，原药大鼠急性经口 LD_{50} 为 2302 毫克/千克。甲霜灵纯品为白色无味晶体，熔点 71.8～72.3℃，微溶于水，易溶于乙醇、丙酮、甲苯，在中性、酸性介质中稳定。属低毒杀菌剂成分，原药大鼠急性经口 LD_{50} 为 633 毫克/千克。

【产品特点】 波尔·甲霜灵是将铜制剂（波尔多液）与内吸治疗剂有机结合在一起的一种新型、高效、复合型内吸治疗性杀菌剂，对低等真菌病害具有良好的预防和治疗效果。主要用于防治霜霉病类和疫病类植物病害，并可兼治多种真菌性和细菌性植物病害。其既具有铜素杀菌剂杀菌谱广、杀菌作用位点多、病菌很难产生抗药性等特点，又具有甲霜灵内吸传导性好、杀菌迅速彻底的优势。

【适用作物及防治对象】 波尔·甲霜灵广泛适用于对铜制剂不敏感的多种植物，目前生产中主要用于防治：葡萄霜霉病，荔枝霜疫霉病、香蕉叶鞘腐败病，黄瓜、甜瓜、南瓜等瓜类的霜霉病、细菌性叶斑病、疫腐病，番茄晚疫病，辣椒的疫病、疮痂病，茄子绵疫病，马铃薯晚疫病，瓜果蔬菜的苗疫病、猝倒病、立枯病、疫病等。

【使用技术】 波尔·甲霜灵主要用于喷雾，也常用于苗床喷淋、植株茎基部浇灌等。

葡萄霜霉病　从病害发生初期开始喷药，10～15天1次，与不同类型药剂交替使用，到雨季或雨雾露高湿气候条件结束后停止喷药。一般使用85%可湿性粉剂600～800倍液均匀喷雾，重点喷洒叶片背面。

荔枝霜疫霉病　在花蕾期、幼果期、果实近成熟期各喷药1次，即可有效防治霜疫霉病的发生为害。一般使用85%可湿性粉剂600～800倍液均匀喷雾。

香蕉叶鞘腐败病　在每次暴风雨或台风前、后各喷药1次，重点喷洒叶片基部及叶鞘。一般使用85%可湿性粉剂500～700倍液喷雾。

黄瓜、甜瓜、南瓜等瓜类的霜霉病、细菌性叶斑病　从田间初见病斑时开始喷药，7～10天1次，与不同类型药剂交替使用，连续喷药。一般每亩次使用85%可湿性粉剂80～120克，对水45～75千克均匀喷雾，重点喷洒叶片背面。

甜瓜、南瓜、冬瓜的疫腐病　从病害发生初期开始喷药，7～10天1次，连喷3～4次，重点喷洒瓜果的整个表面。用药量同“黄瓜霜霉病”。

番茄晚疫病　从病害发生初期开始喷药，7～10天1次，与不同类型药剂交替使用，连喷4～6次。用药量同“黄瓜霜霉病”。

辣椒疫病、疮痂病　从病害发生初期开始喷药，7～10天1次，连喷3～4次，均匀周到喷雾。用药量同“黄瓜霜霉病”。

茄子绵疫病　在雨季或高湿条件下喷药，7天左右1次，每期连喷2次，重点喷洒中下部果实。一般使用85%可湿性粉剂600～800倍液喷雾。

马铃薯晚疫病　从田间初见病株时或植株现蕾期开始喷药，10天左右1次，与不同类型药剂交替使用，连喷5～7次。一般每亩次使用85%可湿性粉剂100～150克，对水45～75千克均匀喷雾。

瓜果蔬菜的苗疫病、猝倒病、立枯病 播种后出苗期或初见病苗时开始用药，7～10天1次，连用2次。一般使用85%可湿性粉剂500～600倍液喷淋苗床。

瓜果蔬菜的疫病 从初见病株时开始用药，使用85%可湿性粉剂500～600倍液浇灌植株基部及周围土壤，每株浇灌药液250～300毫升。

【注意事项】用药时应现配现用，并避免在阴湿天气或露水未干前喷药。不能与碱性或强酸性物质混合使用。禁止在对铜离子敏感的作物上使用，如桃、杏、李、梅、白菜等。药剂开袋一次未用完时，要密封后在阴凉干燥处保存，以防受潮失效。用药时注意安全保护，不慎中毒，立即送医院对症治疗。

波尔·霜脲氰

【有效成分】波尔多液（bordeaux mixture）＋霜脲氰（cymoxanil）。

【常见商标名称】克普定。

【主要含量与剂型】85%可湿性粉剂（77%波尔多液＋8%霜脲氰）。

【理化性质】波尔多液原药外观为淡蓝色细粉末，熔点200℃。不溶于水及有机溶剂。属低毒杀菌剂成分，原药大鼠急性经口LD_{50}为2302毫克/千克。霜脲氰纯品为白色晶体，熔点160～161℃，微溶于水，溶于甲醇、丙酮、氯甲烷、乙腈、乙酸乙酯。对光敏感，pH值2～7稳定，与保护剂混配后显著降低病菌抗药性的产生。属低毒杀菌剂成分，原药大鼠急性经口LD_{50}为1196毫克/千克，对眼睛有轻微刺激作用。

【产品特点】波尔·霜脲氰是铜制剂（波尔多液）与内吸治疗性杀菌成分科学组合的一种新型、高效、复合型内吸治疗性杀菌剂，是波尔·甲霜灵的姊妹品种。该药对低等真菌性病害具有良好的预防和治疗效果，主要用于防治霜霉病类和疫病类植物病害，并可兼防多种真菌性和细菌性植物病害。其既可阻止病菌孢子萌发，又对进入寄主内的病菌具有一定杀伤作用。该药既具有铜素杀菌剂杀菌谱广、杀菌作用位点多、病菌很难产生抗药性等特点，又具有霜脲氰内吸传导性好、杀菌迅速彻底的优势。

【适用作物及防治对象】 波尔·霜脲氰广泛适用于对铜制剂不敏感的多种植物，目前生产中主要应用于防治：葡萄霜霉病，荔枝霜疫霉病，香蕉叶鞘腐败病，黄瓜、甜瓜、南瓜等瓜类的霜霉病、细菌性叶斑病、疫病、疫腐病，番茄的晚疫病、褐腐病，辣椒的疫病、疮痂病，茄子的疫腐病、绵疫病，马铃薯晚疫病，瓜果蔬菜的苗疫病、猝倒病、立枯病、疫病等。

【使用技术】 波尔·霜脲氰主要用于喷雾，有时也可用于喷淋和植株茎基部浇灌。

葡萄霜霉病　从病害发生初期开始喷药，10 天左右 1 次，与不同类型药剂交替使用，直到雨季结束或高湿环境不再出现。一般使用 85％可湿性粉剂 600～800 倍液喷雾，重点喷洒叶片背面。

荔枝霜疫霉病　在花蕾期、幼果期、果实近成熟期各喷药 1 次，即可有效防治霜疫霉病的发生为害。一般使用 85％可湿性粉剂 600～800 倍液均匀喷雾。

香蕉叶鞘腐败病　在每次暴风雨或台风前、后各喷药 1 次，重点喷洒叶片基部至叶鞘部。一般使用 85％可湿性粉剂 500～700 倍液喷雾。

黄瓜、甜瓜、南瓜等瓜类的霜霉病、细菌性叶斑病　从病害发生初期开始喷药，7～10 天 1 次，与不同类型药剂交替使用，连续喷施，重点喷洒叶片背面。一般使用 85％可湿性粉剂 600～800 倍液喷雾。

甜瓜、冬瓜、南瓜等瓜类的疫腐病　从病害发生初期开始喷药，7～10 天 1 次，连喷 3～4 次，重点喷洒瓜果的整个表面，特别是中下部。喷药倍数同“黄瓜霜霉病”。

番茄晚疫病、褐腐病 从病害发生初期开始喷药，7～10天1次，与不同类型药剂交替使用，连喷4～6次。喷药倍数同“黄瓜霜霉病”。

辣椒疫病、疮痂病 从病害发生初期开始喷药，7～10天1次，连喷3～4次，喷药应均匀周到。喷药倍数同“黄瓜霜霉病”。

茄子疫腐病、绵疫病 从雨季或高湿环境到来时开始喷药，7～10天1次，连喷2～3次，重点喷洒中下部果实。喷药倍数同“黄瓜霜霉病”。

马铃薯晚疫病 从田间出现病株时或植株现蕾时开始喷药，10天左右1次，与不同类型药剂交替使用，连喷5～7次。一般每亩次使用85%可湿性粉剂100～150克，对水60～75千克均匀喷雾。

瓜果蔬菜的苗疫病、猝倒病、立枯病 播种后出苗前或苗床出现病株时开始用药，7～10天1次，连用2次。一般使用85%可湿性粉剂600～800倍液喷淋苗床或畦面。

瓜果蔬菜茎基部的疫病 从田间出现病株时开始用药，一般使用85%可湿性粉剂500～600倍液浇灌植株茎基部及周围土壤，每株浇灌药液250～300毫升。

【注意事项】用药时应现配现用，并避免在阴湿天气或露水未干前喷药。不能与碱性或强酸性物质混合使用。禁止在对铜离子敏感的作物上使用，如桃、杏、李、梅、白菜等。用药时注意安全保护，不慎中毒，立即送医院对症治疗。

波尔·锰锌

【有效成分】波尔多液（bordeaux mixture）＋代森锰锌（mancozeb）。

【常见商标名称】科博。

【主要含量与剂型】 78%可湿性粉剂（48%波尔多液+30%代森锰锌）。

【理化性质】 78%可湿性粉剂为黄色粉末，pH 值为 6.5～8，悬浮率大于 75%，不可燃，54℃条件下质量稳定期 14 天以上。属低毒杀菌剂，大鼠急性经口 LD_{50} 大于 3 克/千克，对皮肤无刺激，对眼睛有轻微刺激。

【产品特点】 波尔·锰锌是由波尔多液和代森锰锌混配的一种广谱保护性复合杀菌剂，既能预防真菌性病害、又能防治细菌性病害，但没有内吸治疗作用。药液喷施后能在植物表面形成一层粘着力较强的保护药膜，耐雨水冲刷，持效期较长。混剂中含有锰、锌、铜、钙等微量元素，具有一定的微肥作用，可促进作物生长、改善品质。

波尔多液通过释放铜离子起杀菌防病作用，喷施后铜离子可与病菌体内的多种生物活性基团结合，形成铜离子络合物，使蛋白质变性，进而阻碍和抑制病菌的代谢，最终导致病菌死亡。代森锰锌主要是抑制病菌体内丙酮酸的氧化，而导致病菌死亡。两者杀菌机理不同，优势互补。

【适用作物及防治对象】 波尔·锰锌适用于对铜离子不敏感的许多种植物，对多种真菌性和细菌性病害均具有很好的预防效果。目前生产中主要用于防治：葡萄的霜霉病、黑痘病、炭疽病、穗轴褐枯病、褐斑病、白腐病、房枯病、黑腐病，苹果的轮纹病、炭疽病、斑点落叶病、褐斑病，柑橘的溃疡病、疮痂病、炭疽病、黑星病，杧果的炭疽病、白粉病、细菌性黑斑病，荔枝霜疫霉病，黄瓜的霜霉病、蔓枯病、黑星病、炭疽病、疫病、细菌性叶斑病，番茄的早疫病、晚疫病、叶霉病、叶斑病、绵疫病，辣椒的炭疽病、疫病、黑斑病、疮痂病，茄子的早疫病、褐纹病、绵疫病、细菌性褐斑病，西瓜与甜瓜的炭疽病、蔓枯病、黑斑病、细菌性果斑病、细菌性叶斑病，莴苣的霜霉病、黑斑病，芹菜叶斑病，菜豆的角斑病、炭疽病、细菌性疫病，葱与蒜的霜霉病、紫斑病，马铃薯的早疫病、晚疫病，花生的叶斑病、锈病，甜菜褐斑病，烟草的炭疽病、赤星病、黑胫病，茶树的炭疽病、白星病等。

【使用技术】

葡萄病害 开花前、落花后各喷药1次，以后从叶片上初见霜霉病斑时开始继续喷药，10天左右1次，与治疗性药剂交替使用或混合使用，直到生长后期。一般使用78%可湿性粉剂500～600倍液均匀喷雾，对霜霉病、黑痘病、炭疽病、穗轴褐枯病、褐斑病、白腐病、房枯病、黑腐病均具有很好的预防效果。

苹果病害 从苹果套袋后或落花后1.5个月开始喷施本剂，10～15天1次，与治疗性药剂交替使用，对斑点落叶病、褐斑病及不套袋果的轮纹病、炭疽病均具有很好的预防效果。药剂喷施倍数同“葡萄霜霉病”。

柑橘病害 在春梢萌芽期、开花前、落花后、夏梢生长初期、秋梢生长初期及果实转色期各喷药1～2次，对溃疡病、疮痂病、炭疽病、黑星病等病害均具有较好的预防作用。一般使用78%可湿性粉剂400～500倍液均匀喷雾。

杧果病害 初花期、落花后各喷药1次，幼果期、果实转色期各喷药2次，对炭疽病、白粉病及细菌性黑斑病均具有较好的预防效果。药剂喷施倍数同“葡萄霜霉病”。

荔枝霜疫霉病 现蕾期、落花后及果实近成熟期各喷药1次。药剂喷施倍数同“葡萄霜霉病”。

黄瓜病害 防治霜霉病、蔓枯病、黑星病、炭疽病及细菌性叶斑病时，从病害发生前或初见病斑时开始喷药，7～10天1次，与治疗性药剂交替使用或混合使用，直到生长后期，一般每亩次使用78%可湿性粉剂150～200克，对水60～90千克均匀喷雾。防治疫病时，从田间初见病株时开始用药，使用78%可湿性粉剂500～600倍液浇灌植株茎基部及周围土壤，每株浇灌药液100～150毫升。

番茄病害 从病害发生初期或初见病斑时开始喷药，7～10天1次，与不同类型药剂交替使用，连喷5～7次，对早疫病、晚疫病、叶霉病、叶斑病、绵疫病等多种病害均具有很好的预防效果。一般每亩次使用78%可湿性粉剂140～170克，对水60～75千克均匀喷雾。

辣椒病害 从初见病斑时开始喷药，7～10天1次，与不同类型药剂交替使用，连喷4～6次，可有效防治炭疽病、疫病、黑斑病及疮痂病的发生为害。药剂使用量同“番茄病害”。

茄子病害 从病害发生初期或初见病斑时开始喷药，7～10天1次，与不同类型药剂交替使用，连喷4～6次，可有效防治早疫病、褐纹病、绵疫病及细菌性褐斑病的发生为害。药剂使用量同“番茄病害”。

西瓜、甜瓜病害 从田间初见病斑时开始喷药，7～10天1次，与不同类型药剂交替使用，连喷3～5次，即可有效防治炭疽病、蔓枯病、黑斑病、细菌性果斑病及细菌性叶斑病的发生为害。药剂使用量同“番茄病害”。

莴苣霜霉病、黑斑病 从病害发生初期开始喷药，7～10天1次，连喷2次左右。一般使用78%可湿性粉剂500～600倍液均匀喷雾。

芹菜叶斑病 从田间初见病斑时开始喷药，7～10天1次，连喷2～3次。一般使用78%可湿性粉剂500～600倍液均匀喷雾。

菜豆角斑病、炭疽病、细菌性疫病 从病害发生初期开始喷药，10天左右1次，连喷2～4次。用药量同“芹菜叶斑病”。

葱、蒜的霜霉病、紫斑病 从病害发生初期开始喷药，7～10天1次，连喷2次左右。用药量同“芹菜叶斑病”。

马铃薯早疫病、晚疫病 从田间初见病斑时开始喷药，与不同类型药剂交替使用，10天左右1次，连喷5～7次。药剂使用量同“番茄病害”。

花生叶斑病、锈病 从病害发生初期开始喷药，10～15天1次，连喷2次左右。一般使用78%可湿性粉剂500～600倍液均匀喷雾，每亩次喷洒药液30～45千克。

甜菜褐斑病 从病害发生初期开始喷药，10天左右1次，连喷2次左右。药剂使用量同“花生叶斑病”。

烟草炭疽病、赤星病、黑胫病 从病害发生初期开始喷药，10天左右1次，连喷2～4次。药剂使用量同“番茄病害”。

茶树炭疽病、白星病 从病害发生初期开始喷药，10天左右1次，连喷2～4次。一般使用78%可湿性粉剂500～600倍液均匀喷雾。

【注意事项】不要在金冠苹果、桃、李、杏等对铜离子敏感的植物上使用，苹果幼果脱毛前、鸭梨套袋前及黄瓜和辣椒的幼苗期禁用。喷药时要均匀、周到、仔细，应将整个植株均匀喷湿，且一定要掌握在病害发生前或初期喷药。不能与忌铜、忌碱性的农药混用。用药时注意安全保护，不慎中毒，立即送医院对症治疗。

噁霜·锰锌

【有效成分】噁霜灵（oxadixyl）+代森锰锌（mancozeb）。

【常见商标名称】杀毒矾、康正凡、卡霉通、金安琪、福乐尔、阿米安、诺富先、金矾、瑞矾、擒霜、霜博、永宁、兴农永宁、宜农康正凡等。

【主要含量与剂型】64%可湿性粉剂（8%噁霜灵+56%代森锰锌）。

【理化性质】64%可湿性粉剂外观为米色至浅黄色细粉末，pH值为6～8，常温贮存能稳定约3年，搅拌条件下湿润时间在1分钟内，悬浮率大于80%。属低毒杀菌剂，制剂雄性大鼠急性经口LD_{50}为1.3克/千克，对皮肤和眼睛有一定刺激作用。

【产品特点】噁霜·锰锌是由噁霜灵与代森锰锌混配的一种兼有内吸传导性和触杀性的复合杀菌剂，专用于防治低等真菌性病害。噁霜灵属苯基酰胺类内吸杀菌成分，其杀菌机理为抑制RNA聚合酶、进而抑制RNA的生物合成，而导致病菌死亡；该成分具有接触杀菌和内吸传导活性，向顶传导力最强，叶背面向叶正面传导稍差，叶正面向反面传导更差；病菌对其易产生抗药性。代森锰锌属广谱保护性杀菌成分，主要通过抑制病菌体内丙酮酸的氧化，进而杀死病菌；对侵入植物内部的病菌无效。两者混配具有显著的增效作用，并延缓了病菌对噁霜灵的抗药性产生，是防治霜霉病类、疫病类病害复配药剂的优良组合之一，并可兼防多种高等真菌性病害。

【适用作物及防治对象】噁霜·锰锌适用于多种植物，主要用于防治低等真菌性病害。目前生产中常用于防治：黄瓜、甜瓜、西瓜、苦瓜、南瓜等瓜类的霜霉病、疫腐病、疫病，番茄的晚疫病、褐腐病，辣椒和茄子的疫病、绵疫病，马铃薯晚疫病，十字花科蔬菜霜霉病，瓜果蔬菜苗期的苗疫病、猝倒病，烟草黑胫病，葡萄霜霉病，梨和苹果的疫腐病，荔枝霜疫霉病等。

【使用技术】噁霜·锰锌主要用于喷雾，也可喷淋苗床。在病害发生初期或初见病斑时开始用药效果好，且喷药应均匀周到，使叶片正反两面均要着药。

瓜类霜霉病、疫腐病　从田间初见病斑时开始喷药，10天左右1次，与不同类型药剂交替使用，连续喷施，直到生长后期，重点喷洒叶片背面及植株中下部。一般每亩次使用64%可湿性粉剂150～200克，对水60～90千克均匀喷雾。

瓜类疫病（茎基部）　从田间初见病株时开始用药液浇灌植株茎基部及其周围土壤，10～15天后再浇灌1次。一般使用64%可湿性粉剂500～600倍液浇灌，每株浇灌药液150～200毫升。

番茄晚疫病、褐腐病　从田间初见病斑时开始喷药，10天左右1次，与不同类型药剂交替使用，连喷4～6次。一般每亩次使用64%可湿性粉剂120～150克，对水60～75千克均匀喷雾。

辣椒、茄子的绵疫病、疫病 防治绵疫病时，从病害发生初期或雨露潮湿等高湿环境下开始喷药，7～10天1次，连喷2～3次，重点喷洒植株中下部，药剂使用量同“番茄晚疫病”。防治疫病时，从田间初见病株时开始用药液浇灌植株茎基部及其周围土壤，10～15天后再浇灌1次，每株浇灌药液150～200毫升，一般使用64%可湿性粉剂500～600倍液浇灌。

马铃薯晚疫病 从田间初见病斑时开始喷药，10天左右1次，与不同类型药剂交替使用，连喷5～7次。药剂使用量同“番茄晚疫病”。

十字花科蔬菜霜霉病 从病害发生初期开始喷药，7～10天1次，连喷2次左右，重点喷洒叶片背面。一般每亩次使用64%可湿性粉剂70～100克，对水30～45千克喷雾。

瓜果蔬菜苗期的苗疫病、猝倒病 播种后出苗前或苗床初见病株时开始用药，一般使用64%可湿性粉剂500～600倍液喷淋苗床，7～10天后再喷淋1次。

烟草黑胫病 从田间初见病株时开始喷药，10天左右1次，连喷2～4次，重点喷洒植株茎部的中下部及茎基部周围土壤。一般使用64%可湿性粉剂500～600倍液喷雾。

葡萄霜霉病 从初见病斑时开始喷药，10天左右1次，与不同类型药剂交替使用，连续喷施，到生长中后期结束。一般使用64%可湿性粉剂600～800倍液均匀喷雾，注意喷洒叶片背面。

梨、苹果的疫腐病 从果实生长中后期或田间初见病果时开始喷药，10天左右1次，连喷2～3次，重点喷洒树冠中下部果实。药剂喷施倍数同“葡萄霜霉病”。

荔枝霜疫霉病 花蕾期、幼果期、果实近成熟期各喷药1

次。药剂喷施倍数同“葡萄霜霉病”。

【注意事项】不能与强酸性或碱性药剂混用。剩余药液及药械清洗液不要倒入河流、湖泊及鱼塘等水域中。用药时注意安全保护，误服应立即催吐，不慎中毒立即送医院对症治疗。

噁酮·锰锌

【有效成分】噁唑菌酮（famoxadone）＋代森锰锌（mancozeb）。

【常见商标名称】易保。

【主要含量与剂型】68.75％水分散粒剂（6.25％噁唑菌酮＋62.5％代森锰锌）。

【理化性质】68.75％水分散粒剂为茶色颗粒，pH 值为 7.1，在水中分散性极好，常温下存放稳定，保质期为 2 年。属低毒杀菌剂，制剂大鼠急性经口 LD_{50} 大于 5 克/千克，对眼睛无刺激，对皮肤有稍微刺激作用，试验条件下无致畸、致癌、致突变作用。

【产品特点】噁酮·锰锌是由噁唑菌酮与代森锰锌混配的一种广谱保护性复合杀菌剂，具有杀菌防病范围广、持效期长、耐雨水冲刷、可延缓病菌产生抗药性等特点。

噁唑菌酮是一种能量抑制剂，具有一定的渗透和细胞吸收活性，对病害具有保护、铲除及治疗效果。其主要通过抑制在细胞复合物Ⅲ中的线粒体电子传递，造成氧化磷酸化作用的停止，使病菌细胞丧失能量来源（ATP）而死亡。该成分亲脂性很强，能与植物叶表蜡质层大量结合，极其耐雨水冲刷，具有持久的保护功效；喷药后几小时遇雨，不需要重喷。代森锰锌是一种广谱保护性杀菌成分，主要通过抑制病菌体内丙酮酸的氧化而导致病菌死亡。两者混配，强强结合，混剂应用范围更广、防病效果更好。

【适用作物及防治对象】噁酮·锰锌适用于多种作物，对许多种真菌性病害均具有良好的预防效果。目前生产中主要应用于防治：苹果的轮纹病、炭疽病、斑点落叶病、褐斑病，葡萄的霜霉病、黑痘病，梨的黑星病、黑斑病、炭疽病、褐斑病，柑橘的疮痂病、炭疽病、黑星病，黄瓜的霜霉病、炭疽病，西瓜、甜瓜、南瓜的炭疽病、黑斑病、霜霉病，番茄的早疫病、晚疫病、叶霉病、叶斑病，白菜黑斑病，莴苣霜霉病，芹菜叶斑病，芦笋茎枯病，烟草赤星病等。

【使用技术】

苹果轮纹病、炭疽病、斑点落叶病、褐斑病 从落花后7～10天开始喷药，10～15天1次，连喷3次后套袋，有效防治果实轮纹病、炭疽病，兼防春梢期斑点落叶病；套袋后再连续喷药3～4次，间隔期10～15天，有效防治褐斑病及秋梢期的斑点落叶病。一般使用68.75%水分散粒剂1000～1500倍液均匀喷雾。

葡萄霜霉病、黑痘病 开花前、落花80%及落花后10～15天各喷药1次，有效防治黑痘病及幼穗期霜霉病；而后从叶片上初见霜霉病斑时开始继续喷药，10天左右1次，与治疗性药剂交替使用，连续喷药到果实采收前后。药剂喷施倍数同“苹果轮纹病”。

梨黑星病、黑斑病、炭疽病、褐斑病 从落花后半月左右开始喷药，10～15天1次，与不同类型药剂交替使用，直到果实采收前一周左右。药剂喷施倍数同“苹果轮纹病”。

柑橘疮痂病、炭疽病、黑星病 春梢生长期、落花后、夏梢生长期、秋梢生长期各喷药1～2次，间隔期10～15天。一般使用68.75%水分散粒剂800～1200倍液均匀喷雾。

黄瓜霜霉病、炭疽病 以防治霜霉病为主，兼防炭疽病。从初见病斑时开始喷药，7～10天1次，与不同类型药剂交替使用，连续喷施，重点喷洒叶片背面。一般每亩次使用68.75%水分散粒剂75～100克，对水60～90千克均匀喷雾。

西瓜、甜瓜、南瓜的炭疽病、黑斑病、霜霉病 从病害发生初期开始喷药防治，10天左右1次，连喷3～5次，注意喷洒叶片背面。一般每亩次使用68.75%水分散粒剂50～75克，对水45～60千克均匀喷雾。

番茄早疫病、晚疫病、叶霉病、叶斑病 从病害发生初期开始喷药防治，10天左右1次，与不同类型药剂交替使用，连喷4～6次。药剂使用量同“西瓜炭疽病”。

白菜黑斑病 从病害发生初期开始喷药，10天左右1次，连喷2～3次。一般每亩次使用68.75%水分散粒剂50～75克，对水30～45千克均匀喷雾。

莴苣霜霉病 从病害发生初期或初见病斑时开始喷药，7～10天1次，连喷2次左右，重点喷洒叶片背面。药剂使用量同“白菜黑斑病”。

芹菜叶斑病 从病害发生初期开始喷药，7～10天1次，连喷3～4次。药剂使用量同“白菜黑斑病”。

芦笋茎枯病 从病害发生初期开始喷药，10天左右1次，连喷2～4次，重点喷洒植株中下部。药剂使用量同“白菜黑斑病”。

烟草赤星病 从病害发生初期或初见病斑时开始喷药，10天左右1次，连喷2～4次。药剂使用量同“黄瓜霜霉病”。

【注意事项】不能与强碱性农药混合使用，喷药应及时均匀周到。本剂为保护性杀菌剂，在病害发生前（病菌侵染前）喷施才能发挥最大的药效。安全采收间隔期一般为7～14天。

噁酮·霜脲氰

【有效成分】噁唑菌酮（famoxadone）＋霜脲氰（cymoxanil）。

【常见商标名称】抑快净。

【主要含量与剂型】52.5%水分散粒剂（22.5%噁唑菌酮＋30%霜脲氰）。

【理化性质】 52.5%水分散粒剂外观为棕色细小颗粒，在水中分散性极好，贮存稳定，54℃条件下至少可存放 2 年。属低毒杀菌剂，制剂大鼠急性经口 LD_{50} 为 1333 毫克/千克，对皮肤和眼睛无刺激作用，试验条件下未见致畸、致癌、致突变作用。

【产品特点】 噁酮·霜脲氰是由噁唑菌酮与霜脲氰混配的一种复合型内吸治疗性杀菌剂，两种成分杀菌作用互补，对病害发生的全程均有很好的控制效果，对病害具有保护和治疗双重功效，且药剂持效期较长。

噁唑菌酮是一种能量抑制剂，主要通过抑制在病菌细胞复合物Ⅲ中的线粒体电子转移，使氧化磷酸化作用停止，病菌细胞丧失能量来源（ATP），最终导致细胞死亡。该成分属亲脂性化合物，可渗入叶片表层，具有附着力强、保护期长、在叶片和果实上没有药斑残留、对作物和环境安全等特点。霜脲氰是一种内吸治疗性杀菌成分，具有接触和局部内吸杀菌作用，主要通过阻止病菌孢子萌发及菌丝生长而杀灭病菌。

【适用作物及防治对象】 噁酮·霜脲氰适用作物比较广泛，对低等真菌性病害具有很好的防治效果，并可兼防多种高等真菌性病害。目前生产中主要应用于防治：葡萄霜霉病，荔枝霜疫霉病，黄瓜、甜瓜、苦瓜等瓜类霜霉病，番茄的晚疫病、早疫病，辣椒疫病，十字花科蔬菜霜霉病，烟草黑胫病，马铃薯的晚疫病、早疫病等。

【使用技术】

葡萄霜霉病 开花前、后各喷药 1 次，防治霜霉病为害幼穗；以后从叶片上初见病斑时开始继续喷药，10 天左右 1 次，与不同类型药剂交替使用，直到果实采收前后。一般使用 52.5%水分散粒剂 2000～2500 倍液均匀喷雾，防治叶片受害时注意喷洒叶片背面。

荔枝霜疫霉病 花蕾期、幼果期、近成果期各喷药 1 次，一般使用 52.5%水分散粒剂 1500～2500 倍液均匀喷雾。

黄瓜、甜瓜、苦瓜等瓜类霜霉病 从初见病斑时开始喷药，5～7天1次，连喷2～3次后，再间隔7～10天1次连续喷药，与不同类型药剂交替使用。一般每亩次使用52.5%水分散粒剂30～40克，对水45～60千克喷雾，重点喷洒叶片背面。

番茄晚疫病、早疫病 从病害发生初期开始喷药，7～10天1次，与不同类型药剂交替使用，连喷4～6次。药剂使用量同“黄瓜霜霉病”。

辣椒疫病 从病害发生初期开始喷药，7～10天1次，与不同类型药剂交替使用，连喷3～5次。药剂使用量同“黄瓜霜霉病”。

十字花科蔬菜霜霉病 从初见病斑时开始喷药，7～10天1次，连喷2次左右，重点喷洒叶片背面。一般每亩次使用52.5%水分散粒剂20～30克，对水30～45千克喷雾。

烟草黑胫病 从田间初见病株时开始喷药，7～10天1次，连喷2～4次，重点喷洒植株中下部的茎部及其周围土壤。药剂使用量同“黄瓜霜霉病”。

马铃薯晚疫病、早疫病 从田间初见病斑时或花蕾期开始喷药，10天左右1次，与不同类型药剂交替使用，连喷5～7次。药剂使用量同“黄瓜霜霉病”。

【注意事项】不能与强碱性农药混用。喷药应均匀周到，发病前或发病初期开始用药效果好。用药时注意安全保护，不慎中毒立即送医院对症治疗。

氟菌·霜霉威

【有效成分】氟吡菌胺（fluopicolide）＋霜霉威盐酸盐（propamocarb hydrochloride）。

【常见商标名称】银法利。

【主要含量与剂型】687.5克/升悬浮剂（62.5克/升氟吡菌胺＋625克/升霜霉威盐酸盐）。

【理化性质】氟吡菌胺原药外观为米色粉末状细微晶体，熔点150℃，微溶于水，可溶于乙醇、甲苯、二氯甲烷、丙酮、乙酸乙酯、二甲基亚砜，在水中稳定，受光照影响较小。属低毒杀菌成分，原药大鼠急性经口 LD_{50} 大于5克/千克。霜霉威盐酸盐原药为无色吸湿性晶体，熔点45～55℃，易溶于水、甲醇、二氯甲烷、异丙醇，低于400℃时稳定，对光稳定。属低毒杀菌成分，原药大鼠急性经口 LD_{50} 为2～8.55克/千克。

【产品特点】氟菌·霜霉威是由氟吡菌胺与霜霉威盐酸盐混配的一种复合型高效内吸治疗性杀菌剂，对低等真菌性病害具有治疗、保护及铲除作用，且内吸传导性强、持效期长、耐雨水冲刷，特别适合在阴雨季节用药，施药1小时后下雨，基本不影响药效，同时还兼有刺激生长、增强作物活力、促进生根和开花的作用。该药具有两个独特的作用特点。①较强的薄层穿透性和良好的系统传导作用：叶基用药，能迅速传导到叶尖，有利于对新叶的保护；叶片正面用药，快速向背面穿透，并快速形成药膜；植株下部用药，可迅速向上传导及扩散，有利于植株的全面保护。②对病菌的各主要形态均有很好的抑制活性：有效抑制孢子囊的产生与萌发、游动孢子的释放和移动、游动孢子的萌发、菌丝的生长及有性交配等，在卵菌病害发生的各个阶段用药都能获得较好的防治效果。

氟吡菌胺作用于病菌细胞膜和细胞间的特异性蛋白而表现杀菌活性，具有多个杀菌作用位点，病菌很难产生抗药性。霜霉威盐酸盐主要影响病菌细胞膜磷脂和脂肪酸的生物合成，进而抑制孢子囊和游动孢子的形成与萌发、抑制菌丝生长及扩散等。

【适用作物及防治对象】氟菌·霜霉威适用于多种植物，对低等真菌性病害具有特效。目前生产中主要用于防治：黄瓜、甜瓜、西瓜、苦瓜、冬瓜等瓜类的霜霉病，番茄晚疫病，辣椒疫病，十字花科蔬菜霜霉病，瓜果蔬菜的茎基部疫病，瓜果蔬菜苗床的苗疫病、猝倒病，马铃薯晚疫病，烟草黑胫病，葡萄霜霉病等。

【使用技术】

瓜类霜霉病 从病害发生初期开始喷药，7～10 天 1 次，与不同类型药剂交替使用，重点喷洒叶片背面。一般每亩次使用 687.5 克/升悬浮剂 60～80 毫升，对水 45～60 千克喷雾。

番茄晚疫病 从病害发生初期开始喷药，7～10 天 1 次，与不同类型药剂交替使用，连喷 4～6 次。用药量同“瓜类霜霉病”。

辣椒疫病 从病害发生初期开始喷药，7～10 天 1 次，与不同类型药剂交替使用，连喷 3～4 次。用药量同“瓜类霜霉病”。

十字花科蔬菜霜霉病 从初见病斑时开始喷药，7～10 天 1 次，连喷 2 次左右，重点喷洒叶片背面。一般每亩次使用 687.5 克/升悬浮剂 50～60 毫升，对水 30～45 千克喷雾。

瓜果蔬菜的茎基部疫病 从田间初见病株时开始用药，7～10 天后再用 1 次。一般使用 687.5 克/升悬浮剂 500～600 倍液喷洒植株茎基部及其周围土壤，且喷洒药液量大些效果较好。

瓜果蔬菜苗床的苗疫病、猝倒病 播种后出苗前或苗床初见病株时开始用药，10 天左右 1 次，连用 2 次。一般使用 687.5 克/升悬浮剂 500～600 倍液喷淋苗床。

马铃薯晚疫病 从田间初见病斑时或植株现蕾期开始喷药，10 天左右 1 次，与不同类型药剂交替使用，连喷 5～7 次，割秧前喷施 1 次本剂对于预防薯块受害效果好。一般每亩次使用 687.5 克/升悬浮剂 60～80 毫升，对水 45～60 千克均匀喷雾。

烟草黑胫病 从田间初见病株时开始喷药，7～10 天 1 次，连喷 2～3 次。用药量同“马铃薯晚疫病”。

葡萄霜霉病 开花前、后是防治霜霉病为害幼穗的关键期，进入雨季后是预防叶片受害的关键期，防治叶片霜霉病时需 10 天左右喷药 1 次，与不同类型药剂交替使用。在葡萄上一般使用 687.5 克/升悬浮剂 600～800 倍液均匀喷雾。

【注意事项】不要与液体化肥或植物生长调节剂混用，也不能与碱性药剂混用。一种作物的一个生长季用药次数尽量不要超过3次，以免病菌产生抗药性。用药时注意安全保护，不慎中毒立即送医院对症治疗。

甲霜·锰锌

【有效成分】甲霜灵（metalaxyl）+代森锰锌（mancozeb）。

【常见商标名称】雷多米尔锰锌、康正雷、宝大森、诺毒霉、瑞森霉、雷克宁、尤利瑞、允发丽、爱葡生、宝多生、速克霜、速治宁、露速净、索福欣、农士旺、黑胫光、稳好、赛深、霜息、喜秀、艾德、超雷、高雷、甲雷、福达、汇景、佳信、亮葡、鲁生、玛贺、妙靓、喷康、瑞旺、双福、移好、振亚、标正佳雷、宜农康正雷、诺普信金诺杜美等。

【主要含量与与剂型】72%可湿性粉剂（8%甲霜灵+64%代森锰锌）、58%可湿性粉剂（10%甲霜灵+48%代森锰锌）、70%可湿性粉剂（10%甲霜灵+60%代森锰锌）、36%悬浮剂（4%甲霜灵+32%代森锰锌）。

【理化性质】甲霜灵纯品为白色无味晶体，熔点71.8～72.3℃，微溶于水，可溶于乙醇、丙酮、甲苯、正辛醇，300℃以下稳定，室温下中性及酸性介质中稳定。属低毒杀菌剂成分，原药大鼠急性经口LD_{50}为633毫克/千克，大鼠急性经皮LD_{50}大于3100毫克/千克。代森锰锌原药为灰黄色粉末，熔点136℃（熔点前分解），不溶于大多数有机溶剂，溶于强螯合剂溶液中，加热、潮湿环境中缓慢分解。属低毒杀菌剂成分，原药大鼠急性经口LD_{50}大于5克/千克，大鼠急性经皮LD_{50}大于10克/千克。

甲霜·锰锌可湿性粉剂外观为黄色至浅绿色粉末，pH值6.5～8.5。属低毒复合杀菌剂，58%可湿性粉剂大鼠急性经口LD_{50}为5189毫克/千克，对兔眼睛有轻度刺激性，对皮肤有中毒刺激性。

【产品特点】 甲霜·锰锌是甲霜灵与代森锰锌按一定比例混配的复合型杀菌剂。甲霜灵是一种具有保护和治疗作用的内吸性杀菌成分，可内吸传导到植物体的各个器官，在体内杀死已侵入的病菌，同时在内部起保护作用。代森锰锌是一种保护性杀菌成分，在植物表面形成保护药膜防治病菌侵入，通过抑制病菌体内丙酮酸的氧化而导致病菌死亡。复合制剂双重保护作用防病效果更好，且病菌不易产生抗药性。

【适用作物及防治对象】 甲霜·锰锌适用于许多种作物，主要用于防治低等真菌性病害，并对许多高等真菌性病害具有兼防作用。目前生产中主要用于防治：黄瓜、甜瓜、西瓜等瓜类的霜霉病、果实疫腐病，番茄晚疫病，辣椒疫病，茄子绵疫病，十字花科蔬菜霜霉病，瓜果蔬菜的茎基部疫病，瓜果蔬菜苗床的猝倒病、苗疫病，马铃薯晚疫病，烟草黑胫病，葡萄霜霉病，荔枝霜疫霉病，苹果、梨的疫腐病等。

【使用技术】 甲霜·锰锌主要通过喷雾防治各种病害，有时也用于喷淋。喷药时应及时均匀周到，使叶片正反两面都要有药，特别是叶片背面。

瓜类的霜霉病、果实疫腐病 从病害发生初期开始喷药，7～10 天 1 次，与不同类型药剂交替使用，连续喷药，重点喷洒叶片背面及果实整个表面。一般每亩次使用 58%可湿性粉剂 120～150 克，或 72%可湿性粉剂 100～150 克，或 70%可湿性粉剂 100～150 克，或 36%悬浮剂 200～250 毫升，对水 60～75 千克喷雾。

番茄晚疫病 从病害发生初期开始喷药，7～10 天 1 次，与不同类型药剂交替使用，连喷 4～6 次。药剂使用量同“瓜类霜霉病”。

辣椒疫病 从病害发生初期开始喷药，7～10 天 1 次，连喷 2～3 次，重点喷洒植株中下部。药剂使用量同“瓜类霜霉病”。

茄子绵疫病 从雨季到来前开始喷药，10 天左右 1 次，连喷2～3次，重点喷洒植株中下部果实。一般每亩次使用58%可湿性粉剂80～100克，或72%可湿性粉剂70～100克，或70%可湿性粉剂80～100克，或36%悬浮剂150～200毫升，对水45～60千克喷雾。

十字花科蔬菜霜霉病 从初见病斑时开始喷药，7～10天1次，连喷2次左右，重点喷洒叶片背面。药剂使用量同“茄子绵疫病”。

瓜果蔬菜的茎基部疫病 从田间初见病株时开始用药，7～10天后再用药1次。一般使用58%可湿性粉剂500～600倍液，或72%可湿性粉剂600～800倍液，或70%可湿性粉剂600～800倍液，或36%悬浮剂400～500倍液喷淋植株茎基部及其周围土壤，每株喷淋药液30～50毫升。

瓜果蔬菜苗床的猝倒病、苗疫病 播种后出苗前或苗床出现病株时开始用药，10天左右1次，连用2～3次。一般使用58%可湿性粉剂500～600倍液，或72%可湿性粉剂600～800倍液，或70%可湿性粉剂600～700倍液，或36%悬浮剂400～500倍液喷淋苗床。

马铃薯晚疫病 从田间发现病斑时或植株现蕾时开始喷药，10天左右1次，与不同类型药剂交替使用，连续喷药5～7次。一般每亩次使用58%可湿性粉剂120～150克，或72%可湿性粉剂100～150克，或70%可湿性粉剂100～150克，或36%悬浮剂150～200毫升，对水60～75千克均匀喷雾。

烟草黑胫病 从田间出现病株时开始喷药，10天左右1次，连喷2～3次，重点喷洒植株中下部的茎部及其周围土壤。一般每亩次使用58%可湿性粉剂100～150克，或72%可湿性粉剂100～120克，或70%可湿性粉剂100～120克，或36%悬浮剂150～200毫升，对水45～60千克喷雾。

葡萄霜霉病 开花前、后各喷药1次，防治霜霉病为害幼穗；以后从叶片上初见病斑时开始继续喷药，与不同类型药剂交替使用，连续喷药，直到果实采收前后。一般使用58%可湿性粉剂500～700倍液，或72%可湿性粉剂600～800倍液，或70%可湿性粉剂600～800倍液，或36%悬浮剂400～500倍液均匀喷雾。

荔枝霜疫霉病 花蕾期、幼果期、近成果期各喷药1次。药剂使用倍数同“葡萄霜霉病”。

苹果、梨的疫腐病 在果实发病初期或往年病害较重果园的阴雨连绵季节开始喷药，10天左右1次，连喷2次左右。重点喷洒树体中下部果实，并连同地面一起喷药。药剂使用倍数同“葡萄霜霉病”。

【注意事项】不能与铜制剂及强碱性农药混用，在喷过铜制剂或碱性药剂后要间隔一周后才能喷用此药。本剂虽为混配制剂，使用时还是尽量与不同类型的药剂交替使用。该药对鱼类有毒，注意药剂（液）不要污染水源。用药时注意安全保护，不慎中毒立即送医院对症治疗，无特效解毒剂。

甲霜·百菌清

【有效成分】甲霜灵（metalaxyl）＋百菌清（chlorothalonil）。

【常见商标名称】多定、克霜、诺普信美润等。

【主要含量与剂型】72%可湿性粉剂（8%甲霜灵＋64%百菌清）、81%可湿性粉剂（9%甲霜灵＋72%百菌清）、60%可湿性粉剂（10%甲霜灵＋50%百菌清）、12.5%烟剂（2.5%甲霜灵＋10%百菌清）。

【理化性质】甲霜灵纯品为白色粉末，工业品熔点为63.5～72.3℃，22℃时水中溶解为8.4克/升，室温下在中性和酸性介质中稳定，不易燃，不爆炸，无腐蚀性。属低毒杀菌剂成分，原药大鼠急性经口LD_{50}为633毫克/千克，大鼠急性经皮LD_{50}大于3100毫克/千克。百菌清纯品为白色无味粉末，熔点250～

251℃，微溶于水，工业品原粉外观为浅黄色粉末，稍有刺激臭味，对酸、碱、紫外线稳定。属低毒杀菌剂成分，原药大鼠急性经口 LD_{50} 大于 10 克/千克，兔急性经皮 LD_{50} 大于 10 克/千克。

【产品特点】甲霜·百菌清是由甲霜灵与百菌清按一定比例混配的一种低毒复合型杀菌剂，专用于防治低等真菌性病害，具有保护和治疗双重作用。喷施后在植物表面形成致密的保护药膜，黏着性好，耐雨水冲刷，可有效阻止病菌孢子的萌发和侵入；内吸成分被茎、叶吸收后转移到各个组织器官，杀灭已经侵入的病菌。

甲霜灵是一种酰苯胺类低毒杀菌剂，具有保护和治疗双重杀菌活性，其杀菌机理是通过影响病菌 RNA 的生物合成而抑制菌丝生长，最终导致病菌死亡，其内吸渗透性好，易被植物的根茎叶吸收，并随水分运转到植株的各器官，在植物体内杀死已经侵染的病菌，并在内部起保护作用。百菌清是一种有机氯类极广谱保护性低毒杀菌剂，没有内吸传导作用，喷施到植物表面后有良好的黏着性能，不易被雨水冲刷，持效期较长。其杀菌机理是通过与真菌细胞中的 3-磷酸甘油醛脱氢酶中半胱氨酸的蛋白质结合，破坏细胞的新陈代谢而导致病菌死亡，连续使用病菌不易产生抗性。

【适用作物及防治对象】甲霜·百菌清适用于多种作物，对低等真菌性病害具有较好的防治效果。目前生产中主要用于防治：黄瓜、西瓜、甜瓜等瓜类的霜霉病、疫病，番茄晚疫病，茄子疫病、绵疫病，辣椒疫病，莴苣、莴笋、白菜、甘蓝等叶菜类蔬菜霜霉病，马铃薯晚疫病，烟草黑胫病，葡萄霜霉病，保护地瓜果蔬菜的霜霉病、疫病等。

【使用技术】

黄瓜、西瓜、甜瓜等瓜类的霜霉病、疫病　以防治霜霉病为主，兼防疫病即可，从移栽缓苗后、病害发生前开始用药，10 天左右 1 次，与不同类型药剂交替使用，直到生长后期。一般每亩次使用81%可湿性粉剂100～120克，或72%可湿性粉剂110～150克，或60%可湿性粉剂100～120克，对水60～75千克均匀喷雾。茎基部受害时，还应适当喷淋周围土表。

番茄、茄子、辣椒等茄果类蔬菜的晚疫病、疫病 从病害发生初期或初见病斑时开始喷药，7～10天1次，连喷3～5次。一般每亩次使用81%可湿性粉剂100～120克，或72%可湿性粉剂120～150克，或60%可湿性粉剂100～120克，对水60～75千克均匀喷雾。

莴苣、莴笋、白菜、甘蓝等叶菜类蔬菜的霜霉病 从病害发生初期开始喷药，7～10天1次，连喷2～3次。一般每亩次使用81%可湿性粉剂80～100克，或72%可湿性粉剂100～120克，或60%可湿性粉剂80～100克，对水45～60千克均匀喷雾。

马铃薯晚疫病 从田间初见病斑时或植株现蕾时开始喷药，10天左右1次，连喷5～7次。药剂使用量同"番茄晚疫病"。

烟草黑胫病 从病害发生初期开始喷药，7～10天1次，连喷2～3次，重点喷洒植株中下部及茎基部周围土壤。药剂使用量同"番茄晚疫病"。

葡萄霜霉病 开花前、后各喷药1次，防治霜霉病为害幼穗；以后从田间初见病斑时开始连续喷药，10天左右1次，与不同类型药剂交替使用，直到生长后期。一般使用81%可湿性粉剂600～800倍液，或72%可湿性粉剂500～700倍液，或60%可湿性粉剂500～600倍液喷雾，中后期喷药注意喷洒叶片背面。另外，红提等有些葡萄品种的果穗对百菌清较敏感，只能在果穗套袋后使用；不能确定是否安全时，建议先试验后应用，或在技术人员指导下使用。

保护地瓜果蔬菜的霜霉病、疫病 除上述喷雾用药外，保护地内栽培的瓜果蔬菜还可通过熏烟进行用药。在连阴雨天棚内湿度较高时开始熏烟，7～10天1次，连续2～3次。一般每亩次使用12.5%烟剂350～400克，在棚内均匀分布多点，于傍晚从内向外依次点燃，而后密闭熏烟一夜，第二天放风后方可进棚。

【注意事项】不能与强酸性及碱性物质混用。喷药应均匀周到，以保证防治效果。红提葡萄套袋前禁止使用，避免造成果实药害。用药时注意安全保护。

霜脲·锰锌

【有效成分】霜脲氰（cymoxanil）＋代森锰锌（mancozeb）。

【常见商标名称】克露、卡露、捕露、赛露、露丹、阻霜、霜惊、霜休、霜喜、克抗灵、凯克灵、克霜氰、霜疫清、克菌宝、希尔嘧、金氟吗、易得施、正安格、福利霜、好双红、安涛、净爽、霉咔、追绿、霜霉疫净、露霜速净、伊诺安克、安格诺安卡等。

【主要含量与剂型】72%可湿性粉剂（8%霜脲氰＋64%代森锰锌）、36%可湿性粉剂（4%霜脲氰＋32%代森锰锌）、36%悬浮剂（4%霜脲氰＋32%代森锰锌）。

【理化性质】霜脲氰纯品为无色晶体固体，熔点160～161℃，微溶于水、已烷、甲苯，可溶于乙腈、乙酸乙酯、甲醇、丙酮、氯甲烷，pH值2～7稳定，对光敏感。原药为白色晶体。属低毒杀菌剂成分，原药大鼠急性经口LD_{50}为1196毫克/千克，兔急性经皮LD_{50}大于3000毫克/千克，对皮肤无刺激性，对眼睛有轻微刺激性，试验剂量下对动物无致畸、致癌、致突变作用。代森锰锌原药为灰黄色粉末，熔点136℃（熔点前分解），不溶于大多数有机溶剂，溶于强螯合剂溶液中，加热及潮湿环境中缓慢分解。属低毒杀菌剂成分，原药大鼠急性经口LD_{50}大于5克/千克，大鼠急性经皮LD_{50}大于10克/千克。

72%可湿性粉剂外观为淡黄色粉末，pH值6～8，属低毒杀菌剂，大鼠急性经口LD_{50}为9023毫克/千克。

【产品特点】霜脲·锰锌是由霜脲氰和全络合态代森锰锌混

配的一种低毒复合杀菌剂，具有保护和治疗双重作用，有效延缓了病菌对霜脲氰的抗药性产生。霜脲氰具有很强的内吸作用，既可阻止病菌孢子萌发，又对侵入植物组织内的病菌具有很好的杀灭作用，但持效期较短，且易诱使病菌产生抗性。代森锰锌为广谱保护性杀菌剂，主要通过抑制病菌体内丙酮酸的氧化而起杀菌效果，病菌极难产生抗药性。两者混配强强结合，优势互补，防病治病作用并举，延缓病菌产生抗药性，且药效持效期较长。

【适用作物及防治对象】霜脲·锰锌适用作物非常广泛，主要用于防治低等真菌性病害，并可兼防一些高等真菌性病害。目前生产中主要用于防治：黄瓜、甜瓜、西瓜、冬瓜等瓜类的霜霉病、疫腐病、绵疫病，番茄的晚疫病、褐腐病，辣椒疫病，茄子绵疫病，十字花科蔬菜霜霉病，瓜果蔬菜的茎基部疫病，瓜果蔬菜苗床的猝倒病、苗疫病，葡萄霜霉病，荔枝霜疫霉病等。

【使用技术】

瓜类霜霉病、疫腐病、绵疫病 从病害发生前或发病初期开始喷药，7～10 天 1 次，与不同类型药剂交替使用，连续喷施，重点喷洒叶片背面及果实整个表面。一般每亩次使用 72%可湿性粉剂 120～150 克，或 36%可湿性粉剂 250～300 克，或 36%悬浮剂 200～250 毫升，对水 60～75 千克喷雾。

番茄晚疫病、褐腐病 从病害发生初期开始喷药，7～10 天 1 次，与不同类型药剂交替使用，连喷 4～6 次，喷药应及时均匀周到。药剂使用量同“瓜类霜霉病”。

辣椒疫病 从病害发生初期开始喷药，7～10 天 1 次，与不同类型药剂交替使用，连喷 3～4 次。一般每亩次使用 72%可湿性粉剂 100～130 克，或 36%可湿性粉剂 200～250 克，或 36%悬浮剂 180～200 毫升，对水 45～75 千克均匀喷雾。

茄子绵疫病 从雨季到来前开始喷药，10 天左右 1 次，与不同类型药剂交替使用，连喷 3～4 次，重点喷洒中下部果实。药剂使用量同“辣椒疫病”。

十字花科蔬菜霜霉病 从病害发生初期开始喷药，7～10天1次，连喷2次左右，重点喷洒叶片背面。一般每亩次使用72%可湿性粉剂60～80克，或36%可湿性粉剂120～150克，或36%悬浮剂100～120毫升，对水30～45千克喷雾。

瓜果蔬菜的茎基部疫病 从田间初见病株时开始用药，10天左右1次，连用2次，重点喷洒植株茎基部及周围土壤，每株喷洒药液20～30毫升。一般使用72%可湿性粉剂500～600倍液，或36%可湿性粉剂250～300倍液，或36%悬浮剂300～400倍液喷雾（淋）。

瓜果蔬菜苗床的猝倒病、苗疫病 播种后出苗前或苗床出现病株时开始用药液喷淋苗床，10天后再喷淋1次。药液使用倍数同"瓜果蔬菜的茎基部疫病"。

葡萄霜霉病 开花前、后各喷药1次，防治霜霉病为害幼穗；以后从叶片上初见病斑时开始继续喷药，10天左右1次，与不同类型药剂交替使用，连续喷药到采收前后。防治叶片霜霉病时，重点喷洒叶片背面。一般使用72%可湿性粉剂600～800倍液，或36%可湿性粉剂或36%悬浮剂300～400倍液喷雾。

荔枝霜疫霉病 花蕾期、幼果期、果实近成熟期各喷药1次。一般使用72%可湿性粉剂500～600倍液，或36%可湿性粉剂或36%悬浮剂250～300倍液均匀喷雾。

【注意事项】不能与碱性药剂或物质混用，在病害发生前使用效果最好。悬浮剂型可能会有一些沉淀，摇匀后使用不影响药效。剩余药剂注意密封存放，避免降低药效。用药时注意安全保护，皮肤沾染药液立即用大量肥皂及清水冲洗，药液溅入眼睛用大量清水冲洗15分钟；如误服，立即大量饮水催吐，并送医院对症治疗。

烯酰·锰锌

【有效成分】烯酰吗啉（dimethomorph）＋代森锰锌（mancozeb)。

【常见商标名称】安克锰锌、好除露、霉克特、富利霜、欧来宁、易得施、烯尔嘧、旺克、园星、安涛、拆霜、甘霜、美霜、银霜、净爽、雷米、霉咔、魔粉、追绿、伊诺安克、安格诺安卡等。

【主要含量与剂型】69％可湿性粉剂（9％烯酰吗啉＋60％代森锰锌；8％烯酰吗啉＋61％代森锰锌）、69％水分散粒剂（9％烯酰吗啉＋60％代森锰锌）、50％可湿性粉剂（6％烯酰吗啉＋44％代森锰锌）、80％可湿性粉剂（10％烯酰吗啉＋70％代森锰锌）。

【理化性质】烯酰吗啉纯品为无色结晶体，熔点127～148℃，微溶于水，可溶于丙酮、乙醇、环己酮、二氯甲烷、二甲基甲酰胺。原粉为米色结晶粉。属低毒杀菌剂成分，原药大鼠急性经口LD_{50}为3.9克/千克，大鼠急性经皮LD_{50}大于2克/千克，试验条件下未见致畸、致癌、致突变作用。代森锰锌原药为灰黄色粉末，熔点136℃（熔点前分解），不溶于大多数有机溶剂，溶于强螯合剂溶液中，加热及潮湿环境中缓慢分解。属低毒杀菌剂成分，原药大鼠急性经口LD_{50}大于5克/千克，大鼠急性经皮LD_{50}大于10克/千克。

可湿性粉剂外观为绿黄色粉末，pH值为6～8；水分散粒剂外观为米色圆柱形颗粒，pH值为6.4～6.7。制剂对高等动物低毒，大鼠急性经口LD_{50}为2.4克/千克，对眼睛有轻微刺激，对皮肤无刺激作用。

【产品特点】烯酰·锰锌是由烯酰吗啉与代森锰锌混配的一种复合杀菌剂，专用于防治低等真菌性病害，具有治疗与保护双重防病效果。烯酰吗啉是一种内吸治疗性成分，主要是破坏病菌细胞壁膜的形成，对卵菌的各个生长发育阶段都有作用，尤其对孢子囊梗和卵孢子的形成阶段最为敏感，若在孢子形成前用药，则可完全抑制孢子的产生、防止病害蔓延。代森锰锌为广谱保护性成分，主要作用于病菌代谢过程中丙酮酸的氧化，而导致病菌死亡。两者混配，优势互补，混剂兼有保护和治疗双重防病作用，且延缓了病菌对内吸治疗成分的抗药性产生。

【适用作物及防治对象】烯酰·锰锌适用于多种植物，主要用于防治低等真菌性病害，并可兼防一些高等真菌性病害。目前生产中主要用于防治：葡萄霜霉病，荔枝霜疫霉病，黄瓜、西瓜、甜瓜、苦瓜等瓜类的霜霉病、疫腐病，番茄晚疫病，辣椒疫病，茄子绵疫病，十字花科蔬菜霜霉病，菠菜霜霉病，瓜果蔬菜的茎基部疫病，瓜果蔬菜苗床的猝倒病、苗疫病，马铃薯晚疫病，烟草黑胫病等。

【使用技术】

葡萄霜霉病 开花前、后各喷药1次，防治霜霉病为害幼穗；以后从叶片上初见病斑时开始继续喷药，10天左右1次，与不同类型药剂交替使用，连续喷施到果实采收前后。防治叶片霜霉病时重点喷洒叶片背面。一般使用69%可湿性粉剂或69%水分散粒剂600～800倍液，或50%可湿性粉剂400～500倍液，或80%可湿性粉剂700～900倍液喷雾。

荔枝霜疫霉病 花蕾期、幼果期、果实近成熟期各喷药1次，一般使用69%可湿性粉剂或69%水分散粒剂500～600倍液，或50%可湿性粉剂350～450倍液，或80%可湿性粉剂600～700倍液均匀喷雾。

瓜类霜霉病、疫腐病 从病害发生前或发生初期开始喷药，7～10天1次，与不同类型药剂交替使用，连续喷药，使叶片背面及果实表面均要着药。一般每亩次使用69%可湿性粉剂或69%水分散粒剂110～150克，或50%可湿性粉剂140～180克，或80%可湿性粉剂100～125克，对水60～75千克喷雾，植株较小时酌情减少用药量。

番茄晚疫病 从病害发生初期开始喷药，7～10天1次，与不同类型药剂交替使用，连喷4～6次。一般每亩次使用69%可湿性粉剂或69%水分散粒剂120～150克，或50%可湿性粉剂150～180克，或80%可湿性粉剂100～125克，对水60～75千克均匀喷雾。

茄子绵疫病 从雨季到来前或病害发生初期开始喷药，7～10天1次，连喷2～4次，重点喷洒植株中下部的果实。药剂使用量同“番茄晚疫病”。

辣椒疫病 从病害发生初期开始喷药，7～10天1次，与不同类型药剂交替使用，连喷3～4次。一般每亩次使用69%可湿性粉剂或69%水分散粒剂130～160克，或50%可湿性粉剂180～230克，或80%可湿性粉剂100～130克，对水60～75千克均匀喷雾。

马铃薯晚疫病 从田间初见病斑或植株现蕾时开始喷药，10天左右1次，与不同类型药剂交替使用，连喷5～7次。药剂使用量同“辣椒疫病”。

十字花科蔬菜霜霉病 从病害发生初期开始喷药，10天左右1次，连喷2次左右，重点喷洒叶片背面。一般每亩次使用69%可湿性粉剂或69%水分散粒剂70～100克，或50%可湿性粉剂100～140克，或80%可湿性粉剂60～80克，对水30～45千克喷雾。

菠菜霜霉病 从病害发生初期开始喷药，7～10天1次，连喷2次左右，重点喷洒叶片背面。药剂使用量同“十字花科蔬菜霜霉病”。

瓜果蔬菜的茎基部疫病 从田间出现病株时开始喷药，10天左右1次，连喷2次，重点喷洒植株的茎基部及其周围土壤，每株喷洒药液30～50毫升。一般使用69%可湿性粉剂或69%水分散粒剂500～700倍液，或50%可湿性粉剂350～400倍液，或80%可湿性粉剂600～800倍液喷雾或喷淋。

瓜果蔬菜苗床的猝倒病、苗疫病 播种后出苗前或苗床出现病株时开始用药液喷淋苗床，10天后再喷淋1次。药剂使用倍数同“瓜果蔬菜的茎基部疫病”。

烟草黑胫病 从田间出现病株时开始喷药，7～10天1次，连喷2～4次，重点喷洒植株中下部的茎部及其周围土壤。一般使用69%可湿性粉剂或69%水分散粒剂500～700倍液，或50%可湿性粉剂350～400倍液，或80%可湿性粉剂600～800倍液喷雾。

【注意事项】喷药应均匀周到，特别注意植株下部和内部叶片，使叶片背面一定着药。喷雾防治瓜果蔬菜病害时，苗小时用药量酌情减少，使叶、果表面均匀覆盖药液即可。与含甲霜灵等苯胺类成分的药剂交替使用，可以延缓病菌产生抗药性。用药时注意安全保护，药剂不慎接触皮肤或眼睛，立即用大量清水冲洗干净；不慎误服，不能催吐，立即送医院对症治疗。

烯酰·吡唑酯

【有效成分】烯酰吗啉（dimethomorph）＋吡唑醚菌酯（pyraclostrobin）。

【常见商标名称】凯特。

【主要含量与剂型】18.7%水分散粒剂（12%烯酰吗啉＋6.7%吡唑醚菌酯）。

【理化性质】烯酰吗啉纯品为无色晶体，熔点127～148℃，20℃时水中溶解度小于50毫克/升，水解很缓慢，可溶于丙酮、乙醇、环已酮、二氯甲烷、二甲基甲酰胺。原粉为米色结晶粉。属低毒杀菌剂成分，原药大鼠急性经口LD_{50}为3.9克/千克，大鼠急性经皮LD_{50}大于2克/千克，试验条件下未见致畸、致癌、致突变作用。吡唑醚菌酯原药为白色至浅米色结晶状固体，无味，熔点63.7～65.2℃，20℃时水中溶解度为1.9毫克/升。属低毒杀菌剂，大鼠急性经口LD_{50}大于5000毫克/千克，大鼠急性经皮LD_{50}大于2000毫克/千克。

【产品特点】烯酰·吡唑酯是由烯酰吗啉和吡唑醚菌酯按科

学比例混配的一种低毒复合型杀菌剂，对低等真菌性病害具有较好的防治效果，可有效阻止病菌侵入，减少病菌侵染，抑制病菌扩散和杀死体内病菌，早期使用还能提高作物的免疫能力，降低发病程度，减少用药次数。该药作用较迅速，持效期较长，使用较安全。

烯酰吗啉是一种吗啉类内吸治疗性低毒杀菌成分，对低等真菌性病害有特效，具有内吸治疗和预防保护双重作用，内吸性强，耐雨水冲刷，持效期较长。其杀菌机理是破坏病菌细胞壁膜的形成，引起孢子囊壁的分解，而使病菌死亡，对孢囊梗、孢子囊及卵孢子的形成阶段非常敏感，若在孢子囊和卵孢子形成前用药，则完全抑制孢子的产生。但连续使用易诱使病菌产生抗药性。吡唑醚菌酯是一种新型甲氧基丙烯酸酯类杀菌成分，对多种真菌性病害都有较好的预防和治疗效果，作用速度快、持效期长、使用安全，并能在一定程度上诱发植株表现潜在的抗病能力。其杀菌机理是通过抑制病菌线粒体的呼吸作用，使能量不能形成，而导致病菌死亡。

【适用作物及防治对象】烯酰·吡唑酯适用于多种作物，对低等真菌性病害具有良好的防治效果。目前生产中主要用于防治：黄瓜、西瓜、甜瓜、冬瓜等瓜类的霜霉病、疫病，番茄晚疫病，辣椒疫病，甘蓝霜霉病，马铃薯晚疫病，葡萄霜霉病，荔枝霜疫霉病等。

【使用技术】

黄瓜、西瓜、甜瓜、冬瓜等瓜类的霜霉病、疫病 以防治霜霉病为主，兼防疫病。从田间初见病斑时立即开始喷药，7～10天1次，与不同类型药剂交替使用，直到生长后期。一般每亩次使用18.7%水分散粒剂75～125克，对水45～75千克均匀喷雾。重点喷洒叶片背面及茎基部，植株较小时可适当降低用药量。

番茄晚疫病 从病害发生初期开始均匀喷药，7～10天1

次，连喷4～5次。药剂使用量同“黄瓜霜霉病”。

辣椒疫病 从病害发生初期开始均匀喷药，7～10天1次，连喷3～5次，重点喷洒叶片背面及植株中下部。药剂使用量同“黄瓜霜霉病”。

甘蓝霜霉病 从病害发生初期开始喷药，7～10天1次，连喷2～3次。一般每亩次使用18.7%水分散粒剂75～100克，对水30～45千克均匀喷雾，重点喷洒叶片背面。

马铃薯晚疫病 从田间初见病株时或株高20～30厘米时开始喷药，10天左右1次，连喷5～7次。一般每亩次使用18.7%水分散粒剂100～125克，对水60～75千克均匀喷雾。

葡萄霜霉病 首先在葡萄开花前、后各喷药1次，预防幼果穗受害；然后从叶片上初见病斑时立即开始连续喷药，10天左右1次，与不同类型药剂交替使用，直到生长后期。一般使用18.7%水分散粒剂600～800倍液喷雾，防治叶片受害时注意喷洒叶片背面。

荔枝霜疫霉病 花蕾期、幼果期、果实近成熟期各喷药1次，即可有效控制霜疫霉病的发生为害。药剂喷施倍数同“葡萄霜霉病”。

【注意事项】不能与强酸性及碱性药剂混用。连续喷药时，注意与不同类型药剂交替使用，以延缓病菌产生抗药性。喷药应及时均匀周到，以保证防治效果。用药时注意个人安全保护。

乙铝·锰锌

【有效成分】三乙膦酸铝（fosetyl-aluminium）+代森锰锌（mancozeb）。

【常见商标名称】品生、劲宝、农歌、世博、斩霉、东冠、恩达、绿欢、帅艳、霜掉、霜锐、霜泰、徐康、果施安、菜霉清、霉奇洁、扑瑞丰、金泰生、金富生、杀菌宝、安施立、白斯特、中达乙生、霜霉疫净灵、碳轮烂果宁等。

【主要含量与剂型】50%可湿性粉剂（20＋30；22＋28；23＋27；28＋22；30＋20）、70%可湿性粉剂（25＋45；30＋40；45＋25；46＋24）、75%可湿性粉剂（40＋35）、81%可湿性粉剂（32.4＋48.6）、64%可湿性粉剂（24＋40）。括号内的数字及顺序均为混剂中三乙膦酸铝的含量加代森锰锌的含量。

【理化性质】三乙膦酸铝纯品为白色无味结晶，工业品为白色粉末，熔点大于300℃，不易挥发，难溶于一般有机溶剂，可溶于水。遇强酸、强碱易分解。属低毒杀菌剂成分，原粉大鼠急性经口 LD_{50} 为5.8克/千克，大鼠急性经皮 LD_{50} 大于3.2克/千克，对皮肤、眼睛无刺激作用，试验剂量下未见致畸、致癌、致突变作用。

代森锰锌原药为灰黄色粉末，熔点136℃（熔点前分解）。不溶于水及大多数有机溶剂，遇酸、碱分解。高温暴露在空气中及受潮易分解，可引起燃烧。属低毒杀菌剂成分，原药大鼠急性经口 LD_{50} 大于5克/千克，大鼠急性经皮 LD_{50} 大于10克/千克，试验剂量下未发现致畸、致突变作用，对鱼类有毒。

混配制剂外观为浅灰黄色疏松粉末，pH值5～6，属低毒复配杀菌剂，70%可湿性粉剂大鼠急性经口 LD_{50} 大于5克/千克，对皮肤和粘膜有一定刺激作用。

【产品特点】乙铝·锰锌是由三乙膦酸铝与代森锰锌混配的一种复合型广谱低毒杀菌剂。三乙膦酸铝属内吸性杀菌成分，在植物体内能上下传导，具有保护和治疗作用。代森锰锌属保护性杀菌成分，主要通过金属离子杀菌，其杀菌机理是抑制病菌代谢过程中丙酮酸的氧化，而导致病菌死亡，该抑制过程具有六个作用位点，故病菌极难产生抗药性。两者混配，优势互补，协同增效，防病范围更广，病菌很难产生抗药性。

【适用作物及防治对象】乙铝·锰锌适用作物非常广泛，对许多种真菌性病害均具有较好的防治效果。目前生产中主要应用于防治：苹果的轮纹病、炭疽病、斑点落叶病、黑星病、褐斑病，梨树的黑星病、黑斑病、轮纹病、炭疽病、褐斑病，葡萄的黑痘病、霜霉病、炭疽病、褐斑病，桃树的黑星病、真菌性穿孔病，枣树的轮纹病、炭疽病、褐斑病，柿树的圆斑病、角斑病、炭疽病，柑橘的疮痂病、炭疽病、黑点病、黑星病，荔枝霜疫霉病，花生叶斑病，黄瓜的霜霉病、炭疽病、黑星病，西瓜的炭疽病、蔓枯病、叶枯病，甜瓜的炭疽病、黑斑病、蔓枯病，辣椒的炭疽病、疮痂病、疫病，茄子的褐纹病、叶斑病，番茄的早疫病、晚疫病、叶霉病、叶斑病，芹菜叶斑病，芦笋茎枯病，十字花科蔬菜霜霉病、黑斑病、白斑病，马铃薯的早疫病、晚疫病等。

【使用技术】

苹果病害 从落花后 10 天左右开始喷药，10～15 天 1 次，与不同类型药剂交替使用，连续喷施 6～7 次，可有效防治斑点落叶病、黑星病、褐斑病及套袋果的轮纹病、炭疽病。一般使用 50%可湿性粉剂 400～500 倍液，或 70%可湿性粉剂 600～800 倍液，或 75%可湿性粉剂 600～800 倍液，或 81%可湿性粉剂 600～800 倍液，或 64%可湿性粉剂 500～600 倍液均匀喷雾。

梨病害 从落花后 10～15 天开始喷药，10～15 天 1 次，与不同类型药剂交替使用，连喷 6～9 次，可有效防治黑星病、黑斑病、轮纹病、炭疽病及褐斑病的发生为害。药剂喷施倍数同“苹果病害”。

葡萄病害 开花前、落花后、落花后 10～15 天各喷药 1 次，有效防治黑痘病及霜霉病为害幼穗；以后从叶片上初见霜霉病斑或褐斑病斑时开始继续喷药，10～15 天 1 次，与不同类型药剂交替使用，到果实采收前 1 个月结束，可有效防治霜霉病、褐斑病及炭疽病的中前期为害。果实采收前 1 个月内换用其他药剂，以防污染果面。药剂喷施倍数同“苹果病害”。

桃树黑星病、真菌性穿孔病 从落花后 20～30 天开始喷药，10～15 天 1 次，连续喷药，到果实采收前 1.5 个月结束。药剂喷施倍数同“苹果病害”。

枣树病害 开花前、后各喷药1次，有效防治褐斑病的前期为害；然后从落花后15～20天开始继续喷药，10～15天1次，连喷4～6次，有效防治轮纹病、炭疽病及褐斑病的中后期为害。药剂喷施倍数同“苹果病害”。

柿树病害 在落花后10～15天和20～30天各喷药1次，可有效防治圆斑病和角斑病的发生为害，兼防炭疽病；南方柿树产区，落花1个月后仍需继续喷药，10～15天1次，连喷3～5次，有效防治炭疽病的发生为害。药剂喷施倍数同“苹果病害”。

柑橘病害 防治疮痂病、炭疽病、黑点病及黑星病时，在春梢生长初期、开花前、落花后、夏梢生长初期、秋梢生长初期、果实着色期各喷药1次。药剂喷施倍数同“苹果病害”。

荔枝霜疫霉病 花蕾期、幼果期、果实近成熟期各喷药1次。药剂喷施倍数同“苹果病害”。

花生叶斑病 从病害发生初期开始喷药，10～15天1次，连喷2～3次。一般每亩次使用50%可湿性粉剂100～120克，或70%可湿性粉剂80～100克，或75%可湿性粉剂80～100克，或81%可湿性粉剂80～100克，或64%可湿性粉剂100～120克，对水30～45千克均匀喷雾。

黄瓜病害 以防治霜霉病为主，兼防炭疽病、黑星病。从初见霜霉病斑时立即开始喷药，7～10天1次，与不同类型药剂交替使用，连续喷药，直到生长后期。一般每亩次使用50%可湿性粉剂180～250克，或70%可湿性粉剂120～180克，或75%可湿性粉剂120～180克，或81%可湿性粉剂150～200克，或64%可湿性粉剂180～250克，对水60～90千克均匀喷雾，植株较小时适当减少用药量。

西瓜病害 主要用于防治炭疽病、蔓枯病、叶枯病，从病害发生初期开始喷药，10天左右1次，连喷3～4次。药剂使用量同“黄瓜病害”。

甜瓜病害 主要用于防治炭疽病、黑斑病及蔓枯病，从病害发生初期开始喷药，10天左右1次，连喷3～4次，药剂使用量同“黄瓜病害”。

辣椒病害 主要用于防治炭疽病、疮痂病及疫病，从病害发生初期开始喷药，10天左右1次，连喷2～4次，药剂使用量同“黄瓜病害”。

茄子褐纹病、叶斑病 从病害发生初期开始喷药，10天左右1次，连喷2～4次。药剂使用量同“黄瓜病害”。

番茄病害 以防治晚疫病为主，兼防早疫病、叶霉病及叶斑病。从晚疫病发生初期开始喷药，7～10天1次，与不同类型药剂交替使用，连喷5～7次。药剂使用量同“黄瓜病害”。

芹菜叶斑病 从病害发生初期开始喷药，7～10天1次，连喷3～4次。药剂使用量同“花生叶斑病”。

芦笋茎枯病 从病害发生初期开始喷药，7～10天1次，连喷3～4次，重点喷洒植株中下部，药剂使用量同“花生叶斑病”。

十字花科蔬菜霜霉病、黑斑病、白斑病 从病害发生初期开始喷药，7～10天1次，连喷2次左右，喷药应均匀周到。药剂使用量同“花生叶斑病”。

马铃薯早疫病、晚疫病 从田间初见病斑时或株高20～30厘米时开始喷药，10天左右1次，与不同类型药剂交替使用，连喷5～7次。药剂使用量同“黄瓜病害”。

【注意事项】 不能与铜制剂及碱性农药混用。从发病前或病害发生初期开始喷药效果较好，且喷药应及时均匀周到。贮存时注意防潮，密封保存于阴凉干燥处，以防分解失效。使用时注意安全保护，不慎中毒立即送医院对症治疗。

乙霉·多菌灵

【有效成分】 乙霉威（diethofencarb）＋多菌灵（carbendazim)。

【常见商标名称】多霉清、钉霉、困霉、乾程、欣喜、金万霉灵、野田霉克等。

【主要含量与剂型】50%可湿性粉剂（25%乙霉威+25%多菌灵；10%乙霉威+40%多菌灵）、60%可湿性粉剂（30%乙霉威+30%多菌灵）、25%可湿性粉剂（5%乙霉威+20%多菌灵）。

【理化性质】乙霉威纯品为白色结晶，原药为无色至浅褐色固体，熔点100.3℃，微溶于水，可溶于甲醇、二甲苯。属低毒杀菌成分，原药大鼠急性经口LD_{50}大于5克/千克，大鼠急性经皮LD_{50}大于5克/千克。

多菌灵原粉为浅棕色粉末，熔点290℃。不溶于水及一般有机溶剂，微溶于丙酮、氯仿、乙酸乙酯，可溶于无机酸及醋酸，并形成相应的盐。对酸、碱不稳定，对热较稳定。属低毒杀菌成分，原粉大鼠急性经口LD_{50}大于10克/千克，大鼠急性经皮LD_{50}大于2克/千克，对鱼类和蜜蜂低毒，试验条件下未见致癌作用。

【产品特点】乙霉·多菌灵是由乙霉威与多菌灵混配的一种复合型广谱低毒杀菌剂，具有治疗和保护双重作用。乙霉威属氨基甲酸酯类杀菌剂，通过抑制病菌芽孢纺锤体的形成而杀菌，能有效防治对多菌灵已产生抗药性的病菌引起的多种病害。多菌灵属苯并咪唑类杀菌剂，通过抑制病菌细胞分裂过程中纺锤体的形成、使细胞不能分裂而导致病菌死亡。两者混配，作用互补，既克服了病菌的抗药性，又大大提高了防治效果。

【适用作物及防治对象】乙霉·多菌灵适用于多种植物，主要用于防治灰霉病类病害，并对多种高等真菌性病害也具有很好的防治效果。目前生产中主要用于防治：番茄、黄瓜、茄子、辣椒、甜瓜、苦瓜、西葫芦、芸豆、莴苣等瓜果蔬菜的灰霉病、菌核病，甜菜褐斑病，草莓灰霉病，葡萄灰霉病，大棚桃、杏及樱桃的灰霉病，桃褐腐病，苹果的轮纹病、炭疽病，花卉植物的灰霉病等。

【使用技术】

瓜果蔬菜的灰霉病、菌核病 从病害发生初期或连阴2天后开始喷药，7～10天1次，连喷2～3次。一般每亩次使用50%可湿性粉剂120～150克，或60%可湿性粉剂100～120克，或25%可湿性粉剂250～300克，对水60～75千克均匀喷雾。另外，保护地蔬菜蘸花或喷花时，若在蘸花药中加入0.1%乙霉·多菌灵，对控制灰霉病的发生为害具有良好的效果。

甜菜褐斑病 从病害发生初期开始喷药，10～15天1次，连喷2～3次。一般每亩次使用50%可湿性粉剂100～125克，或60%可湿性粉剂100～120克，或25%可湿性粉剂200～250克，对水45～60千克均匀喷雾。

草莓灰霉病 从病害发生初期或连阴2天后开始喷药，7～10天1次，连喷2～3次。一般每亩次使用50%可湿性粉剂80～100克，或60%可湿性粉剂60～80克，或25%可湿性粉剂150～200克，对水30～45千克均匀喷雾。

葡萄灰霉病 开花前、后各喷药1次，防治灰霉病为害幼穗；果实近成熟期，从初见病果粒时开始再次喷药，7～10天1次，连喷2次。一般使用50%可湿性粉剂800～1000倍液，或60%可湿性粉剂1000～1200倍液，或25%可湿性粉剂350～400倍液均匀喷雾。

大棚桃、杏及樱桃的灰霉病 开花前、后阴天时，各喷药1次；以后从病害发生初期或连阴2天后开始喷药，7～10天1次，连喷2～3次。药剂喷施倍数同"葡萄灰霉病"。

桃褐腐病 中晚熟品种从果实采收前1～1.5个月开始喷药，10天左右1次，连喷2～3次。药剂喷施倍数同"葡萄霜霉病"。

苹果轮纹病、炭疽病 从落花后10天左右开始喷药，10天左右1次，连喷3次，而后套袋；不套袋果继续与其他不同类型药剂交替喷施，还需喷药4～6次。药剂喷施倍数同"葡萄霜霉病”。

花卉植物的灰霉病　从病害发生初期开始喷药，7～10天1次，连喷2～3次。药剂喷施倍数同“葡萄霜霉病”。

【注意事项】不能与铜制剂及酸碱性较强的农药混用。喷药防治灰霉病前先摘除病果、病叶可提高对病害的防治效果。保护地蔬菜或保护地果树在连阴2天后应及时喷药。用药时注意安全保护，不慎中毒立即送医院对症治疗。

戊唑·多菌灵

【有效成分】戊唑醇（tebuconazole）+多菌灵（carbendazim）。

【常见商标名称】龙灯福连、福多收、新风景、果园红、禾易等。

【主要含量与剂型】30%悬浮剂（8%戊唑醇+22%多菌灵）、30%可湿性粉剂（8%戊唑醇+22%多菌灵）、42%悬浮剂（12%戊唑醇+30%多菌灵）、60%水分散粒剂（15戊唑醇+45%多菌灵）。

【理化性质】戊唑醇原药为无色结晶，熔点102.4℃。微溶于水、己烷，溶于二氯甲烷、甲苯、异丙酮。属低毒杀菌成分，原药大鼠急性经口LD_{50}大于4克/千克，大鼠急性经皮LD_{50}大于5克/千克。试验剂量下无致畸、致癌、致突变作用。对鱼中等毒性，对鸟低毒，对蜜蜂无毒。

多菌灵原粉为浅棕色粉末，熔点290℃。不溶于水及一般有机溶剂，微溶于丙酮、氯仿、乙酸乙酯，可溶于无机酸及醋酸，并形成相应的盐。对酸、碱不稳定，对热较稳定。属低毒杀菌成分，原粉大鼠急性经口LD_{50}大于15克/千克，大鼠急性经皮LD_{50}大于2克/千克。对鱼类和蜜蜂低毒，试验条件下未见致癌作用。

悬浮剂型颗粒微细，品质稳定，没有明显沉淀与分层现象。

【产品特点】戊唑·多菌灵是一种由戊唑醇与多菌灵混配的复合型双效内吸治疗性广谱杀菌剂，对多种真菌性病害均具有保护、治疗及铲除多重作用。多菌灵的杀菌机理是干扰病菌细胞有丝分裂中纺锤体的形成、进而影响细胞分裂，导致病菌死亡；戊唑醇的杀菌机理是抑制病菌细胞膜上麦角甾醇的去甲基化，使病菌无法形成细胞膜，进而杀死病原菌。两种有效成分，优势互补，协同增效，防病范围更广，杀菌治病更彻底；双重杀菌机制，病菌极难产生抗药性，可以连续多次使用。该药内吸渗透性好，幼嫩组织用药，具有向顶传导作用。

优质悬浮剂型颗粒微细，性能稳定，黏着性好，渗透性强，耐雨水冲刷，使用安全。喷施后叶片浓绿、亮泽、肥厚，具有增产效果；果实表面光洁、靓丽，没有黑点、红点，可提高果品质量。

【适用作物及防治对象】戊唑·多菌灵适用作物极为广泛，对许多种高等真菌性病害均具有很好的防治效果。目前生产中主要用于防治：苹果树的腐烂病、枝干轮纹病、干腐病、霉心病、果实轮纹病、炭疽病、套袋果斑点病、锈病、白粉病、斑点落叶病、褐斑病、黑星病、褐腐病，梨树的腐烂病、枝干轮纹病、干腐病、黑星病、黑斑病、果实轮纹病、炭疽病、褐斑病、白粉病、锈病、套袋果斑点病、褐腐病，葡萄的黑痘病、穗轴褐枯病、炭疽病、白腐病、褐斑病、白粉病、房枯病，桃、杏、李的真菌性流胶病、黑星病（疮痂病）、炭疽病、褐腐病、真菌性穿孔病，栗树的干枯病、炭疽病，柿树的圆斑病、角斑病、炭疽病，核桃炭疽病，枣树的锈病、轮纹病、炭疽病、褐斑病、果实斑点病，石榴的炭疽病、麻皮病，山楂的炭疽病、轮纹病、黑星病、叶斑病，柑橘的疮痂病、炭疽病、黑星病、砂皮病，香蕉的叶斑病、黑星病、炭疽病，杧果的炭疽病、白粉病、叶斑病，荔枝的炭疽病、叶斑病，水稻的纹枯病、稻瘟病、稻曲病、鞘腐病、褐变穗，小麦的纹枯病、赤霉病、白粉病、锈病，玉米的大斑病、小斑病、灰斑病、黄斑病、纹枯病，油菜菌核病，甜菜褐斑病，花生的叶斑病、锈病，大豆菌核病，绿豆的白粉病、叶斑病，麻山药炭疽病，西瓜、甜瓜、黄瓜等瓜类的炭疽病、白粉病、叶斑病、蔓枯病，番茄的早疫病、叶霉病、叶斑病，辣椒的炭疽病、叶斑病，芦笋茎枯病，花卉植物的白粉病、炭疽病、锈病、叶斑病等。

【使用技术】戊唑·多菌灵主要用于喷雾，喷施倍数及用药量因防治对象与用药时期不同而异。

苹果病害 芽萌动初期，喷施1次30%悬浮剂或30%可湿性粉剂400～600倍液，或42%悬浮剂600～800倍液，或60%水分散粒剂800～1000倍液，防治枝干病害（腐烂病、枝干轮纹病、干腐病）及铲除树体携带病菌。开花前、后各喷药1次，有效防治锈病、白粉病，兼防霉心病。霉心病严重的果园或品种，盛花期至盛花末期，选择晴朗无风天气喷药1次。从落花后10天左右开始连续喷药，10天左右1次，连喷3次药后套袋，有效防治果实轮纹病、炭疽病、春梢期斑点落叶病及套袋果斑点病，兼防褐斑病、黑星病。套袋后或不套袋果中后期继续连续喷药，10～15天1次，连喷4次左右（不套袋果需增喷2～3次），有效防治褐斑病、黑星病及秋梢期斑点落叶病，不套袋果还可兼防果实近成熟期的褐腐病。果实摘袋后2～3天喷药1次，防治果实斑点病的发生。苹果生长期一般使用30%悬浮剂或30%可湿性粉剂800～1000倍液，或42%悬浮剂1000～1200倍液，或60%水分散粒剂1500～2000倍液均匀喷雾。苹果树腐烂病严重果区或果园，在苹果套袋后和采收后分别药剂涂干或喷干1次，特别严重果园有时还在发芽前涂干1次。涂干时一般使用30%悬浮剂或30%可湿性粉剂100～200倍液，或42%悬浮剂200～300倍液，或60%水分散粒剂300～400倍液进行。

梨树病害 芽萌动初期，喷施1次30%悬浮剂或30%可湿性粉剂400～600倍液，或42%悬浮剂600～800倍液，或60%

水分散粒剂800～1000倍液，防治枝干病害（腐烂病、枝干轮纹病、干腐病）及铲除树体携带病菌。在风景绿化区的果园，开花前、后各喷药1次，有效防治锈病，兼防黑星病病梢形成。从落花后10天左右开始连续喷药，10天左右1次，连喷3次药后套袋，有效防治果实轮纹病、炭疽病、幼果期的黑星病及套袋果斑点病，兼防黑斑病、褐斑病。套袋后或不套袋果中后期继续喷药，10～15天1次，连喷5～7次，可有效防治黑星病、黑斑病、白粉病、褐斑病及不套袋果的轮纹病、炭疽病、褐腐病。不套袋果果实采收前7天左右最好再喷药1次，防治黑星病为害果实。梨树生长期一般使用30%悬浮剂或30%可湿性粉剂800～1000倍液，或42%悬浮剂1000～1200倍液，或60%水分散粒剂1500～2000倍液均匀喷雾。

葡萄病害 芽膨大期，喷施1次30%悬浮剂或30%可湿性粉剂400～600倍液，或42%悬浮剂600～800倍液，或60%水分散粒剂800～1000倍液，铲除枝蔓表面带菌。开花前、落花70%～80%、落花后10天各喷药1次，有效防治穗轴褐枯病、黑痘病；防治褐斑病、白粉病时，从病害发生初期开始喷药，10～15天1次，连喷2～3次，同时兼防炭疽病、房枯病；然后从果粒基本长成大小时开始继续喷药，10天左右1次，直到果实采收前一周，可有效防治炭疽病、白腐病、房枯病等。葡萄生长期一般喷施30%悬浮剂或30%可湿性粉剂800～1000倍液，或42%悬浮剂1000～1200倍液，或60%水分散粒剂1500～2000倍液。果实病害严重时，也可用上述药液浸蘸果穗。

桃、杏、李病害 萌芽期喷施1次30%悬浮剂或30%可湿性粉剂400～600倍液，或42%悬浮剂600～800倍液，或60%水分散粒剂800～1000倍液，防治真菌性流胶病，铲除树体带菌。然后从落花后20～30天开始喷药，10～15天1次，晚熟品种需连续喷药3～4次，可有效防治黑星病、炭疽病、褐腐病及真菌性穿孔病。生长期药剂喷施倍数同“葡萄病害”生长期喷药。

栗干枯病、炭疽病 萌芽期喷施1次30%悬浮剂或30%可湿性粉剂400～600倍液，或42%悬浮剂600～800倍液，或60%水分散粒剂800～1000倍液，铲除树体带菌，防治干枯病。炭疽病严重栗园，从落花后30天左右开始喷药，10～15天1次，连喷2～3次。落花后药剂喷施倍数同“葡萄病害”生长期喷药。

柿树病害 落花后15天左右、25天左右各喷药1次，可有效防治圆斑病、角斑病的发生为害；炭疽病严重柿园，15天后再连续喷药2次左右，间隔期10～15天。药剂喷施倍数同“葡萄病害”生长期喷药。

核桃炭疽病 从落花后30天左右开始喷药，10～15天1次，连喷2～3次。药剂喷施倍数同“葡萄病害”生长期喷药。

枣树病害 从落花后15～20天开始喷药，10～15天1次，连喷5～7次，可有效防治锈病、轮纹病、炭疽病、褐斑病及果实斑点病的发生为害。一般使用30%悬浮剂或30%可湿性粉剂800～1000倍液，或42%悬浮剂1000～1200倍液，或60%水分散粒剂1500～2000倍液均匀喷雾。

石榴炭疽病、麻皮病 从病害发生初期开始均匀喷药，10天左右1次，连喷3～5次。药剂喷施倍数同“枣树病害”。

山楂病害 从山楂落花后半月左右开始喷药，10～15天1次，连喷2～4次，可有效防治炭疽病、轮纹病、黑星病、叶斑病的发生为害。药剂喷施倍数同“枣树病害”。

柑橘病害 开花前、后是防治疮痂病的关键期；幼果期是防治炭疽病并保果的关键期，同时兼防疮痂病；果实膨大期至转色期是防治黑星病、砂皮病的关键期，同时兼防炭疽病。药剂喷施倍数同“枣树病害”。

香蕉叶斑病、黑星病、炭疽病 从病害发生初期开始喷药，7～10天1次，连喷2～4次。在蕉仔和香蕉抽蕾期一般喷施

30%悬浮剂或30%可湿性粉剂800～1000倍液，或42%悬浮剂1000～1200倍液，或60%水分散粒剂1500～2000倍液，其他时期喷施30%悬浮剂600～800倍液，或42%悬浮剂800～1000倍液，或60%水分散粒剂1200～1500倍液。

杧果病害 花蕾期、落花后各喷药1次，有效防治白粉病及幼穗期炭疽病；果实近成熟期喷药1～2次，有效防治果实炭疽病，兼防叶斑病。药剂喷施倍数同“枣树病害”。

荔枝炭疽病、叶斑病 从病害发生初期开始喷药，10天左右1次，连喷2～3次。药剂喷施倍数同“枣树病害”。

水稻病害 防治苗瘟、叶瘟时，田间出现中心病株时喷药1次；破口期、齐穗期各喷药1次，有效防治穗颈瘟，兼防褐变穗；防治稻曲病时，破口前5～7天、齐穗初期各喷药1次；防治纹枯病、鞘腐病时，拔节期、孕穗期需各喷药1次。一般每亩次使用30%悬浮剂75～100毫升，或30%可湿性粉剂80～100克，或42%悬浮剂60～80毫升，或60%水分散粒剂40～50克，对水30～45千克均匀喷雾。

小麦病害 防治纹枯病时，返青期至拔节期为喷药关键期，一般在病株率10%～20%时喷药1次，往年严重地块10天左右后再喷药1次；防治赤霉病时，齐穗期喷药1次，往年严重地块扬花后立即再喷药1次；防治锈病、白粉病时，拔节期至扬花前喷药1～2次。药剂使用量同“水稻病害”。

玉米大斑病、小斑病、灰斑病、黄斑病、纹枯病 从病害发生初期开始喷药，10～15天1次，连喷2次左右。玉米生长前期用药量同“水稻病害”，玉米生长中后期用药量应适当增加。

油菜菌核病 初花期、盛花期各喷药1次，重点喷洒植株中下部。药剂使用量同“水稻病害”。

甜菜褐斑病 从病害发生初期开始喷药，10～15天1次，连喷2次左右。药剂使用量同“水稻病害”。

花生叶斑病、锈病 从病害发生初期或初花期开始喷药，

10～15天1次，连喷2次左右。药剂使用量同“水稻病害”。

大豆菌核病 在大豆封垄前喷药防治，重点喷洒植株中下部及土壤表面，一般需喷药1～2次。药剂使用量同“水稻病害”。

绿豆白粉病、叶斑病 从病害发生初期开始喷药，10～15天1次，连喷2次左右。药剂使用量同“水稻病害”。

麻山药炭疽病 从病害发生初期开始喷药，10天左右1次，连喷3～5次。一般使用30%悬浮剂或30%可湿性粉剂800～1000倍液，或42%悬浮剂1000～1200倍液，或60%水分散粒剂1500～2000倍液均匀喷雾。

瓜类的炭疽病、白粉病、叶斑病、蔓枯病 从坐住瓜后的病害发生初期开始喷药，10天左右1次，连喷3～4次。一般使用30%悬浮剂或30%可湿性粉剂1000～1200倍液，或42%悬浮剂1200～1500倍液，或60%水分散粒剂2000～2500倍液均匀喷雾。

番茄早疫病、叶霉病、叶斑病 从坐住果后的病害发生初期开始喷药，7～10天1次，连喷3～4次。药剂使用量同“瓜类炭疽病”。

辣椒炭疽病、叶斑病 从坐住果后的病害发生初期开始喷药，10天左右1次，连喷2～4次。药剂使用量同“瓜类炭疽病”。

芦笋茎枯病 从病害发生初期开始喷药，7～10天1次，连喷3～4次，重点喷洒植株中下部。一般使用30%悬浮剂或30%可湿性粉剂600～800倍液，或42%悬浮剂800～1000倍液，或60%水分散粒剂1200～1500倍液均匀喷雾。

花卉植物的白粉病、炭疽病、锈病、叶斑病 从病害发生初期开始喷药，10天左右1次，连喷2～4次。药剂使用量同“麻山药炭疽病”。

【注意事项】不能与碱性药剂混合使用。悬浮剂可能会有一些沉降，摇匀后使用不影响药效。喷药应及时均匀周到，在发病前或发病初期喷药效果最好，病害发生较重时应适当加大用药量。不同企业生产的药剂存在一定差异，注意按照使用标签用药。配药及用药时注意安全保护，避免皮肤及眼睛触及药液；如误服，立即送医院对症治疗。

锰锌·多菌灵

【有效成分】代森锰锌（mancozeb）＋多菌灵（carbendazim）。

【常见商标名称】果病安、果益丰、黑星畏、斗菌士、菌铲掉、病立除、金梨生、诺富安、新灵、世生、吉高、落丹、叶翠、倍亮、大保、甲刻、斑轮菌克等。

【主要含量与剂型】70%可湿性粉剂（60＋10；50＋20；40＋30）、50%可湿性粉剂（42＋8；40＋10；35＋15；30＋20）、40%可湿性粉剂（20＋20）、60%可湿性粉剂（35＋25；40＋20）、80%可湿性粉剂（60＋20；65＋15）。括号内数字及顺序均为代森锰锌的含量加多菌灵的含量。

【理化性质】代森锰锌原药为灰黄色粉末，熔点136℃（熔点前分解）。不溶于水及大多数有机溶剂，遇酸、碱分解。高温暴露在空气中及受潮易分解，可引起燃烧。属低毒杀菌成分，原药雄性大鼠急性经口LD_{50}大于5克/千克，大鼠急性经皮LD_{50}大于10克/千克，对皮肤和粘膜有一定刺激作用，在试验剂量下未发现致畸、致突变作用，对鱼类有毒。

多菌灵原粉为浅棕色粉末，熔点290℃。不溶于水及一般有机溶剂，微溶于丙酮、氯仿、乙酸乙酯，可溶于无机酸及醋酸，并形成相应的盐。对酸、碱不稳定，对热较稳定。属低毒杀菌成分，原粉大鼠急性经口LD_{50}大于10克/千克，大鼠急性经皮LD_{50}大于2克/千克，对鱼类和蜜蜂低毒，试验条件下未见致癌作用。

【产品特点】锰锌·多菌灵又称多·锰锌，是由代森锰锌与多菌灵混配的一种复合型广谱杀菌剂，具有保护和治疗双重防病作用。代森锰锌属广谱保护性杀菌成分，主要通过金属离子杀菌，其杀菌机理是抑制病菌代谢过程中丙酮酸的氧化，而导致病菌死亡。多菌灵属内吸治疗性杀菌成分，其作用机理是干扰病菌有丝分裂过程中纺锤体的形成，进而影响细胞分裂，最终导致病菌死亡。两者混配，优势互补，对抗性病菌防治效果好，并具有显著增效作用，且杀菌防病范围更广。使用全络合态代森锰锌混配的制剂，使用安全。

【适用作物及防治对象】 锰锌·多菌灵适用作物非常广泛，对许多种高等真菌性病害均具有较好的防治效果。目前生产中主要用于防治：苹果的轮纹病、炭疽病、斑点落叶病、褐斑病、黑星病，梨树的黑星病、黑斑病、轮纹病、炭疽病、褐斑病，葡萄的黑痘病、炭疽病、褐斑病，桃树的黑星病、炭疽病，柿树的圆斑病、角斑病、炭疽病，枣树的轮纹病、炭疽病、果实斑点病，柑橘的疮痂病、炭疽病、黑星病、砂皮病，番茄的早疫病、叶霉病、叶斑病，西瓜、甜瓜、黄瓜等瓜类的炭疽病、蔓枯病、叶斑病，辣椒的炭疽病、疮痂病，茄子的褐纹病、叶斑病，芹菜叶斑病，芦笋茎枯病，菜豆、芸豆等豆类蔬菜的炭疽病，葱、蒜及洋葱的紫斑病，花生叶斑病，甜菜褐斑病，小麦的纹枯病、赤霉病，水稻的稻瘟病、稻曲病、纹枯病，花卉植物的炭疽病、叶斑病，中药植物的炭疽病、叶斑病等。

【使用技术】

苹果病害 从落花后10天左右开始喷药，10天左右1次，连喷3次药后套袋，可有效防治果实轮纹病、炭疽病及春梢期的斑点落叶病，并兼防褐斑病、黑星病；而后10～15天喷药1次，连喷3～4次（不套袋果需连喷4～6次），有效防治褐斑病、黑星病、秋梢期的斑点落叶病及不套袋果的轮纹病、炭疽病。一般使用70%可湿性粉剂600～700倍液，或50%可湿性粉剂400～500倍液，或40%可湿性粉剂300～400倍液，或60%可湿性粉剂500～600倍液，或80%可湿性粉剂600～800倍液均匀喷雾。幼果期尽量选用全络合态代森锰锌的混配制剂。

梨树黑星病、黑斑病、轮纹病、炭疽病、褐斑病 从落花后10天左右开始喷药，10～15天1次，与不同类型药剂交替使用，连续喷施；套袋果连喷3次药后套袋，套袋后再喷药3～5次；不套袋果继续喷药，到果实采收前一周结束。药剂喷施倍数及注意事项同“苹果病害”。

葡萄黑痘病、炭疽病、褐斑病 开花前、落花80%、落花后10天各喷药1次，有效防治黑痘病，兼防褐斑病；而后从初见褐斑病时开始继续喷药，10天左右1次，连喷2～3次；防治炭疽病时，从果粒基本长成大小时开始喷药，10天左右1次，连续喷药，直到果实采收前一周结束。药剂喷施倍数同“苹果病害”。

桃树黑星病、炭疽病 从落花后20～30天开始喷药，10～15天1次，晚熟品种连喷3～4次。药剂喷施倍数同“苹果病害”。

柿树病害 落花后15天左右、25天左右各喷药1次，可有效防治圆斑病、角斑病的发生为害；炭疽病严重柿园，15天后再连续喷药2～4次，间隔期10～15天。药剂喷施倍数同“苹果病害”。

枣树轮纹病、炭疽病、果实斑点病 从落花后15～20天开始喷药，10～15天1次，连喷5～7次。药剂喷施倍数同“苹果病害”。

柑橘疮痂病、炭疽病、黑星病、砂皮病 开花前、后是防治疮痂病的关键期；幼果期是防治炭疽病并保果的关键期，兼防疮痂病；果实膨大期至转色期是防治黑星病、砂皮病的关键期，兼防炭疽病。药剂喷施倍数同“苹果病害”。

番茄早疫病、叶霉病、叶斑病 从病害发生初期开始喷药，10天左右1次，连喷3～4次。一般每亩次使用70%可湿性粉剂

100～120克，或50%可湿性粉剂140～170克，或40%可湿性粉剂160～200克，或60%可湿性粉剂120～140克，或80%可湿性粉剂80～100克，对水60～75千克均匀喷雾。植株较小时适当减少用药量。

瓜类炭疽病、蔓枯病、叶斑病　从病害发生初期开始喷药，10天左右1次，连喷3～4次。药剂使用量同“番茄早疫病”。

辣椒炭疽病、疮痂病　从病害发生初期开始喷药，7～10天1次，连喷3～4次。药剂使用量同“番茄早疫病”。

茄子褐纹病、叶斑病　从病害发生初期开始喷药，10天左右1次，连喷2～4次。药剂使用量同“番茄早疫病”。

豆类蔬菜炭疽病　从病害发生初期开始喷药，10天左右1次，连喷2～4次。药剂使用量同“番茄早疫病”。

芹菜叶斑病　从病害发生初期开始喷药，7～10天1次，连喷2～4次。一般每亩次使用70%可湿性粉剂50～75克，或50%可湿性粉剂70～100克，或40%可湿性粉剂90～130克，或60%可湿性粉剂60～90克，或80%可湿性粉剂45～65克，对水30～45千克均匀喷雾。

芦笋茎枯病　从病害发生初期开始喷药，10天左右1次，连喷2～4次，重点喷洒植株中下部。药剂使用量同“芹菜叶斑病”。

葱、蒜及洋葱的紫斑病　从病害发生初期开始喷药，7～10天1次，连喷2～3次。药剂使用量同“芹菜叶斑病”。

花生叶斑病　从病害发生初期开始喷药，10～15天1次，连喷2次左右。药剂使用量同“芹菜叶斑病”。

甜菜褐斑病　从病害发生初期开始喷药，10天左右1次，连喷2次左右。药剂使用量同“芹菜叶斑病”。

小麦纹枯病、赤霉病　返青期至拔节期是防治纹枯病的关键期，一般在病株率10%～20%时喷药1次，往年严重地块10天后再喷药1次；防治赤霉病时，齐穗期喷药1次，往年严重地块扬花后立即再喷药 1 次。一般每亩次使用 70%可湿性粉剂 60～80 克，或 50%可湿性粉剂 80～110 克，或 40%可湿性粉剂 100～130 克，或 60%可湿性粉剂 70～90 克，或 80%可湿性粉剂 50～70 克，对水 30～45 千克均匀喷雾。

水稻稻瘟病、稻曲病、纹枯病 防治苗瘟、叶瘟时，田间出现中心病株时喷药 1 次；防治穗颈瘟时，破口期、齐穗期各喷药 1 次；防治稻曲病时，破口前期、齐穗初期各喷药 1 次；防治纹枯病时，拔节期、孕穗期各喷药 1 次。药剂使用量同“小麦纹枯病”。

花卉植物炭疽病、叶斑病 从病害发生初期开始喷药，7～10 天 1 次，连喷 2～3 次。一般使用 70%可湿性粉剂 600～700 倍液，或 50%可湿性粉剂 400～500 倍液，或 40%可湿性粉剂 350～400 倍液，或 60%可湿性粉剂 500～600 倍液，或 80%可湿性粉剂 700～800 倍液均匀喷雾。

中药植物炭疽病、叶斑病 从病害发生初期开始喷药，10 天左右 1 次，连喷 2～3 次。药剂喷施倍数同“花卉植物炭疽病”。

【注意事项】不能与含铜制剂及碱性农药混用。本剂的安全性主要决定于代森锰锌的络合度，使用非全络合态代森锰锌的混剂不安全，苹果、梨的幼果期或套袋前慎用，以免刺激幼果，造成后期果锈。配药时要搅拌均匀，随配随用，药液不宜久存；从病害发生前或发生初期开始用药防病效果好。不同企业生产的产品配方比例存在不同，具体应用时请安说明书标注使用。

锰锌·腈菌唑

【有效成分】代森锰锌（mancozeb）＋腈菌唑（myclobutanil）。

【常见商标名称】仙生、仙星、富星、星消、惠生、斑除、锁病、正高、优化、飞达、保粒大、泰高正、鑫瑞德等。

【主要含量与剂型】 50%可湿性粉剂（48%代森锰锌+2%腈菌唑）、60%可湿性粉剂（58%代森锰锌+2%腈菌唑）、62.25%可湿性粉剂（60%代森锰锌+2.25%腈菌唑）。

【理化性质】 代森锰锌原药为灰黄色粉末，熔点136℃（熔点前分解）。不溶于水及大多数有机溶剂，遇酸、碱分解。高温暴露在空气中及受潮易分解，可引起燃烧。属低毒杀菌成分，原药雄性大鼠急性经口 LD_{50} 大于5克/千克，大鼠急性经皮 LD_{50} 大于10克/千克，对皮肤和粘膜有一定刺激作用，对鱼类有毒。

腈菌唑纯品为浅黄色结晶，原药为棕色至棕褐色粘稠状液体，熔点63～68℃。微溶于水，溶于醇、芳烃、酯、酮类有机溶剂，不溶于脂肪烃。水溶液在光照下分解。属低毒杀菌成分，大鼠急性经口 LD_{50} 为1.6克/千克，兔急性经皮 LD_{50} 大于5克/千克，对兔眼睛有轻微刺激性，对皮肤无刺激性，对蜜蜂无毒。

锰锌·腈菌唑可湿性粉剂外观为浅黄色粉末，属低毒杀菌剂，62.25%可湿性粉剂大鼠急性经口 LD_{50} 大于2290毫克/千克。无致畸、致癌、致突变作用。

【产品特点】 锰锌·腈菌唑是由代森锰锌与腈菌唑混配的一种复合型杀菌剂，对病害具有保护和内吸治疗两种作用。代森锰锌属广谱保护性杀菌成分，主要通过金属离子杀菌，其杀菌机理是抑制病菌代谢过程中丙酮酸的氧化，而导致病菌死亡。腈菌唑属广谱内吸治疗性杀菌成分，其杀菌机理是抑制病菌麦角甾醇的生物合成，使病菌细胞膜不正常，而最终导致病菌死亡；该成分内吸性强，药效高，持效期长，对作物安全，并具有一定刺激生长作用。

两者混配，取长补短，集预防保护和病害治疗于一体，防病范围更广。混剂中选用全络合态代森锰锌时，使用安全。

【适用作物及防治对象】 锰锌·腈菌唑适用作物非常广泛，主要用于防治黑星病类、白粉病类、锈病类病害，并对许多真菌性病害具有兼防作用。目前生产中主要用于防治：梨的黑星病、白粉病、锈病，苹果的锈病、黑星病，葡萄白粉病，桃黑星病，柿树白粉病，柑橘的黑星病、疮痂病，香蕉的叶斑病、黑星病，黄瓜、甜瓜、西瓜等瓜类的白粉病、黑星病，番茄叶霉病，芸豆、菜豆等豆类蔬菜的白粉病、锈病，芹菜叶斑病，花卉植物的白粉病、锈病等。

【使用技术】锰锌·腈菌唑主要通过喷雾防治病害，从病害发生前或发生初期开始喷药，喷药应及时均匀周到。

梨黑星病、白粉病、锈病 开花前、后各喷药1次，有效防治锈病；以后从出现黑星病梢或病叶时开始继续喷药，10～15天1次，与不同类型药剂交替使用，连喷6～7次，兼防白粉病。一般使用50%可湿性粉剂500～600倍液，或60%可湿性粉剂或62.25%可湿性粉剂600～700倍液均匀喷雾。

苹果锈病、黑星病 开花前、后各喷药1次，有效防治锈病；防治黑星病时，从初见病斑时开始喷药，10～15天1次，连喷2～3次。药剂喷施倍数同“梨黑星病”。

葡萄白粉病 从病害发生初期开始喷药，10天左右1次，连喷2次左右。药剂喷施倍数同“梨黑星病”。

桃黑星病 从落花后20～30天开始喷药，10～15天1次，直到果实采收前40天结束。药剂喷施倍数同“梨黑星病”。

柿树白粉病 从病害发生初期开始喷药，10～15天1次，连喷1～2次。药剂喷施倍数同“梨黑星病”。

柑橘疮痂病、黑星病 开花前、落花后、幼果期各喷药1次，有效防治疮痂病；果实膨大期至转色期喷药2～3次，间隔期10天左右，有效防治黑星病。药剂喷施倍数同“梨黑星病”。

香蕉叶斑病、黑星病 从病害发生初期开始喷药，10～15天1次，连喷3～4次。一般使用50%可湿性粉剂400～500倍液，或60%可湿性粉剂或62.25%可湿性粉剂500～600倍液均匀喷雾。

瓜类白粉病、黑星病 从病害发生初期开始喷药，7～10天

1次，连喷2～4次。一般每亩次使用50%可湿性粉剂150～200克，或60%可湿性粉剂或62.25%可湿性粉剂100～150克，对水45～75千克均匀喷雾，植株较小时适当减少用药量。

番茄叶霉病 从病害发生初期开始喷药，7～10天1次，连喷2～4次，重点喷洒叶片背面。药剂使用量同“瓜类白粉病”。

豆类蔬菜白粉病、锈病 从病害发生初期开始喷药，7～10天1次，连喷2～3次。一般每亩次使用50%可湿性粉剂100～150克，或60%可湿性粉剂或62.25%可湿性粉剂80～100克，对水30～60千克均匀喷雾。

芹菜叶斑病 从病害发生初期开始喷药，10天左右1次，连喷2～4次。药剂使用量同“豆类蔬菜白粉病”。

花卉植物白粉病、锈病 从病害发生初期开始喷药，10～15天1次，连喷2～3次。一般使用50%可湿性粉剂400～500倍液，或60%可湿性粉剂或62.25%可湿性粉剂500～600倍液均匀喷雾。

【注意事项】不能与碱性药剂混用。本药易吸湿受潮，开袋后不用时应扎紧袋口，并尽快用完。混剂中选用非全络合态代森锰锌时，喷药时应适当提高稀释倍数，避免出现药害。用药时注意安全保护，误入眼睛，立即用清水冲洗至少15分钟；如误服、误吸，应进行催吐洗胃和导泻，并送医院对症治疗。梨和黄瓜的安全采收间隔期为18天。

甲硫·戊唑醇

【有效成分】甲基硫菌灵（thiophanate-methyl）＋戊唑醇（tebuconazole）。

【常见商标名称】稳达、绿佳、喜瑞等。

【主要含量与剂型】41%悬浮剂（34.2%甲基硫菌灵＋6.8%戊唑醇）、43%悬浮剂（30%甲基硫菌灵＋13%戊唑醇）、48%悬浮剂（36%甲基硫菌灵＋12%戊唑醇）、48%可湿性粉剂（38%

甲基硫菌灵+10%戊唑醇)、80%可湿性粉剂(72%甲基硫菌灵+8%戊唑醇)、35%悬浮剂(25%甲基硫菌灵+10%戊唑醇)、30%悬浮剂(25%甲基硫菌灵+5%戊唑醇)。

【理化性质】甲基硫菌灵纯品为无色结晶,原粉通常为淡黄色粉末,熔点172℃。原药几乎不溶于水,可溶于甲醇、乙醇、丙酮、氯仿等有机溶剂,对酸、碱稳定。属低毒杀菌剂,大鼠急性经口LD_{50}为7.5克/千克,大鼠急性经皮LD_{50}大于10克/千克,在动物体内代谢排出较快,代谢物毒性低,无明显积累现象。试验条件下未见致畸、致癌、致突变作用。对鱼类有毒,对蜜蜂低毒,对鸟类低毒,对蜜蜂无接触毒性。

戊唑醇原药为无色结晶,熔点102.4℃。微溶于水、己烷,溶于二氯甲烷、甲苯、异丙酮。属低毒杀菌成分,原药大鼠急性经口LD_{50}大于4克/千克,大鼠急性经皮LD_{50}大于5克/千克。试验剂量下无致畸、致癌、致突变作用。对鱼中等毒性,对鸟低毒,对蜜蜂无毒,在田间降解较快。

【产品特点】甲硫·戊唑醇是由甲基硫菌灵和戊唑醇按一定比例科学混配的一种复合型双效内吸性杀菌剂,对多种高等真菌性病害均具有保护、治疗及铲除作用。甲基硫菌灵被作物内吸后可转化为多菌灵,通过干扰病菌细胞有丝分裂中纺锤体的形成,进而影响细胞分裂,而导致病菌死亡;此外,甲基硫菌灵也可抑制病菌的呼吸作用,直接杀死病原菌。戊唑醇通过抑制病菌细胞膜上麦角甾醇的去甲基化,使病菌无法形成细胞膜,进而杀死病菌。两种有效成分协同发挥作用,持效期长,效果更加稳定,病菌很难产生抗药性。优质悬浮剂型效果更加稳定。

【适用作物及防治对象】甲硫·戊唑醇适用于许多种作物,对多种高等真菌性病害均具有良好的防治效果。目前生产中主要用于防治:水稻的纹枯病、稻瘟病、稻曲病,小麦的纹枯病、锈病、赤霉病,玉米的大斑病、小斑病、灰斑病、黄斑病、纹枯病,花生的叶斑病、锈病,苹果的轮纹病、炭疽病、斑点落叶病、褐斑病，梨的黑星病、轮纹病、炭疽病、黑斑病、白粉病，葡萄的穗轴褐枯病、炭疽病、黑痘病，柑橘的疮痂病、炭疽病、黑星病，杧果的炭疽病、白粉病，香蕉的叶斑病、黑星病，瓜果蔬菜的炭疽病、叶斑病、枯萎病等。

【使用技术】

水稻纹枯病、稻瘟病、稻曲病 防治纹枯病时，在封行前喷药1次，孕穗后期至齐穗期喷药1～2次；防治叶瘟病时，在病害发生初期喷药1次；防治穗颈瘟时，在破口前和齐穗期各喷药1次；防治稻曲病时，在破口前5～7天和齐穗初期各喷药1次。一般每亩次使用41%悬浮剂40～50毫升，或43%悬浮剂或48%悬浮剂30～40毫升，或48%可湿性粉剂30～40克，或80%可湿性粉剂40～50克，或35%悬浮剂40～50毫升，或30%悬浮剂80～100毫升，对水30～45千克均匀喷雾。

小麦纹枯病、锈病、赤霉病 防治纹枯病时，拔节中期至抽穗期是用药关键期，从病害发生初期开始喷药，10～15天1次，连喷1～2次；防治锈病时，从病害发生初期开始喷药，10天左右1次，连喷1～2次；防治赤霉病时，齐穗初期喷药1次，往年病害严重田块扬花后再喷药1次。药剂使用量同“水稻纹枯病”。

玉米大斑病、小斑病、黄斑病、灰斑病、纹枯病 从病害发生初期开始喷药，10～15天1次，连喷1～2次。药剂使用量同“水稻纹枯病”，玉米中后期植株高大后用药适当增加药量。

花生叶斑病、锈病 从病害发生初期或初花期开始喷药，10～15天1次，连喷2～3次。一般每亩次使用41%悬浮剂40～50毫升，或43%悬浮剂或48%悬浮剂30～40毫升，或48%可湿性粉剂30～40克，或80%可湿性粉剂40～50克，或35%悬浮剂40～50毫升，或30%悬浮剂80～100毫升，对水30～45千克均匀喷雾。

苹果轮纹病、炭疽病、斑点落叶病、褐斑病 从苹果落花后

7～10天开始喷药，10天左右1次，连喷3次药后套袋，有效防治轮纹病、炭疽病，兼防斑点落叶病、褐斑病；苹果套袋后及不套袋苹果均需继续喷药，10～15天1次，连续4～6次，有效防治套袋苹果的褐斑病、斑点落叶病及不套袋苹果的轮纹病、炭疽病、斑点落叶病、褐斑病等。一般使用41%悬浮剂800～1000倍液，或43%悬浮剂或48%悬浮剂1200～1500倍液，或48%可湿性粉剂800～1000倍液，或80%可湿性粉剂800～1200倍液，或35%悬浮剂800～1000倍液，或30%悬浮剂500～600倍液均匀喷雾。

梨黑星病、轮纹病、炭疽病、黑斑病、白粉病 从梨树落花后10～15天或病害发生初期开始喷药，10～15天1次，与不同类型药剂交替使用，直到采收前一周左右，早熟品种采收后仍需喷药1～2次。药剂喷施倍数同“苹果轮纹病”。

葡萄穗轴褐枯病、黑痘病、炭疽病 开花前、落花80%左右及落花后10～15天各喷药1次，有效防治穗轴褐枯病和黑痘病的发生为害；防治炭疽病时，多从果粒膨大期开始喷药，10天左右1次，连喷3～4次。药剂喷施倍数同“苹果轮纹病”。

柑橘疮痂病、炭疽病、黑星病 萌芽1/3厘米、谢花2/3、幼果期、果实膨大至转色期是四个防病关键期，分别喷药1次、1次、2次、2～3次，间隔10～15天。药剂喷施倍数同“苹果轮纹病”。

杧果炭疽病、白粉病 花蕾初期、开花期及小幼果期各喷药1次，往年成果炭疽病较重的果园果实膨大期再喷药2～3次，间隔期10～15天。药剂喷施倍数同“苹果轮纹病”。

香蕉叶斑病、黑星病 从病害发生初期开始喷药，15～20天1次，连喷4～5次。一般使用41%悬浮剂500～600倍液，或43%悬浮剂或48%悬浮剂800～1000倍液，或48%可湿性粉剂500～600倍液，或80%可湿性粉剂600～800倍液，或35%悬浮剂500～600倍液，或30%悬浮剂300～400倍液均匀喷雾。

瓜果蔬菜的炭疽病、叶斑病、枯萎病 本剂多从瓜果坐住后开始使用。防治炭疽病、叶斑病时，从坐住瓜果后的病害发生初期开始喷药，10 天左右 1 次，连喷 3～5 次，一般每亩次使用 41%悬浮剂 40～60 毫升，或 43%悬浮剂或 48%悬浮剂 30～45 毫升，或 48%可湿性粉剂 40～50 克，或 80%可湿性粉剂 40～60 克，或 35%悬浮剂 40～50 毫升，或 30%悬浮剂 70～100 毫升，对水 45～75 千克均匀喷雾。防治枯萎病时，多从田间初见病株时开始用药液灌根，半月左右 1 次，连灌 2 次左右，每次每株浇灌药液 250～300 毫升，一般使用 41%悬浮剂 600～800 倍液，或 43%悬浮剂或 48%悬浮剂 1000～1200 倍液，或 48%可湿性粉剂 600～800 倍液，或 80%可湿性粉剂 600～800 倍液，或 35%悬浮剂 600～800 倍液，或 30%悬浮剂 350～400 倍液灌根。

【注意事项】不能与强酸性及碱性物质混用。悬浮剂型可能会有一些沉降，摇匀后使用不影响效果。瓜果类作物上用药过量可能会抑制生长，实际使用时建议在中后期合理选择。注意与其他不同类型药剂交替使用。不同企业的产品在选料及配方比例上存有差异，具体应用时请详细参考使用说明。

甲硫·三环唑

【有效成分】甲基硫菌灵（thiophanate-methyl）＋三环唑（tricyclazole）。

【常见商标名称】稻津。

【主要含量与剂型】70%可湿性粉剂（35%甲基硫菌灵＋35%三环唑）。

【理化性质】甲基硫菌灵纯品为无色结晶，原粉通常为淡黄色粉末，熔点 172℃。原药几乎不溶于水，可溶于甲醇、乙醇、丙酮、氯仿等有机溶剂，对酸、碱稳定。属低毒杀菌剂，大鼠急性经口 LD_{50} 为 7.5 克/千克，大鼠急性经皮 LD_{50} 大于 10 克/千克，在动物体内代谢排出较快，代谢物毒性低，无明显积累现象。试验条件下未见致畸、致癌、致突变作用。对鱼类有毒，对蜜蜂低毒，对鸟类低毒。

三环唑纯品为白色结晶固体，熔点187～188℃。微溶于水，易溶于氯仿。在水中稳定，对光、热亦稳定。工业品为淡土黄色粉末。属中毒杀菌剂，大鼠急性经口LD_{50}为314毫克/千克，兔急性经皮LD_{50}大于2克/千克，对兔眼睛和皮肤有轻度刺激作用，试验条件下在动物体内无蓄积作用，未见致畸、致癌、致突变作用。在推荐剂量下对蜜蜂和蜘蛛无毒害作用。

【产品特点】甲硫·三环唑是一种由甲基硫菌灵和三环唑按科学比例混配的内吸性低毒复合杀菌剂，属稻瘟病防治专用药剂，以保护作用为主，兼有一定治疗效果。甲基硫菌灵被作物内吸后部分转化为多菌灵，通过干扰病菌细胞有丝分裂中纺锤体的形成，进而影响细胞分裂，而导致病菌死亡；另外，甲基硫菌灵还可抑制病菌的呼吸作用，直接杀死病菌。三环唑是一种具有较强内吸作用的三唑类中毒保护性杀菌剂，属稻瘟病防治专用药剂，能被水稻茎、叶快速吸收，并输送到植株各个部位，杀菌作用机理主要是抑制稻瘟病菌附着孢黑色素的形成，进而抑制孢子萌发和附着孢形成，阻止病菌侵人和减少稻瘟病菌孢子的产生。两种有效成分协同发挥作用，耐雨水冲刷能力强，持效期长，效果更加稳定。

【适用作物及防治对象】甲硫·三环唑主要应用于水稻，对稻瘟病具有独特的良好防效，并可兼防纹枯病等水稻病害。

【使用技术】防治苗瘟及叶瘟时，从病害发生初期或田间初见发病中心时立即开始喷药，7天左右1次，连喷1～2次；防治穗颈瘟时，在破口初期和齐穗初期各喷药1次。一般每亩次使用70%可湿性粉剂30～40克，对水30～45千克均匀喷雾。

【注意事项】不能与强酸性及碱性物质混用。防治穗颈瘟时，第1次喷药最迟不能超过破口后3天。喷药应及时均匀周到，以保证防治效果。用药时注意安全保护，如有接触要立刻用清水冲洗，误服后立即送医院对症治疗。

苯甲·丙环唑

【有效成分】苯醚甲环唑（difenoconazole）＋丙环唑（propiconazole）。

【常见商标名称】爱苗、爱米、妙冠、穗冠、冠苗、翠苗、洁苗、永苗、世苗、世爱、世隆、碧润、嘉润、嘉悦、巨能、双管、靓方、美雨、妙品、妙腾、澳丹、保增、多收谷、七洲艳苗、诺普信爱米等。

【主要含量与剂型】300克/升乳油（150克/升＋150克/升）、30％乳油（15％＋15％）、30％微乳剂（15％＋15％）、30％水乳剂（15％＋15％）、30％悬浮剂（15％＋15％）、30％水分散粒剂（15％＋15％）、40％微乳剂（20％＋20％）、500克/升乳油（250克/升＋250克/升）、50％乳油（25％＋25％）、50％水乳剂（25％＋25％）、60％乳油（30％＋30％）、18％水分散粒剂（9％＋9％）。括号内数字及顺序均为苯醚甲环唑的含量加丙环唑的含量。

【理化性质】苯醚甲环唑纯品为无色固体，原药为灰白色粉状物，熔点78.6℃。微溶于水，可溶于乙醇、丙酮、甲苯、正辛醇。属低毒杀菌剂，原药大鼠急性经口LD_{50}为1453毫克/千克，兔急性经皮LD_{50}大于2010毫克/千克，对兔皮肤和眼睛有刺激作用，对蜜蜂无毒，对鱼及水生生物有毒。

丙环唑原油为明黄色粘滞液体，沸点180℃。微溶于水，易溶于丙酮、甲醇、异丙醇、己烷等有机溶剂。对光较稳定，在酸性、碱性介质中较稳定，水解不明显，不腐蚀金属，贮存稳定性3年。属低毒杀菌剂，原油大鼠急性经口LD_{50}为1517毫克/千克，大鼠急性经皮LD_{50}大于4000毫克/千克，对兔眼睛、皮肤有轻度刺激作用，试验条件下未见致畸、致癌、致突变作用。

【产品特点】 苯甲·丙环唑是一种由苯醚甲环唑和丙环唑按科学比例混配的内吸性复合型低毒杀菌剂，对多种高等真菌性病害均具有保护、治疗及铲除作用。混剂速效性好，持效期较长，并对禾本科作物具有调节生长、促使叶片浓绿的功效。苯醚甲环唑和丙环唑均为三唑类杀菌剂成分，其杀菌机理均是通过抑制病菌细胞膜上麦角甾醇的去甲基化，使病菌无法形成细胞膜，而导致病菌死亡，但其具体作用位点有所差异。所以，病菌不易对混剂产生抗药性。

【适用作物及防治对象】 苯甲·丙环唑适用作物非常广泛，对许多种高等真菌性病害均有良好的预防保护和治疗效果。目前生产中主要用于防治：水稻的纹枯病、稻曲病，小麦、大麦等麦类作物的纹枯病、白粉病、锈病、赤霉病，玉米的纹枯病、叶斑病，花生的叶斑病、锈病，大豆的锈病、紫斑病，葡萄的白粉病、炭疽病、黑痘病，香蕉的叶斑病、黑星病，辣椒、茄子、黄瓜、西瓜、甜瓜等瓜果蔬菜的白粉病、炭疽病、叶斑病等。

【使用技术】

水稻纹枯病、稻曲病 在分蘖期、孕穗期、齐穗初期各喷药1次，即可有效防治纹枯病和稻曲病的发生为害。一般每亩次使用300克/升乳油或30%乳油或30%微乳剂或30%水乳剂或30%悬浮剂25～30毫升，或30%水分散粒剂25～30克，或40%微乳剂20～25毫升，或500克/升乳油或50%乳油或50%水乳剂15～20毫升，或60%乳油10～15毫升，或18%水分散粒剂40～50克，对水30～45千克均匀喷雾。

小麦、大麦等麦类作物的纹枯病、白粉病、锈病、赤霉病 防治纹枯病时，在拔节期和齐穗初期各喷药1次，兼防白粉病、锈病；防治白粉病、锈病时，多从病害发生初期开始用药，10天左右1次，连喷1～2次；防治赤霉病时，齐穗期至灌浆初期是防治关键期，7～10天1次，连喷1～2次。药剂使用量同“水稻纹枯病”。

玉米纹枯病、叶斑病 从病害发生初期开始喷药，10天左右1次，连喷2次左右。药剂使用量同“水稻纹枯病”；若玉米生长中后期用药，应适当增加用药量，以保证药剂分布均匀。

花生叶斑病、锈病 从病害发生初期或初花期开始喷药，10～15天1次，连喷2～3次。一般每亩次使用300克/升乳油或30%乳油或30%微乳剂或30%水乳剂或30%悬浮剂20～25毫升，或30%水分散粒剂20～25克，或40%微乳剂15～20毫升，或500克/升乳油或50%乳油或50%水乳剂12～15毫升，或60%乳油10～12毫升，或18%水分散粒剂35～40克，对水30～45千克均匀喷雾。

大豆锈病、紫斑病 从病害发生初期开始喷药，10～15天1次，连喷2次左右。药剂使用量同“花生叶斑病”。

葡萄白粉病、炭疽病、黑痘病 在开花前、落花80%左右及落花后10～15天各喷药1次，有效防治黑痘病的发生为害。然后从果粒膨大期开始喷药，10～15天1次，连喷3～4次，有效防治白粉病、炭疽病的发生为害。一般使用300克/升乳油或30%乳油或30%微乳剂或30%水乳剂或30%悬浮剂或30%水分散粒剂2000～2500倍液，或40%微乳剂2500～3000倍液，或500克/升乳油或50%乳油或50%水乳剂3500～4000倍液，或60%乳油4000～5000倍液，或18%水分散粒剂1200～1500倍液均匀喷雾。

香蕉叶斑病、黑星病 从病害发生初期开始喷药，15～20天1次，连喷4～6次。一般使用300克/升乳油或30%乳油或30%微乳剂或30%水乳剂或30%悬浮剂或30%水分散粒剂1000～1500倍液，或40%微乳剂1500～2000倍液，或500克/升乳油或50%乳油或50%水乳剂2000～3000倍液，或60%乳油3000～3500倍液，或18%水分散粒剂800～1000倍液均匀喷雾。

辣椒、茄子、黄瓜、西瓜、甜瓜等瓜果蔬菜的白粉病、炭疽

病、叶斑病 从病害发生初期开始喷药，10～15 天 1 次，连喷 2～4 次。一般每亩次使用 300 克/升乳油或 30%乳油或 30%微乳剂或 30%水乳剂或 30%悬浮剂 20～25 毫升，或 30%水分散粒剂 20～25 克，或 40%微乳剂 15～20 毫升，或 500 克/升乳油或 50%乳油或 50%水乳剂 12～15 毫升，或 60%乳油 10～12 毫升，或 18%水分散粒剂 35～40 克，对水 45～60 千克均匀喷雾。

【注意事项】不能与强酸性及碱性物质混用。连续用药时，注意与其它不同类型药剂交替使用。用药量偏高时会对瓜果蔬菜类有一定抑制生长作用，具体使用时需要注意。用药时注意安全保护，避免身体直接接触药剂；不慎中毒，立即携带标签到医院对症治疗。

戊唑·嘧菌酯

【有效成分】戊唑醇（tebuconazole）＋嘧菌酯（azoxystrobin）。

【常见商标名称】安福农、禾技、呗靓等。

【主要含量与剂型】22%悬浮剂（14.8%戊唑醇＋7.2%嘧菌酯）、40%悬浮剂（30%戊唑醇＋10%嘧菌酯；25%戊唑醇＋15%嘧菌酯；28%戊唑醇＋12%嘧菌酯）、50%悬浮剂（30%戊唑醇＋20%嘧菌酯）、50%水分散粒剂（30%戊唑醇＋20%嘧菌酯）、75%水分散粒剂（50%戊唑醇＋25%嘧菌酯）、80%水分散粒剂（56%戊唑醇＋24%嘧菌酯）。

【理化性质】嘧菌酯纯品为白色结晶，原药为浅棕色固体，无特殊气味，熔点 114～116℃，纯品沸点在 360℃左右分解。可溶于水、甲醇、甲苯、丙酮、乙酸乙酯、二氯甲烷。水溶液中光解半衰期为 11～17 天。属低毒杀菌剂，大鼠（雌、雄）急性经口 LD_{50} 大于 5 克/千克，大鼠（雌、雄）急性经皮 LD_{50} 大于 2 克/千克，对兔皮肤和眼睛稍有刺激，对鸟类低毒，对蜜蜂安全，无致畸、致突变和致肿瘤作用。

戊唑醇纯品为无色结晶，熔点 102.4℃。微溶于水、己烷，溶于二氯甲烷、甲苯、异丙酮。属低毒杀菌剂，大鼠急性经口 LD_{50} 大于 4 克/千克，大鼠急性经皮 LD_{50} 大于 5 克/千克。试验剂量下无致畸、致癌、致突变作用。对鱼中等毒性，对鸟低毒，对蜜蜂无毒。

【产品特点】戊唑·嘧菌酯是由戊唑醇和嘧菌酯按一定比例混配的一种高效广谱低毒复合杀菌剂，具有预防保护、治疗和铲除多种功效，在病菌侵染前、侵染初期及侵染后使用均可获得良好的防治效果。戊唑醇属三唑类杀菌剂，通过抑制病菌细胞膜上麦角甾醇的去甲基化，使病菌无法形成细胞膜，进而杀死病菌。嘧菌酯是一种甲氧基丙烯酸酯类高效广谱杀菌剂，通过抑制病菌呼吸作用而起到杀菌效果，对许多真菌性病害均有一定的防治作用。两种有效成分杀菌机制互补，协同增效，病菌不易产生抗药性。混剂使用安全，不污染环境，并有一定刺激作物增产功效。

【适用作物及防治对象】戊唑·嘧菌酯适用于多种作物，对许多种真菌性病害均具有较好的防治效果。目前生长中主要用于防治：黄瓜的白粉病、炭疽病、黑星病、靶斑病，西瓜、甜瓜等瓜类的蔓枯病、炭疽病、叶斑病，豇豆的炭疽病、白粉病，大白菜的炭疽病、黑斑病，马铃薯早疫病，草莓白粉病，葱及洋葱的紫斑病，水稻的纹枯病、稻曲病，小麦的纹枯病、白粉病，玫瑰等蔷薇科花卉植物的褐斑病等。

【使用技术】

黄瓜白粉病、炭疽病、黑星病、靶斑病 从病害发生初期或田间初见病斑时开始喷药，7～10 天 1 次，连喷 3～5 次。一般每亩次使用 22%悬浮剂 30～35 毫升，或 40%悬浮剂 16～20 毫升，或 50%悬浮剂 13～15 毫升，或 50%水分散粒剂 13～15 克，或 75%水分散粒剂 10～12 克，或 80%水分散粒剂 8～10 克，对水 45～60 千克均匀喷雾。

西瓜、甜瓜等瓜类的蔓枯病、炭疽病、叶斑病 从病害发生初期或初见病斑时开始喷药，10天左右1次，连喷2～3次。药剂使用量同“黄瓜白粉病”。

豇豆炭疽病、白粉病 从病害发生初期开始喷药，7～10天1次，连喷3～4次。药剂使用量同“黄瓜白粉病”。

大白菜炭疽病、黑斑病 从病害发生初期开始喷药，10天左右1次，连喷2次左右。一般每亩次使用22%悬浮剂25～30毫升，或40%悬浮剂14～18毫升，或50%悬浮剂11～13毫升，或50%水分散粒剂11～13克，或75%水分散粒剂8～9克，或80%水分散粒剂7～8克，对水30～45千克均匀喷雾。

葱及洋葱的紫斑病 从病害发生初期开始喷药，10天左右1次，连喷2～3次。药剂使用量同“大白菜炭疽病”。

草莓白粉病 病害发生初期或田间初见病斑时开始用药，隔7～10天1次，连喷2～3次。用药剂量同“黄瓜黑星病”。

马铃薯早疫病 从病害发生初期开始喷药，10天左右1次，连喷2～4次。一般每亩次使用22%悬浮剂30～40毫升，或40%悬浮剂16～20毫升，或50%悬浮剂15～18毫升，或50%水分散粒剂15～18克，或75%水分散粒剂10～12克，或80%水分散粒剂8～10克，对水60～75千克均匀喷雾。

水稻纹枯病、稻曲病 在水稻分蘖期、孕穗期至破口前、齐穗初期各喷药1次。一般每亩次使用22%悬浮剂25～30毫升，或40%悬浮剂14～16毫升，或50%悬浮剂11～13毫升，或50%水分散粒剂11～13克，或75%水分散粒剂8～10克，或80%水分散粒剂7～8克，对水30～45千克均匀喷雾。

小麦纹枯病、白粉病 从病害发生初期开始喷药，10～15天1次，连喷2次左右。药剂使用量同“水稻纹枯病”。

玫瑰等蔷薇科花卉植物褐斑病 从病害发生初期开始喷药，10～15天1次，连喷2～4次。一般使用22%悬浮剂1000～1200倍液，或40%悬浮剂2000～2500倍液，或50%悬浮剂或50%水分散粒剂2500～3000倍液，或75%水分散粒剂4000～

4500倍液，或80%水分散粒剂4000～5000倍液均匀喷雾。

【注意事项】不能与强酸性及碱性物质混用。喷药应及时均匀周到，以保证防治效果。连续用药时，注意与不同类型药剂交替使用。嘧菌酯使用剂量较高时，可能会对番茄等茄科蔬菜及瓜类有不同程度药害，应当引起注意。苹果树对嘧菌酯较敏感，不建议在苹果树上使用。

唑醚·代森联

【有效成分】吡唑醚菌酯（pyraclostrobin）+代森联（metiram）。

【常见商标名称】百泰。

【主要含量与剂型】60%水分散粒剂（5%吡唑醚菌酯+55%代森联）。

【理化性质】吡唑醚菌酯纯品为白色至浅米色结晶状固体，无味，熔点63.7～65.2℃，20℃时水中溶解度为1.9毫克/升。原药属低毒杀菌剂，大鼠急性经口LD_{50}大于5000毫克/千克，大鼠急性经皮LD_{50}大于2000毫克/千克。

代森联纯品为白色粉末，工业品为灰白色或淡黄色粉末，有鱼腥味，难溶于水，不溶于大多数有机溶剂，但能溶于吡啶。对光、热、潮湿不稳定，易分解出二硫化碳，遇碱性物质或铜、汞等物质均易分解放出二硫化碳而减效，挥发性小。原药属低毒杀菌剂，大鼠急性经口LD_{50}为10克/千克，大鼠急性经皮LD_{50}大于2克/千克，对皮肤和眼睛有轻微刺激。

【产品特点】唑醚·代森联是一种由吡唑醚菌酯与代森联按科学比例混配的复合型低毒杀菌剂，以保护作用为主，耐雨水冲刷，持效期较长，使用安全，病菌不易产生抗药性，并有提高作物生理活性、延缓衰老、提高产量等功效。

吡唑醚菌酯是一种新型甲氧基丙烯酸酯类杀菌成分，对多种真菌性病害都有较好的预防和治疗效果，作用速度快、持效期较长、使用安全，并可在一定程度上诱发植株表现潜在的抗病能力。其杀菌机理是通过抑制病菌线粒体的呼吸作用，使能量不能形成，而导致病菌死亡。代森联属有机硫类广谱保护性低毒杀菌成分，是一种病菌复合酶抑制剂，喷施后在植物表面形成致密保护药膜，速效性好，持效期较长，使用安全，病菌不易产生抗药性，通过抑制病菌孢子萌发、干扰芽管的发育伸长而达到防病效果。

【适用作物及防治对象】唑醚·代森联适用于多种作物，对许多种真菌性病害均具有良好的防治效果。目前生产中主要用于防治：黄瓜的霜霉病、疫病、炭疽病、黑星病、靶斑病，西瓜的疫病、炭疽病、蔓枯病，甜瓜的霜霉病、炭疽病，辣椒的疫病、炭疽病、疮痂病，番茄的早疫病、晚疫病、叶霉病，白菜、甘蓝等十字花科蔬菜的炭疽病、霜霉病、黑斑病，马铃薯的早疫病、晚疫病、炭疽病，花生叶斑病，洋葱紫斑病，大蒜叶枯病，棉花立枯病，荔枝霜疫霉病，葡萄的霜霉病、白腐病、炭疽病、黑痘病，苹果的轮纹病、炭疽病、斑点落叶病、褐斑病，桃树的真菌性穿孔病、疮痂病（黑星病），柑橘树的疮痂病、炭疽病、黑星病、黄斑病，香蕉的黑星病、叶斑病，玉米的大斑病、小斑病、黄斑病，小麦赤霉病等。

【使用技术】

黄瓜霜霉病、疫病、炭疽病、黑星病、靶斑病　以防治霜霉病为主，兼防其它病害即可。从定植缓苗后或初见病斑时立即开始喷药，7～10天1次，与不同类型药剂交替使用，直到生长后期。一般每亩次使用60%水分散粒剂60～100克，对水45～75千克均匀喷雾，植株较小时适当降低用药量。

西瓜疫病、炭疽病、蔓枯病　从病害发生初期开始喷药，7～10天1次，连喷3～4次。药剂使用量同“黄瓜霜霉病”。

甜瓜霜霉病、炭疽病　从病害发生初期开始喷药，7～10天1次，连喷3～4次。一般每亩次使用60%水分散粒剂80～120

克，对水45～75千克均匀喷雾。

辣椒疫病、炭疽病、疮痂病 从病害发生初期开始喷药，7～10天1次，连喷3～5次。防治疫病时重点喷洒植株中下部。药剂使用量同“黄瓜霜霉病”。

番茄早疫病、晚疫病、叶霉病 从病害发生初期开始喷药，7～10天1次，连喷3～5次。药剂使用量同“黄瓜霜霉病”。

白菜、甘蓝等十字花科蔬菜的炭疽病、霜霉病、黑斑病 从病害发生初期开始喷药，10天左右1次，连喷2～3次。一般每亩次使用60%水分散粒剂40～60克，对水30～45千克均匀喷雾。

马铃薯早疫病、晚疫病、炭疽病 从病害发生初期或田间初见病斑时立即开始喷药，7～10天1次，连喷5～7次。一般每亩次使用60%水分散粒剂80～120克，对水60～75千克均匀喷雾。

花生叶斑病 从病害发生初期或初花期开始喷药，10～15天1次，连喷2～3次。一般每亩次使用60%水分散粒剂60～100克，对水30～45千克均匀喷雾。

洋葱紫斑病 从病害发生初期开始喷药，10天左右1次，连喷2～3次。药剂使用量同“花生叶斑病”。

大蒜叶枯病 从病害发生初期开始喷药，10～15天1次，连喷2次左右。药剂使用量同“花生叶斑病”。

棉花立枯病 一般在出苗80%左右、阴雨天之前及时进行喷药，以后根据气候因素和田间病情安排喷药次数。一般每亩次使用60%水分散粒剂60～100克，对水30～45千克均匀喷雾，并连同苗垄周围的地表一同喷洒。

荔枝霜疫霉病 花蕾期、幼果期、果实近成熟期各喷药1次，一般使用60%水分散粒剂1000～2000倍液均匀喷雾。

葡萄霜霉病、白腐病、炭疽病、黑痘病 首先在葡萄开花前、落花后及落花后10～15天各喷药1次，有效防治黑痘病及幼果穗受害；然后从叶片上初见霜霉病病斑时立即开始连续喷药，10天左右1次，与不同类型药剂交替使用，直到生长后期。一般使用60%水分散粒剂1000～2000倍液均匀喷雾。

苹果轮纹病、炭疽病、斑点落叶病、褐斑病 从苹果落花后7～10天开始喷药，10天左右1次，连喷3次后套袋；苹果套袋后或不套袋苹果中后期继续喷药4～6次，10～15天1次。一般使用60%水分散粒剂1000～2000倍液均匀喷雾，注意与不同类型药剂交替使用。

桃真菌性穿孔病、疮痂病 从桃树落花后20～30天开始喷药，10～15天1次，连喷2～4次；高感疮痂病的晚熟品种，连续喷药至采收前1个月。一般使用60%水分散粒剂1000～2000倍液均匀喷雾，注意与不同类型药剂交替使用。

柑橘疮痂病、炭疽病、黑星病、黄斑病 春梢萌芽1/3厘米、谢花2/3及幼果期是喷药防治疮痂病和炭疽病的关键期，兼防黄斑病；果实膨大至转色期是喷药防治黑星病和黄斑病的关键期，兼防炭疽病。一般使用60%水分散粒剂1000～2000倍液均匀喷雾，注意与不同类型药剂交替使用。

香蕉黑星病、叶斑病 从病害发生初期开始喷药，15～20天1次，连喷3～4次。一般使用60%水分散粒剂800～1000倍液均匀喷雾。

玉米大斑病、小斑病、黄斑病 从病害发生初期开始喷药，10～15天1次，连喷1～2次。一般每亩次使用60%水分散粒剂60～100克，对水30～45千克均匀喷雾；当植株较高大时（玉米生长中后期），适当增加用药量。

小麦赤霉病 一般在小麦齐穗后扬花前喷药1次即可，往年赤霉病严重地区且遇扬花灌浆期多雨潮湿时，应在扬花后再喷药1次。一般每亩次使用60%水分散粒剂60～80克，对水30～45千克均匀喷雾。

【注意事项】不能与强酸性、碱性及含铜药剂混用。连续喷药时，注意与不同类型药剂交替使用。本剂以保护作用为主，在病害发生前或侵染前开始使用效果更好，且喷药应均匀周到。用药时注意个人安全保护，避免皮肤接触药剂；不慎中毒，立即携拿标签到医院对症治疗。

杀虫、杀螨剂

第一节　单剂农药

石　硫　合　剂

【有效成分】石硫合剂（lime sulfur）。

【常见商标名称】双吉、吉得、清园、好园、普拿、万利、果园请等。

【主要含量与剂型】45%结晶粉、29%水剂。

【理化性质】石硫合剂是以生石灰、硫黄粉和水按一定比例经过熬制或加工而成的，原液为深红褐色透明液体，有强烈的臭鸡蛋味，呈碱性，遇酸和二氧化碳易分解，遇空气易被氧化，对人的皮肤有强烈的腐蚀性，对眼睛有刺激作用。可溶于水。低毒至中等毒性，原药大鼠急性经口 LD_{50} 为 400～500 毫克/千克，对蜜蜂、家蚕、天敌昆虫无不良影响。

【产品特点】石硫合剂是一种“古老的”兼有杀虫、杀螨和杀菌作用的药剂，有效成分为多硫化钙。喷施于作物表面遇空气发生一系列化学反应，形成微细的单体硫和少量硫化氢而发挥药效。该药为碱性，具有腐蚀昆虫表皮蜡质层的作用，对具有较厚蜡质层的蚧壳虫和一些螨类的卵具有很好的杀灭效果。

石硫合剂既有工业化生产的商品制剂，也可以自己熬制。工业化生产是用生石灰、硫黄、水和金属触媒在高温高压下合成，分为水剂和结晶两种，结晶体外观为淡黄色柱状，易溶于水。普通石硫合剂是用生石灰和硫黄粉为原料加水熬制而成，原料配比为生石灰 1 份、硫黄粉 2 份、水 12～15 份。其熬制方法是先将生石灰放入铁锅中加少量水将其化开，制成石灰乳，再加入足量的水煮开，再加入事先用少量水调成糊状的硫黄粉浆，边加入边搅拌，同时记下水位线。加完后用大火烧沸 40～60 分钟，并不断搅拌，及时补足水量（最好是沸水），待药液呈红褐色、残渣成黄绿色时停火，冷却后，滤去沉渣，即为石硫合剂原液。

【适用作物及防治对象】 石硫合剂主要用于防治柑橘树蚧壳虫、锈壁虱、红蜘蛛，苹果、梨、桃、杏、茶树的叶螨等越冬害虫，观赏植物蚧壳虫等。此外，石硫合剂也可作为一种保护性杀菌剂，用于防治麦类、苹果、梨、核桃的白粉病、锈病，葡萄霜霉病、叶斑病等多种病害。

【使用技术】 自行熬制的石硫合剂原液一般为 20～26 波美度，使用前先用波美比重计测量原液波美度，再根据需要加水稀释使用。果树休眠期，作为果园的清园剂，铲除树体上越冬存活的害虫及病菌，使用剂量多为 3～5 波美度，生长期防治病虫害只能用 0.3～0.5 波美度的稀释液进行喷雾。商品制剂使用技术如下。

柑橘红蜘蛛、蚧壳虫、锈壁虱 石硫合剂主要在采果后至萌芽前进行清园使用。采果后晚秋季节，使用 45%结晶粉 300～500 倍液，或 29%水剂 200～300 倍液喷雾；早春萌芽前，使用 45%结晶粉 80～100 倍液喷雾。

落叶果树的叶螨等越冬害虫 春季萌芽期，使用 45%结晶粉 60～80 倍液，或 29%水剂 30～40 倍液均匀喷洒树体。

茶树叶螨 萌芽前，使用 45%结晶粉 100 倍液，或 29%水剂 50 倍液喷雾。

观赏植物介壳虫 树体萌芽前，使用 45%结晶粉 80～100 倍液，或 29%水剂 50～70 倍液均匀喷雾。

麦类白粉病 发病初期，使用 45%结晶粉 200～300 倍液，或 29%水剂 150～200 倍液均匀喷雾。

【注意事项】不能与其他药剂混用。石硫合剂的药效及发生药害的可能性与温度呈正相关，特别在生长期应避免高温施药；有些叶组织脆嫩的植株易发生药害，施药时应严格按照说明使用。用药时不慎沾染皮肤或溅入眼睛，应立即用大量清水或1∶10的食醋液冲洗，症状严重时立即送医院诊治。由于石硫合剂对金属有很强的腐蚀性，熬制和存放时不能使用铜、铝器具。自行熬制的石硫合剂贮存时应使用小口容器密封存放，在液面上滴加少许柴油可隔绝空气延长贮存期。

苏云金杆菌

【有效成分】苏云金杆菌（*bacillus thuringiensis*）。

【常见商标名称】阿苏、菜蛙、敌宝、拂康、高点、九鲤、力道、灵秀、润奇、生绿、顺诺、泰好、应螟、真精、洲际、爱地益、赛诺菲、蛙先生、强敌315等。

【主要含量与剂型】2000IU/微升悬浮剂、4000IU/微升悬浮剂、6000IU/微升悬浮剂、8000IU/微升悬浮剂、8000IU/毫克可湿性粉剂、16000IU/毫克可湿性粉剂、32000IU/毫克可湿性粉剂、15000IU/毫克水分散粒剂、16000IU/毫克水分散粒剂、2000IU/毫克颗粒剂、8000IU/微升油悬浮剂、100亿活芽孢/克可湿性粉剂。

【理化性质】苏云金杆菌是在德国苏云金地区发现的一种细菌性杀虫剂，原药为黄褐色固体，属好气性蜡状芽孢杆菌群，在芽孢囊内产生晶体，有12个血清型、17个变种，主要杀虫成分为内毒素和外毒素。干粉在40℃以下稳定，碱性环境中分解。属低毒杀虫剂，对人无毒性反应。

【产品特点】苏云金杆菌是一类产晶体芽孢的杆菌，可产生杀伤昆虫的内毒素（伴胞晶体）和外毒素。鳞翅目幼虫摄入伴孢晶体后，引起肠道上皮细胞麻痹、损伤和停止取食，导致细菌的营养细胞易于侵袭和穿透肠道底膜进入血淋巴，最后因饥饿和败血症而死。外毒素作用缓慢，而在蜕皮和变态时作用明显，这两个时期正是RNA合成的高峰期，外毒素能抑制依赖于DNA的RNA聚合酶。

苏云金杆菌可与阿维菌素、甲氨基阿维菌素苯甲酸盐、高效氯氰菊酯、杀虫单、甜菜夜蛾核型多角体病毒、菜青虫颗粒体病毒、棉铃虫核型多角体病毒、苜蓿银纹夜蛾核型多角体病毒、虫酰肼、氟铃脲等杀虫剂成分混配，用于生产复配杀虫剂。

【适用作物及防治对象】 苏云金杆菌适用于多种植物，主要用于防治鳞翅目害虫。目前生产中主要用于防治：十字花科蔬菜的菜青虫、小菜蛾，水稻的稻苞虫、稻纵卷叶螟，棉花的棉铃虫、棉小造桥虫，玉米及高粱的玉米螟，大豆天蛾，甘薯天蛾，烟草烟青虫，茶树的茶毛虫、茶尺蠖，枣尺蠖，柑橘凤蝶，苹果巢蛾，天幕毛虫及林木的松毛虫、美国白蛾、尺蠖、毒蛾等。

【使用技术】

十字花科蔬菜的菜青虫、小菜蛾 幼虫3龄前喷药，每亩次使用8000IU/毫克可湿性粉剂200～300克，或16000IU/毫克可湿性粉剂100～150克，或32000IU/毫克可湿性粉剂50～80克，或2000IU/微升悬浮剂200～300毫升，或4000IU/微升悬浮剂100～150毫升，或8000IU/微升悬浮剂50～75毫升，或100亿活芽孢/克可湿性粉剂100～150克，对水30～45千克均匀喷雾。

水稻稻纵卷叶螟、稻苞虫 幼虫孵化高峰至低龄幼虫期喷药，每亩次使用8000IU/毫克可湿性粉剂300～400克，或16000IU/毫克可湿性粉剂150～200克，或32000IU/毫克可湿性粉剂80～100克，或2000IU/微升悬浮剂400～500毫升，或4000IU/微升悬浮剂200～250毫升，或8000IU/微升悬浮剂100～120毫升，对水30～45千克均匀喷雾。

棉花棉铃虫、棉小造桥虫 幼虫孵化高峰至钻蛀棉铃前喷药，每亩次使用8000IU/毫克可湿性粉剂400～500克，或16000IU/毫克可湿性粉剂200～250克，或32000IU/毫克可湿性粉剂100～120克，或2000IU/微升悬浮剂400～500毫升，或4000IU/微升悬浮剂200～250毫升，或8000IU/微升悬浮剂100～120毫升，或100亿活芽孢/克可湿性粉剂250～400克，对水45～75千克均匀喷雾。

玉米、高粱的玉米螟 每亩次使用8000IU/毫克可湿性粉剂250～300克，或4000IU/微升悬浮剂150～200毫升，在玉米或高粱大喇叭口期喷雾、或混细砂制成毒土丢灌心叶。

大豆天蛾、甘薯天蛾 幼虫孵化盛期至低龄幼虫期喷药，每亩次使用8000IU/毫克可湿性粉剂200～300克，或16000IU/毫克可湿性粉剂100～150克，或32000IU/毫克可湿性粉剂50～80克，或2000IU/微升悬浮剂200～300毫升，或4000IU/微升悬浮剂100～150毫升，或8000IU/微升悬浮剂50～75毫升，对水30～45千克均匀喷雾。

烟草烟青虫 在幼虫3龄前喷药，每亩次使用8000IU/毫克可湿性粉剂400～500克，或16000IU/毫克可湿性粉剂200～250克，或32000IU/毫克可湿性粉剂100～120克，或2000IU/微升悬浮剂400～500毫升，或4000IU/微升悬浮剂200～250毫升，或8000IU/微升悬浮剂100～120毫升，对水30～45千克均匀喷雾。

茶树茶毛虫、茶尺蠖 在幼虫孵化高峰至3龄前喷药，使用8000IU/毫克可湿性粉剂100～150倍液，或16000IU/毫克可湿性粉剂200～300倍液，或32000IU/毫克可湿性粉剂400～500倍液，或2000IU/微升悬浮剂80～100倍液，或4000IU/微升悬浮剂150～200倍液，或8000IU/微升悬浮剂300～400倍液，或100亿活芽孢/克可湿性粉剂200倍液均匀喷雾。

枣尺蠖 幼虫3龄前进行喷药，药剂喷施倍数同“茶毛虫”。

柑橘凤蝶 幼虫孵化盛期至低龄幼虫期进行喷药，药剂喷施倍数同“茶毛虫”。

苹果巢蛾、天幕毛虫 幼虫孵化盛期至低龄幼虫期进行喷药，药剂喷施倍数同“茶毛虫”。

林木的松毛虫、美国白蛾、尺蠖、毒蛾　从害虫发生为害初期开始喷药，药剂喷施倍数同“茶毛虫”。

【注意事项】不能与内吸性有机磷杀虫剂或杀菌剂及波尔多液混用。该药对家蚕毒力很强，养蚕区与施药区要保持一定距离。药剂应保存在低于25℃的干燥阴凉仓库中，防止曝晒和潮湿。

苦　参　碱

【有效成分】苦参碱（matrine）。

【常见商标名称】贝林、碧绿、碧星、娇蓝、金中、酷键、奇佳、芯钻、乐棵多、驱雀济农、天然之保、百事威风等。

【主要含量与剂型】0.3%水剂、0.3%可溶液剂、0.3%水乳剂、0.5%水剂、1%水剂、1%可溶液剂、1.5%可溶液剂、2%水剂、3%水乳剂、5%水剂。

【理化性质】苦参碱是由中草药植物苦参的根、植株、果实经乙醇等有机溶剂提取制成的生物碱，一般为苦参总碱，其主要成分有苦参碱、槐果碱、氧化槐果碱、槐定碱等多种生物碱，以苦参碱、氧化苦参碱含量最高。纯品为白色针状结晶或结晶性粉末，无臭，味苦，久置露空气中有引湿性，并变为淡黄色，可溶于水，易溶于丙酮、乙醇、氯仿、甲苯、苯。提取浓缩物为深褐色液体。属低毒杀虫剂，制剂大鼠急性经口 LD_{50} 大于10克/千克，制剂大鼠急性经皮 LD_{50} 大于10可/千克，对动物和鱼类安全，对人畜低毒。

【产品特点】苦参碱是天然植物源广谱性杀虫剂，具有触杀和胃毒作用。害虫一旦接触药剂，即麻痹神经中枢，继而使虫体蛋白凝固，堵死虫体气孔，使其窒息死亡。属生产无公害农产品的有效选择药剂之一。

苦参碱可与烟碱、氰戊菊酯、印楝素、除虫菊素等杀虫剂成分混配，用于生产复配杀虫剂。

【适用作物及防治对象】苦参碱适用于许多种植物，对蚜虫、菜青虫、粘虫、其他鳞翅目害虫及红蜘蛛等害虫均有较好的防治效果。

【使用技术】苦参碱主要用于喷雾，防治地下害虫时也可用于土壤处理或灌根。

叶菜类蔬菜菜青虫、小菜蛾、谷子粘虫等　在卵孵化高峰期到低龄幼虫期（2～3龄）喷药，每亩次使用0.3%水剂或0.3%可溶液剂或0.3%水乳剂100～150克，或0.5%水剂60～100克，或1%水剂或1%可溶液剂30～45毫升，或2%水剂15～20毫升，或3%水乳剂10～15毫升，或5%水剂8～10克，对水40～50千克均匀喷雾。该药剂对低龄幼虫效果好，对4～5龄幼虫敏感性较差。

蔬菜、花卉蚜虫　在蚜虫初发期到发生初盛期及时喷药，药剂使用量同“叶菜类蔬菜菜青虫”。

烟草蚜虫、烟青虫　在害虫发生初期开始喷药，7～10天1次，连喷2～3次。药剂使用量同“叶菜类蔬菜菜青虫”。

棉花及苹果树红蜘蛛　在害螨迅速发生初期开始喷药，10～15天1次，连喷2次。一般使用0.3%水剂或0.3%可溶液剂或0.3%水乳剂250～300倍液，或0.5%水剂400～500倍液，或1%水剂或1%可溶液剂800～1000倍液，或2%水剂1500～2000倍液，或3%水乳剂2000～3000倍液，或5%水剂4000～5000倍液均匀喷雾。

茶树茶尺蠖、茶毛虫　从害虫发生初期开始喷药，10天左右1次，连喷2次。药剂喷施倍数同“棉花红蜘蛛”。

松毛虫、杨树舟蛾、美国白蛾等森林食叶害虫　在幼虫1～3龄期喷药，10天左右1次，连喷2次。药剂喷施倍数同“棉花红蜘蛛”。

韭菜韭蛆、蔬菜地小地老虎、小麦等作物地下害虫　每亩次使用0.3%水剂或0.3%可溶液剂或0.3%水乳剂700～1300毫升，或0.5%水剂500～1000毫升，或1%水剂或1%可溶液剂200～400毫升，或2%水剂100～200毫升，或3%水乳剂80～150毫升，或5%水剂50～80毫升，对适量水后喷淋或灌根处理。

【注意事项】本药剂速效性差，在做好虫情测报的基础上，于害虫低龄期施药防治效果好。不能与碱性物质混用。如使用过化学农药，最好5天后才可施用本药，以防酸碱中和影响药效。

鱼　藤　酮

【有效成分】鱼藤酮（rotenone）。

【常见商标名称】绿易、施绿宝等。

【主要含量与剂型】2.5%乳油、4%乳油、7.5%乳油。

【理化性质】鱼藤酮是从多种植物根中萃取获得的杀虫活性成分，纯品为无色斜方片状结晶，熔点165～166℃，易溶于丙酮、氯仿、乙酸乙酯、二硫化碳，难溶于四氯化碳、乙醚、石油醚、醇类等，不溶于水。遇碱消旋，易氧化，尤其在光或碱存在下氧化快，而失去杀虫活性，在干燥情况下比较稳定。属中等毒性，原药大鼠急性经口LD_{50}为132～1500毫克/千克。

【产品特点】鱼藤酮是一种植物性杀虫剂，广泛存在于植物的根皮部，对昆虫尤其是菜青虫、小菜蛾幼虫及蚜虫具有强烈的触杀和胃毒作用。进入虫体后，主要通过抑制C-谷氨酸脱氢酶的活性，影响昆虫的呼吸作用，而使害虫死亡。具选择性，无内吸性，见光易分解，在空气中易氧化，持效期短，对环境无污染，对天敌安全。除用做农业杀虫外也可做为卫生杀虫剂防治人畜体外寄生虫。

鱼藤酮可与苦参碱、敌百虫、氰戊菊酯、阿维菌素、辛硫磷等杀虫剂成分混配，用于生产复配杀虫剂。

【适用作物及防治对象】鱼藤酮主要应用于十字花科蔬菜、

叶菜类蔬菜、番茄等蔬菜类作物，对蚜虫、菜青虫、小菜蛾等害虫防效较好。

【使用技术】

叶菜类、十字花科蔬菜等蔬菜蚜虫 蚜虫初发期至盛发前喷药防治，7天左右1次，连喷2次。每亩次使用2.5%乳油100～150毫升，或4%乳油70～90毫升，或7.5%乳油35～50毫升，对水40～60千克均匀喷雾。

菜青虫、小菜蛾等 在卵孵化盛期至低龄幼虫期（2～3龄）喷药防治，7天左右1次，连喷2次。药剂使用量同“蔬菜蚜虫”。

【注意事项】不能与碱性农药混用。制剂易燃，具刺激性，低温易析出结晶，高于80℃易变质；遇光、空气、水和碱性物质会加速氧化而失效，应密闭存放在阴凉、干燥、通风处。遇明火或灼热的物体接触时能产生剧毒的光气。对家畜、鱼和家蚕高毒，施药时避免药液漂移到附近水池及桑树上。安全间隔期为3天。鱼藤酮对眼睛、皮肤有刺激作用，注意安全用药；如误服中毒，不能催吐，立即送医院对症治疗，无特殊解毒剂。

吡 虫 啉

【有效成分】吡虫啉（imidacloprid）。

【常见商标名称】艾美乐、扑虱蚜、虱灭灵、韩比派、好帮手、蓟蚜清、蚜蓟刈、稼之源、施可净、世纪通、金高猛、商农花、谷信来、铁掌风、阻击手、联啉尽、康福多、立德康、农百金、妙克特、经园保、比丹、必林、艾金、爱达、安诺、百诺、帮特、博获、博农、博特、刺可、导施、地杰、点蚜、毒露、对决、飞猎、飞施、福蝶、高昌、高猛、高巧、高胜、高手、格卡、攻虱、核攻、惠威、魂飞、火电、加索、将蚜、杰信、金珠、劲刺、惊世、精悍、酷侠、快猛、力盛、仙亮、仙耙、连胜、全胜、全征、两净、灵猛、绿舟、叶宝、优拌、越众、正猛、滋农、满点、墨菊、默攻、胜任、双巧、瞬克、田鸟、旺农、威陆、围击、卫豹、吸刀、能打、能手、攀农、抛佳、拼获、巧猛、清闪、清野、锐牙、爱诺金典、上格万紫、生农陈风、海正必喜、亨达劲灵、希普巧治、信丰高红、独占鳌头、大光明萌生、北农华能锐、瑞德丰标胜、瑞德丰格猛、瑞德丰金标、诺普信争猛、标正快美乐、希普好劲特等。

【主要含量与剂型】10%可湿性粉剂、20%可湿性粉剂、25%可湿性粉剂、50%可湿性粉剂、70%可湿性粉剂、350 克/升悬浮剂、480 克/升悬浮剂、600 克/升悬浮剂、5%可溶液剂、10%可溶液剂、20%可溶液剂、200 克/升可溶液剂、70%水分散粒剂、15%微囊悬浮剂、45%微乳剂、5%乳油、20%乳油、350 克/升悬浮种衣剂、600 克/升悬浮种衣剂、35%种子处理悬浮剂、70%种子处理可分散粉剂、70%湿拌种剂、2.5%饵剂、2.5%胶饵、2%颗粒剂、15%泡腾片剂、5%片剂、5%油剂等。

【理化性质】吡虫啉纯品为白色结晶，熔点 143.8℃（结晶体Ⅰ）、136.4℃（结晶体Ⅱ），微溶于水、甲苯、异丙醇，可溶于二氯甲烷，pH 值 5～11 稳定。原药外观为浅桔黄色结晶。在土壤中稳定性较高，半衰期 150 天。属低毒杀虫剂，原药大鼠急性经口 LD_{50} 为 1260 毫克/千克，大鼠急性经皮 LD_{50} 大于 5000 毫克/千克，对兔眼睛有轻微刺激性，对皮肤无刺激性，试验条件下无致癌、致突变作用，对高等动物、鱼、鸟类低毒。

【产品特点】吡虫啉是一种吡啶类杀虫剂，具有内吸、胃毒、触杀、拒食及驱避作用，杀虫谱广、药效高、持效期长、残留低。其杀虫机理是作用于昆虫的烟酸乙酰胆碱酯酶受体，而干扰害虫运动神经系统。害虫接触药剂后，中枢神经正常传导受阻，使其麻痹死亡。该药内吸传导性强，速效性好，施药后 1 天即有较高的防效，且药效和温度呈正相关，温度高、杀虫效果好。

吡虫啉常与杀虫单、杀虫双、噻嗪酮、三唑锡、三唑磷、异丙威、抗蚜威、仲丁威、丁硫克百威、灭多威、敌敌畏、毒死蜱、马拉硫磷、辛硫磷、高效氯氰菊酯、氯氰菊酯、联苯菊酯、氰戊菊酯、高效氯氟氰菊酯、阿维菌素、甲氨基阿维菌素苯甲酸盐、灭幼脲、哒螨灵等杀虫剂成分混配，用于生产复配杀虫剂。

【适用作物及防治对象】吡虫啉广泛适用于瓜果蔬菜、粮棉油作物、甜菜、茶树、马铃薯、落叶果树、常绿果树及观赏植物等，对刺吸式口器害虫具有良好的防治效果，如蚜虫类、叶蝉类、粉虱类、飞虱类、蓟马类、木虱类、盲蝽类等，并对鞘翅目甲虫、双翅目斑潜蝇和鳞翅目潜叶蛾等害虫也有较好的防效。还可作为卫生杀虫剂及杀白蚁剂使用。

【使用技术】吡虫啉主要用于喷雾，也可用于种子处理，还可土壤处理防治根蛆等。

十字花科蔬菜蚜虫、叶蝉、粉虱等 从害虫发生初期或虫量开始较快上升时开始喷药，15 天左右 1 次，连喷 2 次。每亩次使用5%乳油 40～60 毫升，或 5%片剂 40～60 克，或 10%可湿性粉剂 20～30 克，或 25%可湿性粉剂 10～15 克，或 50%可湿性粉剂 5～7 克，或 70%可湿性粉剂或 70%水分散粒剂 3～5 克，或 200 克/升可溶液剂 10～15 毫升，或 350 克/升悬浮剂 6～10 毫升，或 480 克/升悬浮剂 5～7 毫升，或 600 克/升悬浮剂 4～6 毫升，对水 30～45 千克均匀喷雾。

番茄、茄子、黄瓜、西瓜等瓜果类的蚜虫、粉虱、蓟马、斑潜蝇 从害虫发生初期或虫量开始迅速增多时开始喷药，15 天左右 1 次，连喷 2 次左右。一般每亩次使用 5%乳油 60～80 毫升，或 5%片剂 60～80 克，或 10%可湿性粉剂 30～40 克，或 20%可湿性粉剂 15～20 克，或 25%可湿性粉剂 12～16 克，或 50%可湿性粉剂 6～8 克，或 70%可湿性粉剂或 70%水分散粒剂 4～6 克，或 200 克/升可溶液剂 15～20 毫升，或 350 克/升悬浮剂 8～12 毫升，或 480 克/升悬浮剂 7～10 毫升，或 600 克/升悬浮剂 5～7 毫升，对水 45～60 千克均匀喷雾。

保护地蔬菜白粉虱、斑潜蝇等 从害虫发生初期开始喷药，

10～15 天 1 次，连喷 2～3 次。一般每亩次使用 5%乳油 80～100 毫升，或 5%片剂 80～100 克，或 10%可湿性粉剂 40～60 克，或 20%可湿性粉剂 20～30 克，或 25%可湿性粉剂 20～25 克，或 50%可湿性粉剂 10～12 克，或 70%可湿性粉剂或 70%水分散粒剂 6～8 克，或 200 克/升可溶液剂 20～30 毫升，或 350 克/升悬浮剂 12～15 毫升，或 480 克/升悬浮剂 10～12 毫升，或 600 克/升悬浮剂 7～10 毫升，对水 45～60 千克均匀喷雾。

韭菜、葱、蒜的根蛆 播种时或韭菜田收割后，土壤撒施药剂。一般每亩次使用 2%颗粒剂 1000～1500 克均匀撒施，而后灌水。

小麦蚜虫 播种前药剂拌种或包衣，每 10 千克种子使用 600 克/升悬浮种衣剂 60～70 克，或 70%湿拌种剂 50～60 克均匀拌种或包衣，晾干后播种。生长期在小麦抽穗期至灌浆期喷药 1～2 次。一般每亩次使用 5%乳油 60～100 毫升，或 5%片剂 60～100 克，或 10%可湿性粉剂 30～50 克，或 20%可湿性粉剂 15～25 克，或 25%可湿性粉剂 12～20 克，或 50%可湿性粉剂 6～10 克，或 70%可湿性粉剂或 70%水分散粒剂 4～7 克，或 200 克/升可溶液剂 15～25 毫升，或 350 克/升悬浮剂 8～15 毫升，或 480 克/升悬浮剂 6～9 毫升，或 600 克/升悬浮剂 5～8 毫升，对水 30～45 千克均匀喷雾。

水稻稻飞虱、叶蝉 在若虫孵化盛期至 3 龄前喷药、或分蘖期至拔节期平均每丛有虫 0.5～1 头时、孕穗至抽穗期平均每丛有虫 10 头时、灌浆乳熟期平均每丛有虫 10～15 头时、蜡熟期平均每丛有虫 15～20 头时及时喷药防治。一般每亩次使用 5%乳油 60～80 毫升，或 5%片剂 60～80 克，或 10%可湿性粉剂 30～40 克，或 20%可湿性粉剂 15～20 克，或 25%可湿性粉剂 12～16 克，或 50%可湿性粉剂 6～8 克，或 70%可湿性粉剂或 70%水分散粒剂 4～6 克，或 200 克/升可溶液剂 15～20 毫升，或

350克/升悬浮剂8～12毫升，或480克/升悬浮剂6～9毫升，或600克/升悬浮剂5～7毫升，对水30～45千克均匀喷雾。喷药时要将药液喷到植株中下部。有些地区飞虱抗药性比较严重，应注意与噻嗪酮、异丙威等药剂混配使用。

棉花蚜虫、绿盲蝽 播种前药剂拌种或包衣，每10千克种子使用600克/升悬浮种衣剂60～80克，或70%湿拌种剂50～70克均匀拌种或包衣，晾干后播种。生长期从虫口数量开始迅速增多时开始喷药，10～15天1次，连喷2次左右。药剂使用量同“瓜果类蚜虫”。

烟草蚜虫 从蚜虫量开始较快上升时或平均每株有蚜虫100头时开始喷药防治，10～15天1次，连喷2次。药剂使用量同“瓜果类蚜虫”。

甜菜潜叶甲虫、细胸金针虫 从害虫发生初期开始喷药，10～15天1次，连喷2次。一般每亩次使用5%乳油60～100毫升，或5%片剂60～100克，或10%可湿性粉剂30～50克，或20%可湿性粉剂15～25克，或25%可湿性粉剂12～20克，或50%可湿性粉剂6～10克，或70%可湿性粉剂或70%水分散粒剂5～7克，或200克/升可溶液剂15～25毫升，或350克/升悬浮剂10～15毫升，或480克/升悬浮剂7～10毫升，或600克/升悬浮剂6～9毫升，对水45～60千克均匀喷雾。害虫发生严重时可与拟除虫菊酯类杀虫剂混用，以提高防效。

柑橘潜叶蛾 当嫩叶被害率达5%时开始喷药，10～15天1次，连喷2次。一般使用5%乳油300～500倍液，或10%可湿性粉剂800～1000倍液，或20%可湿性粉剂1500～2000倍液，或25%可湿性粉剂1800～2500倍液，或50%可湿性粉剂3500～4000倍液，或70%可湿性粉剂或70%水分散粒剂5000～7000倍液，或200克/升可溶液剂1500～2000倍液，或350克/升悬浮剂2500～3500倍液，或480克/升悬浮剂3500～4000倍液，或600克/升悬浮剂5000～6000倍液均匀喷雾。

茶树小绿叶蝉　从害虫发生初期或虫量开始迅速增加时开始喷药，10～15天1次，连喷2～3次。一般使用5%乳油600～800倍液，或10%可湿性粉剂1200～1500倍液，或20%可湿性粉剂2500～3000倍液，或25%可湿性粉剂3000～4000倍液，或50%可湿性粉剂6000～8000倍液，或70%可湿性粉剂或70%水分散粒剂8000～10000倍液，或200克/升可溶液剂2500～3000倍液，或350克/升悬浮剂4000～6000倍液，或480克/升悬浮剂6000～7000倍液，或600克/升悬浮剂7000～8000倍液均匀喷雾。

梨木虱　在若虫发生初期、未被粘液完全覆盖前喷药，每代喷药1次即可。药剂喷施倍数同“茶树小绿叶蝉”。

桃、杏、李蚜虫　发芽后开花前、落花后及落花后15天各喷药1次。药剂喷施倍数同“茶树小绿叶蝉”。

枣树绿盲蝽　发芽期至幼果期是喷药防治绿盲蝽的关键期，10～15天喷药1次，与不同类型药剂交替使用。药剂喷施倍数同“茶树小绿叶蝉”。

葡萄绿盲蝽　发芽期至开花期是喷药防治绿盲蝽的关键期，7～10天1次，与不同类型药剂交替使用。药剂喷施倍数同“茶树小绿叶蝉”。

苹果绣线菊蚜　在蚜虫开始上果为害时开始喷药，10～15天1次，连喷1～2次。一般使用5%乳油800～1000倍液，或10%可湿性粉剂1500～2000倍液，或20%可湿性粉剂3000～4000倍液，或25%可湿性粉剂4000～5000倍液，或50%可湿性粉剂7000～8000倍液，或70%可湿性粉剂或70%水分散粒剂10000～12000倍液，或200克/升可溶液剂3000～4000倍液，或350克/升悬浮剂5000～6000倍液，或480克/升悬浮剂7000～8000倍液，或600克/升悬浮剂9000～10000倍液均匀喷雾。

【注意事项】吡虫啉连续使用易产生抗药性，注意与其它不同作用机理的药剂交替使用或混用。为充分发挥药效，应选择晴朗无风的上午喷药较好，温度高时药效发挥充分。该药对眼睛有轻微刺激作用，用药时注意安全保护；对蜜蜂有毒，禁止在花期或蜂场使用。吡虫啉无特效解毒剂，如发生中毒应及时送医院对症治疗。

啶虫脒

【有效成分】啶虫脒（acetaniprid）。

【常见商标名称】莫比朗、诺蚜莎、阿拉特、安杀宝、安乐使、百蚜净、茶蝉灵、大红地、大农博、定必朗、牙硬光、好施乐、金管蚜、克蚜虱、乐蚜灵、灵五洲、落满地、马上清、蒙托亚、三步蚜、爱打、标能、顶猛、定猛、夺取、飞刀、飞炫、高优、好朗、赛朗、斯朗、怀庆、甲保、尽打、惊涛、决吸、俊标、酷豹、兰宁、联打、亮锋、美沃、喷刺、胜券、腾龙、天利、天王、通刺、万马、万鑫、旺农、肖灭、休甲、雅克、益农、战客、京博擂战、生农诺吉、海正金宁、翰生尖峰、兴农飞抗、绿士聚歼、万克大神工等。

【主要含量与剂型】20％可溶性粉剂、40％可溶性粉剂、10％可溶液剂、20％可溶液剂、30％可溶液剂、40％水分散粒剂、50％水分散粒剂、70％水分散粒剂、5％可湿性粉剂、10％可湿性粉剂、15％可湿性粉剂、20％可湿性粉剂、60％可湿性粉剂、5％乳油、10％乳油、15％乳油、25％乳油、5％微乳剂、10％微乳剂、20％微乳剂、60％泡腾片剂等。

【理化性质】啶虫脒属吡啶类化合物，纯品为白色结晶，熔点101～103.3℃，易溶于丙酮、甲醇、乙醇、氯仿、乙腈、四氢呋喃，25℃时在水中溶解度为4200毫克/升，在中性或偏酸性介质中稳定，常温下稳定。属低毒杀虫剂，原药大鼠急性经口LD_{50}为217毫克/千克，大鼠急性经皮LD_{50}大于2000毫克/千克，对人畜低毒，对天敌杀伤力小，对鱼毒性较低，对蜜蜂影响小。

【产品特点】啶虫脒是一种氯代烟碱类杀虫剂，具有杀虫谱广、活性高、用量少、持效长等特点，以触杀和胃毒作用为主，并有卓越的内吸活性。其杀虫机理与常规杀虫剂不同，主要作用于昆虫神经接合部后膜，通过与乙酰受体结合使昆虫异常兴奋，全身痉挛、麻痹而死亡。所以对有机磷类、氨基甲酸酯类及拟除虫菊酯类有抗性的害虫也有很好的防效，特别对半翅目害虫效果好。啶虫脒药效和温度呈正相关，温度高杀虫效果好。

啶虫脒常与阿维菌素、高效氯氰菊酯、高效氯氟氰菊酯、联苯菊酯、甲氨基阿维菌素苯甲酸盐、毒死蜱、辛硫磷、二嗪磷、杀虫单、丁硫克百威、仲丁威、吡蚜酮、哒螨灵等杀虫剂成分混配，生产复配杀虫剂。

【适用作物及防治对象】啶虫脒适用于粮、棉、油、糖、果、蔬、豆类、烟草、茶树、花卉等许多种种植植物，主要用于防治刺吸类口器害虫，如蚜虫、叶蝉、飞虱、粉虱、木虱、盲蝽、蚧壳虫等，对鳞翅目（小菜蛾、潜叶蛾、卷叶虫）、鞘翅目（天牛、猿叶甲）及缨翅目（蓟马）的有些害虫也有一定防效。

【使用技术】

十字花科蔬菜蚜虫　从蚜虫发生初期至盛发前期开始喷药，10～15 天 1 次，连喷 2～3 次。一般每亩次使用 5%乳油或微乳剂 30～40 毫升，或 5%可湿性粉剂 30～40 克，或 10%乳油或微乳剂或可溶液剂 15～20 毫升，或 10%可湿性粉剂 15～20 克，或 15%可湿性粉剂 10～13 克，或 15%乳油 10～13 毫升，或 20%可溶液剂或微乳剂 8～10 毫升，或 20%可溶性粉剂或 20%可湿性粉剂 8～10 克，或 30%可溶液剂 5～7 毫升，或 40%可溶性粉剂或水分散粒剂 4～5 克，或 50%水分散粒剂 3～5 克，或 60%水分散粒剂 2.5～3.5 克，或 70%水分散粒剂 2～3 克，对水 30～60 千克均匀喷雾。

黄瓜、番茄的蚜虫、白粉虱　在害虫发生初期至始盛期开始喷药，10～15 天 1 次，连喷 2～3 次。一般每亩次使用 5%乳油或微乳剂 40～70 毫升，或 5%可湿性粉剂 40～70 克，或 10%乳油或微乳剂或可溶液剂 20～30 毫升，或 10%可湿性粉剂 20～30 克，或 15%可湿性粉剂 15～20 克，或 15%乳油 15～20 毫升，或 20%可溶液剂或微乳剂 10～15 毫升，或 20%可溶性粉剂或 20%可湿性粉剂 10～15 克，或 30%可溶液剂 8～10 毫升，或 40%可溶性粉剂或水分散粒剂 5～7 克，或 50%水分散粒剂 4～6 克，或 60%水分散粒剂 4～5 克，或 70%水分散粒剂 3～4 克，对水 45～60 千克均匀喷雾。

水稻稻飞虱 在若虫孵化盛期至 3 龄前及时喷药防治。一般每亩次使用 5%乳油或微乳剂 60～90 毫升，或 5%可湿性粉剂 60～90 克，或 10%乳油或微乳剂或可溶液剂 30～45 毫升，或 10%可湿性粉剂 30～45 克，或 15%可湿性粉剂 20～30 克，或 15%乳油 20～30 毫升，或 20%可溶液剂或微乳剂 15～20 毫升，或 20%可溶性粉剂或 20%可湿性粉剂 15～20 克，或 30%可溶液剂 10～15 毫升，或 40%可溶性粉剂或水分散粒剂 8～10 克，或 50%水分散粒剂 6～9 克，或 60%水分散粒剂 5～7 克，或 70%水分散粒剂 4～6 克，对水 45～60 千克均匀喷雾。因啶虫脒与吡虫啉杀虫机理相同，对吡虫啉产生抗性的飞虱进行防治时应谨慎使用。

烟草蚜虫 在蚜虫发生初期至始盛期开始喷药，10～15 天 1 次，连喷 2～3 次。药剂使用量同“水稻稻飞虱”。

棉花蚜虫、绿盲蝽 在害虫发生初期至始盛期开始喷药，10～15 天 1 次，连喷 2～3 次，重点喷洒幼嫩叶片及其背面。药剂使用量同“水稻稻飞虱”。

小麦蚜虫 在小麦扬花前、后各喷药 1 次。一般每亩次使用 5%乳油或微乳剂 40～50 毫升，或 5%可湿性粉剂 40～50 克，或 10%乳油或微乳剂或可溶液剂 20～25 毫升，或 10%可湿性粉剂 20～25 克，或 15%可湿性粉剂 15～18 克，或 15%乳油 15～

18毫升，或20%可溶液剂或微乳剂10～12毫升，或20%可溶性粉剂或20%可湿性粉剂10～12克，或30%可溶液剂7～9毫升，或40%可溶性粉剂或水分散粒剂5～6克，或50%水分散粒剂4～5克，或60%水分散粒剂3.5～4.5克，或70%水分散粒剂3～4克，对水30～45千克均匀喷雾。

苹果绣线菊蚜　幼树果园在蚜虫开始影响嫩叶及新梢生长时及时开始喷药，结果树从蚜虫开始上果时开始喷药，一般果园喷药1次即可。一般使用5%乳油或微乳剂或可湿性粉剂2000～2500倍液，或10%乳油或微乳剂或可溶液剂或可湿性粉剂4000～5000倍液，或15%可湿性粉剂或乳油6000～7000倍液，或20%可溶液剂或微乳剂或可溶性粉剂或可湿性粉剂8000～10000倍液，或30%可溶液剂12000～15000倍液，或40%可溶性粉剂或水分散粒剂15000～18000倍液，或50%水分散粒剂18000～20000倍液，或60%水分散粒剂25000～30000倍液，或70%水分散粒剂30000～35000倍液均匀喷雾。

梨木虱　在若虫孵化初期至虫体没有被黏液全部覆盖时及时喷药防治，每代喷药1次即可。一般使用5%乳油或微乳剂或可湿性粉剂1800～2000倍液，或10%乳油或微乳剂或可溶液剂或可湿性粉剂3500～4000倍液，或15%可湿性粉剂或乳油5000～6000倍液，或20%可溶液剂或微乳剂或可溶性粉剂或可湿性粉剂7000～8000倍液，或30%可溶液剂10000～12000倍液，或40%可溶性粉剂或水分散粒剂14000～16000倍液，或50%水分散粒剂18000～20000倍液，或60%水分散粒剂20000～25000倍液，或70%水分散粒剂25000～30000倍液均匀喷雾。

桃、杏、李蚜虫　开花前、落花后、落花后15天各喷药1次，药剂喷施倍数同“梨木虱”。

枣树绿盲蝽　萌芽期至幼果期及时喷药防治，10～15天1次，与不同类型药剂交替使用，连续喷药。药剂喷施倍数同“梨木虱”。

柑橘蚜虫、潜叶蛾、茶树小绿叶蝉等 从害虫初发至盛发初期开始喷药防治，10～15天1次，连喷2～3次。药剂喷施倍数同“梨木虱”。

【注意事项】啶虫脒对桑蚕高毒，使用时若附近有桑园，切勿喷洒到桑叶上。不能与强碱性药剂（波尔多液、石硫合剂等）混用。该药与吡虫啉为同类型药剂，两者不易混用或交替使用。一般作物的安全采收间隔期为15天。

吡 蚜 酮

【有效成分】吡蚜酮（pymetrozine）。

【常见商标名称】飞电、紫电、神约、卉欣等。

【主要含量与剂型】25%可湿性粉剂、40%可湿性粉剂、50%可湿性粉剂、50%水分散粒剂、60%水分散粒剂、70%水分散粒剂、75%水分散粒剂、25%悬浮剂等。

【理化性质】吡蚜酮纯品为白色结晶粉末，原药外观为无色晶体。对光、热稳定，弱酸、弱碱条件下稳定。高温条件下容易降解，贮存温度为0～6℃。在环境中可以迅速降解，主要代谢产物在土壤中淋溶性很低，使用后仅停留在浅表土层中，正常使用条件下，对地下水无污染。吡蚜酮属低毒杀虫剂，原药大鼠急性经口LD_{50}为5820毫克/千克，急性经皮LD_{50}大于2000毫克/千克。

【产品特点】吡蚜酮是一种全新的三嗪酮类低毒杀虫剂，具有触杀作用和内吸活性，既可在植物体的木质部输导，又能在韧皮部输导，具有良好的输导特性，茎叶喷雾后新长出的枝叶也可得到良好的有效保护。对多种作物的刺吸式口器害虫表现出优异的防治效果，具有高效、低毒、高选择性，对环境及生态安全。

吡蚜酮可与烯啶虫胺、噻嗪酮、噻虫嗪、噻虫啉、啶虫脒、毒死蜱、阿维菌素、高效氯氟氰菊酯、醚菊酯、甲萘威、速灭威、异丙威、仲丁威等杀虫剂成分混配，用于生产复配杀虫剂。

【适用作物及防治对象】吡蚜酮广泛适用于蔬菜、水稻、小麦、棉花、果树等多种作物，用于防治大部分同翅目害虫，尤其是飞虱科、蚜科、粉虱科及叶蝉科害虫，如菜蚜、烟蚜、麦蚜、棉蚜、桃蚜、褐飞虱、灰飞虱、白背飞虱、小绿叶蝉、甘薯粉虱及温室白粉虱等。

【使用技术】

蔬菜蚜虫、温室白粉虱、叶蝉　从害虫发生初期至盛发前期开始喷药，10～15天1次，连喷2～3次，一般每亩次使用25%可湿性粉剂20～30克，或25%悬浮剂20～30毫升，或40%可湿性粉剂13～18克，或50%水分散粒剂或可湿性粉剂10～15克，或60%水分散粒剂9～12克，或70%水分散粒剂7～10克，或75%水分散粒剂7～9克，对水30千克常规喷雾，或对水10千克弥雾机弥雾。

水稻褐飞虱、灰飞虱、白背飞虱、叶蝉　在害虫发生初期至盛发前期及时用药。一般每亩次使用25%可湿性粉剂20～25克，或25%悬浮剂20～25毫升，或40%可湿性粉剂13～15克，或50%水分散粒剂或可湿性粉剂10～12克，或60%水分散粒剂9～11克，或70%水分散粒剂7～9克，或75%水分散粒剂7～9克，对水30～45千克均匀喷雾，重点喷洒植株中下部。

小麦蚜虫　在蚜虫发生初期至始盛期及时喷药，或在小麦孕穗期至齐穗期及时喷药。一般每亩次使用25%可湿性粉剂16～25克，或25%悬浮剂16～25毫升，或40%可湿性粉剂10～15克，或50%水分散粒剂或可湿性粉剂8～12克，或60%水分散粒剂7～11克，或70%水分散粒剂6～9克，或75%水分散粒剂6～9克，对水30千克均匀喷雾。

棉花蚜虫　从蚜虫发生初盛期开始喷药，10～15天1次，与不同类型药剂交替使用。吡蚜酮一般每亩次使用25%可湿性粉剂20～25克，或25%悬浮剂20～25毫升，或40%可湿性粉剂13～15克，或50%水分散粒剂或可湿性粉剂10～12克，或

60%水分散粒剂9～11克，或70%水分散粒剂7～9克，或75%水分散粒剂7～9克，对水30～60千克均匀喷雾。

苹果、柑橘、葡萄等果树蚜虫 在蚜虫发生初盛期及时进行喷药。一般使用25%可湿性粉剂或悬浮剂2500～3000倍液，或40%可湿性粉剂4000～5000倍液，或50%水分散粒剂或可湿性粉剂5000～6000倍液，或60%水分散粒剂6000～7000倍液，或70%水分散粒剂7000～8000倍液，或75%水分散粒剂7500～9000倍液均匀喷雾。

【注意事项】不能与强酸性、或碱性药剂混用。喷药时要做到均匀周到，尤其要喷洒到目标害虫的为害部位。连续用药时注意与其他作用机理不同的药剂交替使用或适当混用。

噻　虫　嗪

【有效成分】噻虫嗪（thiamethoxam）。

【常见商标名称】阿克泰、锐胜、卉健、能量之源等。

【主要含量与剂型】25%水分散粒剂、50%水分散粒剂、25%悬浮剂、30%悬浮剂、25%可湿性粉剂、30%种子处理悬浮剂、46%种子处理悬浮剂、70%种子处理可分散粉剂等。

【理化性质】噻虫嗪纯品为白色结晶粉末，熔点139.1℃，25℃时水溶度为4100毫克/升，可溶于丙酮、二氯甲烷，在pH 2～12条件下稳定。属低毒杀虫剂，原药大鼠急性经口LD_{50}为1563毫克/千克，大鼠急性经皮LD_{50}大于2000毫克/千克，对兔眼睛和皮肤无刺激作用，对蜜蜂有毒。

【产品特点】噻虫嗪是一种新型烟碱类高效、低毒、广谱杀虫剂，具有良好的胃毒和触杀活性，内吸传导性强，植物叶片吸收后迅速传导到各部位。害虫吸食药剂后，通过干扰虫体内神经信息传导而起作用。作用机理是模仿乙酰胆碱，刺激受体蛋白，而这种模仿的乙酰胆碱又不会被乙酰胆碱酯酶所降解，使昆虫迅速停止取食，活动受抑制，一直处于高度兴奋中，直到死亡。对刺吸式口器害虫及潜叶害虫具有高效、持效期长、单位面积用药量低等特点，施用后害虫死亡高峰在2～3天，有效控制期可达1个月左右。与其他烟碱类杀虫剂相比，噻虫嗪活性更高，安全性更好，杀虫谱更广，且无交互抗性。是取代有机磷类、氨基甲酸酯类、拟除虫菊酯类、有机氯类杀虫剂的最佳品种之一。

噻虫嗪常与氯虫苯甲酰胺、高效氯氟氰菊酯、吡蚜酮、敌敌畏等杀虫剂成分混配，用于生产复配杀虫剂。

【适用作物及防治对象】噻虫嗪广泛适用于防治水稻、棉花、油菜、马铃薯、大豆、甘蔗、花卉、烟草、苹果、梨、柑橘、葡萄、茶树、花卉及多种蔬菜作物上的各种飞虱、蚜虫、叶蝉、粉虱等刺吸式口器害虫以及甲虫、潜叶蛾等，也可用于种子处理，防治水稻、棉花、小麦、玉米、高粱、油菜、甜菜、马铃薯、菜豆、花生、向日葵等金龟子幼虫、马铃薯甲虫、跳甲、线虫等。

【使用技术】噻虫嗪主要用于喷雾防治刺吸式口器害虫，也可用于种子处理或灌根。

水稻稻飞虱 在若虫发生初盛期喷药，一般每亩次使用25%水分散粒剂或可湿性粉剂3～4克，或25%悬浮剂3～4毫升，或30%悬浮剂2～4毫升，或50%水分散粒剂1.5～2克，对水30～40千克均匀喷淋稻田。部分地区稻飞虱对噻虫嗪有了一定耐药性，为保证防治效果注意与其他不同作用机理的药剂轮换使用。

棉花蚜虫、白粉虱、蓟马 在害虫发生初期开始喷药，每亩次使用25%水分散粒剂或可湿性粉剂13～26克，或25%悬浮剂13～26毫升，或30%悬浮剂10～20毫升，或50%水分散粒剂7～13克，对水45～60千克均匀喷雾。也可进行种子包衣，每10千克种子使用70%种子处理可分散粒剂30～60克，或30%种子处理悬浮剂80～120毫升，或46%种子处理悬浮剂50～80毫升，均匀拌种包衣。

玉米蚜虫 通过种子包衣进行用药。一般每10千克种子使用

70%种子处理可分散粒剂15～30克，或46%种子处理悬浮剂25～45毫升，或30%种子处理悬浮剂40～60毫升，均匀拌种包衣。

十字花科蔬菜、茄子、辣椒、番茄、马铃薯的白粉虱、蚜虫 从害虫发生初盛期开始喷药，每亩次使用25%水分散粒剂或可湿性粉剂10～15克，或25%悬浮剂10～15毫升，或30%悬浮剂9～12毫升，或50%水分散粒剂5～7克，对水30～45千克均匀喷雾；也可在害虫发生初期每株使用25%水分散粒剂或可湿性粉剂0.12～0.2克，或25%悬浮剂0.12～0.2毫升，对水200～250毫升灌根。

黄瓜等瓜类白粉虱、蚜虫 从害虫发生初盛期开始喷药，每亩次使用25%水分散粒剂或可湿性粉剂10～20克，或25%悬浮剂10～20毫升，或30%悬浮剂9～15毫升，或50%水分散粒剂5～10克，对水40～60千克均匀喷雾。

油菜、西瓜、烟草蚜虫 从蚜虫发生初期至盛发前开始喷药防治，药剂使用量同“黄瓜白粉虱”。

节瓜蓟马 从害虫盛发前期开始喷药防治，每亩次使用25%水分散粒剂或可湿性粉剂10～15克，或25%悬浮剂10～15毫升，或30%悬浮剂9～12毫升，或50%水分散粒剂5～7克，对水45～60千克均匀喷雾。

花卉蚜虫、蓟马 从害虫发生初期开始喷药防治，药剂使用量同“节瓜蓟马”。

甘蔗绵蚜 从绵蚜发生初期开始喷药，一般使用25%水分散粒剂或可湿性粉剂或悬浮剂6000～8000倍液，或30%悬浮剂7000～9000倍液，或50%水分散粒剂12000～15000倍液均匀喷雾。

苹果蚜虫 在蚜虫盛发初期开始喷药，一般使用25%水分散粒剂或可湿性粉剂或悬浮剂5000～7000倍液，或30%悬浮剂6000～8000倍液，或50%水分散粒剂10000～12000倍液均匀喷雾。

梨树梨木虱　在各代若虫发生初期（未被黏液完全覆盖前）喷药，一般使用25％水分散粒剂或可湿性粉剂或悬浮剂6000～7000倍液，或30％悬浮剂7000～8000倍液，或50％水分散粒剂12000～15000倍液均匀喷雾。

葡萄蚧壳虫　从蚧壳虫出蛰期或始发期开始喷药，一般使用25％水分散粒剂或可湿性粉剂或悬浮剂4000～5000倍液，或30％悬浮剂5000～6000倍液，或50％水分散粒剂8000～10000倍液均匀喷雾。

柑橘蚜虫、潜叶蛾　从害虫发生初期开始喷药，一般使用25％水分散粒剂或可湿性粉剂或悬浮剂3000～4000倍液，或30％悬浮剂3500～5000倍液，或50％水分散粒剂6000～8000倍液均匀喷雾。

茶树小绿叶蝉　在害虫发生初期至盛发初期喷药防治，一般使用25％水分散粒剂或可湿性粉剂或悬浮剂5000～6000倍液，或30％悬浮剂6000～7000倍液，或50％水分散粒剂10000～12000倍液均匀喷雾。

【注意事项】害虫接触药剂后立即停止取食等活动，但死亡速度较慢，死虫高峰通常在施药后2～3天出现。本剂对蜜蜂有毒，不要在蜜蜂采蜜的场所使用。不要在低于－10℃和高于＋35℃的场所储存。成品制剂一般不会引起中毒事故，如误食引起不适等中毒症状，没有专门解毒药剂，可请医生对症治疗。

噻虫胺

【有效成分】噻虫胺（clothianidin）。

【常见商标名称】住高等。

【主要含量与剂型】20％悬浮剂、48％悬浮剂、50％水分散粒剂。

【理化性质】噻虫胺纯品为白色结晶状粉末，无嗅，熔点

176.8℃，水中溶解度（20℃）为0.327克/升。属低毒杀虫剂，原药大鼠（雌、雄）急性经口LD_{50}大于5000毫克/千克，急性经皮LD_{50}大于2000毫克/千克。

【产品特点】噻虫胺是一种新型烟碱类广谱低毒杀虫剂，作用于昆虫神经后突触的烟碱乙酰胆碱受体，对刺吸式口器害虫和其他害虫均有效，具有内吸传导和触杀及胃毒作用，杀虫活性高，速效性好，对作物安全。可叶面渗透和根部吸收，与常规农药无交互抗性，持效期7天左右。

噻虫胺可与联苯菊酯等杀虫剂成分混配，用于生产复配杀虫剂。

【适用作物及防治对象】噻虫胺适用于水稻、蔬菜、马铃薯、烟草、茶树、果树等多种作物，用于防治飞虱、蚜虫、叶蝉、蓟马、叶甲等半翅目、双翅目、鞘翅目害虫和某些鳞翅目害虫，对部分线虫也有一定防治效果。

【使用技术】噻虫胺可用于叶面喷雾、土壤处理和种子处理。

水稻褐飞虱、灰飞虱、白背飞虱 从飞虱发生初期开始用药。一般每亩次使用20%悬浮剂15～20毫升，或48%悬浮剂7～9毫升，或50%水分散粒剂6～8克，对水30千克均匀喷雾或水田处理。

蔬菜蚜虫、温室白粉虱、烟粉虱、蓟马等 从害虫发生始盛期开始用药。一般每亩次使用20%悬浮剂20～25毫升，或48%悬浮剂10～12毫升，或50%水分散粒剂10～12克，对水30～45千克均匀喷雾。也可通过土壤处理进行用药，每亩使用20%悬浮剂25～50毫升，或48%悬浮剂15～20毫升，或50%水分散粒剂12～20克。还可种子处理进行用药，每千克种子使用20%悬浮剂8～10毫升，或48%悬浮剂4～5毫升，或50%水分散粒剂4～5克。

马铃薯甲虫、蚜虫 从害虫发生初期开始用药。一般每亩次使用20%悬浮剂15～20毫升，或48%悬浮剂7～10毫升，或

50%水分散粒剂6～8克，对水30～45千克均匀喷雾。

柑橘、葡萄等果树蚜虫　从蚜虫发生初盛期开始喷药，一般使用20%悬浮剂1000～1500倍液，或48%悬浮剂2000～3000倍液，或50%水分散粒剂2000～3000倍液均匀喷雾。

【注意事项】 使用噻虫胺喷雾时，通常7～10天用药1次，连用2～3次；为延缓害虫产生抗药性，注意与不同作用机理的药剂交替使用或适当混用。每生长季最多使用3次，安全间隔期一般为7天。本剂对蜜蜂接触高毒，经口剧毒，蜜源作物花期禁用，施药期间密切关注对附近蜂群的影响；对家蚕剧毒，蚕室及桑园附近禁用。

烯啶虫胺

【有效成分】 烯啶虫胺（nitenpyram）。

【常见商标名称】 柏杨、鸿瑞、美快、米旺、喷平、品量等。

【主要含量与剂型】 10%可溶液剂、10%水剂、20%水剂、20%可湿性粉剂、20%水分散粒剂、30%水分散粒剂、50%可溶粒剂、60%可湿性粉剂等。

【理化性质】 烯啶虫胺原药外观为黄色至红棕色稳定的均相液体，熔点83～84℃，密度1.40（26℃），水中溶解度（20℃，pH=7）为840克/升，易溶于多种有机溶剂，固态下和在多数溶剂及混配剂中稳定性极好。属低毒杀虫剂，原药大鼠（雌）急性经口LD_{50}大于5000毫克/千克，急性经皮LD_{50}大于2000毫克/千克。对哺乳动物、禽类、鱼类低毒，试验条件下无致畸、致突变、致癌作用。

【产品特点】 烯啶虫胺是一种新型烟碱类杀虫剂，属昆虫乙酰胆碱酯酶抑制剂，主要作用于神经系统，阻断害虫的神经信息传导，进而导致害虫死亡。对害虫以触杀和胃毒作用为主，并具有良好的内吸活性，高效、低毒、低残留，持效期长，对作物安全。

烯啶虫胺可与阿维菌素、吡蚜酮、噻虫啉、噻嗪酮、联苯菊酯、异丙威等杀虫剂成分混配，用于生产复配杀虫剂。

【适用作物及防治对象】烯啶虫胺适用于水稻、蔬菜、棉花、果树和茶叶上，用于防治飞虱、蚜虫、蓟马、叶蝉等害虫。

【使用技术】烯啶虫胺既可用于茎叶喷雾处理，也可进行土壤用药。

水稻飞虱　从飞虱发生初期开始用药。一般每亩次使用10%可溶液剂或水剂20～30毫升，或20%可湿性粉剂或水分散粒剂10～15克，或20%水剂10～15毫升，或30%水分散粒剂7～10克，或50%可溶粒剂4～5克，或60%可湿性粉剂4～5克，对水30千克常规喷雾，或对水10千克弥雾机弥雾。

蔬菜蚜虫、粉虱、蓟马等　在害虫发生初期至盛发前期及时用药。一般每亩次使用10%可溶液剂或水剂15～20毫升，或20%可湿性粉剂或水分散粒剂8～15克，或20%水剂8～15毫升，或30%水分散粒剂8～10克，或50%可溶粒剂4～5克，或60%可湿性粉剂4～5克，对水30～45千克均匀喷雾。在蔬菜苗期，也可进行土壤处理，根据上述用药量，每亩对水30千克进行淋灌。

柑橘、苹果、葡萄、梨等果树蚜虫、蓟马、木虱等　从害虫发生初盛期开始用药。一般使用10%可溶液剂或水剂1000～1500倍液，或20%可湿性粉剂或水分散粒剂或水剂2000～3000倍液，或30%水分散粒剂3000～4000倍液，或50%可溶粒剂5000～7000倍液，或60%可湿性粉剂6000～8000倍液均匀喷雾。

棉花蚜虫、蓟马等　从害虫发生初期到盛发前期开始用药。一般每亩次使用10%可溶液剂或水剂15～20毫升，或20%可湿性粉剂或水分散粒剂8～12克，或20%水剂8～12毫升，或30%水分散粒剂6～8克，或50%可溶粒剂4～5克，或60%可湿性粉剂4～5克，对水30～45千克均匀喷雾。

【注意事项】不能与强酸性、或碱性药剂混用。连续用药时，注意与其他不同作用机理的药剂交替使用或混用，以延缓害虫产生抗药性。每生长季使用不超过3次。

噻　嗪　酮

【有效成分】噻嗪酮（buprofezin）。

【常见商标名称】优乐得、稻虱灵、飞虱仔、格虱去、比丹灵、川珊灵、施飞特、抑虱特、稻易风、介飞决、介色宝、澳威、丰盈、横击、扫卷、泰歌、星捕、剑威、扑思、云端、巧彻、群达、介奔、蚧夺、壳虱、爱诺引领、丰山扑虱灵、兴农吉事能、悦联稻虱净、瑞德丰速捷、诺普信飞施宁等。

【主要含量与剂型】25%可湿性粉剂、50%可湿性粉剂、65%可湿性粉剂、75%可湿性粉剂、25%悬浮剂、40%悬浮剂、50%悬浮剂、25%乳油、70%水分散粒剂等。

【理化性质】噻嗪酮纯品为无色结晶，熔点为104.5～105.5℃，可溶于丙酮、三氯甲烷、乙醇、甲苯、正己烷等有机溶剂，难溶于水，对酸、碱、光、热稳定。属低毒杀虫剂，原药大鼠急性经口LD_{50}为2198毫克/千克，急性经皮LD_{50}大于5000毫克/千克，试验条件下无致畸、致癌、致突变作用，对水生动物、家蚕及天敌安全，对蜜蜂无直接作用，对眼睛、皮肤有轻微的刺激作用。

【产品特点】噻嗪酮为噻二嗪类昆虫生长调节剂，属昆虫蜕皮抑制剂，触杀作用强，也有一定的胃毒作用。通过抑制壳多糖合成和干扰新陈代谢，使害虫不能正常蜕皮和变态而逐渐死亡。具有高效性、高选择性、长持效性等特点。噻嗪酮作用较慢，一般施药后3～7天才能看出效果，对成虫没有直接杀伤力，但可以缩短其寿命，减少产卵量，且所产卵多为不育卵，幼虫即使孵化也很快死亡。对半翅目的飞虱、叶蝉、粉虱有特效，对矢尖蚧、长白蚧等一些蚧壳虫也有较好效果，持效期长达30天以上。

噻嗪酮常与杀虫单、吡虫啉、毒死蜱、杀扑磷、三唑磷、马拉硫磷、高效氯氰菊酯、高效氯氟氰菊酯、速灭威、仲丁威、异丙威、哒螨灵等杀虫剂成分混配，生产复配杀虫剂。

【适用作物及防治对象】 噻嗪酮主要用于防治水稻、柑橘、茶树等作物的飞虱、叶蝉、蚧壳虫、小绿叶蝉等害虫，也可用于防治苹果、桃、杏、李、枣等落叶果树的蚧壳虫，及保护地瓜果蔬菜的白粉虱等。

【使用技术】

水稻稻飞虱 在卵孵化盛期至低龄若虫盛发期喷药防治。一般每亩次使用25%可湿性粉剂40～50克，或25%悬浮剂或乳油40～50毫升，或40%悬浮剂25～30毫升，或50%悬浮剂20～25毫升，或50%可湿性粉剂20～25克，或65%可湿性粉剂15～20克，或70%水分散粒剂15～18克，或75%可湿性粉剂14～17克，对水30～60千克均匀喷雾。重点喷洒飞虱主要活动为害的植株中下部。

茶树小绿叶蝉、黑刺粉虱、瘿螨 在茶叶非采摘期的害虫低龄期用药防治。一般使用25%可湿性粉剂或乳油或悬浮剂1000～1200倍液，或40%悬浮剂1500～2000倍液，或50%悬浮剂或可湿性粉剂2000～2500倍液，或65%可湿性粉剂2500～3000倍液，或70%水分散粒剂3000～3500倍液，或75%可湿性粉剂3000～4000倍液均匀喷雾。

柑橘矢尖蚧等介壳虫 在害虫出蛰前或若虫发生初期喷药防治。一般使用25%可湿性粉剂或悬浮剂或乳油800～1200倍液，或40%悬浮剂1200～1500倍液，或50%悬浮剂或可湿性粉剂1500～2000倍液，或65%可湿性粉剂2000～2500倍液，或70%水分散粒剂2500～3000倍液，或75%可湿性粉剂3000～3500倍液均匀喷雾。

落叶果树介壳虫 在若虫孵化至低龄若虫阶段均匀喷药防治效果较好。药剂喷施倍数同“柑橘矢尖蚧”。

保护地瓜果蔬菜白粉虱 从害虫发生初期开始喷药，10天左右1次，连喷2～3次，重点喷洒植株中上部特别是幼嫩组织的叶片背面。药剂喷施倍数同“柑橘矢尖蚧”。

【注意事项】 该药对白菜、萝卜比较敏感，接触后将出现褐斑及绿叶白化等药害，使用时应特别注意。为延缓害虫产生抗药性，注意与不同作用机制的药剂混用或轮换使用。不能与碱性药剂混用。本剂对人、畜毒性较低，无全身中毒反应；如误服，应立即催吐，并送医院对症治疗，没有特殊解毒药剂。

阿维菌素

【有效成分】 阿维菌素（abamectin）。

【常见商标名称】 阿巴丁、害极灭、爱维丁、金福丁、毒中丁、安杀宝、巴金斯、虫大司、虫螨光、蹈满地、定虫针、青虫净、青龙刀、劲利隆、九洲令、蓝无敌、立劲博、扫线宝、杀虫素、利根砂、隆维康、帕杀特、索拿它、天义华、奇立素、好彩头、红尼诺、击亚特、降顽灵、满服锐、苏维士、一喜诺、茆中茆、再不卷、富农、多割、飞叼、盖铲、岗顶、奥能、高尽、高劲、宝垠、标打、虫寂、毒露、好打、好得、横斩、洪福、洪图、惠威、吉绿、吉旺、捷特、金蝶、金虹、惊爆、卷丹、库克、蓝锐、蓝魅、绿爱、满除、猛哥、米青、米赛、敏功、农腾、浓稠、奇拿、畦丰、潜保、潜克、强棒、强盾、强金、全铲、全克、迅克、锐浪、锐星、赛其、圣丹、双赢、四润、天钩、田鸟、统净、顽固、营利、战戟、众锐、助旺、纵击、五高、线消、威远泽泰、京博蓝瑟、金爱维丁、世佳龙宝、双面奇攻、虎蛙雄达、海正灭虫灵、兴农金钟罩、诺普信卷红、悦联卷必净、盈辉线粒体、诺普信黑将军等。

【主要含量与剂型】 0.9%乳油、1%乳油、1.8%乳油、2%乳油、3.2%乳油、5%乳油、18克/升乳油、2%微囊悬浮剂、3%微囊悬浮剂、1.8%可湿性粉剂、3%可湿性粉剂、5%可湿性粉剂、1.8%水乳剂、3%水乳剂、5%水乳剂、5%悬浮剂、10%悬浮剂、1.8%微乳剂、3%微乳剂、5%微乳剂、10%水分散粒剂、5%可溶液剂、1.5%超低容量液剂、0.5%颗粒剂、1%颗粒剂、1%缓释粒剂、0.1%饵剂等。

【理化性质】阿维菌素是一种农用抗生素类杀虫、杀螨剂，为十六元大环内酯双糖类化合物，含8个组分，其中主要活性组分为B1。原药为白色或黄色结晶，熔点150～155℃，基本不溶于水，可溶于丙酮、甲苯、异丙醇、氯仿等有机溶剂；在25℃、pH5～9的溶液中无分解现象，通常条件下储存稳定，对热稳定，对光、强酸、强碱不稳定。原药高毒、制剂低毒，原药大鼠急性经口LD_{50}为10毫克/千克，1.8%乳油大鼠急性经口LD_{50}为650毫克/千克；试验条件下对动物无致畸、致癌、致突变作用，对皮肤无刺激作用，对眼睛有轻微刺激作用，对蜜蜂和水生生物高毒，对鸟类低毒。

【产品特点】阿维菌素属昆虫神经毒剂，对昆虫和螨类具有触杀和胃毒作用，并有微弱的熏蒸作用，无内吸作用，对叶片有很强的渗透作用，并能在植物体内横向传导，可杀死表皮下的害虫，且持效期长。杀虫（螨）活性高，对胚胎未发育的初产卵无毒杀作用，但对胚胎已发育的后期卵有较强的杀卵活性。其作用机理是干扰害虫神经生理活动，刺激释放γ-氨基丁酸，抑制害虫神经传导，导致害虫在几小时内迅速麻痹、拒食、缓动或不动，2～4天后死亡。阿维菌素具有强烈杀虫、杀螨、杀线虫活性，农畜两用，杀虫谱广，使用安全，害虫不易产生抗药性；且因植物表面残留少，而对益虫及天敌损伤小。

阿维菌素常与苏云金杆菌、吡虫啉、啶虫脒、氯氰菊酯、高效氯氰菊酯、高效氯氟氰菊酯、甲氰菊酯、联苯菊酯、毒死蜱、辛硫磷、三唑磷、丙溴磷、敌敌畏、马拉硫磷、灭幼脲、除虫脲、氟虫脲、虫酰肼、丁醚脲、氟铃脲、灭蝇胺、杀虫单、灭多威、多杀霉素、三唑锡、炔螨特、噻螨酮、哒螨灵、四螨嗪、氯虫苯甲酰胺、氟苯虫酰胺、氰氟虫腙等杀虫剂成分混配，生产制造复配杀虫剂。

【适用作物及防治对象】阿维菌素广泛应用于粮、棉、油、茶、糖、烟、瓜果蔬菜、果树、花卉植物、中药植物等多种种植植物上，主要用于防治害螨类、小菜蛾、菜青虫、甜菜夜蛾、斜纹夜蛾、黏虫、跳甲、叶甲、潜叶蛾、食心虫、卷叶蛾、梨木虱、食叶毛虫类等许多种害虫，并对许多瓜果蔬菜的根结线虫也具有很好的防治效果。

【使用技术】

瓜类及豆类蔬菜的斑潜蝇、美洲斑潜蝇　从害虫发生初期（初见虫道时）开始喷药防治。一般每亩次使用2%乳油或微囊悬浮剂18～22毫升，或1.8%乳油或18克/升乳油20～25毫升，或1%乳油36～45毫升，或0.9%乳油40～50毫升，或5%乳油或水乳剂或悬浮剂7～9毫升，或5%可湿性粉剂7～9克，或10%悬浮剂4～5毫升，或10%水分散粒剂4～5克，对水45～60千克均匀喷雾。

瓜果蔬菜的菜青虫、甜菜夜蛾、斜纹夜蛾、小菜蛾　在害虫卵孵化盛期至低龄幼虫期（2～3龄）喷药防治。一般每亩次使用2%乳油或微囊悬浮剂25～35毫升，或1.8%乳油或18克/升乳油30～40毫升，或1.8%可湿性粉剂30～40克，或1%乳油50～70毫升，或0.9%乳油60～80毫升，或5%乳油或水乳剂或悬浮剂或微乳剂10～15毫升，或5%可湿性粉剂10～15克，或10%悬浮剂6～8毫升，或10%水分散粒剂6～8克，对水45～60千克均匀喷雾。

烟草烟青虫　在害虫卵孵化盛期至低龄幼虫期（2～3龄）喷药防治，药剂使用量同“蔬菜菜青虫”。

水稻二化螟、三化螟、稻纵卷叶螟　在害虫卵孵化盛期至钻蛀前或卷叶前喷药防治。一般每亩次使用2%乳油或微囊悬浮剂50～70毫升，或1.8%乳油或微乳剂或18克/升乳油60～80毫升，或1.8%可湿性粉剂60～80克，或1%乳油100～150毫升，或0.9%乳油120～160毫升，或3%水乳剂或微乳剂或微囊悬浮剂35～50毫升，或5%乳油或悬浮剂或微乳剂或可溶液剂20～30毫升，或5%可湿性粉剂20～30克，或10%悬浮剂10～15毫升，或10%水分散粒剂10～15克，对水30～45千克均匀喷雾。

棉花红蜘蛛、棉铃虫 在害螨发生初盛期、或棉铃虫孵化盛期喷药防治，15～20天1次，连喷2次。一般每亩次使用2%乳油或微囊悬浮剂70～100毫升，或1.8%乳油或水乳剂或微乳剂或18克/升乳油80～120毫升，或1%乳油150～200毫升，或0.9%乳油160～240毫升，或3%微乳剂或水乳剂或微囊悬浮剂50～70毫升，或3%可湿性粉剂50～70克，或5%乳油或水乳剂或悬浮剂或微乳剂或可溶液剂30～40毫升，或5%可湿性粉剂30～40克，或10%水分散粒剂15～20克，或10%悬浮剂15～20毫升，对水45～60千克均匀喷雾，并对蚜虫也有一定的兼治作用。

瓜果蔬菜的根结线虫 定植前，每亩使用2%乳油750～900毫升，或1.8%乳油或水乳剂或微乳剂或18克/升乳油800～1000毫升，或1.8%可湿性粉剂800～1000克，或1%乳油1500～1800毫升，或0.9%乳油1600～2000毫升，或3%可湿性粉剂500～600克，或3%微乳剂或水乳剂500～600毫升，或5%乳油或水乳剂或微乳剂或悬浮剂或可溶液剂300～350毫升，或5%可湿性粉剂300～350克，或10%悬浮剂150～200毫升，兑适量水浇灌定植沟或穴；定植后发现根结时，再使用相同剂量的药剂对水后进行根部浇灌，1个月后再浇灌1次。

瓜果蔬菜及豆类红蜘蛛 在害螨发生初盛期开始喷药防治，1～1.5个月后再喷药1次。一般使用2%乳油或微囊悬浮剂3500～4500倍液，或1.8%乳油或水乳剂或微乳剂或可湿性粉剂或18克/升乳油3000～4000倍液，或1%乳油1700～2000倍液，或0.9%乳油1500～1800倍液，或3%微囊悬浮剂或水乳剂或微乳剂或3.2%乳油5000～6000倍液，或5%乳油或水乳剂或微乳剂或悬浮剂或可溶液剂或可湿性粉剂8000～10000倍液，或10%悬浮剂或水分散粒剂15000～20000倍液均匀喷雾，同时对蚜虫也有一定兼治作用。

柑橘红蜘蛛、锈壁虱、潜叶蛾　在害虫（螨）发生初期开始喷药防治，1～1.5个月后再喷药1次。一般使用2%乳油或微囊悬浮剂3000～4000倍液，或1.8%乳油或微乳剂或水乳剂或可湿性粉剂或18克/升乳油2500～3500倍液，或1%乳油1500～2000倍液，或0.9%乳油1200～1800倍液，或3%微囊悬浮剂或水乳剂或微乳剂5000～6000倍液，或5%乳油或微乳剂或水乳剂或悬浮剂或可湿性粉剂8000～10000倍液，10%悬浮剂或水分散粒剂15000～20000倍液均匀喷雾。

梨树梨木虱　在若虫发生初期至未被粘液完全覆盖前喷药防治，每代均匀喷药1次即可。药剂喷施倍数同“柑橘红蜘蛛”。

苹果红蜘蛛、二斑叶螨　从害螨发生初盛期开始喷药，1.5个月左右1次，连喷2～3次。药剂喷施倍数同“柑橘红蜘蛛”。

苹果金纹细蛾、卷叶蛾、食叶毛虫　从害虫发生初期（低龄幼虫期）开始喷药防治，每代喷药1次即可。一般使用2%乳油或微囊悬浮剂3500～4500倍液，或1.8%乳油或微乳剂或水乳剂或可湿性粉剂或18克/升乳油3000～4000倍液，或1%乳油1700～2000倍液，或0.9%乳油1500～1800倍液，或3%水乳剂或微乳剂或微囊悬浮剂5000～6000倍液，或5%乳油或微乳剂或水乳剂或悬浮剂或可溶液剂或可湿性粉剂8000～10000倍液，或10%悬浮剂或水分散粒剂15000～20000倍液均匀喷雾。

枣树红蜘蛛　从害螨发生初盛期开始喷药，1.5个月左右1次，连喷2～3次。药剂喷施倍数同“柑橘红蜘蛛”。

【注意事项】为扩大杀虫谱、避免害虫产生抗性，注意与其他药剂混用或轮换使用。本剂对鱼类高毒，应避免污染水源和池塘等；对蜜蜂有毒，不要在开花期使用。一般作物的安全采后间隔期为 20 天。用药时注意安全保护，如误服，立即引吐并服用土根糖浆或麻黄素，但勿给昏迷患者催吐或灌任何东西，并送医院对症治疗；抢救时不要给患者使用增强 γ-氨基丁酸活性的物质，如巴比妥、丙戊酸等。

甲氨基阿维菌素苯甲酸盐

【有效成分】 甲氨基阿维菌素苯甲酸盐（emamectin benzoate）。

【常见商标名称】 甲维盐、阿迪打、阿怕奇、菜蛾宝、菜潜蛾、虫索敌、大不留、富思德、戈加斯、黑佳基、金米尔、巨风斩、连城剑、实润达、特锐达、无情客、伊福丁、壹马定、奥翔、百杰、百诺、宝龙、标驰、博卡、菜迷、道高、顶端、顶尊、鼎级、方除、高溢、高赢、光芒、过招、红烈、宏度、欢胜、惠威、甲冠、甲击、甲雄、骄阳、劲闪、九巧、凯欧、凯斯、康打、亮彪、龙魁、美誉、美钻、猛捷、欧品、欧索、品胜、平甲、千卫、锐力、锐停、三令、闪关、圣飙、胜青、胜新、世扬、顺捷、撕夜、田红、甜夜、图胜、万喜、旺尔、威击、伟鼎、喜粒、雄兴、勇帅、越达、云除、威远定康、威远绿园、京博保尔、中农重威、标正终极、甲维锐特、金万德福、九洲顶击、正业正能、瑞德丰天赐、盈辉夜光灯、诺普信太阳丰等。

【主要含量与剂型】 0.5%乳油、1%乳油、2%乳油、5%乳油、0.5%微乳剂、1%微乳剂、2%微乳剂、3%微乳剂、2%水分散粒剂、3%水分散粒剂、5%水分散粒剂、3%悬浮剂、5%悬浮剂、2%水乳剂、3%水乳剂、0.9%微囊悬浮剂、5%可溶粒剂、2%可溶液剂、3%泡腾片剂、0.1%饵剂等。

【理化性质】 甲氨基阿维菌素苯甲酸盐是从发酵产品阿维菌素 B_1 开始合成的一种新型高效半合成抗生素类杀虫剂，纯品外观为白色或淡黄色粉末状晶体，熔点 141～146℃，溶于丙酮、甲苯，微溶于水，不溶于己烷，正常储存条件下稳定，对紫外光不稳定。原药高毒、制剂低毒，原药大鼠急性经口 LD_{50} 为 126 毫克/千克，急性经皮 LD_{50} 为 126 毫克/千克，对鱼高毒、对蜜蜂有毒。

【产品特点】甲氨基阿维菌素苯甲酸盐是一种高效、广谱、持效期长的杀虫杀螨剂，以胃毒作用为主，兼有触杀活性，对作物无内吸性能，但可有效渗入施用作物的表皮组织，所以具有较长持效期。其作用机理是阻碍害虫运动神经信息传递而使虫体麻痹死亡，幼虫在接触药剂后很快停止取食，发生不可逆转的麻痹，在 3～4 天内达到死亡高峰。该药对鳞翅目昆虫的幼虫和其它许多害虫害螨的活性极高，与其他杀虫剂无交互抗性，在常规剂量范围内对有益昆虫及天敌、人、畜安全。其与土壤结合紧密、不淋溶，在环境中也不积累，极易被作物吸收并渗透到表皮，使施药作物有长期持效，在 10 天以上又出现第二个杀虫死亡高峰，同时很少受环境因素影响。

甲氨基阿维菌素苯甲酸盐常与氯氰菊酯、高效氯氰菊酯、高效氯氟氰菊酯、苏云金杆菌、茚虫威、仲丁威、毒死蜱、丙溴磷、辛硫磷、三唑磷、虫酰肼、灭幼脲、氟铃脲、氟啶脲、丁醚脲、啶虫脒、吡虫啉、杀虫单、杀虫双等杀虫剂成分混配，生产制造复配杀虫剂。

【适用作物及防治对象】甲氨基阿维菌素苯甲酸盐适用作物非常广泛，如瓜果蔬菜类、粮棉油糖茶类、烟草、果树类及观赏植物等。对甜菜夜蛾、斜纹夜蛾、菜青虫、小菜蛾、烟青虫、二化螟、三化螟、稻纵卷叶螟、棉铃虫、卷叶蛾、潜叶蛾、叶螨类、梨木虱等均有良好的防治效果。

【使用技术】

瓜果蔬菜的甜菜夜蛾、斜纹夜蛾、菜青虫、小菜蛾 在害虫卵孵化盛期至低龄幼虫期喷药防治。每亩次使用 0.5%乳油或微乳剂30～50毫升，或1%乳油或微乳剂15～25毫升，或2%乳油或微乳剂或水乳剂或可溶液剂8～12毫升，或2%水分散粒剂8～12克，或3%微乳剂或悬浮剂或水乳剂5～8毫升，或3%水分散粒剂5～8克，或5%乳油或悬浮剂3～5毫升，或5%水分散粒剂或可溶粒剂3～5克，或0.9%微囊悬浮剂20～30毫升，对水45～60千克均匀喷雾，注意将较隐蔽的地方也要喷到。

烟草烟青虫 在害虫卵孵化盛期至低龄幼虫期（1～3龄）喷药防治。每亩次使用0.5%乳油或微乳剂30～40毫升，或1%乳油或微乳剂15～20毫升，或2%乳油或微乳剂或水乳剂或可溶液剂8～10毫升，或2%水分散粒剂8～10克，或3%微乳剂或悬浮剂或水乳剂5～7毫升，或3%水分散粒剂5～7克，或5%乳油或悬浮剂3～4毫升，或5%水分散粒剂或可溶粒剂3～4克，对水45～60千克均匀喷雾。

水稻二化螟、三化螟、稻纵卷叶螟 在害虫卵孵化盛期至钻蛀前或低龄幼虫期（1～3龄）喷药防治。每亩次使用0.5%乳油或微乳剂100～200毫升，或1%乳油或微乳剂50～100毫升，或2%乳油或微乳剂或水乳剂或可溶液剂30～50毫升，或2%水分散粒剂30～50克，或3%微乳剂或悬浮剂或水乳剂17～30毫升，或3%水分散粒剂17～30克，或5%乳油或悬浮剂10～20毫升，或5%水分散粒剂或可溶粒剂10～20克，对水30～60千克均匀喷雾。

棉花等作物的棉铃虫 在害虫卵孵化盛期至钻蛀前喷药防治。一般使用0.5%乳油或微乳剂400～500倍液，或1%乳油或微乳剂800～1000倍液，或2%乳油或微乳剂或水乳剂或可溶液剂或水分散粒剂1500～2000倍液，或3%微乳剂或悬浮剂或水乳剂或水分散粒剂2500～3000倍液，或5%乳油或悬浮剂或水分散粒剂或可溶粒剂4000～5000倍液均匀喷雾。

苹果等果树的叶螨类 在害螨迅速发生初期开始喷药，1～1.5个月后再喷药1次。一般使用0.5%乳油或微乳剂500～600

倍液，或1%乳油或微乳剂1000～1200倍液，或2%乳油或微乳剂或水乳剂或可溶液剂或水分散粒剂2000～2500倍液，或3%微乳剂或悬浮剂或水乳剂或3%水分散粒剂3000～3500倍液，或5%乳油或悬浮剂或水分散粒剂或可溶粒剂5000～6000倍液均匀喷雾。

苹果、桃的卷叶蛾 发芽后开花前、落花后7～10天各喷药防治1次。药剂喷施倍数同“棉铃虫”。

苹果、桃的潜叶蛾 苹果上在落花后1.5个月喷药1次，1个月后再喷药1次；桃树上在初见虫斑时开始喷药，1～1.5个月1次，连喷2～3次。药剂喷施倍数同“棉铃虫”。

柑橘潜叶蛾 在叶片上初见虫道时开始喷药防治，春梢期、夏梢期、秋梢期各喷药1次。药剂喷施倍数同“棉铃虫”。

梨树梨木虱 在害虫卵孵化盛期至若虫完全被粘液覆盖前喷药防治，每代喷药1次即可。药剂喷施倍数同“果树叶螨类”。

【注意事项】本剂对鱼高毒，应避免药液污染水源和池塘等；对蜜蜂有毒，不要在蜜源处使用。注意与其他作用机理不同的药剂混用或轮换使用，避免害虫产生抗药性。用药时注意安全保护，如误服，立即引吐并给患者服用土根糖浆或麻黄素，但不能给昏迷患者催吐或灌任何东西；抢救时避免给患者使用增强γ-氨基丁酸活性的物质，如巴比妥、丙戊酸等。

乙基多杀菌素

【有效成分】乙基多杀菌素（spinetoram）。

【常见商标名称】艾绿士。

【主要含量与剂型】60克/升悬浮剂。

【理化性质】乙基多杀菌素是多杀菌素（spinasad）的换代产品，其原药为乙基多杀菌素-J和乙基多杀菌素-L的混合物（比值为3∶1），两者生物活性无显著差异。J体（22.5℃）外观为白色粉末，L体（22.9℃）外观为白色到黄色晶体，带有苦杏仁味。20～25℃时水中溶解度J体为10毫克/升、L体为31.9毫克/升。在pH5、7缓冲溶液中J体和L体都是稳定的，但在pH9的缓冲溶液中L体半衰期为154天，降解为N-脱甲基多杀菌素-L。该药为微毒杀虫剂，原药大鼠（雌、雄）急性经口LD_{50}和急性经皮LD_{50}均大于5000毫克/千克，对鸟类、鱼类、蚯蚓和水生植物低毒，对蜜蜂几乎无毒，对蚕有毒。

【产品特点】乙基多杀菌素作用于昆虫神经系统中烟碱型乙酰胆碱受体和γ-氨基丁酸受体，使虫体神经信号传递不能正常进行，最终导致害虫死亡。该药具有胃毒和触杀作用，杀虫活性高，杀虫谱广，持效期长，使用安全。

【适用作物及防治对象】乙基多杀菌素适用于许多种作物，目前生产中主要应用于十字花科蔬菜、茄科蔬菜及瓜类等作物，用于防治鳞翅目幼虫（如小菜蛾、甜菜夜蛾、斜纹夜蛾、菜青虫、豆荚螟等）、蓟马和潜叶蝇等害虫。

【使用技术】

十字花科蔬菜的甜菜夜蛾、小菜蛾、菜青虫等　在低龄幼虫期开始用药，7～10天1次，连喷2～3次。一般每亩次使用60克/升悬浮剂20～40毫升，对水30～45千克均匀喷雾。安全间隔期为7天。

茄子、辣椒、番茄等茄科蔬菜的斜纹夜蛾、甜菜夜蛾、蓟马　防治夜蛾类害虫时，在卵孵化盛期至低龄幼虫期开始喷药，药剂使用量同“十字花科蔬菜”。防治蓟马时，在蓟马发生初期（每花有虫3～5头时）开始喷药，每亩次使用60克/升悬浮剂10～20毫升，对水30～45千克均匀喷雾，7～10天后再喷药1次。

瓜类的潜叶蝇　在害虫发生初期（虫道2～3毫米长时）开始喷药，7～10天1次，连喷2次左右。一般每亩次使用60克/升悬浮剂20～30毫升，对水30～45千克均匀喷雾。

【注意事项】乙基多杀菌素没有内吸性，喷雾时必须均匀周到。连续喷药时，注意与不同类型药剂交替使用，以防害虫产生抗药性。蚕室和桑园附近严禁使用。

灭　幼　脲

【有效成分】灭幼脲（chlorbenzuron）。

【常见商标名称】吉绿、吉利、施普乐、中讯、捕网、中健康、京博抑丁保等。

【主要含量与剂型】20%悬浮剂、25%悬浮剂、25%可湿性粉剂。

【理化性质】灭幼脲纯品为白色结晶，熔点199～201℃，不溶于水，可溶于丙酮，易溶于二甲基甲酰胺和吡啶等有机溶剂，遇碱或强酸易分解，常温下贮存稳定，对光热较稳定。属低毒杀虫剂，原药大鼠急性经口 LD_{50} 大于 20 克/千克，无人体中毒报道。

【产品特点】灭幼脲是一种苯甲酰脲类特异性杀虫剂，属昆虫生长调节剂类，以胃毒作用为主，兼有触杀作用，无内吸传导作用，但有一定的渗透作用。通过抑制昆虫壳多糖合成，阻碍幼虫蜕皮，使虫体发育不正常而死亡。该药耐雨水冲刷性好，降解速度慢，持效期15～20天，但药效速度较慢，一般施药后3～4天开始见效；对有益昆虫和有益生物安全，对蜜蜂安全。

灭幼脲常与阿维菌素、甲氨基阿维菌素苯甲酸盐、高效氯氰菊酯、哒螨灵、毒死蜱、辛硫磷、吡虫啉等杀虫剂成分混配，生产制造复配杀虫剂。

【适用作物及防治对象】灭幼脲适用作物非常广泛，可应用于苹果、桃、枣、柑橘、林木、瓜果蔬菜、麦类作物等。主要用于防治鳞翅目害虫，如金纹细蛾、桃线潜叶蛾、柑橘潜叶蛾、美国白蛾、松毛虫及其他食叶毛虫、卷叶蛾、菜青虫、甜菜夜蛾、斜纹夜蛾、小菜蛾等。

【使用技术】

苹果金纹细蛾 在各代幼虫初发期或初见虫斑时喷药防治，每代喷药1次；一般为落花后、落花后40～45天及以后35天左右各喷药1次。使用25％悬浮剂或可湿性粉剂1500～2000倍液，或20％悬浮剂1200～1500倍液均匀喷雾。

桃线潜叶蛾 从初见虫道时开始喷药防治，20天左右1次，与不同类型药剂交替使用。药剂喷施倍数同“苹果金纹细蛾”。

柑橘潜叶蛾 从初见虫道时开始喷药防治，春梢期、夏梢期、秋梢期各喷药1次即可。一般使用25％悬浮剂或可湿性粉剂1200～1500倍液，或20％悬浮剂1000～1200倍液均匀喷雾。

苹果、桃的卷叶蛾 在害虫卷叶前至卷叶初期喷药防治，药剂喷施倍数同“柑橘卷叶蛾”。

林木、枣等果树林木的美国白蛾 在害虫发生初期或卵孵化盛期或初见网幕时喷药防治，一般使用25％悬浮剂或可湿性粉剂2000～2500倍液，或20％悬浮剂1500～2000倍液均匀喷雾。

松树松毛虫 在害虫发生初期喷药防治，药剂喷施倍数同“美国白蛾”。

瓜果蔬菜的菜青虫、甜菜夜蛾、斜纹夜蛾、小菜蛾等 在害虫卵孵化盛期至低龄幼虫期（1～2龄）喷药防治，一般使用25％悬浮剂或可湿性粉剂1000～1200倍液，或20％悬浮剂800～1000倍液均匀喷雾。

麦类黏虫 在幼虫发生初期喷药防治，一般使用25％悬浮剂或可湿性粉剂1500～2000倍液，或20％悬浮剂1200～1500倍液均匀喷雾。

【注意事项】悬浮剂有明显的沉淀现象，使用时要先摇匀再加水稀释。喷药时尽量均匀周到，使药液湿润全部枝、叶，才能充分发挥药效。不能与碱性农药混用，桑园及其附近地区禁止使用。该药为迟效型药剂，施药后3～4天开始见效，故需在害虫发生早期使用。安全采收间隔期一般为 15 天。

除　虫　脲

【有效成分】除虫脲（diflubenzuron）。

【常见商标名称】卡克泰、百树、庚宽、力道、魔凯、破卷、锐马、瑞杰、退宝、中保凯旋等。

【主要含量与剂型】20%悬浮剂、40%悬浮剂、25%可湿性粉剂、75%可湿性粉剂、5%乳油、5%可湿性粉剂。

【理化性质】除虫脲纯品为无色结晶，熔点 230～232℃（分解），可溶于丙酮、二甲基甲酰胺、二恶烷，中度溶于极性有机溶剂，溶液中对光敏感，以固体贮存时对光稳定。属低毒杀虫剂，原药大鼠急性经口 LD_{50} 为 4640 毫克/千克，兔急性经皮 LD_{50} 大于 2000 毫克/千克，对皮肤和眼睛有轻微刺激作用，土壤中半衰期小于 7 天，迅速降解。

【产品特点】除虫脲为苯甲酰脲类杀虫剂，属昆虫几丁质合成抑制剂，以胃毒作用为主，兼有触杀作用。害虫取食或接触药剂后，抑制其几丁质的合成，使害虫不能形成新表皮、虫体畸形而死亡。该药持效期长，但药效速度较慢，对作物安全，对鱼类、青蛙、瓢虫、步甲、蜘蛛、蜜蜂及天敌无不良影响。

除虫脲常与毒死蜱、辛硫磷、阿维菌素、氰戊菊酯、高效氯氰菊酯等杀虫剂成分混配，生产复配杀虫剂。

【适用作物及防治对象】除虫脲适用于果树、蔬菜、棉花、小麦、玉米、茶树及林木等多种植物，对鳞翅目害虫具有特效，生产中常用于防治金纹细蛾、桃线潜叶蛾、卷叶蛾、美国白蛾、松毛虫、茶尺蠖、柑橘潜叶蛾、柑橘锈壁虱、黏虫、甜菜夜蛾、小菜蛾、菜青虫等多种害虫。

【使用技术】

苹果金纹细蛾　在害虫卵孵化高峰期至低龄幼虫期或初见虫斑时喷药防治，每代喷药 1 次即可。一般使用 25%可湿性粉剂

1500～2000倍液，或20%悬浮剂1500～1800倍液，或40%悬浮剂3000～3500倍液，或75%可湿性粉剂5000～6000倍液，或5%乳油或可湿性粉剂400～500倍液均匀喷雾。

桃线潜叶蛾 从初见虫道时开始喷药防治，1个月左右1次，连喷2～4次。药剂喷施倍数同“苹果金纹细蛾”。

苹果、桃、杏的卷叶蛾 在开花前、落花后7～10天各喷药1次即可，也可在初见害虫卷叶时喷药防治。药剂喷施倍数同“苹果金纹细蛾”。

果树及林木的美国白蛾 从害虫发生初期或初见网幕时开始喷药防治，一般使用25%可湿性粉剂2000～2500倍液，或20%悬浮剂1500～2000倍液，或40%悬浮剂3000～4000倍液，或75%可湿性粉剂6000～7000倍液，或5%乳油或可湿性粉剂400～600倍液均匀喷雾。

林木松毛虫 在害虫发生初期开始喷药防治，药剂喷施倍数同“美国白蛾”。

茶树茶尺蠖 从害虫发生初期（低龄幼虫期）开始喷药防治，一般使用25%可湿性粉剂2000～2500倍液，或20%悬浮剂1500～2000倍液，或40%悬浮剂3000～4000倍液，或75%可湿性粉剂6000～7000倍液，或5%乳油或可湿性粉剂500～600倍液均匀喷雾。

柑橘潜叶蛾 从初见虫道时开始喷药防治，春梢期、夏梢期、秋梢期各喷药1次即可。一般使用25%可湿性粉剂2000～3000倍液，或20%悬浮剂1500～2500倍液，或40%悬浮剂3500～5000倍液，或75%可湿性粉剂6000～8000倍液，或5%乳油或可湿性粉剂500～600倍液均匀喷雾。

柑橘锈壁虱 从果实转色前30～40天开始喷药防治，20～30天1次，连喷2次。一般使用25%可湿性粉剂3000～4000倍液，或20%悬浮剂2500～3000倍液，或40%悬浮剂5000～6000倍液，或75%可湿性粉剂8000～10000倍液，或5%乳油或可湿性粉剂 600～800 倍液均匀喷雾。

小麦、玉米的黏虫　在害虫发生初期（低龄幼虫期）喷药防治，一般每亩次使用 25%可湿性粉剂 15～20 克，或 20%悬浮剂 20～25 毫升，或 40%悬浮剂 10～12 毫升，或 75%可湿性粉剂 5～7 克，或 5%乳油 80～100 毫升，或 5%可湿性粉剂 80～100 克，对水 30～45 千克均匀喷雾。

十字花科蔬菜的甜菜夜蛾、斜纹夜蛾、菜青虫、小菜蛾等　在害虫卵孵化盛期至低龄幼虫期（1～2 龄）喷药防治。一般每亩次使用 25%可湿性粉剂 50～60 克，或 20%悬浮剂 65～75 毫升，或 40%悬浮剂 35～40 毫升，或 75%可湿性粉剂 17～20 克，或 5%乳油 250～300 毫升，或 5%可湿性粉剂 250～300 克，对水 30～45 千克均匀喷雾。

【注意事项】除虫脲为迟效型药剂，应在卵孵化期或幼虫低龄期施药，施药时要均匀周到。不能与碱性物质混用。本剂对虾、蟹幼体有害，对家蚕高毒，桑园及其附近地区禁止使用。用药时注意安全保护，皮肤或眼睛不慎接触药剂应及时用大量清水洗净；如误服立即送医院对症治疗，无特殊解毒药剂。

虱　螨　脲

【有效成分】虱螨脲（lufenuron）。

【常见商标名称】美除、奇兵、旗诺、世佳虫情。

【主要含量与剂型】5%乳油、50 克/升乳油、10%悬浮剂。

【理化性质】虱螨脲纯品为无色晶体，原药外观为白色粉末，熔点 164.7～167.7℃，水中溶解度（20℃）小于 0.006 毫克/升，在空气和光中稳定。属低毒杀虫剂成分。

【产品特点】虱螨脲是一种昆虫蜕皮抑制剂，具有高效、广谱、低毒、低残留、持效期长等特点，以胃毒作用为主，并有一定的触杀作用，但没有内吸作用。其杀虫机理是通过抑制几丁质合成酶的形成而干扰几丁质在表皮的沉积，导致昆虫不能正常蜕皮变态而死亡。用药后初期作用缓慢，2～3天才能见效，但其杀卵效果良好，通过杀灭新生虫卵（产卵24小时内）而达到二次效果高峰；并对低龄幼虫效果优异，害虫取食喷有虱螨脲的作物后，2小时停止取食，2～3天进入死虫高峰。该药使用安全，对多种天敌没有伤害。

虱螨脲可与毒死蜱、丙溴磷、甲氨基阿维菌素苯甲酸盐等杀虫剂成分混配，用于生产复配杀虫剂。

【适用作物及防治对象】虱螨脲主要应用于蔬菜、棉花、马铃薯、果树等作物，用于防治甜菜夜蛾、斜纹夜蛾、小菜蛾、豆荚螟、瓜绢螟、烟青虫、棉铃虫、红铃虫、马铃薯块茎蛾、苹小卷叶蛾、柑橘潜叶蛾、锈壁虱等害虫。

【使用技术】

甘蓝、番茄、菜豆等蔬菜的甜菜夜蛾、斜纹夜蛾、小菜蛾、豆荚螟等 在低龄幼虫期开始喷药，10～15天1次，连喷1～2次。一般每亩次使用5%乳油或50克/升乳油40～50毫升，或10%悬浮剂20～25毫升，对水45千克均匀喷雾。

棉花的棉铃虫、斜纹夜蛾、红铃虫 在低龄幼虫期开始喷药，10天左右1次，连喷2次左右。一般每亩次使用5%乳油或50克/升乳油50～60毫升，或10%悬浮剂25～30毫升，对水30～45千克均匀喷雾。

马铃薯块茎蛾 在低龄幼虫期及时喷药。一般每亩次使用5%乳油或50克/升乳油40～50毫升，或10%悬浮剂20～25毫升，对水30～45千克常规喷雾，或对水10～20千克超低容量喷雾。

柑橘潜叶蛾、锈壁虱 在低龄幼虫期喷药1～2次，间隔期10天左右。一般使用5%乳油或50克/升乳油1500～2000倍液，或10%悬浮剂3000～4000倍液均匀喷雾。安全间隔期28天。

苹果小卷叶蛾 在卵孵化高峰期至低龄幼虫期及时喷药。一般使用5%乳油或50克/升乳油1000～1500倍液，或10%悬浮剂2000～3000倍液均匀喷雾。

【注意事项】不能与碱性药剂混用。注意与不同作用机理的药剂交替使用，以延缓害虫产生抗药性。本剂对甲壳类动物高毒，对蜜蜂微毒，应用时需加注意。每季最多使用2次。

氟　虫　脲

【有效成分】氟虫脲（flufenoxuron）。

【常见商标名称】卡死克、宝丰、韩孚等。

【主要含量与剂型】50克/升可分散液剂。

【理化性质】氟虫脲纯品为无色晶体，原药（98%～100%）为无色固体，熔点169～172℃（分解），不溶于水，可溶于丙酮，自然光照下稳定。属低毒杀虫剂成分，原药大鼠急性经口LD_{50}大于3000毫克/千克，急性经皮LD_{50}大于2000毫克/千克，对兔皮肤和眼睛无刺激作用。试验剂量下未见致畸、致突变作用。

【产品特点】氟虫脲是一种苯甲酰脲类杀虫杀螨剂，以触杀和胃毒作用为主。其作用机理是通过抑制昆虫表皮几丁质的合成，使昆虫不能正常蜕皮或变态而死亡。成虫接触药剂后，所产卵不能孵化，即使少数能孵化出幼虫也会很快死亡。对叶螨属和全爪螨属的多种害螨的幼螨杀伤效果好，虽不能直接杀死成螨，但接触药剂后的雌成螨产卵量减少，并可导致不育。并对害虫具有明显的拒食作用。对叶螨天敌安全。

氟虫脲有时与阿维菌素、炔螨特等杀虫剂成分混配，用于生产复配药剂。

【适用作物及防治对象】氟虫脲主要用于柑橘、苹果树、桃树、棉花、蔬菜等，对红蜘蛛、锈蜘蛛等害螨类及潜叶蛾、棉铃虫、红铃虫、菜青虫、小菜蛾、甜菜夜蛾、斜纹夜蛾、桃小食心虫等多种鳞翅目害虫均具有较好的防治效果，并对鞘翅目、双翅目和半翅目害虫也有一定防效。

【使用技术】

柑橘红蜘蛛、锈蜘蛛 在害螨卵孵化盛期开始用药，一般使用50克/升可分散液剂700～1000倍液均匀喷雾，使叶片正、反两面都要着药。

柑橘潜叶蛾 在新梢抽生5天后开始喷药，春梢期、夏梢期、秋梢期各喷药1次。一般使用50克/升可分散液剂1000～1500倍液均匀喷雾。

苹果树红蜘蛛 在害螨越冬代卵孵化盛期和第1代若螨集中发生期开始喷药，药剂喷施倍数同"柑橘红蜘蛛"。

苹果的桃小食心虫 在产卵盛期至初孵幼虫钻蛀前及时进行喷药。一般使用50克/升可分散液剂800～1000倍液均匀喷雾。

棉花的棉铃虫、红铃虫 在害虫产卵盛期至卵孵化盛期进行喷药。一般使用50克/升可分散液剂500～700倍液均匀喷雾。

棉花红蜘蛛 在若螨发生初盛期、或平均每叶有螨2～3头时及时开始喷药。一般使用50克/升可分散液剂800～1000倍液均匀喷雾。

蔬菜的甜菜夜蛾、斜纹夜蛾、小菜蛾、菜青虫 在害虫卵孵化盛期至低龄幼虫期及时进行喷药。一般每亩次使用50克/升可分散液剂40～50毫升，对水30～45千克均匀喷雾。

【注意事项】不能与碱性农药混用，且喷药应及时均匀周到。连续喷药时，注意与不同作用机理药剂交替使用或混用，以延缓害虫产生抗药性。氟虫脲作用较缓慢，喷药时间一般比普通杀虫剂应提前3天左右，防治钻蛀性害虫宜在卵孵化盛期至钻蛀前用药，防治害螨宜在幼螨及若螨盛发前喷药。本剂对甲壳纲水生生物毒性较高，避免污染自然水源。

虫 酰 肼

【有效成分】虫酰肼（tebufenozide）。

【常见商标名称】博星、大击、峨冠、欢杰、击通、金蛾、金米、力刺、咪姆、天关、退敌、网青、韦打、宣满、幼除、九洲剑、卷易清、田佳乐等。

【主要含量与剂型】 20%悬浮剂、200克/升悬浮剂、24%悬浮剂。

【理化性质】 虫酰肼纯品为灰白色粉末，熔点191℃，不溶于水，微溶于有机溶剂，对光稳定。属低毒杀虫剂，原药大鼠急性经口LD_{50}大于5000毫克/千克，急性经皮LD_{50}大于5000毫克/千克，对人、哺乳动物、鱼类和蚯蚓安全无害，对环境十分安全。试验条件下，无致畸、致癌、致突变作用。

【产品特点】 虫酰肼属蜕皮激素类杀虫剂，通过促进鳞翅目幼虫蜕皮，干扰昆虫的正常发育使害虫蜕皮而死。以胃毒作用为主，幼虫取食药剂后，在不该蜕皮时产生蜕皮反应，开始蜕皮，由于不能完全蜕皮而导致幼虫脱水、饥饿而死亡。与其他抑制幼虫蜕皮的杀虫剂的作用机理相反，对高龄和低龄幼虫均有效，适用于害虫抗性综合治理。幼虫食取药剂后6～8小时就停止取食，不再为害作物，比蜕皮抑制剂的作用更迅速，3～4天后开始死亡。对作物安全，无药害，无残留药斑。

虫酰肼可与氯氰菊酯、高效氯氰菊酯、高效氯氟氰菊酯、阿维菌素、甲氨基阿维菌素苯甲酸盐、虫螨腈、毒死蜱、辛硫磷、苏云金杆菌等杀虫剂成分混配，生产制造复配杀虫剂。

【适用作物及防治对象】 虫酰肼主要应用于瓜果蔬菜、棉花、果树、玉米、茶及林木等多种植物，对多种鳞翅目害虫均具有很好的防治效果，如甜菜夜蛾、菜青虫、甘蓝夜蛾、小菜蛾、黏虫、棉铃虫、卷叶蛾、玉米螟、松毛虫、美国白蛾、茶尺蠖等。

【使用技术】

瓜果蔬菜的甜菜夜蛾、菜青虫、甘蓝夜蛾、小菜蛾、黏虫等 在幼虫为害期均可喷药防治，但以卵孵化盛期至低龄幼虫期喷药效果最好。一般每亩次使用20%悬浮剂或200克/升悬浮剂75～100毫升，或24%悬浮剂70～90毫升，对水45～60千克均匀喷雾。

棉铃虫 在卵孵化盛期至幼虫钻蛀前喷药防治，一般使用20%悬浮剂或200克/升悬浮剂1000～1500倍液，或24%悬浮剂1200～1600倍液均匀喷雾。

苹果、桃的卷叶蛾 在害虫发生初期或卷叶发生前喷药防治，一般使用20%悬浮剂或200克/升悬浮剂1500～2000倍液，或24%悬浮剂1800～2500倍液均匀喷雾。

玉米螟 在害虫发生初期进行喷药，一般每亩次使用20%悬浮剂或200克/升悬浮剂80～100毫升，或24%悬浮剂70～90毫升，对水30千克均匀喷雾。

茶尺蠖 从害虫发生初期（低龄幼虫期）开始喷药防治，药剂喷施倍数同“苹果卷叶蛾”。

美国白蛾、松毛虫等林木害虫 从害虫发生初期（低龄幼虫期）或初见网幕时开始喷药防治，一般使用20%悬浮剂或200克/升悬浮剂2000～3000倍液，或24%悬浮剂2500～3500倍液均匀喷雾。

【注意事项】 虫酰肼对害虫卵防效差，在幼虫发生初期喷药防治效果好。该药对鱼等水生脊椎动物有毒，用药时不要污染水源。对家蚕高毒，严禁在桑蚕养殖区使用。

灭 蝇 胺

【有效成分】 灭蝇胺（cyromazine）。

【常见商标名称】 锄王、稻胜、割潜、围潜、潜丹、潜卡、潜克、潜力、潜移、卉福、尽道、谋道、胜道、深擒、网蝇、威击、中迅、追打、蛆蝇克、吴潜道等。

【主要含量与剂型】 10%悬浮剂、20%可溶粉剂、50%可溶粉剂、75%可溶粉剂、60%水分散粒剂、80%水分散粒剂、50%可湿性粉剂、70%可湿性粉剂、75%可湿性粉剂、80%可湿性粉剂。

【理化性质】 灭蝇胺纯品为无色结晶，熔点 220～222℃，20℃时水中溶解度（pH＝7.5）11 克/升，稍溶于甲醇，在 pH 值 5～9 时水解不明显，310℃以下稳定。属低毒杀虫剂，原药大鼠急性经口 LD_{50} 为 3387 毫克/千克，急性经皮 LD_{50} 大于 3100 毫克/千克。

【产品特点】 灭蝇胺是一种昆虫生长调节剂类低毒杀虫剂，有非常强的选择性，主要对双翅目昆虫有活性。其作用机理是通过抑制几丁质合成，使双翅目昆虫幼虫和蛹在形态上发生畸变，成虫羽化不全或受抑制，而导致昆虫死亡。具有触杀和胃毒作用，有强内吸传导性，持效期较长，但作用速度较慢。

灭蝇胺可与阿维菌素、毒死蜱、杀虫单等杀虫剂成分混配，用于生产复配杀虫剂。

【适用作物及防治对象】 灭蝇胺适用于多种瓜果蔬菜、观赏植物及蘑菇类，主要对“蝇类”害虫具有良好的防治效果。目前生产中常用于防治黄瓜、西瓜、甜瓜、哈密瓜等瓜类及番茄、茄子、辣椒、豇豆、芹菜、莴苣、马铃薯、蘑菇和观赏植物的潜叶蝇、美洲斑潜蝇、葱斑潜叶蝇、三叶斑潜蝇等害虫，并对韭菜、葱、蒜的根蛆（赤眼蕈蚊等）也有良好的防治作用。

【使用技术】 灭蝇胺主要用于喷雾，有时也可用于浸拌和浇灌。

各种瓜果蔬菜及马铃薯的潜叶蝇、斑潜蝇 在害虫发生初期（虫道 2～3 毫米长时最佳）开始喷药，7～10 天 1 次，连喷 2 次。一般每亩次使用 10%悬浮剂 120～150 毫升，或 20%可溶粉剂 60～80 克，或 50%可溶粉剂或可湿性粉剂 25～30 克，或 60%水分散粒剂 20～25 克，或 70%可湿性粉剂 18～22 克，或 75%可湿性粉剂或可溶粉剂 16～20 克，或 80%可湿性粉剂或水分散粒剂 15～18 克，对水 45～60 千克均匀喷雾，植株较小时适当降低用药量。

蘑菇蝇蛆 通过药剂拌料进行用药。一般每吨基料使用

10%悬浮剂300～500毫升，或20%可溶粉剂150～250克，或50%可溶粉剂或可湿性粉剂60～100克，或60%水分散粒剂50～80克，或70%可湿性粉剂50～70克，或75%可湿性粉剂或可溶粉剂40～65克，或80%可湿性粉剂或水分散粒剂40～60克，配成一定量母液后均匀拌料，腐熟后接种。

韭菜、葱、蒜的根蛆 在害虫发生初期或每次收割一天后（韭菜）用药液浇灌或顺垄淋根进行用药。一般使用10%悬浮剂400倍液，或20%可溶粉剂800倍液，或50%可溶粉剂或可湿性粉剂2000倍液，或60%水分散粒剂2000～2400倍液，或70%可湿性粉剂2500～3000倍液，或75%可湿性粉剂或可溶粉剂2800～3200倍液，或80%可湿性粉剂或水分散粒剂3000～3500倍液浇灌或淋根。淋根用药时，用药液量应尽量充足，以保证药液充分淋渗到植株根部。

【注意事项】 不能与碱性药剂混用。注意与不同作用机理的药剂交替使用，以延缓害虫产生抗药性。喷药时，若在药液中混加0.03%的有机硅助剂可显着提高药剂防效。

硫　丹

【有效成分】 硫丹（endosulfan）。

【常见商标名称】 赛丹、硕丹、雅丹、寨丹、蹇丹、猛丹、高净、安消、澳达、劲斩等。

【主要含量与剂型】 35%乳油、350克/升乳油。

【理化性质】 硫丹是两种异构体的混合物，具有SO_2气味，纯品为无色晶体；异构体a熔点为109.2℃，异构体b熔点为213.3℃。微溶于水，可溶于醋酸、甲苯、二甲苯、二氯甲烷。光照下稳定，遇酸、碱、水分解，释放出二氧化硫，对铁有腐蚀性。原药属高毒杀虫剂（制剂中毒），大鼠急性经口LD_{50}为70毫克/千克，急性经皮LD_{50}大于4000毫克/千克，无慢性毒性，无致癌、致畸、致突变作用，对鱼高毒，对高等动物高毒，对天敌安全。

【产品特点】硫丹为有机氯类杀虫剂，具有触杀和胃毒作用，杀虫谱广，持效期长。气温高于 20℃时还具有熏蒸杀虫作用，有一定渗透性能，无内吸传导作用。其作用机理是通过抑制昆虫体内单氨基氧化酶并提高肌酸激酶的活性，而导致害虫死亡。与菊酯类、有机磷类及氨基甲酸酯类杀虫剂无交互抗性。对作物使用安全。

硫丹常与氯氰菊酯、高效氯氰菊酯、甲氰菊酯、氰戊菊酯、溴氰菊酯、灭多威、辛硫磷、水胺硫磷等杀虫剂成分混配，生产制造复配杀虫剂。

【适用作物及防治对象】硫丹适用作物非常广泛，目前生产中主要应用于棉花、水稻、小麦、玉米、高粱、油菜、甜菜、甘蔗、烟草、花生、大豆、向日葵、马铃薯、花卉植物等多种植物。对蚜虫、叶蝉、飞虱、粉虱、蓟马、绿盲蝽、象甲、造桥虫、二化螟、三化螟、稻纵卷叶螟、尺蠖、跗线螨、叶甲、跳甲、棉铃虫、斜纹夜蛾、烟青虫、地老虎、黏虫、玉米螟、草地螟等多种害虫均具有很好的杀灭效果。

【使用技术】

棉花害虫　可有效防治棉蚜、蓟马、绿盲蝽、棉铃虫、造桥虫、象甲等害虫，在害虫发生初期至始盛期（棉铃虫在钻蛀蕾、铃前）开始喷药防治。一般每亩次使用 35%乳油或 350 克/升乳油 100～130 毫升，对水 45～60 千克均匀喷雾。

水稻害虫　能有效防治二化螟、三化螟、稻纵卷叶螟、叶蝉、稻飞虱等害虫，在螟虫产卵盛期至钻蛀或卷叶前、或其他害虫发生始盛期开始喷药防治。一般每亩次使用 35%乳油或 350 克/升乳油 80～120 毫升，对水 30～45 千克均匀喷雾。稻田养鱼的不能使用本剂。

小麦、玉米、高粱的蚜虫、黏虫等　在蚜虫盛发始期（小麦为扬花前或后）、或黏虫卵孵化盛期喷药防治。一般每亩次使用

35%乳油或350克/升乳油100～120毫升，对水30～45千克均匀喷雾。

油菜蚜虫 在蚜虫盛发始期开始喷药防治。每亩次使用35%乳油或350克/升乳油80～100毫升，对水30～45千克均匀喷雾。

甜菜蚜虫、叶甲 在害虫发生始盛期开始喷药防治，药剂使用量同“油菜蚜虫”。

甘蔗蚜虫、蛴象、蔗螟 在害虫发生为害始盛期开始喷药防治。一般每亩次使用35%乳油或350克/升乳油100～120毫升，对水45～60千克均匀喷雾。

烟草蚜虫、烟青虫、斜纹夜蛾等 在害虫发生为害始盛期开始喷药防治，药剂使用量同“甘蔗蚜虫”。

花生、大豆的蚜虫、叶甲等 在害虫发生始盛期开始喷药防治，每亩次使用35%乳油或350克/升乳油100～120毫升，对水30～45千克均匀喷雾。

向日葵的草地螟、桃蛀螟、玉米螟等 在害虫卵孵化盛期至低龄幼虫期喷药防治，一般使用35%乳油或350克/升乳油1000～1200倍液均匀喷雾。

马铃薯蚜虫、叶甲、瓢甲等 从害虫发生初盛期开始喷药防治，每亩次使用35%乳油或350克/升乳油100～150毫升，对水45～60千克均匀喷雾。

花卉植物的蚜虫、粉虱等 从害虫发生初盛期开始喷药防治，一般使用35%乳油或350克/升乳油1000～1500倍液均匀喷雾。

【注意事项】不能与强酸及碱性农药混用，以免分解失效。本剂对鱼类高毒，严禁药液污染池塘、湖泊、河流等水域。喷药应均匀周到，以保证防治效果。食用或饲料作物收获前3周停止用药。硫丹对铁有腐蚀性，使用及贮运时需要注意。不慎中毒，立即送医院对症治疗。果树、茶树蔬菜及中药植物上禁止使用。

杀 虫 双

【有效成分】 杀虫双（bisultap）。

【常见商标名称】 东欢、华森、庆田、生金、三晶兴等。

【主要含量与剂型】 18%水剂、29%水剂、400克/升水剂、3.6%颗粒剂、3.6%大粒剂等。

【理化性质】 杀虫双纯品为白色结晶，工业品为茶褐色或棕红色水溶液，有特殊臭味，纯品熔点169～171℃（分解），易溶于水，可溶于95%热乙醇、无水乙醇、甲醇、二甲基甲酰胺、二甲基亚砜等有机溶剂；在中性及偏碱条件下稳定，在酸性下会分解，在常温下亦稳定。属中毒杀虫剂，原药大鼠急性经口LD_{50}为680毫克/千克，小鼠急性经皮LD_{50}为2060毫克/千克，对黏膜、皮肤无明显刺激作用，无致畸、致癌、致突变作用，对鱼毒性较低，对蜜蜂和害虫天敌毒性较小，对家蚕毒性较大。

【产品特点】 杀虫双是一种沙蚕毒素类仿生性杀虫剂，属神经毒剂，昆虫接触和取食药剂后表现出迟钝、行动缓慢、失去侵害作物的能力、停止发育、虫体软化、瘫痪、直至死亡。该药有很强的内吸作用，能被作物的叶、根等吸收和传导。对鳞翅目害虫有效，具有较强的触杀、胃毒和内吸作用，兼有杀卵效果，持效期7～10天。

杀虫双常与井冈霉素、吡虫啉、灭多威、毒死蜱、阿维菌素、甲氨基阿维菌素苯甲酸盐、苏云金杆菌等杀菌或杀虫剂成分混配，用于生产复配药剂。

【适用作物及防治对象】 杀虫双主要适用于水稻，也可用于玉米、小麦、甘蔗、柑橘等作物，对二化螟、三化螟、稻纵卷叶螟、稻飞虱、稻叶蝉、稻蓟马、稻潜叶蝇、玉米螟、黏虫、蔗螟、潜叶蛾等多种害虫防治效果良好。

【使用技术】

水稻害虫 对二化螟、三化螟、稻纵卷叶螟、稻飞虱、稻叶蝉、稻蓟马、稻潜叶蝇等多种水稻害虫均具有很好的防治效果，在害虫发生初期用药防治即可。一般每亩次使用18%水剂250～300毫升，或29%水剂150～200毫升，或400克/升水剂120～140毫升，对水30～45千克均匀喷雾，或使用3.6%颗粒剂或大粒剂1200～1500克均匀撒施。

甘蔗蔗螟 在害虫发生初期开始喷药防治。每亩次使用18%水剂250～300毫升，或29%水剂150～200毫升，或400克/升水剂120～140毫升，对水45～60千克均匀喷雾。

小麦、玉米的黏虫 在害虫发生初期喷药防治，每亩次使用18%水剂200～250毫升，或29%水剂125～155毫升，或400克/升水剂100～120毫升，对水30～45千克均匀喷雾。

玉米螟 在玉米大喇叭口期，每亩使用3.6%颗粒剂或大粒剂1000～1500克撒施玉米心。

柑橘潜叶蛾等多种害虫 在害虫发生初期开始喷药防治，一般使用18%水剂500～700倍液，或29%水剂800～1000倍液，或400克/升水剂1200～1500倍液均匀喷雾。

【注意事项】杀虫双在常用剂量下对作物安全，在夏季高温时易产生药害，使用时应小心。本剂对家蚕高毒，桑蚕区最好使用颗粒剂。水田使用时，应保持3～5厘米浅水层3～5天。水稻上的安全使用极限剂量为每亩次不超过62.5克有效成分。豆类、棉花及十字花科蔬菜对杀虫双较为敏感，尤以夏天易产生药害。使用时如不慎中毒，立即引吐，并用1%～2%苏打水洗胃，用阿托品解毒。

杀 螟 丹

【有效成分】杀螟丹（cartap）。

【常见商标名称】巴丹、皇丹、钻丹、震丹、榜稻、持功、点清、都克、钢剑、炬瞑、巧予、势捷、钻除、宝米丹、金倍好、耐钻特、克明劲、速惠本等。

【主要含量与剂型】50%可溶粉剂、98%可溶粉剂、4%颗粒剂等。

【理化性质】杀螟丹纯品为无色结晶，易吸潮，有轻微芳香味，熔点179～181℃（分解），易溶于水，微溶于甲醇、乙醇，不溶于丙酮、乙醚、乙酸乙酯、氯仿、苯、己烷，在酸性介质中稳定，在中性和碱性介质中水解。属中毒杀虫剂，原药大鼠急性经口LD_{50}为345毫克/千克，小鼠急性经皮LD_{50}大于1000毫克/千克，正常条件下对眼睛和皮肤无过敏反应，未见致癌、致畸、致突变作用，对鱼、蜜蜂、家蚕有毒，对鸟类低毒，对蜘蛛等天敌无毒。

【产品特点】杀螟丹属沙参毒素类杀虫剂，具有很强的胃毒作用，并有触杀和一定的拒食、杀卵效果。对害虫击倒快，持效期长，杀虫广谱。其侵入害虫神经细胞的结合部，阻滞前一神经细胞所分泌的乙酰胆碱传达给后一神经细胞，而使神经细胞不发生兴奋现象，导致害虫神经麻痹、不能啮食、不能行动、停止发育、直至死亡。

杀螟丹常与阿维菌素、咪鲜胺、乙蒜素等杀虫或杀菌剂成分混配，生产复合杀虫、杀菌剂。

【适用作物及防治对象】杀螟丹主要应用于水稻、玉米、甘蔗、十字花科蔬菜、柑橘、茶树等作物，用于防治二化螟、三化螟、稻纵卷叶螟、玉米螟、蔗螟、小菜蛾、菜青虫、黄条跳甲、柑橘潜叶蛾、茶小绿叶蝉等害虫。

【使用技术】

水稻害虫 防治二化螟、三化螟、稻纵卷叶螟时，在害虫卵孵化盛期至钻蛀前或卷叶前喷药防治。一般每亩次使用50%可溶粉剂80～120克，或98%可溶粉剂40～60克，对水30～45千克均匀喷雾；也可每亩次使用4%颗粒剂1500～2000克均匀撒施，同时保持田间3～5厘米深浅水层。

玉米螟 在玉米大喇叭口期施药，每亩使用4%颗粒剂

1000～1500克均匀撒施于玉米心。

甘蔗蔗螟 在蔗螟卵孵化期至钻蛀前喷药防治，一般使用50%可溶粉剂1000～1500倍液，或98%可溶粉剂2000～3000倍液均匀喷雾。

十字花科蔬菜的菜青虫、小菜蛾、黄条跳甲等 从害虫发生初期开始喷药，每亩次使用50%可溶粉剂60～100克，或98%可溶粉剂30～50克，对水45～60千克均匀喷雾。

茶树茶小绿叶蝉 在害虫发生初期至虫口密度迅速上升前喷药防治，一般使用50%可溶粉800～1000倍液，或98%可溶粉剂1500～2000倍液均匀喷雾。

柑橘潜叶蛾 在初见虫道时开始喷药防治，春梢期、夏梢期、秋梢期各喷药1次即可。一般使用50%可溶粉剂900～1000倍液，或98%可溶粉剂1800～2000倍液均匀喷雾。

【注意事项】杀螟丹在水稻扬花期或作物被雨淋湿时不宜施药，喷药浓度过高对水稻也会产生药害；十字花科蔬菜幼苗对该药较敏感，在夏季高温或生长衰弱时不宜使用。本剂对家蚕毒性大，桑蚕区施药要防止药液污染桑叶和桑室。对鱼有毒，用药时应特别注意。不慎误服，立即洗胃，并送医院对症诊治。

氯 氰 菊 酯

【有效成分】氯氰菊酯（cypermethrin）。

【常见商标名称】安绿宝、兴棉宝、盖奇多、韩强禁、好德利、掘地虎、力虫弹、灭百可、农百金、爱拼、博得、成功、打挎、地安、蒂克、蛾金、高喜、广清、杰胜、昆扫、帅苗、双威、速退、妥快、虎蛙绿喜、苏化绿宝、兴农富赐能等。

【主要含量与剂型】5%乳油、50克/升乳油、5%微乳剂、10%乳油、100克/升乳油、10%微乳剂、200克/升乳油、25%乳油、25%水乳剂、300克/升悬浮种衣剂等。

【理化性质】氯氰菊酯纯品为棕黄色至深红色粘稠半固体

(室温)，熔点 60～80℃（工业品），水中溶解度极低，易溶于酮类、醇类及芳烃类溶剂，对热稳定，在中性、酸性条件下稳定，强碱条件下水解，常温下贮存 2 年以上。属中毒杀虫剂，原药大鼠急性经口 LD_{50} 为 250～4150 毫克/千克，急性经皮 LD_{50} 大于 4920 毫克/千克，对水生动物、蜜蜂、蚕高毒。

【产品特点】氯氰菊酯是一种拟除虫菊酯类广谱、高效杀虫剂，对害虫以触杀和胃毒作用为主，具有良好的击倒和忌避效果。其杀虫机理是作用于昆虫的神经系统，使昆虫过度兴奋、麻痹而死亡。能有效防治多种害虫的成虫、幼虫，并对某些害虫的卵具有杀伤作用，持效期较长。对有机磷类产生抗性的害虫效果良好，但对螨类和盲蝽防治效果差。正确使用对作物安全，施药后数小时下雨一般不影响药效。

氯氰菊酯常与敌敌畏、毒死蜱、辛硫磷、马拉硫磷、丙溴磷、三唑磷、乐果、硫丹、阿维菌素、甲氨基阿维菌素苯甲酸盐、啶虫脒、吡虫啉、异丙威、丁硫克百威、灭多威、仲丁威、丁醚脲等杀虫剂成分混配，生产制造复配杀虫剂。

【适用作物及防治对象】氯氰菊酯适用作物非常广泛，可应用于棉花、大豆、花生、玉米、小麦、水稻、茶树、果树、瓜果蔬菜、烟草、花卉等作物，对蚜虫类、棉铃虫、斜纹夜蛾、菜青虫、小菜蛾、烟青虫、尺蠖类、卷叶蛾、潜叶蛾、跳甲类、叶甲类、象甲类、螟蛾类、食叶毛虫类及地下害虫等多种害虫均具有很好的防治效果。

【使用技术】氯氰菊酯主要在害虫发生初期或卵孵化盛期至低龄幼虫期进行喷雾使用，有时也可用于种子包衣。

棉花害虫的防治　防治棉蚜时，在害虫发生初期开始喷药，一般每亩次使用 10%乳油或微乳剂或 100 克/升乳油 50～70 毫升，或 5%乳油或微乳剂或 50 克/升乳油 100～150 毫升，或 200 克/升乳油 25～35 毫升，或 25%乳油或微乳剂 20～30 毫升，对水 30～60 千克均匀喷雾。防治棉铃虫时，在卵孵化盛期至幼虫钻蛀前喷药；防治棉红铃虫时，在第2、3代卵孵化盛期进行喷药，每亩次使用10%乳油或微乳剂或100克/升乳油70～100毫升，或5%乳油或微乳剂或50克/升乳油150～200毫升，或200克/升乳油35～50毫升，或25%乳油或微乳剂30～40毫升，对水均匀喷雾。

玉米、小麦、水稻的害虫防治 从害虫发生初期开始喷药防治，每亩次使用10%乳油或微乳剂或100克/升乳油70～100毫升，或5%乳油或微乳剂或50克/升乳油150～200毫升，或200克/升乳油35～50毫升，或25%乳油或微乳剂30～40毫升，对水30～45千克均匀喷雾。

玉米地下害虫 播种前进行种子包衣。一般每10千克种子使用300克/升悬浮种衣剂17～20毫升均匀种子包衣，晾干后播种。

蔬菜害虫的防治 在害虫发生初期或卵孵化盛期至低龄幼虫期喷药防治，一般每亩次使用10%乳油或微乳剂或100克/升乳油50～80毫升，或5%乳油或微乳剂或50克/升乳油100～160毫升，或200克/升乳油25～40毫升，或25%乳油或微乳剂20～30毫升，对水45～60千克均匀喷雾。

果树害虫的防治 柑橘潜叶蛾于新梢生长初期或卵孵化盛期喷药防治，兼防橘蚜、卷叶蛾等；防治蚜虫时，在蚜量开始迅速上升前喷药防治；防治食心虫时，在卵果率0.5%～1%时或卵孵化期喷药防治；防治卷叶蛾时，在卵孵化期至卷叶前喷药防治；防治食叶毛虫类时，在卵孵化盛期至低龄幼虫期开始喷药防治。一般使用10%乳油或微乳剂或100克/升乳油1500～2000倍液，或5%乳油或微乳剂或50克/升乳油800～1000倍液，或200克/升乳油3000～3500倍液，或25%乳油或微乳剂3500～4000倍液均匀喷雾。

茶树害虫的防治 茶小绿叶蝉在若虫发生期喷药防治，茶尺蠖在卵孵化盛期至3龄幼虫期前喷药防治。药剂喷施倍数同“果树害虫”。

大豆、花生的害虫防治　从害虫发生初期开始喷药，每亩次使用10%乳油或微乳剂或100克/升乳油60～80毫升，或5%乳油或微乳剂或50克/升乳油120～160毫升，或200克/升乳油30～40毫升，或25%乳油或微乳剂25～35毫升，对水30～45千克均匀喷雾，可同时防治豆天蛾、食心虫、造桥虫、蚜虫等。

烟草害虫的防治　从害虫发生初期或卵孵化盛期开始喷药防治，对蚜虫、烟青虫均有很好的防治效果。一般每亩次使用5%乳油或微乳剂或50克/升乳油150～200毫升，或10%乳油或微乳剂或100克/升乳油80～100毫升，或200克/升乳油40～50毫升，或25%乳油或微乳剂30～40毫升，对水45～60千克均匀喷雾。

花卉害虫的防治　从害虫发生初期开始喷药，10天左右1次，连喷2次。一般使用5%乳油或微乳剂或50克/升乳油600～800倍液，或10%乳油或微乳剂或100克/升乳油1200～1500倍液，或200克/升乳油2500～3000倍液，或25%乳油或微乳剂3000～4000倍液均匀喷雾。

【注意事项】不要与碱性物质混用。不要在桑园、鱼塘、水源、养蜂场附近使用。注意与其他作用机制不同的药剂混用或轮换使用，以延缓害虫产生抗药性。氯氰菊酯在一般作物上的安全间隔期为3天。

高效氯氰菊酯

【有效成分】高效氯氰菊酯（beta-cypermethrin）。

【常见商标名称】高禄、高清、高歼、安治、天龙宝、绿百事、绿遍天、百泰康、超天特、夺命虫、护田箭、金凯捷、金禄旺、利果兴、劈虫油、赛氟清、一刺清、催打、狄清、丰悦、戈功、红福、虎击、锦功、狂彪、亮棒、诺卡、普擒、千刃、清氛、清灭、全福、锐打、上夺、胜爽、帅力、威甲、爱诺捕快、希普勇士、绿士击倒、大光明绿福、悦联兴绿宝、丰山选对灵、诺普信白隆、诺普信绿爽、诺普信劲风扫等。

【主要含量与剂型】 4.5%乳油、4.5%微乳剂、4.5%水乳剂、5%微乳剂、5%油剂、10%乳油、10%水乳剂、10%微乳剂等。

【理化性质】 高效氯氰菊酯是氯氰菊酯的高效异构体，纯品为白色至奶油色结晶，熔点 64～71℃（峰值 67℃）；微溶于水，可溶于异丙醇、二甲苯、二氯甲烷、丙酮、乙酸乙酯等；在酸性及中性条件下稳定，在强碱性条件下易水解，热稳定性良好。属中毒杀虫剂，原药大鼠急性经口 LD_{50} 为 649 毫克/千克，急性经皮 LD_{50} 大于 1830 毫克/千克，对兔皮肤和眼睛有轻微刺激，对水生动物、蜜蜂、蚕有毒。

【产品特点】 高效氯氰菊酯是一种拟除虫菊酯类广谱杀虫剂，具有良好的触杀和胃毒作用，无内吸性，杀虫谱广，击倒速率快，生物活性高。其杀虫机理是通过与害虫神经系统的钠离子通道相互作用，破坏其功能，使害虫过度兴奋、麻痹而死亡。

高效氯氰菊酯常与阿维菌素、甲氨基阿维菌素苯甲酸盐、毒死蜱、马拉硫磷、三唑磷、辛硫磷、丙溴磷、敌敌畏、啶虫脒、吡虫啉、氟啶脲、氟铃脲、灭幼脲、杀虫单、硫丹、灭多威、噻嗪酮、氯虫苯甲酰胺等杀虫剂成分混配，生产制造复配杀虫剂。

【适用作物及防治对象】 高效氯氰菊酯适用于许多种植物，如棉花、水稻、小麦、玉米、大豆、花生等粮棉油作物，十字花科蔬菜、辣椒、番茄、西瓜等瓜果蔬菜，苹果、梨、桃、枣、柑橘等果树，茶树、烟草、甘蔗、甜菜、马铃薯、花卉植物、林木及草场、滩涂等。对多种害虫均具有很高的杀灭活性，常用于防治蚜虫类、叶蝉类、飞虱类、木虱类、蓟马类、盲蝽类、叶甲类、跳甲类、象甲类、棉铃虫、红铃虫、菜青虫、小菜蛾、甜菜夜蛾、斜纹夜蛾、甘蓝夜蛾、烟青虫、卷叶蛾、食心虫类、食叶毛虫类、刺蛾类、潜叶蛾、蝗虫类、草地螟等多种害虫。

【使用技术】 高效氯氰菊酯主要在害虫发生初期或卵孵化盛期至低龄幼虫期喷雾使用，与其他类型药剂混用效果更好，且喷药应均匀周到。

棉花害虫的防治　对棉蚜、蓟马、绿盲蝽、棉铃虫、红铃虫均具有很好的防治效果。一般每亩次使用4.5%乳油或4.5%微乳剂或4.5%水乳剂或5%微乳剂50～80毫升，或10%乳油或10%微乳剂或10%水乳剂30～40毫升，对水45～60千克均匀喷雾。

水稻害虫的防治　对稻飞虱、稻叶蝉、稻纵卷叶螟均具有很好的防治效果。一般每亩次使用4.5%乳油或4.5%微乳剂或4.5%水乳剂或5%微乳剂50～70毫升，或10%乳油或10%微乳剂或10%水乳剂30～40毫升，对水30～45千克均匀喷雾。

小麦、玉米害虫的防治　对蚜虫、黏虫等害虫防治效果很好，药剂使用量同"水稻害虫"。

花生、大豆害虫的防治　对蚜虫、叶甲及其他食叶类害虫均具有很好的防治效果。一般每亩次使用4.5%乳油或4.5%微乳剂或4.5%水乳剂或5%微乳剂50～70毫升，或10%乳油或10%微乳剂或10%水乳剂25～35毫升，对水45～60千克均匀喷雾。

瓜果蔬菜的害虫防治　对蚜虫、叶蝉、飞虱、叶甲、跳甲、小菜蛾、菜青虫及夜蛾类害虫均有很好的防治效果。一般每亩次使用4.5%乳油或4.5%微乳剂或4.5%水乳剂或5%微乳剂80～100毫升，或10%乳油或10%微乳剂或10%水乳剂40～50毫升，对水45～60千克均匀喷雾。

落叶果树害虫的防治　对蚜虫、卷叶蛾、食叶毛虫、食心虫、梨木虱、梨茎蜂、梨瘿蚊、刺蛾等害虫均具有良好的防治效果。一般使用4.5%乳油或4.5%微乳剂或4.5%水乳剂或5%微乳剂1500～2000倍液，或10%乳油或10%微乳剂或10%水乳剂3000～4000倍液均匀喷雾。

柑橘潜叶蛾、蚜虫 在新梢生长初期或卵孵化盛期进行喷药防治，药剂喷施倍数同“落叶果树害虫”。

茶树害虫 对茶尺蠖、茶小绿叶蝉等害虫具有较好的防治效果。一般每亩次使用4.5%乳油或4.5%微乳剂或4.5%水乳剂或5%微乳剂80～100毫升，或10%乳油或10%微乳剂或10%水乳剂40～50毫升，对水60～75千克均匀喷雾。

烟草害虫 对烟青虫、烟蚜等害虫防效均很好。一般每亩次使用4.5%乳油或4.5%微乳剂或4.5%水乳剂或5%微乳剂70～100毫升，或10%乳油或10%微乳剂或10%水乳剂40～50毫升，对水45～60千克均匀喷雾。

甜菜害虫 对甜菜叶甲、跳甲防治效果均很好，药剂使用量同“烟草害虫”。

马铃薯害虫 对蚜虫、叶甲、草地螟等害虫防治效果均很好，药剂使用量同“烟草害虫”。

花卉植物 主要用于防治蚜虫类、蓟马类害虫，一般使用4.5%乳油或4.5%微乳剂或4.5%水乳剂或5%微乳剂1200～1500倍液，或10%乳油或10%微乳剂或10%水乳剂2500～3000倍液均匀喷雾。

林木害虫 对松毛虫、美国白蛾、杨树舟蛾等害虫均防效良好，药剂喷施倍数同“落叶果树害虫”。

草场、滩涂的蝗虫类、草地螟 在害虫发生为害初期至初盛期开始喷药，10天左右1次，连喷1～2次。一般每亩次使用4.5%乳油或4.5%微乳剂或4.5%水乳剂或5%微乳剂60～80毫升，或10%乳油或10%微乳剂或10%水乳剂30～40毫升，对水45～60千克均匀喷雾；或每亩次使用5%油剂30～40毫升，对水4～5千克超低容量均匀喷雾。

【注意事项】 高效氯氰菊酯对蜜蜂、鱼、蚕、鸟均为高毒，使用时应注意避免污染水源地、避免在蜜源作物开花期使用、避免污染桑园。不能与碱性药剂混用。连续用药时，注意与不同类型药剂交替使用或混用，以延缓害虫产生抗药性。用药时注意安全保护，不慎中毒，立即送医院对症治疗，本药无特效解毒剂。

溴氰菊酯

【有效成分】溴氰菊酯（deltamethrin）。

【常见商标名称】敌杀死、虫赛死、凯安保、凯泰灵、列凯威、除敌、达喜、敌泰、法榜、护粮、韧剑、速格、威保、卫豹、愉康、美邦敌杀、中新锐宝等。

【主要含量与剂型】2.5%乳油、2.5%水乳剂、2.5%微乳剂、2.5%可湿性粉剂、25克/升乳油、50克/升乳油、5%可湿性粉剂等。

【理化性质】溴氰菊酯纯品为白色斜方形针状晶体，熔点101～102℃，基本不溶于水，可溶于多种有机溶剂，对光、空气及酸性介质中较稳定，在碱性介质中不稳定。属中毒杀虫剂，原药大鼠急性经口 LD_{50} 为139毫克/千克，急性经皮 LD_{50} 大于2000毫克/千克，试验条件下无致畸、致癌、致突变作用，对蜜蜂和家蚕剧毒，对鸟类毒性很低。

【产品特点】溴氰菊酯是一种杀虫活性高、杀虫谱广、击倒速度快、对作物安全的拟除虫菊酯类杀虫剂，以触杀和胃毒作用为主，对害虫有一定的驱避与拒食作用，但无内吸和熏蒸作用。其杀虫机理是作用于昆虫的神经系统，使昆虫过度兴奋、麻痹而死亡。对鳞翅目幼虫及蚜虫杀伤力大，对螨类、蚧类效果差，与其他拟除虫菊酯类杀虫剂有交互抗性。

溴氰菊酯常与敌敌畏、毒死蜱、辛硫磷、马拉硫磷、杀螟硫磷、阿维菌素、氟虫腈、硫丹、仲丁威、矿物油等杀虫剂成分混配，生产复配杀虫剂。

【适用作物及防治对象】溴氰菊酯适用于粮、棉、油、果、菜、茶、烟、林等多种植物，对鳞翅目、鞘翅目、直翅目、半翅目等多种害虫均具有良好的防治效果，如蚜虫类、盲蝽类、叶甲类、跳甲类、棉铃虫、红铃虫、菜青虫、小菜蛾、斜纹夜蛾、甘蓝夜蛾、甜菜夜蛾、二化螟、三化螟、稻蓟马、稻纵卷叶螟、豆荚螟、卷叶蛾类、食心虫类、梨星毛虫、梨茎蜂、茶尺蠖、小绿叶蝉、黏虫、柑橘潜叶蛾、松毛虫、美国白蛾等。

【使用技术】 溴氰菊酯主要在害虫卵孵化盛期至低龄幼虫期或发生初期喷雾使用，为避免害虫抗药性的产生和发展，建议与作用机理不同的药剂混合使用，且喷药应均有周到。

棉花害虫 防治棉铃虫、红铃虫时，在卵孵化盛期至钻蛀前喷药；防治蚜虫、蓟马、盲蝽象时，在害虫发生初期开始喷药；防治造桥虫时，在卵孵化盛期喷药。一般每亩次使用2.5%乳油或水乳剂或微乳剂或25克/升乳油60～80毫升，或2.5%可湿性粉剂60～80克，或50克/升乳油30～40毫升，或5%可湿性粉剂30～40克，对水45～60千克均匀喷雾。

麦类害虫 防治蚜虫时，在穗蚜发生初期开始喷药；防治黏虫时，在1～3龄幼虫期喷药。一般每亩次使用2.5%乳油或水乳剂或微乳剂或25克/升乳油50～70毫升，或2.5%可湿性粉剂50～70克，或50克/升乳油30～40毫升，或5%可湿性粉剂30～40克，对水30～45千克均匀喷雾。

水稻害虫 防治二化螟、三化螟时，在卵孵化盛期至钻蛀前喷药；防治稻纵卷叶螟时，在卵孵化盛期至包叶前喷药；防治叶蝉类时，在害虫发生初期及时喷药。药剂使用量同“麦类害虫”。

大豆、花生害虫 防治蚜虫、蓟马时，从害虫发生虫量迅速上升时开始喷药；防治大豆食心虫、豆荚螟时，在大豆开花结荚期或卵孵化高峰期喷药。药剂使用量同“棉花害虫”。

草地螟 草地螟可为害马铃薯、向日葵、甜菜、大豆、苜蓿等作物，在卵孵化盛期至幼虫1～3龄期喷药防治。一般每亩次使用2.5%乳油或微乳剂或水乳剂或25克/升乳油40～80毫升，或2.5%可湿性粉剂40～80克，或50克/升乳油20～40毫升，或5%可湿性粉剂20～40克，对水30～60千克均匀喷雾。

蔬菜害虫　防治蚜虫、蓟马、跳甲、叶甲时，在害虫发生初盛期开始喷药；防治菜青虫、小菜蛾、甜菜夜蛾、甘蓝夜蛾时，在卵孵化盛期至低龄幼虫期喷药。一般每亩次使用2.5%乳油或微乳剂或水乳剂或25克/升乳油60～100毫升，或2.5%可湿性粉剂60～100克，或50克/升乳油30～50毫升，或5%可湿性粉剂30～50克，对水45～60千克均匀喷雾。

烟草害虫　防治蚜虫时，在蚜虫盛发初期开始喷药；防治烟青虫时，在卵孵化盛期至低龄幼虫期喷药。药剂使用量同“蔬菜害虫”。

果树害虫　防治柑橘潜叶蛾时，在新梢生长初期喷药；防治落叶果树食心虫时，在卵孵化盛期至钻蛀前喷药；防治落叶果树卷叶蛾时，在开花前、后或卷叶前喷药；防治梨茎蜂时，在梨树外围新梢10厘米左右时喷药；防治梨星毛虫时，在害虫发生初期或开花前后喷药；防治梨网蝽时，在害虫发生初盛期喷药；防治造桥虫及美国白蛾等食叶毛虫类时，在害虫卵孵化盛期至低龄幼虫期喷药。一般使用2.5%乳油或微乳剂或水乳剂或25克/升乳油或2.5%可湿性粉剂2000～2500倍液，或50克/升乳油或5%可湿性粉剂4000～5000倍液均匀喷雾。

茶树害虫　防治茶尺蠖、木撩尺蠖、茶毛虫时，在幼虫2～3龄期喷药；防治茶小绿叶蝉时，在若虫和成虫盛发初期喷药。药剂喷施倍数同“果树害虫”。

林木害虫　主要用于防治鳞翅目害虫，如松毛虫、美国白蛾等，在卵孵化盛期至低龄幼虫期喷药防治。药剂喷施倍数同“果树害虫”。

【注意事项】溴氰菊酯不能与碱性物质混用。禁止在桑园、鱼塘、河流、养蜂场所等地使用，不要在高温天气使用。本剂对螨类防效很差，如虫、螨混发时，注意与杀螨剂混用。用药时注意安全保护，不慎中毒，立即送医院对症治疗。

S-氰戊菊酯

【有效成分】 S-氰戊菊酯（esfenvalerate）。

【常见商标名称】 来福灵、莱就灵、灭蛾宝、高功、耕孚、热销、住保、美邦来福等。

【主要含量与剂型】 5%乳油、50克/升乳油、5%水乳剂、50克/升水乳剂等。

【理化性质】 S-氰戊菊酯原药为棕色粘稠状液体，熔点49.9～55.7℃，几乎不溶于水，易溶于二甲苯、甲醇、丙酮、氯仿等有机溶剂，常温下储存稳定性两年以上。属中毒杀虫剂，原药大鼠急性经口 LD_{50} 为325毫克/千克，急性经皮 LD_{50} 大于5000毫克/千克，试验条件下无致畸、致癌、致突变作用，对兔眼睛无刺激性。

【产品特点】 S-氰戊菊酯是一种高活性的拟除虫菊酯类杀虫剂，仅含有氰戊菊酯中的高活性异构体（顺式异构体），具有广谱、高效、快速等特点，以触杀和胃毒作用为主，无内吸和熏蒸作用。其杀虫机理是作用于害虫的神经系统，使害虫过度兴奋、麻痹而死亡。对鳞翅目幼虫、双翅目、直翅目、半翅目等害虫有效，对螨类无效。其杀虫活性比氰戊菊酯高约4倍，使用剂量也较氰戊菊酯低。

S-氰戊菊酯常与辛硫磷、马拉硫磷、吡虫啉、硫丹、阿维菌素等杀虫剂成分混配，生产复配杀虫剂。

【适用作物及防治对象】 S-氰戊菊酯可广泛应用于蔬菜、果树、小麦、玉米、水稻、棉花、大豆、花生、烟草、林木、甜菜、草原等多种植物，主要用于防治蚜虫类、蓟马类、叶蝉类、叶甲类、跳甲类、菜青虫、小菜蛾、甜菜夜蛾、甘蓝夜蛾、食心虫类、卷叶蛾类、盲蝽类、食叶毛虫类、蝗虫类、棉铃虫、红铃虫、尺蠖类、柑橘潜叶蛾、大豆食心虫、豆荚螟、草地螟、玉米螟、黏虫、烟青虫等多种害虫，但对螨类无效。

【使用技术】S-氰戊菊酯主要在害虫发生初期或卵孵化盛期至低龄幼虫期用于喷雾，喷药时应均匀周到。

蔬菜害虫　防治蚜虫、蓟马、叶蝉、叶甲及跳甲类害虫时，在害虫发生初盛期开始喷药；防治菜青虫、小菜蛾、甜菜夜蛾等鳞翅目害虫时，在卵孵化盛期至低龄幼虫期喷药。一般每亩次使用5%乳油或水乳剂或50克/升乳油或水乳剂50～80毫升，对水30～60千克均匀喷雾。

果树害虫　防治柑橘潜叶蛾时，在各季新梢抽生2～3厘米时喷药；防治苹果、桃卷叶蛾时，在开花前或落花后或卷叶前喷药；防治苹果、梨、桃、枣的食心虫时，在产卵盛期至卵孵化期喷药；防治果树刺蛾、美国白蛾等食叶毛虫类时，在幼虫发生初期开始喷药；防治枣、葡萄的绿盲蝽时，在萌芽期至新梢生长期喷药；防治果树蚜虫时，在蚜虫发生初盛期开始喷药。一般使用5%乳油或水乳剂或50克/升乳油或水乳剂2000～2500倍液均匀喷雾。

麦类害虫　防治蚜虫时，在扬花前或扬花后喷药；防治黏虫时，在幼虫发生初期喷药。一般每亩次使用5%乳油或水乳剂或50克/升乳油或水乳剂40～50毫升，对水30～45千克均匀喷雾。

玉米螟　在玉米抽雄率10%、每百株有玉米螟卵块30块时喷药，重点喷洒雌穗部位。一般每亩次使用5%乳油或水乳剂或50克/升乳油或水乳剂30～40毫升，对水30千克均匀喷雾。

水稻蝗虫　在蝗虫发生初期开始喷药防治，药剂使用量同“麦类害虫”。

棉花害虫　防治棉铃虫、红铃虫时，在卵孵化盛期至钻蛀前喷药；防治蚜虫、绿盲蝽、造桥虫时，在害虫发生初盛期喷药。一般每亩次使用5%乳油或水乳剂或50克/升乳油或水乳剂50～80毫升，对水45～60千克均匀喷雾。

大豆、花生害虫　防治蚜虫时，从害虫发生初盛期开始喷药；防治食心虫、豆荚螟时，在大豆开花期、害虫卵孵化期至钻蛀前喷药；防治草地螟时，在幼虫低龄期喷药。药剂使用量同“棉花害虫”。

烟草害虫 防治烟青虫时，在卵孵化期至低龄幼虫期喷药；防治蚜虫时，在发生初盛期喷药。药剂使用量同“棉花害虫”。

林木的松毛虫、美国白蛾等 在卵孵化盛期至低龄幼虫期喷药防治，药剂喷施倍数同“果树害虫”。

草原害虫 主要用于防治草地螟的为害，在害虫卵孵化盛期至低龄（1～3龄）幼虫期喷药防治。一般每亩次使用5%乳油或水乳剂或50克/升乳油或水乳剂40～50毫升，对水30～45千克均匀喷雾。

【注意事项】用药时尽量与其他不同类型杀虫剂交替或混合使用，避免害虫产生抗药性。该药对螨类无效，在害虫、害螨并发时要配合杀螨剂使用，以免螨害猖獗发生。不能与碱性物质混合使用。本剂对水生动物、家蚕、蜜蜂等有毒，使用时不要污染河流、桑园、养蜂场所。用药时注意安全防护，不要使药液进入口、眼、鼻内，用药后立即用肥皂清洗手、脸等。

甲 氰 菊 酯

【有效成分】甲氰菊酯（fenpropathrin）。

【常见商标名称】灭扫利、阿托力、果安刹、红运到、甲扫灵、灭丛满、福达、攻略、净山、开弓、满通、驱斩、双闪、天瑞、万扫、威格、勇哥、智帅、瑞泽爱国、瑞泽智星等。

【主要含量与剂型】10%乳油、10%水乳剂、10%微乳剂、20%乳油、20%水乳剂等。

【理化性质】甲氰菊酯纯品为白色结晶或淡黄色油状液体，熔点49～50℃，几乎不溶于水，可溶于丙酮、二甲苯、氯仿、环己烷、二甲亚砜等有机溶剂，在酸性及中性条件下稳定，在强碱性条件下易分解，常温下贮存稳定性2年以上。属中毒杀虫剂，原药大鼠急性经口 LD_{50} 为 107～164 毫克/千克，急性经皮 LD_{50} 大于 1000 毫克/千克，试验条件下未见致畸、致癌、致突变作用，对鱼类、蜜蜂、家蚕高毒。

【产品特点】甲氰菊酯是一种高效、广谱拟除虫菊酯类杀虫剂，具有触杀、胃毒和一定的驱避作用，无内吸、熏蒸作用。其作用于昆虫的神经系统，害虫取食或接触药剂后过度兴奋、麻痹而死亡。该药对鳞翅目幼虫高效，对双翅目和半翅目害虫也有很好的防效，并对多种作物叶螨具有良好效果，因此具有虫螨兼除的优点。

甲氰菊酯常与辛硫磷、三唑磷、毒死蜱、马拉硫磷、硫丹、噻螨酮、哒螨灵、炔螨特、阿维菌素、甲氨基阿维菌素苯甲酸盐、吡虫啉、丁醚脲、矿物油等杀虫剂成分混配，生产复配杀虫剂。

【适用作物及防治对象】甲氰菊酯可广泛应用于棉花、果树、蔬菜、茶叶、花卉等植物，主要用于防治蚜虫、棉铃虫、红铃虫、食心虫类、潜叶蛾、蝽象类（含绿盲蝽）、叶螨类、小菜蛾、菜青虫、甘蓝夜蛾、白粉虱、叶蝉类、叶甲类、茶尺蠖、茶毛虫等害虫（螨）。

【使用技术】甲氰菊酯主要用于喷雾，在害虫发生初期或卵孵化期开始喷药，7～10 天 1 次，与不同类型药剂交替使用，且喷药应均匀周到。

棉花害虫　防治棉铃虫、红铃虫时，在卵孵化盛期至钻蛀蕾、铃前喷药；防治蚜虫、造桥虫、盲蝽象时，在害虫发生初盛期喷药，防治盲蝽象时以早、晚喷药较好；防治红蜘蛛时，在若螨、成螨发生初盛期喷药。一般每亩次使用 20%乳油或水乳剂 60～80 毫升，或 10%乳油或水乳剂或微乳剂 120～150 毫升，对水 45～60 千克均匀喷雾。

果树害虫　防治苹果、梨、桃、枣的食心虫时，在卵孵化期至幼虫钻蛀前喷药；防治苹果、桃的潜叶蛾时，在初见虫斑或虫道时喷药；防治柑橘潜叶蛾时，在各季新梢抽生初期或初见虫道时喷药；防治果树蚜虫时，在蚜虫发生初盛期开始喷药；防治果树叶螨类时，在叶螨类发生初盛期喷药；防治枣、葡萄的绿盲蝽时，在萌芽期至嫩梢生长期喷药；防治葡萄瘿螨时，在新梢长15～20厘米时喷药。一般使用20%乳油或水乳剂1500～2000倍液，或10%乳油或水乳剂或微乳剂800～1000倍液均匀喷雾。

蔬菜害虫 防治蚜虫、蓟马、叶蝉、粉虱、叶甲等害虫时，从害虫发生初盛期开始喷药；防治菜青虫、小菜蛾、甜菜夜蛾等鳞翅目害虫时，在卵孵化盛期至低龄幼虫期喷药；防治叶螨类时，在害螨虫量迅速上升初期开始喷药。一般每亩次使用20%乳油或水乳剂50～70毫升，或10%乳油或水乳剂或微乳剂100～150毫升，对水30～60千克均匀喷雾。

茶树害虫 防治茶尺蠖、茶毛虫时，在卵孵化期至低龄幼虫期喷药；防治小绿叶蝉时，在害虫发生为害初期开始喷药。药剂喷施倍数同“果树害虫”。

花卉植物害虫 在害虫发生为害初期开始喷药防治，药剂喷施倍数同“果树害虫”。

【注意事项】注意与不同杀虫机理的药剂轮换或混合使用，尽量降低害虫抗药性的产生。本剂药效不受低温条件影响，低温下使用持效期更长、药效更高，特别适合早春和秋冬季使用。棉花上的安全采收间隔期为21天，苹果上为14天。该药对鱼类、家蚕、蜜蜂高毒，避免在桑园、养蜂区施药及药液流入河塘。

联 苯 菊 酯

【有效成分】联苯菊酯（bifenthrin）。

【常见商标名称】天王星、安杀宝、茶虫清、茶道夫、茶果威、茶无缺、打茶满、卡力星、千年绿、速虫清、爱信、安通、标锋、茶安、茶丹、茶典、茶海、茶品、茶清、茶兴、茶艳、茶友、刺袭、顶星、尖端、决策、酷健、联动、飘落、闪平、闪通、双雷、泰好、特勤、信打、休斯、迅击、勇滕、悦龙、正喷、专攻、兴农卡努、正业圣龙、中保李驰、瑞德丰大喜、标正大茶举等。

【主要含量与剂型】25克/升乳油、2.5%水乳剂、4%微乳剂、4.5%水乳剂、100克/升乳油、100克/升水乳剂、10%水乳剂、10%微乳剂、12.5%乳油等。

【理化性质】联苯菊酯原药为粘稠液体晶状或蜡状固体，熔点51～66℃，几乎不溶于水，可溶于二氯甲烷、甲苯、氯仿、丙酮、乙醚，在20～25℃下稳定性2年。属中毒杀虫、杀螨剂，原药大鼠急性经口LD_{50}为54.5毫克/千克，兔急性经皮LD_{50}大于2000毫克/千克，试验条件下未见致畸、致癌、致突变作用，对蜜蜂、家蚕、天敌、水生生物毒性高。

【产品特点】联苯菊酯为拟除虫菊酯类广谱、高效杀虫、杀螨剂，具有击倒作用强、速度快、持效期长等特点，以触杀和胃毒作用为主，无内吸作用。其杀虫机理是作用于昆虫的神经系统，使昆虫过度兴奋、麻痹而死亡。本剂对环境安全，气温较低的条件下更能发挥药效。特别适用于虫、螨并发时使用，具有一药多治、省工、省时、省药的特点。

联苯菊酯常与马拉硫磷、三唑磷、吡虫啉、啶虫脒、噻虫胺、噻嗪酮、烯啶虫胺、阿维菌素、甲氨基阿维菌素苯甲酸盐、三唑锡、哒螨灵、炔螨特、丁醚脲等杀虫剂成分混配，生产复配杀虫、杀螨剂。

【适用作物及防治对象】联苯菊酯适用于许多种作物，目前主要应用于茶树、棉花、蔬菜、果树等，对茶尺蠖、茶毛虫、茶象甲、茶粉虱、小绿叶蝉、棉铃虫、红铃虫、蚜虫、蓟马、绿盲蝽、白粉虱、叶螨类（红蜘蛛、白蜘蛛）、瘿螨类、菜青虫、小菜蛾、甘蓝夜蛾、食心虫类、柑橘潜叶蛾等多种害虫均具有良好的防治效果。

【使用技术】

茶树害虫 防治茶尺蠖、茶毛虫时，在卵孵化至2～3龄幼虫前喷药；防治茶粉虱、小绿叶蝉、黑刺粉虱时，在害虫发生为害初期喷药。一般使用25克/升乳油或2.5%水乳剂800～1000倍液，或4%微乳剂1200～1500倍液，或4.5%水乳剂1500～1800倍液，或100克/升乳油或水乳剂或10%水乳剂或微乳剂2500～3000倍液，或12.5%乳油3000～4000倍液均匀喷雾，10天左右1次。

棉花害虫 防治棉铃虫、红铃虫时，在卵孵化盛期至幼虫钻蛀前喷药；防治蚜虫、蓟马、绿盲蝽及叶螨类时，在害虫（螨）发生为害初期或盛发前期喷药。一般每亩次使用25克/升乳油或2.5%水乳剂150～200毫升，或4%微乳剂100～120毫升，或4.5%水乳剂90～110毫升，或100克/升乳油或水乳剂或10%水乳剂或微乳剂40～50毫升，或12.5%乳油30～40毫升，对水45～60千克均匀喷雾。

蔬菜害虫 防治温室白粉虱时，在害虫发生初期开始喷药；防治蚜虫、叶螨类时，在害虫（螨）虫量开始快速上升时喷药；防治菜青虫、小菜蛾、甘蓝夜蛾等鳞翅目害虫时，在卵孵化期至低龄幼虫期喷药。一般每亩次使用25克/升乳油或2.5%水乳剂120～160毫升，或4%微乳剂75～100毫升，或4.5%水乳剂70～90毫升，或100克/升乳油或水乳剂或10%水乳剂或微乳剂30～40毫升，或12.5%乳油25～30毫升，对水30～60千克均匀喷雾，7～10天喷药1次。

果树害虫 防治食心虫时，在卵孵化期至幼虫钻蛀前喷药；防治苹果金纹细蛾、桃线潜叶蛾时，在初见虫斑（道）时开始喷药；防治柑橘潜叶蛾时，在各季新梢抽生期喷药；防治叶螨类时，在害螨虫量开始大量上升时喷药。一般使用25克/升乳油或2.5%水乳剂800～1000倍液，或4%微乳剂1200～1500倍液，或4.5%水乳剂1500～1800倍液，或100克/升乳油或水乳剂或

10%水乳剂或微乳剂2500～3000倍液，或12.5%乳油3000～4000倍液均匀喷雾，7～10天喷药1次。

【注意事项】不能与碱性药剂混用。害虫发生较重时与其他不同作用机理的药剂混用防治效果较好，害螨发生较重时最好与专用杀螨剂混用。茶树上的安全采收间隔期为7天，果树上一般为15天。本剂对家蚕、蜜蜂、天敌昆虫及水生生物毒性较高，使用时注意不要污染水源、桑园、养蜂场所等。

高效氯氟氰菊酯

【有效成分】高效氯氟氰菊酯（lambda-cyhalothrin）。

【常见商标名称】功夫、功得、功猎、功灭、功扑、功千、安斩、碧宝、彪戈、波澜、博得、搏刀、曾功、茶安、超功、创功、大功、顶瑞、方捕、福达、高防、高氟、高功、高捷、红威、皇功、击断、极功、剑光、捷功、捷生、金尔、金功、巨氟、克从、雷格、厉功、利歼、农旺、千速、强攻、强力、强镇、锐彪、锐隆、锐宁、上功、神功、速决、睢农、随化、天利、天宁、天瑞、稳功、希利、玄功、迅虎、真功、正锐、主唱、钻残、超星神、妙克特、速洛宁、剑力达、旺杀螟、天山斧、优锐特、正业泰龙、佳田奔腾、佳田庚夫等。

【主要含量与剂型】25克/升乳油、25克/升水乳剂、2.5%水乳剂、2.5%乳油、2.5%微乳剂、50克/升乳油、5%水乳剂、5%微乳剂、10%水乳剂、10%悬浮剂、10%可湿性粉剂、15%微乳剂、25%可湿性粉剂等。

【理化性质】高效氯氟氰菊酯纯品为无色固体，原药为深棕色或深绿色固化熔融物，纯品熔点49.2℃，原药熔点47.5～48.5℃，不溶于水，易溶于丙酮、甲苯、甲醇、己烷、乙酸乙酯，对光稳定，15～25℃下可保存6个月以上。属中毒杀虫剂，原药大鼠急性经口LD_{50}为79毫克/千克，急性经皮LD_{50}为1293～1507毫克/千克，对蜜蜂、家蚕、鱼类及水生生物剧毒，试验条件下未见致畸、致癌、致突变作用。

【产品特点】高效氯氟氰菊酯是一种高效、广谱、速效型拟除虫菊酯类杀虫剂，对害虫具有强烈的触杀和胃毒作用，并有一定的驱避作用，无内吸作用，耐雨水冲刷能力强。其杀虫机理是作用于昆虫的神经系统，使昆虫过度兴奋、麻痹而死亡。与其他拟除虫菊酯类药剂相比，该药杀虫谱更广、杀虫活性更高、药效更迅速、并具有强烈的渗透作用，耐雨水冲刷能力更强。具有用量少、药效快、击倒力强、害虫产生抗药性缓慢、残留低、使用安全等优点。

高效氯氟氰菊酯常与阿维菌素、甲氨基阿维菌素苯甲酸盐、噻嗪酮、吡虫啉、啶虫脒、噻虫嗪、辛硫磷、丙溴磷、敌敌畏、毒死蜱、马拉硫磷、杀螟硫磷、三唑磷、杀虫单、丁醚脲、虫酰肼、灭多威、氯虫苯甲酰胺等杀虫剂成分混配，生产复配杀虫剂。

【适用作物及防治对象】高效氯氟氰菊酯适用作物非常广泛，可广泛应用于粮棉油糖茶类、薯类、瓜果蔬菜类、果树类、林木类、烟草等多种植物；对鳞翅目、鞘翅目、同翅目、双翅目、膜翅目、缨翅目等多种农业害虫均具有很好的防治效果，如蚜虫类、蓟马类、叶蝉类、黏虫、棉铃虫、红铃虫、盲蝽象、草地螟、菜青虫、小菜蛾、甘蓝夜蛾、烟青虫、茶尺蠖、茶毛虫、食心虫类、卷叶蛾类、潜叶蛾类、食叶毛虫类、叶甲类、跳甲类、潜叶蝇类、柑橘蚧壳虫类等。

【使用技术】高效氯氟氰菊酯主要在害虫发生初期进行喷雾使用，最好与不同类型药剂交替使用或混合使用，以延缓害虫抗药性产生；一般7～10天喷药1次，要求喷药均匀周到。

棉花害虫　防治棉铃虫、红铃虫、金刚钻时，在害虫卵孵化期至幼虫钻蛀蕾、铃前喷药；防治蚜虫、蓟马、绿盲蝽、造桥虫时，在害虫发生为害初期或虫量开始快速上升前喷药。一般每亩次使用25克/升乳油或水乳剂或2.5%水乳剂或乳油或微乳剂50～80毫升，或50克/升乳油或5%水乳剂或微乳剂30～40毫升，或10%水乳剂或悬浮剂15～20毫升，或10%可湿性粉剂15～20克，或15%微乳剂10～15毫升，或25%可湿性粉剂5～8克，对水45～60千克均匀喷雾。

麦类害虫　防治蚜虫时，在扬花前或扬花后喷药；防治黏虫时，在低龄幼虫期喷药。一般每亩次使用25克/升乳油或水乳剂或2.5%水乳剂或乳油或微乳剂40～60毫升，或50克/升乳油或5%水乳剂或微乳剂20～30毫升，或10%水乳剂或悬浮剂10～15毫升，或10%可湿性粉剂10～15克，或15%微乳剂7～9毫升，或25%可湿性粉剂4～6克，对水30～45千克均匀喷雾。

大豆害虫　防治食心虫、豆荚螟时，在开花期或虫卵孵化期至钻蛀前喷药；防治蚜虫、叶甲、草地螟时，在害虫发生为害初期或虫量开始快速上升时喷药。药剂使用量同“麦类害虫”。

茶树害虫　防治茶尺蠖、茶毛虫时，在卵孵化盛期至低龄幼虫期喷药；防治小绿叶蝉时，在虫量开始快速增加时喷药。一般使用25克/升乳油或水乳剂或2.5%水乳剂或乳油或微乳剂1500～2000倍液，或50克/升乳油或5%水乳剂或微乳剂3000～4000倍液，或10%水乳剂或悬浮剂或可湿性粉剂6000～7000倍液，或15%微乳剂8000～10000倍液，或25%可湿性粉剂12000～15000倍液均匀喷雾。

马铃薯害虫　主要用于防治蚜虫、叶甲类害虫及草地螟等，在害虫盛发初期开始喷药。一般每亩次使用25克/升乳油或水乳剂或2.5%水乳剂或乳油或微乳剂40～70毫升，或50克/升乳油或5%水乳剂或微乳剂25～35毫升，或10%水乳剂或悬浮剂15～20毫升，或10%可湿性粉剂15～20克，或15%微乳剂10～15毫升，或25%可湿性粉剂5～8克，对水45～60千克均匀喷雾。

甜菜害虫　主要用于防治叶甲类害虫和草地螟等，在害虫盛发初期开始喷药。药剂使用量同“马铃薯害虫”。

瓜果蔬菜害虫 防治蚜虫、蓟马、叶甲、跳甲、粉虱等害虫时，在害虫发生为害初期或虫量开始快速上升时喷药；防治菜青虫、小菜蛾、甘蓝夜蛾等鳞翅目害虫时，从卵孵化盛期至低龄幼虫期喷药。一般每亩次使用25克/升乳油或水乳剂或2.5%水乳剂或乳油或微乳剂50～100毫升，或50克/升乳油或5%水乳剂或微乳剂30～50毫升，或10%水乳剂或悬浮剂20～25毫升，或10%可湿性粉剂20～25克，或15%微乳剂12～18毫升，或25%可湿性粉剂6～10克，对水45～75千克均匀喷雾。

果树害虫 防治蚜虫类害虫时，在虫量开始快速增加时喷药；防治卷叶蛾时，在卵孵化盛期或卷叶前喷药；防治苹果金纹细蛾、桃线潜叶蛾时，从初见虫斑（道）时开始喷药；防治柑橘潜叶蛾时，在各季新梢抽生期或初见虫道时喷药；防治食叶毛虫类、刺蛾类时，在低龄幼虫期（1～3龄）喷药；防治枣、葡萄绿盲蝽时，在萌芽期至新梢生长期喷药；防治柑橘蚧壳虫时，在若虫发生期喷药。在柑橘上一般使用25克/升乳油或水乳剂或2.5%水乳剂或乳油或微乳剂1000～1500倍液，或50克/升乳油或5%水乳剂或微乳剂2000～3000倍液，或10%水乳剂或悬浮剂或可湿性粉剂4000～6000倍液，或15%微乳剂6000～8000倍液，或25%可湿性粉剂10000～15000倍液均匀喷雾；在落叶果树上一般使用25克/升乳油或水乳剂或2.5%水乳剂或乳油或微乳剂1500～2000倍液，或50克/升乳油或5%水乳剂或微乳剂3000～4000倍液，或10%水乳剂或悬浮剂或可湿性粉剂6000～7000倍液，或15%微乳剂8000～10000倍液，或25%可湿性粉剂12000～15000倍液均匀喷雾。

林木害虫 主要用于防治松毛虫、美国白蛾等鳞翅目害虫，在害虫低龄幼虫期喷药。药剂喷施倍数同“落叶果树害虫”。

烟草害虫 防治烟青虫时，在卵孵化盛期至低龄幼虫期喷药；防治蚜虫、蓟马、叶蝉时，在害虫数量快速增加时喷药。一般每亩次使用25克/升乳油或水乳剂或2.5%水乳剂或乳油或微乳剂 50～80 毫升，或 50 克/升乳油或 5%水乳剂或微乳剂 30～40 毫升，或 10%水乳剂或悬浮剂 15～20 毫升，或 10%可湿性粉剂 15～20 克，或 15%微乳剂 10～15 毫升，或 25%可湿性粉剂 5～8 克，对水 45～60 千克均匀喷雾。

【注意事项】不能与碱性农药混用。用药时注意与其他不同类型药剂交替使用或混合使用，且喷药应及时均匀周到。本剂对鱼、蜜蜂、家蚕剧毒，不能在桑园、鱼塘、河流等处及其周围用药，花期施药要避免伤害蜜蜂。

敌　百　虫

【有效成分】敌百虫（trichlorfon）。

【常见商标名称】卷瞑净、荔虫净、齐治、锐甲、锐欧、通打、蔗虫特杀、钻卷大毒杀等。

【主要含量与剂型】80%可溶粉剂、90%可溶粉剂、30%乳油、40%乳油等。

【理化性质】敌百虫纯品为稍带芳香气味的白色晶体粉末，工业品带氯醛气味，熔点 78.5℃，20℃时水中的溶解度为 120 克/升，可溶于大多数有机溶剂，但不溶于脂肪烃和石油；常温下贮存稳定，酸性条件下水解脱毒，碱性条件下水解生成毒性更大的敌敌畏；对金属有腐蚀性。属低毒杀虫剂，原药大鼠急性经口 LD_{50} 为 560 毫克/千克，急性经皮 LD_{50} 大于 5000 毫克/千克。

【产品特点】敌百虫是一种高效、低毒、低残留的广谱性有机磷类杀虫剂，以胃毒作用为主，兼有触杀作用，并有一定的渗透活性，无内吸传到作用。其杀虫剂理是抑制害虫体内乙酰胆碱酯酶的活性，破坏神经传导，使害虫过度兴奋而死亡。该药剂速效性好，但持效期较短。

敌百虫常与氯氰菊酯、氰戊菊酯、毒死蜱、辛硫磷、三唑磷、乙酰甲胺磷、喹硫磷、丙溴磷、灭多威、克百威、丁硫克百威等杀虫剂成分混配，生产复配杀虫剂。

【适用作物及防治对象】 敌百虫适用范围非常广泛，可广泛应用于粮、棉、油、茶、糖、果树、烟草、蔬菜等植物及卫生用药，对黏虫、螟虫、飞虱类、叶蝉类、蝽象类（含绿盲蝽）、象甲类、叶甲类、跳甲类、尺蠖类、刺蛾类、松毛虫、美国白蛾、菜青虫、甘蓝夜蛾、造桥虫、烟青虫、地下害虫及卫生害虫、牲畜体表寄生虫等均具有很好的防治效果。

防治猪、牛、马、骡牲畜体内外寄生虫以及卫生害虫如家蝇、孑孓、臭虫、蟑螂等。

【使用技术】 敌百虫使用方法多样，既可喷雾、灌根，又可做成毒饵诱杀，还可喂食牲畜或体表刷洗。喷雾用药时，7天左右1次。

十字花科蔬菜害虫 对菜青虫、烟青虫、叶甲、跳甲、盲蝽象均具有良好防治效果，在害虫发生初期开始喷药。一般每亩次使用30%乳油150～200毫升，或40%乳油120～150毫升，或80%可溶粉剂80～100克，或90%可溶粉剂70～90克，对水30～45千克均匀喷雾。

棉花害虫 对蚜虫、象甲、绿盲蝽、造桥虫等害虫防效良好，在害虫发生初期或虫量开始快速增多时喷药防治。一般每亩次使用30%乳油200～250毫升，或40%乳油150～180毫升，或80%可溶粉剂100～120克，或90%可溶粉剂80～100克，对水45～60千克均匀喷雾。

水稻害虫 对黏虫、螟虫具有良好防效，从害虫卵孵化盛期至钻蛀前喷药较好。一般每亩次使用30%乳油300～400毫升，或40%乳油250～300毫升，或80%可溶粉剂120～150克，或90%可溶粉剂110～130克，对水30～45千克均匀喷雾。

烟草烟青虫 从害虫发生初期或卵孵化盛期至低龄幼虫期开始喷药，一般使用30%乳油300～350倍液，或40%乳油350～400倍液，或80%可溶粉剂700～800倍液，或90%可溶粉剂800～1000倍液均匀喷雾。

茶尺蠖、茶刺蛾　从害虫发生为害初期开始喷药，药剂喷施倍数同“烟草烟青虫”。

荔枝蝽象　从害虫发生为害初期开始喷药，药剂喷施倍数同“烟草烟青虫”。

枣黏虫、造桥虫　从害虫发生为害初期开始喷药，药剂喷施倍数同“烟草烟青虫”。

林木松毛虫、美国白蛾　从害虫发生为害初期或卵孵化盛期至低龄幼虫期开始喷药，一般使用30%乳油350～400倍液，或40%乳油400～500倍液，或80%可溶粉剂800～1000倍液，或90%可溶粉剂900～1100倍液均匀喷雾。

地下害虫　主要用于防治根蛆等地下害虫，从发生初期开始用药，一般使用30%乳油350～400倍液，或40%乳油400～500倍液，或80%可溶粉剂800～1000倍液，或90%可溶粉剂900～1100倍液灌根。

毒饵诱杀　主要用于防治地老虎、蝼蛄等害虫。一般每亩次使用80%可溶粉剂90～100克，或90%可溶粉剂80～90克，先加少量水溶解，然后加炒香的棉籽饼或菜籽饼、麦麸、玉米面4～5千克搅拌制成毒饵，也可与切碎的鲜草20～30千克拌匀制成毒饵，在傍晚撒施于作物根部土表，诱杀害虫。

牲畜用药　猪、牛、马、骡牲畜体外有寄生虫时，使用80%可溶粉剂350～450倍液，或90%可溶粉剂400～500倍液洗刷牲畜体表。猪胃肠内有寄生虫（如蛔虫、蛲虫等）时，使用兽医用精制敌百虫粉按照100毫克/千克体重进行喂食。

防治卫生害虫　常用于防治家蝇、孑孓、臭虫、蟑螂等害虫，一般使用30%乳油300～350倍液，或40%乳油400～450倍液，或80%可溶粉剂800～900倍液，或90%可溶粉剂900～1000倍液，在害虫出没的地方喷雾。

【注意事项】敌百虫在使用浓度0.1%左右时对一般作物无药害，玉米、部分苹果品种对敌百虫敏感，用药时应注意；高粱、豆类、瓜类作物对该药非常敏感，容易产生药害，不宜使用。在蔬菜、茶叶、水稻上的的安全采收间隔期为7天，烟草上为10天。

敌 敌 畏

【有效成分】 敌敌畏（dichlorvos）。

【常见商标名称】 地杰、康丰、农伴、锐浪、蚜虱斩、蜓虫特杀、诺普信九九畏等。

【主要含量与剂型】 48%乳油、50%乳油、80%乳油、2%烟剂、15%烟剂、30%烟剂、90%可溶液剂、22.5%油剂等。

【理化性质】 敌敌畏纯品为无色至琥珀色液体，微带芳香味，沸点234.1℃，25℃时水中溶解度为8克/升，与芳香烃类、醇类、氯化烃完全混溶，中度溶于柴油、煤油、异链烷烃类和矿物油中，对热稳定，对铁有腐蚀性。水中和酸性溶液中慢慢水解，碱性溶液中迅速降解。属中毒杀虫剂，原药大鼠急性经口 LD_{50} 约为50毫克/千克，急性经皮 LD_{50} 约为300毫克/千克，对天敌、鱼类毒性较高，对蜜蜂剧毒。

【产品特点】 敌敌畏是一种高效、广谱有机磷类杀虫剂，具有触杀、胃毒和熏蒸作用，由于蒸汽压较高，对咀嚼式口器和刺吸式口器害虫具有很强的击倒力。触杀作用比敌百虫效果好，对害虫击倒力强而快。其杀虫机理是通过抑制害虫体内乙酰胆碱酯酶的活性，使害虫过度兴奋而死亡。施药后降解快，持效期短，残留很低。

敌敌畏常与氯氰菊酯、高效氯氰菊酯、溴氰菊酯、氰戊菊酯、高效氯氟氰菊酯、吡虫啉、毒死蜱、辛硫磷、马拉硫磷、氧乐果、阿维菌素、抗蚜威、仲丁威、氟铃脲、噻嗪酮等杀虫剂成分混配，生产复配杀虫剂。

【适用作物及防治对象】 敌敌畏适用范围非常广泛，生产中主要应用于粮棉油作物、瓜果蔬菜、烟草、茶树、果树、桑树、林木及粮食贮存和卫生用药，对蚜虫、粉虱、叶甲、跳甲、斑潜蝇、棉铃虫、红铃虫、潜叶蛾、卷叶蛾、菜青虫、烟青虫、茶尺蠖、桑尺蠖、造桥虫、黏虫、食叶毛虫及贮粮害虫、卫生害虫等均具有很好的防治效果。

【使用技术】 敌敌畏主要应用于喷雾，也常用于熏蒸、熏烟；喷雾及熏烟时，需7天左右用药1次。

十字花科蔬菜害虫 防治菜青虫、烟青虫时，在卵孵化盛期至低龄幼虫期喷药；防治蚜虫、叶甲、跳甲、斑潜蝇时，在害虫发生为害初期或虫量快速增加时喷药。一般每亩次使用48%乳油或50%乳油100～120毫升，或80%乳油60～80毫升，或90%可溶液剂50～70毫升，对水30～45千克均匀喷雾。

保护地蔬菜蚜虫、白粉虱、斑潜蝇 从害虫发生初期开始用药，每亩次使用15%烟剂500～600克，或30%烟剂250～300克，均匀分多点点燃密闭熏烟。

棉花害虫 防治棉铃虫及生长期的红铃虫时，在卵孵化盛期至幼虫钻蛀蕾铃前喷药；防治造桥虫、蚜虫时，在虫量开始快速增加时或发生为害初期喷药。一般每亩次使用80%乳油75～100毫升，或50%乳油或48%乳油120～150毫升，或90%可溶液剂70～90毫升，对水45～60千克均匀喷雾。防治仓库内越冬红铃虫时，使用80%乳油200倍液，或50%乳油或48%乳油150倍液喷洒墙壁，密闭熏蒸3～4天。

麦类害虫 防治蚜虫时，在扬花前或扬花后喷药；防治黏虫时，在低龄幼虫期喷药。一般每亩次使用80%乳油50～60毫升，或50%乳油或48%乳油80～100毫升，或90%可溶液剂45～55毫升，对水30千克均匀喷雾。

茶尺蠖、茶毛虫 从害虫发生为害初期或卵孵化盛期至低龄幼虫期喷药防治。一般使用80%乳油1000～1200倍液，或50%乳油或48%乳油600～800倍液，或90%可溶液剂1200～1500倍液均匀喷雾。

烟草烟青虫、蚜虫 从害虫发生为害初期开始喷药防治，药剂喷施倍数同“茶尺蠖”。

桑尺蠖 在卵孵化盛期至低龄幼虫期喷药防治，药剂喷施倍数同“茶尺蠖”。

苹果卷叶蛾、蚜虫 防治卷叶蛾时，在开花前、落花后各喷药1次，或在卵孵化期至卷叶前喷药；防治蚜虫时，在虫量开始快速增加时喷药。一般使用80%乳油1200～1500倍液，或50%乳油或48%乳油700～900倍液，或90%可溶液剂1500～1800倍液均匀喷雾。

贮粮害虫 使用80%乳油400～500倍液，或50%乳油或48%乳油250～300倍液喷雾熏蒸；或按照每立方米空间使用80%乳油0.5～0.6毫升，或50%乳油或48%乳油0.8～1毫升药量，在贮粮库内用布条蘸药悬挂密闭熏蒸。

卫生害虫 防治蟑螂、臭虫、蝇蛆时，使用80%乳油300～400倍液，或50%乳油或48%乳油200～250倍液，或90%可溶液剂400～500倍液喷洒害虫经常出没的地方；也可按照每立方米空间使用80%乳油0.1毫升，或50%乳油或48%乳油0.16毫升，或90%可溶液剂0.08毫升药量，在房间内用布条蘸药悬挂密闭熏蒸。

林木的松毛虫、天幕毛虫、杨柳毒蛾 在害虫发生初期开始用药。一般按照每亩使用2%烟剂500～1000克药量，均匀分多点点燃熏烟；或每亩次使用22.5%油剂400～700克超低容量喷雾。

【注意事项】豆类和瓜类的幼苗易产生药害，使用浓度不能过高。本剂对高粱易产生药害，玉米、柳树也较敏感，使用时要特别注意。敌敌畏对人畜毒性大，挥发性强，施药时注意不要污染皮肤；中午高温时不宜施药，以防中毒。不能与碱性农药混用。蔬菜上的安全采收间隔期为7天。该药水溶液分解快，应随配随用。

丙　溴　磷

【有效成分】 丙溴磷（profenofos）。

【常见商标名称】 安灭灵、稻金丹、多虫清、卷脱治、满速朗、七步净、扫叶害、速灭抗、万金油、虫恐、穿越、刀郎、鼎级、盖敌、高明、惯战、横行、鸿诚、劲夺、骏达、科钻、库顶、库龙、库马、库腾、酷达、立捕、猎螨、清佳、锐盾、圣道、泰击、泰能、透卷、维抗、喜龙、炫力、讯诛、迅劫、迅抗、益字、元剑、战杀、征战、专烛、钻佳、顽虫扫净等。

【主要含量与剂型】 40%乳油、50%乳油、500 克/升乳油、720 克/升乳油、50%水乳剂、10%颗粒剂等。

【理化性质】 丙溴磷纯品为淡黄色固体，工业品为淡黄色液体，沸点 110℃，微溶于水，能与大多数有机溶剂互溶，具大蒜味，在中性和微酸条件下比较稳定，碱性环境中不稳定。属中毒杀虫剂，原药大鼠急性经口 LD_{50} 为 358 毫克/千克，急性经皮 LD_{50} 约为 3300 毫克/千克，对鱼、鸟高毒。

【产品特点】 丙溴磷是一种不对称有机磷类广谱速效杀虫、杀螨剂，具有触杀和胃毒作用，无内吸作用，但在植物叶片上有较好的渗透性。其杀虫机理是通过抑制昆虫体内乙酰胆碱酯酶的活性，使害虫过度兴奋、麻痹而死亡。对其他有机磷类、拟除虫菊酯类产生抗药性的害虫仍然有效，是防治抗性害虫的有效药剂之一。与菊酯类药剂混用具有显著的增效作用。

丙溴磷常与氯氰菊酯、氰戊菊酯、高效氯氟氰菊酯、辛硫磷、敌百虫、阿维菌素、甲氨基阿维菌素苯甲酸盐、氟铃脲、氟啶脲、灭多威等杀虫剂成分混配，生产复配杀虫剂。

【适用作物及防治对象】 丙溴磷主要适用于棉花、水稻、甘薯、花生、十字花科蔬菜、烟草、苹果、柑橘等植物，对棉铃虫、红铃虫、蚜虫类、绿盲蝽、稻纵卷叶螟、稻苞虫、小菜蛾、菜青虫、烟青虫、叶甲类、跳甲类、斜纹夜蛾、柑橘红蜘蛛、甘薯茎线虫、花生根结线虫等害虫（螨）均具有很好的防治效果。

【使用技术】

棉花害虫 防治棉铃虫、红铃虫时，在卵孵化盛期至幼虫钻蛀蕾铃前喷药；防治蚜虫、绿盲蝽时，在害虫数量开始快速上升时喷药。一般每亩次使用40%乳油100～150毫升，或500克/升乳油或50%乳油或水乳剂80～120毫升，或720克/升乳油60～90毫升，对水45～60千克均匀喷雾。

水稻稻纵卷叶螟、稻苞虫 在害虫卵孵化盛期至卷（包）叶前喷药防治，一般每亩次使用40%乳油100～120毫升，或500克/升乳油或50%乳油或水乳剂80～100毫升，或720克/升乳油60～80毫升，对水30～45千克均匀喷雾。

十字花科蔬菜害虫 防治小菜蛾、菜青虫、斜纹夜蛾等鳞翅目害虫时，在卵孵化期至低龄幼虫期喷药；防治蚜虫、叶甲、跳甲等害虫时，在害虫数量开始快速增多时喷药。一般每亩次使用40%乳油100～120毫升，或500克/升乳油或50%乳油或水乳剂80～100毫升，或720克/升乳油60～80毫升，对水30～60千克均匀喷雾。

烟草蚜虫、烟青虫 从害虫发生为害初期开始喷药，药剂使用量同“水稻稻纵卷叶螟”。

苹果绣线菊蚜 在蚜虫数量开始快速增多时或开始上果为害时开始喷药防治，一般使用40%乳油800～1200倍液，或500克/升乳油或50%乳油或水乳剂1000～1500倍液，或720克/升乳油1500～2000倍液均匀喷雾。

柑橘红蜘蛛 在害螨数量开始快速增多时开始喷药防治，药剂喷施倍数同“苹果绣线菊蚜”。

甘薯茎线虫 栽秧前，每亩使用10%颗粒剂3～5千克均匀沟施或穴施，而后栽秧、浇水。

花生根结线虫 播种前，每亩使用10%颗粒剂3～5千克均匀沟施，而后播种。

【注意事项】丙溴磷在苜蓿和高粱上有药害，使用时应特别注意。严禁与碱性农药混合使用。果园中不宜使用本品。用药时注意安全保护，不慎中毒，立即送医院对症治疗，解毒药物可选用阿托品或解磷定。棉花上的安全采收间隔期为 12 天。

辛　硫　磷

【有效成分】辛硫磷（phoxim）。

【常见商标名称】穿线、地杀、地甩、点治、顶酷、毒虎、关铃、获丰、佳福、凯迪、酷秀、冷爆、冷酷、猛手、明除、全克、三猛、双攻、速斩、威腾、永绿、耘宝、大地主、虎蚕净、卷纵特、猛敌宝、农可益、农迅富、天义华、威利丹、绿地丛清、斯普瑞丹等。

【主要含量与剂型】40%乳油、30%微囊悬浮剂、1.5%颗粒剂、3%颗粒剂、5%颗粒剂等。

【理化性质】辛硫磷纯品为浅黄色油状液体，沸点 120℃，熔点 5～6℃，基本不溶于水，可溶于二氯甲烷、异丙醇、苯、甲苯、二甲苯、醇类等有机溶剂；工业品为浅红色油状物。在中性及酸性介质中稳定，高温或碱性介质中易分解，光解速度快。属低毒杀虫剂，原药大鼠急性经口 LD_{50} 大于 2 克/千克，急性经皮 LD_{50} 大于 5 克/千克。

【产品特点】辛硫磷是一种有机磷类广谱高效杀虫剂，以触杀和胃毒作用为主，并有一定的内吸作用、熏蒸作用和渗透性，击倒力强。对磷翅目幼虫、地下害虫、仓储害虫和卫生害虫都有很好的防效。在田间对光不稳定，很快分解，所以持效期短、残留危险小，但该药施入土中，持效期很长，适合于防治地下害虫。对鱼类、蜜蜂及天敌昆虫毒性较大，但施药 2～3 天后对蜜蜂和天敌昆虫影响很小。

辛硫磷常与氯氰菊酯、高效氯氰菊酯、氰戊菊酯、高效氯氟氰菊酯、甲氰菊酯、阿维菌素、甲氨基阿维菌素苯甲酸盐、毒死蜱、敌百虫、敌敌畏、丙溴磷、马拉硫磷、三唑磷、甲拌磷、水胺硫磷、灭多威、硫丹、氟铃脲、虫酰肼、吡虫啉、哒螨灵、矿物油、棉铃虫核型多角体病毒等杀虫剂成分混配，生产复配杀虫剂。

【适用作物及防治对象】辛硫磷可广泛应用于粮棉油作物、果树、瓜果蔬菜、茶树、烟草、林木、花卉等多种植物，对蚜虫、蓟马、叶蝉、飞虱、盲蝽象、叶甲、跳甲、棉铃虫、红铃虫、菜青虫、烟青虫、小菜蛾、斜纹夜蛾、甘蓝夜蛾、玉米螟、稻纵卷叶螟、稻苞虫、黏虫、松毛虫、美国白蛾、多种食叶毛虫、刺蛾、梨星毛虫等多种害虫均具有很好的喷雾防治效果，对地下害虫蛴螬、蝼蛄、金针虫等通过土壤用药也具有良好防效。

【使用技术】辛硫磷使用方法灵活多样，因防治对象、防治目的不同而异，主要应用于喷雾，还可拌种、浇灌、撒施等。

茎叶喷雾 从害虫发生为害初期，或卵孵化盛期至低龄幼虫期，或害虫数量开始快速增多时开始喷药。在粮、棉、油、菜等作物上，一般每亩次使用40％乳油50～100毫升或30％微囊悬浮剂80～140毫升，对水30～60千克均匀喷雾；在果树、林木、茶树、烟草及花卉植物上，一般使用40％乳油1000～1500倍液或30％微囊悬浮剂800～1000倍液均匀喷雾。可有效防治小麦的蚜虫、黏虫、麦叶蜂，水稻的稻苞虫、稻纵卷叶螟、稻蓟马、飞虱、叶蝉，棉花的蚜虫、蓟马、绿盲蝽、棉铃虫、红铃虫，大豆的蚜虫、叶甲、豆荚螟，蔬菜的蚜虫、菜青虫、烟青虫、小菜蛾、甘蓝夜蛾、斜纹夜蛾、叶甲、跳甲，果树的梨星毛虫、卷叶蛾、造桥虫、尺蠖、刺蛾、食叶毛虫、蚜虫、绿盲蝽，林木的松毛虫、美国白蛾，茶树的茶尺蠖、茶毛虫、小绿叶蝉，烟草的烟青虫、蚜虫，花卉植物的蚜虫、蓟马等。

拌种 使用40％乳油100～165毫升，加水5～7.5千克，拌麦种50千克，拌匀后堆闷后播种，可有效防治多种地下害虫。该法也可用于玉米、谷子、花生及其他作物的种子。

灌浇　使用40%乳油1000倍液或30%微囊悬浮剂700倍液浇灌植株基部土壤，可有效防治地老虎、蛴螬、蝼蛄等地下害虫。

撒施　主要用于防治玉米螟，在玉米大喇叭口期向芯内均匀撒施药剂。一般每亩均匀使用3%颗粒剂300～400克，或1.5%颗粒剂600～800克，或5%颗粒剂200～250克。

果园地面用药　主要用于防治桃小食心虫越冬幼虫和金龟子成虫，在桃小越冬幼虫出土化蛹期、或果树开花期地面用药。一般每亩使用3%颗粒剂1000～1500克，或1.5%颗粒剂2000～3000克，或5%颗粒剂600～800克，均匀撒施于地面，然后耙松土表，将药剂翻于土下即可。

防治卫生害虫　使用40%乳油500～1000倍液或30%微囊悬浮剂400～600倍液喷洒家畜厩舍，可有效防治多种卫生害虫。

【注意事项】不能与碱性物质混合使用。高粱、豆类、瓜类对辛硫磷敏感，易产生药害，不宜喷撒使用。该药见光易分解，田间使用时最好在傍晚用药。玉米田只能用颗粒剂防治玉米螟，不要喷雾防治蚜虫、黏虫等。用药时注意安全保护，中毒症状、急救措施与其他有机磷类杀虫剂相同。

毒　死　蜱

【有效成分】毒死蜱（chlorpyrifos）。

【常见商标名称】乐斯本、佳丝本、盖仑本、安乐斯、安民乐、安杀宝、百斯盾、必刹可、稻乐乐、迪芬德、地贝得、地力高、毒氟令、独师令、金一佳、精三特、卡斯它、乐思耕、力克杀、绵尔得、农斯利、欧地农、欧路本、普克斯、锐利克、撒斯丹、赛农斯、斯达速、陶乐斯、陶斯仙、田佳乐、威利丹、一灌收、银一佳、傲成、澳喜、百诺、宝撕、奔乐、搏乐、创威、道欢、地佬、顶勇、鼎佳、都克、毒步、毒火、多打、多威、奉农、富宝、高替、格达、格斗、格击、佳盛、佳通、剑盛、介击、蚧扑、巨雷、巨能、卷洁、酷龙、朗信、乐尼、雷奇、历战、利刃、连击、粮欣、绵贝、绵奇、农丹、倾击、锐爱、锐斧、锐乐、锐扫、瑞蛀、神蛀、帅方、斯功、速龙、万穿、讯歼、迅通、易歼、永扫、允乐、正业主攻、标正乐斯农、兴农省时本、诺普信农斯捷、瑞德丰捷安特、瑞德丰陶丝本等。

【主要含量与剂型】 40％乳油、480克/升乳油、40％微乳剂、40％水乳剂、40％可湿性粉剂、30％微乳剂、30％水乳剂、30％微囊悬浮剂、5％颗粒剂、10％颗粒剂、15％颗粒剂等。

【理化性质】 毒死蜱纯品为白色结晶固体，溶点42.5～43℃，几乎不溶于水，可溶于丙醇、苯、二甲苯、甲醇等有机溶剂；工业品具有似煤油或松节油味。属中毒杀虫剂，原药大鼠急性经口 LD_{50} 为135～163毫克/千克，急性经皮 LD_{50} 大于2000毫克/千克，对眼睛有轻度刺激，对皮肤有明显刺激，长时间接触会产生灼伤；试验条件下未见致畸、致癌、致突变作用；在动物体内能很快解毒，对鱼和水生动物毒性较高，对蜜蜂有毒。

【产品特点】 毒死蜱属有机磷类高效极广谱杀虫剂，是替代高毒有机磷类杀虫剂的主要品种之一，具有触杀、胃毒和熏蒸作用，无内吸作用，残留量低。其杀虫机理是作用于害虫的乙酰胆碱酯酶，使害虫持续兴奋、麻痹而死亡。该药在叶片上的持效期较短，在土壤中的持效期较长，因此对地下害虫具有很好的防治效果。

毒死蜱常与敌百虫、敌敌畏、三唑磷、辛硫磷、乙酰甲胺磷、喹硫磷、杀扑磷、马拉硫磷、氯氰菊酯、高效氯氰菊酯、高效氯氟氰菊酯、吡虫啉、啶虫脒、阿维菌素、甲氨基阿维菌素苯甲酸盐、氟铃脲、除虫脲、虫酰肼、噻嗪酮、杀虫单、灭多威、异丙威、丁硫克百威、氟虫腈、多杀霉素等杀虫剂成分混配，生产复配杀虫剂。

【适用作物及防治对象】 毒死蜱适用作物非常广泛，可应用于水稻、小麦、玉米、棉花、马铃薯、大豆、花生、甜菜、甘蔗、茶树、苹果、梨、桃、枣、葡萄、杏、柿、柑橘、荔枝、龙眼、十字花科蔬菜、番茄、辣椒、茄子、韭菜、蒜、花卉植物、人参等多种植物；对多种咀嚼式口器害虫、刺吸式口器害虫及地下害虫、卫生害虫均具有很好的防治效果，如蚜虫、叶蝉、蓟马、飞虱、粉虱、木虱、叶甲、跳甲、象甲、蝽象、蚧壳虫、瘿蚊、各种螟虫、黏虫、茶黄螨、菜青虫、小菜蛾、甜菜夜蛾、甘蓝夜蛾、烟青虫、斑潜蝇、棉铃虫、红铃虫、桃小食心虫、梨小食心虫、卷叶蛾、潜叶蛾、金龟子、茶尺蠖、造桥虫、根蛆、地老虎、金针虫、蛴螬等。

【使用技术】毒死蜱既可叶面喷雾防治茎叶及果实害虫，又可土壤处理防治地下害虫，还可撒施用药。

水稻害虫　防治二化螟、三化螟、稻纵卷叶螟、稻苞虫时，在卵孵化期至幼虫钻蛀前或包叶前喷药；防治稻蓟马、叶蝉、飞虱、象甲时，在害虫数量开始快速增多时喷药；防治稻瘿蚊时，在秧田1叶1心及本田分蘖期喷药。一般每亩次使用480克/升乳油或40%乳油或微乳剂或水乳剂80～120毫升，或40%可湿性粉剂80～120克，或30%微乳剂或水乳剂或微囊悬浮剂150～180毫升，对水30～45千克均匀喷雾。

小麦害虫　防治蚜虫时，在扬花前或扬花后喷药；防治黏虫时，在低龄幼虫期喷药；防治麦叶蜂时，在害虫发生初期喷药。一般每亩次使用480克/升乳油或40%乳油或微乳剂或水乳剂60～80毫升，或40%可湿性粉剂60～80克，或30%微乳剂或水乳剂或微囊悬浮剂80～100毫升，对水30～45千克均匀喷雾。

玉米螟　在玉米大喇叭口期，使用颗粒剂向心叶撒施。一般每亩均匀使用15%颗粒剂80～100克，或10%颗粒剂120～150克，或5%颗粒剂250～300克。

棉花害虫　防治蚜虫、盲蝽象、蓟马、象甲、造桥虫时，在害虫数量开始快速增多时喷药；防治棉铃虫、红铃虫时，在卵孵化盛期至幼虫钻蛀蕾铃前喷药。一般每亩次使用480克/升乳油或40%乳油或微乳剂或水乳剂100～150毫升，或40%可湿性粉剂100～150克，或30%微乳剂或水乳剂或微囊悬浮剂150～200毫升，对水45～60千克均匀喷雾。

马铃薯蚜虫、叶甲、草地螟 在害虫发生为害初期或虫量开始快速增多时喷药防治，一般每亩次使用480克/升乳油或40%乳油或微乳剂或水乳剂80～120毫升，或40%可湿性粉剂80～120克，或30%微乳剂或水乳剂或微囊悬浮剂150～180毫升，对水45～60千克均匀喷雾。

大豆害虫 防治蚜虫、叶甲时，在虫量开始快速增多时喷药；防治豆荚螟、食心虫时，在大豆开花期喷药。药剂使用量同“小麦害虫”。

甜菜叶甲、草地螟 从害虫发生为害初期或虫量较多时开始喷药，药剂使用量同“小麦害虫”。

甘蔗绵蚜、蔗螟 从害虫发生为害初期开始喷药防治，一般使用480克/升乳油或40%乳油或微乳剂或水乳剂或可湿性粉剂1200～1500倍液，或30%微乳剂或水乳剂或微囊悬浮剂800～1000倍液均匀喷雾。

茶树害虫 防治茶尺蠖、茶毛虫时，从害虫卵孵化期至低龄幼虫期喷药；防治小绿叶蝉时，在虫量开始快速增多时喷药。一般使用480克/升乳油或40%乳油或微乳剂或水乳剂或可湿性粉剂1000～1200倍液，或30%微乳剂或水乳剂或微囊悬浮剂700～900倍液均匀喷雾。

苹果害虫 防治苹果绵蚜时，在花呈铃铛球期、落花后半月左右喷药，同时兼防卷叶蛾；防治绣线菊蚜时，在蚜虫开始上果时喷药；防治食叶毛虫类及刺蛾时，在低龄幼虫期喷药。一般使用480克/升乳油或40%乳油或微乳剂或水乳剂或可湿性粉剂1000～1500倍液，或30%微乳剂或水乳剂或微囊悬浮剂800～1000倍液均匀喷雾。防治桃小食心虫时，在5月下旬至6月上旬浇地后或下透雨后地面用药，使用480克/升乳油或40%乳油或微乳剂或水乳剂或可湿性粉剂300～500倍液，或30%微乳剂或水乳剂或微囊悬浮剂250～400倍液均匀喷洒树下地面，喷湿表层，然后耙松表土；也可每亩使用15%颗粒剂300～500克，或10%颗粒剂500～700克，或5%颗粒剂1000～1500克均匀撒施于地面，然后耙松土表。

梨害虫 防治梨木虱成虫时，在各代成虫盛发期喷药；防治梨木虱若虫时，在初孵若虫至虫体被黏液完全覆盖前喷药；防治梨星毛虫时，在花序分离后至开花前喷药；防治黄粉蚜时，华北梨区在5月中下旬至6月上中旬喷药。药剂喷施倍数同“苹果害虫”的生长期喷药。

桃、杏蚜虫 落花后立即喷施第1次药，以后每7～10天1次，连喷2～3次。药剂喷施倍数同“苹果害虫”的生长期喷药。

枣树绿盲蝽、食芽象甲、枣瘿蚊 从芽露绿时开始喷药，7天左右1次，连喷2～4次。药剂喷施倍数同“苹果害虫”的生长期喷药。

葡萄绿盲蝽 从芽露绿时开始喷药，7天左右1次，连喷2～3次。药剂喷施倍数同“苹果害虫”的生长期喷药。

柑橘害虫 防治柑橘潜叶蛾时，在各季新梢抽生期或初见虫道时喷药；防治柑橘蚧壳虫、黑刺粉虱时，在幼虫孵化期喷药。一般使用480克/升乳油或40%乳油或微乳剂或水乳剂或可湿性粉剂1000～1200倍液，或30%微乳剂或水乳剂或微囊悬浮剂800～900倍液均匀喷雾。

荔枝、龙眼害虫 防治蒂蛀虫时，在采收前20天喷药1次；防治瘿螨及尖细蛾时，在新梢抽发至嫩叶展开期喷药；防治蚧壳虫时，在幼蚧发生高峰期喷药。药剂喷施倍数同“柑橘害虫”。

十字花科蔬菜害虫 防治菜青虫、小菜蛾、甜菜夜蛾等鳞翅目害虫时，在卵孵化期至低龄幼虫期喷药；防治叶甲、跳甲、蚜虫、蓟马等害虫时，在害虫数量开始快速增多时喷药。一般每亩次使用480克/升乳油或40%乳油或微乳剂或水乳剂100～120

毫升，或40%可湿性粉剂100～120克，或30%微乳剂或水乳剂或微囊悬浮剂130～160毫升，对水30～45千克均匀喷雾。

茄果类蔬菜害虫 防治斑潜蝇时，在初见虫道时开始喷药；防治蚜虫、蓟马、白粉虱时，在害虫数量较多时开始喷药。一般每亩次使用480克/升乳油或40%乳油或微乳剂或水乳剂100～150毫升，或40%可湿性粉剂100～150克，或30%微乳剂或水乳剂或微囊悬浮剂150～200毫升，对水45～60千克均匀喷雾。

韭菜、蒜的根蛆 在根蛆发生初期开始用药，一般每亩次使用480克/升乳油或40%乳油或微乳剂或水乳剂200～250毫升，或30%微乳剂或水乳剂或微囊悬浮剂300～400毫升，对水1000千克顺根浇灌；或每亩次使用480克/升乳油或40%乳油或微乳剂或水乳剂400～500毫升，或30%微乳剂或水乳剂或微囊悬浮剂600～700毫升，随灌溉水浇灌。

瓜果蔬菜的地老虎、蛴螬、金针虫等地下害虫 定植前在定植穴或定植沟内施药，每亩均匀使用15%颗粒剂1000～1500克，或10%颗粒剂1500～2000克，或5%颗粒剂3000～4500克；定植后，使用480克/升乳油或40%乳油或微乳剂或水乳剂或可湿性粉剂800～1000倍液，或30%微乳剂或水乳剂或微囊悬浮剂600～800倍液浇灌植株基部。

人参地下害虫 播种前和春季发芽前用药，一般每平方米使用15%颗粒剂2～2.5克，或10%颗粒剂3～4克，或5%颗粒剂6～7克，均匀撒施，而后耙土。

花卉植物害虫 从害虫发生初期开始喷药，一般使用480克/升乳油或40%乳油或微乳剂或水乳剂或可湿性粉剂1000～1500倍液，或30%微乳剂或水乳剂或微囊悬浮剂800～1000倍液均匀喷雾。

【注意事项】在推荐剂量下，毒死蜱对多数作物使用安全，但对烟草及瓜类敏感，莴苣苗期较敏感，棚室叶菜类蔬菜应严格限制用量，作物开花期慎用。不能与碱性农药混用。本剂对鱼类、蜜蜂敏感，应避免药液污染水源，避开花期使用。用药时注意安全保护，不慎中毒立即送医院对症治疗，可用阿托品解毒。

乙酰甲胺磷

【有效成分】乙酰甲胺磷（acephate）。

【常见商标名称】即鸣、佳福、降敌、巨能、凯雷、康丰、迈腾、欧胜、盼丰、庆农、瞬克、天利、仙宝、易歼、择先、诺德仕、卷叶英雄、蚧螨二歼、知田卷力克等。

【主要含量与剂型】20%乳油、30%乳油、40%乳油、75%可溶粉剂、90%可溶粉剂、95%可溶粒剂、97%水分散粒剂等。

【理化性质】乙酰甲胺磷纯品为白色结晶，熔点90～91℃，工业品为白色固体，易熔于水、甲醇、乙醇、丙酮、二氯甲烷、二氯乙烷等，在苯、甲苯、二甲苯中溶解度较小；在碱性介质中易分解。属低毒杀虫剂，原药大鼠急性经口LD_{50}为945毫克/千克，兔急性经皮LD_{50}大于2000毫克/千克，对哺乳动物、家禽、鱼类毒性很低。

【产品特点】乙酰甲胺磷属有机磷类高效广谱低残留杀虫剂，具有胃毒、触杀、内吸作用，并有一定的熏蒸作用，杀卵效果好。其杀虫机理是抑制昆虫体内乙酰胆碱酯酶的活性，使昆虫过度兴奋、麻痹、而死亡。该药为缓效型杀虫剂，在施药后初期作用缓慢，2～3天后效果显著，后效作用强。乙酰甲胺磷在自然环境中降解为无毒物质而不污染环境，可以安全使用，是取代甲胺磷的最理想药剂之一。

乙酰甲胺磷常与敌百虫、毒死蜱、三唑磷、杀虫单、吡虫啉、抗蚜威、高效氯氰菊酯等杀虫剂成分混配，生产复配杀虫剂。

【适用作物及防治对象】乙酰甲胺磷适用于蔬菜、水稻、棉花、小麦、果树、油菜、烟草等作物，用于防治多种咀嚼式口器和刺吸式口器害虫，如小菜蛾、夜蛾类、稻纵卷叶螟、稻蓟马、稻叶蝉、稻飞虱、二化螟、三化螟、食心虫类、食叶毛虫类、刺蛾类、叶甲、跳甲、蚜虫、红铃虫、棉铃虫等。

【使用技术】乙酰甲胺磷主要在害虫发生初期用于喷雾。

蔬菜害虫 防治菜青虫、夜蛾类时在幼虫1～3龄期喷药，防治小菜蛾在1～2龄幼虫盛发期喷药，防治蚜虫、叶甲、跳甲时在虫量开始快速增多时喷药。一般每亩次使用20%乳油150～200毫升，或30%乳油120～150毫升，或40%乳油80～100毫升，或75%可溶粉剂50～60克，或90%可溶粉剂或95%可溶粒剂或97%水分散粒剂40～50克，对水30～60千克均匀喷雾。

水稻害虫 防治稻纵卷叶螟、二化螟、三化螟时，在卵孵化期至幼虫钻蛀前喷药；防治稻叶蝉、稻蓟马、稻飞虱时，在虫量较多时开始喷药。一般每亩次使用20%乳油200～300毫升，或30%乳油150～200毫升，或40%乳油100～150毫升，或75%可溶粉剂80～120克，或90%可溶粉剂或95%可溶粒剂或97%水分散粒剂70～100克，对水30～60千克均匀喷雾。

棉花害虫 防治棉蚜、盲蝽象时，在害虫数量较多时开始喷药；防治棉铃虫、红铃虫时，在卵孵化盛期至钻蛀蕾铃前喷药。一般每亩次使用20%乳油200～300毫升，或30%乳油150～200毫升，或40%乳油100～150毫升，或75%可溶粉剂80～120克，或90%可溶粉剂或95%可溶粒剂或97%水分散粒剂70～100克，对水45～60千克均匀喷雾。

果树害虫 防治桃小食心虫、梨小食心虫时，在成虫产卵高峰期进行喷药；防治食叶毛虫类、刺蛾类等食叶害虫时，在卵孵化盛期至低龄幼虫期喷药；防治柑橘蚧壳虫时，在1龄若虫期喷药最好。一般使用20%乳油300～400倍液，或30%乳油500～600倍液，或40%乳油600～800倍液，或75%可溶粉剂1000～1200倍液，或90%可溶粉剂或95%可溶粒剂或97%水分散粒剂1500～1800倍液均匀喷雾。

旱粮作物害虫 防治玉米螟、小麦黏虫时，在卵孵化盛期至低龄幼虫期喷药；防治麦类蚜虫时，在扬花前或扬花后喷药。一般每亩次使用20%乳油 200～300 毫升，或 30%乳油 150～200 毫升，或 40%乳油 100～150 毫升，或 75%可溶粉剂 80～120 克，或 90%可溶粉剂或 95%可溶粒剂或 97%水分散粒剂 70～100 克，对水 30～45 千克均匀喷雾。

烟草害虫 防治烟青虫时，在 3 龄幼虫期前喷药；防治蚜虫时，在虫量较多时开始喷药。一般每亩次使用 20%乳油 200～300 毫升，或 30%乳油 150～200 毫升，或 40%乳油 100～150 毫升，或 75%可溶粉剂 80～120 克，或 90%可溶粉剂或 95%可溶粒剂或 97%水分散粒剂 70～100 克，对水 45～60 千克均匀喷雾。

【注意事项】不能与碱性物质混用，不宜在桑树、茶树上使用。一般作物上的安全采收间隔期为 7 天。本剂易燃，在运输和贮存过程中注意防火，远离火源。用药时注意安全保护，不慎中毒，症状表现为典型的有机磷中毒症状，应立即送医院对症治疗，可用阿托品或解磷定解毒。

乐　果

【有效成分】乐果（dimethoate）。

【常见商标名称】灭介宁、钻透王等。

【主要含量与剂型】40%乳油、50%乳油、1.5%粉剂等。

【理化性质】乐果纯品为白色针状结晶，具有樟脑气味，工业品通常为浅黄棕色乳剂，熔点 51～52℃，微溶于水，可溶于醇类、酮类、醚类、酯类、苯、甲苯等大多数有机溶剂，在水溶液及酸性溶液中较稳定，在碱性溶液中迅速水解。遇明火、高热可燃，受热分解，释放出有毒气体。属中毒杀虫剂，原药大鼠急性经口 LD_{50} 为 290～325 毫克/千克，急性经皮 LD_{50} 大于 800 毫克/千克，对蜜蜂、瓢虫等高毒。

【产品特点】乐果是一种有机磷类内吸性杀虫剂，具有触杀和一定的胃毒作用，无熏蒸作用；易被植物吸收并输导至全株。在昆虫体内氧化成毒性更高的氧乐果，其杀虫机理是抑制昆虫体内乙酰胆碱酯酶的活性，阻碍神经信息传导而导致昆虫死亡。该药的杀虫活性随温度的升高而显著增强，气温在15℃以下药效较差，持效期5～7天。

乐果常与氯氰菊酯、氰戊菊酯、溴氰菊酯、甲氰菊酯、敌百虫、三唑磷、杀虫单、吡虫啉等杀虫剂成分混配，生产复配杀虫剂。

【适用作物及防治对象】乐果适用于粮棉油作物、果树、蔬菜、烟草等多种作物，对刺吸式口器害虫、咀嚼式口器害虫均具有良好的杀灭效果，生产上常用于防治蚜虫、蓟马、飞虱、叶蝉、粉虱、叶甲、跳甲、斑潜蝇、造桥虫、菜青虫、小菜蛾、甘蓝夜蛾、盲蝽象、蚧壳虫、食叶毛虫类、刺蛾类、潜叶蛾、梨网蝽等多种害虫。

【使用技术】

棉花蚜虫、造桥虫、绿盲蝽　从害虫发生为害初期或害虫数量开始快速增多时开始喷药防治，一般每亩次使用40%乳油100～120毫升，或50%乳油80～100毫升，对水45～60千克均匀喷雾，植株小时适当减少用药量。

水稻叶蝉、飞虱、蓟马、斑潜蝇　从害虫数量开始快速增多时开始喷药防治，一般每亩次使用40%乳油100～120毫升，或50%乳油70～90毫升，对水30～45千克均匀喷雾。

麦类蚜虫　在扬花前或扬花后喷药防治，药剂使用量同“水稻叶蝉”。

大豆蚜虫、叶甲　从害虫数量较多时开始喷药防治，药剂使用量同“水稻叶蝉”。

油菜蚜虫、斑潜蝇　从蚜虫数量开始快速增多时或初见斑潜蝇虫道时开始喷药，药剂使用量同“水稻叶蝉”。

蔬菜害虫　防治蚜虫、蓟马、叶甲、跳甲时，在害虫数量开始快速增多时开始喷药；防治斑潜蝇时，在初见虫道时开始喷药；防治菜青虫、小菜蛾、甘蓝夜蛾等鳞翅目害虫时，在卵孵化期至低龄幼虫期喷药。一般每亩次使用40%乳油120～150毫升，或50%乳油100～120毫升，对水45～60千克均匀喷雾。

苹果害虫　防治绣线菊蚜时，在蚜虫数量较多时或开始上果时开始喷药；防治梨网蝽时，在害虫于叶背面开始群集为害时开始喷药；防治食叶毛虫类、刺蛾类害虫时，在低龄幼虫期喷药防治。一般使用40%乳油1000～1200倍液，或50%乳油1200～1500倍液均匀喷雾。

柑橘害虫　防治潜叶蛾时，在各季新梢抽生期或初见虫道时进行喷药；防治蚧壳虫时，在若虫期进行喷药。药剂喷施倍数同"苹果害虫"；或每亩次使用1.5%粉剂1500～2000克均匀喷粉。

烟草蚜虫　从蚜虫数量较多时或开始较快增加时开始喷药。药剂使用量同"棉花蚜虫"；或每亩次使用1.5%粉剂1200～1500克均匀喷粉。

【注意事项】不能与碱性物质混用。乐果对菊科植物、啤酒花、高粱、桃、李、杏、梅、枣、橄榄、无花果等植物较为敏感，需要慎用；对牛、羊、家禽的毒性较高，喷过药的牧草在1个月内不可饲喂，施过药的田地7～10天不可放牧。本品易燃，储运及使用时严禁火源。一般作物上的安全采收间隔期为10天。

氧　乐　果

【有效成分】氧乐果（omethoate）。

【常见商标名称】蓝图、科翔、庄稼人、凯米克、速克毙、蚧毕丰、乐蚧松等。

【主要含量与剂型】40%乳油、20%乳油等。

【理化性质】氧乐果原药为无色透明油状液体，工业品为淡黄色油状液体，有葱蒜味，沸点135℃，能迅速溶于水、醇类、丙酮和许多烃类，微溶于乙醚；遇碱易分解，在中性及偏酸性溶液中较稳定。属高毒杀虫剂（制剂中毒），原药大鼠急性经口 LD_{50} 约为25毫克/千克，急性经皮 LD_{50} 为200毫克/千克，对鱼类低毒，对蜜蜂、瓢虫、捕食性螨类等益虫毒性较高。

【产品特点】氧乐果属有机磷类高效广谱杀虫、杀螨剂，具有较强内吸、触杀和一定的胃毒作用，对害虫击倒力快，通过抑制害虫乙酰胆碱酯酶的活性而导致害虫死亡。氧乐果可被植物的根、茎、叶吸收，向上传导。其药效受温度影响较小，在低温下仍保持较强的杀虫活性，特别适用于防治早期的蚜虫、螨类、木虱及蚧类。

氧乐果常与氰戊菊酯、高效氯氰菊酯、溴氰菊酯、甲氰菊酯、杀扑磷、敌敌畏、噻嗪酮、哒螨灵等杀虫剂成分混配，生产复配杀虫剂。

【适用作物及防治对象】氧乐果目前主要应用于棉花、麦类、水稻、林木及休眠期的苹果、桃、杏、李等。对蚜虫、叶蝉、飞虱、蓟马、红蜘蛛、松毛虫、蚧壳虫等害虫均具有较好的防效。

【使用技术】

棉花蚜虫、蓟马、叶蝉、绿盲蝽、红蜘蛛 从害虫数量开始快速增多时开始喷药防治，7天左右1次，连喷2～3次；防治绿盲蝽时，以早、晚喷药效果较好。一般每亩次使用40%乳油50～100毫升，或20%乳油100～200毫升，对水30～60千克均匀喷雾。

麦类蚜虫 在扬花前或扬花后或蚜量较多时喷药防治，一般每亩次使用40%乳油50～80毫升，或20%乳油100～150毫升，对水30～45千克均匀喷雾。

水稻叶蝉、飞虱、蓟马 在害虫数量开始快速增多时开始喷药，重点喷洒植株中下部。一般每亩次使用40%乳油80～100毫升，或20%乳油150～200毫升，对水30～45千克均匀喷雾。

苹果、桃、李、杏的介壳虫 在芽萌动期喷药防治，一般使用 40%乳油 500～600 倍液，或 20%乳油 250～300 倍液对枝干淋洗式喷雾。生长期慎用。

林木介壳虫（枝干涂药）　在害虫发生初期，于主干或主枝上涂药，涂药前先将涂药部位刮出幼嫩组织（一般宽 6～7 厘米），然后涂抹 40%乳油 10～15 倍液，或 20%乳油 5～8 倍液，药液干后再涂一次。

林木松毛虫　在害虫发生初期开始喷药。一般使用 40%乳油 600～800 倍液，或 20%乳油 300～400 倍液均匀喷雾。

【注意事项】啤酒花、菊科植物、高粱有些品种及烟草、枣、桃、杏、梅、橄榄、无花果等作物，对稀释倍数在 1500 倍液以下的氧乐果乳油较敏感，使用时要先做安全性试验，才能确定使用浓度。本剂为高毒农药，在蔬菜上及果树生长期尽量不要使用。氧乐果乳油属易燃危险品，贮存和运输时应注意远离火源。

马　拉　硫　磷

【有效成分】马拉硫磷（malathion）。

【常见商标名称】蟑甲克、倒蟑寒、谷虫治、蟑消、丢甲、盾刺、伏首、歼除、净甲、快斧、赛朗、神将、升达、跳散、力克粮虫净等。

【主要含量与剂型】45%乳油、70%乳油、25%油剂、1.2%粉剂、1.8%粉剂。

【理化性质】马拉硫磷纯品为浅黄色液体，原药为琥珀色透明液体，沸点 120℃，微溶于水，易溶于醇类、酯类、醚类、芳香烃类、酮、甲苯等有机溶剂；在中性介质水溶液中稳定，遇碱、酸易分解，铁、铜、铝等促进分解。属低毒杀虫剂，原药大鼠急性经口 LD_{50} 为 1375～2800 毫克/千克，兔急性经皮 LD_{50} 为 4100 毫克/千克，对蜜蜂、鱼类毒性高，对人、畜低毒，但对眼睛、皮肤有刺激性。

【产品特点】马拉硫磷是一种有机磷类广谱杀虫剂，具有良好的触杀、胃毒和一定的熏蒸作用，无内吸作用。药剂进入昆虫体内后，氧化成马拉氧磷而发挥毒杀作用；在温血动物体内，则被昆虫体内所没有的羧酸酯酶水解而失去毒性。该药速效性好，击倒力强，但持效期短，对刺吸式口器和咀嚼式口器的害虫都有效。

马拉硫磷常与辛硫磷、杀螟硫磷、毒死蜱、敌敌畏、三唑磷、氰戊菊酯、溴氰菊酯、高效氯氰菊酯、高效氯氟氰菊酯、丁硫克百威、灭多威、异丙威、克百威、吡虫啉、阿维菌素等杀虫剂成分混配，生产复配杀虫剂。

【适用作物及防治对象】马拉硫磷适用于水稻、麦类、棉花、豆类、马铃薯、蔬菜、茶树、牧草、果树、林木等许多种植物及仓储原粮等，对蚜虫、飞虱、叶蝉、蓟马、蝽象、绿盲蝽、多种螟虫、黏虫、麦叶蜂、造桥虫、食心虫、叶甲、跳甲、象甲、白粉虱、长白蚧、龟甲蚧、茶绵蚧、茶小绿叶蝉、柑橘蚧壳虫、蝗虫、食叶毛虫、刺蛾、卷叶蛾、松毛虫、美国白蛾、尺蠖类等多种害虫均具有很好的杀灭效果。

【使用技术】

水稻害虫 防治飞虱、叶蝉、蓟马时，在害虫数量开始快速增多时开始喷药；防治二化螟、三化螟、稻纵卷叶螟、稻苞虫时，在卵孵化盛期至幼虫钻蛀前或包叶前喷药。一般每亩次使用45%乳油100～120毫升，或75%乳油60～80毫升，对水30～45千克均匀喷雾。

麦类害虫 防治蚜虫时，在扬花前或扬花后或虫量较多时喷药；防治黏虫时，在低龄幼虫期喷药；防治麦叶蜂时，在害虫发生初期开始喷药。药剂使用量同“水稻害虫”。

棉花害虫 防治蚜虫、蓟马、绿盲蝽、象甲时，在害虫数量开始增多时喷药；防治造桥虫时，在低龄幼虫期喷药。一般每亩次使用45%乳油120～150毫升，或75%乳油80～100毫升，对水45～60千克均匀喷雾。植株较小时，适当减少用药量。

豆类害虫　防治蚜虫、叶甲时，在害虫数量开始快速增多时喷药；防治造桥虫时，在低龄幼虫期喷药；防治食心虫、豆荚螟时，在开花期喷药。一般每亩次使用45%乳油100～120毫升，或75%乳油60～80毫升，对水45～60千克均匀喷雾。

马铃薯蚜虫、草地螟　在害虫发生为害初期或虫量较多时开始喷药，药剂使用量同“豆类害虫”。

蔬菜害虫　防治蚜虫、叶蝉、蓟马、叶甲、跳甲、白粉虱时，在害虫发生为害初期或虫量开始快速增加时喷药；防治菜螟、造桥虫、菜青虫等鳞翅目害虫时，在卵孵化期至低龄幼虫期喷药。药剂使用量同“棉花害虫”。

茶树害虫　防治象甲、小绿叶蝉时，在害虫数量较多时开始喷药；防治长白蚧、龟甲蚧、茶绵蚧时，在害虫发生初期开始喷药。一般使用45%乳油600～800倍液，或75%乳油1000～1200倍液均匀喷雾。

牧草害虫　主要用于防治蝗虫、草地螟等，在害虫数量较多时开始喷药。一般每亩次使用45%乳油60～80毫升，或75%乳油40～50毫升，对水30千克均匀喷雾。

果树害虫　防治蟒象类为害果实（梨、桃、杏、苹果等）时，在害虫发生初期或进果园初期进行喷药；防治蚜虫时，在蚜虫数量较多时或虫量开始快速增多时进行喷药；防治食叶毛虫类、刺蛾类害虫时，在低龄幼虫期喷药；防治柑橘蚧壳虫时，在低龄若虫时喷药。一般使用45%乳油1000～1200倍液，或75%乳油1500～2000倍液均匀喷雾。

林木害虫　主要用于防治松毛虫、尺蠖、美国白蛾、杨毒蛾等鳞翅目害虫，在低龄幼虫期进行用药。一般亩次使用25%油剂150～250毫升，超低容量喷雾。

仓储原粮　即原粮储藏环境用药。每1000千克原粮使用1.2%粉剂1000～2000克，或1.8%粉剂700～1300克均匀撒施，拌粮均匀即可。

【注意事项】马拉硫磷以触杀作用为主，喷药时要尽量均匀周到。瓜类、豇豆等对马拉硫磷敏感，使用浓度不能偏高，最好先试验，无不良反应再大面积施药。蔬菜的安全采收间隔期一般为 7～10 天。用药时注意安全保护，不慎中毒时立即催吐，并送医院对症诊治，解毒药剂为阿托品。

杀 螟 硫 磷

【有效成分】杀螟硫磷（fenitrothion）。

【常见商标名称】速灭松、利隼、卷纵、维特安等。

【主要含量与剂型】45%乳油、50%乳油。

【理化性质】杀螟硫磷纯品为浅棕至红棕色油状液体，工业品呈棕黄色，略带特殊气味，熔点 3.4℃，沸点 140～145℃；几乎不溶于水，易溶于甲醇、乙醇、丙酮、乙醚、苯、氯仿、四氯化碳等；常温下对日光稳定，遇碱易分解。属中毒杀虫剂，原药大鼠急性经口 LD_{50} 为 530 毫克/千克，急性经皮 LD_{50} 为 810 毫克/千克，对鱼毒性低，对青蛙安全，对蜜蜂毒性高。

【产品特点】杀螟硫磷属有机磷类广谱性杀虫剂，具有强烈的触杀作用，良好的胃毒作用，无内吸和熏蒸作用，但对植物体有渗透作用，杀卵活性低。其杀虫机理是通过抑制害虫体内乙酰胆碱酯酶的活性，使害虫过渡兴奋、麻痹而死亡。该药持效期短，5 天后药效显著下降，10 天后完全无效。

杀螟硫磷常与马拉硫磷、敌百虫、阿维菌素、高效氯氟氰菊酯、溴氰菊酯、氰戊菊酯等杀虫剂成分混配，生产复配杀虫剂。

【适用作物及防治对象】杀螟硫磷主要应用于水稻、棉花、果树、茶树等作物，对二化螟、三化螟、稻纵卷叶螟、稻苞虫、叶蝉、飞虱、蓟马、蚜虫、棉铃虫、红铃虫、绿盲蝽、造桥虫、象甲、茶尺蠖、小绿叶蝉、梨小食心虫、桃小食心虫、卷叶蛾、食叶毛虫类、刺蛾类等害虫均具有良好的防治效果。

【使用技术】

水稻害虫　防治二化螟、三化螟、稻纵卷叶螟、稻苞虫时，在卵孵化盛期至幼虫钻蛀前或包叶前喷药；防治飞虱、叶蝉、蓟马时，在害虫数量开始快速增加时开始喷药。一般每亩次使用45%乳油 90～110 毫升，或 50%乳油 80～100 毫升，对水 30～45 千克均匀喷雾。

棉花害虫　防治蚜虫、叶蝉、蓟马、绿盲蝽时，在害虫数量较多时或数量开始快速增加时进行喷药；防治棉铃虫、红铃虫、造桥虫时，在卵孵化盛期至低龄幼虫期或钻蛀蕾铃前喷药。一般每亩次使用 45%乳油 125～150 毫升，或 50%乳油 110～135 毫升，对水 45～60 千克均匀喷雾。

果树害虫　防治苹果、梨、枣、桃的食心虫时，在害虫卵孵化期至蛀果前喷药防治；防治卷叶蛾时，在幼虫卷叶前喷药防治；防治蚜虫时，在蚜虫数量较多时或数量开始快速增长时开始喷药；防治食叶毛虫类、刺蛾类害虫时，在低龄幼虫期喷药。一般使用 45%乳油 1000～1200 倍液，或 50%乳油 1000～1500 倍液均匀喷雾。

茶树害虫　防治茶尺蠖、茶毛虫时，在卵孵化盛期至低龄幼虫期喷药；防治小绿叶蝉时，在害虫数量较多时开始喷药。药剂喷施倍数同“果树害虫”。

【注意事项】杀螟硫磷在推荐使用浓度下对作物安全，但高粱、十字花科蔬菜对其敏感，叶片或嫩叶接触药剂后可产生紫红色斑点或条纹，甚至枯死。不能与碱性农药混用。一般作物的安全采收间隔期为 10 天。

三　唑　磷

【有效成分】三唑磷（triazophos）。

【常见商标名称】八龙、巴高、奔钻、持功、挫击、稻祥、断点、格击、佳久、劲钻、卷钻、狂击、美沃、螟慌、螟捷、锐浪、锐消、胜出、胜钻、索龙、迅斩、优锐、钻标、钻绝、巴螟丹、蒂驻刹、红三角、龙狮风、农捷龙、三螟尽、钻无形、上格帅马、中保佳锐、钻螟无情、庆化无敌、强敌三棱刀、诺普信禾钻净、诺普信钻心王等。

【主要含量与剂型】 20%乳油、40%乳油、60%乳油、15%水乳剂、20%水乳剂、15%微乳剂、25%微乳剂等。

【理化性质】 三唑磷纯品为淡棕色油状液体，具有磷酸酯类特殊气味，熔点2～5℃，几乎不溶于水，易溶于乙酸乙酯、丙酮、乙醇、甲苯等，对光稳定，在酸、碱液中水解。属中毒杀虫剂，原药大鼠急性经口LD_{50}为57～68毫克/千克，急性经皮LD_{50}大于2000毫克/千克，对高等动物毒性较高，对鱼类、蜜蜂有毒。

【产品特点】 三唑磷属有机磷类广谱高效杀虫剂，对害虫具有触杀、胃毒作用，兼具一定内渗作用，杀虫效果好，杀卵作用明显，持效期可达2周。其杀虫机理是通过抑制昆虫乙酰胆碱酯酶的活性，使昆虫过度兴奋、麻痹而死亡。

三唑磷常与辛硫磷、毒死蜱、敌百虫、马拉硫磷、水胺硫磷、杀虫单、阿维菌素、甲氨基阿维菌素苯甲酸盐、氯氰菊酯、高效氯氰菊酯、甲氰菊酯、仲丁威、吡虫啉、噻嗪酮、氟虫腈等杀虫剂成分混配，生产复配杀虫剂。

【适用作物及防治对象】 三唑磷主要应用于水稻、棉花、苹果、草坪等植物，用于防治二化螟、三化螟、稻纵卷叶螟、稻苞虫、蓟马、叶蝉、飞虱、稻水象甲、棉铃虫、红铃虫、蚜虫、绿盲蝽、造桥虫、桃小食心虫、梨小食心虫、卷叶蛾、食叶毛虫类、草地螟、蝗虫等。

【使用技术】

水稻害虫 防治二化螟、三化螟、稻纵卷叶螟、稻苞虫时，在卵孵化盛期至幼虫钻蛀前或包叶前喷药；防治叶蝉、飞虱、蓟马时，在害虫数量开始较快速增多时喷药；防治稻水象甲时，在害虫发生为害初期喷药。一般每亩次使用20%乳油或水乳剂

120～150 毫升，或 40%乳油 60～80 毫升，或 60%乳油 40～50 毫升，或 15%水乳剂或微乳剂毫升 150～200 毫升，或 25%微乳剂 100～120 毫升，对水 30～45 千克均匀喷雾。

棉花害虫　防治棉铃虫、红铃虫时，在卵孵化期至幼虫钻蛀蕾铃前喷药；防治造桥虫时，在低龄幼虫期喷药；防治蚜虫、蓟马、绿盲蝽时，在害虫数量开始较快上升时开始喷药。一般每亩次使用 20%乳油或水乳剂 150～200 毫升，或 40%乳油 80～100 毫升，或 60%乳油 50～70 毫升，或 15%水乳剂或微乳剂 200～250 毫升，或 25%微乳剂 120～160 毫升，对水 45～60 千克均匀喷雾。

苹果害虫　防治食心虫时，在卵孵化期至幼虫蛀果前喷药；防治卷叶蛾时，在害虫卷叶前喷药；防治食叶毛虫类时，在低龄幼虫期喷药。一般使用 20%乳油或水乳剂 500～600 倍液，或 40%乳油 1000～1200 倍液，或 60%乳油 1500～2000 倍液，或 15%微乳剂或水乳剂 400～500 倍液，或 25%微乳剂 600～800 倍液均匀喷雾。

草坪（原）害虫　主要用于防治草地螟和蝗虫，从害虫发生为害初期或虫量较多时开始喷药防治。一般每亩次使用 20%乳油或微乳剂 100～120 毫升，或 40%乳油 50～60 毫升，或 60%乳油 35～40 毫升，或 15%微乳剂或水乳剂 130～160 毫升，或 25%微乳剂 80～100 毫升，对水 30 千克均匀喷雾。

【注意事项】不能与碱性农药混用。本剂对蜜蜂有毒，果树花期不能使用。用药时注意安全保护，避免药液污染皮肤和眼睛、甚至中毒。一般作物上的安全采收间隔期为 7 天。

灭　线　磷

【有效成分】灭线磷（ethoprophos）。

【常见商标名称】炮击、胜任、线离、线治、益收丰、丰山益舒丰等。

【主要含量与剂型】 5%颗粒剂、10%颗粒剂、40%乳油。

【理化性质】 灭线磷原药为淡黄色液体，沸点86～91℃，微溶于水，可溶于丙酮、乙醇、二甲苯、1，2-二氯乙烷、乙酸乙酯、乙醚等多种有机溶剂，在中性和弱酸性环境中稳定，在碱性介质中迅速水解。属高毒杀虫、杀线剂（制剂中毒），原药大鼠急性经口 LD_{50} 为62毫克/千克，兔急性经皮 LD_{50} 为26毫克/千克，对水生动物毒性大，对蜜蜂、中毒，对鸟高毒。

【产品特点】 灭线磷属有机磷类广谱杀虫、杀线剂，以触杀作用为主，无熏蒸和内吸作用，但有较好的渗透作用。其杀虫机理是通过抑制害虫乙酰胆碱酯酶的活性而导致害虫死亡。只要害虫接触药剂，尤其是线虫蜕皮开始活动后，便能发挥药效，使害虫死亡。

【适用作物及防治对象】 灭线磷主要应用于水稻、花生、甘薯、甘蔗等多种作物，用于防治稻瘿蚊、多种线虫及地老虎、蛴螬、蝼蛄、金针虫等地下害虫。

【使用技术】 灭线磷只能用于土壤处理，可在播（栽）前、播种同时及作物生长期沟施或撒施。

稻瘿蚊　秧田在秧苗1叶1心期、本田在插秧后7～10天用药，每亩使用5%颗粒剂2～2.4千克，或10%颗粒剂1～1.2千克，拌适量细沙后均匀撒施。施药时要保持有水层。

花生根结线虫　播种前在播种沟内施药，每亩使用5%颗粒剂6～7千克，或10%颗粒剂3～3.5千克均匀撒施于播种沟内，或每亩使用40%乳油650～800毫升拌细砂后均匀撒施于播种沟内，覆土后播种。避免药剂与种子直接接触，以免发生药害。

甘薯茎线虫　栽秧前穴施或沟施，每亩使用5%颗粒剂3～4千克，或10%颗粒剂1.5～2千克，均匀撒施于栽植沟或穴内，或每亩使用40%乳油400～500毫升拌细砂后均匀撒施于栽植沟或穴内，覆土后栽秧。

甘蔗地下害虫　种植前在播种沟内撒施，覆土后种植；生长期在种植行的植株基部一侧沟施或条施，用药后培土。一般每亩使用5%颗粒剂6～8千克，或10%颗粒剂3～4千克。

【注意事项】 灭线磷易经皮肤进入人体，施药时应做好安全防护。有些作物对灭线磷敏感，播种时不能让种子直接接触药剂，否则易产生药害。在穴内或沟内施药后要覆盖一薄层有机肥料或土，然后再播种（栽植）覆土。该药对鱼类、鸟类有毒，避免药剂污染河流、水塘及其他非目标区域。

噻　唑　膦

【有效成分】 噻唑膦（fosthiazate）。

【常见商标名称】 福气多、克线丹、富美实、卡宁丁、施立清、外尔、石原产业、奥斯金诺、威远生化等。

【主要含量与剂型】 10%颗粒剂、15%颗粒剂、75%乳油。

【理化性质】 噻唑膦纯品外观为浅黄色液体，原药为浅棕色液体。沸点198℃，20℃时水中溶解度为9.85克/升、正己烷中为15.14克/升。属中毒杀虫剂，原药大鼠急性经口LD_{50}雄性为73毫克/千克、雌性为57毫克/千克，大鼠急性经皮LD_{50}雄性为2396毫克/千克、雌性为861毫克/千克。对鱼类有毒，对蜜蜂高毒。

【产品特点】 噻唑膦是一种新型有机磷类杀线虫剂，并对蚜虫、螨类、蓟马也有一定防效，具有触杀和内吸作用，药剂持效期较长。其杀虫机理主要是通过抑制乙酰胆碱酯酶活性而导致害虫死亡。

噻唑膦可与阿维菌素等杀虫剂成分混配，用于生产复配制剂。

【适用作物及防治对象】 噻唑膦可广泛用于黄瓜、番茄、辣椒、西瓜、甜瓜、马铃薯、香蕉、中药植物等多种作物，主要用于防治根结线虫、根腐线虫等地下害虫。

【使用技术】

番茄、黄瓜、辣椒等蔬菜的根结线虫 移栽前、后或发生初期用药。移栽前一般每亩使用10%颗粒剂1500～2500克，或15%颗粒剂1200～1600克，混适量细砂土后均匀撒施于栽植沟内；移栽后或发生初期，每亩使用75%乳油250～300毫升，对水400～500千克均匀浇灌植株根部。

西瓜、甜瓜及草莓的根结线虫、根腐线虫 移栽前、后或发生初期用药。药剂使用量及使用方法同“番茄根结线虫”的防治。

马铃薯根结线虫 在线虫发生初期至始盛期开始用药，以颗粒剂撒施为主。药剂使用量及方法同“番茄根结线虫”的防治。

香蕉根结线虫、根腐线虫 在线虫发生初期至始盛期开始用药。一般每亩使用10%颗粒剂2000～3000克，或15%颗粒剂1500～2000克，混适量细砂土后根部撒施；或每亩使用75%乳油400～600毫升，对水100～200千克均匀喷洒土表。

中药植物、花卉植物的根部线虫 在线虫发生初期开始用药，根据实际效果10～15天后可再用1次。药剂使用量及方法同“番茄根结线虫”的防治。

【注意事项】施药前应将大块土壤打碎以保证药效。本剂对蚕及鱼类毒性高，桑园蚕室附近禁止使用，远离水产养殖区用药，并禁止在河塘等水体中清洗施药工具。用药时应穿戴防护服和手套，避免直接接触药剂，且施药期间不能吃东西和饮水；施药后及时洗手和洗脸。如误服引起中毒，饮水催吐后，立即送医院就诊，解毒剂为阿托品。在黄瓜、番茄、辣椒等蔬菜上每季最多使用1次。

杀　扑　磷

【有效成分】杀扑磷（methidathion）。

【常见商标名称】键灵、打介、卡介、介夺、介决、介龙、介扑、介融、束蚧、大凯、迪蚧、融蚧、功剑、速扑杀、金刹介、扫蚧克、诺德仕、强敌扑达、诺普信速介清、马克西姆速蚧克等。

【主要含量与剂型】 40%乳油。

【理化性质】 杀扑磷纯品为无色晶体，熔点39～40℃，微溶于水，可溶于乙醇、丙酮、甲苯、二甲苯、环己酮等有机溶剂，在中性和微酸环境中稳定，在强酸和碱性条件下水解。属高毒杀虫剂，原药大鼠急性经口 LD_{50} 为25～54毫克/千克，急性经皮 LD_{50} 为1546毫克/千克，对鱼类高毒，对蜜蜂和鸟类低毒。

【产品特点】 杀扑磷是一种有机磷类高效广谱杀虫剂，具有触杀和胃毒作用，有渗透作用，但无内吸作用。其杀虫机理是抑制昆虫体内乙酰胆碱酯酶的活性，使害虫兴奋、麻痹而死亡。该药剂对刺吸式口器害虫和咀嚼式口器害虫均具有良好的活性，尤其对蚧壳虫具有特效，并对螨类具有一定的抑制作用，持效期可达20～30天。

杀扑磷常与噻嗪酮、毒死蜱、氧乐果、马拉硫磷、矿物油等杀虫剂成分混配，生产复配杀虫剂。

【适用作物及防治对象】 杀扑磷主要应用于柑橘、苹果、梨、桃、杏、李、枣等果树及棉花上，对蚧壳虫类、蚜虫、叶蝉、盲蝽象、棉铃虫、潜叶蛾等害虫均具有良好的杀灭效果。

【使用技术】

柑橘介壳虫　在萌芽期至春梢萌动期，使用40%乳油800～1000倍液均匀喷雾，可有效防治树上的各种蚧壳虫，并兼防潜叶蛾、黑刺粉虱等。

苹果、梨、枣的介壳虫　在萌芽期喷药，使用40%乳油800～1000倍液均匀喷雾，可杀灭树上越冬的各种介壳虫，并兼防苹果绵蚜及其他树上害虫。介壳虫严重时，果树生长期在介壳虫若介阶段也可喷药，但喷施倍数为40%乳油1200～1500倍液。

桃、杏、李的介壳虫　在萌芽期至花芽露红前喷药，使用

40%乳油800～1000倍液均匀喷雾，可杀灭树上越冬的各种介壳虫，并兼防卷叶蛾、蚜虫等。核果类果树生长期不能喷施。

棉花害虫 防治蚜虫、叶蝉、盲蝽象时，在害虫数量较多时或数量开始较快增多时喷药；防治棉铃虫时，在卵孵化期至钻蛀蕾铃前喷药。一般每亩次使用40%乳油60～80毫升，对水45～60千克均匀喷雾。

【注意事项】不能与碱性农药混用。该药在核果类果树花后期施用，喷施浓度偏高时会引起褐色叶斑。杀扑磷为高毒农药，使用时严格按“农药安全使用规定”操作，高温季节需特别注意。不慎中毒，立即送医院对症诊治。

灭多威

【有效成分】灭多威（methomyl）。

【常见商标名称】杜邦万灵、龙灯快灵、美邦杀星、盖虫狼、千虫灵、勇克、比快、巨杀、蓝灵、万斯、群战、瑞德丰维特安等。

【主要含量与剂型】20%乳油、24%可溶液剂、40%可溶粉剂、90%可溶粉剂等。

【理化性质】灭多威纯品为无色晶体，有轻微硫黄味，熔点78～79℃，25℃时水中溶解度为57.9克/升，易溶于甲醇、乙醇、异丙醇、丙酮等，在水溶液中较稳定，在土壤中易分解。属高毒杀虫剂，原药大鼠急性经口LD_{50}为17～24毫克/千克，急性经皮LD_{50}大于5000毫克/千克。

【产品特点】灭多威属氨基甲酸酯类内吸性杀虫剂，具有触杀和胃毒作用，无内吸、熏蒸作用，对卵和幼虫均有杀伤力，对有机磷或拟除虫菊酯已产生抗性的害虫也有较好防效。其杀虫机理是抑制昆虫乙酰胆碱酯酶的活性，使昆虫出现惊觉、过度兴奋、麻痹及震颤而无法取食，最终导致死亡。该药击倒速度快，渗透性强，杀虫、杀卵作用迅速，分解快，持效期短，安全间隔期亦短。

灭多威常与辛硫磷、丙溴磷、马拉硫磷、毒死蜱、敌百虫、杀虫双、杀虫单、硫丹、阿维菌素、吡虫啉、高效氯氰菊酯、氰戊菊酯、高效氯氟氰菊酯等杀虫剂成分混配，生产复配杀虫剂。

【适用作物及防治对象】灭多威可广泛适用于棉花、蔬菜、烟草、小麦、柑橘、桃、葡萄等多种作物，用于防治蚜虫类、叶甲类、跳甲类、棉铃虫、烟青虫、茶尺蠖、斜纹夜蛾、甜菜夜蛾、叶蝉类、盲蝽类、卷夜蛾类、叶潜蛾类、蓟马类、飞虱类等多种害虫。

【使用技术】

棉花害虫 防治蚜虫、叶蝉、蓟马、绿盲蝽时，在害虫数量较多时或虫量开始较快增多时喷药，7天左右1次，连喷2～3次；防治棉铃虫时，在卵孵化期至幼虫钻蛀蕾铃前喷药。一般每亩次使用90%可溶粉剂20～25克，或40%可溶粉剂50～60克，或24%可溶液剂80～100毫升，或20%乳油100～120毫升，对水45～60千克均匀喷雾。

蔬菜害虫 多在十字花科蔬菜以外的瓜果蔬菜上用于防治蚜虫、叶蝉、蓟马、叶甲、跳甲、粉虱等，在害虫数量较多时或虫量开始较快增多时喷药，5～7天1次，连喷2～3次；防治斜纹夜蛾、甜菜夜蛾时，在卵孵化期至低龄幼虫期喷药。一般每亩次使用90%可溶粉剂20～25克，或40%可溶粉剂50～60克，或24%可溶液剂80～100毫升，或20%乳油100～120毫升，对水30～45千克均匀喷雾。

烟草害虫 防治蚜虫、蓟马、叶蝉时，在害虫数量较多时或虫量开始较快增多时喷药，7天左右1次，连喷2～3次；防治烟青虫时，在卵孵化期至低龄幼虫期喷药。药剂使用量同“棉花害虫”。

小麦蚜虫 在扬花前或扬花后喷药防治，一般每亩次使用90%可溶粉剂10～15克，或40%可溶粉剂20～30克，或24%

可溶液剂30～50毫升，或20%乳油40～60毫升，对水30～45千克均匀喷雾。

柑橘害虫 防治潜叶蛾时，在各季新梢抽生期初见虫道时开始喷药，7天左右1次，每期连喷1～2次；防治蚜虫时，在虫量较多时或虫量开始较快增多时喷药，7天左右1次，连喷2次左右。一般使用90%可溶粉剂3000～4000倍液，或40%可溶粉剂1500～2000倍液，或24%可溶液剂800～1000倍液，或20%乳油700～800倍液均匀喷雾。

桃害虫 防治桃线潜叶蛾时，在初见虫道时（或初见新增虫道时）喷药，每代喷药1次；防治卷叶蛾时，在花芽露红时或落花后立即喷药。药剂喷施倍数同"柑橘害虫"。

葡萄绿盲蝽 在芽露绿至新梢生长期喷药防治，7天左右1次，连喷2～3次。药剂喷施倍数同"柑橘害虫"。

【注意事项】在害虫卵孵化盛期或发生初期开始进行用药，喷药应均匀周到。不能与碱性物质混用。该药挥发性强，有风天气不能喷药，以免飘移，引起中毒。灭多威属高毒农药，用药时做好安全防护；不慎中毒立即送医院诊治，解毒药为阿托品，严禁使用吗啡和解磷定。苹果、十字花科蔬菜上禁用。

丁硫克百威

【有效成分】丁硫克百威（crbosulfan）。

【常见商标名称】好年冬、安棉特、拌得乐、凯年图、农可益、、新力拓、锈满清、英赛丰、奥飘、常乐、春发、定落、风落、剿线、龙胜、攀农、强闪、全宁、诠释、撒爽、速铲、天奴、万奇等。

【主要含量与剂型】5%颗粒剂、20%乳油、200克/升乳油、40%悬浮剂、35%种子处理干粉剂、47%种子处理乳剂。

【理化性质】丁硫克百威原药为桔黄色至棕色透明粘稠液体，沸点124～128℃，几乎不溶于水，可溶于二甲苯、己烷、氯仿、二氯甲烷、甲醇、乙醇、丙酮等有机溶剂，在水溶液中水解。属中毒杀虫剂，原药大鼠急性经口 LD_{50} 为 250 毫克/千克，急性经皮 LD_{50} 大于 2000 毫克/千克。

【产品特点】丁硫克百威属氨基甲酸酯类内吸性广谱杀虫剂，是克百威的低毒化品种，在昆虫体内代谢为高毒的克百威起杀虫作用。其杀虫机理是抑制昆虫体内乙酰胆碱酯酶的活性，使昆虫的肌肉及腺体持续兴奋，而导致死亡。该药对害虫具有触杀和胃毒作用，持效期长，杀虫谱广，内渗透性强。

丁硫克百威常与马拉硫磷、辛硫磷、毒死蜱、敌百虫、杀虫单、氯氰菊酯、吡虫啉、啶虫脒、阿维菌素等杀虫剂成分混配，生产复配杀虫剂。

【适用作物及防治对象】丁硫克百威广泛适用于棉花、水稻、小麦、豆类、马铃薯、甘薯、十字花科蔬菜、黄瓜、番茄、辣椒、茄子、花卉、柑橘、苹果、梨、芒果等多种植物，对蚜虫类、蓟马类、飞虱类、锈壁虱、叶螨类、潜叶蛾类、潜叶蝇类、瘿蚊类、螟虫类、地下害虫（地老虎、蛴螬、金针虫等）及蔗龟、根结线虫、茎线虫等多种害虫均具有良好的防治效果。

【使用技术】丁硫克百威主要用于喷雾，也可用于拌种或土壤处理。喷雾防治害虫时，从害虫发生初期或卵孵化期至低龄幼虫期或虫量开始较快速增多时开始喷药，7～10 天喷药 1 次。

喷雾　防治果树害虫时，一般使用 20%乳油或 200 克/升乳油 1500～2000 倍液，或 40%悬浮剂 3000～4000 倍液喷雾；防治瓜果蔬菜、粮棉油类、薯类及花卉作物害虫时，一般每亩次使用 20%乳油或 200 克/升乳油 60～100 毫升，或 40%悬浮剂 30～50 毫升，对水 30～60 千克喷雾。喷药时应及时均匀周到，新梢或幼嫩组织生长快的植物应注意及时给幼嫩组织喷药，以确保防治效果。

水稻拌种　主要用于防治稻瘿蚊、秧田蓟马等，一般每10 千克种子使用 35%种子处理干粉剂 120～200 克或按照 1 ：(85～

110）的药种比、或使用47%种子处理乳剂按照1：（300～400）的药种比，在稻种浸种、催芽后做拌种处理。

棉花拌种 用于防治金针虫、地老虎、蝼蛄、蛴螬等地下害虫及苗期蚜虫等。一般使用47%种子处理乳剂按照1：（100～225）的药种比，均匀拌种或包衣，晾干后播种。

玉米拌种 用于防治金针虫、地老虎、蝼蛄、蛴螬等地下害虫及苗期蚜虫等。一般使用47%种子处理乳剂按照1：（350～450）的药种比，均匀拌种或包衣，晾干后播种。

小麦拌种 用于防治金针虫、地老虎、蝼蛄、蛴螬等地下害虫及苗期蚜虫等。一般使用47%种子处理乳剂按照1：（500～700）的药种比，均匀拌种或包衣，晾干后播种。

土壤处理 防治蔬菜根结线虫、甘薯茎线虫、十字花科蔬菜地下害虫及甘蔗螟虫、蔗龟时，多采用播种或栽植前土壤用药，沟施、条施或穴施颗粒剂，一般每亩需均匀撒施5%颗粒剂3～5千克。防治线虫时，适当增加用药量可提高防治效果。

【注意事项】稻田使用时，避免同时使用敌稗和灭草灵，以防产生药害。本剂对水稻三化螟和稻纵卷叶螟防治效果不好，不宜使用。不能与碱性药剂混合使用。蔬菜上的安全采收间隔期为25天，在收获前25天内严禁使用。

异 丙 威

【有效成分】异丙威（isoprocarb）。

【常见商标名称】安捷、安烟、钝刺、飞达、飞破、怪招、豪歼、褐飞、惊鸿、迈腾、锐戈、闪打、施定、斯斩、益扑、稻飞灭、妙克特、永邦达、泰德仕、施特丹、爱诺力克、诺普信金飞宝等。

【主要含量与剂型】20%乳油、20%悬浮剂、40%可湿性粉剂、2%粉剂、4%粉剂、10%烟剂、15%烟剂、20%烟剂等。

【理化性质】异丙威纯品为无色晶体，熔点93～96℃，微溶于水，可溶于丙酮、甲醇等，在碱性介质中水解。属中毒杀虫剂，原药大鼠急性经口 LD_{50} 为 450 毫克/千克，急性经皮 LD_{50} 为 500 毫克/千克，对鱼类低毒，对蜜蜂和寄生蜂高毒。

【产品特点】异丙威属氨基甲酸酯类杀虫剂，对害虫具有较强的触杀、胃毒和熏蒸作用。其杀虫机理是通过抑制害虫体内乙酰胆碱酯酶的活性，使害虫持续兴奋、麻痹而死亡。该药具有击倒力强、速效性好、使用安全等特点，但持效期较短，一般为 3～5 天。

异丙威常与噻嗪酮、吡虫啉、吡蚜酮、毒死蜱、马拉硫磷等杀虫剂成分混配，生产复配杀虫剂。

【适用作物及防治对象】异丙威主要应用于水稻、甘蔗、烟草、柑橘及保护地蔬菜（黄瓜、番茄、茄子、辣椒、芸豆等）等作物，用于防治飞虱类、叶蝉类、粉虱类、蓟马类、蚜虫类、潜叶蝇类及柑橘潜叶蛾等害虫。

【使用技术】异丙威主要用于喷雾，也可用于撒粉、喷粉及熏烟。

水稻叶蝉、飞虱　从害虫迅速繁殖初期（盛发初期）或虫量开始较快增多时开始用药，7 天左右 1 次。一般亩次使用 20%乳油或悬浮剂 200～250 毫升，或 40%可湿性粉剂 100～125 克，对水 30～45 千克均匀喷雾；或每亩次使用 2%粉剂 2～2.4 千克，或 4%粉剂 1～1.2 千克直接均匀喷粉。

甘蔗飞虱　在飞虱盛发初期开始用药，每亩次使用 2%粉剂 2～3 千克，或 4%粉剂 1～1.5 千克，与 20 千克细砂土混合均匀，撒施于甘蔗心叶及叶鞘间，持效期可达 1 周左右。

烟草蚜虫、叶蝉　从害虫数量较多时或虫量开始较快速增多时开始喷药，7～10 天 1 次。一般每亩次使用 20%乳油或悬浮剂 250～300 毫升，或 40%可湿性粉剂 120～150 克，对水 45～60 千克均匀喷雾。

柑橘潜叶蛾　在各季新梢抽生期，发现虫道后开始喷药。一般使用20%乳油或悬浮剂500～800倍液，或40%可湿性粉剂1000～1500倍液均匀喷雾。

保护地蔬菜 主要用于防治保护地内的白粉虱、蚜虫、蓟马、潜叶蝇等害虫。一般每亩次使用10%烟剂400～500克，或15%烟剂250～300克，或20%烟剂200～250克，在棚室内均匀布点放烟，而后密闭熏蒸。傍晚点燃，熏蒸一夜，次日通风后进棚操作。

【注意事项】不能与强酸、强碱性药剂混用。不要与同类药剂混用或连续使用，避免害虫产生抗药性。不能在薯类作物上使用，以免发生药害。水稻上施用本剂前、后10天不能使用敌稗。作物收获前2周停止使用本剂。

硫　双　威

【有效成分】硫双威（thiodicarb）。

【常见商标名称】拉维因、蚜客西、券哦灵、南威、锐势、森击、天宁、天佑、威夺等。

【主要含量与剂型】75%可湿性粉剂、80%水分散粒剂、375克/升悬浮剂、375克/升悬浮种衣剂。

【理化性质】硫双威纯品为无色晶体，原药为浅棕褐色晶体，熔点173～174℃，几乎不溶于水，可溶于二氯甲烷，在中性水溶液中较稳定，在酸性水溶液中缓慢水解，在碱性水溶液中迅速水解。属中毒杀虫剂，原药大鼠急性经口LD_{50}为66毫克/千克，兔急性经皮LD_{50}大于2000毫克/千克，对鱼类、蜜蜂低毒，对瓢虫、寄生蜂无不良影响，对家蚕高毒，对眼睛有轻微刺激性。

【产品特点】硫双威属氨基甲酸酯类杀虫剂，以胃毒作用为主，几乎没有触杀作用，渗透和熏蒸作用微弱。其杀虫机理是通过抑制昆虫体内乙酰胆碱酯酶的活性而使昆虫死亡；但这种抑制是可逆的，如果昆虫不死，酶可以脱氨基甲酰化而恢复。该药既能杀卵，又能杀灭幼虫和某些成虫，且杀卵活性极高。杀卵活性表现在3个方面：①药液接触未孵化的卵，可阻止卵的孵化或孵化后的幼虫不能发育到2龄即死亡；②施药后3天内产的卵，不能孵化或不能完成幼期发育；③孵化后出壳时因咀嚼卵壳而能有效毒杀初孵幼虫。硫双威使用安全，持效期一般为7～10天。

硫双威有时与甲氨基阿维菌素苯甲酸盐等杀虫剂成分混配，生产复配杀虫剂。

【适用作物及防治对象】硫双威广泛适用于棉花、水稻、大豆、烟草、甜菜、十字花科蔬菜、苹果、梨、桃、柑橘等作物，主要用于防治鳞翅目害虫，如棉铃虫、红铃虫、小地老虎、菜青虫、烟青虫、小菜蛾、甜菜夜蛾、斜纹夜蛾、甘蓝夜蛾、茶毛虫、豆天蛾、卷夜蛾类、食心虫类、凤蝶等。

【使用技术】

棉花、水稻、大豆、烟草、甜菜、十字花科蔬菜等害虫　在卵孵化期至低龄幼虫期喷药，一般每亩次使用75%可湿性粉剂60～80克，或80%水分散粒剂50～60克，或375克/升悬浮剂120～150毫升，对水30～60千克均匀喷雾。7天后根据田间害虫发生情况决定是否再次用药。

苹果、梨、桃、柑橘等果树害虫　在害虫卵孵化期至低龄幼虫期、或卵孵化期至幼虫蛀果前或卷叶前喷药，一般使用75%可湿性粉剂800～1000倍液，或80%水分散粒剂900～1100倍液，或375克/升悬浮剂400～500倍液均匀喷雾。

棉花拌种　用于防治小地老虎等地下害虫。一般每10千克种子使用375克/升悬浮种衣剂140～280毫升，均匀拌种或包衣，晾干后播种。

【注意事项】硫双威对蚜虫、螨类、蓟马等吸汁性害虫基本无效，需同时防治这类害虫时应与相应药剂混合使用。不能与碱性和强酸性药剂混用，也不能与代森锰、代森锰锌混用。

涕　灭　威

【有效成分】涕灭威（aldicarb）。

【常见商标名称】铁灭克、神农丹。

【主要含量与剂型】5%颗粒剂、15%颗粒剂。

【理化性质】涕灭威纯品为无色结晶，熔点98～100℃，稍溶于水，可溶于丙酮、苯、四氯化碳等多数有机溶剂，不溶于庚烷、矿物油，在中性、酸性和微碱性介质中稳定。属高毒杀虫、杀线剂，原药大鼠急性经口LD_{50}为0.93毫克/千克，兔急性经皮LD_{50}为20毫克/千克。

【产品特点】涕灭威属氨基甲酸酯类广谱高效杀虫、杀螨、杀线虫剂，具有触杀、胃毒和内吸作用，能被植物根系吸收，传导到植物地上部各组织器官，对刺吸式口器害虫、食叶性害虫及地下线虫均有良好的防治效果。其杀虫机理是通过抑制害虫神经系统中的乙酰胆碱酯酶的活性而起作用。该药速效性好，施药后数小时即能发挥作用，药效持续6～8周。撒药量过多或集中撒布在种子及根部附近时，易出现药害。涕灭威只能用于土壤处理，沟施或穴施。

【适用作物及防治对象】涕灭威主要适用于棉花、甘薯、花生、烟草及花卉植物，用于防治蚜虫、红蜘蛛、根结线虫、茎线虫等。

【使用技术】

棉花蚜虫、红蜘蛛等　播种前沟施或移栽前穴施，也可苗期根侧开沟追施。一般每亩使用5%颗粒剂900～1200克，或15%颗粒剂300～400克。

花生根结线虫　播种前在播种沟内撒施，一般每亩使用5%颗粒剂3～5千克，或15%颗粒剂1～1.5千克。

甘薯茎线虫　栽植前沟施或穴施，顺序为施药、栽植、覆土、浇水。一般每亩使用5%颗粒剂3～5千克，或15%颗粒剂

1～1.5 千克。

烟草蚜虫等 栽植前穴施，一般每亩使用 5%颗粒剂 700～1000 克，或 15%颗粒剂 250～300 克。

花卉蚜虫等 春季根侧追施，一般每亩使用 5%颗粒剂 3～4 千克，或 15%颗粒剂 1～1.3 千克。

【注意事项】涕灭威属剧毒农药,用药时注意安全防护,必须戴橡胶手套进行操作。该药使用安全间隔期为 100 天，用过该药地块上生长的任何植物及其产品在 100 天之内均不能食用或喂食牲畜、家禽等。使用过的包装物必须集中统一处理,不能随意丢弃。

茚 虫 威

【有效成分】茚虫威（indoxacarb）。

【常见商标名称】安打、安美、凯恩等。

【主要含量与剂型】15%悬浮剂、150 克/升悬浮剂、150 克/升乳油、30%水分散粒剂等。

【理化性质】茚虫威纯品熔点 140℃，几乎不溶于水，可溶于乙腈、丙酮。属低毒杀虫剂，原药大鼠急性经口 LD_{50} 大于 5000 毫克/千克，兔急性经皮 LD_{50} 大于 2000 毫克/千克。

【产品特点】茚虫威是一种全新类型的广谱高效杀虫剂，以触杀作用为主，具有使用安全、对害虫毒力强、持效期长、农药残留低等特点。其杀虫机理主要是阻断害虫神经细胞中的钠通道，导致靶标害虫协调差、麻痹而死亡。害虫接触药剂或摄食药剂后 0～4 小时停止取食为害，24～60 小时内逐渐死亡，药剂持效期达 14 天左右。该药在作物中残留低，用药后第 2 天即可采收，特别适用于多次采收的作物。茚虫威与其它类杀虫剂无交互抗性，适用于害虫的综合防治和抗性治理。

茚虫威可与吡虫啉、阿维菌素、甲氨基阿维菌素苯甲酸盐等杀虫剂成分混配，生产复配杀虫剂。

【适用作物及防治对象】茚虫威主要应用于十字花科蔬菜、

瓜果蔬菜、棉花、苹果、桃等作物，用于防治鳞翅目害虫，如菜青虫、小菜蛾、甜菜夜蛾、甘蓝夜蛾、斜纹夜蛾、造桥虫、烟青虫、棉铃虫、卷夜蛾类等。

【使用技术】

十字花科蔬菜的菜青虫、小菜蛾、甜菜夜蛾、甘蓝夜蛾、斜纹夜蛾、造桥虫等 在害虫低龄幼虫期喷药防治，根据害虫为害程度可连续喷药2～3次，间隔期7天左右。一般每亩次使用15%悬浮剂或150克/升悬浮剂或乳油12～18毫升，或30%水分散粒剂6～9克，对水30～45千克均匀喷雾。清晨、傍晚施药效果较好。

瓜果蔬菜的甜菜夜蛾、甘蓝夜蛾、斜纹夜蛾等 在害虫低龄幼虫期喷药防治，一般每亩次使用15%悬浮剂或150克/升悬浮剂或乳油15～20毫升，或30%水分散粒剂8～10克，对水45～60千克均匀喷雾。害虫严重时，7天后可再喷药1次。

棉花棉铃虫、红铃虫、斜纹夜蛾等 在害虫孵化后至钻蛀蕾铃前喷药防治，一般每亩次使用15%悬浮剂或150克/升悬浮剂或乳油15～20毫升，或30%水分散粒剂8～10克，对水45～60千克均匀喷雾。虫情严重时，5～7天后再喷药1次。

苹果、桃卷叶蛾等 在低龄幼虫期至卷叶前喷药防治，一般使用15%悬浮剂或150克/升悬浮剂或乳油2000～2500倍液，或30%水分散粒剂4000～5000倍液均匀喷雾。

【注意事项】为防止害虫产生抗药性，建议与其他不同作用机制的药剂混用或交替使用，每生长季使用次数不要超过3次。配药时最好采用两次稀释法，先将药剂配成母液，再加入足量水搅拌均匀；配制好的药液要及时喷施，不要长久放置。

虫 螨 腈

【有效成分】虫螨腈（chlorfenapyr）。

【常见商标名称】除尽、伐蚁克等。

【主要含量与剂型】10%悬浮剂、100克/升悬浮剂、240克/升悬浮剂、21%悬浮剂等。

【理化性质】虫螨腈原药为白色至淡黄色固体，熔点100～101℃，微溶于水，可溶于丙酮。属低毒杀虫剂，原药大鼠急性经口LD_{50}为626毫克/千克，兔急性经皮LD_{50}大于2000毫克/千克，对鱼和蜜蜂有毒。

【产品特点】虫螨腈属吡咯类新型高效杀虫剂，具有触杀和胃毒作用，持效期长，用量低，对作物安全。虫螨腈本身无杀虫作用，害虫取食或接触药剂后，在害虫体内通过多功能氧化酶转变为具有杀虫活性的化合物，其靶标是害虫体细胞中的线粒体，使细胞合成因缺少能量而停止生命功能，最终导致害虫死亡。杀虫活性比氯氰菊酯高，杀螨活性比三环锡强。与其他杀虫剂无交互抗性，在营养液中经根系吸收有选择性内吸活性。

虫螨腈可与高效氯氰菊酯、丁醚脲、虫酰肼、甲氨基阿维菌素苯甲酸盐等杀虫剂成分混配，生产复配杀虫剂。

【适用作物及防治对象】虫螨腈主要应用于十字花科蔬菜、黄瓜、茄子、棉花、茶树、柑橘、苹果等作物，用于防治小菜蛾、甜菜夜蛾、菜青虫、斜纹夜蛾、朱砂叶螨、蓟马、棉铃虫、茶尺蠖、小绿叶蝉、柑橘潜叶蛾、卷叶蛾等害虫。

【使用技术】

十字花科蔬菜的小菜蛾、甜菜夜蛾、菜青虫、斜纹夜蛾 在害虫卵孵化盛期至低龄幼虫期喷药，7天左右1次，连喷2次。一般每亩次使用10%悬浮剂或100克/升悬浮剂60～80毫升，或240克/升悬浮剂25～30毫升，或21%悬浮剂30～35毫升，对水30～45千克均匀喷雾。

黄瓜、茄子的朱砂叶螨、蓟马 从害虫发生为害初期开始喷药，7天左右1次，连喷2次。一般每亩次使用10%悬浮剂或100克/升悬浮剂80～120毫升，或240克/升悬浮剂35～50毫升，或21%悬浮剂40～60毫升，对水45～60千克均匀喷雾。

棉花棉铃虫 从卵孵化盛期至幼虫钻蛀蕾铃前喷药，一般每亩次使用10%悬浮剂或100克/升悬浮剂80～100毫升，或240克/升悬浮剂30～40毫升，或21%悬浮剂35～50毫升，对水45～60千克均匀喷雾。

茶树茶尺蠖、小绿叶蝉 从害虫发生初期开始喷药，7～10天1次，连喷2次。一般每亩次使用10%悬浮剂或100克/升悬浮剂50～70毫升，或240克/升悬浮剂20～30毫升，或21%悬浮剂25～35毫升，对水45～60千克均匀喷雾。

柑橘潜叶蛾 各季新梢抽生期或初见虫道时开始喷药防治，每期喷药1次即可。一般使用10%悬浮剂或100克/升悬浮剂1000～1500倍液，或240克/升悬浮剂2500～3500倍液，或21%悬浮剂2000～3000倍液均匀喷雾。

苹果卷叶蛾 在低龄幼虫期至卷叶前喷药防治，药剂喷施倍数同“柑橘潜叶蛾”。

【注意事项】注意与其他不同类型药剂交替使用，避免害虫产生抗药性，但尽量不要与其它杀虫剂混用。每季作物使用该药不要超过2次，在作物收获前14天内禁用。用药时注意安全保护，避免药剂接触皮肤和眼睛，且药液不要污染水源。制剂保存不能低于0℃，以免结冻。

氯虫苯甲酰胺

【有效成分】氯虫苯甲酰胺（chlorantraniliprole）。

【常见商标名称】康宽、普尊、奥得腾等。

【主要含量与剂型】5%悬浮剂、200克/升悬浮剂、35%水分散粒剂、0.4%颗粒剂、50%悬浮种衣剂。

【理化性质】氯虫苯甲酰胺纯品外观为白色结晶，比重1.507克/毫升，熔点208～210℃，分解温度330℃，20～25℃时水中溶解度为1.203毫克/升。属微毒杀虫剂，原药大鼠急性经口LD_{50}大于5000毫克/千克，急性经皮LD_{50}大于5000毫克/

千克。

【产品特点】氯虫苯甲酰胺是一种新型苯甲酰胺类杀虫剂，通过激活昆虫体内鱼尼丁受体，释放平滑肌和横纹肌细胞内贮存的钙离子，引起肌肉调节衰弱、麻痹，直至最后害虫死亡。以胃毒作用为主，兼有触杀作用，并有很强的渗透性和内吸传导性，施药后药液易被内吸，均匀分布在作物体内，害虫取食后迅速停止取食，慢慢死亡。对初孵幼虫有强力杀伤性，初孵幼虫咬破卵壳接触卵面药剂后即会中毒死亡。该药广谱高效，持效性好，耐雨水冲刷，对环境、哺乳动物及其他脊椎动物安全友好。

氯虫苯甲酰胺可与阿维菌素、高效氯氟氰菊酯、噻虫嗪等杀虫剂成分混配，用于生产复配杀虫剂。

【适用作物及防治对象】氯虫苯甲酰胺适用于水稻、玉米、甘蔗、十字花科蔬菜、茄果类蔬菜、瓜果类蔬菜、西甜瓜、棉花、苹果、梨、桃、柑橘等许多种作物，对鳞翅目害虫具有很好的防治效果，并可有效控制鞘翅目（象甲科、叶甲科）、双翅目（潜蝇科、粉虱科）的多种害虫，如小菜蛾、斜纹夜蛾、甜菜夜蛾、甘蓝夜蛾、菜青虫、豆荚螟、玉米螟、棉铃虫、烟青虫、食心虫类、稻纵卷叶螟、三化螟、二化螟、甲虫类、潜叶蝇、白粉虱等。

【使用技术】

水稻二化螟、三化螟、稻纵卷叶螟、大螟、稻水象甲　防治螟虫类害虫时，在卵孵化高峰期前7～10天进行用药，一般每亩使用5%悬浮剂35～40毫升，或200克/升悬浮剂8～10毫升，或35%水分散粒剂5～6克，对水30千克均匀喷雾，或每亩使用0.4%颗粒剂600～700克均匀撒施。防治稻水象甲时，每亩使用5%悬浮剂40～50毫升，或200克/升悬浮剂10～15毫升，或35%水分散粒剂6～8克，对水30千克均匀喷雾，或每亩使用0.4%颗粒剂800～1000克均匀撒施。施药后田间保持3～5厘米浅水层5～7天效果更好。

十字花科蔬菜的斜纹夜蛾、甜菜夜蛾、小菜蛾、甘蓝夜蛾、菜青虫　在卵孵化高峰期至低龄幼虫期及时喷药防治，7～10天1次，连喷1～2次。一般每亩次使用5%悬浮剂30～55毫升，或200克/升悬浮剂8～15毫升，或35%水分散粒剂5～8克，对水30～45千克均匀喷雾。

茄果类和瓜类的斜纹夜蛾、甜菜夜蛾、甘蓝夜蛾等　在卵孵化高峰期至低龄幼虫期及时喷药防治，7～10天1次，连喷1～2次。一般每亩次使用5%悬浮剂40～60毫升，或200克/升悬浮剂10～15毫升，或35%水分散粒剂6～9克，对水45～60千克均匀喷雾。

玉米小地老虎、玉米螟　玉米苗期到拔节前，小地老虎发生初期开始用药。一般每亩使用5%悬浮剂25～40毫升，或200克/升悬浮剂6～10毫升，或35%水分散粒剂5～7克，对水30～45千克均匀喷淋玉米茎基部。防治玉米螟时，在害虫发生初期开始用药，一般每亩使用5%悬浮剂30～40毫升，或200克/升悬浮剂6～10毫升，或35%水分散粒剂4～6克，对水30～45千克均匀喷雾或淋芯，也可每亩使用0.4%颗粒剂500～600克“丢芯”。

甘蔗小地老虎、蔗螟　甘蔗苗期，小地老虎发生初期开始用药，一般每亩次使用5%悬浮剂40～60毫升，或200克/升悬浮剂10～15毫升，或35%水分散粒剂6～9克，对水30～45千克喷淋甘蔗茎基部；防治蔗螟时，在其发生初期开始用药，一般每亩次使用5%悬浮剂80～120毫升，或200克/升悬浮剂20～30毫升，或35%水分散粒剂10～15克，对水45～60千克均匀喷雾或淋芯。

棉花棉铃虫、斜纹夜蛾　在卵孵化盛期开始喷药，一般每亩次使用5%悬浮剂40～60毫升，或200克/升悬浮剂10～15毫升，或35%水分散粒剂6～8克，对水45～60千克均匀喷雾。

苹果、梨、桃的桃小食心虫、梨小食心虫、潜叶蛾　防治食心虫时，在卵孵化初期至钻蛀前及时喷药，一般使用35%水分散粒剂7000～10000倍液，或20%悬浮剂4000～5000倍液，或5%悬浮剂1000～1500倍液均匀喷雾。防治潜叶蛾时，在害虫卵孵化盛期至初见虫斑时及时喷药，一般使用35%水分散粒剂15000～20000倍液，或20%悬浮剂8000～10000倍液，或5%悬浮剂2000～3000倍液均匀喷雾。

柑橘潜叶蛾　在每季新梢生长期，从初见虫道时及时进行喷药。一般使用35%水分散粒剂10000～15000倍液，或20%悬浮剂6000～8000倍液，或5%悬浮剂1500～2000倍液均匀喷雾。

【注意事项】不能与碱性药剂混用。用药时应做到均匀、周到。每季作物使用次数尽量不要超过2次，并注意与不同类型药剂交替使用，以延缓害虫产生抗药性。

氟苯虫酰胺

【有效成分】氟苯虫酰胺（flubendiamide）。

【常见商标名称】垄歌、龙灯福先安等。

【主要含量与剂型】20%水分散粒剂、10%悬浮剂。

【理化性质】氟苯虫酰胺纯品为白色晶状粉末，无特殊气味，熔点218.5～220.7℃，微溶于水，性质稳定。属低毒杀虫剂，原药大鼠急性经口LD_{50}大于5000毫克/千克，急性经皮LD_{50}大于2000毫克/千克，对高等生物、害虫天敌、田间有益生物及水生生物高度安全。

【产品特点】氟虫双酰胺是一种新型邻苯二甲酰胺类杀虫剂，以胃毒作用为主，兼有触杀作用，属鱼尼丁受体激活剂。其杀虫机理主要是通过激活依赖兰尼碱受体的细胞内钙释放通道，使细胞内钙离子呈失控性释放，导致害虫身体逐渐萎缩、活动放缓、不能取食、最终饥饿而死。该药作用速度快、持效期长，对鳞翅目害虫的幼虫有非常突出的防效，没有杀卵作用，与常规杀虫剂无交互抗性，非常适用于害虫的综合治理。药剂渗透植物体后通过木质部略有传导，耐雨水冲刷。

氟苯虫酰胺可与阿维菌素、甲氨基阿维菌素苯甲酸盐、杀虫单等杀虫剂成分混配，用于生产复配杀虫剂。

【适用作物及防治对象】氟苯虫酰胺主要应用于十字花科蔬菜、水稻、棉花及果树等，用于防治鳞翅目害虫，如小菜蛾、菜青虫、甜菜夜蛾、甘蓝夜蛾、斜纹夜蛾、二化螟、三化螟、稻纵卷叶蛾、稻苞虫、棉铃虫、卷叶蛾、潜叶蛾等。

【使用技术】氟苯虫酰胺对鳞翅目害虫的各龄幼虫均有很高的活性，但以低龄幼虫期或发生初期进行喷雾防治效果较好。

十字花科蔬菜的小菜蛾、菜青虫、甜菜夜蛾、甘蓝夜蛾、斜纹夜蛾等 从害虫发生初期或卵孵化盛期至低龄幼虫期开始喷药，7天左右1次，连喷2次。一般每亩次使用20%水分散粒剂15～16克，或10%悬浮剂30～35毫升，对水30～45千克均匀喷雾。

水稻二化螟、三化螟、稻纵卷叶螟、稻苞虫等 在害虫卵孵化盛期至钻蛀前或包叶前喷药防治，一般每亩次使用20%水分散粒剂8～12克，或10%悬浮剂15～25毫升，对水30～45千克均匀喷雾。

棉花棉铃虫 在卵孵化盛期至钻蛀蕾铃前喷药防治，一般每亩次使用20%水分散粒剂15～16克，或10%悬浮剂30～35毫升，对水45～60千克均匀喷雾。

柑橘潜叶蛾 各季新梢抽梢期发现“虫道”时开始喷药防治，一般使用20%水分散粒剂3000～4000倍液，或10%悬浮剂1500～2000倍液均匀喷雾。

苹果卷叶蛾 在害虫发生初期或卷叶前喷药防治，药剂喷施倍数同“柑橘潜叶蛾”。

【注意事项】不能与强酸性或碱性药剂混用。注意与其他不同类型药剂交替使用，避免害虫抗药性的产生。本品对家蚕高毒，家蚕养殖区禁止使用。

唑虫酰胺

【有效成分】唑虫酰胺（tolfenpyrad）。

【常见商标名称】捉虫朗、福朗等。

【主要含量与剂型】15%乳油、15%悬浮剂、30%悬浮剂。

【理化性质】唑虫酰胺原药为白色粉末，熔点 87.8～88.2℃，25℃时水中溶解度为 0.087 毫克/升。属中毒杀虫剂，原药大鼠急性经口 LD_{50} 为 386 毫克/千克，急性经皮 LD_{50} 大于 2000 毫克/千克。

【产品特点】唑虫酰胺是一种新型吡唑杂环类杀虫剂，杀虫谱广，速效性好，以触杀作用为主，具有杀卵和抑食效果，并可抑制昆虫产卵。其作用机理是阻碍线粒体代谢系统中的电子传达系统复合体Ⅰ，使电子传达受到阻碍，昆虫不能提供和贮存能量，而逐渐死亡，属于线粒体电子传达复合体阻碍剂（METⅠ）。

【适用作物及防治对象】唑虫酰胺适用于茶树及多种蔬菜，对茶小绿叶蝉、蓟马、蚜虫、小菜蛾等害虫均具有很好的防治效果。特别对茶小绿叶蝉等“小型”害虫的效果表现优异，防治小菜蛾时需掌握在 3 龄以下用药才能有较好表现。

【使用技术】

茶树茶小绿叶蝉、茶黄螨、蓟马 在害虫数量快速增长前开始用药，一般使用 15%乳油或悬浮剂 1000～1500 倍液，或 30%悬浮剂 2000～3000 倍液均匀喷雾。茶树上的安全采收间隔期为 14 天。

番茄、辣椒、茄子、黄瓜等瓜果蔬菜的蓟马、粉虱 从害虫发生初期开始喷药。一般每亩次使用 15%乳油或悬浮剂 12～20 毫升，或 30%悬浮剂 6～10 毫升，对水 45 千克均匀喷雾。然后根据害虫发生情况，7～10 天后再酌情喷施 1 次。

甘蓝、白菜等叶菜类的小菜蛾、斜纹夜蛾、甜菜夜蛾 在害虫卵孵化期至低龄幼虫期及时喷药。一般每亩次使用 15%乳油或悬浮剂30～50毫升，或30%悬浮剂15～25毫升，对水30～45千克均匀喷雾。然后根据害虫发生情况，7～10天后再酌情喷施1次。

【注意事项】 注意与其他不同作用机理的药剂交替使用，以减缓害虫产生抗药性。本剂对黄瓜、茄子、番茄、白菜的幼苗可能有药害，使用时应加注意。其对水生动物、鸟类、蜜蜂、家蚕高毒，蜜源作物花期禁用，桑园附近禁用，不能在河塘等水域清洗施药器具。

氰氟虫腙

【有效成分】 氰氟虫腙（metaflumizone）。

【常见商标名称】 艾法迪等。

【主要含量与剂型】 22%悬浮剂。

【理化性质】 氰氟虫腙原药为白色固体粉末，比重1.461克/厘米^3，带芳香味。纯品有E型和Z型两种异构体，熔点为190℃，水中溶解度小于0.5毫克/升，在冷、热（54℃）中贮存稳定。属微毒杀虫剂，原药大鼠急性经口LD_{50}大于5000毫克/千克，急性经皮LD_{50}大于5000毫克/千克，对哺乳动物和非靶标生物风险很低。

【产品特点】 氰氟虫腙是一种新型氨基脲类杀虫剂，具有全新作用机理，以胃毒作用为主，触杀作用较小，无内吸性，对各龄期的靶标害虫或幼虫都有较好的防治效果。害虫取食药剂后，附着在钠离子通道受体上，阻碍神经系统的钠离子通道，使钠离子不能通过轴突膜，进而抑制神经冲动，使虫体过度放松、麻痹，几小时后停止取食，1～3天内死亡。本剂与拟除虫菊酯类及其他类型杀虫剂无交互抗性。持效期7～10天。

氰氟虫腙可与啶虫脒、毒死蜱等杀虫剂成分混配，用于生产复配杀虫剂。

【适用作物及防治对象】 氰氟虫腙适用于水稻、蔬菜、棉花等作物，主要用于防治稻纵卷叶螟、甜菜夜蛾、斜纹夜蛾、甘蓝夜蛾、小菜蛾、菜青虫、棉铃虫、红铃虫等咀嚼式口器害虫。

【使用技术】

十字花科蔬菜的甜菜夜蛾、斜纹夜蛾、甘蓝夜蛾、菜青虫、小菜蛾　在害虫低龄幼虫期及时开始喷药，7～10 天 1 次，连喷 2 次。一般每亩次使用 22%悬浮剂 70～80 毫升，对水 30～45 千克均匀喷雾。根据害虫发生严重程度，也可适当提高药剂使用量。

番茄、茄子、辣椒等茄果类蔬菜的斜纹夜蛾、甜菜夜蛾　在害虫低龄幼虫期及时喷药。一般每亩次使用 22%悬浮剂 80～100 毫升，对水 45～60 千克均匀喷雾。

水稻稻纵卷叶螟　在害虫低龄幼虫期开始喷药。一般每亩次使用 22%悬浮剂 35～55 毫升，对水 30～45 千克均匀喷雾。若在药液中混加有机硅类农药助剂，可显著提高防治效果。

棉花棉铃虫、红铃虫　在害虫孵化盛期至钻蛀为害前及时喷药。一般每亩次使用 22%悬浮剂 80～120 毫升，对水 45～60 千克均匀喷雾。

【注意事项】不能与碱性药剂混用。每季作物使用本剂不能超过 2 次，并注意与其它不同类型药剂混用或交替使用，以延缓害虫产生抗药性。本剂对螨类、蓟马、线虫无效，如有此类害虫混发时注意复配相应有效药剂。

炔　螨　特

【有效成分】炔螨特（propargite）。

【常见商标名称】克螨特、安杀宝、奥美特、独缺满、果满园、红砂奇、金螨夫、满碧克、螨堂慌、螨之道、锐螨克、汰螨易、益显得、奥福、标安、捕龙、即行、库满、玛星、满宝、满金、满龙、螨卡、判螨、通缉、围满、雪螨、勇吉、征伐、阿满德隆、仕邦福蛙、正业金钻、诺普信满僵、强敌威特螨等。

【主要含量与剂型】 73%乳油、730克/升乳油、57%乳油、570克/升乳油、40%乳油、40%水乳剂、40%微乳剂等。

【理化性质】 炔螨特原药为深红棕色黏稠液体，微溶于水，与丙酮、苯、甲醇、乙醇、正己烷、庚烷相混溶，在强酸和强碱中分解。属低毒杀螨剂，原药大鼠急性经口 LD_{50} 为2800毫克/千克，兔急性经皮 LD_{50} 为4000毫克/千克，对蜜蜂和天敌安全，对皮肤有刺激。

【产品特点】 炔螨特属有机硫类高效广谱专性杀螨剂，具有触杀和胃毒作用，无内吸和渗透传导作用。能杀灭多种害螨，对成螨、若螨、幼螨效果较好，对螨卵效果较差，连续使用不易产生抗药性。27℃以上施用具有触杀和熏蒸作用，杀螨效果好，20℃以下使用效果较差。该药持效期长、残留低、药效好，但在较高浓度和高温下使用对有些作物可能会产生药害。

炔螨特常与阿维菌素、联苯菊酯、甲氰菊酯、哒螨灵、噻螨酮、四螨嗪、唑螨酯、溴螨酯、三唑磷、丙溴磷、苯丁锡、氟虫脲、矿物油等杀虫（螨）剂成分混配，生产复配杀螨剂。

【适用作物及防治对象】 炔螨特主要应用于柑橘、苹果、葡萄、茶树、棉花、大豆、蔬菜、花卉等植物，对叶螨类（红蜘蛛、白蜘蛛）、锈螨类（锈壁虱）及瘿螨类均具有很好的防治效果。

【使用技术】

柑橘红蜘蛛、锈壁虱 防治红蜘蛛时，从害螨发生为害初期（螨量开始较快增多时）开始喷药；防治锈壁虱时，在果实膨大后期至开始着色前喷药。一般使用73%乳油或730克/升乳油2000～3000倍液，或57%乳油或570克/升乳油1500～2000倍液，或40%乳油或水乳剂或微乳剂1000～1300倍液均匀喷雾。

苹果的叶螨类 在树冠下部叶片上害螨数量较多时、或螨量开始较快增多时开始及时喷药防治，药剂喷施倍数同“柑橘红蜘蛛”。

葡萄瘿螨 在葡萄新梢长15～20厘米时喷药防治，一般使用73%乳油或730克/升乳油2000～2500倍液，或57%乳油或570克/升乳油1500～1800倍液，或40%乳油或水乳剂或微乳剂1000～1200倍液均匀喷雾。

茶树红蜘蛛 从害螨数量较多时或螨量开始较快增多时开始喷药防治，药剂喷施倍数同“柑橘红蜘蛛”。

棉花红蜘蛛 从害螨发生初盛期（开始扩散为害期）开始喷药防治，一般每亩次使用73%乳油或730克/升乳油40～60毫升，或57%乳油或570克/升乳油50～75毫升，或40%乳油或微乳剂或水乳剂70～100毫升，对水45～60千克均匀喷雾。

大豆、蔬菜红蜘蛛 从害螨发生为害初盛期开始喷药防治，药剂使用量同“棉花红蜘蛛”。

花卉红蜘蛛 从害螨发生为害初盛期开始喷药防治，药剂喷施倍数同“葡萄瘿螨”。

【注意事项】高温、高湿条件下，本剂对某些作物的幼苗及新梢嫩叶可能会产生药害。在25厘米以下的瓜类、豆类、棉苗等作物上使用时，73%乳油的稀释倍数不宜低于3000倍；在柑橘新梢嫩叶期使用时，73%乳油的稀释倍数不宜低于2000倍。梨树对本剂敏感，不能使用。棉花收获前21天停止用药，柑橘采收前30天停止用药。

三 唑 锡

【有效成分】三唑锡（azocyclotin）。

【常见商标名称】倍乐霸、锉满特、白锈红、高克佳、金阿维、科螨特、满代止、全安乐、锈加红、易扫净、方满、红豪、击满、击锈、满标、满将、满捷、满爽、螨离、破脱、响雷、要强、诛满、斩白诛红等。

【主要含量与剂型】25%可湿性粉剂、20%可湿性粉剂、20%悬浮剂、40%悬浮剂、50%水分散粒剂等。

【理化性质】 三唑锡纯品为无色结晶，原药为白色粉末，熔点为210℃，几乎不溶于水，易溶于已烷，可溶于丙酮、乙醚、氯仿，在稀酸中不稳定。属中毒杀螨剂，原药大鼠急性经口 LD_{50} 为209毫克/千克，急性经皮 LD_{50} 大于5000毫克/千克，对人皮肤和眼黏膜有刺激性，对蜜蜂毒性极低，对鱼类高毒。

【产品特点】 三唑锡是一种有机锡类杀螨剂，触杀作用好，可杀灭若螨、成螨和夏卵，对冬卵无效。抗光解，耐雨水冲刷，持效期较长；温度越高杀螨杀卵效果越强，是高温季节对害螨控制期较长的杀螨剂。常用浓度下对作物安全。

三唑锡常与阿维菌素、哒螨灵、四螨嗪、联苯菊酯、甲氰菊酯、吡虫啉、丁醚脲等杀虫（螨）剂成分混配，生产复配杀螨剂。

【适用作物及防治对象】 三唑锡适用于柑橘、棉花、苹果、蔬菜等作物，主要用于防治各种叶螨类，如柑橘全爪螨 、柑橘锈壁虱、棉花红蜘蛛、苹果全爪螨、山楂叶螨、二斑叶螨等。

【使用技术】

柑橘害螨 防治柑橘全爪螨时，从害螨发生为害初期（螨量开始较快增多时）开始喷药；防治锈壁虱时，在果实膨大后期至开始着色前喷药。一般使用25%可湿性粉剂1000～1500倍液，或20%悬浮剂或可湿性粉剂800～1200倍液，或40%悬浮剂2000～2500倍液，或50%水分散粒剂2000～3000倍液均匀喷雾。

苹果害螨 从害螨发生初期或若螨盛发初期（害螨开始扩散为害时）开始喷药防治，药剂喷施倍数同“柑橘害螨”。

棉花红蜘蛛 从害螨盛发初期或开始扩散为害时开始喷药防治，一般每亩次使用25%可湿性粉剂50～70克，或20%悬浮剂60～80毫升，或20%可湿性粉剂60～80克，或40%悬浮剂30～40毫升，或50%水分散粒剂25～35克，对水45～60千克均匀喷雾。

蔬菜红蜘蛛　从害螨盛发初期或开始扩散为害时开始喷药防治，一般每亩次使用25%可湿性粉剂40～60克，或20%悬浮剂50～70毫升，或20%可湿性粉剂50～70克，或40%悬浮剂25～35毫升，或50%水分散粒剂20～30克，对水45～60千克均匀喷雾。

【注意事项】可与有机磷杀虫剂及代森锌、克菌丹等杀菌剂混用，但不能与波尔多液、石硫合剂等碱性农药混用。用药时注意安全保护，避免皮肤和眼睛接触药液。作物收获前21天停止使用。

哒　螨　灵

【有效成分】哒螨灵（pyridaben）。

【常见商标名称】牵牛星、扫满净、赛扑满、苯双得、伏螨安、果螨特、金果园、金流星、克力尔、满清清、新无忧、主打满、阿哒、奥螨、超强、高品、贵红、好讯、红网、劲击、雷驰、亮满、螨卒、矢螨、双勇、跳闪、炫目、优螨、金托螨克、螨净果丰、虎蛙快欢、华特赛路、诺普信攻满等。

【主要含量与剂型】15%乳油、15%水乳剂、15%微乳剂、20%可湿性粉剂、40%可湿性粉剂、30%悬浮剂等。

【理化性质】哒螨灵纯品为无色晶体，熔点111～112℃，难溶于水，可溶于丙酮、苯、二甲苯、环已烷、正辛醇、玉米油、乙醇，对光不稳定，在中性水溶液和大多数有机溶剂中稳定。属低毒杀螨剂，原药大鼠急性经口LD_{50}为1350毫克/千克，兔急性经皮LD_{50}大于2000毫克/千克，对鱼毒性高，对蜜蜂有影响，对哺乳动物毒性中等，对兔眼睛和皮肤无刺激性。

【产品特点】哒螨灵属哒嗪类广谱速效杀螨剂，触杀性强，无内吸、传导和熏蒸作用，对螨卵、幼螨、若螨、成螨都有很好的杀灭效果，对活动态螨作用迅速，持效期长，一般可达1～2月。药效受温度影响小，无论早春或秋季使用均可达到满意效果。与苯丁锡、噻螨酮等常用杀螨剂无交互抗性，对瓢虫、草蛉、寄生蜂等天敌较安全。

哒螨灵常与阿维菌素、甲氨基阿维菌素苯甲酸盐、四螨嗪、炔螨特、三唑锡、甲氰菊酯、联苯菊酯、三氯杀螨醇、苯丁锡、丁醚脲、单甲脒、吡虫啉、灭幼脲、辛硫磷、乐果、矿物油等杀虫、杀螨剂成分混配，生产复配杀螨剂或杀螨、杀虫剂。

【适用作物及防治对象】 哒螨灵是一种专性杀螨剂，主要用于防治各种螨类，如叶螨类（红蜘蛛、白蜘蛛）、锈螨类、瘿螨类、跗线螨等；适用于柑橘、苹果、梨、桃、葡萄、梅、樱桃、杏、板栗、草莓等果树，十字花科蔬菜、番茄、辣椒、黄瓜、西瓜、甜瓜、莴苣等瓜果蔬菜，及棉花、水稻、小麦、苜蓿、茶树、烟草、观赏植物等多种植物。

【使用技术】 哒螨灵主要通过喷雾防治各种螨类，在害螨发生初盛期或开始扩散为害期开始喷药。在果树及茶树上使用时，一般使用15%乳油或水乳剂或微乳剂1500～2000倍液，或20%可湿性粉剂2000～2500倍液，或40%可湿性粉剂4000～5000倍液，或30%悬浮剂3000～4000倍液均匀喷雾。在瓜果蔬菜及粮棉油烟作物上使用时，一般每亩次使用15%乳油或水乳剂或微乳剂40～60毫升，或20%可湿性粉剂30～45克，或40%可湿性粉剂15～25克，或30%悬浮剂20～30毫升，对水30～60千克均匀喷雾。

【注意事项】 哒螨灵无内吸作用，喷药时尽量喷洒均匀周到。该药对鱼类毒性高，药液不能污染河流、池塘、湖泊等水域。开花前后尽量不要用药，避免对蜜蜂的影响。可与大多数杀虫剂混用，但不能与石硫合剂、波尔多液等强碱性药剂混用。常用浓度下对茄子有轻微药害。

四　螨　嗪

【有效成分】 四螨嗪（clofentezine）。

【常见商标名称】果满红、满先决、满早早、安扫、镖满、红暴、红烙、红卵、红焰、击卵、卵爆、卵落、满欧、索卵、万丰、万满、宰螨、治卵等。

【主要含量与剂型】20%悬浮剂、50%悬浮剂、500克/升悬浮剂、75%水分散粒剂、10%可湿性粉剂等。

【理化性质】四螨嗪纯品为洋红色晶体，熔点182.3℃，极难溶于水，可溶于丙酮、氯仿、二氯甲烷，对光、空气和热稳定。属低毒杀螨剂，原药大鼠急性经口LD_{50}大于5200毫克/千克，急性经皮LD_{50}大于2100毫克/千克，对捕食性螨和有益昆虫安全，对皮肤有刺激性。

【产品特点】四螨嗪是一种四嗪有机氯类杀螨剂，属胚胎发育抑制剂，对螨卵杀灭效果好（冬卵、夏卵都能毒杀），对幼螨也有一定效果，对成螨无效；但接触药液后的成螨，可导致产卵量下降，所产卵大都不能孵化，个别孵化出的幼螨也很快死亡。其药效发挥较慢，施药后7～10天才能达到最高杀螨效果，但持效期较长，达50～60天。

四螨嗪常与阿维菌素、哒螨灵、炔螨特、三唑锡、苯丁锡、唑螨酯、联苯肼酯、丁醚脲等杀螨剂成分混配，生产复配杀螨剂。

【适用作物及防治对象】四螨嗪属专性杀螨剂，广泛适用于苹果、梨、桃、板栗、柑橘、葡萄、枣等多种果树及棉花、花生、茶树、瓜果蔬菜、观赏植物等作物，对叶螨类（红蜘蛛、白蜘蛛）、锈螨类（锈壁虱）等害螨具有很好的防治效果。

【使用技术】四螨嗪主要通过喷雾用药，在做好预测预报的基础上，于螨卵期进行喷药。

苹果、梨、桃、枣、板栗等落叶果树 第1次药在发芽期或发芽后早期喷药防治，第2次药在害螨数量较多时或开始扩散为害时与可杀活动态螨的药剂混合喷施。一般使用20%悬浮剂1500～2000倍液，或50%悬浮剂或500克/升悬浮剂4000～

5000倍液，或75%水分散粒剂6000～7000倍液，或10%可湿性粉剂800～1000倍液均匀喷雾。

柑橘害螨 在春芽萌动期或通过预测预报螨卵高峰期喷药防治，药剂喷施倍数同“落叶果树”使用倍数。

茶树害螨 通过预测预报在螨卵高峰期或害螨初发期喷药防治，药剂喷施倍数同“落叶果树”使用倍数。

棉花、花生、瓜果蔬菜及观赏植物 从害螨发生初期开始喷药，一般每亩次使用20%悬浮剂40～80毫升，或50%悬浮剂或500克/升悬浮剂15～30毫升，或75%水分散粒剂15～25克，或10%可湿性粉剂100～150克，对水30～60千克均匀喷雾。

【注意事项】四螨嗪主要作用为杀螨卵，对成螨无效，在螨卵初孵期用药效果最佳。该药在气温低（15℃左右）和虫口密度小时施用效果好，且持效期长；但当螨量较多或温度较高时，最好与其它杀成螨药剂混用。本剂与噻螨酮有交互抗性，不能交替使用或混用。四螨嗪对温室玫瑰花、石竹有轻微的影响，用药时需慎重。

噻螨酮

【有效成分】噻螨酮（hexythiazox）。

【常见商标名称】尼索朗、阿尼满、冲洗满、大螨冠、卵加螨、螨一刀、电螨、荟萃、佳顺、卵朗、满卫、双将、索灭、特高、天朗、喜亮、越朗、治取等。

【主要含量与剂型】5%乳油、5%水乳剂、5%可湿性粉剂。

【理化性质】噻螨酮纯品为白色无味结晶，熔点108～108.5℃，极难溶于水，可溶于氯仿、二甲苯、甲醇、丙酮、乙腈，对光、热稳定，在酸碱介质中稳定。属低毒杀螨剂，原药大鼠急性经口LD_{50}大于5000毫克/千克，急性经皮LD_{50}大于5000毫克/千克，对天敌、蜜蜂及捕食螨影响很小，对水生动物毒性低，常规使用浓度下对作物安全。

【产品特点】噻螨酮属噻唑烷酮类广谱杀螨剂，对植物表皮层有较好的穿透性，但无内吸传导作用。对多种叶螨类具有强烈的杀卵、杀幼若螨特性，对成螨无效，但对接触到药液的雌成螨所产的卵具有抑制孵化的作用。该药对环境温度不敏感，在高温或低温时使用的效果无显著差异；且持效期长，药效可保持50天左右。由于没有杀成螨活性，故药效发挥较迟缓。噻螨酮对叶螨类防效好，对锈螨、瘿螨防效较差。

噻螨酮常与阿维菌素、炔螨特、哒螨灵、甲氰菊酯、三氯杀螨醇等杀螨剂成分混配，生产复配杀螨剂。

【适用作物及防治对象】噻螨酮适用于苹果、山楂、板栗、柑橘、棉花、瓜果蔬菜等作物，主要用于防治叶螨类，如红蜘蛛、白蜘蛛等。

【使用技术】

柑橘红蜘蛛 在春季害螨发生始盛期，平均每叶有螨2～3头时开始喷药，一般使用5%乳油或水乳剂或可湿性粉剂1200～1500倍液均匀喷雾。

苹果红蜘蛛 在苹果开花前后（幼螨、若螨盛发初期，扩散为害前），平均每叶有螨3～4头时喷药防治，一般使用5%乳油或水乳剂或可湿性粉剂1000～1500倍液均匀喷雾。

山楂、板栗红蜘蛛 在越冬成虫出蛰后或害螨发生初期开始喷药防治，药剂喷施倍数同“苹果红蜘蛛”。

棉花红蜘蛛 6月底以前，在叶螨点片发生及扩散为害初期开始喷药，一般每亩次使用5%乳油或水乳剂60～100毫升，或5%可湿性粉剂60～100克，对水45～60千克均匀喷雾。

瓜果蔬菜 从害螨发生为害初期或开始扩散为害初期开始喷药防治，药剂使用量同“棉花红蜘蛛”。

【注意事项】噻螨酮对成螨无杀伤作用，要掌握好防治适期，应比其他杀螨剂要稍早些使用。为防治害螨产生抗药性，建议每生长季使用1次即可。本剂无内吸性，喷药时应均匀周到。可与波尔多液、石硫合剂等多种药剂现混现用，但不宜与菊酯类药剂混用。枣树、梨树上不能使用，否则容易造成药害；不宜在茶树上使用。

溴　螨　酯

【有效成分】 溴螨酯（bromopropylate）。

【常见商标名称】 螨代治、镖满等。

【主要含量与剂型】 500克/升乳油。

【理化性质】 溴螨酯原药为白色晶体，熔点77℃，极难溶于水，可溶于丙酮、二氯甲烷、苯、甲醇、二甲苯、异丙醇等多数有机溶剂，在中性及微酸性介质中稳定。属低毒杀螨剂，原药大鼠急性经口LD_{50}大于5000毫克/千克，急性经皮LD_{50}大于4000毫克/千克，对蜜蜂无毒。

【产品特点】 溴螨酯是一种专性广谱杀螨剂，有较强触杀作用，无内吸作用。对若满、成螨和卵均有较高活性，温度变化对药效影响不大。该药持效期长，对作物、天敌、蜜蜂安全，与三氯杀螨醇有交互抗性。

溴螨酯有时与炔螨特混配，生产复配杀螨剂。

【适用作物及防治对象】 溴螨酯主要应用于苹果、柑橘、棉花、瓜果蔬菜、茶树等作物，用于防治各种螨类的发生为害，如叶螨类（红蜘蛛、白蜘蛛）、瘿螨类、线螨类等。

【使用技术】

柑橘螨类　在害螨发生初期或开始扩散为害前开始喷药。防治叶螨时，使用500克/升乳油1000～1500倍液均匀喷雾；防治锈螨时，使用500克/升乳油1500～2000倍液均匀喷雾。

苹果叶螨　在害螨发生初期或开始扩散为害前开始喷药，一般使用500克/升乳油1000～2000倍液均匀喷雾。

棉花叶螨　在害螨发生初期或点片发生时（开始扩散为害前）开始喷药，一般每亩次使用500克/升乳油40～60毫升，对水45～60千克均匀喷雾。

茶树螨类　在害螨发生初期或开始扩散为害前开始喷药。防治叶螨时，使用500克/升乳油1200～1500倍液均匀喷雾；防治瘿螨时，使用500克/升乳油2000～3000倍液均匀喷雾。

瓜果蔬菜的叶螨　从害螨发生初期或螨量开始较快增多时开始喷药，一般每亩次使用500克/升乳油30～50毫升，对水30～45千克均匀喷雾。

【注意事项】该药无内吸作用，喷药时必须使药液均匀覆盖植株。果树上使用时，在采收前21天停止使用，蔬菜和茶叶上采摘期禁止使用。溴螨酯与三氯杀螨醇有交互抗性，用药时需特别注意。本剂无专用解毒剂，不慎中毒后送医院对症治疗。

螺　螨　酯

【有效成分】螺螨酯（spirodiclofen）。

【常见商标名称】螨危等。

【主要含量与剂型】240克/升悬浮剂、34%悬浮剂。

【理化性质】螺螨酯原药为白色粉末，无特殊气味，熔点94.8℃，难溶于水，可溶于二氯甲烷、二甲苯、异丙醇、正己烷。属低毒杀螨剂，原药大鼠急性经口LD_{50}大于2500毫克/千克，急性经皮LD_{50}大于4000毫克/千克，对蜜蜂低毒。

【产品特点】螺螨酯是一种全新结构的广谱专性杀螨剂，以触杀作用为主，对螨卵、幼螨、若螨、成螨均有效，但不能较快杀死雌成螨，不过对雌成螨有很好的绝育作用，雌成螨接触药剂后所产的卵有96%不能孵化，死于胚胎后期。其作用机理是抑制害螨体内的脂肪合成，而导致害螨死亡。与常规杀螨剂无交互抗性。该药持效期长，一般可达40～50天；在不同气温条件下对作物非常安全，对人畜安全，适合于无公害生产。

螺螨酯有时与阿维菌素、三唑磷等杀螨剂成分混配，生产复配杀螨剂。

【适用作物及防治对象】螺螨酯主要适用于柑橘、苹果、梨、葡萄、茄子、辣椒、番茄等作物，对红蜘蛛、黄蜘蛛、锈壁虱、茶黄螨、朱砂叶螨、二斑叶螨等均具有很好的防治效果，并可兼治梨木虱、榆蛎盾蚧、叶蝉类等多种害虫。

【使用技术】螺螨酯主要在害螨发生初期或卵期进行喷雾使用。

柑橘螨类 从害螨发生初期或卵期或开始分散为害前开始喷药防治，一般使用240克/升悬浮剂4000～5000倍液，或34%悬浮剂6000～7000倍液均匀喷雾。

苹果、梨、葡萄害螨 在发芽期或害螨发生为害初期或开始分散为害前开始喷药防治，药剂喷施倍数同“柑橘螨类”。

茄子、辣椒、番茄等蔬菜害螨 在害螨发生为害初期或开始扩散为害前开始喷药防治，一般每亩次使用240克/升悬浮剂35～50毫升，或34%悬浮剂25～35毫升，对水45～60千克均匀喷雾。

【注意事项】为避免害螨产生抗药性，建议在一个生长季节最多使用次数不超过2次。喷药应均匀周到，使全株均被药液覆盖，特别是叶背。不要在果树开花期用药。不能与铜制剂及碱性药剂混用。

螺 虫 乙 酯

【有效成分】螺虫乙酯（spirotetramat）。

【常见商标名称】亩旺特等。

【主要含量与剂型】22.4%悬浮剂。

【理化性质】螺虫乙酯原药外观为白色粉末，无特别气味，溶点142℃，分解温度235℃，20℃时水中溶解度为33.4毫克/升。属低毒杀虫剂，原药大鼠急性经口LD_{50}大于2000毫克/千克，急性经皮LD_{50}大于2000毫克/千克。

【产品特点】螺虫乙酯是一种新型季酮酸衍生物类杀虫剂，

杀虫谱广，持效期长。通过干扰昆虫的脂肪合成而导致幼虫死亡，并能降低成虫的繁殖能力。杀虫作用机理独特，能有效防治对现有杀虫剂产生抗性的害虫。螺虫乙酯可在木质部和韧皮部内双向内吸传导，能在整个植物体内向上向下移动，抵达叶面和树皮，因而可有效防治隐藏为害的害虫，并可保护新生芽、叶和根部。

【适用作物及防治对象】螺虫乙酯适用于许多种作物，如番茄、茄子、辣椒等茄果类蔬菜，马铃薯、棉花，柑橘、苹果、梨及葡萄等果树，对各种刺吸式及锉吸类害虫均具有很好的防治效果，如蚜虫、粉虱、木虱、介壳虫、粉蚧、蓟马等。

【使用技术】

番茄、茄子、辣椒等蔬菜的蚜虫、粉虱、蓟马　在害虫初发期至始盛期及时喷药。一般每亩次使用22.4%悬浮剂25～35毫升，对水45～60千克均匀喷雾。

马铃薯蚜虫、粉虱　在若虫或幼虫发生始盛期开始喷药。一般每亩次使用22.4%悬浮剂25～35毫升，对水45～60千克均匀常规喷雾，或对水10～15千克超低容量均匀喷雾。

棉花蚜虫、蓟马　在若虫或幼虫发生始盛期及时喷药。一般每亩次使用22.4%悬浮剂20～30毫升，对水30～45千克均匀喷雾。

柑橘、苹果、葡萄等果树的介壳虫、粉蚧　在害虫卵孵化初期及时开始喷药。一般用22.4%悬浮剂4000～5000倍液均匀喷雾。

梨木虱　在各代若虫孵化初期及时进行喷药，每代喷药1次即可，一般使用22.4%悬浮剂4000～5000倍液均匀喷雾。

【注意事项】本剂以内吸胃毒作用为主，触杀效果较差，喷雾用药时必须均匀周到。注意与不同类型药剂交替使用，以延缓害虫产生抗药性。超低容量喷雾时，混加有机硅类农药助剂可显著提高防治效果。

联 苯 肼 酯

【有效成分】 联苯肼酯（bifenazate）。

【常见商标名称】 爱卡螨。

【主要含量与剂型】 43%悬浮剂。

【理化性质】 联苯肼酯纯品外观为白色固体结晶，溶点为121.5～123.0℃，20℃时水中溶解度为2.1毫克/升。属微毒杀螨剂，原药大鼠急性经口 LD_{50} 大于5000毫克/千克，急性经皮 LD_{50} 大于5000毫克/千克。

【产品特点】 联苯肼酯是一种新型选择性专用杀螨剂，具有杀卵活性和对成螨的击倒活性，无内吸性。其作用机理是对螨类中枢神经传导系统的氨基丁酸受体的独特作用。对螨的各生长发育阶段均有效，持效期约为14天，对捕食性螨影响极小，非常适合于害螨的综合治理。对作物安全。

联苯肼酯可与苯丁锡、四螨嗪等杀螨剂成分混配，生产复配杀螨剂。

【适用作物及防治对象】 联苯肼酯适用于苹果、葡萄、柑橘、草莓等果树，茄子、番茄、辣椒等蔬菜，棉花等作物，对红蜘蛛、白蜘蛛等害螨均具有很好的防治效果。

【使用技术】

苹果、葡萄、柑橘等果树叶螨类 在卵孵化盛期至若螨、幼螨盛发初期及时喷药。一般使用43%悬浮剂2000～3000倍液均匀喷雾。

草莓叶螨 在叶螨发生初期或卵孵化盛期至若螨、幼螨盛发初期及时喷药。一般使用43%悬浮剂2000～3000倍液均匀喷雾。

茄子、番茄、辣椒等蔬菜叶螨 在卵孵化盛期至若螨、幼螨盛发初期及时喷药。一般每亩次使用43%悬浮剂20～40毫升，对水45千克均匀喷雾。

棉花害螨　在卵孵化盛期至若螨、幼螨盛发初期及时喷药。一般每亩次使用43%悬浮剂30～45毫升，对水45～60千克均匀喷雾。

【注意事项】本品没有内吸性，喷药必须做到均匀周到。注意与不同作用机理的药剂混用或交替使用，以延缓害螨产生抗药性。在推荐剂量内对作物安全，不要随意加大用药量。

乙　螨　唑

【有效成分】乙螨唑（etoxazole）。

【常见商标名称】来福禄。

【主要含量与剂型】110克/升悬浮剂。

【理化性质】乙螨唑纯品外观为白色晶体粉末，熔点为101.5～102.5℃，分解温度为293℃，20℃时水中溶解度为0.0704毫克/升。属低毒杀螨剂，原药大鼠急性经口LD_{50}大于5000毫克/千克，急性经皮LD_{50}大于2000毫克/千克。

【产品特点】乙螨唑是一种二苯基噁唑啉衍生物类选择性杀螨剂，以触杀和胃毒作用为主，属几丁质合成抑制剂。主要是抑制螨类的蜕皮过程，对害螨从卵、幼螨、若螨到蛹的不同阶段均有杀伤作用，但对成螨的防治效果较差。对噻螨酮已产生抗性的螨类有很好的防治效果。

【适用作物及防治对象】乙螨唑适用于柑橘、苹果、草莓、瓜果蔬菜、棉花、花卉植物等多种作物，对各类叶螨均有很好的防治效果，如全爪螨、二斑叶螨、山楂叶螨、朱砂叶螨等。

【使用技术】

柑橘、苹果等果树叶螨　在卵孵化高峰期至低龄幼螨期、若螨始盛期及时进行喷药。一般使用110克/升悬浮剂4000～6000倍液均匀喷雾。

草莓叶螨　在叶螨卵孵化高峰期至幼螨期及若螨始盛期及时喷药防治。一般每亩使用110克/升悬浮剂6～8毫升，对水30～

45千克均匀喷雾。

瓜果蔬菜叶螨　在叶螨卵孵化高峰期至低龄幼螨期及若螨始盛期及时喷药。一般每亩使用110克/升悬浮剂8～10毫升，对水45千克均匀喷雾。

棉花红蜘蛛　在卵孵化高峰期至低龄幼螨期及若螨始盛期及时喷药。一般每亩使用110克/升悬浮剂10～15毫升，对水45～60千克均匀喷雾。

花卉等观赏植物叶螨　在叶螨卵孵化高峰期至低龄幼螨期及若螨始盛期及时喷药。药剂喷施倍数同“果树叶螨”。

【注意事项】不能和波尔多液等碱性药剂混用。注意与不同类型杀螨剂交替使用，以延缓害螨产生抗药性。喷药必须及时均匀周到，不能采用灌溉法施药。本剂对蚕毒性较高，用药时应注意对蚕室及桑园的保护。

唑　螨　酯

【有效成分】唑螨酯（fenpyroximate）。

【常见商标名称】霸螨灵、络满脂、喜上梢、红卫、绝秒、满环、满恐、满靓、满钻、施标等。

【主要含量与剂型】5%悬浮剂、20%悬浮剂、28%悬浮剂。

【理化性质】唑螨酯原药为白色蜡状粉末，熔点101.1～102.4℃，20℃时相对密度为1.25克/厘米^3，20℃时水中溶解度为0.0146毫克/升，25℃时甲醇中溶解度为15克/升、丙酮中为150克/升、二氯甲烷中为1307克/升、氯仿中为1197克/升、四氢呋喃中为737克/升。在酸、碱条件下稳定。属中毒杀螨剂，原药大鼠急性经口LD_{50}为480毫克/千克，急性经皮LD_{50}大于2000毫克/千克。

【产品特点】唑螨酯是一种苯氧吡唑类杀螨剂，属线粒体膜电子转移抑制剂，以触杀作用为主，兼有胃毒作用，无内吸性。对多种害螨的各个生育期均有良好的防治效果，速效性好，持效期较长。高剂量时可直接杀死螨类，低剂量时通过抑制螨类脱皮或产卵而导致死亡。与其他类型药剂无交互抗性。

唑螨酯可与阿维菌素、四螨嗪、三唑锡、炔螨特等杀螨剂成分混配，生产复配杀螨剂。

【适用作物及防治对象】唑螨酯适用于柑橘、苹果、葡萄、啤酒花、棉花等多种作物，对红蜘蛛、锈壁虱等害螨具有良好的防治效果。

【使用技术】

苹果、柑橘、葡萄等果树的红蜘蛛、锈壁虱　在越冬卵孵化高峰期、或越冬成螨出蛰始盛期及时喷药，也可在螨类的各发育阶段当发生量达到防治指标时及时喷药。一般使用5%悬浮剂1000～1500倍液，或20%悬浮剂4000～6000倍液，或28%悬浮剂6000～8000倍液均匀喷雾，持效期可达30天左右。

啤酒花叶螨　在害螨发生初盛期开始及时喷药。一般每亩次使用5%悬浮剂30～40毫升，或20%悬浮剂8～10毫升，或28%悬浮剂6～8毫升，对水45～60千克均匀喷雾。

棉花叶螨　在卵孵化高峰期至幼螨、若螨始盛期及时喷药。一般每亩次使用5%悬浮剂20～40毫升，或20%悬浮剂5～10毫升，或28%悬浮剂5～8毫升，对水30～45千克均匀喷雾。

【注意事项】可与波尔多液等多种农药混用，但不能与石硫合剂等强碱性农药混用。注意与不同类型杀螨剂交替使用或混用，以延缓害螨产生抗药性，且每季作物上建议只使用1次。药液不能污染河流、池塘及水源地。果树上的安全采收间隔期为25天。

四 聚 乙 醛

【有效成分】四聚乙醛（metaldehyde）。

【常见商标名称】螺怕、梅塔、密达、密塔、添诺、涡达、涡特、星芽等。

【主要含量与剂型】6%颗粒剂、10%颗粒剂、80%可湿性粉剂。

【理化性质】四聚乙醛纯品为无色晶体，熔点246℃，17℃时水中溶解度为200克/升，溶于苯和氯仿，少量溶于乙醇和乙醚。加热缓慢解聚，超过80℃时加快。属中等毒杀软体动物药剂，原药大鼠急性经口LD_{50}为283毫克/千克，急性经皮LD_{50}大于5000毫克/千克。

【产品特点】四聚乙醛是一种杀软体动物药剂，以胃毒作用为主，能够使目标害虫分泌大量黏液，不可逆转地破坏其黏液细胞，进而导致害虫因脱水而死亡。本剂对福寿螺有一定的引诱作用。植物体不能吸收，也不会在植物体内积累。对人畜中等毒。

四聚乙醛可与杀螺胺、甲萘威等活性成分混配，用于生产复配药剂。

【适用作物及防治对象】四聚乙醛主要应用于水稻、蔬菜、烟草、棉花等作物，用于防治福寿螺、蜗牛及蛞蝓等软体动物。

【使用技术】四聚乙醛制剂专用于撒施或喷雾处理。

水稻田福寿螺 水稻插秧后1天内，一般每亩次均匀撒施6%颗粒剂400～550克，或10%颗粒剂250～300克。药后7天内保持水层2～5厘米。每季最多施药3次。

蔬菜的蜗牛、蛞蝓 从初见为害时开始用药。一般每亩次均匀撒施6%颗粒剂400～600克，或10%颗粒剂250～300克，用药后保持一定的土壤湿度。也可每亩次使用80%可湿性粉剂30～50克，对水45千克均匀喷雾。

棉花的蜗牛、蛞蝓 在傍晚或早晨蜗牛、蛞蝓活动频繁时施药。一般每亩次使用6%颗粒剂400～600克，或10%颗粒剂250～300克均匀撒施，或使用80%可湿性粉剂30～50克对水

30～45 千克喷淋。

烟草的蜗牛、蛞蝓　烟草苗期，初见为害时开始用药。药剂使用量及使用方法同“蔬菜蜗牛”的防治。

【注意事项】药剂应存储于干燥、适温环境下，温度过高、潮湿容易解聚失效。忌用铁容器包装。本剂对有些鸟类毒性较高，使用过程中应加注意。瓜类对本剂敏感，易产生药害。

第二节　混配制剂

高氯·甲维盐

【有效成分】高效氯氰菊酯（beta-cypermethrin）＋甲氨基阿维菌素苯甲酸盐（emamectin benzoate）。

【常见商标名称】爱禾、虫保、虫秋、虫帅、法标、金功、金克、珏妙、快佳、锐驰、优钻、展博、甲维剑、九环刀、青极克等。

【主要含量与剂型】3.2%（3%＋0.2%）微乳剂、4%（3.7%＋0.3%）微乳剂、5%（4.5%＋0.5%）微乳剂、4.2%（4%＋0.2%）水乳剂、5%（4%＋1%）水乳剂、2%（1.9%＋0.1%）乳油、4.2%（4%＋0.2%）乳油。括号内的数字及顺序均为高效氯氰菊酯的含量加甲氨基阿维菌素苯甲酸盐的含量。

【理化性质】高效氯氰菊酯纯品为白色至奶油色结晶，熔点64～71℃，微溶于水，可溶于异丙醇、二甲苯、二氯甲烷、丙酮、乙酸乙酯等；在酸性及中性条件下稳定，在强碱性条件下易水解。属中毒杀虫剂，原药大鼠急性经口 LD_{50} 为 649 毫克/千克，急性经皮 LD_{50} 大于 1830 毫克/千克，对水生动物、蜜蜂、蚕有毒。

甲氨基阿维菌素苯甲酸盐纯品为白色或淡黄色粉未晶体，熔点 141～146℃，微溶于水，可溶于丙酮、甲苯，对紫外光不稳定。原药高毒、制剂低毒，原药大鼠急性经口 LD_{50} 为 126 毫克/

千克，急性经皮 LD_{50} 为 126 毫克/千克，对鱼高毒、对蜜蜂有毒。

【产品特点】高氯·甲维盐是由高效氯氰菊酯与甲氨基阿维菌素苯甲酸盐混配的一种高效广谱中毒杀虫剂，以触杀和胃毒作用为主。渗透性强，耐雨水冲刷，使用安全。高效氯氰菊酯为拟除虫菊酯类广谱性杀虫成分，杀虫谱广，击倒速率快，生物活性高，作用于害虫神经系统的钠离子通道，使害虫过度兴奋、麻痹而死亡。甲氨基阿维菌素苯甲酸盐为微生物源杀虫成分，高效、广谱、渗透性强，持效期长，作用于害虫运动神经信息传递系统，使害虫麻痹而死亡。两者混配，优势互补，协同增效，并能显著延缓害虫产生抗药性，是害虫抗性治理的优势组合之一。

【适用作物及防治对象】高氯·甲维盐主要应用于十字花科蔬菜、烟草、棉花、果树等作物，用于防治鳞翅目害虫，如小菜蛾、菜青虫、甜菜夜蛾、斜纹夜蛾、甘蓝夜蛾、造桥虫、烟青虫、棉铃虫、卷夜蛾等。

【使用技术】

十字花科蔬菜小菜蛾、菜青虫、甜菜夜蛾、斜纹夜蛾、甘蓝夜蛾、造桥虫等　在害虫卵孵化初期至低龄幼虫期或害虫发生初期开始喷药，7 天左右 1 次，连喷 2～3 次。一般每亩次使用 3.2%微乳剂 60～70 毫升，或 4.2%乳油 40～60 毫升，或 5%微乳剂 20～30 毫升，或 5%水乳剂 20～25 毫升，对水 30～45 千克均匀喷雾。

烟草烟青虫　从害虫发生初期或卵孵化期至低龄幼虫期开始喷药，7 天左右 1 次，连喷 2～3 次。一般每亩次使用 3.2%微乳剂 60～80 毫升，或 4.2%乳油 40～60 毫升，或 4.2%水乳剂 35～45 毫升，或 5%微乳剂 20～30 毫升，对水 45～60 千克均匀喷雾。

棉花棉铃虫　在卵孵化盛期至幼虫钻蛀蕾铃前喷药防治，一般每亩次使用 3.2%微乳剂 80～100 毫升，或 4.2%乳油 60～80

毫升，或5%微乳剂或水乳剂30～40毫升，对水45～60千克均匀喷雾。

苹果、桃卷叶蛾　从害虫发生初期或卷叶前开始喷药防治，一般使用3.2%微乳剂1000～1200倍液，或4.2%乳油1200～1500倍液，或5%微乳剂或水乳剂1500～2000倍液均匀喷雾。

高氯·甲维盐主要在害虫发生初期或幼虫低龄期进行喷雾，使用剂量根据两组分的不同配比而不同，一般甲氨基阿维菌素苯甲酸盐含量越高使用倍数越高，相对用量越少。但具体用药量应根据实际情况灵活掌握。喷雾要做到均匀、周到。

【注意事项】不能与碱性药剂混用，喷药尽量均匀周到。本剂对鱼类、蜜蜂、家蚕有毒，不能在蜂场、桑园及周边地区使用，并避免药液污染河流、鱼塘等水域。一般作物的安全采收间隔期为10天。

氯氰·毒死蜱

【有效成分】氯氰菊酯（cypermethrin）＋毒死蜱（chlorpyrifos）。

【常见商标名称】农地乐、好灭丹、穿敌、毒龙、毒露、断钻、戈榜、格伦、劲雷、强雷、雷创、谋钻、锐除、锐刀、善打、田盾、透胜、华特钻雷、亿马天龙、标正虫农特、瑞德丰农迪特等。

【主要含量与剂型】22%（2%＋20%）乳油、25%（2.5%＋22.5%）乳油、50%（5%＋45%）乳油、52.25%（4.75%＋47.5%）乳油、55%（5%＋50%）乳油、522.5克/升（47.5＋475）乳油、55%（5%＋50%）水乳剂、44.5%（3%＋41.5%）微乳剂。括号内的数字及顺序均为氯氰菊酯的含量加毒死蜱的含量。

【理化性质】氯氰菊酯纯品为棕黄色至深红色黏稠半固体，熔点60～80℃，难溶于水，易溶于酮类、醇类及芳烃类溶剂，对热稳定，在中性、酸性条件下稳定，强碱条件下水解。属中毒杀虫剂，原药大鼠急性经口 LD_{50} 为 250～4150 毫克/千克，急性经皮 LD_{50} 大于 4920 毫克/千克。

毒死蜱纯品为白色结晶固体，溶点 42.5～43℃，几乎不溶于水，可溶于丙醇、苯、二甲苯、甲醇等有机溶剂。属中毒杀虫剂，原药大鼠急性经口 LD_{50} 为 135～163 毫克/千克，急性经皮 LD_{50} 大于 2000 毫克/千克，对皮肤有明显刺激，长时间接触会产生灼伤。

【产品特点】 氯氰·毒死蜱是由氯氰菊酯与毒死蜱混配的一种广谱高效中毒杀虫剂，具有毒死蜱和氯氰菊酯的双重优点，以胃毒、触杀作用为主，兼有熏蒸作用，药效迅速，对光、热稳定，使用安全，但对家蚕、鸟类、鱼类、蜜蜂高毒。两者混配具有显著的协同增效作用。氯氰菊酯以触杀和胃毒作用为主，具有良好的击倒和忌避效果，通过干扰昆虫的神经系统，使昆虫过度兴奋、麻痹而死亡。能有效防治多种害虫的成虫、幼虫，并对某些害虫的卵具有杀伤作用，持效期较长。毒死蜱具有触杀、胃毒和熏蒸作用，无内吸作用，持效期较短，残留量低，通过影响害虫乙酰胆碱酯酶的活性，使害虫持续兴奋、麻痹而死亡。

【适用作物及防治对象】 氯氰·毒死蜱广泛适用于苹果、梨、桃、枣、柑橘、荔枝、龙眼、十字花科蔬菜、果菜类蔬菜、瓜类蔬菜、水稻、棉花、小麦、豆类等作物。对小菜蛾、菜青虫、甜菜夜蛾、斜纹夜蛾、甘蓝夜蛾、烟青虫、棉铃虫、卷夜蛾、豆荚螟、蒂蛀虫、尖细蛾、潜叶蛾、斑潜蝇、食心虫类、蚜虫类、蚧壳虫类、金龟子类、蟠象、尺蠖、叶甲、跳甲、苹果绵蚜、梨星毛虫、梨网蝽、刺蛾、毛虫、梨木虱、枣瘿蚊、枣尺蠖、造桥虫等害虫均具有良好的防治效果。

【使用技术】

苹果害虫 防治苹果绵蚜、卷叶蛾时，在花序分离后至开花前和落花后喷药，兼防蚧壳虫、苹果瘤蚜；防治食心虫时，在卵期至幼虫钻蛀前喷药；防治绣线菊蚜时，在蚜虫数量较多时或开始上果时开始喷药；防治食叶毛虫、刺蛾时，在低龄幼虫期喷药。一般使用 22%乳油 800～1000 倍液，或 25%乳油 1000～1200 倍液，或 50%乳油或 52.25%乳油或 522.5 克/升乳油或 55%乳油或水乳剂 2000～2500 倍液，或 44.5%微乳剂 1500～2000 倍液均匀喷雾。

梨树害虫　防治梨木虱成虫时，在萌芽期的晴朗无风天和各代成虫发生期进行；防治梨木虱若虫时，在各代若虫孵化后至未被黏液完全覆盖前（或落花后、落花后 1.5 个月、落花后 2.5 个月各 1 次）喷药；防治梨星毛虫时，在幼虫发生初期开始喷药；防治食心虫时，在卵期至幼虫钻蛀前喷药；防治梨网蝽时，在害虫发生初期开始喷药；防治黄粉蚜虫，华北梨区在 5 月中下旬至 6 月下旬喷药防治，7～10 天 1 次，连喷 3 次左右。药剂喷施倍数同“苹果害虫”。

桃害虫　防治蚜虫时，萌芽后开花前、落花后、落花后 10 天各喷药 1 次，兼防卷叶蛾；防治桃线潜叶蛾时，在初见虫道时开始喷药；防治食心虫时，在卵期至幼虫钻蛀前喷药。药剂喷施倍数同“苹果害虫”。

枣害虫　防治枣尺蠖、食芽象甲、绿盲蝽、枣瘿蚊时，从萌芽期开始喷药，7～10 天 1 次，连喷 2～3 次；防治造桥虫时，在害虫发生初期开始喷药；防治食心虫时，在卵期至幼虫钻蛀前喷药。药剂喷施倍数同“苹果害虫”。

柑橘害虫　防治潜叶蛾时，在各季新梢抽生期的初见虫道时各喷药 1 次；防治蚧壳虫时，在初孵若虫期进行喷药。一般使用 22%乳油 600～800 倍液，或 25%乳油 800～1000 倍液，或 50%乳油或 52.25%乳油或 522.5 克/升乳油或 55%乳油或水乳剂 1500～2000 倍液，或 44.5%微乳剂 1200～1500 倍液均匀喷雾。

荔枝、龙眼害虫　防治蒂蛀虫时，在采收前 20 天喷药 1 次；

防治荔枝蝽象时，开花前、谢花后各喷药1次；防治荔枝介壳虫时，从幼蚧高峰期开始喷药；防治荔枝尖细蛾时，在新梢抽发至嫩叶展开时进行喷药。喷药倍数同“柑橘害虫”。

瓜果蔬菜害虫 防治鳞翅目害虫时，在卵孵化盛期至低龄幼虫期进行喷药；防治蚜虫、叶甲、跳甲、斑潜蝇时，从害虫发生初盛期开始喷药。一般每亩次使用22%乳油100～150毫升，或25%乳油80～120毫升，或50%乳油或52.25%乳油或522.5克/升乳油或55%乳油或水乳剂40～60毫升，或44.5%微乳剂50～75毫升，对水30～60千克均匀喷雾。

棉花害虫 防治棉铃虫时，在卵孵化期至幼虫钻蛀蕾铃前喷药；防治蚜虫、绿盲蝽、象甲时，在害虫发生初盛期开始喷药。一般每亩次使用22%乳油200～250毫升，或25%乳油150～200毫升，或50%乳油或52.25%乳油或522.5克/升乳油或55%乳油或水乳剂70～100毫升，或44.5%微乳剂100～125毫升，对水45～60千克均匀喷雾。

水稻、小麦、豆类害虫 从害虫发生初期或初盛期开始喷药。一般每亩次使用22%乳油100～150毫升，或25%乳油80～100毫升，或50%乳油或52.25%乳油或522.5克/升乳油或55%乳油或水乳剂40～60毫升，或44.5%微乳剂50～70毫升，对水30～45千克均匀喷雾。

【注意事项】不能与碱性农药混用。本剂可能对某些桃品种及瓜苗敏感，不要随意加大使用剂量。该药对鱼类有毒，避免药液污染河流、湖泊、池塘等水域；对蜜蜂、家蚕高毒，使用中应特别注意。

阿维·高氯

【有效成分】阿维菌素（abamectin）＋高效氯氰菊酯（beta-cypermethrin）。

【常见商标名称】巴将军、蚕虎净、虫螨克、吊无踪、蛾毙吊、蛾灭顶、黄金剑、双劫棍、星之杰、兴侬保、保打、贝雷、标灵、封潜、高营、好清、惠打、金斩、骏锐、卡道、夸尔、猎青、灭吊、诺丹、诺捷、齐锐、拳倒、刃斩、锐敏、锐刃、收伏、蔬奇、双拳、速纯、速溃、索潜、泰升、透捕、迅极、银剑、阿维新索朗、乐土顽虫敌、丰邦虫蜕清、诺普信金巧、诺普信金福丁等。

【主要含量与剂型】 1.8%（0.3%＋1.5%）乳油、2%（0.2%＋1.8%）乳油、3%（0.2%＋2.8%）乳油、6%（0.4%＋5.6%）乳油、2.4%（0.3%＋2.1%）可湿性粉剂、6.3%（0.7%＋5.6%）可湿性粉剂、1.8%（0.3%＋1.5%）水乳剂、7%（1%＋6%）微乳剂。括号内的数字及顺序均为阿维菌素的含量加高效氯氰菊酯的含量。

【理化性质】 阿维菌素属农用抗生素类杀虫、杀螨剂，原药为白色或黄色结晶，熔点150～155℃，基本不溶于水，可溶于丙酮、甲苯、异丙醇、氯仿等有机溶剂，对热稳定，对光、强酸、强碱不稳定。原药高毒,原药大鼠急性经口LD_{50}为10毫克/千克，兔急性经皮LD_{50}大于2000毫克/千克，对蜜蜂和水生生物高毒，对鸟类低毒。

高效氯氰菊酯纯品为白色至奶油色结晶，熔点64～71℃（峰值67℃）；微溶于水，可溶于异丙醇、二甲苯、二氯甲烷、丙酮、乙酸乙酯等；在酸性及中性条件下稳定，在强碱性条件下易水解，热稳定性良好。中等毒性，原药大鼠急性经口LD_{50}为649毫克/千克，急性经皮LD_{50}大于1830毫克/千克，对水生动物、蜜蜂、蚕有毒。

【产品特点】 阿维·高氯是阿维菌素与高效氯氰菊酯混配的广谱中毒杀虫剂，以触杀和胃毒作用为主。该药将阿维菌素与高效氯氰菊酯的优点系统地组合在一起，既具有阿维菌素渗透性强，持效期长的特点，又具有高效氯氰菊酯杀虫速度快，杀虫谱广的特点，是不可多得的优良混配制剂之一。制剂药效迅速，使用安全，但对鸟类、鱼类、蜜蜂高毒。

【适用作物及防治对象】阿维·高氯主要应用于瓜果蔬菜、苹果、梨树、柑橘等作物，对小菜蛾、菜青虫、甜菜夜蛾、斜纹夜蛾、斑潜蝇、卷叶蛾、食叶毛虫类、梨木虱、柑橘潜叶蛾等害虫均具有很好的防治效果。

【使用技术】

瓜果蔬菜害虫 防治小菜蛾、菜青虫、甜菜夜蛾、斜纹夜蛾时，在害虫卵孵化盛期至低龄幼虫期喷药；防治斑潜蝇时，从初见虫道时开始喷药。一般每亩次使用1.8%乳油或水乳剂40～60毫升，或2%乳油50～70毫升，或3%乳油40～50毫升，或6%乳油20～25毫升，或2.4%可湿性粉剂30～50克，或6.3%可湿性粉剂10～15克，或7%微乳剂10～14毫升，对水30～60千克均匀喷雾。

苹果害虫 防治卷叶蛾时，在害虫发生初期或幼虫卷叶前喷药；防治食叶毛虫类时，在低龄幼虫期喷药。一般使用1.8%乳油或水乳剂1500～1800倍液，或2%乳油1400～1600倍液，或3%乳油1500～2000倍液，或6%乳油2500～3000倍液，或2.4%可湿性粉剂1600～1800倍液，或6.3%可湿性粉剂3000～3500倍液，或7%微乳剂3500～4000倍液均匀喷雾。

梨木虱 在幼虫孵化期至若虫未被黏液完全覆盖前喷药防治，药剂喷施倍数同“苹果害虫”。

柑橘潜叶蛾 在各季新梢抽生期的初见虫道时开始喷药，药剂喷施倍数同“苹果害虫”。

【注意事项】阿维·高氯是一种混配制剂，使用时无需再与其他杀虫剂混用。用药时不要污染蜂场，也不要在果树花期应用。药液不能污染江河、湖泊及养鱼水域。

阿维·氟铃脲

【有效成分】阿维菌素（abamectin）＋氟铃脲（hexaflumuron）。

【常见商标名称】新铃美、金安泰、打螟纵等。

【主要含量与剂型】2.5%（0.4%+2.1%；0.2%+2.3%）乳油、3%（1%+2%）乳油、5%（2%+3%）乳油、3%（0.5%+2.5%）可湿性粉剂、11%（1%+10%）水分散粒剂。括号内的数字及顺序均为阿维菌素的含量加氟铃脲的含量。

【理化性质】阿维菌素原药为白色或黄色结晶，熔点150～155℃，基本不溶于水，可溶于丙酮、异丙醇、氯仿等有机溶剂，对热稳定，对光、强酸、强碱不稳定。原药高毒，原药大鼠急性经口LD_{50}为10毫克/千克，兔急性经皮LD_{50}大于2000毫克/千克。

氟铃脲纯品为无色固体，熔点202～205℃，18℃时水中溶解度为0.027毫克/升，碱性条件下易分解。属低毒杀虫剂，原药大鼠急性经口LD_{50}大于5000毫克/千克，急性经皮LD_{50}大于5000毫克/千克。

【产品特点】阿维·氟铃脲是由阿维菌素与氟铃脲按一定比例混配的一种复配杀虫剂，以胃毒作用为主，兼有一定的触杀作用，速效性好，持效期长。

阿维菌素是一种农用抗菌素，属昆虫神经毒剂，具有触杀和胃毒作用及微弱的熏蒸作用，无内吸性，但对叶片有很强的渗透作用，持效期长。其作用机理是干扰害虫神经生理活动，刺激释放γ-氨基丁酸，抑制害虫神经传导，导致害虫在几小时内迅速麻痹、拒食、缓动或不动，2～4天后死亡。该药杀虫谱广，使用安全，害虫不易产生抗药性，且因植物表面残留少而对益虫及天敌损伤小。氟铃脲是一种酰基脲类杀虫剂，属昆虫生长调节剂类，通过抑制昆虫几丁质合成而杀死害虫。杀虫谱较广，击倒力强，并有较高的接触杀卵活性，特别对鳞翅目害虫效果好。

【适用作物及防治对象】阿维·氟铃脲适用于瓜果蔬菜、棉花、水稻等多种作物，主要用于防治鳞翅目害虫，如小菜蛾、甜菜夜蛾、斜纹夜蛾、甘蓝夜蛾、菜青虫、棉铃虫、红铃虫、稻纵卷叶螟等。

【使用技术】

瓜果蔬菜的小菜蛾、甜菜夜蛾、斜纹夜蛾、甘蓝夜蛾、菜青虫 在害虫卵孵化盛期至低龄幼虫期及时喷药。一般每亩次使用11%水分散粒剂20～30克，或2.5%乳油60～100毫升，或3%乳油50～70毫升，或3%可湿性粉剂50～80克，或5%乳油35～45毫升，对水45千克均匀喷雾。

棉花棉铃虫、红铃虫 在害虫卵孵化盛期至幼虫钻蛀为害前及时喷药。药剂使用量同“瓜果蔬菜害虫”的防治。

水稻稻纵卷叶螟 在低龄幼虫盛发初期或卷苞1～2厘米时及时喷药。一般每亩次使用11%水分散粒剂20～30克，或2.5%乳油60～80毫升，或3%乳油50～70毫升，或3%可湿性粉剂50～80克，或5%乳油35～45毫升，对水30～45千克均匀喷雾。

【注意事项】不能与强酸、强碱性药剂混用。本剂虽有一定渗透作用，但无内吸性，所以喷药时应力求均匀周到。对家蚕高毒，应远离蚕桑种养区域。

阿维·苏云菌

【有效成分】阿维菌素（abamectin）＋苏云金杆菌（bacillus thuringiensis）。

【常见商标名称】吊打、疏胜、疏泰、强敌318、森木得保等。

【主要含量与剂型】（0.1%阿维菌素＋100亿活芽孢/克苏云金杆菌）可湿性粉剂、2%（0.1%阿维菌素＋1.9%苏云金杆菌）可湿性粉剂。

【理化性质】阿维菌素原药为白色或黄色结晶，熔点150～155℃，基本不溶于水，可溶于丙酮、异丙醇、氯仿等有机溶剂，对热稳定，对光、强酸、强碱不稳定。原药高毒，原药大鼠急性经口

LD_{50}为 10 毫克/千克，兔急性经皮LD_{50}大于 2000 毫克/千克。

苏云金杆菌是一种细菌性生物杀虫剂，原药为黄褐色固体，属好气性蜡状芽孢杆菌群，在芽孢囊内产生晶体，分为 12 个血清型、17 个变种。干粉在 40℃以下稳定，碱性介质中分解。属低毒杀虫剂，对人无毒性反应。

【产品特点】阿维·苏云菌是由阿维菌素与苏云金杆菌按一定比例混配的一种复合型杀虫剂，以胃毒作用为主，无内吸传导性，低毒低残留，不污染环境，持效期较长，使用安全，专用于防治鳞翅目害虫。

阿维菌素是一种农用抗菌素，属昆虫神经毒剂，具有触杀和胃毒作用及微弱的熏蒸作用，无内吸性，但对叶片有很强的渗透作用，持效期长。其作用机理是干扰害虫神经生理活动，刺激释放γ—氨基丁酸，抑制害虫神经传导，致使害虫在几小时内迅速麻痹、拒食、缓动或不动，2～4 天后死亡。该药杀虫谱广，使用安全，害虫不易产生抗药性。苏云金杆菌是一类产晶体的芽孢杆菌，可产生内毒素（伴胞晶体）和外毒素，鳞翅目幼虫取食后引起肠道上皮细胞麻痹、损伤并停止取食，造成细菌的营养细胞易于侵袭和穿透肠道底膜进入血淋巴，最后使害虫因饥饿和败血症而死亡。

【适用作物及防治对象】阿维·苏云菌广泛适用于水稻、玉米、棉花、瓜果蔬菜、茶树、烟草、枣树等作物，专用于防治鳞翅目害虫，如稻纵卷叶螟、稻苞虫、玉米螟、黏虫、棉铃虫、红铃虫、斜纹夜蛾、甜菜夜蛾、甘蓝夜蛾、小菜蛾、菜青虫、茶尺蠖、烟青虫、枣尺蠖等。

【使用技术】

水稻稻纵卷叶螟、稻苞虫 在幼虫发生初期至初盛期及时喷药。一般每亩次使用（0.1%阿维菌素+100 亿活芽孢/克苏云金杆菌）可湿性粉剂 100～120 克，或 2%可湿性粉剂 80～100 克，对水 30～45 千克均匀喷雾。

玉米螟虫　在害虫卵孵化盛期至低龄幼虫盛发初期及时喷药。一般每亩次使用（0.1%阿维菌素+100亿活芽孢/克苏云金杆菌）可湿性粉剂50～60克，或2%可湿性粉剂40～50克，对水30～45千克均匀喷淋喇叭芯。

棉花棉铃虫、红铃虫　在害虫卵孵化盛期至低龄幼虫钻蛀为害前及时喷药。一般每亩次使用（0.1%阿维菌素+100亿活芽孢/克苏云金杆菌）可湿性粉剂80～100克，或2%可湿性粉剂60～80克，对水45～60千克均匀喷雾。

瓜果蔬菜的小菜蛾、斜纹夜蛾、甜菜夜蛾、甘蓝夜蛾、菜青虫　在害虫卵孵化盛期至低龄幼虫期及时喷药。一般每亩次使用（0.1%阿维菌素+100亿活芽孢/克苏云金杆菌）可湿性粉剂80～100克，或2%可湿性粉剂75～100克，对水45千克均匀喷雾。

茶树茶尺蠖、茶毛虫　在害虫卵孵化盛期至低龄幼虫期及时喷药。一般使用（0.1%阿维菌素+100亿活芽孢/克苏云金杆菌）可湿性粉剂800～1000倍液，或2%可湿性粉剂1000～1200倍液均匀喷雾。

烟草烟青虫　在害虫卵孵化盛期至低龄幼虫期及时喷药。药剂使用量及方法同“瓜果蔬菜的小菜蛾”防治。

枣树尺蠖　在低龄幼虫发生期及时喷药。一般使用（0.1%阿维菌素+100亿活芽孢/克苏云金杆菌）可湿性粉剂1000～1200倍液，或2%可湿性粉剂1000～1500倍液均匀喷雾。

【注意事项】不能与有机磷类杀虫剂混用，也不能与强酸、强碱性药剂混用。本剂对家蚕高毒，严禁在养蚕区域使用。药液应现配现用，不宜久放。

噻嗪·异丙威

【有效成分】噻嗪酮（buprofezin）+异丙威（isoprocarb）。

【常见商标名称】吡蚜宁、大虱鬼、倒飞师、富春江、富收灵、蚧虱宁、扑保特、吡赛、博奇、大飞、道客、稻卫、多捕、飞敌、飞定、皇炮、剿飞、禁飞、酷杀、猛除、巧网、赛田、飞虱威雷、乐士禾標等。

【主要含量与剂型】25%（5%+20%；7%+18%）可湿性粉剂、25%（5%+20%）乳油、30%（7.5%+22.5%）乳油、60%（12%+48%）可湿性粉剂。括号内的数字及顺序均为噻嗪酮的含量加异丙威的含量。

【理化性质】噻嗪酮纯品为无色结晶，熔点为104.5～105.5℃，可溶于丙酮、三氯甲烷、乙醇、甲苯、正己烷等有机溶剂，难溶于水，对酸、碱、光、热稳定。属低毒杀虫剂，原药大鼠急性经口LD_{50}为2198毫克/千克，急性经皮LD_{50}大于5000毫克/千克，对水生动物、家蚕及天敌安全，对蜜蜂无直接作用。异丙威纯品为无色晶体，熔点93～96℃，微溶于水，易溶于丙酮、甲醇。属中毒杀虫剂，原药大鼠急性经口LD_{50}为450毫克/千克，急性经皮LD_{50}为500毫克/千克，对蜜蜂有毒。

【产品特点】噻嗪·异丙威是由噻嗪酮和异丙威按一定比例混配的一种复合型选择性中毒杀虫剂，对害虫以触杀作用为主，并有一定的胃毒作用。噻嗪酮属特异性杀虫剂，其杀虫机理是抑制昆虫几丁质合成和干扰新陈代谢，致使若虫蜕皮畸形或翅畸形而缓慢死亡，一般施药后3～7天才能看到效果，对成虫没有直接杀伤作用，但可缩短其寿命，较少产卵量，且所产卵多为不育卵，即使孵化的若虫也很快死亡，持效期可达30天以上。异丙威属氨基甲酸酯类杀虫剂，主要通过抑制昆虫体内乙酰胆碱酯酶的活性，使昆虫过度兴奋、麻痹而死亡，杀虫作用迅速，击倒力强，但持效期短，只有3～5天。两者混配，优势互补，协同增效，混剂速效性好、击倒力强、持效期长，且有延缓害虫产生抗药性的功效。

【适用作物及防治对象】噻嗪·异丙威主要应用于水稻，对稻飞虱和叶蝉类具有良好的防治效果。

【使用技术】噻嗪·异丙威主要应用于喷雾，从害虫盛发初期或虫量开始较快增多时开始喷药，7天左右1次，连喷2～3次。一般每亩次使用25%可湿性粉剂120～150克，或25%乳油120～150毫升，或30%乳油70～100毫升，或60%可湿性粉剂40～60克，对水45～60千克均匀喷雾，重点喷洒植株中下部。

【注意事项】噻嗪·异丙威不能与碱性药剂混用。喷药应及时均匀周到，以保证防治效果。不宜在白菜、萝卜等十字花科蔬菜及薯类作物上直接喷雾，以免产生药害。本剂应用前、后10天不能应用敌稗。

杀单·氟酰胺

【有效成分】杀虫单（thiosultap-monosodium）+氟苯虫酰胺（flubendiamide）。

【常见商标名称】龙灯稻惠。

【主要含量与剂型】80%（76.4%杀虫单+3.6%氟苯虫酰胺）可湿性粉剂。

【理化性质】杀虫单纯品为针状结晶，熔点142～143℃，工业品为无定形颗粒状固体或白色、淡黄色粉末，有吸湿性，易溶于水，可溶于甲醇、乙醇、二甲基甲酰胺、二甲基亚砜，不溶于四氯化碳、苯、乙酸乙酯。属中等毒杀虫剂，原药小鼠急性经口LD_{50}为89.9毫克/千克，大鼠急性经皮LD_{50}为451毫克/千克，对家蚕毒性很高。

氟苯虫酰胺纯品为白色晶状粉末，无特殊气味，熔点218.5～220.7℃，微溶于水，在pH值4～9范围内几乎没有水解。属低毒杀虫剂，原药大鼠急性经口LD_{50}大于5000毫克/千克，急性经皮LD_{50}大于2000毫克/千克。

【产品特点】杀单·氟酰胺是由杀虫单和氟苯虫酰胺按科学比例混配的一种低毒复合杀虫剂，对鳞翅目害虫有很好的防治效果，具有胃毒、触杀和内吸传导作用及一定的熏蒸作用，速效性较快，持效期较长，与现有杀虫剂无交互抗性，适用于抗性害虫的综合治理。

杀虫单属沙蚕毒素类杀虫剂，进入昆虫体内迅速转化为沙蚕毒素或二氢沙蚕毒素，通过抑制乙酰胆碱酯酶活性而发挥药效，具有较强的触杀、胃毒和内吸传导作用，主要用于防治鳞翅目害虫，对天敌影响小，无残毒，不污染环境，对鱼类低毒。氟苯虫酰胺是一种新型邻苯二甲酰胺类杀虫剂，以胃毒作用为主，兼有触杀作用，通过激活细胞内钙释放通道，使细胞内钙离子呈失控性释放，导致害虫身体逐渐萎缩、活动迟缓、不能取食、最终饥饿而死亡。该药作用较快，持效期较长，耐雨水冲刷，对鳞翅目害虫有突出防效。

【适用作物及防治对象】杀单·氟酰胺主要应用于水稻、甘蔗、姜等单子叶作物，用于防治二化螟、三化螟、稻纵卷叶螟、稻苞虫、蔗螟、姜螟等鳞翅目害虫。

【使用技术】

水稻的二化螟、三化螟、稻纵卷叶螟、稻苞虫　在害虫卵孵化盛期至低龄幼虫钻蛀前或包叶前及时喷药。一般每亩次使用80%可湿性粉剂50～70克，对水30～45千克均匀喷雾。防治稻纵卷叶螟时10～15天后可再喷药1次，防治二化螟时可在20～25天后再喷药1次。

甘蔗螟虫　在甘蔗封行前，害虫卵孵化盛期至低龄幼虫钻蛀前及时喷药。一般每亩次使用80%可湿性粉剂60～100克，对水45～60千克均匀喷雾。

姜螟　从害虫发生初期开始喷药，15天左右1次，连喷1～2次。一般每亩次使用80%可湿性粉剂40～60克，对水30～45千克均匀喷雾。

【注意事项】不能与碱性药剂混用。防治水稻螟虫时，施药后最好保持田间水层3～5厘米深3～5天。本剂对家蚕高毒，家蚕养殖区及桑园附近严禁使用。棉花上使用会产生药害。

甲维·虫酰肼

【有效成分】 甲氨基阿维菌素苯甲酸盐（emamectin benzoate）+虫酰肼（tebufenozide）。

【常见商标名称】 得众、禾康、凯帅、终灭、双合心等。

【主要含量与剂型】 10.5%（0.5%+10%）乳油、8.2%（0.2%+8%）乳油、25%（1%+24%）悬浮剂。括号内的数字及顺序均为甲氨基阿维菌素苯甲酸盐的含量加虫酰肼的含量。

【理化性质】 甲氨基阿维菌素苯甲酸盐是从发酵产品阿维菌素B1组分进一步合成的一种高效半合成抗生素类杀虫剂，纯品外观为白色或淡黄色粉末晶体，熔点141～146℃，溶于丙酮、甲苯，微溶于水，对紫外光不稳定。属中等毒杀虫剂，原药大鼠急性经口LD_{50}为126毫克/千克，急性经皮LD_{50}为126毫克/千克。

虫酰肼纯品为灰白色粉末，熔点191℃，不溶于水，微溶于有机溶剂，对光稳定。属低毒杀虫剂，原药大鼠急性经口LD_{50}大于5000毫克/千克，急性经皮LD_{50}大于5000毫克/千克。

【产品特点】 甲维·虫酰肼是由甲氨基阿维菌素苯甲酸盐和虫酰肼按一定比例混配的一种高效广谱复合杀虫剂，以胃毒作用为主，害虫取食附有药液的作物后1～2天停止为害，3～4天达到死亡高峰，持效期可达10～15天。混剂低毒低残留，使用安全，对环境没有不良影响。

甲氨基阿维菌素苯甲酸盐是一种高效广谱杀虫剂，以胃毒作用为主，兼有触杀活性，对作物无内吸性，但可渗入作物的表皮组织，耐雨水冲刷，持效期较长。其作用机理是阻碍害虫运动神经信息传递，而使虫体麻痹、死亡。害虫接触药剂后很快停止取食，3～4天内达到死亡高峰。虫酰肼是一种蜕皮激素类杀虫剂，通过促进鳞翅目幼虫蜕皮，干扰昆虫的正常发育，使幼虫不能完成蜕皮，而导致幼虫脱水、饥饿、死亡。该药以胃毒作用为主，幼虫取食药剂后6～8小时停止取食，3～4天后开始死亡。

【适用作物及防治对象】 甲维·虫酰肼适用于瓜果蔬菜、瓜类、烟草、棉花等许多种作物，对鳞翅目害虫具有很好的防治效果，如小菜蛾、斜纹夜蛾、甜菜夜蛾、甘蓝夜蛾、菜青虫、瓜绢螟、烟青虫、棉铃虫、红铃虫等。

【使用技术】

瓜果蔬菜的甜菜夜蛾、小菜蛾、斜纹夜蛾、甘蓝夜蛾、菜青虫　在害虫卵孵化高峰期至低龄幼虫期及时喷药。一般每亩次使用25%悬浮剂40～60毫升，或10.5%乳油80～100毫升，或8.2%乳油100～120毫升，对水45～60千克均匀喷雾。

瓜类的斜纹夜蛾、瓜绢螟　在害虫卵孵化高峰期至低龄幼虫期及时喷药。一般每亩次使用25%悬浮剂30～50毫升，或10.5%乳油60～80毫升，或8.2%乳油80～100毫升，对水45～60千克均匀喷雾。

烟草烟青虫　在卵孵化高峰期至低龄幼虫期及时喷药。药剂使用量同“瓜类的斜纹夜蛾”防治。

棉花棉铃虫、红铃虫　在害虫卵孵化高峰期至低龄幼虫钻蛀为害前及时喷药。药剂使用量同“瓜果蔬菜的甜菜夜蛾”防治。

【注意事项】 不能与强酸、强碱性药剂混用。本剂死虫速度相对较慢，应把握好合理的用药时期。对家蚕高毒，严禁在桑蚕养殖区使用。

除 草 剂

第一节 单剂农药

草 甘 膦

【有效成分】 草甘膦（glyphosate）；草甘膦铵盐（glyhosate ammonium）；草甘膦异丙胺盐（glyphosate-isopropylammonium）。

【常见商标名称】 农达、农旺、开路生、好立达、红灵达、毕力封、万得乐、银河、屠达、炬腾、圣耕、天光、天火、快达、闲宝、红金、刀刃、扫荒、英格蓝、允发达、农民乐、一把手、大砍刀、天王剑、天王农达、中农季季红等。

【主要含量与剂型】 30%水剂、35%水剂、41%水剂、46%水剂、62%水剂、50%可溶粉剂、58%可溶粒剂、65%可溶粉剂、68%可溶粒剂、70%可溶粒剂、74.7%可溶粒剂、80%可溶粒剂。

【理化性质】 草甘膦纯品为无色晶体，熔点 200℃，25℃时在水中的溶解度为 12 克/升，不溶于丙酮、乙醇、二甲苯等有机溶剂，可溶于碱金属和氨的水溶液，草甘膦及其所有盐不挥发、不降解，在空气中稳定。属低毒除草剂，原药大鼠急性经口 LD_{50} 为 4320～4640 毫克/千克，兔急性经皮 LD_{50} 大于 5000 毫克/千克，试验条件下对动物无致畸、致癌、致突变作用，对鱼类、鸟类低毒。

【产品特点】 草甘膦属有机磷类内吸传导型广谱灭生性除草

剂，主要通过抑制植物体内烯醇丙酮基莽草素磷酸合成酶，而抑制莽草素向苯丙氨酸、酪氨酸及色氨酸的转化，使蛋白质的合成受到干扰导致植物死亡。草甘膦的内吸传导性极强，它不仅能通过茎叶吸收传导到地下部分，而且在同一植株的不同分蘖间也能进行传导，对多年生深根杂草的地下组织杀灭力很强，能达到一般农业机械无法达到的深度。该药进入土壤后很快与铁、铝等金属离子结合而失去活性，对土壤中的种子及微生物无不良影响，对天敌及有益生物安全。

草甘膦可与2甲4氯钠、苄嘧磺隆、麦草畏、乙氧氟草醚、甲嘧磺隆、乙草胺、莠去津、吡草醚等除草剂成分混配，制成复配除草剂。

【适用作物及防除对象】 草甘膦适用于苹果、梨、柑橘等果园及桑园、棉田、免耕玉米、免耕直播水稻、橡胶园、休闲地、路边等。可有效防除一年生及多年生禾本科杂草、莎草和阔叶杂草，对百合科、旋花科和豆科的一些抗性较强的杂草，在大剂量作用下仍然可以有效防除。

【使用技术】

果园、林业除草　草甘膦适用于果园除草、荒山除草、荒地造林前除草灭灌、维护森林的防火线除草及幼林抚育除草等。一般每亩使用30%水剂700～1000毫升，或41%水剂500～700毫升，或62%水剂350～500毫升，或50%可溶粉剂400～600克，或65%可溶粉剂300～450克，或74.7%可溶粒剂250～350克等，对水20～30千克于杂草旺盛生长期均匀喷施。果园、幼林抚育喷药时，要采用定向喷雾，并加保护措施，不可喷到果树及幼苗上，以免发生药害。

旱田　由于各种杂草对草甘膦的敏感度不同，因此用药量不同。防除一年生杂草如稗、狗尾草、看麦娘、牛筋草、苍耳、马唐、藜、繁缕、猪殃殃等时，一般每亩使用30%水剂250～300毫升，或41%水剂200～250毫升，或62%水剂120～150毫升，或50%可溶粉剂150～200克，或65%可溶粉剂120～150克，或74.7%可溶粒剂100～120克等；防除车前草、小飞蓬、鸭跖草、通泉草、双穗雀稗等时，一般每亩使用30%水剂350～500毫升，或41%水剂250～350毫升，或62%水剂180～250毫升，或50%可溶粉剂200～300克，或65%可溶粉剂150～250克，或74.7%可溶粒剂150～200克等；防除白茅、硬骨草、芦苇、香附子、水花生、水蓼、狗牙根、蛇莓、刺儿菜、野葱、紫菀等多年生杂草时，一般每亩使用30%水剂500～700毫升，或41%水剂400～500毫升，或62%水剂250～350毫升，或50%可溶粉剂300～400克，或65%可溶粉剂250～300克，或74.7%可溶粒剂200～250克等。在杂草生长旺盛期、开花前或开花期，每亩对水30～45千克对杂草茎叶进行均匀定向喷雾，避免药液接触种植作物的绿色部位。大豆、玉米、向日葵等作物播种后出苗前，刺儿菜、苣荬菜、鸭跖草、问荆等难防除杂草出苗后，每亩使用30%水剂250～300毫升，或41%水剂200～300毫升，或62%水剂120～150毫升，或50%可溶粉剂150～200克，或65%可溶粉剂120～150克，或74.7%可溶粒剂100～150克等，对水10～15千克喷雾，可将上述杂草连根杀死。使用41%水剂5～8倍液，带手套用毛巾沾取药液涂抹芦苇2～3次，可将其连根杀死。

水稻田　水稻插秧前，每亩使用30%水剂400～500毫升，或41%水剂300～400毫升，或62%水剂200～250毫升，或50%可溶粉剂200～300克，或65%可溶粉剂200～250克，或74.7%可溶粒剂150～200克等，对水10～15千克，均匀喷在杂草上。插秧后喷雾时要压低喷头，加保护罩，最好选择早上无风条件下喷雾，不可在刮风条件下喷雾，以免导致雾滴飘移到水稻上引起药害。

休闲地、排灌沟渠、道路旁、非耕地　草甘膦特别适用于上述没有作物的地块或区域除草。一般在杂草生长旺盛期，每亩使用30%水剂500～700毫升，或41%水剂400～500毫升，或62%水剂250～350毫升，或50%可溶粉剂300～400克，或65%可溶粉剂250～300克，或74.7%可溶粒剂200～250克等，对水20～30千克在杂草茎叶上均匀喷雾，可有效杀死田间杂草、获得理想除草效果。

【注意事项】草甘膦为非选择性除草剂，用药量应根据作物对药剂的敏感程度及杂草种类确定。作物及果树地内施药应定向喷雾，防止药液飘移到作物茎叶上。温暖晴天用药效果优于低温天气，施药后4小时内下大雨会影响药效，施药后3天内避免割草、放牧和翻地。水剂低温贮存时可能会有结晶析出，使用时应充分摇动容器使结晶溶解。使用过的喷雾器具要反复清洗干净，以免桶内残留药液对其他作物产生药害。草甘膦对皮肤、眼睛和上呼吸道有刺激作用，施用时要做好安全防护。

百 草 枯

【有效成分】百草枯（paraquat）。

【常见商标名称】克无踪、克瑞踪、龙旋风、阿罢割、家家火、高而远、好宜稼、天盖、军刀、迅锄、广锄、零锄、拔青、极除、贺采、泰禾一把火等。

【主要含量与剂型】20%水剂、200克/升水剂、250克/升水剂、20%可溶胶剂、50%可溶粒剂。

【理化性质】百草枯纯品为无色结晶固体，300℃以上分解，极易溶于水，不溶于大多数有机溶剂；在中性和酸性介质中稳定，在碱性介质中迅速水解，在水溶液中紫外光照射下降解。属中毒除草剂，原药大鼠急性经口LD_{50}为157毫克/千克，兔急性经皮LD_{50}为230～500毫克/千克。原药对金属有腐蚀性。

【产品特点】百草枯为吡啶类速效触杀型灭生性除草剂，采用茎叶喷雾法施药。施药后，药液中联吡啶阳离子迅速被植物叶片吸收后，在绿色组织中通过光合和呼吸作用被还原成联吡啶游离基，又经自氧化作用使茎、叶组织中的水和氧形成过氧化氢和过氧游离基，这类物质对叶绿体层膜破坏力极强，使光合作用和叶绿素合成很快中止。叶片着药后2～3小时即开始受害变色，1～2天后杂草枯萎死亡。药液一经与土壤接触后，即被吸附钝化，失去杀草活性，不会损坏植物根部和土壤内潜藏的种子。百草枯对单子叶和双子叶植物的绿色组织均有很强的破坏作用，但无传导作用，只能使着药部位受害，不能穿透栓质化后的树皮。

百草枯可与敌草快、2，4-滴二甲胺盐、2甲4氯钠、乙烯利等混配，制成复配除草剂等。

【适用作物及防除对象】百草枯广泛适用于果园、桑园、茶园、橡胶园、林木及公共卫生除草，小麦、水稻、油菜、蔬菜田免耕制度下播种下茬作物及换茬除草，作物播前、播后苗前及移栽前除草，水田池埂、田埂除草，公路、铁路两侧路基除草，开荒地、仓库、粮库及其它工业用地除草，玉米、向日葵、甜菜、瓜类、甘蔗、烟草等作物及蔬菜田行间、株间除草，还可用于棉花、向日葵等作物催枯落叶。用于防除稗草、马唐、千金子、狗牙根、牛筋草、双穗雀麦、牛繁缕、凹头苋、反枝苋、马齿苋、空心莲子菜、野燕麦、田旋花、藜、灰绿藜、刺儿菜、大刺儿菜、鳢肠、铁苋菜、香附子、扁秆藨草、芦苇等多种杂草。百草枯对杂草及植物的绿色组织均有杀灭作用，但对多年生杂草及植物的地下部分不能杀死。

【使用技术】

稻、麦（或油菜）轮作倒茬时免耕除草　小麦、油菜收割后，不经翻耕，对前茬秸秆和田间杂草，每亩使用20%水剂或200克/升水剂200～300毫升，或250克/升水剂160～200毫升，或20%可溶胶剂150～200克，或50%可溶粒剂80～106克，对水40～60千克均匀喷雾，1～2天后残株呈褐色变软。此时放水入田，可加速杂草腐烂速度。浅耕平整土地后即可插秧或播种，或直接在田中打孔后移栽水稻秧苗。水稻收获后，可按照上述剂量、方法处理，不经翻耕，直接移栽油菜。

玉米免耕除草　小麦收割后不经翻耕，直接播种玉米，在出苗前，每亩使用 20%水剂或 200 克/升水剂 200～300 毫升，或 250 克/升水剂 160～200 毫升，或 20%可溶胶剂 150～200 克，或 50%可溶粒剂 80～106 克，对水 40～60 千克均匀喷雾。

作物播前、播后苗前及移栽前除草　每亩使用 20%水剂或 200 克/升水剂 100～200 毫升，或 250 克/升水剂 80～100 毫升，或 20%可溶胶剂 80～100 克，或 50%可溶粒剂 40～60 克，对水 30～50 千克喷雾，施药 1 天后即可播种或移栽下茬作物。在玉米、大豆等作物播种时已有杂草出土，在播种后 3 天内，每亩使用 20%水剂或 200 克/升水剂 100～200 毫升，或 250 克/升水剂 80～100 毫升，或 20%可溶胶剂 80～100 克，或 50%可溶粒剂 40～60 克，与苗前除草剂混用，能防除已出土的杂草。

公路、铁路路基及仓库、粮库、工业用地等闲置地除草　每亩使用 20%水剂或 200 克/升水剂 200～300 毫升，或 250 克/升水剂 160～200 毫升，或 20%可溶胶剂 150～200 克，或 50%可溶粒剂 80～106 克，对水 25～30 千克喷雾，既能防除杂草，又能防止因雨水冲刷路基塌陷。

果园、桑园、茶园　每亩使用 20%水剂或 200 克/升水剂 200～300 毫升，或 250 克/升水剂 160～200 毫升，或 20%可溶胶剂 150～200 克，或 50%可溶粒剂 80～106 克，对水 30～40 千克，在树体下对地面杂草进行定向喷雾。春季杂草出苗后至开花前均可施药。最好在杂草株高 15 厘米左右时施药，一年生杂草小用低量、杂草大及多年生杂草用高量。喷药时喷雾器喷头要加安全保护罩，降低喷头高度定向喷雾，切忌雾滴接触树体叶片和嫩茎，以免引起药害。在气温高、雨量充沛时，施药后 3 周部分杂草可能开始再生，应根据杂草危害情况，决定是否重新用药。

林业除草　每亩使用 20%水剂或 200 克/升水剂 200～300

毫升，或250克/升水剂160～200毫升，或20%可溶胶剂150～200克，或50%可溶粒剂80～106克，对水30～40千克，在幼树行间和株间进行定向喷雾。苗圃播种后出苗前，以及造林地移栽之前，可直接对地面杂草进行喷雾处理。

玉米、向日葵、烟草等高杆作物行间除草 作物出苗后，长至40～60厘米高时，每亩使用20%水剂或200克/升水剂100～200毫升，或250克/升水剂80～100毫升，或20%可溶胶剂80～100克，或50%可溶粒剂40～60克，对水30～50千克喷雾，喷头加防护罩，采用低压力、大雾滴对作物行间及株间杂草进行定向喷雾。施药时应选择无风时进行，避免药液漂移到邻近敏感作物上受害。杂草大、密度高时用高剂量，反之用低剂量。

西瓜、香瓜、南瓜等瓜田行间除草 覆膜西瓜、香瓜、南瓜出苗后，未破膜露头之前，每亩使用20%水剂或200克/升水剂100～200毫升，或250克/升水剂80～100毫升，或20%可溶胶剂80～100克，或50%可溶粒剂40～60克，对水30～40千克，对行间已出土杂草进行喷雾处理。已破膜露头的田块，喷头带防护罩对作物行间及株间杂草进行定向喷雾。施药时应选择无风时进行，避免使药液漂移到临近作物上受害。杂草大、密度高时用高剂量，反之用低剂量。

【注意事项】百草枯为灭生性除草剂，在幼树和作物行间做定向喷雾时，切勿将药液溅到叶片和绿色部分，以免造成药害。光照可加速药效发挥，蔽阴或阴天虽然延缓药剂显效速度，但最终不降低除草效果，施药后30分钟遇雨时基本不影响药效。本剂为中等毒性并有刺激性的液体，施药时避免接触药液或吸入。

草　铵　膦

【有效成分】草铵膦（glufosinate-ammonium）。

【常见商标名称】保试达、百速顿、闲牛、荃打、紫电青霜、龙灯好灵等。

【主要含量与剂型】18%可溶液剂、200 克/升水剂、10%水剂、18%水剂、23%水剂、30%水剂、50%水剂。

【理化性质】草铵膦纯品为白色结晶，有轻微气味。熔点 210℃，22℃时在水中溶解度为 1370 克/升，在一般有机溶剂中溶解度低，对光稳定。原药雄性大鼠急性经口 LD_{50} 为 1500～2000 毫克/千克，雌性大鼠急性经口 LD_{50} 为 1620 毫克/千克，雌性小鼠急性经口 LD_{50} 为 416 毫克/千克，急性经皮 LD_{50} 大于 2000 毫克/千克。狗是动物中对草铵膦最敏感的动物之一，草铵膦对狗的口服 LD_{50} 为 300～400 毫克/千克，只要日摄入量达 1.0 毫克/千克，狗心脏内的谷氨酰胺浓度就会明显降低。试验剂量下无致癌、诱变和致畸作用。无神经毒性影响。

【产品特点】草铵膦属膦酸类仿生物源低毒除草剂，通过抑制谷氨酰胺合成酶导致谷氨酰胺合成受阻，施药后短时间内，植物体内的氮代谢便陷于紊乱，细胞毒剂铵离子在植物体内累积，导致细胞膜受破坏。与此同时，快速抑制光合作用的 CO_2 固定，从而使叶绿体永久损坏，光合作用被严重抑制，最终使植株枯死。草铵膦的这一作用机理，同样适用在昆虫和动物上，会产生神经中毒效应，特别是对一些肉食性昆虫的卵和蜕皮阶段幼虫有很强的毒性。草铵膦在植物体内的传导性较差，但其既可在植物体内随蒸腾流于木质部内向上运输，也可在韧皮部内向地下部分运输。水分、温度和光照等环境因子对草铵膦的活性影响很大。草铵膦具有杀草谱广、杀草速度快、持效期长、耐雨水冲刷，对使用者及木质化的作物根系、树皮和热带浅根果树相对安全，对农田土壤、有益生物及生态环境友好等特点。

【适用作物及防除对象】草铵膦适用于香蕉、柑橘、木瓜等果园、茶叶及非耕地等，可有效防除多种一年生和多年生双子叶及禾本科杂草，尤其是对草甘膦和百草枯生产抗性的杂草，如节节草、竹叶草、小飞蓬、一年蓬、藿香蓟、牛筋草、狗尾草、早熟禾、野燕麦、雀麦、马齿苋、车前草、耳草、日本草、蓝花菜、鬼针草、黑麦草、水花生、双穗雀稗、芦苇、黄茅、辣子草、猪殃殃、宝盖草、龙葵、繁缕、狗牙根、反枝苋等。

【使用技术】草铵膦通过杂草茎叶吸收发挥除草活性，无土壤活性，故在施药时应喷雾均匀周到，确保杂草叶片充分均匀着药。高温、高湿、强光可增进杂草对草铵膦的吸收而显著提高活性。

果园 草铵膦适用于香蕉园、柑橘园、木瓜园等果园除草，一般在杂草生长旺盛时期，每亩使用18%可溶液剂200～300毫升，或200克/升水剂300～400毫升，或18%水剂500～700毫升，或23%水剂300～500毫升，对水30～50千克，于树行间或树下进行杂草茎叶定向喷雾处理。若杂草数量大且草龄较大，应选用高剂量。大风天或预计1小时内降雨，请勿施药。

茶园 草铵膦用于茶园除草时，一般每亩使用18%可溶液剂200～300毫升，或200克/升水剂300～500毫升，或18%水剂500～700毫升，或50%水剂80～120毫升，对水30～50千克，于杂草生长旺盛时期，对杂草进行茎叶定向喷雾处理。

蔬菜地 行间喷施时，应在蔬菜生长期，杂草出齐后施药。每亩使用18%可溶液剂150～200毫升，或200克/升水剂200～300毫升，对水30～50千克，喷头加保护罩于蔬菜作物行间进行杂草茎叶定向喷雾处理，防止药液漂移到作物茎叶上。清园时，可在上茬蔬菜采收后、下茬蔬菜栽种前施药，每亩使用18%可溶液剂150～200毫升，或200克/升水剂200～300毫升，对水30～50千克，对残余作物和杂草进行茎叶喷雾处理，灭茬清园。

非耕地 一般在杂草出苗后或杂草生长旺盛期施药，每亩使用18%可溶液剂200～300毫升，或200克/升水剂300～500毫升，或18%水剂500～700毫升，或23%水剂300～500毫升，或50%水剂80～120毫升，对水30～50千克，在杂草茎叶上均匀喷雾。施药时应避免药液飘移到邻近果树幼嫩的茎叶及作物田，以免产生药害。

【注意事项】草铵膦为非选择性除草剂，施药时应在喷头上加装保护罩对杂草进行定向喷雾，避免将雾滴喷到或飘移到作物植株的绿色部位上，以免产生药害。配药时应用清水稀释药剂，否则会降低除草药效。干旱天气及杂草密度较大，或防除大龄杂草及多年生恶性杂草时，应采用推荐剂量和对水量的上限。施用后 6 小时后下雨不影响药效。在推荐用量和使用技术下，一般施药 2～4 天后即可播种下茬作物。本品对眼睛有轻微刺激，避免溅入眼睛。施药后应及时用肥皂和足量清水冲洗手部、面部和其它身体裸露部位以及受药剂污染的衣物等。

氯氟吡氧乙酸

【有效成分】氯氟吡氧乙酸（fluroxypyr）。

【常见商标名称】使它隆、富宝、麦点、塔隆、赶锄、麦登、阔飞、盾隆、那隆、农推、施尔隆、阔灭灵、科赛金麦、金尔大劲隆等。

【主要含量与剂型】20%乳油、200 克/升乳油。

【理化性质】氯氟吡氧乙酸纯品为白色结晶体，熔点 232～233℃，微溶于水，可溶于丙酮、甲醇、乙酸乙酯等多种有机溶剂。在酸性介质中稳定，在碱性介质中即成盐。有氧条件下，可被土壤微生物迅速降解成 2-吡啶醇等无毒物。属低毒除草剂，原药大鼠急性经口 LD_{50} 大于 2405 毫克/千克，急性经皮 LD_{50} 大于 5000 毫克/千克，在试验剂量内对动物无致畸、致突变和致癌作用，对鱼、鸟和蜜蜂低毒。

【产品特点】氯氟吡氧乙酸是一种吡啶类选择性内吸传导型苗后除草剂，施药后很快被植物吸收，使敏感植物出现典型激素类除草剂的反应，植株畸形、扭曲。在耐药性植物如小麦体内，该药可结合成轭合物失去毒性，从而具有选择性。该药剂最终除草效果不受温度影响，但温度影响其药效发挥的速度。一般在温度低时药效发挥较慢，可使植物中毒后停止生长，但不立即死亡；气温升高后植物很快死亡。在土壤中降解迅速，半衰期为5～9天，对下茬阔叶作物没有影响。

氯氟吡氧乙酸可与苯磺隆、烟嘧磺隆、莠去津、2甲4氯钠、异丙隆、唑草酮等除草剂成分混配，用于生产复配除草剂。

【适用作物及防除对象】 氯氟吡氧乙酸适用于小麦、玉米、果园和水稻田埂防除阔叶杂草，对小麦等作物安全。可防除的杂草主要有猪殃殃、马齿苋、龙葵、繁缕、巢菜、鼬瓣花、田旋花、黄花棘豆、空心莲子菜、反枝苋、播娘蒿、香薷、遏蓝菜、野豌豆、红蓼、酸模叶蓼、柳叶刺蓼、卷茎蓼等。

【使用技术】 施药时，在药液中加入药液量0.2%的非离子表面活性剂，可提高药效。具体用量根据田间杂草种类及大小而定，对敏感杂草，杂草小时用低剂量；对难防除杂草，杂草大时用高剂量。

小麦田 氯氟吡氧乙酸对小麦安全性好，从小麦出苗到分蘖均可使用。冬小麦最佳施药时期在冬后返青期或分蘖盛期至拔节前期，春小麦为3～5叶期、阔叶杂草2～4叶期，一般每亩使用20%乳油或200克/升乳油50～67毫升，对水30千克均匀喷雾。氯氟吡氧乙酸可与多种除草剂混用，以扩大杀草谱、降低用药成本。如每亩使用20%乳油或200克/升乳油30～40毫升加72% 2，4-滴丁酯乳油35毫升（或加20%二甲四氯水剂150毫升），可增加对婆婆纳、泽漆、荠菜、碎米荠、藜、问荆、苣荬菜、田旋花、藨草、苍耳、苘麻等杂草的防除效果；每亩使用20%乳油或200克/升乳油50～67毫升加6.9%精噁唑禾草灵（加解毒剂）水乳剂50～67毫升，可有效防除野燕麦、看麦娘、硬草、棒头草、稗草、马唐、千金子等禾本科杂草。

玉米田 在玉米苗后6叶期之前、杂草2～5叶期用药，一般每亩使用20%乳油或200克/升乳油50～67毫升，对水20～30千克均匀喷雾。防除田旋花、小旋花、马齿苋等难防除杂草时，每亩用药量为20%乳油或200克/升乳油67～100毫升。

葡萄、果园、非耕地及水稻田埂 在杂草2～5叶期，一般每亩使用20%乳油或200克/升乳油75～150毫升。防除水稻田埂空心莲子菜时，每亩使用20%乳油或200克/升乳油50毫升，或20%乳油或200克/升乳油20毫升加41%草甘膦水剂200毫升，或20%乳油或200克/升乳油30毫升加41%草甘膦水剂150毫升。防除葎草、益母草、矛莓、鸭跖草、菖藤等难治杂草时，可与草甘膦混用，每亩使用20%乳油或200克/升乳油80～100毫升加41%草甘膦水剂100～150毫升。

【注意事项】喷药时避免药液飘移到大豆、甘薯、花生和甘蓝等阔叶作物上；果园施药时，应采取地面定向喷雾，避免将药液直接喷到树叶上；不能在茶园和香蕉园及其附近地块使用氯氟吡氧乙酸。施药时应在气温低、风速小时进行；施药1小时后下雨，基本不影响药效。使用过的喷雾器，应进行多次清洗。用药时注意安全保护，如不慎溅入眼睛，立即用大量清水冲洗；溅到皮肤上，应立即用肥皂水和清水洗净；如误服应送医院对症治疗，不能引吐。该药剂为易燃品，应远离热源和火源贮存。

麦 草 畏

【有效成分】麦草畏（dicamba）。

【常见商标名称】百草敌、康锄。

【主要含量与剂型】48%水剂、480克/升水剂、70%水分散粒剂、70%可溶粒剂。

【理化性质】麦草畏纯品为无色结晶固体，熔点114～116℃，相对密度1.57，25℃时在水中的溶解度为6.5克/升，易溶于丙酮、二氯甲烷、乙醇、甲苯、二甲苯等有机溶剂。原药在室温条件下稳定，具有一定的抗氧化和抗水解作用，酸、碱中稳定。属低毒除草剂，原药大鼠急性经口LD_{50}为1700毫克/千克，兔急性经皮LD_{50}大于2000毫克/千克，对兔眼睛有强烈的刺激性和腐蚀性，对兔皮肤有中等程度的刺激性。

【产品特点】 麦草畏是一种苯氧羧酸类低毒除草剂，具有内吸传导作用。用于苗后喷雾，药剂能很快被杂草的叶、茎、根吸收，通过韧皮部及木质部向上下传导，多集中在分生组织及代谢活动旺盛的部位，阻碍植物激素的正常生长而使其死亡。禾本科植物吸收后能很快进行代谢分解使之失效，表现较强的抗药性，故对小麦、玉米、水稻等禾本科作物比较安全。用药 24 小时后敏感阔叶杂草即出现畸形卷曲症状，1 周后变褐色，15～20 天死亡。土壤中半衰期小于 14 天。

【适用作物及防除对象】 麦草畏适用于小麦、玉米、谷子、水稻、芦苇等禾本科植物，对一年生及多年生阔叶杂草，如藜、蓼、苍耳、反枝苋、香薷、水棘针、苘麻、鲤肠、猪毛菜、猪毛蒿、播娘蒿、田旋花、牛繁缕、大巢菜、问荆、地肤、鸭跖草、铁苋菜、鬼针草、狼把草、猪殃殃等具有很好的防除效果。

【使用技术】

小麦田 不同小麦品种对麦草畏的敏感性有差异，大面积应用前，应先在小范围内进行试验。一般情况下，春小麦 3 叶 1 心至 5 叶期（分蘖盛期）为施药适期，冬小麦 4 叶期至分蘖末期为施药适期，当气温降到 5℃以下或小麦进入越冬期不宜用药。每亩使用 48%麦草畏水剂或 480 克/升水剂 20～30 毫升，或 70%可分散粒剂 18～25 克，或 70%可溶粒剂 30～40 克，对水 30～40 千克均匀喷雾。生产上常用麦草畏与 2，4-滴丁酯或 2 甲 4 氯钠盐混用，既有增效作用，又可减少 2，4-滴丁酯的飘逸。小麦由于受不良环境条件或病虫危害生长发育不良时，不宜施药。

玉米田 玉米播后苗前或出苗后均可用药。可以单用，也可以混用。土壤封闭处理时，不能让种子与麦草畏药液接触，以免发生伤苗现象。在玉米 4～10 叶期施药安全、高效，玉米株高达 90 厘米或玉米 10 叶以后进入雄花孕穗期不能施用本剂，最佳施药时期为玉米 4～6 叶期。每亩使用 48%麦草畏水剂或 480 克/

升水剂30～40毫升，或70%可分散粒剂18～30克，或70%可溶粒剂40～50克，对水25～40千克均匀喷雾。施药后20天内不宜动土。麦草畏也可与甲草胺、乙草胺、莠去津等药剂混用以扩大杀草谱，提高除草效果。苗后施用麦草畏要选早晚气温低、风小时进行，当空气相对湿度低于65%、气温超过28℃、风速超过4米时应停止施药。甜玉米、爆裂玉米等敏感品种，不能使用本剂，以免发生药害。

芦苇田 每亩使用48%麦草畏水剂或480克/升水剂30～75毫升，或70%可分散粒剂20～50克，对水25～40千克，在杂草幼苗早期施药。

【注意事项】小麦3叶期前和拔节后禁止使用；小麦施用后可能出现匍匐、倾斜或弯曲现象，一般1周后恢复正常。油菜、蚕豆、大豆、棉花、烟草、花生、向日葵、马铃薯、西瓜、蔬菜等对麦草畏极为敏感，施药时应避免药液飘移至以上作物而产生药害。套播、间种以上作物的麦田、玉米田不能使用麦草畏。施药时要求喷雾均匀，不可重喷或漏喷。大风时不要施药，以免飘移伤及邻近敏感作物。施药后应保持6～8小时无雨。本剂对皮肤、眼睛有刺激作用，操作时要戴好口罩和手套，穿好防护服，且施药后立即用肥皂水洗手和洗脸。

2，4-滴丁酯

【有效成分】2,4-滴丁酯（2,4-D butylate）。

【常见商标名称】农得益、瑞立博、凯迪、几风、神铲、丰秋明净等。

【主要含量与剂型】57%乳油、72%乳油、76%乳油、80%乳油。

【理化性质】2,4-滴丁酯原油为褐色液体，沸点146～147℃，难溶于水，易溶于多种有机溶剂，挥发性强，遇碱分解。属低毒除草剂，原药大鼠急性经口LD_{50}为500～1500毫克/千克，试验条件下未见致畸、致癌、致突变作用。

【产品特点】 2,4-滴丁酯属苯氧羧酸类激素型选择性除草剂，具有较强的内吸传导性。主要用于苗后茎叶处理，穿过角质层和细胞膜，最后传导到植株各部位。在不同部位对核酸和蛋白质的合成产生不同影响，在植物顶端抑制核酸代谢和蛋白质的合成，使生长点停止生长，幼嫩叶片不能伸展，抑制光合作用的正常进行；传导到植株下部的药剂，使植物茎部组织的核酸和蛋白质的合成增加，促进细胞异常分裂，根尖膨大，丧失吸收能力，造成茎秆扭曲、畸形，筛管堵塞，韧皮部破坏，有机物运输受阻，从而破坏植物正常的生活能力，最终导致植物死亡。

2,4-滴丁酯常与辛酰溴苯腈、乙草胺、扑草净、苯磺隆、异丙草胺、莠去津、烟嘧磺隆、异噁草松、嗪草酮等除草剂成分混配，用于生产复配除草剂。

【适用作物及防除对象】 2,4-滴丁酯广泛适用于小麦、大麦、玉米、水稻、高粱、甘蔗、谷子、禾本科牧草等作物田，用于防除播娘蒿、藜、蓼、芥菜、繁缕、反枝苋、婆婆纳、车前、问荆、刺儿菜、苍耳、田旋花、马齿苋等阔叶杂草，对禾本科杂草无效。

【使用技术】

小麦、大麦 冬小麦、大麦田适用时期为分蘖末期、阔叶杂草3～5叶期，每亩使用57%乳油65～120毫升，或72%乳油50～100毫升，或76%乳油40～60毫升，或80%乳油35～50毫升，对水30～40千克均匀喷雾。春小麦、大麦青稞田适用时期为作物4～5叶至分蘖盛期，用药量同冬小麦。

玉米、高粱 主要用于防除已出土阔叶杂草及玉米同步出土阔叶杂草。播种后3～5天，在出苗前每亩使用57%乳油65～120毫升，或72%乳油50～100毫升，或76%乳油47～90毫升，或80%乳油40～80毫升，对水35～40千克均匀喷施土表和已出土杂草。也可于玉米、高粱出苗后4～5叶期，每亩使用

57%乳油 50～80 毫升，或 72%乳油 40～65 毫升，或 76%乳油 30～50 毫升，或 80%乳油 25～40 毫升，对水 35～40 千克，对杂草茎叶喷雾。为扩大杀草谱，可与莠去津、乙草胺等药剂混用，每亩使用 57%乳油 65～120 毫升，或 72%乳油 50～100 毫升，或 76%乳油 47～90 毫升，或 80%乳油 40～80 毫升，加 38%莠去津 200～250 克，或加 50%乙草胺 170～200 毫升，对水 30～50 千克均匀喷雾土表。

大豆 于大豆播种后 3～5 天，在出苗前每亩使用 57%乳油 65～120 毫升，或 72%乳油 50～100 毫升，或 76%乳油 47～90 毫升，或 80%乳油 40～80 毫升，对水 35～40 千克均匀喷施土表。

水稻 适用期为水稻分蘖期的末期，每亩使用 57%乳油 45～60 毫升，或 72%乳油 35～50 毫升，或 76%乳油 30～47 毫升，或 80%乳油 25～42 毫升，对水 30～45 千克喷雾。喷药前一天晚排干水层，施药后隔天上水，以后正常管理。

甘蔗 甘蔗萌发出苗前，每亩使用 57%乳油 200～250 毫升，或 72%乳油 150～200 毫升，或 76%乳油 140～185 毫升，或 80%乳油 135～180 毫升，对水 30 千克均匀喷雾。也可在甘蔗播后苗前，每亩使用 57%乳油 200～250 毫升，或 72%乳油 150～200 毫升，或 76%乳油 140～185 毫升，或 80%乳油 135～180 毫升，加 38%莠去津 200～250 克，或加 50%乙草胺乳油 140～180 毫升，对水 30～45 千克均匀喷雾。

牧场 每亩使用 57%乳油 200～250 毫升，或 72%乳油 150～200 毫升，或 76%乳油 140～185 毫升，或 80%乳油 135～180 毫升，对水 30～50 千克均匀喷雾。

【注意事项】土壤有机质含量高、质地黏重用高药量，有机质含量低、质地疏松用低药量。该药挥发性强，施药作物田要与敏感作物如棉花、油菜、瓜类、向日葵、果树等有一定距离。本药不能与酸碱性物质接触，也不能与种子、化肥一起贮存。喷施药械最好专用，避免产生交叉药害。

2甲4氯钠

【有效成分】2甲4氯钠（MCPA-sodium）。

【常见商标名称】农佳、侨手、农得益、麦力士等。

【主要含量与剂型】13%水剂、56%可溶性粉剂、40%可湿性粉剂、56%可湿性粉剂。

【理化性质】2甲4氯钠纯品为无色、无嗅或具有芳香气味的结晶固体，熔点119～120.5℃，可溶于水，易溶于乙醇、乙醚、甲醇、二甲苯等多种有机溶剂；在酸性介质中稳定。属低毒除草剂，原药大鼠急性经口LD_{50}为900～1160毫克/千克，急性经皮LD_{50}大于4000毫克/千克，试验条件下对动物无致畸、致癌、致突变作用，对鱼类、蜜蜂低毒。

【产品特点】2甲4氯钠是一种苯氧乙酸类选择性激素型除草剂，具有较强的内吸传导性。主要用于苗后茎叶处理，穿过角质层和细胞膜，最后传导到各部位。在不同部位对核酸和蛋白质的合成产生不同影响，在植物顶端抑制核酸代谢和蛋白质的合成，使生长点停止生长，幼嫩叶片不能伸展，抑制光合作用的正常进行；传导到植株下部的药剂，使植物茎部组织的核酸和蛋白质的合成增加，促进细胞异常分裂，根尖膨大，丧失吸收能力，造成茎秆扭曲、畸形，筛管堵塞，韧皮部破坏，有机物运输受阻，从而破坏植物正常的生活能力，最终导致植物死亡。该药剂的作用方式及选择性与2,4-滴丁酯相同，但其挥发性、作用速度较2，4-滴丁酯乳油低且慢，所以在寒地稻区使用比2,4-滴丁酯安全。

2甲4氯钠常与灭草松、异丙隆、草甘膦、绿嘧磺隆、溴苯腈、唑草酮、莠灭净、敌草隆、苄嘧磺隆、苯磺隆、氯氟吡氧乙酸等除草剂成分混配，用于生产复配除草剂。

【适用作物及防除对象】2甲4氯钠适用于水稻、麦类、玉米等禾本科作物田，用于防除异型莎草、鸭舌草、水苋菜、泽泻、野慈菇、扁杆鹿草、蓼、大巢菜、猪殃殃、毛茛、荠菜、蒲公英、刺儿菜等阔叶杂草和莎草科杂草。

【使用技术】2甲4氯钠对禾本科植物的幼苗期很敏感，3～4叶期后抗性逐渐增强，分蘖末期最强，而幼穗分化期敏感性又上升。

冬小麦田 小麦分蘖末期至拔节前用药，每亩使用13%水剂250～300毫升，或40%可湿性粉剂120～180克，或56%可溶性粉剂100～150克，或56%可湿性粉剂100～150克，对水25～35千克均匀喷雾，可防除大多数一年生阔叶杂草。

玉米田 玉米播后苗前用药，每亩使用13%水剂100～120毫升，或40%可湿性粉剂50～80克，或56%可溶性粉剂或可湿性粉剂40～60克，对水30～40千克均匀土表喷雾，防除阔叶草效果很好。

移栽稻田 在水稻分蘖末期用药，每亩使用13%水剂200～300毫升，或40%可湿性粉剂120～180克，或56%可溶性粉剂或可湿性粉剂100～130克，对水30～45千克均匀喷雾。施药前一天排干水层，施药后隔天灌水。为扩大杀草谱，提高除草效果，2甲4氯钠可与灭草松、敌稗混用。混用剂量为：每亩使用13%2甲4氯钠水剂100～150毫升，或40%可湿性粉剂60～90克，或56%可溶性粉剂或可湿性粉剂50～70克，加48%灭草松50毫升；或每亩使用13%2甲4氯钠水剂150～175毫升，或40%可湿性粉剂90～120克，或56%可溶性粉剂或可湿性粉剂65～80克，加20%敌稗乳油150～175毫升，对水35～40千克均匀喷雾。

【注意事项】2甲4氯钠对棉花、大豆、瓜类、果林等阔叶作物很敏感，使用时尽量避开敏感作物地块，并在无风天气施药。用过2甲4氯钠的喷雾器，应进行彻底清洗，最好专用，否则易产生残留药害。

二氯喹啉酸

【有效成分】二氯喹啉酸（quinclorac）。

【常见商标名称】快杀稗、仙耙、鹤丰、高旺、神锄、金珠、红泽、稻丰、稻发、穗友、乡闲、果宝、选收、除败、删稗、亨达、稗帝、拜通、克稗灵、清稗夫、千稗度、穗穗饱、大稗铲、大稗清、高稗斯、垄上行等。

【主要含量与剂型】25%悬浮剂、250克/升悬浮剂、30%悬浮剂、25%可湿性粉剂、50%可湿性粉剂、60%可湿性粉剂、75%可湿性粉剂、45%可溶粉剂、50%可溶粉剂、25%泡腾粒剂、50%可溶粒剂、50%水分散粒剂、75%水分散粒剂、90%水分散粒剂。

【理化性质】二氯喹啉酸原药外观为淡黄色固体，熔点269℃，不溶于水，微溶于丙酮、乙醇，几乎不溶于其他有机溶剂，对光、热稳定，在pH值3～9条件下稳定。属低毒除草剂，原药大鼠急性经口LD_{50}为2680毫克/千克，急性经皮LD_{50}大于2000毫克/千克，试验条件下未见致畸、致癌、致突变作用，对鱼类低毒，通常用量下对蜜蜂、鸟类及家蚕无影响。

【产品特点】二氯喹啉酸属喹啉羧酸类除草剂，是防治稻田稗草的特效选择性除草剂，对4～7叶期稗草效果突出。主要通过稗草根系吸收，也能被发芽的种子吸收，少量通过叶部吸收，在杂草体内传导，使杂草死亡。该药剂具有激素型除草剂的特点，杂草中毒症状与生长素类物质的作用症状相似，稗草受害后叶片失绿变为紫褐色至枯死。水稻的根部能将有效成分分解，因而对水稻安全。该药剂在土壤中有较大的移动性，很少被土壤吸附，能被土壤微生物分解。二氯喹啉酸选择性强，施药适期幅度宽，一次施药能控制整个水稻生育期的稗草，但对莎草科杂草的防治效果差。

二氯喹啉酸常与苄嘧磺隆、吡嘧磺隆、乙氧磺隆、氰氟草酯、乙草胺、双草醚等除草剂成分混配，生产复配除草剂。

【适用作物及防除对象】二氯喹啉酸适用于水稻，主要防除稗草，尤其对4～7叶期高龄稗草效果突出，对田菁、决明、鸭舌草、雨久花、水芹等也有一定的防效。

【使用技术】二氯喹啉酸对2叶期以后的水稻安全，2.5叶期前勿用。施药前1～2天将田块排水，保持湿润，采用喷雾法，施药后2天放水回田，保持3～5厘米水层，5～7天后恢复正常田间管理。水层不要超过5厘米，深水层将会降低除草效果。

水稻插秧田 在稗草1～7叶期均可施用，以稗草2.5～3.5叶期为最适。每亩使用70%可湿性粉剂20～30克，或60%可湿性粉剂25～45克，或50%可湿性粉剂或可溶粉剂或可溶粒剂或水分散粒剂30～50克，或25%可湿性粉剂60～100克，或45%可溶粉剂30～50克，或25%泡腾粒剂80～100克，或25%悬浮剂或250克/升悬浮剂60～100毫升，或90%水分散粒剂15～25克，对水30～40千克进行喷雾。

水稻直播田和秧田 水稻2叶期以前的秧苗对二氯喹啉酸较为敏感，必须在秧田或直播田的秧苗2.5叶期以后用药，用药量、使用方法和田水管理同插秧田。

在防治移栽田或直播田混生的莎草及其他双子叶杂草时，可与苄嘧磺隆、吡嘧磺隆、乙氧嘧磺隆、环丙嘧磺隆、灭草松等药剂混用。水稻移栽后或直播水稻苗后、稗草3叶期前，每亩使用50%二氯喹啉酸可湿性粉剂或可溶粉剂或可溶粒剂或水分散粒剂25～30克，或70%可湿性粉剂15～20克，或60%可湿性粉剂20～35克，或25%可湿性粉剂或25%悬浮剂50～60克，加10%吡嘧磺隆10克，或10%苄嘧磺隆15～17克，或10%环丙嘧磺隆13～17克，或15%乙氧嘧磺隆10～15克，可有效防除稗草、泽泻、慈姑、雨久花、鸭舌草、萤蔺、眼子菜、碎米莎草、异型莎草、牛毛毡等一年生禾本科、莎草科、阔叶杂草，对难防除的扁秆藨草、日本藨草、藨草等多年生莎草科杂草也有较强的抑制作用。水稻移栽后或直播水稻苗后、稗草3～8叶期时，每亩使用70%二氯喹啉酸可湿性粉剂25～30克，或60%可湿性粉剂35～45克，或50%可湿性粉剂或可溶粉剂或可溶粒剂或水分散粒剂35～54克，或25%可湿性粉剂或25%悬浮剂70～100克，加48%灭草松167～200毫升，可有效防除以上多种一年生禾本科、莎草科、阔叶杂草和难防除的多年生莎草科杂草；也可在移栽田插秧前或插后、直播田水稻苗后，扁秆藨草、日本藨草、藨草等多年生杂草株高7厘米前，每亩单用10%吡嘧磺隆10克或30%苄嘧磺隆10克，间隔10～20天再用10%吡嘧磺隆10克（或30%苄嘧磺隆10克）与70%二氯喹啉酸可湿性粉剂25～30克，或60%可湿性粉剂35～45克，或50%可湿性粉剂或可溶粉剂或可溶粒剂或水分散粒剂35～54克，或25%可湿性粉剂或25%悬浮剂70～100克混用。在水稻移栽田按推荐剂量用药，不受水稻品种及秧龄大小的影响，机插有浮苗现象且施药又早时，会发生暂时性伤害。

【注意事项】用药过量、重复喷洒会产生药害，抑制水稻生长，影响产量，应严格掌握用药量；避免在水稻播种早期胚根或根系暴露在外时使用；水稻2.5叶期前勿用。本剂在土壤中有积累作用，对后茬作物可能会产生残留累积药害，下茬最好种植水稻、小粒谷物、玉米、高粱等耐药作物。二氯喹啉酸对伞形花科（胡萝卜、芹菜、香菜等）、茄科（茄子、辣椒、番茄、马铃薯、烟草等）、锦葵科（棉花、秋葵等）、葫芦科（黄瓜、甜瓜、西瓜、南瓜等）、豆科（青豆、紫花苜蓿等）、菊科（莴苣、向日葵等）、旋花科（甘薯等）、藜科（菠菜、甜菜等）作物非常敏感，用过此药剂的田水流到以上作物田中、或喷雾时飘移到以上作物上，会对这些作物产生药害；用药后8个月内避免种植棉花、大豆等敏感作物，施用过该药的田块下一年不能种植甜菜、茄子、烟草等，二年后才能种植番茄、胡萝卜等。

二氯吡啶酸

【有效成分】 二氯吡啶酸（clopyralid）。

【常见商标名称】 毕克草、龙拳、力虎等。

【主要含量与剂型】 75%可溶粒剂、300克/升水剂、30%水剂。

【理化性质】 二氯吡啶酸纯品为无色结晶，原药外观为白色或浅褐色粉末，熔点151～152℃，相对密度为1.57，可溶于水且容易移动，易溶于甲醇、乙腈、丙酮、环已酮等有机溶剂，对光稳定，在酸性介质中稳定。属低毒除草剂，原药大鼠急性经口LD_{50}大于4640毫克/千克，兔急性经皮LD_{50}大于2000毫克/千克。在试验剂量内对动物无致畸、致突变和致癌作用，对鱼、鸟和蜜蜂低毒。主要通过微生物降解，降解速度受环境影响较大。

【产品特点】 二氯吡啶酸是一种人工合成的植物生长激素型低毒除草剂，其化学结构和许多天然植物生长激素类似，但在植物组织内具有更好的持久性。它主要通过植物的根部和叶片进行吸收，然后在植物体内进行上下传导，并迅速传到整个植株。低浓度二氯吡啶酸能够刺激植物的DNA、RNA和蛋白质的合成，进而导致细胞分裂失控和无序生长，最后造成维管束被破坏；高浓度二氯吡啶酸则能够抑制细胞分裂和生长。

【适用作物及防除对象】 二氯吡啶酸是一种内吸传导型苗后除草剂，适用于油菜田、春小麦田和玉米田，能有效防除刺儿菜、苣荬菜、卷茎蓼、鬼针草、稻槎菜、大巢菜等多种恶性阔叶杂草。

【使用技术】 二氯吡啶酸在油菜田使用时，仅适用于甘蓝型和白菜型油菜，芥菜型油菜禁用。要严格按照推荐剂量施用，避免重喷、漏喷、误喷，避免药物飘移到邻近阔叶作物上。

油菜田　在油菜3～5叶期、杂草2～6叶期施药为宜。春油菜田，每亩使用75%可溶粒剂8.9～16克，或30%水剂或300

克/升水剂30～40毫升，对水15～30千克均匀茎叶喷雾。冬油菜田，每亩使用75%可溶粒剂6～10克，或30%水剂20～30毫升，对水15～30千克均匀茎叶喷雾。

玉米田 在玉米3～5叶期、杂草3～6叶期施药为宜。每亩使用75%可溶粒剂18～21克，或30%水剂45～60毫升，对水15～30千克均匀茎叶喷雾。

春小麦田 在小麦3～5叶期、杂草2～6叶期施药为宜。每亩使用75%可溶粒剂18～21克，或30%水剂45～60毫升，对水15～30千克均匀茎叶喷雾。

【注意事项】正常推荐剂量下后茬可安全种植小麦、大麦、燕麦、玉米、油菜、甜菜、亚麻、十字花科蔬菜；后茬如果种植大豆、花生等作物需间隔1年，如果种植棉花、向日葵、西瓜、番茄、红豆、绿豆、甘薯需间隔18个月，如果种植其他后茬作物须咨询当地植保部门或经过试验安全后方可种植。施药时应避免药液飘移到敏感作物如大豆、花生、马铃薯、莴苣等作物上，以免造成药害。预计4小时内降雨，请勿施药。不可与碱性物质混合使用。使用过的器具应彻底清洗，清洗器具的废水不能排入耕地及河流、池塘等水源，用过的容器及废弃物要妥善处理，不能随意丢弃或做为他用。

噁草酮

【有效成分】噁草酮（oxadiazon）。

【常见商标名称】农思它、稻乂、稻旺、水静、丰达、隆兴、燕军、金井、臣旺稻、农思乐等。

【主要含量与剂型】12%乳油、12.5%乳油、13%乳油、25%乳油、25.5%乳油、26%乳油、120克/升乳油、250克/升乳油、30%水乳剂、30%微乳剂、30%可湿性粉剂、35%悬浮剂、38%悬浮剂、40%悬浮剂。

【理化性质】噁草酮纯品为无色无嗅固体，熔点87℃，基本不溶于水，易溶于甲醇、乙醇、环已烷、丙酮、丁酮、甲苯、氯仿、二甲苯等有机溶剂；一般条件下贮存稳定，中性或酸性条件下稳定，碱性条件下相对不稳定。属低毒除草剂，原药大鼠急性经口 LD_{50} 大于 5000 毫克/千克，急性经皮 LD_{50} 大于 2000 毫克/千克，试验条件下对动物未见致畸、致癌、致突变作用；对蜜蜂低毒，对蚯蚓无毒。

【产品特点】噁草酮为杂环类芽前、芽后选择性除草剂，水田、旱田均可使用。杂草的幼芽或幼苗与药剂接触、吸收而引起作用，苗后施药，杂草通过地上部分吸收，药剂进入植物体后积累在生长旺盛部位，抑制生长，使杂草组织腐烂死亡。药剂在光照条件下才能发挥杀草作用，但不影响光合作用的希尔反应。杂草自萌芽至 2～3 叶期均对该药剂敏感，以杂草萌芽期施药效果最好，随杂草长大防效下降。水田应用后药液很快在水面扩散，迅速被土壤吸附，其向下移动有限，不会被杂草根部吸收。该药持效期较长，在水稻田可达 45 天左右，在旱作物田可达 60 天以上，土壤中半衰期为 3～6 个月。

噁草酮常与丁草胺、乙草胺、丙草胺、乙氧氟草醚、莎稗磷等除草剂成分混配，用于生产复配除草剂。

【适用作物及防除对象】噁草酮适用于水稻、花生、大豆、棉花、向日葵、葱、姜、蒜、韭菜、芹菜、马铃薯、葡萄、花卉、草坪等，可有效防除旱田和水田中的稗草、马唐、稷、狗尾草、金狗尾草、牛筋草、虎尾草、千金子、野黍、看麦娘、雀稗、马齿苋、藜、蓼、反枝苋、苘麻、苍耳、田旋花、鸭舌草、雨久花、泽泻、矮慈姑、牛毛毡、异型莎草、水莎草、日照飘拂草、醴肠、水苋菜、小茨藻等多种一年生杂草和少部分多年生杂草。

【使用技术】

水稻田　水稻移栽田最好在移栽前施药，使用 12%乳油或 120 克/升乳油、12.5 乳油及 13%乳油产品，可原瓶直接甩施。

使用其它含量药剂时，需拌细砂土进行撒施，每亩拌10～15千克细砂土。施药后2天插秧。北方地区，每亩使用12%乳油或120克/升乳油200～260毫升，或12.5乳油200～250毫升，或13%乳油200～240毫升，或25%乳油或250克/升乳油100～130毫升，或26%乳油100～120毫升，或35%乳油60～90毫升，或30%可湿性粉剂80～125克，或30%微乳剂或水乳剂80～110克，或380克/升悬浮剂63～84毫升，或40%悬浮剂60～80毫升；也可每亩使用12%乳油或120克/升乳油100毫升加60%丁草胺乳油80～100毫升，对水配成药液泼浇。南方地区，每亩使用12%乳油或120克/升乳油130～200毫升，或12.5乳油130～200毫升，或13%乳油120～180毫升，或25%乳油或250克/升乳油65～100毫升，或26%乳油60～90毫升，或35%乳油40～70毫升，或30%可湿性粉剂40～70克，或30%微乳剂或水乳剂40～60毫升，或380克/升悬浮剂30～40毫升；也可每亩使用12%乳油或120克/升乳油65～100毫升加60%丁草胺乳油50～80毫升，对水配成药液泼浇。12%噁草酮乳油在水稻移栽田的常规用量为每亩200毫升，最高为270毫升；25%噁草酮乳油在水稻移栽田的常规用量为每亩65～130毫升，最高为170毫升；12%、12.5%、13%噁草酮乳油可用原瓶甩施，其它含量药剂不可。

水稻旱直播田施药时期最好在播后苗前或水稻长至1叶期、杂草1.5叶期左右，每亩使用12%乳油或120克/升乳油200～400毫升，或12.5乳油200～380毫升，或13%乳油200～350毫升，或25%乳油或250克/升乳油100～200毫升，或26%乳油100～180毫升；或25%乳油或250克/升乳油70～150毫升加60%丁草胺乳油70～100毫升，对水45～60千克配成药液均匀喷施。25%噁草酮乳油在水稻直播田的常规用量为每亩160～230毫升。水稻旱秧田和陆稻田按水稻旱直播田的用量和方法使用即可。

花生田　露地种植：在播后苗前早期用药，北方地区每亩使用12%乳油或120克/升乳油200～300毫升，或12.5乳油200～280毫升，或13%乳油200～260毫升，或25%乳油或250克/升乳油100～150毫升，或380克/升悬浮剂60～85毫升；南方地区每亩使用12%乳油或120克/升乳油140～200毫升，或25%乳油或250克/升乳油70～100毫升，或380克/升悬浮剂30～50毫升；对水45～60千克均匀喷施。地膜覆盖种植：要在整地做畦后覆膜前用药，每亩使用12%乳油或120克/升乳油140～200毫升，或12.5乳油140～190毫升，或13%乳油120～180毫升，或25%乳油或250克/升乳油70～100毫升，对水30～45千克均匀喷施。25%噁草酮乳油在花生田的常规用量为每亩100毫升，最高为150毫升。

棉花田　露地种植：在播后2～4天用药，北方地区每亩使用12%乳油或120克/升乳油260～340毫升，或13%乳油250～320毫升，或25%乳油或250克/升乳油130～170毫升，或38%悬浮剂85～110毫升；南方地区每亩使用12%乳油或120克/升乳油200～300毫升，或13%乳油200～280毫升，或25%乳油或250克/升乳油100～150毫升，38%悬浮剂70～100毫升，对水45～60千克均匀喷施。地膜覆盖种植：要在整地做畦后覆膜前用药，每亩使用12%乳油或120克/升乳油200～260毫升，或25%乳油或250克/升乳油100～130毫升，或38%悬浮剂65～85毫升，对水30～45千克均匀喷施。

蒜田　种植后出苗前用药，每亩使用12%乳油或120克/升乳油140～160毫升，或13%乳油130～150毫升，或25%乳油或250克/升乳油70～80毫升，或38%悬浮剂45～50毫升，对水45～60千克均匀喷施。也可每亩使用25%噁草酮乳油40～50毫升加50%乙草胺乳油100～120毫升对水配成药液泼浇。

草坪　在不敏感草种的定植草坪上施用，每亩使用25%乳油或250克/升乳油400～600毫升，或38%悬浮剂280～350毫升，掺细沙40～60千克制成药沙均匀撒施于草坪上，对马唐、牛筋草等防效较好。紫羊茅、剪股颖、结缕草对噁草酮较敏感，种植这几种草的草坪上不宜使用。

【注意事项】 噁草酮用于水稻插秧田，弱苗、小苗或超过常规用药量、水层过深淹没心叶时，均易出现药害。旱田使用该药时，遇到土壤过干时不易发挥药效。用于花生和水稻田除草时，每季只能使用一次。不慎误服，可采用吐根糖浆诱吐，呕吐停止后服用活性炭，如果还没腹泻，可在炭泥中加入山梨醇；若病人昏迷，则要注意保护呼吸道；若出现严重失水和电解质衰竭，则要静脉注射葡萄糖液，输入生理盐水、林格氏溶液或乳酸盐。

灭　草　松

【有效成分】 灭草松（bentazone）。

【常见商标名称】 排草丹、烧荒、广收、帮除、胜丹、纳谷、稻法、剑锄、本达草、农得益、丰乐龙、水陆星、韩美杰、广乐施、排阔松、草无松、苍灵客、夺阔丹、燕化优丹等。

【主要含量与剂型】 25%水剂、40%水剂、48%水剂、480克/升水剂、480克/升液剂、560克/升水剂、80%可溶粉剂。

【理化性质】 灭草松纯品为白色无嗅晶体，熔点139.4～141℃，200℃时分解。微溶于水，可溶于丙酮、乙酸乙酯、二氯甲烷等多数有机溶剂。在酸、碱介质中易光解，日光下分解。在动物体内无积累，可迅速排出体外。属低毒除草剂，原药大鼠急性经口LD_{50}为1000毫克/千克，急性经皮LD_{50}大于2500毫克/千克，试验条件下对动物未见致畸、致癌、致突变作用。对鱼、鸟及蜜蜂低毒，对眼睛和呼吸道有刺激作用。

【产品特点】 灭草松属杂环类化合物，是触杀型选择性的苗后除草剂，用于苗期茎叶处理，通过叶片接触而起作用。旱田使用，先通过叶面渗透传导到叶绿体内抑制光合作用；水田使用既能通过叶面渗透又能通过根部吸收，传导到茎叶，强烈阻碍杂草光合作用和水分代谢，造成营养饥饿，使生理机能失调而致死。有效成分在耐性作物体内向活性弱的糖轭合物代谢而解毒，对大豆、玉米、水稻、小麦、花生、菜豆、豌豆、洋葱、甘蔗等安全，施药后8～18周灭草松在土壤中可被微生物分解。

灭草松常与2甲4氯、氟磺胺草醚、咪唑乙烟酸、三氟羧草醚、精喹禾灵、莠去津、异噁草松等除草剂成分混配，用于生产复配除草剂。

【适用作物及防除对象】 灭草松适用于大豆、水稻、小麦、玉米、花生。可有效防除旱田中的苍耳、反枝苋、凹头苋、刺苋、蒿属、刺儿菜、大蓟、狼把草、鬼针草、酸模叶蓼、柳叶刺蓼、节蓼、马齿苋、苣荬菜、野西瓜苗、猪殃殃、辣子草、野萝卜、猪毛菜、刺黄花稔、繁缕、曼陀罗、藜、小藜、龙葵、鸭跖草（1～2叶期）、豚草、荠菜、遏蓝菜、旋花属、芥菜、苘麻、野芥等多种阔叶杂草，和水田中的雨久花、鸭舌草、白水八角、毋草、牛毛毡、萤蔺、异型莎草、扁秆藨草、日本藨草、荆三棱、狼把草、慈姑、矮慈姑、泽泻、水葱、水莎草、鸭跖草等。对多年生杂草只能防除其地上茎叶部分，不能杀根。

【使用技术】 灭草松用于旱田除草，应在阔叶杂草及莎草出齐幼苗时施药，喷洒均匀，使杂草茎叶充分接触药剂。用于稻田防除三棱草、阔叶杂草，一定要在杂草出齐，排水后喷雾，均匀喷在杂草茎叶上，两天后灌水，否则影响药效。

大豆田　大豆出苗后2～3片复叶期、阔叶杂草2～5叶期、株高一般5厘米左右为施药适期，每亩使用48%水剂或480克/升水剂或480克/升液剂150～200毫升，或80%可溶粉剂90～125毫升，或560克/升水剂120～180毫升，或40%水剂180～240毫升，或25%水剂300～400毫升。每亩人工喷洒药液量为20～30千克，拖拉机喷洒药液量为13千克。土壤水分、空气湿度适宜、杂草生长旺盛和杂草幼小时用低剂量；干旱、杂草大或多年生阔叶杂草多时用高剂量。灭草松对苍耳特效，防除苍耳时每亩使用48%水剂或480克/升水剂或480克/升液剂100毫升即可。灭草松分期施药效果好，如每亩用药200毫升时，可分两次施药，每次用药100毫升，间隔10～15天。施药后应保证8小时无雨。也可苗带施药，苗带施药用药量根据实际用药面积计算。防治稗草、狗尾草、野燕麦、马唐、野黍、牛筋草等禾本科杂草时，灭草松可与精喹禾灵、稀禾啶、精吡氟禾草灵等药剂混用，混用剂量为每亩使用48%灭草松水剂或480克/升水剂或480克/升液剂167～200毫升，或80%可溶粉剂90～125毫升，或560克/升水剂120～180毫升，或40%水剂180～240毫升，或25%水剂300～400毫升，加5%精喹禾灵50～60毫升或15%精吡氟禾草灵50～60毫升或12.5%稀禾啶85～100毫升或10.8%精吡氟氯禾灵30～35毫升或8.05%精噁唑禾草灵40～50毫升或6.9%精噁唑禾草灵50～60毫升，对水25～30千克均匀喷雾。也可与防除阔叶杂草的除草剂混用，各自用量减半后再与防治禾本科杂草的除草剂混用。用量如下：每亩使用48%灭草松水剂或480克/升水剂或480克/升液剂80～100毫升，或80%可溶粉剂45～60毫升，或560克/升水剂60～90毫升，或40%水剂90～120毫升，或25%水剂150～200毫升，加48%异噁草松40～50毫升加5%精喹禾灵40～50毫升或15%精吡氟禾草灵40～50毫升或12.5%稀禾啶50～70毫升或10.8%精吡氟氯禾灵30～35毫升，对水25～30千克均匀喷雾。如此混用既对大豆安全，又对一年生禾本科和阔叶杂草有效，还可防除芦苇、苣荬菜、刺儿菜、大蓟、问荆等多年生杂草。若每亩使用48%灭草松水剂或480克/升水剂或480克/升液剂100毫升加21.4%三氟羧草醚40～50毫升，既可降低三氟羧草醚的用量，提高对大豆的安全性，又可提高对龙葵、藜、苘麻、鸭趾草等杂草的防除效果。

小麦田 南方在小麦2叶1心至3叶期，猪殃殃、麦家公等阔叶杂草子叶期至2轮叶期，每亩使用48%水剂或480克/升水剂或 480 克/升液剂 100～200 毫升，或 80%可溶粉剂 80～100 毫升，或 560 克/升水剂 100～150 毫升，或 40%水剂 150～200 毫升，或 25%水剂 200～300 毫升，对水 30～40 千克均匀喷雾。北方在小麦苗后，阔叶杂草 2～4 叶期施药。为扩大杀草范围，提高除草效果，灭草松也可与其它药剂混合施用。如每亩使用 48%水剂或 480 克/升水剂或 480 克/升液剂 100～200 毫升，或 80%可溶粉剂 80～100 毫升，或 560 克/升水剂 100～150 毫升，或 40%水剂 150～200 毫升，或 25%水剂 200～300 毫升，加 6.9%精噁唑禾草灵（加解毒剂）50～60 毫升或 10%乳油或 100 克/升乳油精噁唑禾草灵 30～40 毫升，对水 30～50 千克茎叶喷雾处理。小麦分蘖末期至拔节前，每亩使用 48%灭草松水剂或 480 克/升水剂或 480 克/升液剂 100～200 毫升，或 560 克/升水剂 100～150 毫升，或 25%水剂 200～300 毫升，与 13%二甲四氯钠盐水剂 200～250 毫升混用。

花生田　于杂草 2～5 叶期，每亩使用 48%水剂或 480 克/升水剂或 480 克/升液剂 100～200 毫升，或 80%可溶粉剂 90～125 毫升，或 560 克/升水剂 120～180 毫升，或 40%水剂 180～240 毫升，或 25%水剂 300～400 毫升，对水 30～40 千克均匀喷雾。混用配方同大豆田。

水稻田　可用于插秧田、抛秧田和直播田。秧田在水稻 2～3 叶期，直播田播后 30～40 天，移栽田播后 20～30 天，最好在杂草多数出齐、3～4 叶期施药。每亩使用 48%水剂或 480 克/升水剂或 480 克/升液剂 133～200 毫升，或 80%可溶粉剂 80～95 毫升，或 560 克/升水剂 120～150 毫升，或 40%水剂 150～200 毫升，对水 20～30 千克均匀喷雾。防治一年生阔叶杂草用低量，防治莎草科杂草用高量。施药前排水，使杂草全部露出水面，选高温、无风、晴天喷药，施药后 4～6 小时药剂可渗入杂草体内。施药后第 1～2 天再灌水入田，恢复正常水层管理。灭草松对稗草无效，为增加对稗草防除效果，可与禾草敌、二氯喹啉酸、敌稗等防除稗草的除草剂先后使用或混用。水稻育秧田稗草和旱生型阔叶杂草发生严重，施药时期为稗草2～3叶期，每亩使用48%灭草松水剂或480克/升水剂100～200毫升加20%敌稗600～1000毫升。移栽田阔叶杂草、莎草科杂草和稗草同时发生，可在水稻移栽后10～15天、稗草3叶期前，每亩使用48%灭草松水剂或480克/升水剂170～200毫升加96%禾草敌200毫升；水稻移栽后15天，稗草3～8叶期可与二氯喹啉酸混用，每亩使用48%灭草松水剂或480克/升水剂200毫升加50%二氯喹啉酸33～35克。稗草叶龄小，二氯喹啉酸用低剂量，稗草叶龄大，二氯喹啉酸用高剂量。施药前2天排水，田间湿润或浅水层均可采用喷雾法施药，施药1～2天后放水回田，7天内稳定水层2～3厘米。直播田除草，可在稗草3叶期前，与禾草敌混用；稗草3叶期之后可与二氯喹啉酸混用。混用剂量同移栽田。

【注意事项】施药应在早、晚气温低、风小时进行，大风天不要施药。不能进行超低容量喷雾，施药后8小时内降雨会降低药效。在极度干旱和水涝情况下不宜使用，以免发生药害。稻田防除三棱草、阔叶杂草，一定要在杂草出齐、排水后喷雾，均匀喷在杂草茎叶上，两天后灌水，效果显著，否则影响药效。用药时注意安全保护，如不慎误服，需饮用食盐水洗胃、催吐，不要给患者服用含脂肪的物质（如牛奶、蓖麻油等）或酒等，可使用活性碳。

异 噁 草 松

【有效成分】异噁草松（clomazone）。

【常见商标名称】广灭灵、土丰、牧龙、豆争、侨喜、封锄、阔草液、金乐福、广极梁、亨达广通等。

【主要含量与剂型】48%乳油、480克/升乳油、36%乳油、360克/升乳油、360克/升微囊悬浮剂、45%乳油。

【理化性质】异噁草松纯品为浅棕色黏稠液体，熔点25℃，沸点 275℃，在水中溶解度较大，为 1.1 克/升，可溶于丙酮、乙腈、氯仿、环己酮、二氯甲烷、甲醇、甲苯等有机溶剂，在酸、碱性介质中稳定，在土壤中主要由微生物降解。属低毒除草剂，原药大鼠急性经口 LD_{50} 为 2077 毫克/千克，急性经皮 LD_{50} 大于 2000 毫克/千克，试验条件下对动物未见致畸、致癌、致突变作用，对鱼类低毒，对鸟类安全。

【产品特点】异噁草松是一种杂环类选择性苗前除草剂，属类胡萝卜素生物合成抑制剂。经植物的根、幼芽吸收，向上输导，并经木质部扩散至叶部，阻碍胡萝卜素和叶绿素的生物合成。敏感植物虽能萌芽出土，但由于没有色素而成白苗，并在短期内死亡。大豆、甘蔗等作物吸收药剂后，经过特殊的代谢作用，将异噁草松的有效成分转变成无毒的降解物。该药持效期长，达 6 个月以上。

异噁草松常与氟磺胺草醚、精喹禾灵、咪唑乙烟酸、乙草胺、仲丁灵、2,4-滴丁酯、异丙草胺、二甲戊灵、乙羧氟草醚、嗪草酮、精吡氟禾草灵等除草剂成分混配,用于生产复配除草剂。

【适用作物及防除对象】异噁草松适用于大豆、甘蔗、水稻等作物。可有效防除稗草、牛筋草、苘麻、龙葵、苍耳、马唐、狗尾草、金狗尾草、豚草、香薷、水棘针、野西瓜苗、藜、小藜、遏蓝菜、柳叶刺蓼、酸模叶蓼、马齿苋、狼把草、鬼针草、鸭跖草等一年生禾本科和阔叶杂草，并对多年生的刺儿菜、大蓟、苣荬菜、问荆等亦有较强的抑制作用。

【使用技术】异噁草松为长残效除草剂，每亩使用有效成分量大于 53 克即对后茬作物有影响，第二年只能继续种大豆。每亩使用有效成分量 33 克以下，在北方第二年可以种植小麦、玉米、甜菜、油菜、马铃薯等作物。异噁草松用于土壤处理时，在土壤有机质含量低、质地疏松、涝洼地用低药量，反之用高药量。

大豆田　大豆播前、播后苗前土壤处理，或苗后早期茎叶处理均可。大豆播前施药，为防止干旱和风蚀，施药后可浅混土，耙深5～7厘米。土壤有机质含量3%以下时，每亩使用36%乳油或360克/升微囊悬浮剂140～170毫升，或48%乳油或480克/升乳油130～160毫升；土壤有机质3%以上时，异噁草松可与嗪草酮、乙草胺、异丙甲草胺、异丙草胺等除草剂混用，以扩大杀草谱、提高除草效果。每亩喷施药液量为人工喷雾器20～35千克、拖拉机13千克以上。大豆播前土壤处理混用配方为：每亩使用48%异噁草松乳油或480克/升乳油100～120毫升，或36%乳油或360克/升乳油120～150毫升，加90%乙草胺乳油70～100毫升加88%灭草猛乳油100～140毫升。大豆播后苗前处理混用配方为：每亩使用48%异噁草松乳油或480克/升乳油100～120毫升加90%乙草胺乳油100～140毫升（或72%异丙甲草胺乳油100～135毫升）加50%丙炔氟草胺可湿性粉剂4～6克（或75%噻吩磺隆可湿性粉剂0.8～1克）。当土壤砂性过强、有机质含量过低或土壤偏碱性时，不宜与嗪草酮混用。

大豆苗后除草，于大豆苗后早期、杂草2～4叶期施药。起垄播种大豆如土壤水分少可培土2厘米。每亩使用36%乳油或360克/升微囊悬浮剂120～150毫升，或48%乳油或480克/升乳油100～120毫升，喷施药液量为人工喷雾器20～25千克、拖拉机10～13千克。为扩大杀草谱，降低用药成本，也可与稀禾啶、吡氟禾草灵、三氟羧草醚、灭草松等除草剂混用。通常混用配方为：每亩使用48%异噁草松乳油或480克/升乳油70～100毫升加48%灭草松水剂100毫升（或25%氟磺胺草醚乳油50毫升）加5%精喹禾灵乳油40毫升（或15%精吡氟禾草灵乳油40毫升或10.8%高效氟吡甲禾灵30毫升）。上述配方在土壤有机质含量低、质地疏松、低洼地水分好的条件下用低剂量，反之用高剂量。不能用超低容量喷雾器或背负式机动喷雾器进行超低容量喷雾，人工喷药时应用扇形喷嘴，逐垄施药，一次喷一条垄，定喷头到地面高度，定压力和行走速度，且不可左右甩动施药。

水稻田　在水直播田上，北方可于播种前3～5天喷雾处理，每亩使用36%乳油或360克/升乳油或360克/升微囊悬浮剂130～160毫升，或48%乳油或480克/升乳油100～120毫升，施药后保持田间湿润，5～7天后建立水层。长江以南地区在播种后稗草高峰期毒土法或喷雾处理，每亩使用36%乳油或360克/升乳油或360克/升微囊悬浮剂100～130毫升，或48%乳油或480克/升乳油80～100毫升，施药后保持田间湿润，2天后建立水层。移栽水稻田使用，在水稻移栽后2～5天施药，施药时田间需保持2～3厘米水层，施药后保水5天，每亩使用36%乳油或360克/升乳油100～130毫升，或48%乳油或480克/升乳油80～100毫升，毒土法处理。

【注意事项】异噁草松在土壤中的生物活性可持续6个月以上，后茬不宜种植小麦、大麦、燕麦、黑麦、谷子、苜蓿等，次年春季可以种植水稻、玉米、棉花、花生、向日葵等作物。该药雾滴或蒸气飘移到施药区以外，可能导致某些植物叶片变白或变黄，施药前应熟读说明书中注意事项。异噁草松对杨树、松树安全，对柳树敏感，但20～30天后可恢复生长；飘移可使小麦叶受害，茎叶处理仅有触杀作用，不向下传导，拔节前小麦心叶不受害，10天后恢复正常生长，对产量影响甚微。在4℃以下本药剂可能会出现结晶现象，应尽量将药剂存放在温暖处，使用前如发现有结晶沉淀现象，应移到温暖地方使结晶溶解后才能使用。药液接触眼睛会使角膜暂时不透明，应立即用大量清水冲洗并及时就医；不慎接触皮肤，立即用肥皂水和清水彻底清洗；如吸入肺中，应立即将患者移到通风处；如误食，迅速饮大量牛奶或水，不要催吐，并使病人静卧勿动，请医生对症治疗。

莠　去　津

【有效成分】莠去津（atrazine）。

【常见商标名称】玉收、玉伴、玉贵、苞福、弃锄、迎丰、铲净、艾锄、玉奇、美地、丰米、玉成、云瑞、普天乐、三晶兴、玉满楼、金满垄、富玉宝、富地佬、金玉良田、长青苗乐、科赛玉吉祥、瀚生金枝玉叶等。

【主要含量与剂型】20%悬浮剂、25%可分散油悬浮剂、38%悬浮剂、45%悬浮剂、50%悬浮剂、500克/升悬浮剂、55%悬浮剂、60%悬浮剂、80%可湿性粉剂、90%水分散粒剂。

【理化性质】莠去津纯品为无色结晶，原药为白色粉末，熔点175.8℃，基本不溶于水，可溶于氯仿、丙酮、乙酸乙酯、甲醇等有机溶剂，在中性、弱酸、弱碱介质中稳定，在较高温度下能被较强的酸和碱水解。属低毒除草剂，原药大鼠急性经口LD_{50}为1869～3080毫克/千克，急性经皮LD_{50}为3100毫克/千克，试验剂量内致癌、致畸试验为阴性，对鱼类和蜜蜂低毒。

【产品特点】莠去津是一种三嗪类选择性内吸传导型除草剂，苗前、苗后均可使用。以根吸收为主，茎叶吸收很少，迅速传导到植物分生组织及叶部，干扰光合作用，使杂草致死。在玉米等抗性作物体内被玉米酮酶分解成无毒物质，因而对作物安全。易被雨水淋洗至较深土层，致使对某些深根性杂草有抑制作用。在土壤中可被微生物分解，残效期受用药剂量、土壤质地等因素影响，可长达半年左右，田间半衰期35～50天。

莠去津可与乙草胺、甲草胺、丁草胺、异丙草胺、异丙甲草胺、烟嘧磺隆、砜嘧磺隆、二甲戊灵、磺草酮、硝磺草酮、2,4-滴丁酯、氰草津、麦草畏、扑草净、灭草松、嗪草酸甲酯等除草剂成分混配，用于生产复配除草剂。

【适用作物及防除对象】适用于玉米、高粱、甘蔗、果树、苗圃、林地等，用于防除马唐、稗草、狗尾草、莎草、看麦娘、蓼、藜、十字花科及豆科杂草，对某些多年生杂草也有一定的抑制作用。

【使用技术】

玉米田 既可苗前土壤处理也可苗后茎叶处理。播后苗前土表喷雾时，应在播种后1～3天，每亩使用38%悬浮剂250～350毫升，或48%可湿性粉剂160～270克,或50%悬浮剂或500克/升悬浮剂200～250毫升，或80%可湿性粉剂100～160克，或90%水分散粒剂90～140克，对水30～50千克均匀喷雾土表。喷药后如果天气干旱需要浅混土。有机质含量在3%以下的沙质土壤用量低一些，有机质含量在3%以上的粘质土壤用量高一些。如在华北有机质含量在3%以上地区，沙质土壤每亩使用38%悬浮剂250毫升，或48%可湿性粉剂200克，或50%悬浮剂或500克/升悬浮剂190毫升，或80%可湿性粉剂125克，或90%水分散粒剂110克；黏土每亩使用38%悬浮剂300毫升，或48%可湿性粉剂250克，或50%悬浮剂或500克/升悬浮剂230毫升，或80%可湿性粉剂150克，或90%水分散粒剂130克。在东北地区，土壤有机质含量在3%以下，沙质土壤每亩使用38%悬浮剂200毫升，壤质土使用38%悬浮剂250毫升，黏质土使用38%悬浮剂280毫升；土壤有机质含量在3%～5%时，沙质土每亩使用38%悬浮剂280毫升，壤质土使用350毫升，黏质土使用450毫升。莠去津也可在玉米出苗后用药，施药适期为玉米4叶期、杂草2～3叶期。华北麦套玉米地区，通常是在小麦收获前10～12天套种玉米，小麦收后玉米正处于4叶期，适合施药。通常每亩使用38%悬浮剂250～350毫升，对水30～50千克均匀喷雾。春播玉米以播后苗前除草为主。

甘蔗田　在甘蔗下种后5～7天、杂草部分出土时，每亩使用38%悬浮剂200～250毫升，或48%可湿性粉剂150～200克，或50%悬浮剂或500克/升悬浮剂150～190毫升，或80%可湿性粉剂100～120克，或90%水分散粒剂90～105克，对水30～45千克均匀喷雾。

果园、茶园　一般在4～5月杂草萌发高峰期施药，先将越冬的大草锄干净后再喷药。每亩使用38%悬浮剂250～300毫升，或48%可湿性粉剂200～200克，对水30～50千克地表均匀喷雾。

【注意事项】莠去津在土壤中残效期长，易对后茬作物造成药害，使用时要充分考虑下茬作物的安排。蔬菜、大豆、小麦、水稻、桃树等对莠去津敏感，不宜使用。玉米田后茬为小麦、水稻时，应降低剂量与其它安全性除草剂混用。有机质含量超过6%的土壤，不宜作土壤处理，以茎叶处理为好。该药对眼睛、皮肤和呼吸道有刺激作用，使用时注意安全保护；若溅入眼睛，立即用流动清水冲洗15分钟；不慎误服，用吐根糖浆诱吐，呕吐停止后服用活性炭及山梨醇导泻。

莠　灭　净

【有效成分】莠灭净（Ametryn）。

【常见商标名称】阿灭净、阿以净、蔗民喜、蔗护驾、蔗虎、蔗露、蔗达、蔗帝、蔗发、蔗成、蔗丰、金蔗、狄戈等。

【主要含量与剂型】90%水分散粒剂、80%水分散粒剂、80%可湿性粉剂、75%可湿性粉剂、500克/升悬浮剂、50%悬浮剂、45%悬浮剂、40%可湿性粉剂。

【理化性质】莠灭净纯品为无色粉末，熔点84～85℃，微溶于水，易溶于有机溶剂。在中性、微酸或微碱性介质中稳定，遇强酸或强碱则水解为无除草活性的物质，光照下分解缓慢，土壤中半衰期70～129天。属低毒除草剂，原药大鼠急性经口LD_{50}为1110毫克/千克，兔急性经皮LD_{50}大于8160毫克/千克，试验条件下未见致畸、致癌、致突变作用，对哺乳动物、鸟类、蜜蜂和鱼类低毒。

【产品特点】莠灭净为三嗪类选择性内吸传导型除草剂，属典型的光合作用抑制剂。植物的根系和茎叶吸收后，向上传导并集中于植物顶端分生组织，抑制敏感植物光合作用中电子传递，导致叶片内亚硝酸盐积累，使植物受害而死亡。莠灭净可被0～5厘米土壤吸附，形成药层，使杂草萌发出土时接触药剂，对刚萌发的杂草防效最好。莠灭净在低浓度下，能促进植物生长，即刺激幼芽与根的生长、促进叶面积增大、茎加粗等；在高浓度下，则对植物又产生强烈的抑制作用。该药杀草作用迅速，杀草谱广，施药期宽，施药方式灵活，持效期达 40 天左右。

莠灭净可与敌草隆、2 甲 4 氯、2 甲 4 氯钠、莠去津、溴苯腈、唑草酮、乙草胺等除草剂成分混配，用于生产复配除草剂。

【适用作物及防除对象】 莠灭净适用于甘蔗、柑橘、菠萝、香蕉、马铃薯，可防除牛筋草、马唐、千金子、稗草、秋稷、苘麻、铁荸荠、狗芽根、罗氏草、胜红蓟、藜科、空心莲子菜、马齿苋、田荠、阔叶臂形草、马蹄莲、蓼类、鬼针草、田旋花、豚草、眼子菜等杂草。

【使用技术】 最好采用二次稀释法配制药液。先将所需药量倒入容器，加入少量水搅成糊状，再将糊状药液缓慢倒入装有一定量水的药箱内，边倒边搅拌，然后加水至所需水量。

甘蔗田 播后苗前施药，每亩使用 90%水分散粒剂 110～130 克，或 80%水分散粒剂 125～150 克，或 80%可湿性粉剂 130～200 克，或 75%可湿性粉剂 150～200 克，或 40%可湿性粉剂 260～400 克，或 50%悬浮剂或 500 克/升悬浮剂 210～320 毫升，对水 40～60 千克均匀喷雾。土壤质地黏重用高剂量，土壤质地疏松用低剂量。苗后茎叶处理应在甘蔗 3～4 叶期、大多数杂草出齐时定向喷雾，杂草株高 10～20 厘米为最佳施药期，喷液量每亩 40～60 千克。在稗草、千金子、田旋花、胜红蓟、空心莲子菜及狗芽根为害较重的甘蔗田，最好采用苗前施药。莠灭净与敌草隆或 2 甲 4 氯混用可扩大杀草谱，提高药效，混用时每亩使用 80%可湿性粉剂 70～80 克加 80%敌草隆可湿性粉剂 70～80 克，或加 56%2 甲 4 氯钠盐可溶性粉剂 50 克，对水 35～50 千克均匀喷雾。苗后施药时在药液中加入适量的表面活性剂有利于药效发挥。甘蔗收获前 30 天停止用药。

菠萝田 菠萝收获后、种植前或种植后杂草萌芽 2～3 叶前用药，每亩使用90%水分散粒剂100～110克，或80%水分散粒剂125～150克，或80%可湿性粉剂120～150克，或75%可湿性粉剂130～170克，或40%可湿性粉剂250～300克，或50%悬浮剂或500克/升悬浮剂200～240毫升，对水40～60千克均匀喷雾。菠萝生长期间可行间多次茎叶处理，施药间隔期1～2月。收获前160天停止用药。

香蕉田 移栽时或其它时间里苗前、苗后施药，每亩使用80%可湿性粉剂125～200克，或40%可湿性粉剂250～300克，或50%悬浮剂或500克/升悬浮剂200～240毫升，对水30～50千克均匀喷雾。重复施药间隔期为3～4个月。一年之中每亩最高施药量为1700克。

【注意事项】不能与强酸或强碱性物质混用。施药时保持地面平整、排水良好，低洼积水处易发生药害。沙壤土或有机质含量低地块，选用低剂量；有机质含量高或杂草高大茂密地块，选用高剂量。不同品牌的莠灭净对甘蔗品种敏感性不同，使用前应作小区试验或遵从当地植保人员指导操作。莠灭净对眼、皮肤和呼吸道有中度刺激作用，使用时注意安全保护。

乙　草　胺

【有效成分】乙草胺（acetochlor）。

【常见商标名称】禾耐斯、天宁、吊桥、却锄、久亩耘、农博士、吉施福、赛迪生、鑫常隆、韩清江、禾农思、日上田草光等。

【主要含量与剂型】20%可湿性粉剂、25%微囊悬浮剂、40%水乳剂、40%可湿性粉剂、48%水乳剂、50%水乳剂、50%微乳剂、50%乳油、81.5%乳油、88%乳油、880克/升乳油、89%乳油、90%乳油、90.5%乳油、900克/升乳油、990克/升乳油。

【理化性质】乙草胺原药纯度为92%，外观为淡黄色至紫色液体，25℃时在水中的溶解度为223毫克/升，易溶于乙醚、丙酮、氯仿、乙醇、甲苯、乙酸乙酯等有机溶剂，不宜光解和挥发，性质稳定，常温下贮存稳定期2年以上。属低毒除草剂，原药大鼠急性经口 LD_{50} 为2148毫克/千克，兔急性经皮 LD_{50} 为4166毫克/千克，试验条件下未见致突变作用，原药对大鼠、小鼠均有致肿瘤作用，对鱼类、鸟类低毒。

【产品特点】乙草胺属酰胺类除草剂，可被植物的幼芽（单子叶植物的胚芽鞘、双子叶植物的下胚轴）吸收，吸收后向上传导。种子和根也可吸收传导，但吸收量较少，传导速度慢。出苗后主要靠根吸收向上传导。主要通过阻碍蛋白质的合成而抑制细胞的生长，进而使幼芽、幼根停止生长。禾本科杂草表现心叶卷曲萎缩，其他叶皱缩，整株枯死；阔叶杂草叶皱缩变黄，整株枯死。如果田间水分适宜，幼芽未出土即被杀死；如果土壤水分少，杂草出土后随土壤湿度增大，杂草吸收药剂后而起作用。大豆等耐药性作物吸收乙草胺后在体内迅速代谢为无活性物质，在正常自然条件下对作物安全，在低温条件下对大豆等作物生长有抑制作用，表现为叶皱缩、根减少。持效期1.5个月，在土壤中通过微生物降解，对后茬作物无影响。

乙草胺常与苄嘧磺隆、甲磺隆、噻吩磺隆、氯嘧磺隆、胺苯磺隆、扑草净、乙氧氟草醚、嗪草酮、莠去津、氰草净、利谷隆、氰草津、甲草胺、苯噻酰草胺、2,4-滴丁酯、噁草酮、二甲戊灵、西草净、异噁草酮、仲丁灵等除草剂成分混配，用于生产复配除草剂。

【适用作物及防除对象】乙草胺适用于大豆、花生、玉米、插秧水稻、移栽油菜、棉花、甘蔗、马铃薯、柑橘、葡萄、果园等。主要用于防除一年生禾本科杂草和某些阔叶杂草，如稗草、狗尾草、金狗尾草、马唐、牛筋草、稷、看麦娘、早熟禾、千金子、硬草、野燕麦、臂形草、棒头草、藜、小藜、反枝苋、铁苋菜、酸模叶蓼、柳叶刺蓼、节蓼、卷茎蓼、鸭跖草、狼把草、鬼针草、菟丝子、篇蓄、香薷、繁缕、野西瓜苗、水棘针、鼬瓣花等。

【使用技术】

大豆田　在大豆播前或播后苗前施药，最好在播后3天内施药，尽量缩短播种与施药间隔时间。大豆拱土期施药易造成药害。土壤有机质含量6%以下时，每亩使用25%微囊悬浮剂300～400毫升，或40%水乳剂250～300毫升，或50%乳油或水乳剂或微乳剂170～200毫升，或90%乳油或900克/升乳油95～115毫升，土壤有机质含量低、砂质土、低洼地及墒情好的条件下用低剂量，土壤有机质含量较高、质地黏重、岗地及干旱条件下用高剂量。土壤有机质含量6%以上时，每亩使用50%乳油或水乳剂或微乳剂200～270毫升，或90%乳油或900克/升乳油115～150毫升，用药量随有机质含量增加而提高。每亩对水20～30千克均匀喷雾。播后苗前施药在干旱条件下浅锄混土，可避免被风蚀；起垄播种大豆的也可在施药后培土2厘米左右，以免药剂被风吹走。

乙草胺与嗪草酮、丙炔氟草胺、咪唑乙烟酸等混用，可提高对苍耳、龙葵、苘麻等阔叶杂草的防效；乙草胺与异噁草酮、噻吩磺隆、唑嘧磺草胺等混用，可提高对苍耳、龙葵、苘麻、刺儿菜、苣荬菜、问荆、大蓟等阔叶杂草的药效。混用配方为：每亩使用50%乳油或水乳剂或微乳剂170～200毫升，或90%乳油或900克/升乳油95～115毫升，加50%丙炔氟草胺可湿性粉剂8～12克，或48%异噁草松乳油50～60毫升，或70%嗪草酮可湿性粉剂20～30克，或80%唑嘧磺草胺水分散粒剂4克，或75%噻吩磺隆可湿性粉剂1～1.3克；也可三元混用，每亩使用50%乳油或水乳剂或微乳剂170～200毫升，或90%乳油或900克/升乳油95～115毫升，加75%噻吩磺隆可湿性粉剂0.7～1克加48%异噁草松乳油40～50毫升（或70%嗪草酮可湿性粉剂20～27克，或50%丙炔氟草胺可湿性粉剂4～6克）；或每亩使用

50%乳油或水乳剂或微乳剂130～170毫升，或90%乳油或900克/升乳油70～100毫升，加50%丙炔氟草胺可湿性粉剂4～6克加48%异噁草松乳油40～50毫升；或同上剂量乙草胺加88%灭草猛100～133毫升加70%嗪草酮可湿性粉剂20～27克（或48%异噁草松乳油40～50毫升）；或每亩使用90%乳油或900克/升乳油100～120毫升加48%异噁草松乳油40～50毫升加80%唑嘧磺草胺水分散粒剂2克。

乙草胺也可用于秋季施药，秋施最好在10月中下旬气温降到5℃以下至封冻前进行，秋施比春施对大豆、玉米、油菜等安全性好、药效好，特别对难防除杂草如野燕麦等更有效，且比春施增产5%～10%。

玉米田 乙草胺在玉米田用药量、使用时期及方法同大豆。南方水分好的条件下用药量适当减少。乙草胺在玉米田可与噻吩磺隆、2,4-滴丁酯、嗪草酮等混用，以扩大杀草谱。每亩使用50%乳油或水乳剂或微乳剂170～200毫升，或90%乳油或900克/升乳油95～115毫升，加75%噻吩磺隆可湿性粉剂1～1.3克（或80%唑嘧磺草胺水分散粒剂4克或72%2,4-滴丁酯乳油70～100毫升）；土壤有机质含量高于2的地块，建议每亩使用50%乳油或水乳剂或微乳剂150～180毫升，或90%乳油或900克/升乳油80～100毫升，加70%嗪草酮可湿性粉剂27～54克；土壤有机质含量高于5的地块，建议每亩使用50%乳油或水乳剂或微乳剂90～150毫升，或90%乳油或900克/升乳油50～80毫升，加38%莠去津悬浮剂100～200毫升。

花生田 施药时期同大豆。华北地区每亩使用50%乳油或水乳剂或微乳剂100～140毫升，或90%乳油或900克/升乳油60～80毫升；长江流域、华南地区每亩使用50%乳油或水乳剂或微乳剂70～100毫升，或90%乳油或900克/升乳油40～60毫升。

油菜田 北方直播油菜田，可在播前或播后苗前施药，每亩使用50%乳油或水乳剂或微乳剂140～270毫升，或90%乳油或900克/升乳油80～150毫升。根据土壤有机质含量和质地确定用药量，土壤质地黏重、有机质含量高用高剂量，土壤疏松、有机质含量低用低剂量。移栽油菜田，移栽前或移栽后施药，每亩使用50%乳油或水乳剂或微乳剂80毫升,或90%乳油或900克/升乳油45毫升。每亩对水20～30千克均匀喷施，移栽后喷施时，应避免或减少直接喷在作物叶片上。

棉花田　地膜棉于整地播种后喷药，然后盖膜。华北地区每亩使用50%乳油或水乳剂或微乳剂90～110毫升，或90%乳油或900克/升乳油50～60毫升，长江流域使用50%乳油或水乳剂或微乳剂72～90毫升，或90%乳油或900克/升乳油40～50毫升，新疆地区使用50%乳油或水乳剂或微乳剂140～180毫升，或90%乳油或900克/升乳油80～100毫升。露地直播棉用药量约提高1/3，每亩对水20～30千克均匀喷雾。

甘蔗田　甘蔗种植后土壤处理，每亩使用50%乳油或水乳剂或微乳剂140～180毫升，或90%乳油或900克/升乳油80～100毫升，对水均匀喷雾。

水稻移栽田　乙草胺仅在长江以南流域的水稻大苗移栽田使用，不可用在秧田、直播田、小苗移栽田、病弱苗田、漏水田等。在水稻移栽后3～5天，水稻完全缓苗后、稗草1叶1心前用药。每亩使用20%可湿性粉剂30～40克，拌15千克细砂土均匀撒施。施药时田间水层3～5厘米，保持水层5～7天；如水不足可缓慢补水，但不能串水。

【注意事项】乙草胺活性很高，用药量不宜随意增大；施药时要均匀周到，避免重喷或漏喷。喷施药剂前后，土壤宜保持湿润，以确保药效；多雨地区注意雨后排水，排水不良地块，大雨后积水会妨碍作物出苗，出现药害。地膜栽培使用乙草胺除草时，应在覆膜前施药，用药量比同类露地栽培方式减少1/3左右。乙草胺对麦类、谷子、高粱、黄瓜、菠菜等作物较敏感，不宜施用。

丙 草 胺

【有效成分】 丙草胺（pretilachlor）。

【常见商标名称】 瑞飞特、扫茀特、扫蔓特、稻倍来、稻英雄、探春仙、直播锄、晓光、甩兴、稻盼、封安、封特、稻朗、易播、水镖、云瑞、丰秋米旺等。

【主要含量与剂型】 30％乳油、300 克/升乳油、50％乳油、50％水乳剂、500 克/升乳油、52％乳油。

【理化性质】 丙草胺纯品为无色液体，沸点 135℃，在水中的溶解度为 50 毫克/升，极易溶于苯、二氯甲烷、己烷、甲醇等有机溶剂。属低毒除草剂，原药大鼠急性经口 LD_{50} 为 6099 毫克/千克，急性经皮 LD_{50} 大于 3100 毫克/千克，试验条件下未见致畸、致癌、致突变作用，对蜜蜂低毒，对鱼类有毒。

【产品特点】 丙草胺为酰胺类选择性苗前除草剂，主要是通过阻碍蛋白质的合成而抑制细胞的生长，并对光合作用及呼吸作用有间接影响。药剂可通过植物下胚轴、中胚轴和胚芽鞘吸收，根部略有吸收，不影响种子发芽，只能使幼芽中毒。通过影响细胞膜的渗透性，使离子吸收减少、膜渗漏，细胞的有效分裂被抑制，并抑制蛋白质的合成和多糖的形成。受害杂草幼苗扭曲，初生叶难伸出，叶色变深绿，生长停止，直至死亡。水稻本身对丙草胺有较强的分解能力，从而具有一定的选择性。但稻芽对丙草胺的耐药力并不强，为了早期施药安全，在丙草胺中加入安全剂 CGA123407，可改善制剂对水稻芽及幼苗的安全性。这种安全剂通过水稻根部吸收而发挥作用。该药在田间持效期为 30～40 天。

丙草胺常与苄嘧磺隆、吡嘧磺隆、嘧啶肟草醚、噁草酮、乙氧氟草醚、异噁草松等除草剂成分混配，生产复配除草剂。

【适用作物及防除对象】 丙草胺适用于移栽稻田和抛秧稻田，

“丙草胺＋安全剂”适用于直播田和育秧田。可有效防除稗草、萵草、千金子、鳢肠、陌上菜、鸭舌草、丁香蓼、节节菜、碎米莎草、异型莎草、牛毛毡、萤蔺、四叶萍、尖瓣花等。

【使用技术】丙草胺应在杂草出苗以前施药。北方土壤有机质含量较低时，每亩使用50%乳油或500克/升乳油或50%水乳剂60～70毫升，或52%乳油55～65毫升，或30%乳油或300克/升乳油100～115毫升；土壤有机质含量较高时，每亩使用50%乳油或500克/升乳油或50%水乳剂70～80毫升，或52%乳油65～75毫升，或30%乳油或300克/升乳油115～130毫升。长江流域及淮河流域，每亩使用50%乳油或50%水乳剂或500克/升乳油50～60毫升，或52%乳油45～55毫升，或30%乳油或300克/升乳油80～100毫升；珠江流域，每亩使用50%乳油或500克/升乳油或50%水乳剂40～50毫升，或52%乳油35～45毫升，或30%乳油或300克/升乳油65～80毫升。

移栽稻田　在水稻移栽后3～5天，最晚稗草不超过1.5叶时采用毒土法施药，每亩用细沙土15～20千克与丙草胺充分搅拌均匀后，撒于稻田中。施药时田间要有水层3～5厘米，并保持水层3～5天，以充分发挥药效。如采用喷雾法可喷在湿润的泥土上，施药后1天内灌水，保持水层5天左右。在有“甩施”习惯的地区也可采用“瓶甩法”，即将计划用药量加入少量的水装入瓶中，在瓶盖上打一小孔，水稻移栽后3～5天进行甩施，丙草胺可迅速分布到全田。

抛秧稻田　可在抛秧前或抛秧后施药。抛秧前2～3天整平稻田后，将药剂甩施或拌细沙土撒入田中，根据具体情况选择用药剂量，毒土法每亩用细沙土15～20千克，然后抛秧。如果在抛秧后施药，可在抛秧后2～4天内，拌细沙土撒入田中。保持浅水层3～5天，水层不能淹入水稻心叶。秧田使用丙草胺，注意秧苗叶龄要达到3叶1心以上，或南方秧龄18～20天以上、北方秧龄30天以上方可使用丙草胺。

为了扩大杀草谱，丙草胺可与其它防治阔叶杂草的除草剂混用。例如与苄嘧磺隆混用时，南方稻区每亩使用50%乳油或500克/升乳油或50%水乳剂30～40毫升，或52%乳油25～45毫升，或30%乳油或300克/升乳油50～60毫升。加10%苄嘧磺隆15克；北方稻区每亩使用50%乳油或500克/升乳油或50%水乳剂50～60毫升，或52%乳油45～55毫升，或30%乳油或300克/升乳油80～100毫升，加10%苄嘧磺隆15克或20%吡嘧磺隆10克。每亩用细沙土15～20千克与药剂充分搅拌均匀，在水稻移栽或抛秧3～5天后拌细沙土均匀撒施。

丙草胺＋安全剂 CGA123407 用于水稻直播田和育秧田除草，安全剂可保护水稻不受伤害。此安全剂主要通过水稻根部吸收，直播稻田和育秧稻田必须进行催芽以后播种，为保证对水稻安全，须在播后1～4天内施药。在大面积使用时，可在播种后3～5天、水稻立针期后喷雾，以利于安全剂的充分发挥。育秧田除草，每亩使用50%乳油或500克/升乳油或50%水乳剂50～60毫升，或52%乳油45～55毫升，或30%乳油或300克/升乳油80～100毫升；直播田除草，每亩使用50%乳油或500克/升乳油或50%水乳剂60～70毫升，或52%乳油55～65毫升，或30%乳油或300克/升乳油100～115毫升。抛秧田在抛秧后3～5天内施药对水稻安全，每亩使用50%乳油或500克/升乳油或50%水乳剂50～60毫升，或52%乳油45～55毫升，或30%乳油或300克/升乳油90～110毫升。每亩的药剂对水30～45千克均匀喷雾。喷雾时田间应有泥皮水或浅水层，施药后要保水3天，以利药剂均匀分布、药效充分发挥，3天后可恢复正常水层管理。

【注意事项】 丙草胺（加安全剂）在北方水稻直播田和秧田使用时，应先试验，取得经验后再推广，未加安全剂的丙草胺不能用于水稻直播田和秧田。高渗漏的稻田不宜使用丙草胺，因渗漏会把药剂过多地集中在根区，易产生轻度药害。该药剂对皮肤、眼、呼吸道有刺激作用，若用药时出现不适或中毒症状，应立即停止工作，脱去工作服，用肥皂和清水清洗皮肤；如误食，用医用活性炭配合足够的水饮用，并及时就医。

丁 草 胺

【有效成分】丁草胺（butachlor）。

【常见商标名称】马歇特、好帮手、狠较色、晒马特、农得益、瑞立博、韩恋稻、封地达、巴面除、惠得红、允除净、米多旺、赛罗欧、有它灵、小美汀、稻禾净、稻稗清、广路、金浪、田煌、无败、亿得、闲抛、稻盖、稗达、永韧、吉化双绿、稻农无忧、外尔易甩净等。

【主要含量与剂型】400克/升水乳剂、40%水乳剂、50%乳油、60%乳油、600克/升乳油、600克/升水乳剂、85%乳油、900克/升乳油、5%颗粒剂、10%微粒剂、25%微囊悬浮剂。

【理化性质】丁草胺纯品为浅黄色油状液体，熔点0.5～1.5℃，分解温度为165℃，基本不溶于水，可溶于乙醚、丙酮、乙醇、乙酸乙酯和乙烷等多种有机溶剂；抗光解性能好，常温贮存稳定2年以上。属低毒除草剂，原药大鼠急性经口LD_{50}为2000毫克/千克，兔急性经皮LD_{50}为13000毫克/千克，试验条件下未见致畸、致癌、致突变作用，高剂量时对实验动物肝、肾有损伤，对鱼类和水生生物毒性大。

【产品特点】丁草胺为酰胺类选择性芽期除草剂，主要通过阻碍蛋白质的合成而抑制细胞的生长。通过杂草幼芽和幼小的次生根吸收抑制体内蛋白质合成，使杂草幼株肿大、畸形，色深绿，最终导致死亡。丁草胺对光稳定，在土壤中稳定性小，能被土壤微生物分解。持效期为30～40天，对下茬作物安全。只有少量丁草胺能被稻苗吸收，并在体内迅速完全分解代谢，因而稻苗有较大的耐药力。

丁草胺常与苄嘧磺隆、烟嘧磺隆、吡嘧磺隆、异丙草胺、噁草酮、莠去津、扑草净、西草净、二甲戊灵、2,4-滴丁酯等除草剂成分混配，生产复配除草剂。

【适用作物及防除对象】　丁草胺主要用于水田（移栽水稻田、水稻旱育秧田）和小麦等旱地，可有效防除以种子萌发的禾本科杂草、一年生莎草及部分一年生阔叶杂草，如稗草、千金子、异型莎草、碎米莎草、牛毛毡等，对鸭舌草、节节草、尖瓣花和萤蔺等有较好防效，但对水三棱、扁秆藨草、野慈姑等多年生杂草几本无效。

【使用技术】丁草胺为苗前选择性除草剂，在杂草种子萌芽前施药效果最好，稗草 2 叶期后施药效果显著下降。

移栽水稻田　北方移栽水稻（秧龄 25～30 天）于移栽后5～7 天缓苗后施药，每亩使用 40%水乳剂或 400 克/升水乳剂150～200 毫升，或 50%乳油 120～180 毫升，或 60%乳油或 600 克/升乳油或 600 克/升水乳剂 100～150 毫升，或 85%乳油 80～100 毫升，或 900 克/升乳油 70～100 毫升，或 25%微囊悬浮剂 150～250 毫升，进行茎叶喷雾处理或毒土法撒施；或每亩使用 5%颗粒剂 1350～1700 克，或 10%微粒剂 500～850 克，毒土法撒施。南方水稻移栽后 3～5 天施药，每亩使用 40%水乳剂或 400 克/升水乳剂 120～150 毫升，或 50%乳油 100～120 毫升，或 60%乳油或 600 克/升乳油或 600 克/升水乳剂 85～100 毫升，或 85%乳油 60～70 毫升，或 900 克/升乳油 55～65 毫升。每亩药剂对水 25～30 千克均匀喷施。施药时田间保持水层 3～5 厘米，保水 3～5 天，以后恢复正常田间管理。毒土法施药时，每亩用细沙土 15～20 千克与适量丁草胺充分拌匀后，均匀撒施于稻田中。

水稻湿润育苗旱秧田　东北覆膜湿润育秧田，在播下浸种不催芽的种子后，覆盖 2 厘米厚的土层，然后每亩使用 40%水乳剂或 400 克/升水乳剂 120～150 毫升，或 50%乳油 100～130 毫升，或 60%乳油或 600 克/升乳油或 600 克/升水乳剂 85～110

毫升，或85%乳油60～75毫升，或900克/升乳油55～70毫升，对水25千克均匀喷施，加盖塑料薄膜，保持床面湿润。特别注意，覆土不得少于2厘米，覆土过浅在低温条件下抑制稻苗生长，易造成药害。若在秧田使用丁草胺，不能与扑草净、西草净混用，高温条件下扑草净、西草净对秧苗有药害。

水稻插秧田 推荐两次用药。水稻插秧前5～7天，每亩使用40%水乳剂或400克/升水乳剂120～150毫升，或50%乳油100～120毫升，或60%乳油或600克/升乳油或600克/升水乳剂80～100毫升，或85%乳油60～70毫升，或900克/升乳油55～65毫升，加湿细沙或土15～20千克，采用毒土、毒沙法施药，均匀撒入田间。最好在整地耢平时或耢平后趁水浑浊把药施入田间。插秧后15～20天，使用上述相同药量丁草胺。当稗草与阔叶杂草兼治时，第二次施药丁草胺可与苄嘧磺隆、吡嘧磺隆、环丙嘧磺隆、乙氧嘧磺隆等混用，混用配方为：每亩使用40%水乳剂或400克/升水乳剂120～150毫升，或50%乳油100～120毫升，或60%乳油或600克/升乳油或600克/升水乳剂80～100毫升，或900克/升乳油55～65毫升，加10%苄嘧磺隆可湿性粉剂13～20克（或30%苄嘧磺隆可湿性粉剂10克，或10%吡嘧磺隆可湿性粉剂10克，或10%环丙嘧磺隆可湿性粉剂13～15克，或15%乙氧嘧磺隆10～15克），第二次施药时应保持水层3～5厘米，稳定水层5～7天，只灌不排。防除多年生莎草科杂草可与灭草松混用，每亩使用40%水乳剂或400克/升水乳剂120～150毫升，或50%乳油100～120毫升，或60%乳油或600克/升乳油或600克/升水乳剂80～100毫升，或900克/升乳油55～65毫升，加48%灭草松水剂167～200毫升均匀喷雾，混用前2天施浅水层，使杂草露出水面，施药后2天放水回田。丁草胺与苄嘧磺隆混用，也可采用喷雾法施药，方法与同灭草松混用相同。如果在整地后不能在3～4天内插秧时，建议在整地后立即施药，经0～4天插秧，可有效控制杂草萌芽并增加对水稻的安全性。丁草胺分两次施药具有三大优点：对水稻安全性大大提高，避免了一次性施药因整地与插秧间隔时间过长、稗草叶龄大难防除的问题，对阔叶杂草防效好于一次性施药。

直播水稻田　在播种前2～3天施药，每亩使用40%水乳剂或400克/升水乳剂120～150毫升，或50%乳油100～120毫升，或60%乳油或600克/升乳油或600克/升水乳剂80～100毫升，或900克/升乳油55～65毫升，对水30千克均匀喷施，田间保持水层2～3天，然后排水播种。也可于秧苗1叶1心至2叶期（稗草1叶1心期）前施药，每亩使用60%乳油或600克/升乳油或600克/升水乳剂100～125毫升，对水40千克均匀喷施。

旱地作物除草　冬小麦、大麦播种覆土后，结合灌水或降雨后，在土壤墒情好的状况下，每亩使用40%水乳剂或400克/升水乳剂150～180毫升，或50%乳油120～150毫升，或60%乳油或600克/升乳油或600克/升水乳剂100～125毫升，或900克/升乳油65～80毫升，对水30～50千克均匀喷雾，可防除一年生禾本科杂草、莎草、菊科和其他阔叶杂草。玉米、蔬菜地除草也可参照这一方法。

【注意事项】在插秧田，秧苗素质若不好，施药后如遇低温、下雨、地不平或灌水过深，可能会产生药害。水直播田和露地湿润秧田使用丁草胺时安全性较差，易产生药害，应在小区试验取得经验后再扩大推广。早稻秧田若气温低于15℃，施药会有不同程度药害。丁草胺对3叶期以上的稗草效果差，必须掌握在杂草1叶期至3叶期使用，且水不要淹没秧心。目前麦田除草一般不用丁草胺。如用于菜地除草，土壤水份过低会影响药效的发挥。丁草胺对鱼类毒性较强，残药或洗涤用水不能倾倒湖、河或池塘中，不能在养鱼的水稻田施用。

甲　草　胺

【有效成分】甲草胺（alachlor）。

【常见商标名称】 拉索、索青、永韧、拉草索、草必萎等。

【主要含量与剂型】 43%乳油、480克/升乳油、480克/升微囊悬浮剂。

【理化性质】 甲草胺纯品为结晶体，熔点40～41℃，常温下几乎不溶于水，可溶于丙酮、苯、乙醇、乙酸乙酯等有机溶剂。挥发性极小，抗紫外线分解。在强酸或碱性条件下分解。在土壤中半衰期约15天。属低毒除草剂，原药大鼠急性经口LD_{50}为930～1200毫克/千克，家兔急性经皮LD_{50}为13300毫克/千克，对鱼类有毒，对眼睛和皮肤有刺激作用。试验剂量内对动物无致畸、致癌、致突变现象。

【产品特点】 甲草胺是一种酰胺类选择性芽前低毒除草剂，可被植物幼芽吸收，吸收后向上传导；种子和根也吸收传导，但吸收量较少，传导速度慢。出苗后主要靠根吸收向上传导。甲草胺进入植物体内抑制蛋白酶活动，使蛋白质无法合成，造成芽和根停止生长，使不定根无法形成。如果土壤水分适宜，杂草幼芽期不出土即被杀死。杂草受害症状为芽鞘紧包生长点，鞘变粗，胚根细而弯曲，无须根，生长点逐渐变褐色至黑色烂掉。如土壤水分少，杂草出土后随着雨、土壤湿度增加，杂草吸收药剂后，禾本科杂草心叶卷曲至整株枯死。阔叶杂草叶片皱缩变黄，整株逐渐枯死。在土壤中滞留约6～10周。

【适用作物及防除对象】 甲草胺适用于大豆、棉花、花生和部分菜田除草。能有效防除多种一年生禾本科杂草，如稗草、狗尾草、马唐、牛筋草、稷、早熟禾、千金子、野黍、画眉草等，莎草科杂草和阔叶杂草，如柳叶刺蓼、酸膜叶蓼、鸭跖草、马齿苋、藜、反枝苋、龙葵、豚草、刺黄花稔等。

【使用技术】

大豆田　大豆播前或播后苗前土壤处理，最好在杂草萌发前，播后苗前应在播后3天内施药。土壤质地不同，用药量差别较大。在土壤有机质含量3%以下时，沙质土每亩使用43%乳油、或 480 克/升乳油、或 480 克/升微囊悬浮剂 275 毫升，壤质土使用 300 毫升，黏质土使用 400 毫升；土壤有机质 3%以上时，沙质土每亩使用 43%乳油、或 480 克/升乳油、或 480 克/升微囊悬浮剂 350 毫升，壤质土使用 400 毫升，黏质土使用 475 毫升。人工喷雾每亩喷施药液量 30～50 千克，拖拉机喷施药液量为 13 千克以上，飞机喷施药液量 3 千克左右。飞机施药前应把地整平耙细，地表无大土块或植物残株，否则会影响药效。如施药后干旱，有灌溉条件的可灌水，无灌溉条件时则应用机械浅混土 2～3 厘米，并及时镇压。

花生田 花生播后苗前施药，每亩使用 43%乳油、或 480 克/升乳油、或 480 克/升微囊悬浮剂 200～300 毫升，地膜覆盖田减少 1/3～1/4 用药量。人工喷药每亩喷施药液量为 30～50 千克，拖拉机施药 13 千克以上。在干旱条件下施药后应浅混土。

棉花田 播前或播后苗前土壤处理，播后处理应在播种后 1～3 天及时施药。华北地区棉花播种覆土后，每亩使用 43%乳油，或 480 克/升乳油，或 480 克/升微囊悬浮剂 250～300 毫升，覆膜棉花用药量为 150～200 毫升，对水 30～45 千克均匀喷雾。长江流域无地膜棉田，每亩使用 43%乳油，或 480 克/升乳油，或 480 克/升微囊悬浮剂 200～250 毫升，对水 20～30 千克均匀喷雾。

蔬菜田 播前或播后苗前土壤处理，可用于番茄、辣椒、洋葱、萝卜等蔬菜。在播种前或移栽前，每亩使用 43%乳油，或 480 克/升乳油，或 480 克/升微囊悬浮剂 200 毫升，对水 40～50 千克均匀喷雾。若施药后盖地膜，则用药量应适当减少 1/3。

【注意事项】施药后 2 周无降雨，应进行浇水或浅混土，以保证药效。避免在大雨前使用，以免土壤积水而发生药害。在干旱而无灌溉的条件下，应采用播前混土法，混土深度不超过 5 厘米，过深混土会降低药效；施药之后不要翻动土层。田间阔叶杂草发生较多的田块，可同时混用其它阔叶除草剂以提高综合防效。高粱、谷子、水稻、小麦、黄瓜、瓜类、胡萝卜、韭菜、菠菜不宜使用甲草胺。低于0℃贮存会出现结晶，该结晶在15～20℃条件下可复原，不影响药效。

异丙甲草胺

【有效成分】异丙甲草胺（metolachlor）。

【常见商标名称】都尔、都乐、信尔、新尔、越尔、怡夫、扑克、萌盖、慧剪、奥喜乐、韩易能、金银尔、金超尔、杜尔乐、盖迪尔、达克尔、逗瓜尔、顺水封、瑞立博、金尔金都乐等。

【主要含量与剂型】72%乳油、720克/升乳油、960克/升乳油。

【理化性质】异丙甲草胺纯品为无色液体，沸点100℃，制剂为棕黄色液体，微溶于水，与苯、甲苯、二甲苯、辛醇、二氯甲烷、已烷、二甲基甲酰胺、甲醇、二氯乙烷混溶，不溶于乙二醇、丙醇、石油醚，强酸、强碱条件下水解，常温下贮存稳定期2年以上。属低毒除草剂，原药大鼠急性经口LD_{50}为2780毫克/千克，急性经皮LD_{50}大于3170毫克/千克，试验条件下未见致畸、致癌、致突变作用，对鱼类有毒，对鸟类低毒，对蜜蜂有胃毒作用、无接触毒性。

【产品特点】异丙甲草胺属乙酰胺类除草剂，主要通过阻碍蛋白质的合成而抑制杂草细胞的生长。通过植物的幼芽即单子叶植物的胚芽鞘、双子叶植物的下胚轴吸收向上传导，种子和根也可吸收传导，但吸收量较少，传导速度慢。出苗后主要靠根系吸收药剂向上传导，抑制幼芽与根的生长。敏感杂草在发芽后出土前或刚刚出土立即中毒死亡，表现为芽鞘紧包着生长点，稍变粗，胚根细而弯曲，无须根，生长点逐渐变褐色或黑色烂掉。如果土壤墒情好，杂草被杀死在幼芽期；如果土壤水分少，杂草出土后随着降雨土壤湿度增加，杂草吸收异丙甲草胺，禾本科草心叶扭曲、萎缩，其他叶片皱缩后整株枯死，阔叶杂草叶皱缩变黄整株枯死。

异丙甲草胺常与苄嘧磺隆、苄嘧磺隆、异噁草松、苯噻酰草胺、莠去津、特丁净、乙草胺等除草剂成分混配，生产复配除草剂。

【适用作物及防除对象】异丙甲草胺适用于大豆、玉米、花生、马铃薯、棉花、甜菜、油菜、向日葵、亚麻、红麻、芝麻、甘蔗等旱田作物，也可在姜及白菜等十字花科、茄科蔬菜和果园、苗圃中使用。主要用于防除稗草、牛筋草、早熟禾、野黍、狗尾草、金狗尾草、画眉草、臂形单、黑麦草、稷、鸭跖草、油莎草、荠菜、香薷、菟丝子、小野芝麻、水棘针等杂草，对篇蓄、藜、小藜、鼠尾看麦娘、宝盖草、马齿苋、繁缕、柳叶刺蓼、酸模叶蓼、辣子草、反枝苋、猪毛菜等亦有较好的防除效果。

【使用技术】施药应在杂草发芽前进行。土壤黏粒和有机质对异丙甲草胺有吸附作用，以土壤质地对其药效的影响大于土壤有机质，应根据土壤质地和有机质含量确定用药量。土壤质地疏松、有机质含量低、低洼地、土壤水分好时用低剂量，土壤质地黏重、有机质含量高、岗地、土壤水分少时用高剂量。

大豆 土壤有机质含量3%以下的，沙质土每亩使用72%乳油或720克/升乳油100毫升，或960克/升乳油75毫升，壤质土分别用140毫升、105毫升，黏质土分别用185毫升、138毫升。土壤有机质含量3%以上的，沙质土每亩使用72%乳油或720克/升乳油140毫升，或960克/升乳油105毫升，壤质土分别用185毫升、138毫升，黏质土分别用230毫升、170毫升。在南方，一般每亩使用72%乳油或720克/升乳油100～150毫升，或960克/升乳油75～110毫升。每亩喷施药液量为30～50千克。喷药前要求地块整平耙细、地表无植物残株和大土块。异丙甲草胺秋季施药在10月中下旬气温降到5℃以下至封冻前进行，第二年平播大豆地块可用圆盘耙浅混土耙深6～8厘米。采用“三垄”栽培方法种植大豆，秋施药、秋施肥、秋起垄春季种植大豆，施药后应深混土，用双列圆盘耙耙地混土，耙深10～15厘米。耙地要交叉一遍，第二次耙地方向应与第一次耙地成垂直方向，两次耙深一致。春季播前施药方法同秋季施药。播后苗前施药应在播后随即施药，施后用旋转锄浅混土，避免被风蚀，以保证干旱条件下获得稳定的除草效果。起垄播种大豆的也可在施药后培土2厘米左右，以免药剂被风吹走。垄播大豆播后苗前施药也可采用苗带法施药，能减少1/3～1/2的用药量，应根据实际喷洒面积来计算用药量，然后用旋转锄或中耕机除去行间杂草。

为扩大杀草谱，增加对阔叶杂草的防效，异丙甲草胺可与嗪草酮、异恶草酮、丙炔氟草胺、唑嘧磺草胺、噻吩磺隆等除草剂混用。混用配方为：每亩使用72%乳油或720克/升乳油100～200毫升加50%丙炔氟草胺可湿性粉剂8～12克（或加50%丙炔氟草胺可湿性粉剂4～6克加80%唑嘧磺草胺水分散粒剂2克），或72%乳油或720克/升乳油100～133毫升加80%唑嘧磺草胺水分散粒剂3.2～4克（或加48%异噁草酮乳油40～50毫升加80%唑嘧磺草胺水分散粒剂2克，或加75%噻吩磺隆可湿性粉剂1～1.3克加48%异恶草酮乳油40～50毫升）、或72%乳油或720克/升乳油100～167毫升加48%异恶草酮乳油53～67毫升，或72%乳油或720克/升乳油67～133毫升加48%异恶草酮乳油40～50毫升加50%丙炔氟草胺可湿性粉剂4～6克（或加70%嗪草酮可湿性粉剂20～27克，或加88%灭草猛100～133毫升）。异丙甲草胺对难防杂草菟丝子有效，防除菟丝子时，可采用高剂量与嗪草酮可湿性粉剂、异噁草酮乳油等除草剂混用，结合旋锄灭草效果更好。

北方低洼易涝地湿度大温度低，大豆苗前病害重，对除草剂安全要求高，异丙甲草胺比50%乙草胺对大豆安全性好，对狼拔草、酸模叶蓼药效更好。

玉米 异丙甲草胺用于玉米田除草，单用用药量、使用技术同大豆。为扩大杀草谱，也可在玉米播后苗前与其它除草剂混用。每亩使用72%乳油或720克/升乳油100～133毫升加70%嗪草酮可湿性粉剂27～54克，或每亩使用72%乳油或720克/升乳油100～230毫升加72%2,4-滴丁酯乳油67～100毫升（或加48%百草敌水剂37～67毫升或75%噻吩磺隆可湿性粉剂1～1.7克）。沙土地禁用2,4-滴丁酯。

油菜 用药时期为冬油菜田移栽前，每亩使用72%乳油或720克/升乳油100～150毫升，或960克/升乳油75～110毫升。南方如在双季晚稻收获后进行移栽，已有部分看麦娘出苗，每亩可采用72%乳油或720克/升乳油100毫升加30%草甘膦水剂15～20毫升对水喷雾。

甜菜 直播甜菜播后苗前立即用药，移栽田在移栽前施药。每亩使用72%乳油或720克/升乳油100～230毫升，或960克/升乳油75～170毫升。

花生 用药时期为花生播后苗前，最后播种后随即施药。裸地栽培春花生每亩使用72%乳油或720克/升乳油150～200毫升，或960克/升乳油120～150毫升；覆膜栽培春花生和夏花生用药量可适当减少，每亩使用72%乳油或720克/升乳油100～150毫升，或960克/升乳油75～110毫升。

棉花 播后苗前或移栽后3天施药，每亩使用72%乳油或720克/升乳油100～200毫升，或960克/升乳油75～150毫升，对水40～50千克均匀喷雾。

芝麻 播种后出苗前立即施药。每亩使用72%乳油或720克/升乳油100～200毫升，或960克/升乳油75～150毫升对水均匀喷雾。

西瓜 覆膜西瓜，应在覆膜前施药；直播田在播后苗前立即施药；移栽田在移栽前或移栽后施药。小拱棚西瓜地，在西瓜定植或膜内温度过高时应及时揭膜通风，防止药害。每亩使用72%乳油或720克/升乳油100～200毫升，或960克/升乳油75～150毫升对水喷雾，如仅在地膜内施药，应根据实际施药面积计算用药量。土壤质地疏松、有机质含量低、低洼地、土壤水分好时用低剂量，土壤质地黏重、有机质含量高、岗地、土壤水分少时用高剂量。地膜田施药可减少20%用药量。

马铃薯 播种后立即施药。每亩使用72%乳油或720克/升乳油100～230毫升，或960克/升乳油75～170毫升对水喷雾。为扩大杀草范围，增加对阔叶杂草的药效，每亩可使用72%乳油或720克/升乳油100～167毫升加70%嗪草酮可湿性粉剂20～40克混合施用。

直播白菜田 华北地区为播后立即施药，每亩使用72%乳油或720克/升乳油75～100毫升，或960克/升乳油55～75毫升，长江流域中下游地区夏播小白菜为播前1～2天施药，每亩使用72%乳油或720克/升乳油50～75毫升，或960克/升乳油40～55毫升。播前施药要注意撒播种子后浅覆土1～1.5厘米，且覆土要均匀，防止种子外露造成药害。

花椰菜移栽田 移栽前或移栽缓苗后施药，每亩使用72%乳油或720克/升乳油75毫升，或960克/升乳油55毫升。特别注意，地膜移栽是地膜行施药，即为苗带施药，用药量应根据实际喷洒面积计算。

甘蓝移栽田 移栽前施药，每亩使用72%乳油或720克/升乳油130毫升，或960克/升乳油95毫升对水喷雾。

芹菜苗圃 芹菜播种后立即施药。每亩使用72%乳油或720克/升乳油100～125毫升，或960克/升乳油75～90毫升对水喷雾。

韭菜 韭菜苗圃除草，在播种后立即施药，每亩使用72%乳油或720克/升乳油100～125毫升，或960克/升乳油75～90毫升。老茬韭菜田在割后2天施药，每亩使用72%乳油或720

克/升乳油 75～100 毫升，或 960 克/升乳油 55～75 毫升。

姜田 播后苗前施药，最好在播后 3 天内施药。每亩使用 72%乳油或 720 克/升乳油 75～100 毫升，或 960 克/升乳油55～75 毫升对水喷雾。

大蒜 裸地种植和地膜田在播种后 3 天内施药。裸地种植每亩使用 72%乳油或 720 克/升乳油 100～150 毫升，或 960 克/升乳油 75～110 毫升，地膜田每亩使用 72%乳油或 720 克/升乳油 75～100 毫升，或 960 克/升乳油 55～75 毫升。

茄子、番茄 露地移栽田在移栽前、地膜覆盖移栽田在覆膜前施药，每亩使用 72%乳油或 720 克/升乳油 100 毫升，或 960 克/升乳油 75 毫升。

辣椒田 直播田在播前施药，每亩使用 72%乳油或 720 克/升乳油 100～150 毫升，或 960 克/升乳油 75～110 毫升对水喷雾，施药后浅混土。露地移栽田在移栽前施药，地膜覆盖移栽田在覆膜前施药，每亩使用 72%乳油或 720 克/升乳油 100 毫升，或 960 克/升乳油 75 毫升对水喷雾。

蔬菜田使用异丙甲草胺，要求整田质量好，田中无大土块或植物残株。覆盖地膜的作物，应在覆膜前喷药，然后盖膜；由于地膜中的温湿度能够充分发挥异丙甲草胺的药效，因此要求使用低剂量。移栽作物田使用异丙甲草胺，应在移栽前施药，移栽时尽量不要翻开穴周围的土层。如果需要移栽后施药，尽量不要将药剂喷洒到作物上，或喷药以后及时喷水洗苗。

【注意事项】异丙甲草胺持效期一般为 30～35 天，在此期间可以封行的作物，基本可以控制全生育期的杂草为害；不能封行的作物，需要第二次施药，或结合培土等人工措施除草。以小粒种子繁殖的一年生蔬菜如香菜、西芹、苋等对异丙甲草胺敏感，不宜使用。异丙甲草胺乳油遇零度以下低温，有效成分会部分形成结晶析出，遇高温又重新溶解恢复原状；北方越冬贮存的药剂在使用前一个月应检查药桶，看桶壁是否有结晶析出，如发现有结晶析出，可将药桶放在20～22℃室温下，不停地滚动24小时以上，或在使用前一个月放入20～22℃室温下贮存，也可将桶放入45℃水中不停的滚动，不断加热水保持恒温，一般3～5个小时即可恢复原状。

苯噻酰草胺

【有效成分】苯噻酰草胺（mefenacet）。

【常见商标名称】稗弃、稗友、千除、侨农、拿稗灵、稻禾老、美丰穗宝等。

【主要含量与剂型】50%可湿性粉剂、88%可湿性粉剂。

【理化性质】苯噻酰草胺纯品为无色无嗅固体，熔点134.8℃，基本不溶于水，可溶于甲苯、丙酮、二氯甲烷、乙酸乙酯等有机溶剂。在pH值4～9的介质中稳定，对热、光稳定。属低毒除草剂，原药小鼠急性经口LD_{50}大于4646毫克/千克，大鼠急性经皮LD_{50}大于5000毫克/千克，试验条件下未见致畸、致癌、致突变作用，对鱼类、鸟类低毒。

【产品特点】苯噻酰草胺是一种酰胺类选择性内吸传导型除草剂，主要通过芽鞘和根部吸收，经木质部和韧皮部传导至杂草的幼芽和嫩叶，阻止杂草生长点细胞分裂伸长，最终造成植株死亡。对移栽水稻选择性强，由于在水中溶解度低，所以在保水条件下施药除草活性最高。土壤对该药剂吸附力强，施药后药量大部分被吸附于土壤表层的1厘米以内，形成药剂处理层，这样能避免水稻秧苗的生长与药土层接触，具有较高的安全性；而对生长点处在土壤表层的稗草等杂草有较强的阻止生育和杀死能力，并对表层以种子繁殖的多年生杂草也有抑制作用，但对深层杂草效果低。持效期在1个月以上。

苯噻酰草胺常与苄嘧磺隆、吡嘧磺隆、西草净、甲草胺、异丙甲草胺、乙草胺等除草剂成分混配，用于生产复配除草剂。

【适用作物及防除对象】苯噻酰草胺主要用于移植水稻田，

用于防除禾本科杂草，对稗草有特效，对水稻田一年生杂草如牛毛毡、瓜皮草、泽泻、眼子菜、萤蔺、水莎草等亦有较好的效果。

【使用技术】移植水稻田防除一年生杂草和牛毛毡时，在移植后3～10天、稗草2叶期，或移植后3～14天、稗草3～3.5叶期施药。北方地区每亩使用50%可湿性粉剂60～80克，或88%可湿性粉剂35～45克，南方地区每亩使用50%可湿性粉剂50～60克，或88%可湿性粉剂28～35克，与15～20千克细沙土均匀搅拌，撒施于田间。施药后保持3～5厘米水层5～7天。稗草基数大的田块用推荐剂量上限，基数小的用下限。该药也可与苄嘧磺隆或吡嘧磺隆等除草剂混用，以扩大杀草谱、提高除草效果。混用配方为：每亩使用50%可湿性粉剂60～70克，或88%可湿性粉剂35～40克，加10%苄嘧磺隆可湿性粉剂13.5～20克或10%吡嘧磺隆可湿性粉剂10～20克，与适量细土拌匀，撒施。

【注意事项】露水地段、沙质土、漏水田使用效果差。施药后保持3～5厘米水层5～7天，如缺水可缓慢补水，不能排水；水层淹过水稻心叶、药液漂移易产生药害。首次使用本药剂时，应在农业技术部门指导下进行。

苯 磺 隆

【有效成分】苯磺隆（tribenuron-methyl）。

【常见商标名称】巨星、巨匠、巨净、金收、万方、麦杰、麦腾、麦灿、麦凯、麦普、麦坤、麦手、麦锄、麦爽、双镰、闲麦、飞焰、闲夫、宽星、仓喜、喜新、陆虎、保成、泰佬、录高、路奔、麦农思、麦克清、东泰爱锄、绿野速净、瑞邦麦道、扬农巨剪、世纪金麦克、威远麦阔克等。

【主要含量与剂型】10%可湿性粉剂、18%可湿性粉剂、20%可湿性粉剂、75%可湿性粉剂、20%可溶粉剂、25%可溶粉剂、75%水分散粒剂、80%水分散粒剂。

【理化性质】苯磺隆纯品为浅棕色无嗅固体，熔点141℃，25℃下pH值7时在水中的溶解度为2040毫克/升，可溶于丙酮、乙腈、甲醇等有机溶剂；45℃下pH值8～10时稳定，pH值小于7或pH值大于12介质中迅速分解。属低毒除草剂，原药大鼠急性经口LD_{50}大于5000毫克/千克，兔急性经皮LD_{50}大于2000毫克/千克，试验条件下未见致畸、致癌、致突变作用，对鱼、鸟、蜜蜂低毒。

【产品特点】苯磺隆属磺酰脲类内吸传导型芽后选择性除草剂，茎叶处理后可被杂草茎叶、根吸收，并在体内传导，通过阻碍乙酰乳酸合成酶，使缬氨酸、异亮氨酸的生物合成受抑制，阻止细胞分裂，致使杂草死亡。用药初期，杂草虽然保持青绿，但生长已受到严重抑制，不再对作物构成为害。施药后10～14天杂草受到严重抑制作用，逐渐心叶退绿坏死，叶片退绿，一般在施药后30天逐渐整株枯死，未死植株生长受抑制。苯磺隆在禾谷类作物如小麦、大麦、燕麦体内迅速代谢为无活性物质，有很好的耐药性。在土壤中持效期达30～45天，半衰期1～7天，轮作下茬作物不受影响。土中降解主要由水解和微生物，酸性土壤比碱性土壤水解快。

苯磺隆常与氯磺隆、苄嘧磺隆、噻吩磺隆、异丙隆、乙草胺、氯氟吡氧乙酸、乙羧氟草醚、2甲4氯钠、2,4-滴丁酯、精噁唑禾草灵、唑草酮等除草剂成分混配，生产复配除草剂。

【适用作物及防除对象】苯磺隆适用于小麦、大麦、燕麦，对双子叶杂草如繁缕、荠菜、麦瓶草、麦家公、离子草、猪殃殃、碎米荠、雀舌草、卷茎蓼等防除效果好，泽漆、婆婆纳等对苯磺隆中度敏感，苯磺隆对田旋花、鸭趾草、铁苋菜、扁蓄、刺儿菜等防效差。

【使用技术】大麦、小麦等麦类作物2叶期至拔节期均可使用，以一年生阔叶杂草2～4叶期、多年生阔叶杂草6叶期以前施药效果最好，应选早晚气温低、风小时施药。每亩使用 10%可湿性粉剂 9～15 克，或 18%可湿性粉剂 4.2～7 克，或 25%可溶粉剂 4～6 克，或 75%水分散粒剂或 75%可湿性粉剂 1.2～2 克，或 80%水分散粒剂 1～1.8 克，对水 20～30 千克均匀喷雾。杂草小、水分好用低药量，杂草大、水分差用高药量。为减少用药量，提高对多年生阔叶杂草的防效，可与 2，4-滴丁酯等混用；如防除野燕麦，可与精噁唑禾草灵等混用。混用比例为每亩使用：10%可湿性粉剂 4.5～7.5 克，或 18%可湿性粉剂 2.1～3.5 克，或 25%可溶粉剂 2～3 克，或 75%水分散粒剂或 75%可湿性粉剂 0.6～1 克，加 72%2，4-滴丁酯乳油 25～30 毫升，或 75%噻吩磺隆可湿性粉剂 0.6～0.7 克；10%可湿性粉剂 9～15 克，或 18%可湿性粉剂 4.2～7 克，或 25%可溶粉剂 4～6 克，或 75%水分散粒剂或 75%可湿性粉剂 1.2～2 克，或 80%水分散粒剂 1～1.8 克，加 6.9%精噁唑禾草灵（加解毒剂）50～70 毫升或 10%精噁唑禾草灵（加解毒剂）40～50 毫升；10%可湿性粉剂 4.5～7.5 克，或 18%可湿性粉剂 2.1～3.5 克，或 25%可溶粉剂 2～3 克，或 75%水分散粒剂或 75%可湿性粉剂 0.6～1 克，加 75%噻吩磺隆可湿性粉剂 0.6～0.7 克加 6.9%精噁唑禾草灵（加解毒剂）50～70 毫升或 10%精噁唑禾草灵（加解毒剂）40～50 毫升。

【注意事项】该药活性高，用药量低，施用药量应准确，且勿用超低容量喷雾。喷药时注意防止药剂飘移到敏感阔叶作物上，并避免在周围种植敏感作物的麦田使用。施药后 60 天不可种植阔叶作物。该药对眼睛、皮肤有刺激作用，喷药时避免药液溅入眼睛或皮肤上。

吡 嘧 磺 隆

【有效成分】吡嘧磺隆（pyrazosulfuron-ethyl）。

【常见商标名称】草克星、草灭星、莎败磷、实润达、沙和阔、韩稻海、银珠、银海、稻将、稻点、稻斧、稻固、秀悦、韧杰、水老、水友、水棱、水洁、水星、硕星、劲出、农夸、宝镰、美镰、镰净、拜伏、清田、丰秋久星等。

【主要含量与剂型】 7.5%可湿性粉剂、10%可湿性粉剂、20%可湿性粉剂、20%水分散粒剂 75%水分散粒剂、2.5%泡腾片。

【理化性质】 吡嘧磺隆纯品外观为灰白色结晶体，熔点181～182℃，微溶于水，可溶于丙酮、氯仿、己烷、甲醇等有机溶剂，正常条件下贮存稳定，pH 值 7 条件下相对稳定，酸碱介质中不稳定。属低毒除草剂，原药大鼠急性经口 LD_{50} 大于 5000 毫克/千克，急性经皮 LD_{50} 大于 2000 毫克/千克，试验条件下未见致畸、致癌、致突变作用，对鱼类、蜜蜂、鸟类低毒。

【产品特点】 吡嘧磺隆属高效磺酰脲类选择性水田除草剂，有效成分可在水中迅速扩散，被杂草的根部吸收后传导到植株体内，阻碍氨基酸的合成，迅速抑制杂草茎叶生长和根部的伸展，然后杂草完全枯死。有时施药后杂草虽仍呈现绿色，但生长发育已受到抑制，失去与水稻的竞争能力。不同水稻品种对吡嘧磺隆耐药性不同，正常条件下使用对水稻安全。该药杀草谱较广，药效不受温度影响，药效持久，一次性施用，能控制水稻生长期的多种杂草危害。

吡嘧磺隆可与苯噻酰草胺、二氯喹啉酸、丁草胺、丙草胺、扑草净、丙草净、氰氟草酯、莎稗磷、二甲戊灵等除草剂成分混配，生产复配除草剂。

【适用作物及防除对象】 吡嘧磺隆适用于水稻直播田、移栽田、抛秧田。可有效防除稗草、稻李氏禾、牛毛毡、水莎草、异型莎草、鸭舌草、雨久花、窄叶泽泻、泽泻、矮慈姑、野慈姑、眼子菜、萤蔺、紫萍、浮萍、狼把草、浮生水马齿、毋草、轮藻、小茨藻、三等沟繁缕、虻眼、鳢肠、节节菜、水芹等杂草；北方稻区两次施药情况下，还可有效防除扁秆藨草、日本藨草、藨草。

【使用技术】

移栽田　水稻移栽前至移栽后20天均可施药。防治稗草时，在稗草1.5叶期以前施药，并需用高药量。插秧后5～7天、稗草1.5叶期前施药，每亩使用20%可湿性粉剂10～15克，或10%可湿性粉剂10～20克，或7.5%可湿性粉剂13～25克，或20%水分散粒剂7.5～10克，或75%水分散粒剂1.5～2.5克，或2.5%泡腾片50～80克，拌细土20～30千克，均匀撒施于田间，施药后保持3～5厘米深的水层5～7天。若水层不足时可缓慢补水，但不能排水。一般南方稻田用低药量、北方稻田用高药量，也可根据当地草情和条件增减药量。

吡嘧磺隆可与除稗剂混用，在多年生莎草科杂草如扁秆藨草、日本藨草发生密度较小时，采用两次法施药；对多年生阔叶杂草的防除效果晚施药比早施药效果好，晚施药气温高，吸收传导快；若在阔叶杂草发生高峰期施药效果更好。在水稻移栽后5～7天，吡嘧磺隆可与莎稗磷、环庚草醚混用，混用配方为：每亩使用10%吡嘧磺隆可湿性粉剂10克，或7.5%可湿性粉剂13克，或20%水分散粒剂7.5克,或75%水分散粒剂1.5克,加30%莎稗磷60毫升，或加10%环庚草醚15～20毫升，插秧后5～7天缓苗后施药;当整地与插秧间隔期长或因缺水整地后不能及时插秧时，最好插秧前5～7天，每亩单用30%莎稗磷50～60毫升或单用10%环庚草醚15毫升，插秧后15～20天再用10%吡嘧磺隆可湿性粉剂10克，或7.5%可湿性粉剂13克，或20%水分散粒剂7.5克，或75%水分散粒剂1.5克，加30%莎稗磷40～50毫升，或加10%环庚草醚10～15毫升；也可每亩使用10%吡嘧磺隆可湿性粉剂10克，或7.5%可湿性粉剂13克，或20%水分散粒剂7.5克，或75%水分散粒剂1.5克，加96%禾草敌100～133毫升，水稻移栽后10～15天施药。在高寒地区推荐两次分期施药，插秧前5～7天，每亩单用60%丁草胺80～

100毫升或单用80%丙炔戊草酮6克，插秧后15～20天再用10%吡嘧磺隆可湿性粉剂10克，或7.5%可湿性粉剂13克，或20%水分散粒剂7.5克，或75%水分散粒剂1.5克，与60%丁草胺80～100毫升，或80%丙炔戊草酮4克混用，可同时防除阔叶杂草与禾本科杂草，对水稻安全。

吡嘧磺隆与二氯喹啉酸混用，施药适期为插秧后15～20天，每亩使用10%吡嘧磺隆可湿性粉剂10克，或7.5%可湿性粉剂13克，或20%水分散粒剂7.5克，或75%水分散粒剂1.5克，加50%二氯喹啉酸20～40克，对水20～30千克喷雾法施药。施药前2天保持浅水层，使杂草露出水面，施药后2天放水回田。吡嘧磺隆与丁草胺、丙炔戊草酮、禾草敌、莎稗磷、环庚草醚混用，采用毒土法施药，施药前先将吡嘧磺隆加少量水溶解，然后倒入细沙或细土中，每亩药剂加细沙土15～20千克，充分拌匀后均匀撒入稻田。施药时水层控制在3～5厘米，以不淹没稻苗心叶为准，施药后保持同样水层7～10天，缺水补水。

当移栽田间扁秆藨草、日本藨草等发生密度较大时，建议提早施药。施药过晚，虽然扁秆藨草、藨草等叶片发黄、弯曲，生长受到抑制，但10～15天即可恢复生长，杂草仍能开花结果。在北方因扁秆藨草、日本藨草等地下块茎不断长出新的植株，并在6月中旬种子萌发的实生苗陆续出土，故吡嘧磺隆早施药比晚施药效果好。最好采用两次法施药，不仅可获得稳定的除草效果，也可减少第二年杂草发生的数量。具体用法如下：插秧前5～7天，每亩使用20%可湿性粉剂10～15克，或10%可湿性粉剂10～20克，或7.5%可湿性粉剂13～25克，或20%水分散粒剂7.5～10克，或75%水分散粒剂1.5～2.5克；插秧后10～15天，扁秆藨草、日本藨草等株高4～7厘米时，再用10%可湿性粉剂10～20克，或7.5%可湿性粉剂13～25克，如田间稗草同时发生，可与除稗剂同时使用；如插秧早、杂草发生晚，可在插秧后5～8天，每亩用10%可湿性粉剂10～20克，或7.5%可湿性粉剂 13～25 克，均匀撒于田间，10～15 天后，扁秆藨草株高达 4～7 厘米时，每亩再施用一次 10%可湿性粉剂 10～20 克，或 7.5%可湿性粉剂 13～25 克。

直播田　施药时期可在播种后 3～10 天，施药量、施药方法及水层管理同移栽田。北方直播田应尽量缩短整地与播种间隔期，最好随整地随播种，水稻出苗晒田覆水后立即施药。稗草 1 叶 1 心以前每亩使用 10%可湿性粉剂 10 克，或 7.5%可湿性粉剂 13 克，或 20%水分散粒剂 7.5 克，或 75%水分散粒剂 1.5 克；稗草 2～3 叶期，每亩使用 10%可湿性粉剂 10 克，或 7.5%可湿性粉剂 13 克，或 20%水分散粒剂 7.5 克，或 75%水分散粒剂 1.5 克，加 96%禾草敌 100～150 毫升；水稻 3 叶期以后若防除 3～7 叶期的稗草，可与二氯喹啉酸混用，每亩使用 10%可湿性粉剂 10 克，或 7.5%可湿性粉剂 13 克，或 20%水分散粒剂 7.5 克，或 75%水分散粒剂 1.5 克，加 50%二氯喹啉酸 30～50 克；水稻播种后 3～5 天或晒田覆水后若防除 2 叶期以前稗草，可与异噁草松混用，每亩使用 10%可湿性粉剂 10 克，或 7.5%可湿性粉剂 13 克加 48%异噁草松 27 毫升。吡嘧磺隆单用或与禾草敌、异噁草松混用均采用毒土法施药，先用少量水将吡嘧磺隆溶解，再与细沙或细土混拌均匀，每亩用细沙或细土 15～20 千克，均匀撒入田间，施药后稳定水层 3～5 厘米保持 7～10 天；吡嘧磺隆与二氯喹啉酸混用采用喷雾法施药，施药前 2 天保持浅水层，使杂草露出水面，施药后放水回田。

【注意事项】该药活性高，用药量低，必须准确称量。秧田或直播田施药，应保证田块湿润或有薄层水，移栽田施药应保水 5 天以上，才能获得理想的效果。不同品种的水稻对吡嘧磺隆的耐药性有较大差异，早稻品种安全性好，晚稻品种相对敏感，应尽量避免在晚稻芽期使用。吡嘧磺隆药雾和田中排水对周围阔叶作物有伤害作用，操作时应当注意。本剂对眼睛、皮肤和黏膜有刺激作用，施药时注意安全保护，用药完毕后用肥皂清洗裸露的皮肤；若药液溅到皮肤或溅入眼内，立即用清水冲洗；若误服，饮大量水催吐。

苄 嘧 磺 隆

【有效成分】 苄嘧磺隆（bensulfuron-methyl）。

【常见商标名称】 农得时、野老、遍优、稻胜、稻礼、稻盈、稻鼓、悦稻、锄棱、锄洁、阔静、拔净、杜净、迎丰、超畏、割星、快旺、水乐、水功、水剑、威能、威农、猎狼、麦农闲、稻草星、好年丰、踪除龙、金阔莎、步天下、韩翠影、绿野麦威、金秋麦奇、瑞东阔拔等。

【主要含量与剂型】 10%可湿性粉剂、30%可湿性粉剂、30%水分散粒剂、32%可湿性粉剂、60%水分散粒剂。

【理化性质】 苄嘧磺隆纯品为白色固体，熔点185～188℃，25℃下pH值7时在水中的溶解度为120毫克/升，在丙酮、乙酸乙酯、乙腈和二氯甲烷中稳定；25℃时，微碱水溶液中稳定，酸性水溶液中缓慢降解。属低毒除草剂，原药大鼠急性经口LD_{50}大于5000毫克/千克，兔急性经皮LD_{50}大于2000毫克/千克，在试验剂量内对动物未发现致癌、致畸、致突变作用，对鸟、鱼和蜜蜂低毒。

【产品特点】 苄嘧磺隆为磺酰脲类选择性内吸传导型除草剂，可在水中迅速扩散，被杂草根部和叶片吸收转移到杂草各部，阻碍氨基酸、赖氨酸、异亮氨酸的生物合成，阻止细胞的分裂和生长。敏感杂草生长机能受阻，幼嫩组织过早发黄抑制叶部生长，阻碍根部生长而坏死。该药进入水稻体内迅速代谢为无害的惰性化学物，对水稻安全。在土壤中移动性小，温度、土质对其除草效果影响小。在水田持效期1个月以上。

苄嘧磺隆常与二氯喹啉酸、乙草胺、甲草胺、丁草胺、异丙甲草胺、二甲戊灵、西草净、扑草净、禾草丹、异噁草松、噻吩磺隆、异丙隆、甲磺隆、莎稗磷、苯噻酰草胺、草甘膦等除草剂成分混配，生产复配除草剂。

【适用作物及防除对象】 苄嘧磺隆适用于水稻移栽田、直播田。用于防除雨久花、野慈姑、慈姑、矮慈姑、泽泻、眼子菜、节节菜、窄叶泽泻、陌上菜、日照飘拂草、牛毛毡、花蔺、萤蔺、异型莎草、水莎草、碎米莎草、小茨藻、田叶萍、茨藻、水马齿、三萼沟繁等，对稗草、稻李氏禾、扁秆藨草、日本藨草、藨草等有抑制作用。

【使用技术】 苄嘧磺隆使用方法灵活，可用毒土、毒砂、喷雾、泼浇等方法施药。

水稻移栽田 水稻移栽前至移栽后20天均可使用。但以移栽后5～15天施药为佳。防除一年生杂草每亩使用10%可湿性粉剂13.5～20克，或30%可湿性粉剂或30%水分散粒剂4.5～6.5克，或32%可湿性粉剂4.2～6.2克，或60%可分散粒剂3～5克，防除多年生阔叶杂草每亩使用10%可湿性粉剂20～30克，或30%可湿性粉剂或30%水分散粒剂7～10克，或32%可湿性粉剂6.2～9.4克，或60%可分散粒剂5～7克，防除多年生莎草科杂草每亩使用10%可湿性粉剂30～40克，或30%可湿性粉剂或30%水分散粒剂10～13克，或32%可湿性粉剂9.4～12.5克，或60%可分散粒剂7～10克。拌细土或细沙15～20千克均匀撒施，或对水30～45千克喷雾。

单用不能防除水田全部杂草，需与防除其它杂草的除草剂混用。在水稻移栽后5～7天，苄嘧磺隆可与莎稗磷、环庚草醚等药剂混用。在整地与插秧间隔期长或因缺水整地后不能及时插秧，稗草叶龄大时，从药效考虑最好插秧前5～7天单用莎稗磷、或环庚草醚，插秧后15～20天再与莎稗磷、或环庚草醚等药剂混用。具体剂量为：每亩使用10%苄嘧磺隆可湿性粉剂13～17克，或30%可湿性粉剂或30%水分散粒剂4.5～5.5克，或32%可湿性粉剂4.2～5.2克，或60%可分散粒剂3～4克，加30%莎稗磷60毫升（或10%环庚草醚15～20毫升），插秧后

5～7天缓苗后施药；或插秧前5～7天用30%莎稗磷50～60毫升（或10%环庚草醚15毫升），插秧后15～20天，用10%苄嘧磺隆可湿性粉剂13.5～17克，或30%可湿性粉剂或30%水分散粒剂4.5～5.5克，或32%可湿性粉剂4.2～5.2克，或60%可分散粒剂3～4克，与30%莎稗磷40～50毫升（或10%环庚草醚10～15毫升）混用。水稻移栽后10～15天，苄嘧磺隆可与禾草敌或二氯喹啉酸混用，用量为每亩使用10%苄嘧磺隆可湿性粉剂13～17克，或30%可湿性粉剂或30%水分散粒剂4.5～5.5克，或32%可湿性粉剂4.2～5.2克，或60%可分散粒剂3～4克，加96%禾草敌乳油150～200毫升，插秧后10～15天施药；或加50%二氯喹磷酸可湿性粉剂20～40克，插秧后10～20天施药。二氯喹磷酸属激素型除草剂，苄嘧磺隆与之混用时采用喷雾法施药、且必须喷洒均匀；施药前2天保持浅水层，使杂草露出水面，施药后2天放水回田。苄嘧磺隆与丁草胺、丙炔恶草酮混用时，在高寒地区推荐两次用药，插秧前5～7天单用，插秧后15～20天再与苄嘧磺隆混用，对水稻安全，对稗草和阔叶杂草的防除效果均好。混用剂量为：插秧前5～7天，每亩使用60%丁草胺乳油80～100毫升（或80%丙炔噁草酮6克），插秧后15～20天使用10%苄嘧磺隆可湿性粉剂13～17克，或30%可湿性粉剂或30%水分散粒剂4.5～5.5克，加60%丁草胺乳油80～100毫升（或80%丙炔噁草酮4克）。除二氯喹啉酸外，苄嘧磺隆与上述其它除草剂混用时，稳定水层3～5厘米；与丁草胺、丙炔噁草酮、环庚草醚、莎稗磷等混用时，水层勿淹没心叶，保持水层5～7天，只灌不排。

水稻直播田 直播田使用苄嘧磺隆应尽量缩短整地与播种间隔期，最好随整地随播种，施药时期在水稻出苗晒田覆水后。稗草3叶期以前，苄嘧磺隆可与禾草敌混用，每亩使用10%苄嘧磺隆可湿性粉剂13～17克，或30%可湿性粉剂或30%水分散粒剂4.5～5.5克，或32%可湿性粉剂4.2～5.2克，或60%可分散粒剂 3～4 克，加 96%禾草敌乳油 100～133 毫升，采用毒土、毒沙或喷雾法施药均可。水稻 3 叶期以后，稗草 3～7 叶期，每亩使用苄嘧磺隆上述剂量加 50%二氯喹啉酸可湿性粉剂 33～73 克混用，对水 20～30 千克均匀喷雾，要求施药前 2 天保持浅水层，使杂草露出水面，施药后 2 天放水回田，稳定水层 3～5 厘米，保持 7～10 天只灌不排。

【注意事项】 施药时稻田内必须有水层 3～5 厘米，使药剂均匀分布；施药后 7 天不排水、串水，以免降低药效。该药用量少，必须称量准确。根据田间草情，采用不同的防治对策。本剂不能与肥料、杀虫剂、杀菌剂、种子混放，使用后剩余的药剂和容器要妥善处理，避免污染水源。

烟 嘧 磺 隆

【有效成分】 烟嘧磺隆（nicosulfuron）。

【常见商标名称】 玉农乐、玉腾、玉本、玉浪、玉警、玉收、极玉、惜玉、翠玉、乐耙、苞彩、苞发、瑞娇、丰米、金收、立闲、苏捷、神耙、棒欢、金满垄、金满囤、芜飞净、农富翁、玉后清、玉苗安、精玉农乐、玉黄大地、玉前侍卫、苞田喜玉、绿野玉顺、绿野金玉思、绿霸玉农喜、燕化玉农笑等。

【主要含量与剂型】 40 克/升悬浮剂、40 克/升可分散油悬浮剂、6%可分散油悬浮剂、60 克/升可分散油悬浮剂、8%可分散油悬浮剂、10%可分散油悬浮剂、20%可分散油悬浮剂、75%水分散粒剂、80%可湿性粉剂。

【理化性质】 烟嘧磺隆纯品为无色晶体，熔点 169～172℃，20℃时不同酸碱性条件下在水中的溶解度分别为 0.4 克/升（pH 值 5）、120 克/升（pH 值 6.8）、39.2 克/升（pH 值 8.8），可溶于乙醇、丙酮、氯仿、二甲氯烷等有机溶剂。属低毒除草剂，原药大鼠急性经口 LD_{50} 大于 5000 毫克/千克，急性经皮 LD_{50} 大于 2000 毫克/千克，试验条件下未见致畸、致癌、致突变作用，对人畜低毒。

【产品特点】烟嘧磺隆为磺酰脲类内吸传导型除草剂，可被植物的茎叶和根部迅速吸收，并通过木质部和韧皮部迅速传导，通过抑制植物体内乙酰乳酸合成酶的活性来阻止支链氨基酸合成，进而阻止细胞分裂，使敏感植物停止生长。一般施药后3～4天可以看到杂草受害症状，心叶变黄、失绿、白化，然后其它叶片由上到下依次变黄。一般一年生杂草1～3周死亡，6叶以下阔叶杂草受到抑制，停止生长。玉米对该药耐药性好，处理后出现暂时褪绿或轻微的发育迟缓，但一般能迅速恢复，不影响产量。

烟嘧磺隆可与莠去津、辛酰溴苯腈、嗪草酸甲酯、氯氟吡氧乙酸、2，4-滴丁酯、2，4-滴异辛酯、乙草胺、异丙甲草胺、丁草胺、硝磺草酮等除草剂成分混配，生产复配除草剂。

【适用作物及防除对象】适用于玉米田，可有效防除稗草、野燕麦、狗尾草、金狗尾草、马唐、牛筋草、野黍、柳叶刺蓼、酸模叶蓼、卷茎蓼、反枝苋、龙葵、香薷、水棘针、荠菜、苍耳、苘麻、鸭跖草、狼把草、风花菜、遏蓝菜、问荆、蒿属、刺儿菜、大蓟、苣荬菜等一年生杂草和多年生阔叶杂草，对藜、小藜、地肤、鼬瓣花、芦苇等有较好的药效。

【使用技术】玉米3～5叶期、一年生杂草2～4叶期、多年生杂草6叶期以前、大多数杂草出齐时施药效果最好。每亩使用40克/升悬浮剂或油悬浮剂70～100毫升，或75%水分散粒剂3.5～5.3克，或80%可湿性粉剂3.3～5克，或8%可分散油悬浮剂40～60毫升，或60克/升可分散油悬浮剂或6%可分散油悬浮剂44～67毫升，对水30～40千克均匀喷雾。杂草小、水分好时用低剂量，杂草大、干旱条件下用高剂量。烟嘧磺隆不但有好的茎叶处理活性，而且有土壤封闭杀草作用，因此施药不能过晚，过晚杂草抗性增强，影响除草效果。在土壤水分、空气湿度适宜时，有利于杂草对烟嘧磺隆的吸收传导；长期干旱、低温和空气相对湿度低于65%时不易施药；施药后6小时下雨不影响药效。烟嘧磺隆可与2,4-滴丁酯、莠去津等药剂混用以扩大杀草谱，降低用药成本。混用时每亩使用40克/升烟嘧磺隆悬浮剂50～70毫升，或75%水分散粒剂3.5～4克，或80%可湿性粉剂3～3.5克加72%2,4-滴丁酯乳油20毫升或38%莠去津悬浮剂83毫升，施药时避免药液飘移到附近其它阔叶作物上。用药时若在药液中加入表面活性剂，不仅可以增加药效，稳定除草效果，而且可以减少用药量，降低用药成本。

【注意事项】不同玉米品种对烟嘧磺隆的敏感性有差异，其安全顺序为马齿型＞硬质玉米＞爆裂玉米＞甜玉米，甜玉米和爆裂玉米对该药剂敏感，不能使用。玉米2叶期前及10叶期以后对烟嘧磺隆敏感，使用时应错过这段时间。使用过有机磷的玉米对烟嘧磺隆敏感，两类药剂使用要间隔7天以上。烟嘧磺隆对后茬小麦、大蒜、向日葵、苜蓿、马铃薯、大豆等无残留药害，但对小白菜、甜菜、菠菜等有药害，施药地块第二年不能种植敏感作物。杨树对烟嘧磺隆敏感，施药时应防止对杨树产生漂移药害。本类药剂药效高，但易产生药害，使用时应严格按照标签上的说明用药。烟嘧磺隆对眼、皮肤和黏膜有刺激作用，用药时注意安全保护；如不慎误服，及时催吐并送医院诊治。

砜 嘧 磺 隆

【有效成分】砜嘧磺隆（rimsulfuron）。

【常见商标名称】宝成、宝晟、玉烟双收。

【主要含量与剂型】25%水分散粒剂。

【理化性质】砜嘧磺隆纯品为无色晶体，熔点176～178℃，基本不溶于水。属低毒除草剂，原药大鼠急性经口LD_{50}大于5000毫克/千克，兔急性经皮LD_{50}大于2000毫克/千克，在土壤中降解受pH值影响，中性环境最稳定，25℃时半衰期为10～20天。试验条件下未见致畸、致癌、致突变作用。制剂为棕褐色颗粒，在水中分散性好，常温下贮存稳定。

【产品特点】砜嘧磺隆属磺酰脲类除草剂，是乙酰乳酸合成酶的抑制剂，即通过抑制植物体内乙酰乳酸合成酶的活性来阻止支链氨基酸合成进而阻止细胞分裂。由植物的茎叶和根部吸收，并通过木质部和韧皮部迅速传导至分生组织，从而导致敏感的杂草停止生长，产生退绿、斑枯直至全株死亡。

砜嘧磺隆可与2甲4氯钠、莠去津、精喹禾灵、嗪草酮等除草剂成分混配，生产复配除草剂。

【适用作物及防除对象】砜嘧磺隆适用于玉米、马铃薯，对春玉米最安全。可有效防除多种一年生和多年生杂草，如稗草、马唐、狗尾草、金狗尾草、牛筋草、野黍、藜、风花菜、反枝苋、马齿苋、鸭跖草、苣荬菜、柳叶刺蓼、酸模叶蓼、苘麻、刺儿菜、醴肠、豚草、莎草等。

【使用技术】

玉米田 春玉米苗后2～4叶期、一年生杂草2～5叶期、杂草基本出齐时施药。一年生禾本科杂草在分蘖前用药效果好，对多年生杂草则应在枝叶生长丰满时使用效果较好，对施药后萌发的枝叶无效。人工喷药每亩喷施药液量30千克，拖拉机为10千克。单用时，每亩使用25%水分散粒剂5～6克；混用时，每亩使用25%水分散粒剂3～4克加38%莠去津120毫升或75%噻吩磺隆0.7克。配药时，先把砜嘧磺隆在小杯内用少量水配成母液，倒入已盛一半对水量的喷雾器中，搅拌均匀，然后再把适量的莠去津或噻吩磺隆加入喷雾器中，搅拌均匀，最好加入表面活性剂，补足水量，搅拌均匀。一定要在玉米4叶期前施药，如玉米超过4叶期，单用或混用玉米均有药害发生，药害症状表现为拔节困难，株高矮小，叶色浅，发黄，心叶卷缩变硬，有发红现象，10～15天恢复。施药时最好使用扇形喷头，沿单垄均匀喷施，喷药时定喷头高度及行走速度，不要左右甩动。

马铃薯田 播后苗前或苗后茎叶处理均可。苗前除草，每亩使用25%水分散粒剂5～8克，对水30～45千克均匀喷雾；苗后施药时期为马铃薯苗5～7叶、大多数杂草2～4叶期，每亩使用25%水分散粒剂5～8克，对水30～45千克杂草茎叶喷雾。

【注意事项】喷药时，不要重喷或漏喷；施药后第2年不能种亚麻、油菜等敏感作物。使用该药剂前后7天内，不要使用有机磷杀虫剂，否则可能会引起玉米药害。甜玉米、爆玉米、黏玉米及制种田不宜使用。

噻 吩 磺 隆

【有效成分】噻吩磺隆（thifensulfuron-methyl）。

【常见商标名称】宝收、阔收、巧收、巧施、豆手、阔盖、农佳、赛瑞、都宝、高噻、麦瑞、好省星、拿阔灵、茬茬欢、玉豆双收等。

【主要含量与剂型】15%可湿性粉剂、75%水分散粒剂。

【理化性质】噻吩磺隆纯品为无色无味晶体，熔点176℃，微溶于水，易溶于甲醇、丙酮、乙酸乙酯、二氯甲烷等有机溶剂，55℃以下稳定，中性介质中稳定。属低毒除草剂，原药大鼠急性经口LD_{50}大于5000毫克/千克，兔急性经皮LD_{50}大于2000毫克/千克，试验条件下对动物未见致畸、致癌、致突变作用，对鸟类、蜜蜂和鱼类低毒。

【产品特点】噻吩磺隆属磺酰脲类内吸传导型苗后选择性除草剂，为乙酰乳酸合成酶（ALS）抑制剂。施药后被敏感植物的叶、根吸收并迅速传导到分生组织，抑制缬氨酸、亮氨酸和异亮氨酸的生物合成，从而阻止细胞分裂，达到杀除杂草的目的，敏感植物受药后在7～21天内死亡。在有效剂量下，冬小麦、春小麦、硬质小麦、大麦和燕麦等作物对该药具有耐药性。噻吩磺隆在土壤中有氧条件下能迅速被微生物分解，用药后30天即可播种下茬作物，安全性好。

噻吩磺隆常与乙草胺、异丙隆、苯磺隆、精噁唑禾草灵、莠去津、2,4-滴丁酯、苄嘧磺隆、氯嘧磺隆等除草剂成分混配，用于生产复配除草剂。

【适用作物及防除对象】噻吩磺隆适用于小麦、大麦、燕麦等麦类作物及大豆、玉米田除草。主要防除一年生和多年生阔叶杂草如苘麻、龙葵、香薷、反枝苋、凹头苋、臭甘菊、酸模叶蓼、柳叶刺蓼、卷茎蓼、藜、小藜、猪毛菜、地肤、鼬瓣花、荠菜、遏蓝菜、水棘针、马齿苋、播娘蒿、婆婆纳、猪殃殃、芥菜、荠菜等，对狗尾草、野燕麦、雀麦、刺儿菜、田旋花及其它禾本科杂草无效。

【使用技术】在同一块田中，每作物单生长季每亩使用噻吩磺隆有效成分量以不超过 2.17 克为宜。

麦类田 小麦、大麦、燕麦等麦类作物于苗后 2 叶期至拔节期、1 年生阔叶杂草 2～4 叶期、大多数杂草出齐时即可施药。每亩使用 15%可湿性粉剂 6.5～10 克，或 75%水分散粒剂1.3～2 克，对水 30 千克均匀喷雾。也可每亩使用 75%噻吩磺隆水分散粒剂 0.8～1 克与 72%2,4-滴丁酯乳油 25～50 毫升或 13%2 甲 4 氯钠盐水剂 150～250 毫升混用，可以提高除草效果和杀草速度，同时增加 2,4-滴丁酯对麦类作物的安全性。一年生杂草为主时用低药量，多年生杂草为主时用高药量。

大豆田 大豆播前、播后苗前或苗后开花前均可施药，以大豆播前或播后苗前施药为主。每亩使用 75%水分散粒剂 1.5～2 克，或 15%可湿性粉剂 6.5～10 克，对水 30～40 千克均匀喷雾。防除一年生禾本科杂草时，可与乙草胺混用，华北地区每亩使用 75%噻吩磺隆水分散粒剂 1～1.3 克加 50%乙草胺乳油80～100 毫升，东北地区每亩使用 75%噻吩磺隆水分散粒剂 1.3～1.7 克加 50%乙草胺乳油 150～200 毫升。大豆苗后除草，施药适期为大豆 1 片复叶至开花前、阔叶杂草 2～4 叶期，每亩使用 75%水分散粒剂 0.75～1 克或 15%可湿性粉剂 3.5～5.3 克，对水 20～35 千克均匀喷雾。土壤质地疏松、有机质含量低、低洼地土壤水分好时用低药量；土壤质地黏重、有机质含量高、岗地土壤水分少时用高药量。

玉米田 玉米播前、播后苗前或玉米苗后均可施药。苗前处理，华北地区每亩使用75%水分散粒剂1.3～1.8克或15%可湿性粉剂6.5～9克，东北地区使用75%水分散粒剂1.8～2.2克或15%可湿性粉剂9～11克，对水30～50千克均匀喷雾土表。土壤有机质含量高、质地黏重用高药量，反之则用低药量。苗后用药以玉米3～7叶期、阔叶杂草3～4叶期、大多数杂草出齐时施药为宜，华北地区每亩使用75%水分散粒剂0.7～1.3克或15%可湿性粉剂3.5～6.5克，东北地区使用75%水分散粒剂1.3～1.8克或15%可湿性粉剂6.5～9克，对水20～30千克进行茎叶喷雾。杂草小、土壤水分好用低药量，杂草大、土壤干旱用高药量。苗后施药一般应选上午9时前或下午4时以后，施药后应保持2小时内无雨，温度高于28℃时应停止施药。

【注意事项】当作物处于不良环境，如干旱、严寒、土壤水份过饱和及病虫害为害时，不宜施药。该药药效缓慢，施药后杂草1～3周死亡，不必急于采取其他灭草措施。噻吩磺隆对阔叶作物敏感，喷药时切勿污染以免引起药害。在不良环境条件下，噻吩磺隆与有机磷类杀虫剂混用或先后使用，可能导致短暂的叶片变黄或药害现象。该药剂对眼睛、皮肤有刺激作用，施药时应注意安全防护；不慎中毒，立即送医院对症治疗，无特殊解毒药剂。

甲基二磺隆

【有效成分】甲基二磺隆（mesosulfuron-methy）。

【常见商标名称】世玛。

【主要含量与剂型】30克/升可分散油悬浮剂。

【理化性质】甲基二磺隆原药外观为奶色细粉，略带辛辣味，在4℃下与水比较，密度为1.48克/厘米^3，熔点195.4℃。属低毒除草剂，原药大鼠急性经口 LD_{50} 大于 5000 毫克/千克，在试验剂量内对动物无致畸、致突变和致癌作用，对鱼、鸟和蜜蜂低毒。

【产品特点】甲基二磺隆是一种磺酰脲类低毒除草剂，主要通过植物的茎叶吸收，经韧皮部和木质部传导，少量通过土壤吸收，抑制敏感植物体内的乙酰乳酸合成酶的活性，导致支链氨基酸的合成受阻，进而抑制细胞分裂，导致敏感植物死亡。一般情况下，施药 2～4 小时后，敏感杂草的吸收量达到高峰，2 天后停止生长，4～7 天后叶片开始黄化，随后出现枯斑，2～4 周后死亡。

【适用作物及防除对象】甲基二磺隆适用于在软质型和半硬质型冬小麦品种中使用。能有效防除看麦娘、野燕麦、棒头草、早熟禾、硬草、碱茅、茵草、多花黑麦草、野燕麦、蜡烛草、牛繁缕、播娘蒿、荠菜等麦田多数一年生禾本科杂草和部分阔叶杂草，对雀麦、节节麦、偃麦草等极恶性禾本科杂草也有较好的控制效果。

【使用技术】某些春小麦和角质（强筋或硬质）型小麦品种（如扬麦 158、豫麦 18、济麦 20 等）对本剂敏感，使用前须先进行小范围安全性试验验证。一般冬前使用为宜，原则上靶标杂草基本出齐苗后用药越早越好。目前甲基二磺隆仅有可分散油悬浮剂剂型，该剂型制剂储藏后常出现分层现象，使用前应用力摇匀后再进行药液配制。建议采用扇形喷雾头喷施，田间喷药量要均匀一致，严禁重喷和漏喷。

通常在小麦 3～6 叶期、禾本科杂草 2.5～5 叶期施药。每亩使用 30 克/升可分散油悬浮剂 20～35 毫升，对水 25～30 千克，均匀茎叶喷雾处理。使用拖拉机喷雾器喷雾时，每亩对水 7～15 千克。防除稻茬等麦田中的早熟禾、硬草、碱茅、茵草、看麦娘等禾本科杂草时，建议每亩使用 30 克/升可分散油悬浮剂 20～25 毫升；当防除旱茬麦田中的雀麦、节节麦、蜡烛草、毒麦、黑麦草等恶性禾本科杂草时，建议每亩使用 30 克/升可分散油悬浮剂 25～30 毫升，对水均匀茎叶喷雾。施药后 2～4 周杂草死亡。为保证除草效果，施药时建议在药液中加入喷施药液量 0.2%～0.7%的表面活性剂。

【注意事项】严格按推荐使用技术均匀施药，不得超范围使用。本剂施用后有蹲苗作用，某些小麦品种可能出现黄化或矮化现象，但小麦返青起身后黄化自然消失，可抑制小麦徒长倒伏。麦田套种下茬作物时，应在小麦起身拔节 55 天以后进行。冬季低温霜冻期、小麦起身拔节期、大雨前、低洼积水或遭受涝害、冻害、盐碱害、病害等胁迫的小麦田不宜施用。施用前后 2 天内不可大水漫灌麦田，以确保药效，避免药害。本剂不宜与 2,4-滴混用。对眼睛和皮肤有较强刺激伤害风险，应避免眼睛和皮肤接触，施药后使用肥皂和清水彻底清洗暴露在外的皮肤。

五氟磺草胺

【有效成分】五氟磺草胺（penoxsulam）。

【常见商标名称】稻杰、农地隆、

【主要含量与剂型】25 克/升油悬浮剂、22%悬浮剂。

【理化性质】五氟磺草胺原药外观为白色固体，20℃时比重为 1.61，熔点 223～224℃。属低毒除草剂，原药大鼠急性经口 LD_{50}大于 5000 毫克/千克，急性经皮 LD_{50}大于 5000 毫克/千克。

【产品特点】五氟磺草胺属磺酰脲类除草剂，药剂经由杂草叶片、茎部及根部吸收，经木质部和韧皮部传导到分生组织发生作用。经五氟磺草胺处理后的杂草 2～4 天生长点褪色，有时叶脉变红，用药后 7～14 天茎尖和叶芽开始枯萎坏死，2～4 周杂草死亡。杂草死亡速度与体内支链氨基酸的积蓄有关。幼小杂草体内支链氨基酸储量小，死亡较快；植株和草龄较大的杂草死亡慢，不利环境条件会减慢药效发挥速度。该药对禾本科杂草、莎草和阔叶草有良好防除效果，对稗草防治效果更好，对大龄稗草有极佳防效，且对水稻生产安全性好。在土壤中的残留期较短，基本不影响后茬作物。

五氟磺草胺可与氰氟草酯、吡嘧磺隆、精噁唑禾草灵、氯氟吡氧乙酸异辛酯、丁草胺等除草剂成分混配，生产复配除草剂。

【适用作物及防除对象】五氟磺草胺适用于水稻田，可防除多种杂草，如稗草、异型莎草、牛毛毡、鳢肠、鸭舌草、雨久花、野慈菇、节节菜、陌上菜、藜、苋、小蓟等。对稗草的许多亚种效果均好，包括对二氯喹啉酸、敌稗或乙酰辅酶A羧化酶抑制剂产生抗性的稗草；对许多磺酰脲类产生抗性的杂草也有较好的防效；但对千金子无效。

【使用技术】五氟磺草胺对籼稻和粳稻安全性好，直播田及插秧田均可使用，苗后茎叶喷雾或毒土处理。在田间大多数杂草1～4叶期使用效果最佳，持效期可达30～60天。施药量视稗草密度和叶龄而定，直播稻田除草，一般在稗草1～3叶期，每亩使用25克/升油悬浮剂40～60毫升，或22%悬浮剂6～10毫升，对水20～30千克茎叶喷雾；稗草3～5叶期，每亩使用25克/升油悬浮剂70～80毫升或22%悬浮剂8～10毫升；稗草密度大，使用上限用药量；稗草叶龄超过5龄，应适当增加用药量。也可根据稗草密度和叶龄情况，每亩使用25克/升油悬浮剂60～100毫升，或22%悬浮剂9～16毫升，拌毒土或肥料撒施。水稻秧田使用，通常在稗草1.5～2.5叶期，每亩使用25克/升油悬浮剂33～46毫升，或22%悬浮剂4～8毫升，对水20～30千克茎叶喷雾。用药前排水，使杂草茎叶2/3以上露出水面为宜；灌溉条件便利时，排干水后施药，施药后24～72小时内灌水，保水5～7天。

【注意事项】不要在水稻制种田使用。

氟 乐 灵

【有效成分】氟乐灵（trifluralin）。

【常见商标名称】 信立、骅港、正农、春雨、金井、逢时、棉喜、凯米克、盖劲草、黄大妈、耕放心等。

【主要含量与剂型】 45.5%乳油、48%乳油、480 克/升乳油。

【理化性质】 氟乐灵纯品为橙黄色结晶，具芳香族化合物气味，熔点 48.5～49℃；基本不溶于水，可溶于丙酮、氯仿、乙腈、甲苯、乙酸乙酯、甲醇、己烷等多种有机溶剂，紫外光下分解。属低毒除草剂，原药大鼠急性经口 LD_{50} 大于 5000 毫克/千克，兔急性经皮 LD_{50} 为 50000 毫克/千克，试验条件下未见致癌、致畸、致突变作用，对鸟、鱼低毒。

【产品特点】 氟乐灵为二硝基苯胺类除草剂，通过杂草种子发芽生长穿过土层的过程被吸收。主要被禾本科植物的幼芽和阔叶植物的下胚轴吸收，子叶和幼根也能吸收，但出苗后的茎和叶不能吸收。造成植物药害的典型症状是抑制生长，根尖与胚轴组织细胞体积显著膨大。受害后，植物细胞停止分裂，根尖分生组织细胞变小，厚而扁，皮层薄壁组织中的细胞增大，细胞壁变厚。由于细胞中的液胞增大，使细胞丧失极性，产生畸形，呈现“鹅头”状的根茎。氟乐灵施入土壤后，由于挥发、光解、微生物和化学作用而逐渐分解消失，其中挥发和光解是分解的主要因素。施到土表的氟乐灵最初几小时内的损失最快，潮湿和高温会加快它的分解速度。受害杂草有的虽能出土，但胚根及次生根变粗，根尖肿大，呈鸡爪状，没有须根，生长受抑制。

氟乐灵可与扑草净等除草剂成分混配，生产复配除草剂。

【适用作物及防除对象】 氟乐灵适用于大豆、向日葵、棉花、花生、油菜、马铃薯、胡萝卜、芹菜、番茄、茄子、辣椒、甘蓝、白菜等蔬菜和果园。主要用于防除稗草、野燕麦、马唐、牛筋草、狗尾草、金狗尾草、千金子、画眉草、早熟禾、雀麦、马齿苋、藜、萹蓄、繁缕、蒺藜草等一年生禾本科和小粒种子的阔叶杂草。

【使用技术】

大豆田 应在播前5～7天施药，或秋季施药。秋施药在10月上中旬气温降到5℃以下时到封冻前进行。随施药随播种或施药与播种间隔时间过短，对大豆出苗有影响。氟乐灵用药量受土壤质地和有机质含量影响而有差异，在土壤有机质含量3%以下，每亩使用45.5%乳油80～120毫升，或48%乳油或480克/升乳油60～110毫升；土壤有机质含量3～5%时，每亩使用45.5%乳油125～150毫升，或48%乳油或480克/升乳油110～140毫升；土壤有机质含量5%～10%时，每亩使用45.5%乳油150～175毫升，或48%乳油或480克/升乳油140～170毫升；土壤有机质含量10%以上，氟乐灵被严重吸附，除草效果下降，不宜施用。一般每亩对水30～45千克均匀喷雾，喷药后混土。土壤质地黏重用高剂量，质地疏松用低剂量。防除野燕麦应采用高剂量、深混土的方法，北方亦可秋施，能提高对野燕麦等早春性杂草的防除效果，每亩有效成分用量不超过96毫升。为扩大除草谱，降低用药成本，氟乐灵还可与乙草胺、丙炔氟草胺、嗪草酮、唑嘧磺草胺、异噁草酮等除草剂混用。常见混用比例为：每亩使45.5%氟乐灵乳油125～150毫升，或48%氟乐灵乳油或480克/升乳油100～130毫升，加50%丙炔氟草胺8～12克或70%嗪草酮20～40克；或每亩使用45.5%氟乐灵乳油125～180毫升，或48%氟乐灵乳油或480克/升乳油100～170毫升，加80%唑嘧磺草胺4克；或每亩使用48%氟乐灵乳油或480克/升乳油70毫升加88%灭草猛100～130毫升加80%唑嘧磺草胺2克；或每亩使用48%氟乐灵乳油或480克/升乳油70～100毫升加90%乙草胺70～80毫升加48%异噁草酮50～65毫升或50%丙炔氟草胺8～12克；或每亩使用48%氟乐灵乳油或480克/升乳油100毫升加72%异丙甲草胺100毫升加80%唑嘧磺草胺4克或48%异噁草酮50～60毫升或70%嗪草酮20～40克。

棉花田　直播棉田施药时期为播种前2～3天，每亩使用45.5%氟乐灵乳油150～175毫升，或48%乳油或480克/升乳油100～150毫升，对水30千克均匀喷雾，施药后立即耙地进行混土处理，拌土深度5～7厘米，以免见光分解。地膜棉田施药时期为耕翻整地以后，每亩使用48%乳油或480克/升乳油70～80毫升，对水30千克喷雾，拌土后播种覆膜。移栽棉田施药时期在移栽前进行，剂量和方法同直播棉田。移栽时应注意将开穴挖出的药土覆盖于棉苗根部周围。

花生田　露地花生田施药时期为播种前2～3天，每亩使用45.5%氟乐灵乳油125～160毫升，或48%乳油或480克/升乳油100～150毫升，对水30千克均匀喷雾，施药后立即耙地进行混土处理，拌土深度5～7厘米，以免见光分解。地膜花生田施药时期为耕翻整地以后，每亩使用48%乳油或480克/升乳油70～80毫升，对水30千克喷雾，拌土后播种覆膜。

蔬菜田　施药时期一般在整地之后，每亩使用45.5%氟乐灵乳油80～120毫升，或48%乳油或480克/升乳油70～100毫升，对水30千克喷雾，或拌土30千克均匀撒施土表，然后进行混土，混土深度为4～5厘米，混土后隔天进行播种。直播蔬菜如胡萝卜、芹菜、茴香、香菜、豌豆等，播种前或播种后均可用药。移栽蔬菜如番茄、茄子、辣椒、甘蓝、花椰菜等移栽前后均可施用。黄瓜在移栽缓苗后苗高15厘米时使用，移栽芹菜、洋葱、老根韭菜缓苗后即可用药。以上用药量为每亩使用48%乳油或480克/升乳油100～145毫升；杂草多、土地黏重、有机质含量高的田块使用高剂量，反之使用低剂量。施药后应尽快混土5～7厘米深，以防光解、挥发，降低除草效果。氟乐灵特别适合地膜栽培作物使用，用于地膜栽培时用药量按常量减去1/3。

果园、桑园　在果树、桑树生长季节，杂草出土前，每亩使用48%乳油或480克/升乳油150～200毫升，对水30～45千克后均匀喷雾。施药后立即耙地进行混土处理，拌土深度5～7厘米，以免见光分解。为扩大杀草谱，也可与扑草净混用，每亩使用48%氟乐灵乳油或480克/升乳油100～150毫升加50%扑草净120～150克。

【注意事项】该药易挥发光解，喷药后应及时混土5～7厘米深，但不宜过深，以免相对降低药土层中的含药量和增加药剂对作物幼苗的伤害；从施药到混土的间隔时间一般不能超过8小时，否则会影响药效。春季天气干旱时，应在施药后立即混土镇压保墒。氟乐灵在北方低温干旱地区药效可长达10～12个月，对后茬高粱、谷子有一定影响。瓜类作物及育苗韭菜、直播小葱、菠菜、甜菜、小麦、玉米、高粱等对氟乐灵比较敏感，不宜应用。棉花地膜苗床使用时，每亩使用48%乳油不宜超过80毫升，否则易产生药害；叶菜类蔬菜上使用时，每亩使用48%乳油超过150毫升，易产生药害。

二 甲 戊 灵

【有效成分】二甲戊灵（pendimethalin）。

【常见商标名称】施田补、除芽通、菜草通、韩莫敌、好田补、施地隆、农得锄、普斯达、好景象、田普、苗锄、彪除、蒜迪、凯迪、田闲、盖耙、富杰、秘施、丰光、菜庆、新封、三江益农、燕化农闲、绿野菜草清等。

【主要含量与剂型】33%乳油、330克/升乳油、35%悬浮剂、40%悬浮剂、450克/升微囊悬浮剂。

【理化性质】二甲戊灵纯品为橘黄色结晶体，熔点54～58℃，基本不溶于水，易溶于苯、甲苯、氯仿、二氯甲烷等有机溶剂，微溶于石油醚和汽油中。对酸碱稳定，光下缓慢分解，土壤中半衰期为30～90天。属低毒除草剂，原药大鼠急性经口LD_{50}为1250毫克/千克，兔急性经皮LD_{50}为5000毫克/千克，试验条件下未见致畸、致癌、致突变作用，对鱼类及水生生物高毒，对蜜蜂和鸟类低毒。

【产品特点】二甲戊灵是一种二硝基苯胺类选择性除草剂，芽前芽后均可使用。主要抑制分生组织细胞分裂，不影响杂草种子的萌发。在杂草种子萌发过程中，杂草幼芽、茎和根吸收药剂后而起作用。双子叶植物吸收部位为下胚轴，单子叶植物为幼芽，其受害症状是幼芽和次生根被抑制。该药杀草谱广，持效期长，使用方式灵活，混用方便，不易淋溶，在土壤中移动性小，对环境安全性高。

二甲戊灵常与异噁草松、苄嘧磺隆、吡嘧磺隆、咪唑乙烟酸、乙草胺、丁草胺、扑草净、莠去津、乙氧氟草醚、异丙隆等除草剂成分混配，用于生产复配除草剂。

【适用作物及防除对象】二甲戊灵适用于大豆、玉米、棉花、烟草、花生、马铃薯、向日葵、甘蔗、韭菜、洋葱、大姜、大蒜、移栽蔬菜（胡萝卜、甘蓝、芹菜、香菜、茴香）及果园等。可有效防除稗草、马唐、狗尾草、金狗尾草、牛筋草、早熟禾、看麦娘等一年生禾本科杂草，也可防除藜、马齿苋、苋菜、猪殃殃、繁缕、柳叶刺蓼、卷茎蓼等一年生阔叶杂草。

【使用技术】二甲戊灵使用方法灵活，可播前混土、播后芽前或作物移栽前施用。在土壤处理时，最好先浇水后施药。土壤黏粒及有机质对二甲戊灵有吸附作用，因此用药量应根据土壤质地和有机质含量来确定。土壤有机质含量高或黏性重时用高剂量，反之用低剂量。该药吸附性强，挥发性小，且不宜光解，因此施药后混土与否对防除杂草效果没有影响。

棉花田 棉花播种前1～3天或播后苗前3天内施药。每亩使用33%乳油或330克/升乳油150～200毫升，或35%悬浮剂140～200毫升，或40%悬浮剂140～160毫升，或450克/升微囊悬浮剂110～150毫升，对水30～45千克，土壤表面均匀喷雾。营养钵苗床可在播种覆土后喷雾，根据当地杂草情况选择适当用量，然后覆膜。棉田除草也可采用苗带施药法，以减少1/3～1/2的用药量。苗带施药应根据实际喷洒面积计算用药量，施药后用旋转锄或中耕机除掉行间杂草。

大豆田 大豆播前或播后苗前土壤处理。最适施药时期是在杂草萌发前、播后苗前，通常在播后3天内施药，每亩使用33%乳油或330克/升乳油150～200毫升，或35%悬浮剂140～200毫升，或40%悬浮剂140～160毫升，或450克/升微囊悬浮剂110～150毫升，对水35～40千克均匀喷雾土表。如遇长期干旱土壤含水量低时，适当混土3～5厘米，以提高药效。起垄播种大豆也可在施药后培2厘米土，以防药剂被风吹走。垄播大豆播后苗前施药也可采用苗带施药法，苗带施药应根据实际喷洒面积计算用药量，施药后用旋转锄或中耕机除掉行间杂草。春大豆田除草也可在秋季施药，秋施药可增加对早春性杂草药效，特别是干旱地区药效稳定，通常在秋季气温降到10℃以下至封冻前进行。在单、双子叶杂草混生田，与异噁草酮、咪唑乙烟酸、嗪草酮等除草剂混用，可增加对苍耳、鸭趾草、狼拔草、龙葵、香薷、苘麻、刺儿菜、问荆、豚草、苣买菜等杂草的防治效果，施药时间为大豆播前或播后苗前，用药量为每亩使用33%二甲戊灵乳油或330克/升乳油150～250毫升，或450克/升微囊悬浮剂130～180毫升，加48%异噁草酮乳油50～70毫升或5%咪唑乙烟酸水剂50～70毫升或70%嗪草酮可湿性粉剂30～50克。土壤质地疏松、有机质含量低和低洼地水分好的条件下用低剂量；土壤质地黏重、有机质含量高、岗地土壤水分少的条件下用高剂量。

花生田 花生播前或播后苗前土壤处理。每亩使用33%乳油或330克/升乳油150～200毫升，或35%悬浮剂160～200毫升，或40%悬浮剂140～160毫升，或450克/升微囊悬浮剂120～140毫升，对水35～40千克均匀喷雾土表。

玉米田 苗前苗后均可使用。如苗前施药，必须在玉米播后出苗前5天内施药。每亩使用33%乳油或330克/升乳油200～300毫升，或35%悬浮剂160～225毫升，或40%悬浮剂150～

200毫升，或450克/升微囊悬浮剂150～180毫升，对水45～50千克均匀喷雾。若施药时土壤含水量低，可适当混土，但切忌药接触种子。如果在玉米苗后施药，应在播种后3天内，且阔叶杂草长出2片真叶、禾本科杂草1.5叶期之前进行，用药量及施用方法同上。与莠去津、百草敌、氰草津等除草剂混用时，可提高对双子叶杂草的防除效果。与莠去津混用播后苗前或苗后早期均可使用，对鸭趾草、龙葵、苘麻、豚草、狼拔草等阔叶杂草的防除效果好，混用量为每亩使用33%二甲戊灵乳油或330克/升乳油200～300毫升加38%莠去津悬浮剂或48%可湿性粉剂150～200克，具体用药量根据土壤质地和有机质含量情况决定。二甲戊灵与百草敌混用为玉米播后苗前用药，可增加对鸭趾草、龙葵、苍耳、苘麻、豚草、苣买菜等阔叶杂草的防效，混用量为每亩使用33%二甲戊灵乳油或330克/升乳油150～300毫升加43%百草敌悬浮剂150～350毫升，具体用药量根据土壤质地和有机质含量决定。

马铃薯 播后苗前用药，最好在播种覆土后随即施药，播后3天之内施完。覆膜马铃薯每亩使用33%乳油或330克/升乳油120～150毫升，或35%悬浮剂120～150毫升，或40%悬浮剂100～130毫升，或450克/升微囊悬浮剂100～120毫升，对水30～45千克均匀喷雾土壤表面，用药后及时盖膜。露地马铃薯在喷药后3～5天遇较干旱天气要适量喷水以保持土壤湿度，提高除草效果。

洋葱 直播洋葱田在洋葱播后苗前或苗后施药，每亩使用33%乳油或330克/升乳油120～150毫升，或35%悬浮剂120～140毫升，或40%悬浮剂110～130毫升，或450克/升微囊悬浮剂100～120毫升，对水30～45千克均匀喷雾，苗前除草时洋葱覆土深度应在2厘米以上。移栽田在移栽前或移栽后均可用药，每亩使用33%乳油或330克/升乳油150～200毫升，或35%悬浮剂140～200毫升，或40%悬浮剂140～160毫升，对水30～

45千克均匀喷雾。沙质土壤适当减少用药量。

葱 直播葱、移栽沟葱和根茬葱均可使用。每亩使用33%乳油或330克/升乳油100～150毫升，或35%悬浮剂100～140毫升，或40%悬浮剂100～120毫升，或450克/升微囊悬浮剂80～100毫升，对水30～45千克，在播后苗前、移栽前或根茬葱返青前均匀喷雾土壤表面。土壤有机质含量高的田块用高剂量，有机质含量低的田块用低剂量。小葱苗床慎用，适当增加土壤湿度有利于提高除草效果。

大蒜 播后苗前或苗后早期均可用药，最佳施药时期是蒜瓣移栽后至出苗前、杂草未出苗时施药。每亩使用33%乳油或330克/升乳油150～200毫升，或35%悬浮剂145～180毫升，或40%悬浮剂140～160毫升，或450克/升微囊悬浮剂110～140毫升，对水45～60千克均匀喷雾。大蒜出苗早期，单子叶杂草不大于1叶1心期、阔叶杂草不大于2叶期也可施药，每亩使用33%乳油或330克/升乳油150～200毫升，或450克/升微囊悬浮剂110～140毫升。施药期注意将土地整平整细，蒜瓣移栽后应覆土3～4厘米，避免蒜瓣和药土层接触。在荠菜和猪殃殃较多的地区，可与乙氧氟草醚混用，混用量为每亩使用33%二甲戊灵乳油或330克/升乳油150～200毫升加24%乙氧氟草醚乳油30～40毫升。

韭菜 育苗韭菜田除草，每亩使用33%乳油或330克/升乳油100～200毫升，或35%悬浮剂100～180毫升，或40%悬浮剂100～160毫升，对水30～40千克，在韭菜播后苗前均匀喷雾土壤表面。若在第一次用药后40～45天再用药1次，可基本控制整个生育期间的杂草危害。老根韭菜田除草，每亩使用33%乳油或330克/升乳油100～200毫升，对水30～40千克，在贴地收割植株伤口愈合后进行土壤表面处理。如土壤有机质达到1.5%以上，则每亩壤质土用药量为267毫升，黏质土用药量需达到330毫升。

芹菜 芹菜育苗田除草，每亩使用33%乳油或330克/升乳油100～150毫升，或35%悬浮剂100～145毫升，或40%悬浮剂或450克/升微囊悬浮剂110～140毫升，对水30～45千克，在播后苗前均匀喷雾土壤表面，并在盖帘或遮网前用药。沙壤土适当降低用药量。芹菜移栽田除草，每亩使用33%乳油或330克/升乳油100～150毫升，或450克/升微囊悬浮剂110～140毫升，在整地后移栽前1～3天施药。

胡萝卜、茴香 通常采用撒播，播后5天之内施药。每亩使用33%乳油或330克/升乳油100～150毫升，或35%悬浮剂100～145毫升，或450克/升微囊悬浮剂80～120毫升，对水30～45千克，在播后苗前均匀喷雾土壤表面。

毛豆、豌豆 豆类多为大粒种子，对除草剂的耐药性较强。可在播后苗前或移栽前施药，每亩使用33%乳油或330克/升乳油150～200毫升，对水30～45千克均匀喷雾土表。

瓜类 冬瓜、黄瓜、丝瓜等瓜田除草，在整地后移栽前1～3天，每亩使用33%乳油或330克/升乳油100～150毫升，或450克/升微囊悬浮剂110～140毫升，对水30～45千克均匀喷雾土表。香瓜、西瓜等瓜田禁用二甲戊灵除草，其它瓜类需进行小区安全试验，确认安全后方可推广。

移栽蔬菜 甘蓝、花椰菜、莴苣、茄子、番茄、青椒等移栽菜田，每亩使用33%乳油或330克/升乳油150～200毫升，或450克/升微囊悬浮剂110～140毫升，对水30～45千克均匀喷雾土表。移苗时尽量不要翻动土层，整地后尽早施药，沙壤土使用低剂量。

烟草 移栽后施药除草，每亩使用33%乳油或330克/升乳油100～200毫升，对水30～50千克均匀喷雾。作为烟草抑芽剂使用时，在大部分烟草现蕾时进行打顶，将烟草扶直，然后使用33%乳油或330克/升乳油100倍液，每株用杯淋法从顶部浇灌或施淋，使每个腋芽都接触药液，有明显的抑芽效果。

果园 在果树生长季节、杂草出土前施药。每亩使用33%乳油或330克/升乳油200～300毫升，对水30～45千克均匀喷雾处理土壤。为扩大杀草谱，也可与莠去津混用于香蕉、菠萝田除草，混用量为每亩使用33%二甲戊灵乳油或330克/升乳油200～300毫升加38%莠去津悬浮剂200～300毫升，对水30～45千克。

【注意事项】土壤沙性重、有机质含量低的田块不宜使用；当土壤黏重或有机质含量超过1.5%时应使用高剂量。施药前应整地平整，不要有大土块和植物残茬，且喷雾应均匀周到，避免重喷、漏喷。二甲戊灵防除单子叶杂草比双子叶杂草效果好，在双子叶杂草较多时，应与其它除草剂混用。该药对鱼类及水生生物有毒，避免药液污染水源。用药时注意安全保护，如误服，清醒时可引吐，并送医院对症治疗，无特效解毒药剂。

仲 丁 灵

【有效成分】仲丁灵（butralin）。

【常见商标名称】道路通、封眠等。

【主要含量与剂型】30%水乳剂、36%乳油、360克/升乳油、48%乳油。

【理化性质】仲丁灵原药为橘黄色晶体，熔点60～61℃；24℃时在水中的溶解度为1毫克/升，易溶于丁酮、丙酮、二甲苯、苯、四氯化碳等有机溶剂；光稳定性好，常温贮存稳定，265℃时分解，不宜在低于零下5℃下存放。属低毒除草剂，原药大鼠急性经口 LD_{50} 为12600毫克/千克，急性经皮 LD_{50} 为10200毫克/千克，试验条件下对动物未见致畸、致突变、致癌作用，对鱼类高毒。

【产品特点】仲丁灵属二硝基甲苯胺类选择性土壤处理除草剂。药剂通过植物的幼芽、幼茎和根系吸收，在植物体内强烈抑制细胞的有丝分裂与分化，破坏细胞核的分裂，抑制幼芽和次生根分生组织的细胞分裂，从而阻碍杂草幼苗生长而死亡。浓度越高，对分生组织细胞分裂的抑制作用越明显。双子叶植物吸收部位为下胚轴，单子叶植物为幼芽。双子叶杂草的地上部分抑制作用的典型症状为抑制茎伸长，子叶呈革质状，茎或下胚轴膨大变脆；单子叶杂草的地上部分产生倒伏、扭曲、生长停滞，幼苗逐渐变成紫色。

仲丁灵可与扑草净、异噁草松、乙草胺、莠去津等除草剂成分混配，生产复配除草剂。

【适用作物及防除对象】仲丁灵适用于大豆、棉花、花生、玉米、西瓜、烟草、向日葵、马铃薯、甘蔗、亚麻、洋葱、胡萝卜、番茄、茄子、辣椒、花椰菜、油菜、甘蓝、莴苣及果园等。对许多单子叶杂草、双子叶杂草和一年生莎草如稗草、牛筋草、马唐、狗尾草、千金子、野燕麦、苋、凹头苋、反枝苋、藜、萹蓄、马齿苋、菟丝子、碎米莎草等都有很好的防效，对部分阔叶杂草如繁缕、牛繁缕、苍耳、婆婆纳、猪殃殃等也有防除作用。

【使用技术】仲丁灵可采取播前混土、播后苗前或作物移栽前施药，也可和多种除草剂混用，以扩大杀草谱、提高杀草效果。

大豆田　播前或播后苗前土壤处理。每亩使用30%水乳剂300～350毫升，或36%乳油或360克/升乳油150～250毫升，或48%乳油100～200毫升对水喷雾。防除菟丝子时，可在大豆开花期或菟丝子转株为害时用药，采用细孔喷片，以保证药液能充分接触到在大豆株丛中所缠绕的菟丝子的茎与鳞片上。茎叶处理防治菟丝子时，喷雾力求细微均匀，使菟丝子缠绕的茎尖均能接受到药剂。

棉花田　一般在棉花播种前1～3天或播后苗前3天内施药，每亩使用30%水乳剂350～400毫升，或36%乳油或360克/升乳油200～230毫升，或48%乳油150～175毫升，对水均匀喷布全田土表。

花生田 地膜花生田在播后覆膜前施药，每亩使用36%乳油或360克/升乳油200～260毫升，或48%乳油150～200毫升，对水30～45千克均匀喷雾土表；露地花生在播前或播后苗前施药，用药量可稍高于覆膜花生田。施药后不宜混土，以免药剂接触种子影响发芽。沙质土慎用。

西瓜田 直播保护地（塑料大棚或地膜）西瓜在播后覆膜前施药，每亩使用36%乳油或360克/升乳油200～260毫升，或48%乳油150～200毫升对水喷雾；露地直播西瓜在播前或播后苗前施药，用药量可稍高于覆膜西瓜。西瓜缓苗期每亩使用36%乳油或360克/升乳油260毫升，或48%乳油200毫升时，对幼苗生长有一定抑制作用，但不影响后期的生长发育。

烟草田 整地后，在烟苗移入大田前1～3天用药，每亩使用36%乳油或360克/升乳油200～260毫升，或48%乳油150～200毫升，对水30～50千克均匀喷雾。也可在打顶后使用36%乳油或360克/升乳油80～100倍液在植株顶部杯淋施药，抑制腋芽的生长。

【注意事项】在播后苗前使用时，作物种子必需被土壤覆盖严密，不能有露籽，否则易产生药害。本剂对单子叶杂草效果好于双子叶杂草，因而在双子叶杂草较多的田块，可考虑与其他防除双子叶杂草的除草剂混用。使用本剂一般需要混土3～5厘米深，以提高药效；在低温季节或用药后浇水，不混土也有较好的效果。仲丁灵对皮肤、眼睛及黏膜有轻度刺激作用，施药时注意安全防护；对鱼类高毒，使用时要防止污染水源。

精喹禾灵

【有效成分】精喹禾灵（quizalofop-P-ethyl)。

【常见商标名称】精禾草克、精草通克、农骄、豆舒、豆爽、豆盖、笑锄、赛锄、巧锄、圣阔、吉阔、断禾、猎禾、捷盖、仙耙、乐邦、乔丰、飞达、金喹、而今、盖冒、青秀、精兵、悍秀定、茎叶思、普日特、旱作丰、打禾灵、好日子、地放松、施普乐、东泰草盖、吉化锄乐等。

【主要含量与剂型】 5%乳油、50克/升乳油、8%微乳剂、8.8%乳油、10%乳油、10.8%乳油、15%乳油、15.8%乳油、20%乳油。

【理化性质】 精喹禾灵纯品为白色无嗅晶体，熔点76～77℃，20℃时在水中的溶解度为0.4毫克/升，可溶于丙酮、乙醇、己烷、甲苯等多种有机溶剂，在酸性、中性介质中稳定，碱性介质中不稳定。属低毒除草剂，原药大鼠急性经口LD_{50}为1210毫克/千克，试验剂量内对动物无致畸、致癌、致突变作用，对鱼类、鸟类、蜜蜂低毒。

【产品特点】 精喹禾灵属苯氧羧酸类内吸选择性茎叶处理除草剂，通过杂草茎叶吸收，在植物体内向上、下双向传导，积累在顶端及节间分生组织，抑制细胞脂肪酸合成，使杂草坏死。该药在禾本科杂草和双子叶作物间有高度的选择性，对阔叶作物田的禾本科杂草有很好的防效。作用速度更快，药效更加稳定，不易受雨水、气温及湿度等环境条件的影响，对环境安全。在土壤中半衰期在一天之内，降解速度快，主要以微生物降解为主。

精喹禾灵常与草除灵、氟磺胺草醚、乙羧氟草醚、三氟羧草醚、乙草胺、咪唑乙烟酸、异噁草松、乳氟禾草灵、嗪草酮、砜嘧磺隆等除草剂成分混配，生产复配除草剂。

【适用作物及防除对象】 精喹禾灵适用于大豆、棉花、油菜、花生、甜菜、亚麻、马铃薯、烟草、番茄、向日葵、苹果、葡萄及多种阔叶蔬菜作物田，主要用于防除一年生和多年生禾本科杂草，如稗草、牛筋草、马唐、狗尾草、看麦娘、野燕麦、画眉草、早熟禾、千金子等，高剂量时对狗牙根、白茅、芦苇等禾本科杂草也有防效。

【使用技术】 施药时期为阔叶作物苗后、禾本科杂草3～5叶期。防除一年生禾本科杂草时，每亩使用5%乳油或50克/升乳油 50～70 毫升，或 8.8%乳油 30～40 毫升，或 10.8%乳油 25～35 毫升，或 15%乳油 20～30 毫升，或 20%乳油 17.5～22.5 毫升，对水 30 千克茎叶喷雾处理；防除芦苇等多年生禾本科杂草时，每亩使用 5%乳油或 50 克/升乳油 100～140 毫升，或 8.8%乳油 60～80 毫升，或 10.8%乳油 50～70 毫升，或 15%乳油 40～60 毫升，或 20%乳油 35～45 毫升。杂草叶龄小、生长茂盛、水分条件好时用低剂量，杂草大及在干旱条件下用高剂量。叶面施药后，杂草植株发黄，2 天内停止生长，施药后 5～7 天，嫩叶和节上初生组织变枯，14 天内植株枯死。

大豆田使用时，为降低用药成本，扩大杀草谱，可与灭草松、异噁草松、三氟羧草醚、氟磺胺草醚等除草剂混用。施药适期为大豆苗后 2 片复叶期、杂草 2～4 叶期，防除鸭趾草需在 3 叶期前施药。常用配方为：每亩使用 5%精喹禾灵乳油或 50 克/升乳油 50～70 毫升，或 8.8%乳油 30～40 毫升，或 10.8%乳油 25～35 毫升，或 15%乳油 20～30 毫升，或 20%乳油 17.5～22.5 毫升，加 48%灭草松 160～200 毫升，或加 21.4%三氟羧草醚 70～100 毫升，或加 25%氟磺胺草醚 70～100 毫升；或每亩使用 5%精喹禾灵乳油或 50 克/升乳油 40 毫升，或 8.8%乳油 25 毫升，或 10.8%乳油 20 毫升，加 48%异噁草松 50 毫升加 24%乳氟禾草灵 17 毫升（或加 21.4%三氟羧草醚 40～50 毫升，或加 48%灭草松 100 毫升）；或每亩使用 5%精喹禾灵乳油或 50 克/升乳油 50～70 毫升，或 8.8%乳油 30～40 毫升，或 10.8%乳油 25～35 毫升，或 15%乳油 20～30 毫升，或 20%乳油 17.5～22.5 毫升，加 48%灭草松 100 毫升加 25%氟磺胺草醚 40～50 毫升；对水 30～45 千克均匀喷雾。

【注意事项】土壤水分高、空气相对湿度大时有利于杂草对精喹禾灵的吸收和传导；长期干旱无雨、低温和空气相对湿度低于 65%时不宜施药。施药前应注意天气预报，保证施药后 2 小时内无雨。该药对大多数禾本科作物有药害，用药时需特别注意。精喹禾灵对皮肤、眼睛有刺激作用，施药时应做好防护工作；若不慎误服，应立即饮大量水催吐，并送医院对症治疗。

精吡氟禾草灵

【有效成分】精吡氟禾草灵（fluazifop-P-butyl）。

【常见商标名称】精稳杀得、赫山、苇克、锄克、精作、割力、稳捷、富留在、阔田通、薯实美、芦茅宝、艳阳田、滨农顶盖、滨农杀草得、诺普信稳好得等。

【主要含量与剂型】15%乳油、150克/升乳油。

【理化性质】精吡氟禾草灵原药外观为褐色液体，熔点−5℃，20℃时在水中的溶解度为1毫克/升，可溶于丙酮、己烷、甲醇、二氯甲烷、乙酸乙酯、甲苯和二甲苯等有机溶剂，在正常条件下贮存稳定，25℃可放置1年以上。属低毒除草剂，原药大鼠急性经口 LD_{50} 为3680毫克/千克，急性经皮 LD_{50} 为2076毫克/千克，试验条件下未见致畸、致癌、致突变作用，对蚯蚓、土壤微生物未见任何影响，对鱼类、鸟类、蜜蜂低毒。

【产品特点】精吡氟禾草灵为苯氧羧酸类选择性内吸除草剂，属脂肪酸合成抑制剂。通过植物的叶片吸收后输导到叶基、茎、根部，在禾本科植物体内抑制脂肪酸的生物合成，使植物生长点的生长受到阻碍，叶片内叶绿素含量降低，茎、叶组织中游离氨基酸及可溶性糖增加，植物正常的新陈代谢受到破坏，最终导致敏感植物死亡。精吡氟禾草灵是除去了吡氟禾草灵中非活性部分的精制品（即R—体），使用精吡氟禾草灵15%乳油和吡氟禾草灵35%乳油相同商品量时，除草效果一致。精吡氟禾草灵在阔叶作物或阔叶杂草体内，可被很快代谢；在土壤中很快被分解，对后茬作物无影响。

精吡氟禾草灵可与氟磺胺草醚、异噁草松、乙草胺、草甘膦等除草剂成分混配，生产复配除草剂。

【适用作物及防除对象】精吡氟禾草灵适用于多种双子叶作

物，如大豆、花生、油菜、棉花、亚麻、烟草、向日葵、马铃薯及番茄等多种阔叶蔬菜和葡萄、柑橘、苹果、草莓、梨等果园。可有效防除稗草、野燕麦、狗尾草、金狗尾草、马唐、牛筋草、看麦娘、千金子、画眉草、雀麦、大麦属、黑麦属等一年生禾本科杂草，适当提高用药量亦可防治白茅、阿拉伯高粱、狗牙根、芦苇等多年生杂草及耐药性较强的一年生禾本科杂草。

【使用技术】

大豆田 使用时期为阔叶作物苗后、禾本科杂草3～6叶期。防治2～3叶期一年生禾本科杂草，每亩使用15%乳油或150克/升乳油33～50毫升；防治4～5叶期一年生禾本科杂草，每亩施药50～67毫升；防治5～6叶期一年生禾本科杂草，每亩施药67～80毫升。防除多年生禾本科杂草如20～60厘米高的芦苇，每亩使用15%乳油或150克/升乳油83毫升。每亩对水30～40千克均匀喷雾。在单、双子叶杂草混生地，精吡氟禾草灵可与其它防除双子叶杂草的药剂如氟磺胺草醚、灭草松、异噁草松等药剂混用或先后使用。常用配方为：每亩使用15%精吡氟禾草灵乳油或150克/升乳油50～67毫升加48%灭草松167～200毫升，或加25%氟磺胺草醚67～100毫升，或每亩使用15%精吡氟禾草灵乳油或150克/升乳油40毫升加48%异噁草松50毫升加48%灭草松100毫升，或加21.4%三氟羧草醚40～50毫升，或加25%氟磺胺草醚40～50毫升，或加24%乳氟禾草灵17毫升。精吡氟禾草灵与防除阔叶杂草除草剂混用最好在大豆2片复叶、杂草2～4叶期，防治鸭跖草一定要在鸭跖草3叶期以前施药。精吡氟禾草灵与异噁草松、灭草松、氟磺胺草醚混用，不但对一年生禾本科、阔叶杂草有效，而且对多年生阔叶杂草如问荆、大蓟、苣荬菜、刺儿菜等也有效。既可全田施药也可苗带施药，苗带施药应根据垄距和喷幅来计算用药量。

油菜田 在各种栽培型冬油菜田中，防除看麦娘效果显著。在看麦娘出齐苗1～1.5分蘖时，每亩使用15%乳油或150克/

升乳油 50～67 毫升，对水茎叶喷雾处理。

花生田　花生苗后 2～3 叶期、一年生禾本科杂草 3～5 叶期，每亩使用 15%乳油或 150 克/升乳油 50～67 毫升，对水 30～45 千克茎叶喷雾处理。杂草叶龄较大或杂草密度较大时，可适当增加药量。施药后若再结合一次中耕除草，可控制整个生育期的杂草为害。在单、双子叶杂草混生时，可与灭草松混用，每亩使用 15%精吡氟禾草灵乳油或 150 克/升乳油 50～67 毫升加 48%灭草松液剂 100 毫升。

亚麻田　以单子叶杂草为主地块，在亚麻 4～6 叶期施药，每亩使用 15%乳油或 150 克/升乳油 50～67 毫升，对水 30 千克均匀喷雾。在单、双子叶杂草混生地块，可与 2 甲 4 氯混用，在亚麻 4～6 叶期，每亩使用 15%精吡氟禾草灵乳油或 150 克/升乳油 50～67 毫升加 56%2 甲 4 氯 50 克，可同时防除田间单、双子叶杂草。

【注意事项】在土壤水分、空气相对湿度、温度较高时有利于杂草对精吡氟禾草灵的吸收和传导，长期干旱无雨、低温和空气相对湿度低于 65%时不宜施药。施药前要注意天气预报，施药后应 2 小时内无雨。该药对禾本科作物如大麦、小麦、玉米、水稻、高粱等不安全，施药时注意风速、风向，不要使药液飘移到这些敏感作物上，以免造成药害。施药时注意安全防护，避免药剂污染皮肤和眼睛；若不慎误服应立即催吐、并及时洗胃，忌用温水洗胃，也可用活性炭与轻泻剂对症治疗。

高效氟吡甲禾灵

【有效成分】高效氟吡甲禾灵（haloxyfop-R-methyl）。

【常见商标名称】盖草能、高效盖草能、高盖、包盖、专盖、好盖、豪盖、飞盖、稳盖、顶盖、神盖、高手、高优、全克、芦清、选锄、旱圣、豆骏、得道、耕禾、利耘、金盖王、茅伟得、韩高迈、陶斯杰、束拿草、大掌柜、天邦高盖、燕化盖草盖等。

【主要含量与剂型】 10.8%乳油、108克/升乳油、17%微乳剂、22%乳油、28%微乳剂。

【理化性质】 高效氟吡甲禾灵原药外观为褐色液体，淡芳香味，熔点55～57℃；25℃时在水中的溶解度为8.74毫克/升，易溶于丙酮、环己酮、二氯甲烷、乙醇、甲醇、甲苯、二甲苯等有机溶剂。属低毒除草剂（原药中等毒性），原药大鼠急性经口LD_{50}为300毫克/千克，急性经皮LD_{50}大于2000毫克/千克，试验条件下未见致畸、致癌、致突变作用，对鱼类及水生动物高毒。

【产品特点】 高效氟吡甲禾灵属苯氧羧酸类苗后选择性内吸传导型除草剂，由叶片、茎秆和根系吸收，在植物体内抑制脂肪酸的生物合成，使细胞生长、分裂停止，细胞膜等合脂结构破坏而导致杂草死亡。同等剂量下该药比氟吡甲禾灵活性高，药效稳定，受低温、雨水等不利环境条件影响少。施药一小时后降雨对药效影响很小。对从出苗到分蘖、到抽穗初期的一年生和多年生禾本科杂草有很好的防除效果。杂草吸收药剂后很快停止生长，幼嫩组织和生长旺盛的组织首先受抑制，施药后48小时可观察到杂草的受害症状。首先是芽和节等分生组织部位开始变褐，然后心叶逐渐变紫、变黄、直到全株枯死。老叶表现症状稍晚，在枯萎前先变紫、橙或红。从施药到杂草死亡一般需要6～10天。在低剂量、杂草较大或干旱条件下杂草有时不会完全死亡，但受药植物生长受到抑制，表现为根尖发黑，地上部位短小，结实率降低等。杂草的死亡速度因杂草的种类、叶龄不同而稍有不同。高效氟吡甲禾灵具有杀草谱广、施药适期长、对作物安全、吸收迅速、传导性好、对后茬作物安全等特点。

高效氟吡甲禾灵可与氟磺胺草醚、草除灵、胺苯磺隆、烯草酮、乙氧氟草醚等除草剂成分混配，生产复配除草剂。

【适用作物及防除对象】 高效氟吡甲禾灵可用于大豆、棉花、花生、油菜、甜菜、亚麻、烟草、向日葵、豌豆、茄子、辣椒、甘蓝、胡萝卜、萝卜、白菜、马铃薯、芹菜、南瓜、西瓜、甜瓜、黄瓜、莴苣、菠菜、番茄等作物田除草，也可用于果园、桑园除草。能有效防除稗草、狗尾草、马唐、野燕麦、牛筋草、野黍、千金子、早熟禾、旱雀麦、看麦娘、黑麦草、匍匐冰草、偃麦草、假高粱、芦苇、狗牙根等一年生和多年生禾本科杂草。

【使用技术】一般来说，从禾本科杂草出苗到抽穗初期都可以施药，在杂草 3～5 叶至生长旺盛时施药最好。此时杂草对该药最为敏感，且杂草地上部分较大，易接受到较多雾滴。在杂草叶龄较大时，适当加大药量也可达到很好的防效。用药时尽量在禾本科杂草出齐后施药。为降低用药成本，也可苗带施药、机械中耕防除行间杂草。苗带施药需要根据喷幅宽度和垄距来计算具体用药量。

油菜田 在油菜苗后、杂草 3～5 叶期施药。每亩使用 10.8%乳油或 108 克/升乳油 20～30 毫升，或 17%微乳剂 16～22 毫升，或 22%乳油 14～16.5 毫升，或 28%微乳剂 10～15 毫升，对水 20～30 千克茎叶喷雾处理，可有效防除看麦娘、棒头草等禾本科杂草。

大豆田 防除一年生禾本科杂草，在 3～4 叶期施药，每亩使用 10.8%乳油或 108 克/升乳油 25～30 毫升，或 17%微乳剂 16～22 毫升，或 22%乳油 14～16.5 毫升，或 28%微乳剂 10～15 毫升；在 4～5 叶期施药，每亩使用 10.8%乳油或 108 克/升乳油 30～35 毫升，或 17%微乳剂 20～25 毫升，或 22%乳油 16～20 毫升，或 28%微乳剂 15～18 毫升，施药后 6～10 天杂草枯死；5 叶期以上施药，用药量适当酌加。防除芦苇等多年生禾本科杂草，每亩使用 10.8%乳油或 108 克/升乳油 40～60 毫升，或 17%微乳剂 32～44 毫升，或 22%乳油 28～30 毫升，或 28%微乳剂 20～30 毫升，杂草株高 20～30 厘米时施药后 8～15 天杂草枯死。每亩对水量为 20～30 千克。

高效氟吡甲禾灵在大豆田可以和灭草松、三氟羧草醚、氟磺胺草醚等混用，同时防除多种单、双子叶杂草。使用时期应尽量在大豆苗后禾本科杂草3～5叶期、阔叶杂草2～4叶期，过晚会影响对阔叶杂草的防效。每亩使用10.8%高效氟吡甲禾灵乳油或108克/升乳油30～35毫升加48%灭草松水剂170～200毫升，或加21.4%三氟羧草醚水剂70～100毫升，或加25%氟磺胺草醚水剂70～100毫升，对水后均匀喷雾。高效氟吡甲禾灵也可与两种防治阔叶杂草的除草剂混用，以扩大杀草谱，增加阔叶杂草防效并提高对大豆的安全性。混用配方为：每亩使用10.8%高效氟吡甲禾灵乳油或108克/升乳油30毫升加48%异噁草酮50毫升加48%灭草松100毫升（或加21.4%三氟羧草醚水剂40～50毫升，或加25%氟磺胺草醚水剂40～50毫升，或加24%乳氟禾草灵17毫升，或加10%氟胺草酯20毫升）；或每亩使用10.8%高效氟吡甲禾灵乳油或108克/升乳油30毫升加48%灭草松100毫升加21.4%三氟羧草醚水剂40～50毫升（或加25%氟磺胺草醚水剂40～50毫升，或加24%乳氟禾草灵17毫升，或加10%氟胺草酯20毫升）。

棉花、花生等作物田 根据杂草的生育期，参照大豆田、油菜田的使用方法进行处理。棉花田每亩使用10.8%乳油或108克/升乳油25～30毫升，或17%微乳剂18～22毫升，或22%乳油14～16毫升，或28%微乳剂12～15毫升，对水20～30千克茎叶喷雾处理。花生田每亩使用10.8%乳油或108克/升乳油20～30毫升，或17%微乳剂16～22毫升，或22%乳油14.2～16.4毫升，或28%微乳剂10～15毫升，对水30千克均匀喷雾。

【注意事项】本药在土壤中降解迅速，残效期短，对后茬作物安全。应用时尽量在杂草出齐后施药，对大龄禾本科杂草效果好。本剂对禾本科作物敏感，避免药雾飘移到玉米、水稻、小麦等禾本科作物上。与激素类（2,4-滴丁酯）除草剂有拮抗作用，不能混用。施药后1小时降水会降低药效。喷药时注意安全保护，如药剂不慎溅入眼睛，立即用大量清水冲洗15分钟以上；

如沾染皮肤，立即用肥皂水冲洗；如误服，立即就医。药剂对鱼类有害，应避免污染河流、鱼塘等水域。

精噁唑禾草灵

【有效成分】精噁唑禾草灵（fenoxaprop-P-ethyl）。

【常见商标名称】威霸、骠马、骠锄、喜骠、领骠、更骠、胜骠、双龙、速农、威马、金马、金收、龙争、亮豹、陆虎、麦露、乐秋好、麦利宝、金尔骠豹、绿野彪马等。

【主要含量与剂型】6.9%水乳剂、7.5%水乳剂、69 克/升水乳剂、80.5 克/升乳油、10%乳油、100 克/升乳油。

【理化性质】精噁唑禾草灵原药外观为米色至棕色无定形固体，纯品为白色无味固体，20℃时熔点为 89～91℃，基本不溶于水，可溶于丙酮、甲苯、乙酸乙酯等有机溶剂，见光不分解，强碱中稳定。属低毒除草剂，原药大鼠急性经口 LD_{50} 为 3040 毫克/千克，急性经皮 LD_{50} 大于 2000 毫克/千克，在动物体内吸收、排泄迅速，代谢物基本无毒，试验条件下未见致畸、致癌、致突变作用，对鸟类低毒，对水生生物中等毒性。

【产品特点】精噁唑禾草灵为芳氧基苯氧基丙酸类除草剂，是脂肪酸合成抑制剂，属选择性、内吸传导型苗后茎叶处理剂。通过植物的茎叶吸收后传导到叶基、节间分生组织、根部生长点，在植物体内抑制脂肪酸的生物合成，使植物生长点的生长受到阻碍，叶片内叶绿素含量降低，茎、叶组织中游离氨基酸及可溶性糖增加，植物正常的新陈代谢受到破坏，最终导致敏感植物死亡。施药后 2～3 天内敏感杂草停止生长，5～7 天心叶失绿变紫色，分生组织变褐，然后分蘖基部坏死，叶片变紫逐渐枯死。在耐药性作物中分解成无活性的代谢物而解毒，对后茬作物无影响。

产品制剂分为加解毒剂的和不加解毒剂的两种类型。

精噁唑禾草灵可与氰氟草酯、炔草酯、苯磺隆、草除灵、异丙隆、乙羧氟草醚、胺苯磺隆、苄嘧磺隆、噻吩磺隆、二氯喹啉酸等除草剂成分混配，生产复配除草剂。

【适用作物及防除对象】 不加解毒剂的精噁唑禾草灵适用于豆类、花生、油菜、棉花、亚麻、烟草、甜菜、马铃薯、苜蓿属植物、向日葵、巢菜、甘薯等大田作物，还可用于茄子、黄瓜、大蒜、洋葱、胡萝卜、芹菜、甘蓝、花椰菜、香菜、南瓜、菠菜、番茄、芦笋等蔬菜，及苹果、梨、草莓、樱桃、柑橘、可可、咖啡、无花果、菠萝、葡萄、多种药用植物、观赏植物、芳香植物、木本植物等；加解毒剂的精噁唑禾草灵适用于小麦田。均可有效防除看麦娘、野燕麦、稗草、马唐、假高粱、硬草、画眉草、蟋蟀草、稻李氏禾、牛筋草、狗尾草、罔草等多种禾本科杂草。

【使用技术】

不加解毒剂的精噁唑禾草灵：

大豆田 在大豆2～3片复叶、禾本科杂草2叶期至分蘖期，每亩使用6.9%水乳剂或69克/升水乳剂50～70毫升，或10%乳油或100克/升乳油40～50毫升，对水20～30千克，用扇形喷头均匀茎叶喷雾，防除一年生禾本科杂草特效，对大豆安全。也可在大豆苗后禾本科杂草3～5叶期、阔叶杂草2～4叶期，与灭草松、氟磺胺草醚、乳氟禾草灵、三氟羧草醚等除草剂混用，以扩大杀草谱（潮湿条件下用低剂量，干旱条件下用高剂量）。精噁唑禾草灵与灭草松混用时对大豆安全性好，可有效防除禾本科杂草和苍耳、刺儿菜、大蓟、反枝苋、酸模叶蓼、柳叶刺蓼、藜、苣荬菜、苘麻、狼把草、旋花属、1～2叶期的鸭趾草等一年生和多年生阔叶杂草，混用剂量为每亩使用6.9%精噁唑禾草灵水乳剂或69克/升水乳剂50～70毫升，或10%乳油或100克/升乳油40～50毫升，加48%灭草松水剂167～200毫升。精噁唑禾草灵与氟磺胺草醚混用一般安全性较好，在高温或低湿地排水不良、田间长期积水、病虫危害影响大豆生育的条件下，大豆易产生触杀性药害，一般 10～15 天恢复，不影响产量，可有效防除禾本科杂草和苍耳、苘麻、狼把草、龙葵、反枝苋、藜、酸模叶蓼、柳叶刺蓼、香薷、水棘针、苣荬菜等一年生和多年生阔叶杂草，混用剂量为每亩使用 6.9%精噁唑禾草灵水乳剂或 69 克/升水乳剂 50～70 毫升，或 10%乳油或 100 克/升乳油 40～50 毫升，加 25%氟磺胺草醚水剂 67～100 毫升。精噁唑禾草灵与乳氟禾草灵混用，可有效防除禾本科杂草和苍耳、苘麻、狼把草、龙葵、铁苋菜、香薷、水棘针、反枝苋、地肤、藜、鸭跖草、酸模叶蓼、柳叶刺蓼、卷茎蓼等一年生和多年生阔叶杂草，混用剂量为每亩使用 6.9%精噁唑禾草灵水乳剂或 69 克/升水乳剂 50～70 毫升，或 10%乳油或 100 克/升乳油 40～50 毫升，加 24%乳氟禾草灵乳油 23～27 毫升。精噁唑禾草灵与三氟羧草醚混用，表现为三氟羧草醚触杀性药害，一般不影响产量，可有效防除禾本科杂草和苍耳（2 叶期以前）、苘麻、狼把草、龙葵、铁苋菜、香薷、水棘针、反枝苋、藜（2 叶期以前）、鸭跖草（3 叶期以前）、酸模叶蓼、柳叶刺蓼、节蓼等一年生和多年生阔叶杂草，混用剂量为每亩使用 6.9%精噁唑禾草灵水乳剂或 69 克/升水乳剂 50～70 毫升，加 21.4%三氟羧草醚水剂 67～80 毫升。

精噁唑禾草灵与另外两种防治阔叶杂草的除草剂三元混用，不仅可以扩大杀草谱、药效好，而且对大豆安全。每亩使用 6.9%精噁唑禾草灵水乳剂或 69 克/升水乳剂 40～50 毫升加 48%异噁草松乳油 50 毫升加 48%灭草松水剂 100 毫升（或 25%氟磺胺草醚水剂 40～50 毫升，或 24%乳氟禾草灵乳油 17 毫升，或 21.4%三氟羧草醚水剂 40～50 毫升）。

花生田 在花生 2～3 叶期、禾本科杂草 3～5 叶期，每亩使用 6.9%精噁唑禾草灵水乳剂或 69 克/升水乳剂 45～60 毫升，或 10%乳油或 100 克/升乳油 35～40 毫升，对水 20～30 千克均匀茎叶喷雾。

油菜田 在油菜 3～6 叶期、一年生禾本科杂草 3～5 叶期，冬油菜每亩使用6.9％精噁唑禾草灵水乳剂或69克/升水乳剂40～50毫升，或10％乳油或100克/升乳油20～30毫升；春油菜每亩使用6.9％精噁唑禾草灵水乳剂或69克/升水乳剂50～60毫升，或10％乳油或100克/升乳油30～40毫升，对水20～30千克均匀茎叶喷雾。

十字花科蔬菜 每亩使用6.9％精噁唑禾草灵水乳剂或69克/升水乳剂40～50毫升，或10％乳油或100克/升乳油20～30毫升，对水茎叶喷雾处理，防除十字花科蔬菜田中的一年生禾本科杂草。

加解毒剂的精噁唑禾草灵：

冬小麦 防除看娘麦等一年生禾本科杂草，在看麦娘3叶期至分蘖期，每亩使用6.9％精噁唑禾草灵水乳剂或69克/升水乳剂50～60豪升，或10％乳油或100克/升乳油30～40毫升，对水30～50千克均匀茎叶喷雾。

春小麦 防除以野燕麦为主的禾本科杂草，在春小麦3叶期至拔节前、野燕麦3～5叶期施药，每亩使用6.9％精噁唑禾草灵水乳剂或69克/升水乳剂45～55豪升，对水20～30千克均匀茎叶喷雾；或使用10％乳油或100克/升乳油30～40毫升，于春小麦3～5叶期做茎叶喷雾处理，对小麦安全。

为扩大杀草谱，精噁唑禾草灵可与多种防除阔叶杂草的除草剂混用，但不能与灭草松、百草敌、甲羧除草醚、激素类盐制剂混用。冬小麦田防除看麦娘及阔叶杂草时，每亩使用6.9％精噁唑禾草灵水乳剂或69克/升水乳剂45～55毫升，或10％乳油或100克/升乳油30～40毫升，加75％异丙隆可湿性粉剂80～100克（冬前）或100～150克（春季），或加75％苯磺隆1～1.7克，或加50％酰嘧磺隆水分散粒剂3～4克。春小麦防除野燕麦及阔叶杂草时，每亩使用6.9％精噁唑禾草灵水乳剂或69克/升水乳剂50～70毫升，或10％乳油或100克/升乳油35～45毫升，加22.5％溴苯腈乳油133毫升，或加72％2,4-滴丁酯乳油

50 毫升，或加 75%苯磺隆或噻吩磺隆干悬浮剂 1～1.2 克。灌水后施药除草效果好，干旱条件下使用高剂量，水分适宜、杂草小时用低剂量。喷施药液量每亩人工喷雾 30～50 千克、拖拉机7～10 千克、飞机 2～3 千克。

【注意事项】不加解毒剂的精噁唑禾草灵用于大豆、花生田防除禾本科杂草时，施药时期长，但以早期用药效果最佳；加解毒剂的精噁唑禾草灵不能用于大麦、燕麦田及其它禾本科作物田。有些品种的小麦入冬后使用精噁唑禾草灵会出现叶片短时间叶色变淡现象。一般施药后 3 小时便能抗雨水冲淋。本药对水生生物毒性较强，使用时避免流入池塘、水渠等。若皮肤不慎接触药剂，立即用肥皂和清水清洗；如不慎溅入眼睛，立即用大量清水清洗并请医生治疗；若不慎咽入，不要引吐，立即就医，让病人先服下 200 毫升液体石蜡，然后用约 4 升清水洗胃，最后服用活性炭及硫酸钠。

烯 草 酮

【有效成分】烯草酮（clethodim）。

【常见商标名称】收乐通、喜今秋、施乐通、盼赛邻、油千金、龙灯、油钦、仙耙、禾通、禾止、永通、善除、金特、龙灯禾顺等。

【主要含量与剂型】12%乳油、120 克/升乳油、24%乳油、240 克/升乳油。

【理化性质】烯草酮原药外观为黄褐色油状液体，加热至沸点即分解；易溶于大多数有机溶剂，紫外光、高温、强酸、强碱条件下不稳定。属低毒除草剂，原药大鼠急性经口 LD_{50} 为 1630 毫克/千克，兔急性经皮 LD_{50} 大于 5000 毫克/千克，试验条件下未见致畸、致癌、致突变作用，对鱼类、鸟类低毒。

【产品特点】烯草酮是一种环己烯酮类内吸传导型茎叶处理除草剂，具有优良的选择性，对禾本科杂草有很强的杀伤作用，对双子叶作物安全。茎叶处理后经叶迅速吸收，传导到分生组织，在敏感植物中抑制支链脂肪酸和黄酮类化合物的生物合成而起作用，使细胞分裂遭到破坏，抑制植物分生组织的活性，导致植株生长延缓，施药后1～3周内植株退绿坏死，随后叶片干枯而死亡。对大多数一年生、多年生禾本科杂草有效。该药在抗性植物体内能迅速降解，形成极性产物，而迅速丧失活性。对双子叶植物、莎草活性很小或无活性，土壤中半衰期为3～26天。

烯草酮可与草除灵、异噁草松、氟磺胺草醚、嗪草酸甲酯、高效氟吡甲禾灵、二氯吡啶酸等除草剂成分混配，生产复配除草剂。

【适用作物及防除对象】烯草酮适用于多种双子叶作物如大豆、花生、油菜、棉花、亚麻、烟草、甜菜、马铃薯、向日葵、甘薯、红花、黄瓜、菠菜、芹菜、番茄、胡萝卜、萝卜、韭菜、莴苣、豆类、草莓、西瓜及葡萄、柑橘、苹果等种植园。可有效防除稗草、狗尾草、金狗尾草、野燕麦、早熟禾、龙爪茅、马唐、看麦娘、牛筋草、野黍、芦苇等多种杂草，适当提高用药量亦可防除白茅、阿拉伯高粱、狗牙根等多年生禾本科杂草和中度敏感的一年生禾草。

【使用技术】用于大豆田，在大豆2～3片复叶、一年生禾本科杂草3～5叶期，每亩使用12%乳油或120克/升乳油35～40毫升，或24%乳油或240克/升乳油18～20毫升，对水20～30千克均匀喷雾。用于油菜田，油菜播种或移植后，禾本科杂草2～4叶期，每亩使用12%乳油或120克/升乳油30～40毫升，或24%乳油或240克/升乳油15～20毫升，对水20～30千克均匀喷雾。喷洒时注意喷头朝下，对杂草进行充分、全面、均匀的喷洒。干燥条件下防效低，不宜喷洒；最好在晴天上午施药。防治芦苇等多年生禾本科杂草，应在杂草40厘米以下时用药，每亩使用12%乳油或120克/升乳油70～80毫升，或24%乳油或

240 克/升乳油 35～40 毫升。全田施药或苗带施药均可，苗带施药应根据用药面积准确计算用药量。

水分适宜、空气相对湿度大、杂草生长旺盛有利于烯草酮的吸收和传导；长期干旱、空气相对湿度低于 65%时不要施药。施药后 1 小时降雨不会影响药效。

单、双子叶杂草混生时，烯草酮应与其它防除双子叶杂草的药剂混用或先后使用，混用前应先进行可混用性试验，以免产生拮抗，降低对禾本科杂草的防效或增加作物药害。在大豆田，烯草酮可与氟胺草酯、氟磺胺草醚、三氟羧草醚、乳氟禾草灵、灭草松等药剂混用，以增加对阔叶杂草的防效。常用混合配方为：每亩使用 12%烯草酮乳油或 120 克/升乳油 35～40 毫升，或 24%乳油或 240 克/升乳油 18～20 毫升，加 10%氟胺草酯 20～30 毫升，或加 25%氟磺胺草醚 70～100 毫升，或加 24%乳氟禾草灵 27～33 毫升，或加 21.4%三氟羧草醚 70 毫升，或加 48%灭草松 100 毫升。烯草酮若与两种防除阔叶杂草的除草剂混用，可增加对难防除杂草如苣荬菜、鸭趾草、刺儿菜、苍耳、龙葵、大蓟、问荆、苘麻等的防效，且在不良环境条件下对大豆安全，药效稳定。一般每亩使用 12%烯草酮乳油或 120 克/升乳油 20～30 毫升，或 24%乳油或 240 克/升乳油 10～15 毫升，加 25%氟磺胺草醚 40～50 毫升（或 24%乳氟禾草灵 17 毫升）加 48%灭草松 100 毫升（或 48%异噁草松 50 毫升）。

【注意事项】 施药时注意风速、风向，不要使药液飘移到小麦、大麦、水稻 、谷子、玉米、高粱等禾本科作物田，以免造成药害。防除一年生禾本科杂草施药适期为 3～5 叶期，防除多年生杂草于分蘖后施药效果最好。烯草酮施药后杂草死亡较缓慢，施药后 3～5 天杂草虽未死亡、叶片可能仍为绿色，但心叶较容易拔出，即有除草效果，不要急于再施用其它除草剂。用药时注意安全保护，如药剂溅入眼睛，应立即用大量清水连续冲洗 15 分钟，必要时请医生诊治；如不慎误服，立即送医院对症治疗。

氰 氟 草 酯

【有效成分】氰氟草酯（cyhalofop-butyl）。

【常见商标名称】千金、千稻、瑞祥、亮灿、歼金、踏金、豆草星、稻得乐、富利德丰、绿霸稻千金等。

【主要含量与剂型】10%乳油、100克/升乳油、10%水乳剂、100克/升水乳剂、15%乳油、15%水乳剂、20%水乳剂、20%乳油、20%可分散油悬浮剂、30%乳油。

【理化性质】氰氟草酯纯品为白色结晶体，熔点50℃，基本不溶于水，易溶于乙腈、甲醇、丙酮、氯仿等有机溶剂。pH值4时稳定，pH值7时缓慢分解，在pH值1.2或9的介质中迅速分解。属低毒除草剂，原药大鼠急性经口LD_{50}为5000毫克/千克，急性经皮LD_{50}为2000毫克/千克。试验条件下对动物无致畸、致癌、致突变作用，无繁殖毒性，对野生动物、无脊椎动物、昆虫及蜜蜂低毒，对鱼类几乎无毒。制剂外观为橙色透明液体。

【产品特点】氰氟草酯是一种芳氧苯氧丙酸类内吸传导性除草剂，对水稻具有高度安全性。由植物体的叶片和叶鞘吸收，韧皮部传导，积累于植物体的分生组织区，抑制乙酰辅酶A羧化酶，使脂肪酸合成停止，导致植物死亡。施药后，杂草生长停止，药后5～7天杂草自心叶开始黄化、褐化，然后逐渐扩散至全株，最后死亡。氰氟草酯被植物吸收到杂草死亡比较缓慢，一般需要2～3周，视环境及杂草大小略有不同。在水稻体内，氰氟草酯可被迅速降解为对乙酰辅酶A羧化酶无活性的二酸态，因而对水稻具有高度的安全性，并对后茬作物安全。

氰氟草酯可与精噁唑禾草灵、二氯喹啉酸、吡嘧磺隆、五氟磺草胺、嘧啶肟草醚、双草醚等除草剂成分混配，生产复配除草剂。

【适用作物及防除对象】 氰氟草酯适用于水稻田，可有效防除各种稗草（包括大龄稗草）、千金子、马唐、狗尾草、双穗雀稗、牛筋草等禾本科杂草，对阔叶杂草和莎草科杂草无效。

【使用技术】 最佳施药期为稗草3～5叶期，随着杂草叶龄加大，应适当提高用药量。稗草2～3叶期，每亩使用10%乳油或100克/升乳油或10%水乳剂60～70毫升，或15%乳油或15%水乳剂35～50毫升，或20%乳油或20%水乳剂或20%可分散油悬浮剂30～40毫升；稗草4～5叶期，使用10%乳油或100克/升乳油或10%水乳剂60～80毫升，或15%乳油或15%水乳剂40～55毫升，或20%乳油或20%水乳剂或20%可分散油悬浮剂35～45毫升；5叶以上或密度过大时，应适当加大用药量。每亩药剂加水30～40千克，均匀茎叶喷雾；若杂草点片发生，也可进行点喷，以降低用药成本。

施药时，土表水层小于1厘米或排干（土壤水分为饱和状态）可达最佳药效，杂草植株50%高于水面有较好的药效。旱育秧田或旱直播田，施药时田间持水量饱和可促使杂草生长旺盛，从而保证最佳药效。施药后24～48小时灌水，防止新杂草萌发。干燥情况下应适当增加用药量。

【注意事项】 氰氟草酯在土壤中和典型的稻田水中降解迅速，无残留药害，尽量避免用作土壤处理（毒土、毒肥法）。该药与部分阔叶除草剂如2,4-滴丁酯、2甲4氯、磺酰脲类、灭草松、盖灌能等混用时有可能会发生拮抗现象，表现为氰氟草酯药效降低；如需防除阔叶杂草及莎草科杂草，最好在施用本药7天后再施用其它阔叶除草剂。如误服，不要自行引吐，迅速送医院对症治疗；若溅入眼中，立即用清水冲洗至少15分钟；若污染皮肤，速用肥皂水和清水冲洗。

炔草酯

【有效成分】 炔草酯（clodinafop-propargyl）。

【常见商标名称】麦极、却锄、麦凯恩、好麦农、银极镖、宇龙麦地隆等。

【主要含量与剂型】8%水乳剂、15%水乳剂、24%水乳剂、30%水乳剂、8%乳油、24%乳油、15%可湿性粉剂、20%可湿性粉剂、15%微乳剂、8%可分散油悬浮剂。

【理化性质】炔草酯纯品为无色无味结晶体，原药外观为浅黄色固体粉末。20℃时比重为1.37；熔点48.2～57.1℃；25℃时水中溶解度为4.0毫克/升，溶于丙酮、甲醇、甲苯、辛醇等多种有机溶剂。属低毒除草剂，原药大鼠急性经口LD_{50}为1829毫克/千克，急性经皮LD_{50}大于2000毫克/千克，对水生生物高毒，试验剂量下对动物无致畸、致癌、致突变现象。

【产品特点】炔草酯是一种芳氧苯氧丙酸类内吸传导型茎叶处理除草剂。通过植物的叶片和叶鞘吸收，韧皮部传导，积累于植物的分生组织内，抑制乙酰辅酶A羟化酶，使脂肪酸合成停止，细胞生长分裂不能正常进行，膜系统等含脂结构受到破坏，最后导致植物死亡。药剂从被吸收到杂草死亡，一般需要1～3周时间。该药属用于苗后茎叶处理的新一代高效麦田除草剂，具有耐低温、耐雨水冲刷、使用适期宽、除草效果稳定、且对小麦和后茬作物安全等特点。在土壤中迅速降解，且在土壤中基本无活性，对后茬作物无影响。

【适用作物及防除对象】适用于小麦田，能有效防除野燕麦、看麦娘、硬草、茵草、棒头草、稗草、早熟禾、狗尾草等多种禾本科杂草。

【使用技术】春小麦3～5叶期、冬小麦返青期至拔节期，田间禾本科杂草2～5叶期施药效果最佳。春小麦田，每亩使用15%可湿性粉剂13～20克，或8%水乳剂30～40毫升，或8%乳油40～50毫升，或15%微乳剂20～27毫升，或150克/升微乳剂25～30毫升，对水30～45千克，均匀茎叶喷雾。冬小麦田，每亩使用15%可湿性粉剂20～25克，或8%水乳剂40～55

毫升，或8%乳油50～60毫升，或15%微乳剂25～30毫升，或150克/升微乳剂30～35毫升，对水30～45千克，均匀茎叶喷雾。为保证药效，推荐使用扇形或空心圆锥型喷雾器等雾化好的细雾滴喷头均匀喷施，避免漏喷、重喷。硬草、菵草等所占比例高的田块和春季草龄较大时，应使用核准计量的高限剂量。干旱及杂草密度、田间蒸发量和喷头流量较大时采用推荐的高限对水量。特别干旱时应灌水增墒后再施药，高温天气时宜傍晚施药。

【注意事项】大麦或燕麦田不可使用本剂。4天内有大雨或霜冻、阴雨天、低洼积水或遭受涝害、冻害、盐害、病害及营养不良的小麦田不宜使用本剂。不能与碱性农药混用。本剂对鱼类和藻类等水生生物有毒，禁止在鱼塘及水域周围使用，不得污染各类水域，勿将药剂及废液弃于池塘、河流、湖泊中，施药器械不得在河塘等水体内洗涤。作物开花期、鸟类保护区以及天敌放飞区、蚕室和桑园附近禁用。避免孕妇及哺乳期的妇女接触本剂。

氟磺胺草醚

【有效成分】氟磺胺草醚（fomesafen）。

【常见商标名称】虎威、雨丰、广庆、科坦、阔铲、阔箭、阔剪、好阔、圣锄、替锄、红泽、迅虎、封虎、金将、北神、伴虎、豆安、北极星、东北通、玲珑虎、阔中阔、油老虎、豆轻闲、万家灯火、科润驱阔、滨农豆德利等。

【主要含量与剂型】10%乳油、12.8%乳油、12.8%微乳剂、20%乳油、25%水剂、250克/升水剂。

【理化性质】氟磺胺草醚纯品为白色晶体，熔点220～221℃，碱性条件下稍溶于水，可溶于丙酮、乙烷、二甲苯等多种有机溶剂。25℃时在酸性或碱性介质中不易水解，见光分解；而在25℃、pH值7水溶液光照下可保存32天。属低毒除草剂，原药大鼠急性经口LD_{50}为1250～2000毫克/千克，兔急性经皮LD_{50}大于1000毫克/千克，试验条件下对动物未见致畸、致癌、致突变作用，对鱼类、蜜蜂和鸟类低毒。

【产品特点】氟磺胺草醚是一种二苯醚类选择性除草剂，杀草谱宽、除草效果好、在推荐剂量下对环境和后茬作物安全。使用后很快被杂草茎、叶及根部吸收，破坏其光合作用，叶片黄化或有枯斑，迅速枯萎死亡。喷药后4～6小时降雨不影响其除草效果。土壤里的药液也会被杂草根部吸收而发挥作用，而大豆根部吸收药剂后能迅速降解。播后苗前或苗后施药对大豆均安全，偶然可见到暂时的叶部触杀性损害，但不影响大豆生长和产量。

氟磺胺草醚可与精喹禾灵、异噁草松、乙羧氟草醚、烯禾啶、咪唑乙烟酸、灭草松、乳氟禾草灵、高效氟吡甲禾灵、嗪草酸甲酯、烯草酮等除草剂成分混配，用于生产复配除草剂。

【适用作物及防除对象】氟磺胺草醚适用于大豆田，有效防除苘麻、铁苋菜、反枝苋、凹头苋、田旋花、荠菜、鸭跖草、决明、藜、刺儿菜、大蓟、柳叶刺蓼、酸模叶蓼、红蓼、萹蓄、马齿苋、苍耳、龙葵、猪殃殃、香薷、苣荬菜、车轴草、水棘针、豚草属、酸浆属、蒿属、自生油菜等一年生和多年生阔叶杂草。也可用于果园、橡胶种植园防除阔叶杂草。

【使用技术】氟磺胺草醚在土壤中的残效期较长，施用时必须掌握好用药量和用药时期。当每亩用药量超过60克有效成分时，会对后茬作物如白菜、甜菜、向日葵、玉米、小麦、油菜、谷子、高粱、亚麻等有不同程度药害；当每亩用药量不超过25克有效成分时，对后茬小麦、玉米、亚麻、高粱、向日葵无影响，但对耙茬播种甜菜、白菜、油菜的生长有影响。在大豆收获后深翻可减轻对后茬甜菜、白菜、油菜的影响。用药时期通常在大豆出苗后1～3片复叶时、一年生阔叶杂草2～4叶期、大多数杂草出齐时施药，每亩使用10%乳油150～200毫升，或20%乳油90～110毫升，或25%水剂或250克/升水剂70～90毫升，对水20～30千克均匀喷雾。全田施药或苗带施药均可。

在土壤水分、空气湿度适宜时有利于杂草对药剂的吸收传导，长期干旱、低温和空气相对湿度低于65%时不易施药。一般应在早晚无风或风小时施药，干旱时应适当增加施药量。施药前注意天气情况，施药后4小时降雨会影响药效。长期干旱，如近期有雨，可待雨后田间土壤水分和湿度改善后再施药，效果会好于雨前施药。氟磺胺草醚中加入喷洒药液量0.1%的非离子表面活性剂，可提高杂草对氟磺胺草醚的吸收，特别是在干旱条件下效果更明显。喷洒氟磺胺草醚时每亩加入330克尿素可提高除草效果。施药后结合机械中耕，加强田间管理有利于对后期杂草的控制。

在稗草、马唐、狗尾草、野黍等禾本科杂草与阔叶杂草混生的大豆地，可与精喹禾灵、稀禾啶、精吡氟禾草灵、精吡氟氯禾灵等药剂混用。混用配方为：每亩使用25%氟磺胺草醚水剂或250克/升水剂70～90毫升，或10%乳油150～200毫升，或15%乳油90～140毫升，或20%乳油80～110毫升，加12.5%稀禾啶80～100毫升，或加5%精喹禾灵50～60毫升，或加10.8%精吡氟氯禾灵25～30毫升。为提高对苣买菜、问荆、刺儿菜、大蓟等多年生阔叶杂草的防除效果，可降低氟磺胺草醚的用量并与灭草松、异噁草酮等药剂混用。每亩使用10%氟磺胺草醚乳油100～150毫升，或20%乳油90～110毫升，或25%水剂或250克/升水剂40～50毫升加48%灭草松100毫升加15%精吡氟禾草灵乳油45～60毫升（或12.5%稀禾啶乳油80～100毫升，或5%精喹禾灵乳油50～60毫升，或10.8%精吡氟氯禾灵乳油25～30毫升）；或每亩使用25%氟磺胺草醚水剂或250克/升水剂40～50毫升加48%异噁草酮乳油40～50毫升加15%精吡氟禾草灵乳油40～50毫升（或12.5%稀禾啶乳油50～60毫升，或加5%精喹禾灵乳油50～60毫升，或加10.8%精吡氟氯禾灵乳油20～30毫升）。

【注意事项】大豆与其它敏感作物间作时不能使用氟磺胺草醚。在高温或低洼地排水不良、低温高湿、田间长期积水或病虫危害影响大豆生育环境条件下施用氟磺胺草醚会对大豆造成药害，但在一周后可恢复正常，不影响后期生长和产量。喷药时应注意风向，防止飘移到邻近敏感作物上。在果园中使用时，切勿将药液直接喷射到树上，尽量用低压喷雾，用保护罩定向喷雾。使用时不慎药液溅到皮肤或衣服上，应立即用清水冲洗；如误服中毒，应立即催吐，并送医院对症治疗。

乙氧氟草醚

【有效成分】乙氧氟草醚（oxyfluorfen）。

【常见商标名称】果尔、哥尔、金割、替锄、神火、雷封、腾割、广乐施、施普乐、禾阔搭档等。

【主要含量与剂型】10%水乳剂、20%乳油、23.5%乳油、24%乳油、240克/升乳油。

【理化性质】乙氧氟草醚原药为橘黄色结晶固体，熔点85～90℃，常温下几乎不溶于水，可溶于多数有机溶剂。属低毒除草剂，原药大鼠急性经口LD_{50}大于5000毫克/千克，兔急性经皮LD_{50}大于10000毫克/千克。试验条件下对动物未见致畸、致癌、致突变作用，对鱼类及某些水生生物高毒，对蜜蜂低毒。

【产品特点】乙氧氟草醚属于二苯醚类触杀型除草剂，在有光条件下发挥杀草作用。主要通过胚芽鞘、中胚轴进入植物体内，经根部吸收较少，并有极微量通过根部向上运输进入叶部。芽前和芽后早期施用效果最好，对种子萌发的杂草除草谱较广，能防除阔叶杂草、莎草及稗草，但对多年生杂草只有抑制作用。在水田里，施入水层中后在24小时内沉降在土表，水溶性极低，移动性较小，施药后很快吸附于0～3厘米表土层中，不易垂直向下移动。三周内被土壤中的微生物分解成二氧化碳，在土壤中半衰期为30天左右。

乙氧氟草醚可与草甘膦、乙草胺、丙草胺、二甲戊灵、异丙草胺、噁草酮、扑草净等除草剂成分混配，用于生产复配除草剂。

【适用作物及防除对象】 乙氧氟草醚适用于水稻、麦类、棉花、大蒜、洋葱、茶园、果园、幼林抚育等。可有效防除水田杂草稗草、异性莎草、鸭舌草、陌上菜、节节菜、猪毛毡、泽泻、水苋菜、碎米莎草等，对水绵、水芹、萤蔺、矮慈姑、尖瓣花也有较好的防效；对旱田杂草龙葵、苍耳、藜、马齿苋、田菁、曼陀罗、柳叶刺蓼、酸模叶蓼、萹蓄、繁缕、苘麻、反枝苋、凹头苋、刺黄花稔、酢浆草、锦葵、野芥、粟米草、千里光、荨麻、辣子草、看麦娘、硬草、一年生甘薯属、一年生苦苣菜等具有很好防效。

【使用技术】

水稻田 仅限南方水稻区使用。苗前和苗后早期施用效果最好，能防除阔叶杂草、莎草及稗草，但对多年生杂草只有抑制作用。

水稻移栽前 2～3 天，每亩施用 20%乳油 12 毫升，或 23.5%乳油或 24%乳油或 240 克/升乳油 10 毫升，对水 20～30 千克均匀喷雾，对稗草、牛毛毡等防效显著。大秧苗移栽田除草，防除稗草的施药适期为移栽后 3～7 天，秧龄 30 天以上，苗高 20 厘米以上；以千金子、阔叶杂草、莎草为主的稻田应在移栽后 7～13 天施药，每亩使用 20%乳油 12～24 毫升，或 23.5%乳油或 24%乳油或 240 克/升乳油 10～20 毫升，加水 300～500 毫升配成母液，与 15 千克细沙或土均匀混拌撒施。或按照每亩使用 20%乙氧氟草醚乳油 12～24 毫升，或 23.5%乳油或 24%乳油或 240 克/升乳油 10～20 毫升的剂量，加水 1.5～2 千克后，将溶液装入瓶盖上打有 2～4 个小孔的瓶内甩施，手持药瓶每隔 4 米 1 行，向前行走 4 步，向左右各甩动 1 次，使药液均匀分布在水层中，施药后稳定水层 3～5 厘米，保持 5～7 天。为扩大杀草谱，也可与其它除草剂混用。混用时期为水稻移栽后、稗草 1.5 叶期前，每亩使用 20%乙氧氟草醚乳油 8 毫升，或 23.5%

乳油或24%乳油或240克/升乳油6毫升，与10%吡嘧磺隆可湿性粉剂6克或12%噁草酮乳油60毫升或10%苄嘧磺隆可湿性粉剂10克混用，用毒土法施药。防治3叶期以前的稗草，每亩使用20%乙氧氟草醚乳油12毫升，或23.5%乳油或24%乳油或240克/升乳油10毫升，加96%禾草敌乳油75～100毫升喷雾处理。移栽稻田使用，药土法施药比喷雾法安全，应在露水干后施药；要求施药田精细整地，施药后严格控制水层，不能淹没水稻心叶；切忌在日温低于20℃、土温低于15℃或秧苗过小、嫩弱或遭伤害未恢复的稻苗上施用。勿在暴雨来临之前施药，施药后遇暴雨田间水层过深，需要排出深水层，保浅水层，以免伤害稻苗。因为干旱、暴雨或栽培措施不利造成细长秧苗、嫩弱秧苗的水稻田块不要施用该类药剂。

大蒜 大蒜栽种后至立针期或大蒜苗后2叶1心期以后、杂草4叶期以前施药，每亩使用20%乳油60～80毫升，或23.5%乳油或24%乳油或240克/升乳油48～72毫升，对水40～50千克均匀喷雾。沙质土用低剂量，壤质土、黏质土用高剂量。地膜大蒜播种后浅灌水，水干后施药，每亩使用20%乳油48毫升，或23.5%乳油或24%乳油或240克/升乳油40毫升，对水40～50千克喷雾；盖草大蒜的用法为先播种、盖草，杂草出齐后施药，每亩使用24%乳油70毫升，对水10～20千克均匀喷雾。前期露地栽培，后期拱棚盖膜保温，春季前收获青蒜，在栽种后苗前或大蒜立针期施药；以收获蒜薹和蒜头为目的，在杂草出齐后大蒜2叶1心至3叶期施药。

棉花 棉花苗床播后覆土1厘米左右施药，每亩使用20%乳油15～20毫升，或23.5%乳油或24%乳油或240克/升乳油12～18毫升，沙质土用低剂量，加水40千克与60%丁草胺乳油50毫升混合喷雾，要注意保持土表湿润，但不能有积水，薄膜离苗床高度不可太低，遇高温要及时揭膜，以免产生药害。地膜覆盖棉田除草，每亩使用20%乳油20～28毫升，或23.5%乳油或24%乳油或240克/升乳油18～24毫升，对水40千克均匀喷雾。沙质土用低剂量；要求土表湿润，但不能有积水，施药后如遇高温要及时揭膜，将棉花露出膜外。亦可苗带施药，苗带施药应根据施药面积准确计算用药量。直播棉田除草，应在棉花播后苗前施药，每亩使用20%乳油45～55毫升，或23.5%乳油或24%乳油或240克/升乳油36～48毫升，对水40～50千克均匀喷雾。土地要整平耙细，无大土块；田间积水可能有轻微药害，但可恢复；棉苗出土达5%以上时应停止施药。移栽棉田除草，应在棉花移栽前用药，每亩使用20%乳油50～100毫升，或23.5%乳油或24%乳油或240克/升乳油40～90毫升，沙质土用低剂量，壤质土、黏质土用高剂量。

麦田 南方冬麦田，在水稻收割后、麦类播种9天以前，每亩使用20%乳油15毫升，或23.5%乳油或24%乳油或240克/升乳油12毫升，加水15千克喷雾。水稻收割后需及时灌水诱草早发，使土表湿润但不可积水。为扩大杀草谱，也可每亩使用24%乳油5毫升与41%草甘膦水剂75毫升或25%绿麦隆可湿性粉剂120克混用。

花生 花生播后苗前，每亩使用20%乳油50～60毫升，或23.5%乳油或24%乳油或240克/升乳油40～50毫升，加水40～50千克均匀喷雾。

洋葱 直播洋葱2～3叶期，每亩使用20%乳油50～60毫升，或23.5%乳油或24%乳油或240克/升乳油40～50毫升；移栽洋葱在移栽后6～10天（洋葱3叶期后）施药，每亩使用24%乳油67～100毫升，对水40～50千克均匀喷雾。

针叶苗圃 在针叶苗圃播种后立即进行土壤处理，每亩使用20%乳油60毫升，或23.5%乳油或24%乳油或240克/升乳油50毫升，对水40千克均匀喷雾，对苗木安全。

果园、茶园、幼林抚育 早春杂草出苗前或杂草3～4叶期，每亩使用20%乳油50～60毫升，或23.5%乳油或24%乳油或

240克/升乳油40～50毫升，加水30～40千克，用低压喷雾器向地面定向喷雾，不要喷洒到果树、茶树及林木上。也可与草甘膦、百草枯等混用以扩大杀草谱，提高药效。混用配方为每亩使用20%乙氧氟草醚乳油40～50毫升，或23.5%乳油或24%乳油30～40毫升加20%百草枯水剂150～200毫升，或加41%草甘膦水剂200～300毫升，对水25～40千克均匀喷雾。

【注意事项】 乙氧氟草醚为触杀型除草剂，喷药时必须均匀周到，且用药量要准确。该药活性高、用量少，对水稻、大豆易产生药害，应严格掌握用药技术。初次使用时应根据不同气候带先小规模试验，找到适合当地的最佳施药方法和最适剂量后，再大面积推广使用。该药对皮肤有轻度刺激作用，对眼睛有中度刺激作用，用药时注意安全保护；若药液不慎溅入眼中或皮肤上，立即用清水冲洗；若误服，灌入清水，不可催吐，立即送医院对症治疗。

硝磺草酮

【有效成分】 硝磺草酮（mesotrione）。

【常见商标名称】 千层红、耘杰、玉典、苞好、苞保、甸谷等。

【主要含量与剂型】 10%可分散油悬浮剂、15%可分散油悬浮剂、20%可分散油悬浮剂、9%悬浮剂、10%悬浮剂、15%悬浮剂、20%悬浮剂、40%悬浮剂、75%水分散粒剂。

【理化性质】 硝磺草酮纯品外观为浅黄色固体，20℃时在水中的溶解度为0.16毫克/毫升；原药外观为淡茶色至沙色不透明固体，熔点148.7～152.5℃，同时开始分解。易溶于乙腈、二氯甲烷、丙酮、甲醇、甲苯等有机溶剂。原药在54℃情况下贮存14天性质稳定。属低毒除草剂，原药大鼠急性经口LD_{50}大于5000毫克/千克，大鼠急性经皮LD_{50}大于2000毫克/千克，对皮肤无刺激性，但对眼睛有轻度刺激性，试验情况下未见致畸、致癌、致突变作用。

【产品特点】硝磺草酮是一种三酮类低毒除草剂。其作用机理是通过抑制对羟基丙酮酸双加氧酶的活性，进而抑制氨基酸洛氨酸转化为质体醌，从而阻碍类胡萝卜素的生物合成，最终导致杂草死亡。硝磺草酮容易在植物木质部和韧皮部传导，具有触杀作用和持效性。使用该药剂 3～5 天后，植物分生组织出现黄化症状，随之引起枯斑，两周后遍及整株植物。硝磺草酮为弱酸性，在酸性土壤中能紧紧吸附在有机物质上；在中性或碱性土壤中，以不易被吸收的阴离子形式存在。本剂使用后能快速降解，且最终代谢产物为二氧化碳，土壤中的半衰期平均值为 9 天。该药剂具有作用速度快、杀草谱广、对多数玉米安全等优点，但施用后玉米叶片有少量褪绿现象，对杂草杀根不彻底，对禾本科杂草及阔叶草中的马齿苋效果较差。

【适用作物及防除对象】硝磺草酮适用于玉米田，能有效防除苘麻、苍耳、刺苋、藜、蓼、地肤、芥菜、稗草、繁缕、马唐等多种杂草，对已经对磺酰脲类除草剂产生抗性的杂草有效。

【使用技术】不同玉米品种对本品的敏感性差异较大，观赏玉米、甜玉米和爆裂玉米较敏感，不可使用。

玉米苗前和苗后均可使用。苗前施药时，每亩使用 9%悬浮剂 70～150 毫升，或 10%悬浮剂 100～130 毫升，或 20%悬浮剂 50～70 毫升，或 10%可分散油悬浮剂 100～140 毫升，或 20%可分散油悬浮剂 50～60 毫升，对水 30～40 千克均匀茎叶喷雾。玉米苗后处理时，宜在玉米 3～5 叶期、杂草 2～4 叶期施药。每亩使用 9%悬浮剂 100～150 毫升，或 10%悬浮剂 100～130 毫升，或 15%悬浮剂 60～80 毫升，或 20%悬浮剂 50～65 毫升，或 40%悬浮剂 25～40 毫升，或 10%可分散油悬浮剂 100～140 毫升，或 15%可分散油悬浮剂 60～80 毫升，或 20%可分散油悬浮剂 40～60 毫升，或 75%水分散粒剂 13～16 克，对水 20～30 千克均匀茎叶喷雾。为扩大除草谱，芽前除草可与乙草胺混用，芽后除草可与烟嘧磺隆混用；为提高对禾本科杂草的防效，可与莠去津混用。温度对硝磺草酮的除草活性影响很大，高温有利于药效发挥。施药后3小时降雨，对硝磺草酮药效无影响。大风天或预计1小时内降雨，请勿施药。

【注意事项】使用高剂量时，对玉米的药害症状表现为叶部白化现象，因不同类型玉米的敏感性不同，叶片白化的程度也有所不同，以甜玉米和爆裂玉米较敏感。不能用于玉米与其它作物间作、或混种田。本剂对豆类、十字花科作物敏感，施药时须防止飘移，以免其它作物发生药害。使用过本剂的田块下茬最好种植小麦，种植甜菜、苜蓿、烟草、豆类需先做试验确认安全性。不能与有机磷类及氨基甲酸酯类杀虫剂混用、或在间隔7天内使用，亦不可与悬浮肥料、乳油剂型的苗后茎叶处理剂混用。勿将药液或空包装弃于水中或在河塘中洗涤喷雾器械，避免影响鱼类和污染水源。赤眼蜂等天敌放飞区域禁用。

苯唑草酮

【有效成分】苯唑草酮（topramezone）。

【常见商标名称】苞卫。

【主要含量与剂型】30%悬浮剂。

【理化性质】苯唑草酮原药外观为白色粉末固体，熔点为220.9～222.2℃，燃点300℃，pH值5.6～5.8。在20℃时pH为3.1的条件下，水中的溶解度为501.7～518.3毫克/升，微溶于二氯甲烷、丙酮、乙腈、乙酸乙酯、甲苯、甲醇、辛醇等有机溶剂。属低毒除草剂，大鼠急性经口LD_{50}大于2000毫克/千克，大鼠经皮LD_{50}大于2000毫克/千克，对眼睛和皮肤无刺激作用。试验剂量内对动物无致畸、致癌、致突变现象。

【产品特点】苯唑草酮属于吡唑啉酮类新型羟基苯基丙酮酸酯双氧化酶抑制剂除草剂。通过抑制质体醌生物合成中的4-羟基苯基丙酮酸酯双氧化酶，间接影响类胡萝卜素的合成，干扰叶绿体的合成和功能，最终导致严重的白化，组织坏死。同时，杂草的生长受到抑制。敏感杂草通过根、幼茎和叶片吸收，并在植株体内向顶、向基双向传导到分生组织，使杂草很快停止生长。杂草地上部分在施药后2～5天出现白化中毒症状，生长点、叶片和叶脉的中毒症状最明显，白化的组织逐渐坏死。根据天气情况不同，整个植株枯死需要10～15天左右。玉米对苯唑草酮靶标酶的敏感程度低，吸收和传导量少，代谢速度快，故玉米对该成分耐药性较高。苯唑草酮具有杀草谱广、安全性好、除草效果稳定、杀草速度快等优点，对阔叶杂草的持留活性高于对禾本科杂草。

【适用作物及防除对象】苯唑草酮几乎可用于除自交玉米外所有类型的玉米，如大田玉米、饲料玉米和繁殖种子玉米，对爆裂玉米和甜玉米表现很好的选择性。能有效防除多种禾本科杂草和阔叶杂草，如稗草、狗尾草、马唐、牛筋草、黍稷、马齿苋、龙葵、苘麻、藜、苋、蓼、苍耳、豚草、鼬瓣花、辣子草等。

【使用技术】苯唑草酮对绝大多数玉米具有良好的选择性，包括耐药性较差的甜玉米、糯玉米、爆裂玉米、制种玉米、饲料玉米等，是安全性极高的玉米田除草剂。

在正常使用剂量情况下，苯唑草酮对2～12叶期玉米均安全，不会产生药害。通常在玉米2～4叶期、杂草2～5叶期施药，杂草出齐后越早施用效果越好。长江流域以北地区，每亩使用30%苯唑草酮悬浮剂8～10毫升，对水15～30千克均匀喷雾。长江流域以南地区，每亩使用30%苯唑草酮悬浮剂5～6毫升。当气候较干旱时，为了保证除草效果，需要适当加大用药量。当杂草偏大或田间以铁苋菜、打碗花、苣荬菜、萹蓄、鸭跖草等恶性杂草为主时，可与莠去津混用，以提高防除效果，加快除草速度，且持效期可达35天以上。若将苯唑草酮用于甜玉米田或糯玉米田除草时，不可与莠去津混用。当田间以卷茎蓼、扁蓄、野西瓜苗等杂草为主时，可与麦草畏或三嗪类除草剂混用。

在极端天气条件下，或玉米受到逆境胁迫下的苗后施用时，玉米偶尔会出现暂时的白化反应，但通常会很快恢复正常的生长。

【注意事项】施药时期不宜过晚，以免杂草对药剂耐药性增强，影响除草效果。施用时建议采用二次稀释法。阴雨天尽量避免施药。当苯唑草酮与莠去津混用时，应避免与有机磷类农药混用，或间隔7天以上使用。间套或混种有其它作物的玉米田，不推荐使用本剂。在自交玉米上，应先请育种人员进行试验确认安全后方可使用。田间施用过本剂的玉米收获后，秋天种植冬季谷物类作物很安全。施药后第二年可以种植夏季谷物类作物、油菜、马铃薯。如果在第二年要种植甘蔗和向日葵，则需先耕翻土地。苯唑草酮对其它后茬作物安全性的详细评价正在进行中，对于安全间隔期不确定的作物，建议先进行小面积试验。施药后要彻底清洗器械，清洗废液及用剩的药液不可倒入水田、湖泊、河川等水源。废弃物应远离水源深埋，不得随意丢弃，也不能当做他用。

扑 草 净

【有效成分】扑草净（prometryn）。

【常见商标名称】耘锄、助锄、锄士、巨耕、金腾、净巧、谷净、退草、金浪砾、蒜草立杀等。

【主要含量与剂型】25%可湿性粉剂、40%可湿性粉剂、50%可湿性粉剂、25%泡腾颗粒剂、50%悬浮剂。

【理化性质】扑草净纯品为白色粉末，熔点118～120℃，相对密度1.15。不易溶于水，25℃时在水中的溶解度为0.033克/升，易溶于丙酮、乙醇、正己烷、甲苯、正辛醇等有机溶剂。20℃时，在中性、弱酸和弱碱性介质中稳定，遇中等强度的酸和碱分解，遇紫外光分解。属低毒除草剂，原药大鼠急性经口LD_{50}大于2000毫克/千克，大鼠急性经皮LD_{50}大于3100毫克/千克，家兔急性经皮LD_{50}大于2020毫克/千克，对兔眼睛有轻微刺激性，对兔皮肤无刺激性，对鸟类、蜜蜂低毒，对鱼毒性中等。

【产品特点】扑草净是一种三氮苯类选择性内吸传导型低毒除草剂，可从根部吸收，也可从茎叶渗入体内，运输至绿色叶片内抑制光合作用，杂草中毒后失绿并逐渐干枯死亡。其选择性与植物生态和生化反应的差异有关，对刚萌发的杂草防效最好。扑草净水溶性较低，施药后可被土壤黏粒吸附在0～5厘米表土中，形成药层，使杂草萌发出土时接触药剂。该药剂持效期20～70天，旱地较水田长，黏土中更长。

【适用作物及防除对象】扑草净适用于水稻、棉花、大豆、麦类、花生、甘蔗、向日葵、马铃薯、果树、部分蔬菜及茶树，能有效防除稗草、马唐、千金子、蓼、藜、马齿苋、铁苋菜、反枝苋、看麦娘、繁缕、车前草、野西瓜苗、牛毛毡、四叶菜、眼子菜等一年生禾本科及阔叶杂草。

【使用技术】扑草净在土壤中移动性较强，有机质含量低的砂质土、低洼田或漏水田不宜使用。该药活性高、用药量少，称量应准确，喷雾和撒施要均匀，不可重喷、漏喷。

水稻田 扑草净主要用于水稻田中期防除以眼子菜为主的杂草，通常在水稻移栽后20～25天，秧苗返青后、眼子菜叶片由红变绿时施药。北方稻区每亩使用25%可湿性粉剂或25%泡腾颗粒剂130～200克，或40%可湿性粉剂80～125克，或50%可湿性粉剂65～100克；南方稻区每亩使用25%可湿性粉剂或25%泡腾颗粒剂50～100克，或40%可湿性粉剂30～60克，或50%可湿性粉剂25～50克。拌湿润细土20～30千克均匀撒施。田间水层3～5厘米，药后保水10天左右，勿漏干。

棉花田 播种前或播种后出苗前用药。每亩使用25%可湿性粉剂200～300克，或40%可湿性粉剂125～185克，或50%可湿性粉剂100～150克，或50%悬浮剂100～150毫升，也可50%可湿性粉剂100克或50%悬浮剂100毫升与33%二甲戊灵乳油130毫升混用，对水30千克均匀喷雾于地表，可有效防除一年生单、双子叶杂草。

花生、大豆田　播种前或播种后出苗前施药。每亩使用25%可湿性粉剂200～300克，或40%可湿性粉剂125～185克，或50%可湿性粉剂100～150克，或50%悬浮剂100～150毫升，对水30千克，均匀喷雾土表。

麦田　在麦苗2～3叶期、杂草1～2叶期施药。每亩使用25%可湿性粉剂150～200克，或40%可湿性粉剂100～125克，或50%可湿性粉剂75～100克，或50%悬浮剂75～100毫升，对水30～50千克，茎叶喷雾处理。

甘蔗田　新植间种花生地，在甘蔗及花生播种后破土期、杂草芽前施药。每亩使用25%可湿性粉剂300～400克，或40%可湿性粉剂200～250克，或50%可湿性粉剂150～200克，或50%悬浮剂150～200毫升，对水30～50千克，均匀喷雾土壤表面，防除一年生杂草。

胡萝卜、芹菜、大蒜、洋葱、韭菜田　在播种前或播种后出苗前施药。每亩使用25%可湿性粉剂150～200克，或40%可湿性粉剂100～125克，或50%可湿性粉剂75～100克，或50%悬浮剂75～100毫升，对水30～50千克，均匀喷雾土表。

果树、茶园、桑园　在一年生杂草大量萌发初期，土壤湿润条件下施药。每亩使用25%可湿性粉剂500～600克，或40%可湿性粉剂310～375克，或50%可湿性粉剂250～300克，对水40～50千克均匀喷洒土表，避免喷到树上。

【注意事项】严格掌握施药量和施药时间；撒施要均匀，可先将称量好的药剂与少量细土混匀，均匀撒施，否则易产生药害；有机质含量低的砂质土不宜使用；适当的土壤水分有利于药效发挥；气温超过30℃以上时施药易造成药害。用于水田一定要在秧苗返青后才可施药。施药后15天内不要任意松土或耘耥，以免破坏药土层影响药效。用过药的容器应妥善处理，不可做为他用，也不可随意丢弃。禁止在河塘等水域内清洗施药器具或将清洗施药器具的废水倒入河流、池塘等水体，以免污染水源。

第二节　混配制剂

2甲·灭草松

【有效成分】 2甲4氯钠（MCPA-sodium）＋灭草松（bentazone）。

【常见商标名称】 莎阔丹、黑李逵、莎锄灭、沃地佳、慈白莎、百阔静、水铲、盖慈等。

【主要含量与剂型】 22%水剂（12%2甲4氯钠＋1 0%灭草松）、25%水剂（5%2甲4氯钠＋20%灭草松；12%2甲4氯钠＋13%灭草松）、26%水剂（6%2甲4氯钠＋20%灭草松）、37.5%水剂（5.5%2甲4氯钠＋32%灭草松）、460克/升可溶性液剂（60克/升2甲4氯钠＋400克/升灭草松）。

【理化性质】 2甲4氯钠纯品为无色、无嗅或具有芳香气味的结晶固体，熔点119～120.5℃，可溶于水，易溶于乙醇、乙醚、甲醇、二甲苯等多种有机溶剂，在酸性介质中稳定。属低毒除草剂成分，原药大鼠急性经口 LD_{50} 为900～1160毫克/千克，急性经皮 LD_{50} 大于4000毫克/千克。

灭草松纯品为白色无嗅晶体，熔点139.4～141℃，200℃时分解，可溶于水及丙酮、乙酸乙酯、二氯甲烷等多种有机溶剂，在酸、碱介质中不易水解，日光下分解，在动物体内无积累，可迅速排出体外。属低毒除草剂成分，原药大鼠急性经口 LD_{50} 为1000毫克/千克，急性经皮 LD_{50} 大于2500毫克/千克。

2甲·灭草松制剂外观为棕黄色液体，不易燃，pH值8～9，在－9℃以下结晶。属低毒复合除草剂，460克/升可溶性液剂大鼠急性经口 LD_{50} 为1800毫克/千克，对眼睛有轻度刺激作用。

【产品特点】2甲·灭草松是由2甲4氯钠与灭草松混配的一种复合型苗后选择性除草剂。2甲4氯钠属选择性激素型除草剂，可抑制敏感植物分生组织生长，产生次生膨胀而导致根与茎膨胀，进而韧皮部堵塞，最终木质部破坏，植株死亡。灭草松属触杀型苗后选择性除草剂，用于苗期茎叶处理，通过叶片接触而起作用，水田使用既能通过叶面渗透又能通过根部吸收传导到茎叶，强烈阻碍杂草的光合作用和水分代谢，造成营养饥饿，使生理机能失调而致死。混剂为苗后触杀型除草剂，见草施药，使用方法简便，施用时不受土壤和某些耕种条件限制。

【适用作物及防除对象】2甲·灭草松适用于水稻、小麦。可有效防除水田中的泽泻、雨久花、鸭舌草、矮慈姑、节节菜、鳢肠、陌上菜、尖瓣花、牛毛毡、萤蔺、水葱、水莎草、碎米莎草、异型莎草、扁穗莎草等杂草，及旱田中的播娘蒿、猪殃殃、婆婆纳、麦家公、芥菜、苍耳、反枝苋、凹头苋、刺苋、蒿属、巢菜、藜、小藜、龙葵、繁缕等多种杂草。

【使用技术】

水稻田 在水稻分蘖末期到拔节前排水施药，施药1～3天后再灌水。每亩使用460克/升可溶性液剂133～167毫升，或37.5%水剂200～250毫升，或26%水剂180～230毫升，或25%水剂200～300毫升，或22%水剂250～350毫升，对水25～40千克均匀喷雾。如果稻田中除三棱草外，还有各种稗草，2甲·灭草松可与25%二氯喹啉酸可湿性粉剂混用，以达到一次施药，消灭田间稗草、莎草及阔叶杂草。混和用药时每亩使用2甲·灭草松的药量同单用时，然后加上50%二氯喹啉酸可湿性粉剂35～50克，对水25～40千克均匀喷雾。

小麦田 冬小麦春季返青后拔节前、春小麦分蘖末期到拔节前施药。每亩使用460克/升可溶性液剂167～200毫升，或37.5%水剂250～300毫升，或25%水剂300～360毫升，或26%水剂200～300毫升，或22%水剂300～400毫升，对水

20～30千克均匀喷雾。防治多年生杂草及播娘蒿、猪殃殃、婆婆纳、麦家公等难防治杂草时用高剂量。

【注意事项】选择早晚气温低、无风或风小时喷药，风速超过每秒4米、温度超过28℃时停止用药。喷药应均匀周到，确保杂草茎叶喷至湿润。施药后应保持6小时内无雨，降5毫米以上雨时会影响药效。气候恶劣，如下雹、洪涝、干旱或作物受到伤害后不宜用药。该混剂对眼睛有轻度刺激作用，施药时注意安全保护。

滴丁·乙草胺

【有效成分】2，4-滴丁酯（2，4-D butylate）＋乙草胺（acetochlor）。

【常见商标名称】金都、润友、封达、封疆、封脎、连脎、旱通、迎丰、瑞野、北神、一割、忘锄、好年丰、草去跟、金旱斯、棒豆欢、封草星、玉逗欢、亿而福等。

【主要含量与剂型】50%乳油（18%＋32%；17.1%＋32.9%；13%＋37%）、52%乳油（14%＋38%）、70%乳油（24%＋46%）、73%乳油（56.5%＋16.5%）、78%乳油（28%＋50%）、79%乳油（21%＋58%）、800克/升乳油（620克/升＋180克/升）、82%乳油（28%＋54%）、83.2%乳油（22.4%＋60.8%）。括号内数字及顺序均为2，4-滴丁酯的含量加乙草胺的含量。

【理化性质】2，4-滴丁酯原油为褐色液体，沸点146～147℃，难溶于水，易溶于多种有机溶剂，挥发性强，遇碱分解。属低毒除草剂成分，原药大鼠急性经口LD_{50}为500～1500毫克/千克。

乙草胺原药外观为淡黄色至紫色液体，25℃时在水中的溶解度为223毫克/升，易溶于乙醚、丙酮、氯仿、乙醇、甲苯、乙酸乙酯等有机溶剂，不宜光解和挥发，性质稳定。属低毒除草剂成分，原药大鼠急性经口 LD_{50} 为 2148 毫克/千克，兔急性经皮 LD_{50} 为 4166 毫克/千克。

滴丁·乙草胺为低毒复合除草剂，不易溶于水，可溶于多种有机溶剂。

【产品特点】 滴丁·乙草胺是由 2，4-滴丁酯与乙草胺按一定比例混配的一种内吸传导型复合除草剂，可同时防除作物田中的多种阔叶杂草与禾本科杂草，杀草谱广，使用方便。

2，4-滴丁酯属激素型选择性除草剂，具有较强的内吸传导性，主要用于苗后茎叶处理，穿过角质层和细胞膜传导到植株各部位，通过影响核酸和蛋白质的生物合成而使杂草停止生长，并使幼嫩叶片不能伸展、光合作用受阻，根尖膨大、丧失吸收能力，造成茎秆扭曲、畸形，筛管堵塞、韧皮部破坏，最终导致植物死亡。乙草胺属酰胺类除草剂，可被单子叶植物的胚芽鞘、双子叶植物的下胚轴吸收，而后向上传导；种子和根也可吸收传导，但吸收量较少、且传导速度慢；通过阻碍蛋白质的合成而使幼芽、幼根停止生长；禾本科杂草表现心叶卷曲萎缩，其他叶皱缩，整株枯死；阔叶杂草叶皱缩变黄，整株枯死。

【适用作物及防除对象】 滴丁·乙草胺主要用于大豆和玉米田，用于防除播娘蒿、藜、蓼、芥菜、繁缕、反枝苋、铁苋菜、婆婆纳、鸭跖草、狼把草、车前、问荆、刺儿菜、苍耳、田旋花、马齿苋、篇蓄、香薷、繁缕、稗草、狗尾草、金狗尾草、马唐、牛筋草、稷、看麦娘、早熟禾、千金子、野燕麦、棒头草等阔叶杂草和禾本科杂草。

【使用技术】

大豆田 在大豆播后苗前施药，播种后 3～5 天施药效果最好，拱土期用药易造成药害。一般每亩使用 50%乳油 220～250 毫升，或 52%乳油 210～250 毫升，或 70%乳油 180～220 毫升，或 73%乳油 160～220 毫升，或 78%乳油 170～200 毫升，或 800 克/升乳油 160～200 毫升，或 82%乳油 130～180 毫升，或 83.2

乳油 144～156 毫升，对水 40～50 千克均匀喷雾。在干旱条件下可用旋转锄进行浅混土，起垄播种大豆；也可播后培土 2 厘米左右，随后镇压。在土壤水分好的条件下最好播后随即施药。土壤有机质含量低、砂质土、低洼地及墒情好的地块用低剂量，土壤有机质含量较高，质地黏重、岗地及干旱地块用高剂量。

玉米田 在玉米播后苗前 3～5 天施药，一般每亩使用 50%乳油 250～300 毫升，或 52%乳油 250～280 毫升，或 70%乳油 200～250 毫升，或 73%乳油 180～240 毫升，或 78%乳油 170～200 毫升，或 800 克/升乳油 160～200 毫升，或 82%乳油 150～180 毫升，或 83.2 乳油 150～160 毫升，对水 30～40 千克均匀喷洒土表。墒情好的地块用药量可适当减少。

【注意事项】 应在早晚气温低、风小时施药，风速超过每秒 4 米停止施药，气温高于 28℃、空气相对湿度低于 65%停止施药。土壤有机质含量高、质地黏重用高药量；有机质含量低、质地疏松用低药量。喷药器械最好专用，避免在其他作物上造成药害。施药作物田要与敏感作物如棉花、油菜、瓜类、向日葵、麦类、谷子、高粱、黄瓜、菠菜有一定距离，防止药液漂移、造成药害。

噁草·丁草胺

【有效成分】 噁草酮（oxadiazon）＋丁草胺（butachlor）。

【常用商标名称】 金珠、富宝、田爽、净美、双清、稳割、水陆星、水旱宝、床草清等。

【主要含量与剂型】 18%乳油（3%＋15%）、20%乳油（6%＋14%；8%＋12%）、30%乳油（7%＋23%；6%＋24%）、36%乳油（6%＋30%）、40%乳油（6%＋34%）、42%乳油（6%＋36%）、45%乳油（10%＋35%）、60%乳油（10%＋50%）、62%微乳剂（11%＋51%）、65%微乳剂（10%＋55%）。

括号内数字及顺序均为噁草酮的含量加丁草胺的含量。

【理化性质】噁草酮纯品为无色无嗅固体，熔点87℃；20℃时在水中的溶解度约为1毫克/升，易溶于甲醇、乙醇、环己烷、丙酮、丁酮、甲苯、氯仿、二甲苯等有机溶剂；一般条件下贮存稳定，中性或酸性条件下稳定，碱性条件下相对不稳定。属低毒除草剂成分，原药大鼠急性经口LD_{50}大于5000毫克/千克，急性经皮LD_{50}大于2000毫克/千克。

丁草胺纯品为浅黄色油状液体，熔点0.5～1.5℃，分解温度为165℃。20℃时在水中的溶解度为20毫克/升，可溶于乙醚、丙酮、乙醇、乙酸乙酯和乙烷等多种有机溶剂。抗光解性能好。常温下贮存稳定2年以上。属低毒除草剂成分，原药大鼠急性经口LD_{50}为2000毫克/千克，兔急性经皮LD_{50}为13000毫克/千克。

噁草·丁草胺属复合低毒除草剂，试验条件下对动物未见致畸、致癌、致突变作用，对蜜蜂低毒，对鱼类和水生生物毒性大。

【产品特点】噁草·丁草胺是由噁草酮与丁草胺按一定比例混配的复合低毒除草剂，具有除草活性较高、安全性能较好、杀草谱较宽、控草期较长等特点。噁草酮属噁二唑酮类选择性芽前、芽后除草剂，为原啉原氧化酶抑制剂。通过杂草幼芽或幼苗与药剂接触、吸收而起作用，苗后施药，杂草通过地上部分吸收，药剂进入植物体后积累在生长旺盛部位，抑制生长，使杂草组织腐烂死亡。在光照条件下才能发挥杀草作用，但并不影响光合作用的希尔反应。杂草自萌芽至2～3叶期均对该药敏感，以杂草萌芽期施药效果最好，随杂草长大效果下降。水田应用后药液很快在水面扩散，迅速被土壤吸附，因此向下移动是有限的，也不会被杂草根部吸收。噁草酮的持效期很长，在水稻田可达45天左右，在旱作物田可达60天以上。

丁草胺属酰胺类选择性芽期除草剂，主要通过阻碍蛋白质合成而抑制细胞生长，即通过杂草幼芽和幼小的次生根吸收抑制体内蛋白质合成，使杂草幼株肿大、畸形，色深绿，最终导致死亡。丁草胺在土壤中稳定性小，对光稳定，能被土壤微生物分解，持效期为30～40天，对下茬作物安全。

【适用作物及防除对象】 噁草·丁草胺主要适用于水田（移栽水稻田、水稻旱育秧田、水稻直播田）和棉花苗床，可有效防除稗草、马唐、牛筋草、狗尾草、千金子、马齿苋、藜、蓼、反枝苋、苘麻、苍耳、鸭舌草、雨久花、泽泻、矮慈姑、牛毛毡、异型莎草、碎米莎草、水莎草、日照飘拂草、醴肠、婆婆纳、水苋菜、小茨藻等多种一年生杂草和少部分多年生杂草。

【使用技术】 喷雾必须均匀，切勿重喷、漏喷或随意增加用药量。施药前应整平田块，田块不平有积水易产生药害。

水稻（半）旱育秧田 在播种盖土后水稻出苗前用药。每亩使用18%乳油240～280毫升，或20%乳油200～240毫升，或30%乳油135～160毫升，或36%乳油120～140毫升，或40%乳油100～125毫升，或42%乳油90～110毫升，或45%乳油85～115毫升，或60%乳油80～100毫升，或62%微乳剂100～120毫升，或65%微乳剂90～110毫升，对水30～45千克均匀喷雾土表。要求严格盖土，盖土深度0.5～0.8厘米，避免药剂直接接触种子。药后一周内保持床面湿润，无积水。盖膜田块，适当降低用药量。药后膜内气温超过33℃时需揭膜通风，以防烧苗及药害。

水稻移栽田 水稻移栽田最好在移栽前2～5天施药。每亩使用18%乳油250～280毫升，或20%乳油200～240毫升，或30%乳油135～160毫升，或36%乳油120～140毫升，或40%乳油100～125毫升，或42%乳油90～110毫升，或45%乳油85～115毫升，或60%乳油80～100毫升，或62%微乳剂100～120毫升，或65%微乳剂90～110毫升，原瓶直接甩施，或对水25～30千克配成药液均匀喷施至田间。亦可在稻田插秧后5～7

天、稗草萌芽前或1心1叶期前施药，每亩使用18%乳油260～280毫升，或20%乳油220～250毫升，或30%乳油150～200毫升，或36%乳油150～170毫升，或40%乳油120～150毫升，或42%乳油100～120毫升，或45%乳油90～110毫升，拌细沙15～20千克，均匀撒施田面。施药后2天内不排水，插秧后保持3～5厘米浅水层，避免淹没稻苗心叶。早稻秧田若气温低于15℃时施药会有不同程度药害。

水稻直播田 水稻播种前或播种复土后出苗前土壤均匀喷雾。每亩使用18%乳油250～280毫升，或20%乳油200～240毫升，或30%乳油135～160毫升，或36%乳油120～140毫升，或40%乳油100～125毫升，或42%乳油90～110毫升，或45%乳油85～115毫升，或60%乳油80～100毫升，或62%微乳剂100～120毫升，或65%微乳剂90～110毫升，对水30～40千克均匀喷雾。施药时应保持土壤湿润无积水。药后2～3天如遇大雨，应及时排水，以免积水造成药害。种子外露或有明水时，易发生药害。

棉花田 播种后2～4天棉花出苗前施药。每亩使用18%乳油260～280毫升，或20%乳油220～250毫升，或30%乳油150～200毫升，或36%乳油150～170毫升，或40%乳油120～150毫升，或42%乳油100～120毫升，或45%乳油90～110毫升，或60%乳油80～100毫升，或62%微乳剂100～120毫升，或65%微乳剂90～110毫升，对水30～45千克均匀喷雾土表。药前药后应保持土壤湿润，不能有积水，棉花播种后要盖土均匀，不可露籽。

【注意事项】用于水稻移栽田，弱苗、小苗或超过常用药量时，水层过深淹没心叶或田块漏水易出现药害。用药后如遇暴雨要及时排水。土壤湿度大有利于药效发挥，土壤干旱应在施药后浅混土，以保证药效。本剂对2叶期以内的稗草有较好防效，对3叶期以上的稗草防效差，因此使用时应掌握在杂草1叶期以后

3叶期以前。本剂不宜在黄瓜、小麦、菠菜、韭菜、谷子、高粱上使用，施药时应注意避免对以上作物的飘移药害。本剂对鱼类有毒，施药期间应远离水产养殖区及河塘等水体，禁止在河塘等水中清洗施药器具；对赤眼蜂有极高风险性，施药时避免对其影响。

乙·莠

【有效成分】乙草胺（acetochlor）＋莠去津（atrazine）。

【常见商标名称】乙阿、惠威、玉猫、玉彪、欣星、地无忧、玉乾坤、玉惜春、吉化丰满仓等。

【主要含量与剂型】40％悬浮剂（15％＋25％；14％＋26％；20％＋20％）、40％可湿性粉剂（14％＋26％）、48％悬浮剂（16％＋32％）、52％悬浮剂（26％＋26％；27％＋25％）、62％悬浮剂（26％＋36％）、63％悬浮剂（28％＋35％）。括号内数字及顺序均为乙草胺的含量加莠去津的含量。

【理化性质】乙草胺原药外观为淡黄色至紫色液体，微溶于水，易溶于乙醚、丙酮、氯仿、乙醇、甲苯、乙酸乙酯等有机溶剂，不宜光解和挥发，性质稳定。属低毒除草剂成分，原药大鼠急性经口 LD_{50} 为2148毫克/千克，兔急性经皮 LD_{50} 为4166毫克/千克。

莠去津原药为白色粉末，熔点175.8℃，微溶于水，可溶于氯仿、丙酮、乙酸乙酯、甲醇等有机溶剂，在中性、弱酸、弱碱介质中稳定，在较高温度下能被较强的酸和碱水解。属低毒除草剂成分，原药大鼠急性经口 LD_{50} 为1869～3080毫克/千克，急性经皮 LD_{50} 为3100毫克/千克。

乙·莠合剂为复合型低毒除草剂，可溶于多种有机溶剂，对眼睛和皮肤有刺激性。

【产品特点】乙·莠是由乙草胺与莠去津按一定比例混配的一种复合型内吸传导性除草剂，在作物播后苗前土壤喷雾处理，可同时防除作物田中的多种阔叶杂草与禾本科杂草。

乙草胺可被单子叶植物的胚芽鞘、双子叶植物的下胚轴吸收，吸收后向上传导，种子和根虽然也可吸收，但吸收量较少、且传导速度慢。出苗后主要靠根吸收向上传导。乙草胺进入植物体内后通过抑制蛋白酶的合成，使幼芽、幼根停止生长。禾本科杂草表现心叶卷曲萎缩，其它叶皱缩，整株枯死；阔叶杂草叶皱缩变黄，整株枯死。当土壤水分适宜时，幼芽未出土即被杀死；土壤水分少时，杂草出土后随土壤湿度增大，杂草吸收药剂后而起作用。莠去津为选择性内吸传导型除草剂，苗前、苗后均可使用，以根吸收为主，茎叶吸收很少，吸收后迅速传导到植物分生组织及叶部，干扰光合作用，使杂草致死；在玉米等抗性作物体内被分解成无毒物质，故对作物安全；在土壤中有效期可达半年左右。

【适用作物及防除对象】乙·莠适用于玉米、甘蔗、果园等。主要用于防除一年生禾本科杂草和某些阔叶杂草，如稗草、狗尾草、金狗尾草、马唐、牛筋草、看麦娘、早熟禾、藜、蓼、反枝苋、铁苋菜、狼把草、鬼针草、繁缕、野西瓜苗等。

【使用技术】

玉米田　播后苗前土表喷雾用药。东北春玉米田，一般每亩使用40%悬浮剂300～350毫升，或40%可湿性粉剂300～350克，或48%悬浮剂250～300毫升，或52%悬浮剂220～250毫升，或62%悬浮剂145～220毫升，或63%悬浮剂140～210毫升；夏玉米一般每亩使用40%悬浮剂200～250毫升，或40%可湿性粉剂200～250克，或48%悬浮剂150～200毫升，或52%悬浮剂130～160毫升，或62%悬浮剂100～130毫升，或63%悬浮剂100～120毫升，对水30～50千克均匀喷雾。南方水分好的条件下用药量应适当减少。

甘蔗田　甘蔗种植后苗前土表喷雾处理，一般每亩使用40%悬浮剂350～450毫升，或40%可湿性粉剂350～450克，或 48%悬浮剂 300～350 毫升，或 52%悬浮剂 270～300 毫升，或 62%悬浮剂 200～260 毫升，对水 30～45 千克均匀地表喷雾。

【注意事项】 播后苗前土表处理时，要求地块尽量平整。有机质含量高、新土壤或干旱情况下，建议采用较高剂量；有机质含量低、沙壤土或降雨灌溉情况下，建议采用下限剂量。喷施药剂前后，土壤宜保持湿润，以确保药效。本剂对麦类、豆类、谷子、水稻、高粱、黄瓜、蔬菜等作物较敏感，不宜施用。乙·莠对眼睛、皮肤和呼吸道有刺激作用，施药时注意安全防护。

异丙草·莠

【有效成分】 异丙草胺（propisochlor）＋莠去津（atrazine）。

【常见商标名称】 玉顺、玉火、玉丰、玉欢、玉兴、喜洋洋、封神棒、玉美思、玉长思、棒米笑、金杜克、滨农玉净等。

【主要含量与剂型】 40%悬乳剂（24%异丙草胺＋16%莠去津；20%异丙草胺＋20%莠去津；16%异丙草胺＋24%莠去津）、50%悬乳剂（30%异丙草胺＋20%莠去津）。

【理化性质】 异丙草胺原药为浅褐色至紫色油状物，有芬芳气味，溶点为 21.6℃，微溶于水，易溶于大多数有机溶剂。属低毒除草剂成分，原药大鼠急性经口 LD_{50} 为 2088～3433 毫克/千克，雄性大鼠急性经皮 LD_{50} 大于 2000 毫克/千克，对鱼中毒、对蜜蜂无毒。

莠去津原药为白色粉末，熔点 175.8℃，微溶于水，可溶于氯仿、丙酮、乙酸乙酯、甲醇等有机溶剂，在中性、弱酸、弱碱介质中稳定，在较高温度下能被较强的酸和碱水解。属低毒除草剂成分，原药大鼠急性经口 LD_{50} 为 1869～3080 毫克/千克，急性经皮 LD_{50} 为 3100 毫克/千克。

异丙草·莠合剂为复合型低毒除草剂，可溶于多种有机溶剂，对鱼类中毒。

【产品特点】异丙草·莠是由异丙草胺与莠去津按一定比例混配的一种选择性内吸传导型玉米田专用复合除草剂，杀草谱广，对玉米安全。异丙草胺通过植物幼芽（单子叶植物由胚芽鞘吸收、双子叶植物由胚轴吸收）吸收，进入植物体内抑制蛋白酶合成，芽和根停止生长，不定根无法形成，而导致杂草死亡。莠去津在苗前、苗后均可使用，以根吸收为主，茎叶吸收很少，吸收后迅速传导到植物分生组织及叶部，干扰光合作用，使杂草致死；该成分持效期较长，可达半年左右。

【适用作物及防除对象】异丙草·莠主要适用于玉米田。可有效防除稗草、狗尾草、牛筋草、早熟禾、野黍、狗尾草、金狗尾草、画眉草、马唐、臂形单、黑麦草、稷、鸭跖草、荠菜、小野芝麻、藜、蓼、反枝苋、辣子草、猪毛菜、马齿苋、繁缕、播娘蒿等一年生禾本科和阔叶杂草。

【使用技术】在玉米播后苗前施药，播后3天之内用完药效果最好；在干旱地区也可采用整地后播前喷雾施药，然后浅混土3～5厘米、再播种。春玉米田，每亩使用40%悬浮剂300～350毫升，或50%悬浮剂240～280毫升；夏玉米田，每亩使用40%悬浮剂200～250毫升，或50%悬浮剂160～200毫升。每亩对水30～40千克均匀喷雾土表。有机质含量在3%以下的沙质土壤用低剂量，有机质含量在3%以上的黏质土壤用高剂量。

【注意事项】本剂在沙砾地上使用，由于土壤的渗漏性极强，选择当地推荐用量的上限才能保证较好的持效期。施药时防止药剂漂移或流入鱼塘。异丙草·莠对眼睛、皮肤和呼吸道有刺激作用，用药时注意安全防护，禁止吸烟、进食和饮水，喷药后及时清洁个人卫生。

氧氟·乙草胺

【有效成分】乙氧氟草醚（oxyfluorfen）＋乙草胺（acetochlor）。

【常见商标名称】封特、蒜保、可富、蒜草净等。

【主要含量与剂型】40%乳油（6%乙氧氟草醚+34%乙草胺）、42%乳油（8%乙氧氟草醚+34%乙草胺）。

【理化性质】乙氧氟草醚原药为橘黄色结晶固体，熔点85～90℃，几乎不溶于水，可溶于多数有机溶剂，紫外光下分解迅速，25℃下pH值5～9时可保存28天。属低毒除草剂成分，原药大鼠急性经口LD_{50}大于5000毫克/千克，兔急性经皮LD_{50}大于10000毫克/千克，对鱼类及某些水生生物高毒，对蜜蜂低毒。

乙草胺原药外观为淡黄色至紫色液体，微溶于水，易溶于多种有机溶剂，不宜光解和挥发，性质稳定。属低毒除草剂成分，原药大鼠急性经口LD_{50}为2148毫克/升，兔急性经皮LD_{50}为4166毫克/千克。

氧氟·乙草胺为低毒复合除草剂，可溶于多种有机溶剂，对鱼类及某些水生生物高毒。

【产品特点】氧氟·乙草胺是由乙氧氟草醚与乙草胺按一定比例混配的一种复合型内吸传导性除草剂，可同时防除作物田中的多种阔叶杂草与禾本科杂草，杀草谱广，使用方便。

乙氧氟草醚属二苯醚类触杀型除草剂，在有光条件下发挥杀草作用，芽前和芽后早期施用效果最好，主要通过胚芽鞘、中胚轴进入植物体内，对种子萌发的杂草杀草谱较广，能防除阔叶杂草、莎草及稗草，但对多年生杂草只有抑制作用。乙草胺属酰胺类土壤封闭型除草剂，对许多单子叶和双子叶杂草均有效，可被单子叶植物的胚芽鞘、双子叶植物的下胚轴吸收，并向上传导，通过阻碍蛋白质的合成而抑制幼芽、幼根生长，最终导致杂草死亡。

【适用作物及防除对象】氧氟·乙草胺主要应用于棉花、大蒜、大豆、花生等作物田，用于防除稗草、狗尾草、马唐、牛筋草、早熟禾、千金子、硬草、野燕麦、棒头草、鸭舌草、陌上菜、节节菜、猪毛毡、泽泻、水苋菜、碎米莎草、异性莎草、看麦娘、龙葵、苍耳、藜、小藜、反枝苋、凹头苋、铁苋菜、马齿苋、柳叶刺蓼、酸模叶蓼、萹蓄、繁缕、苘麻、刺黄花稔、酢浆草、锦葵、野芥、鸭跖草、狼把草、鬼针草、香薷、繁缕、野西瓜苗、鼬瓣花等多种杂草。

【使用技术】

大豆田 在大豆播后苗前施药，播种后3～5天内用药效果最好，大豆拱土期施药易造成药害。一般每亩使用42%乳油95～115毫升，或40%乳油100～120毫升，对水20～30千克均匀喷雾。土壤有机质含量低、砂质土、低洼地及墒情好的条件下用低剂量，土壤有机质含量较高，质地黏重、岗地及干旱条件下用高剂量。在干旱条件下可用旋转锄进行浅混土，起垄播种大豆，也可在播后培土2厘米左右，随后镇压。

花生田 在花生播后苗前施药，一般每亩使用42%乳油100～120毫升，或40%乳油130～150毫升，对水40～50千克土表均匀喷雾。

大蒜田 在大蒜栽种后至立针期或大蒜苗后2叶1心以后、杂草4叶期以前施药，一般每亩使用40%乳油100～150毫升，或42%乳油90～140毫升，对水40～50千克均匀喷雾。沙质土用低剂量，壤质土、黏质土用高剂量，地膜大蒜用药量应降低1/3。

【注意事项】施药剂量要准确，喷药应均匀周到。多雨地区注意雨后排水，排水不良地块，雨后积水会妨碍作物出苗，出现药害。有机质含量高，新土壤或干旱情况下，建议采用较高剂量；有机质含量低，沙壤土或降雨灌溉情况下，建议采用下限剂量。地膜栽培使用本除草剂时，应在覆膜前施药，且用药量比同类露地栽培方式减少1/3左右。喷施药剂前后，土壤应保持湿润，以确保药效。

氧氟·甲戊灵

【有效成分】乙氧氟草醚（oxyfluorfen）＋二甲戊灵（pendimethalin）。

【常见商标名称】双打、割清、好利特等。

【主要含量与剂型】20%乳油（2%乙氧氟草醚+18%二甲戊灵；2.5%乙氧氟草醚+17.5%二甲戊灵）、34%乳油（9%乙氧氟草醚+25%二甲戊灵；14%乙氧氟草醚+20%二甲戊灵；4%乙氧氟草醚+30%二甲戊灵）。

【理化性质】乙氧氟草醚原药为桔黄色结晶固体，熔点85～90℃，几乎不溶于水，可溶于多数有机溶剂，紫外光下分解迅速，25℃下pH值5～9时可保存28天。属低毒除草剂成分，原药大鼠急性经口LD_{50}大于5000毫克/千克，兔急性经皮LD_{50}大于10000毫克/千克，对鱼类及某些水生生物高毒，对蜜蜂低毒。

二甲戊灵纯品为橘黄色结晶体，熔点54～58℃，基本不溶于水，易溶于苯、甲苯、氯仿、二氯甲烷等有机溶剂，微溶于石油醚和汽油中。对酸碱稳定，光照下缓慢分解，土壤中半衰期为30～90天。属低毒除草剂成分，原药大鼠急性经口LD_{50}为1250毫克/千克，兔急性经皮LD_{50}为5000毫克/千克，试验条件下未见致畸、致癌、致突变作用，对鱼类及水生生物高毒，对蜜蜂和鸟类低毒。

氧氟·甲戊灵为低毒复合除草剂，可溶于多种有机溶剂，对鱼类及某些水生生物高毒。

【产品特点】氧氟·甲戊灵是由乙氧氟草醚与二甲戊灵按一定比例混配的一种复合型内吸传导型低毒除草剂，可同时防除作物田中的多种阔叶杂草与禾本科杂草，有杀草谱广、持效期长、使用方便、不易淋溶、在土壤中移动性小、对环境安全性高等优点。乙氧氟草醚属二苯醚类触杀型除草剂，在有光条件下发挥杀草作用，芽前和芽后早期施用效果最好，主要通过胚芽鞘、中胚轴进入植物体内，对种子萌发的杂草杀草谱较广，能防除阔叶杂草、莎草及稗草，但对多年生杂草只有抑制作用。二甲戊灵是一种二硝基苯胺类选择性除草剂，芽前芽后均可使用，主要抑制分生组织细胞分裂，不影响杂草种子的萌发，在杂草种子萌发过程中，杂草幼芽、茎和根吸收药剂后而起作用。

【适用作物及防除对象】氧氟·甲戊灵主要应用于大蒜、姜、花生等作物田，可有效防除稗草、马唐、狗尾草、金狗尾草、牛筋草、早熟禾、看麦娘、藜、反枝苋、凹头苋、马齿苋、猪殃殃、繁缕、铁苋菜、苍耳、藜、田菁、柳叶刺蓼、酸膜叶蓼、卷茎蓼、萹蓄、苘麻、刺黄花稔、酢浆草、锦葵、狼把草、鬼针草、香薷、野西瓜苗、鼬瓣花等多种杂草。

【使用技术】施药前整地要平整，避免有大土块及植物残渣。施药剂量要准确，喷药时要均匀，不可重喷或漏喷。有机质含量高、或干旱情况下，建议采用较高剂量；有机质含量低，沙壤土或降雨灌溉情况下，建议采用下限剂量。大风天或下雨前后，不可施药。

大蒜田　大蒜播种后出苗前施药，每亩使用20%氧氟·甲戊灵乳油130～150毫升，或34%乳油120～150毫升，对水40～50千克均匀喷雾。砂质土用低剂量，壤质土、黏质土用高剂量。地膜大蒜用药量宜降低1/3。大蒜套种菠菜田慎用。

姜田　在姜播种后出苗前土壤喷雾处理，每亩使用20%氧氟·甲戊灵乳油130～150毫升，或34%乳油120～150毫升，对水40～50千克均匀喷雾。

花生田　花生播后苗前喷雾施药，每亩使用20%氧氟·甲戊灵乳油150～180毫升，或34%乳油120～150毫升，对水40～50千克均匀喷雾。地膜花生田用药量宜降低1/3。

棉花田　在棉花播种后出苗前施药，一般每亩使用20%氧氟·甲戊灵乳油150～180毫升，或34%乳油120～150毫升，对水40千克均匀土表喷雾。田间积水可能有轻微药害，但可恢复；施药不可过晚，如有5%棉苗出土应停止施药。覆膜棉用药量应降低1/3。

【注意事项】低温、施药后浇水或降大雨的情况，会对药效有一定影响，且可能会使作物产生轻微药害，一般7～10天可以恢复，不影响作物产量。多雨地区注意雨后排水，排水不良地块，雨后积水会妨碍作物出苗，出现药害。地膜栽培使用本除草剂时，应在覆膜前施药，且用药量比同类露地栽培方式减少 1/3 左右。喷施药剂前后，土壤应保持湿润，以确保药效。本品对鱼高毒，应远离水产养殖区施药，并禁止在河塘等水体中清洗施药器具，以免污染水源。

唑草·苯磺隆

【有效成分】唑草酮（carfentrazone-ethyl）＋苯磺隆（bensulfuron-methyl）。

【常见商标名称】奔腾、速笑等。

【主要含量与剂型】36％可湿性粉剂（22％唑草酮＋14％苯磺隆）、28％可湿性粉剂（12％唑草酮＋16％苯磺隆）、24％可湿性粉剂（10％唑草酮＋14％苯磺隆）。

【理化性质】唑草酮纯品为黏性黄色液体，熔点－22.1℃，基本不溶于水，可溶于甲苯、乙烷、丙酮等有机溶剂，在 pH 值 5 的介质中稳定。属低毒除草剂成分，原药大鼠急性经口 LD_{50} 大于 5000 毫克/千克，急性经皮 LD_{50} 大于 4000 毫克/千克。

苯磺隆纯品为浅棕色无嗅固体，熔点 141℃，可溶于水及丙酮、乙腈、甲醇等有机溶剂，45℃下 pH 值 8～10 时稳定，在 pH 值小于 7 或 pH 值大于 12 的介质中迅速分解。属低毒除草剂成分，原药大鼠急性经口 LD_{50} 大于 5000 毫克/千克，兔急性经皮 LD_{50} 大于 2000 毫克/千克。

唑草·苯磺隆为低毒复配除草剂，可溶于多种有机溶剂，试验条件下未见致畸、致癌、致突变作用。

【产品特点】唑草·苯磺隆是由唑草酮与苯磺隆按一定比例混配的一种内吸传导型芽后选择性复合除草剂，具有杀草速度快，除草效果好，对作物安全等优点。

唑草酮属三唑啉酮类除草剂成分，通过抑制植物体内叶绿素的生物合成而引起细胞膜破坏，无内吸活性；该药作用迅速，喷药后15分钟即被植物叶片吸收，3～4小时后杂草即出现中毒症状，2～4天死亡。苯磺隆属磺酰脲类内吸传导型芽后选择性除草剂成分，茎叶处理后可被杂草茎叶及根吸收，并在体内传导，通过阻碍乙酰乳酸合成酶的活性，使细胞分裂受阻，最终致使杂草死亡；该药作用缓慢，使用初期杂草仍保持青绿，但生长已受到严重抑制，不再对作物构成为害；施用后10～14天杂草受严重抑制作用，心叶逐渐退绿坏死、叶片退绿，用药后30天逐渐整株枯死。

【适用作物及防除对象】唑草·苯磺隆主要适用于小麦田，用于防除猪殃殃、婆婆纳、麦家公、泽漆、繁缕、荠菜、麦瓶草、碎米荠、雀舌草、卷茎蓼、播娘蒿、田旋花、苘麻、萹蓄、藜、蓼、反枝苋、铁苋菜、苣荬菜、龙葵、地肤等阔叶杂草。

【使用技术】冬小麦田，在小麦出苗后、阔叶杂草2～3叶期施药，一般每亩使用36%可湿性粉剂4～5克，或28%可湿性粉剂5～6克，或24%可湿性粉剂8～12克，对水30千克均匀喷雾。春小麦田，在小麦3～4叶期、一年生阔叶杂草2～4叶期、多年生阔叶杂草6叶期以前施药效果最好，一般每亩使用36%可湿性粉剂5～6克，或28%可湿性粉剂6～7克，或24%可湿性粉剂9～12克，对水30～40千克均匀茎叶喷雾。喷药必须均匀周到，使全部杂草充分着药。杂草小、墒情好时用低药量，杂草大、墒情差时用高药量。小麦拔节后禁止施药。

【注意事项】该药活性高，用药量少，施用药量要准确。喷药时防止药剂飘移到敏感阔叶作物上，或避免在周围种植敏感作物的麦田使用。用药后60天不能种植阔叶作物。唑草·苯磺隆对眼睛、皮肤有刺激作用，用药时注意安全保护，避免药液溅入眼睛或皮肤上。

苄嘧·苯噻酰

【有效成分】 苄嘧磺隆（bensulfuron-methyl）＋苯噻酰草胺（mefenacet）。

【常见商标名称】 田俊、田逸、仙耙、稻馨、水丰、水旺、水中仙、韩稻兴、阔稗迪、稻植音、瑞泽金水灵等。

【主要含量与剂型】 50％可湿性粉剂（3％＋47％）、53％可湿性粉剂（3％＋50％）、55％可湿性粉剂（5％＋50％）、60％可湿性粉剂（5％＋55％）、73％可湿性粉剂（7％＋66％）、82％水分散粒剂（4.5％＋77.5％）。括号内数字及顺序均为苄嘧磺隆的含量加苯噻酰草胺的含量。

【理化性质】 苄嘧磺隆纯品为白色固体，熔点185～188℃，25℃下pH值7时在水中的溶解度为120毫克/升，在丙酮、乙酸乙酯、乙腈和二氯甲烷中稳定；25℃时，微碱水溶液中稳定，酸性水溶液中缓慢降解。属低毒除草剂成分，原药大鼠急性经口LD_{50}大于5000毫克/千克，兔急性经皮LD_{50}大于2000毫克/千克，对鸟、鱼和蜜蜂低毒。

苯噻酰草胺原药外观为白色无嗅晶体，熔点134.8℃，微溶于水，可溶于丙酮、二氯甲烷、二甲基亚砜等有机溶剂；在pH值4～9的酸、碱介质中稳定，对光、热稳定。属低毒除草剂成分，原药小鼠急性经口LD_{50}大于4646毫克/千克，大鼠急性经皮LD_{50}大于5000毫克/千克。

苄嘧·苯噻酰为低毒复合除草剂。

【产品特点】 苄嘧·苯噻酰是由苄嘧磺隆与苯噻酰草胺按一定比例复配而成的一种水稻田专用复合除草剂，具有杀草谱广、杀草迅速、使用方便、安全性好等优点。

苄嘧磺隆属磺酰脲类选择性内吸传导型除草剂成分，可在水中迅速扩散，被杂草根部和叶片吸收后转移到杂草各部，通过阻碍氨基酸的生物合成而抑制叶部和根部的生长，最后导致杂草坏死；该药进入水稻体内后迅速代谢为无害的惰性物质，故对水稻安全。苯噻酰草胺属酰胺类选择性内吸传导型除草剂成分，主要通过芽鞘和根吸收，经木质部和韧皮部传导至杂草的幼芽和嫩叶，抑制杂草生长点细胞分裂伸长，最终造成植株死亡；该药被土壤吸附力很强，施药后在土壤表层形成约1厘米的处理药层，使水稻生长点与药剂不能接触，故对水稻具有较高的安全性，而对生长点处在土壤表层的杂草有较强杀死能力，持效期在1个月以上。

【适用作物及防除对象】苄嘧·苯噻酰仅适用于水稻田。可有效防除水稻田的多种禾本科杂草、莎草和阔叶杂草，如稗草、异型莎草、牛毛毡、矮慈姑、泽泻、眼子菜、萤蔺、水莎草、节节菜、雨久花、陌上菜、日照飘拂草、异型莎草、碎米莎草、小茨藻、四叶萍、茨藻等。

【使用技术】一般在水稻移植后5～6天用药。南方稻区，每亩使用50%可湿性粉剂60～70克，或53%可湿性粉剂50～60克，或60%可湿性粉剂45～55克，或82%水分散粒剂40～55克；北方稻区，每亩使用50%可湿性粉剂80～100克，或53%可湿性粉剂70～80克，或60%可湿性粉剂55～65克，或82%水分散粒剂50～60克。每亩药剂兑细土或细砂15～20千克拌匀撒施，也可与肥料混施，既除草又促进秧苗生长。施药后保持3～5厘米水层5～7天，如缺水可缓慢补水，但不能排水。水层淹过水稻心叶、或药剂漂移后易产生药害。田间杂草基数大的田块用推荐剂量上限，基数小的用下限。

【注意事项】露水地段、沙质土、漏水田使用效果差。排水时切忌将施药田水排入荸荠、慈菇、河藕等水生蔬菜田。该药剂对眼睛、皮肤和黏膜有刺激作用，用药时注意安全保护。

精喹·草除灵

【有效成分】精喹禾灵（quizalofop-P-ethyl）＋草除灵

(benazolin-ethyl)。

【常见商标名称】乐邦、胜镰、菜丰、新旺、油帅、油福、油田锄、油通灵、黄金盖、由草田泰、丰山阔禾尽、瑞德丰油草终等。

【主要含量与剂型】38%悬浮剂(8%精噁禾灵+30%草除灵)、18%乳油(4%精噁禾灵+14%草除灵)、17.5%乳油(2.5%精噁禾灵+15%草除灵)、15%乳油(3%精噁禾灵+12%草除灵)、14%乳油(2%精噁禾灵+12%草除灵)。

【理化性质】精噁禾灵纯品为白色无嗅晶体,熔点76~77℃,基本不溶于水,可溶于丙酮、乙醇、己烷、甲苯等多种有机溶剂,在酸性、中性介质中稳定,碱性介质中不稳定。属低毒除草剂成分,原药大鼠急性经口LD_{50}为1210毫克/千克。

草除灵纯品为白色晶状固体,熔点79.2℃,微溶于水,可溶于丙酮、二氯甲烷、乙酸乙酯、甲醇、甲苯等多种有机溶剂,在酸性和中性介质中稳定。属低毒除草剂成分,原药大鼠急性经口LD_{50}大于6000毫克/千克,急性经皮LD_{50}大于2100毫克/千克。

精噁·草除灵属低毒复配除草剂,可溶于丙酮、甲苯等多种有机溶剂,在酸性和中性溶液中稳定,对皮肤和眼睛有刺激作用。

【产品特点】精噁·草除灵是由精噁禾灵与草除灵按一定比例混配的一种复合型苗后选择性除草剂。精噁禾灵属苯氧羧酸类选择性除草剂成分,通过杂草茎叶吸收,在植物体内向上、下双向传导,积累在顶端及节间分生组织,抑制细胞脂肪酸合成,使杂草坏死。草除灵属杂环类选择性芽后茎叶处理除草剂成分,主要通过叶片吸收,并输导到整个植物体,药效发挥缓慢;敏感植物受药后生长停滞,叶片僵绿、增厚反卷,新生叶扭曲,节间缩短,最后死亡,与激素类除草剂症状相似;在耐药性植物体内降解成无活性物质,对油菜、麦类、苜蓿等作物安全。

【适用作物及防除对象】精喹·草除灵仅适用于油菜田。可有效防除油菜田的多种一年生杂草，如稗草、牛筋草、马唐、狗尾草、看麦娘、野燕麦、画眉草、早熟禾、千金子、繁缕、牛繁缕、雀舌草、苋、藜、龙葵、猪殃殃等。

【使用技术】施药时期为直播油菜苗后6～8叶期或移栽油菜返青后，阔叶杂草出齐、禾本科杂草3～5叶期。一般每亩使用17.5%乳油100～150毫升，或14%乳油120～140毫升，或15%乳油120～130毫升，或18%乳油100～120毫升，或380克/升悬浮剂50～130毫升，对水30～45千克均匀茎叶喷雾处理。杂草叶龄小、生长茂盛、水分条件好时用低剂量，杂草大及在干旱条件下用高剂量。

【注意事项】不宜在直播油菜2～3叶期过早使用。本剂对芥菜型油菜高度敏感，不能使用；对白菜型油菜有轻度药害，应适当推迟施药期。用药时选择早晚气温低、无风时进行，风速超过每秒4米、气温高于28℃、空气相对湿度低于65%时停止施药；施药后2小时内降雨会影响药效。精喹·草除灵对皮肤、眼睛有刺激作用，用药时应做好防护工作，避免与药液接触。

苄·二氯

【有效成分】苄嘧磺隆（bensulfuron-methyl）+二氯喹啉酸（quinclorac）。

【常见商标名称】博臣、农力、天宁、锄洁、直播星、米能多、锐特星、满得斯、瑞邦直播清等。

【主要含量与剂型】44%可湿性粉剂（6%+38%）、40%可湿性粉剂（2.5%+37.5%；6%+34%；5%+35%）、38.5%可湿性粉剂（5%+33.5%；2.8%+35.7%）、38%可湿性粉剂（4%+34%）、36%可湿性粉剂（3%+33%；4%+32%；5%+31%；2%+34%；6%+30%）、35%可湿性粉剂（6%+29%；5%+30%）、32%可湿性粉剂（4%+28%；6%+26%）、31%

可湿性粉剂（2%＋29%）、30%可湿性粉剂（5%＋25%）、28%可湿性粉剂（3%＋25%）、27.5%可湿性粉剂（2.75%＋24.75%；2.5%＋25%）、25%可湿性粉剂(3%＋22%；2.5%＋22.5%)、22%可湿性粉剂（2%＋20%）、18%可湿性粉剂(1.5%＋16.5%)。括号内数字及顺序均为苄嘧磺隆的含量加二氯喹啉酸的含量。

【理化性质】苄嘧磺隆纯品为白色固体，熔点185～188℃，25℃下pH值7时在水中的溶解度为120毫克/升，在丙酮、乙酸乙酯、乙腈和二氯甲烷中稳定；25℃时，微碱水溶液中稳定，酸性水中缓慢降解。属低毒除草剂成分，原药大鼠急性经口LD_{50}大于5克/千克，兔急性经皮LD_{50}大于2000毫克/千克。

二氯喹啉酸原药外观为淡黄色固体，熔点269℃，不溶于水，微溶于丙酮、乙醇，几乎不溶于其它有机溶剂，对光、热稳定，在pH值3～9条件下稳定。属低毒除草剂成分，原药大鼠急性经口LD_{50}为2680毫克/千克,急性经皮LD_{50}大于2000毫克/千克。

苄·二氯为低毒复配除草剂，试验条件下未见致畸、致癌、致突变作用，对鱼类低毒，通常用量下对蜜蜂、鸟类及家蚕无影响。

【产品特点】苄·二氯是由苄嘧磺隆和二氯喹啉酸按一定比例混配而成的一种选择性内吸传导型除草剂。苄嘧磺隆为磺酰脲类选择性内吸传导型除草剂，有效成分可在水中迅速扩散，被杂草根部和叶片吸收转移到杂草各部位，阻碍氨基酸的生物合成，阻止细胞分裂和生长，从而使敏感杂草生长机能受阻而导致杂草死亡。二氯喹啉酸属喹啉羧酸类除草剂，是防治稻田稗草的特效选择性除草剂，对4～7叶期稗草效果突出。主要通过稗草根吸收，也能被发芽的种子吸收，少量通过叶部吸收，在杂草体内传导，使杂草死亡。稗草受害后叶片失绿变为紫褐色至枯死；水稻的根部能将有效成分分解，因而对水稻安全。该化合物在土壤中有较大的移动性，能被土壤微生物分解。苄·二氯混剂被敏感杂草吸收后，可快速抑制杂草生长，使受害杂草幼嫩组织失绿，叶片失水萎蔫，最后全株黄化死亡，具有杀草谱广，杀草速度快，施药时期宽，持效期适中，合理使用对作物安全性高等优点。

【适用作物及防除对象】 苄·二氯适用于水稻秧田和移栽田，可有效防除水稻田的稗草、雨久花、水芹、泽泻、鸭舌草、狼巴草、四叶萍、节节菜、眼子菜、慈姑、牛毛毡、萤蔺、异型莎草、碎米莎草等多种禾本科杂草、阔叶杂草及莎草科杂草。

【使用技术】 苄·二氯对2叶期以前的水稻秧苗敏感，在水稻2.5叶期前禁止使用。杂草茂密或稗草超过4叶期时，应适当增加用药量。严格掌握用药量，用药过量或重复喷洒都会出现药害。施药后若遇大幅度降温或高温干旱，会出现秧苗生长受到抑制及稻苗落黄现象，加强田间管理，温度正常后7～10天便可恢复。大风天或预计1小时内降雨，请勿施药。

水稻移栽田 宜在水稻移栽后5～7天，秧苗返青扎根后，稗草1.5～3叶期进行施药。每亩使用44%可湿性粉剂40～44.5克，或40%可湿性粉剂40～50克，或38.5%可湿性粉剂40～50克，或38%可湿性粉剂40～50克，或36%可湿性粉剂50～60克，或35%可湿性粉剂50～60克，或32%可湿性粉剂60～70克，或31%可湿性粉剂70～80克，或18%可湿性粉剂80～100克，对水30～45千克均匀喷雾。施药时要求田块平整。施药前排干田水，使杂草充分露出水面，施药后1～3天后再灌水回田，保持3～5厘米水层5～7天，之后恢复正常田间管理。药后保水不宜过深，水层不可淹没禾苗心叶以免产生药害。

水稻直播田和秧田 水稻2.5叶期以后，稗草1～7叶期均可施药，以稗草2～3叶期施药效果最佳。施药前排水至田面无明水但呈湿润状态，每亩使用32%可湿性粉剂40～50克，或40%可湿性粉剂40～50克，或38%可湿性粉剂40～50克，或35%可湿性粉剂50～60克，或32%可湿性粉剂60～70克，或

28%可湿性粉剂70～80克，或25%可湿性粉剂秧田80～90克，或18%可湿性粉剂80～100克，对水20～30千克均匀喷雾。施药1天后放水回田，保持3～4厘米浅水层5～7天，之后恢复正常田间管理。水层不能超过秧苗心叶，以免产生药害。秧苗2叶1心期前禁用，弱苗秧田慎用。若秧苗出现僵苗时不可移栽，待秧苗恢复正常后方可移栽。大风天或下雨前后，请勿施药。

【注意事项】 本剂只能用于水稻田，其它作物或树木禁止使用。水稻秧苗2.5叶期以前严禁使用。伞形花科、茄科、锦葵科、豆科、菊科、旋花科等阔叶作物对本品较敏感，施药时应避免药液漂移至上述作物田，以防产生药害。后茬最好种植水稻、玉米、高粱等耐药性作物，药后第二年方可种植上述敏感作物。与其它除草剂混合使用前，应先作试验，以避免出现药害。本剂对鱼类等水生生物有毒，应远离水产养殖区施药。不可将有药的田水排入慈菇、荸荠、蔺草等水生作物田及鱼塘内，也不能用施过药的田水浇泼蔬菜，以免发生药害。禁止在河塘等水域内清洗施药器具或将清洗器具的废水排入河流、池塘等水源。孕妇和哺乳期妇女避免接触此药。

双氟·唑嘧胺

【有效成分】 双氟磺草胺（florasulam）＋唑嘧磺草胺（flumetsulam）。

【常见商标名称】 麦喜、普瑞麦等。

【主要含量与剂型】 175克/升悬浮剂(75克/升双氟磺草胺＋100克/升唑嘧磺草胺)、58克/升悬浮剂（25克/升双氟磺草胺＋33克/升唑嘧磺草胺）。

【理化性质】 双氟磺草胺纯品熔点为193.5～230.5℃，21℃时密度为1.77，在20℃时pH值7.0的条件下，在水中的溶解度为6.36克/升，土壤中半衰期DT_{50}小于1～4.5天，田间DT_{50}为2～18天。属低毒除草剂，原药大鼠急性经口LD_{50}大于6000

毫克/千克。

唑嘧磺草胺纯品为灰白色无味固体，熔点 251～253℃，21℃时密度 1.77，pH 值 2.5 时水中溶解度为 49 毫克/升，溶解度随 pH 值升高而升高，在丙酮、甲醇中轻微溶解，不溶于二甲苯、己烷。属低毒除草剂。原药大鼠急性经口 LD_{50} 大于 5000 毫克/千克，兔急性经皮 LD_{50} 大于 2000 毫克/千克。

双氟·唑嘧胺制剂属于低毒除草剂，对兔眼睛有刺激性，对兔皮肤无刺激性，试验剂量下无致畸、致突变和致癌作用，对遗传无不良影响。

【产品特点】 双氟·唑嘧胺是由双氟磺草胺和唑嘧磺草胺按一定比例混配的复合低毒除草剂，专用于麦田除草，具有较强的内吸传导特性，苗后茎叶处理，被植物吸收后可传导至全株，具有杀草彻底、杀草谱广、用药适期宽、对作物安全、低温效果稳定等优点。双氟磺草胺和唑嘧磺草胺均属于三唑嘧啶磺酰胺类除草剂，是典型的乙酰乳酸合成酶抑制剂。被植物根、茎、叶吸收后，可在植物体内传导，抑制植物体内支链氨基酸的生物合成，导致蛋白质合成受阻，生长停滞，最终引起植物死亡。该制剂从植物吸收药剂开始到出现受害症状，直至植物死亡，是一个比较缓慢的过程。

【适用作物及防除对象】 双氟·唑嘧胺适用于小麦田，能有效防除猪殃殃、麦家公、繁缕、牛繁缕、婆婆纳、大巢菜、碎米荠、荠菜、野油菜、通泉草、播娘蒿、泽漆等大多数阔叶杂草。

【使用技术】 使用前需要将药剂摇匀。配药时建议采用二次稀释法，先加入少量水配成母液，搅拌均匀后，再倒入喷雾器中加入余量的水充分摇匀后使用。在推荐用量下对小麦、大麦及后茬作物安全。

小麦出苗后，阔叶杂草 3～6 叶期施药。每亩使用 175 克/升悬浮剂 3～4.5 毫升，或 58 克/升悬浮剂 9～14 毫升，对水 20～30 千克均匀茎叶喷雾。冬前杂草幼小，气温高，除草效果更好。

双氟·唑嘧胺用药适期宽，11月下旬至次年1月下旬均可施药，对较高大杂草及进入花期的野油菜、荠菜、碎米荠等十字花科杂草也有很高的防效；在2℃的低温条件下药效仍然稳定。

【注意事项】该药活性高，用药量低，施用剂量必须准确，不可随意增加，否则可能对后茬种植的棉花、甜菜、油菜、向日葵、高粱、番茄等作物有不利影响。用药40天内，避免间作或套种十字花科蔬菜、西瓜和棉花等阔叶作物。已间作或套种有阔叶作物的冬小麦田，不能使用本品。用过的药械应清洗干净，避免残留药剂对其它作物产生药害。本剂对鱼类有毒，禁止在河塘等水体中清洗施药器具，避免药液流入湖泊、河流或鱼塘中。

唑啉·炔草酯

【有效成分】唑啉草酯（pinoxaden）＋炔草酯（clodinafop-propargyl）。

【常见商标名称】大能。

【主要含量与剂型】5％乳油（2.5％唑啉草酯＋2.5％炔草酯）。

【理化性质】唑啉草酯纯品外观为白色细粉末，熔点120.5～121.6℃，沸点335℃，25℃时水中溶解度为200毫克/升，可溶于二氯甲烷、丙酮、甲醇、甲苯、辛醇、乙酸乙酯等多种有机溶剂。属低毒除草剂成分,原药大鼠急性经口LD_{50}大于5000毫克/千克，急性经皮LD_{50}大于2000毫克/千克，对兔皮肤无刺激性，对眼睛有刺激性，无腐蚀性。

炔草酯纯品为无色无味结晶体，原药外观为浅黄色固体粉末，20℃时比重为1.37，熔点48.2～57.1℃，25℃时水中溶解度为4.0毫克/升，溶于丙酮、甲醇、甲苯、辛醇等多种有机溶剂。属低毒除草剂成分，原药大鼠急性经口LD_{50}为1829毫克/千克，急性经皮LD_{50}大于2000毫克/千克，对水生生物高毒。

唑啉·炔草酯属低毒复合除草剂，可溶于多种有机溶剂，试验剂量下无致畸、致癌、致突变现象。

【产品特点】唑啉·炔草酯是由唑啉草酯和炔草酯按科学比例混配的一种内吸传导型选择性低毒除草剂，在土壤中降解快，很少被根部吸收，只有很低的土壤活性，对后茬作物无影响，具有杀草谱广、安全性好、除草效果稳定等优点。唑啉草酯属新苯基吡唑啉类除草剂，作用机理为乙酰辅酶A羧化酶抑制剂，造成脂肪酸合成受阻，使细胞生长分裂停止，细胞膜含脂结构被破坏，导致杂草死亡。炔草酯属芳氧苯氧丙酸类除草剂，能有效抑制类酯的生物合成，为乙酰辅酶A羟化酶抑制剂，在土壤中很快降解为游离酸苯基和吡啶部分进入土壤。唑啉·炔草酯能有效抑制乙酰辅酶A羟化酶的生物合成，被植物体的叶片和叶鞘吸收后积累于植物体的分生组织内，抑制乙酰辅酶A羟化酶的生物合成，使脂肪酸合成停止，细胞的生长分裂不能正常进行，膜系统等脂结构受破坏，最后导致植物死亡。从被吸收到杂草死亡一般需要1～3周时间。

【适用作物及防除对象】唑啉·炔草酯适用于小麦田，能有效防除稗草、看麦娘、日本看麦娘、鼠尾看麦娘、茵草、硬草、棒头草、黑麦草、野燕麦、早熟禾、狗尾草等禾本科杂草。

【使用技术】唑啉·炔草酯活性高，用药量低，施用剂量必须准确。施药时应选择早晚气温低、无风或风小时进行，最好在晴天上午8点以前，或下午4点之后施药。施药后杂草受害的反应速度与气候条件、杂草种类、生长条件等因素有关，春季温度较高时使用除草速度最快。

在小麦3叶期之后、一年生禾本科杂草3～5叶期时施药效果最佳。冬小麦田，每亩使用5%唑啉·炔草酯乳油60～100毫升；春小麦田，每亩使用5%唑啉·炔草酯乳油40～80毫升，对水20～30千克均匀茎叶喷雾。施药时，建议选用扇形喷嘴，要求喷雾均匀周到，不可重喷、漏喷。喷药时要定喷头高度，定压力，定行走速度，以保证喷洒均匀。杂草草龄较大或发生密度较大时，应采用推荐剂量上限。在不良气候条件下施药，小麦叶片可能会出现暂时的失绿症状，但不影响其正常生长发育和最终产量。避免在极端气候如气温大幅波动、异常干旱、极端低温或高温、田间积水、小麦生长不良等条件下使用，否则可能影响药效或导致作物药害。

【注意事项】大麦田、燕麦田及间作、套种其它作物的小麦田，不能使用本剂。施药后仔细清洗喷雾器，避免药物残留造成玉米、高粱及其它敏感作物药害。不能与激素类除草剂如2，4-D、2甲4氯、麦草畏、氯氟吡氧乙酸等混用；在进行混配性试验前，不能与其它农药及肥料混合施用。本剂对鱼类和藻类有毒，清洗器具的废水不能排入河流、池塘等水源。

常用植物生长调节剂

赤　霉　酸

【有效成分】赤霉酸（gibberellic acid）。

【常见商标名称】奇宝、庆丰、兆丰、好丽格、灭绝清、植宝特等。

【主要含量与剂型】85%结晶粉、85%粉剂、75%结晶粉、75%粉剂、40%可溶粉剂、20%可溶粉剂、20%可溶片剂、15%可溶片剂、10%可溶片剂、10%可溶粉剂、4%乳油、4%水剂、3%乳油、2.7%膏剂等。

【理化性质】赤霉酸纯品为白色结晶粉末，难溶于水、醚、苯、氯仿、煤油，可溶于乙醇、甲醇、丙酮、乙酸乙酯、pH6.2的磷酸缓冲液、碳酸氢钠水溶液、醋酸钠水溶液。水溶液呈酸性，在酸性溶液中较稳定，遇碱易分解，遇热分解。赤霉酸在干燥状态下能长期保存。属低毒植物生长调节剂，原药大鼠急性经口 LD_{50} 大于15000毫克/千克，未见致突变及致肿瘤作用。

【产品特点】赤霉酸俗称“赤霉素”、“九二〇”，简称“GA”，是一种广谱性植物生长调节剂，是植物体内普遍存在的五大植物内源激素之一，主要生理功能是促进植物生长发育。具体表现在可促进细胞伸长、茎伸长、叶片扩大、单性结实、提高坐果率、增加产量、果实生长或膨大、打破休眠促进发芽、改变雌雄花比率、影响开花时间、减少花及果的脱落、延缓衰老及保鲜等。外源赤霉酸进入到植物体内，具有与内源赤霉酸相同的生理功能。赤霉酸主要经叶片、嫩枝、花、种子或果实进入到植株体内，然后传导到生长活跃的部位发生作用。与多效唑、矮壮素等生长抑制剂互为拮抗剂。

赤霉酸常与氯吡脲、苄氨基嘌呤、吲哚乙酸、芸薹素内酯等具有植物生长调节活性的药剂混配，生产复配制剂。

【适用作物】赤霉酸适用作物非常广泛，可适用于水稻、玉米、大麦、棉花、茶树、苹果、梨、葡萄、枣、甜柿、大樱桃、草莓、柑橘、香蕉、菠萝、黄瓜、西瓜、茄子、番茄、芹菜、菠菜、苋菜、生菜、马铃薯、豌豆、扁豆、花卉、人参、绿肥植物、林木、花卉植物等许多种植物。

【使用技术及效果】赤霉酸的使用方法因作物和目的不同，具体使用技术而异。

1. 促进坐果或无籽果的形成、提高坐果率及果实膨大与早熟

①黄瓜：在开花时使用 50～100 毫克/千克的赤霉酸喷花，可促进坐果、增加产量。

②茄子：在开花时使用 10～50 毫克/千克的赤霉酸喷花，可促进坐果、增加产量。

③番茄：在开花期使用 10～50 毫克/千克的赤霉酸喷花，具有促进坐果、防止空洞果的作用。

④棉花：使用 20 毫克/千克的赤霉酸喷洒 1～3 天的幼铃，具有促进坐果、减少落铃、增加产量的作用。

⑤籽葡萄：在开花前使用 4～6.7 毫克/千克的赤霉酸喷洒花穗，或在落花后使用 10～20 毫克/千克的赤霉酸喷洒幼穗，或在落花后 7～10 天使用 20～50 毫克/千克的赤霉酸喷洒幼果穗，可促进无核果形成、提高坐果率、果粒膨大、并增加产量。

⑥玫瑰香葡萄：在落花后 7～10 天，使用 200～500 毫克/千克的赤霉酸喷洒幼果穗，可提高坐果率、促进果实膨大、增加产量，并可使无核果率达 60％以上。

⑦梨：在开花至幼果期，使用 10～20 毫克/千克的赤霉酸喷花或幼果 1 次，可促进坐果、增加产量；在幼果期使用 2.7％膏

剂涂抹幼果柄（每果涂抹20～30毫克制剂），具有促进果实增大的作用。

⑧苹果：在花期使用50毫克/千克的赤霉酸喷洒花序，具有提高坐果率的作用；在金冠苹果上，于盛花后10天和20天对幼果分别各喷施1次50～100毫克/千克的赤霉酸，可减轻果锈。

⑨枣：在开花前至花期，使用15～20毫克/千克赤霉酸喷洒花器1～2次（间隔3～5天），具有促进坐果、提高坐果率、增加产量的作用。

⑩甜柿：在开花期喷施1次80毫克/千克的赤霉酸，可提高坐果率，并促进弱树新梢生长。

⑪大樱桃：在盛花期喷施1次40毫克/千克的赤霉酸加0.2%硼砂混合液，可使果实提早着色、提早成熟3～5天。

⑫柑橘：在谢花2/3和谢花后10天，使用30～50毫克/千克的赤霉酸分别喷洒1次树冠，可显著提高坐果率、增加产量。

⑬菠萝：在开花期使用70～100毫克/千克的赤霉酸喷洒果实，可促进果实转色、增加单果重，并能抑制顶芽及托芽的生长，可延迟成熟8～15天，提高菠萝的产量和品质。

2. 打破休眠，促进发芽

①马铃薯：播种前使用0.5～1毫克/千克的赤霉酸浸泡种薯30分钟，具有促进块茎萌芽、促使苗齐、苗壮、增加产量的作用。

②大麦：播种前使用1毫克/千克的赤霉酸浸种，晾干后播种，可促进种子发芽。

③豌豆：播种前使用50毫克/千克的赤霉酸浸种24小时，晾干后播种，可促进种子发芽。

④扁豆：播种前使用10毫克/千克的赤霉酸拌种，均匀拌湿，可促进种子发芽。

⑤人参：播种前使用20毫克/千克的赤霉酸浸种15分钟，晾干后播种，可促进种子发芽、提高种子发芽率。

⑥凤仙花：播种前使用50～200毫克/千克的赤霉酸浸种6小时，晾干后播种，可促进种子发芽。

⑦鸡冠花：播种前使用50～300毫克/千克的赤霉酸浸种6小时，晾干后播种，可促进种子发芽。

3. 促进营养体生长

①葡萄苗：苗期使用50～100毫克/千克的赤霉酸喷洒叶片，10天1次，连喷1～2次，具有促进植株快速生长的作用。

②落叶松：苗期使用10～50毫克/千克的赤霉酸喷洒幼苗，10天1次，连喷2～5次，具有促进地上部快速生长的作用。

③白杨：使用10000毫克/千克的赤霉酸涂抹新梢或伤口，可促进新梢生长或伤口愈合。

④矮生玉米：在营养生长期使用50～200毫克/千克的赤霉酸喷洒叶片1～2次（间隔10天），可促进植株高大生长。

⑤水稻：在拔节期使用30～40毫克/千克的赤霉酸喷洒植株1次，可调节植株生长、促进产量提高。

⑥芹菜：收获前2周使用50～100毫克/千克的赤霉酸喷洒植株1次，可促进茎粗叶大、产量提高。

⑦菠菜：收获前3周使用10～20毫克/千克的赤霉酸喷洒叶片1～2次（间隔3～5天），可促进叶片肥大、产量提高。

⑧苋菜：5～6叶期使用20毫克/千克的赤霉酸喷洒叶片1～2次（间隔3～5天），可促进叶片肥大、产量提高。

⑨花叶生菜：14～15叶期使用20毫克/千克的赤霉酸喷洒叶片1～2次（间隔3～5天），可促进叶片肥大、产量提高。

⑩绿肥植物：植株生长期使用10～20毫克/千克的赤霉酸喷洒植株1～2次（间隔10天），可促进植株生长、产量提高。

⑪茶树：使用40～50毫克/千克的赤霉酸喷洒茶树，具有调节植株生长、增加产量的作用。

4. 调节植物开花

①草莓：在花芽分化前2周，使用25～50毫克/千克的赤霉

酸喷叶1次，可促进花芽分化；在开花前2周，使用10～20毫克/千克赤霉酸喷叶2次（间隔5天），可促进花梗伸长、提早开花。

②莴苣：在幼苗期使用100～1000毫克/千克的赤霉酸喷叶1次，具有诱导开花的作用。

③菠菜：在幼苗期使用100～1000毫克/千克的赤霉酸喷叶1～2次，具有诱导开花的作用。

④黄瓜：在1叶期使用50～100毫克/千克的赤霉酸喷苗1次，具有诱导雌花形成的作用。

⑤西瓜：在2叶1心期使用5毫克/千克的赤霉酸涂抹嫩茎或喷叶，具有诱导雌花形成的作用。

⑥菊花：在春化阶段使用1000毫克/千克的赤霉酸喷洒叶片，具有代替春化阶段、促进开花的作用。

⑦仙客来：使用1～5毫克/千克的赤霉酸喷洒开花前的花蕾，可促进提早开花。

⑧木本花卉：使用700毫克/千克的赤霉酸喷洒叶片或涂抹花芽，可促进提早开花。

5. 延缓衰老及保鲜作用

①黄瓜：采收前使用10～50毫克/千克的赤霉酸喷瓜，采收后具有延长贮藏期的功效。

②西瓜：采收前使用10～50毫克/千克的赤霉酸喷瓜，采收后具有延长贮藏期的功效。

③蒜薹：使用50毫克/千克的赤霉酸浸蘸蒜薹基部10～30分钟，具有抑制有机物向上输导、并保鲜的作用。

④脐橙：果实着色前2周，使用5～20毫克/千克的赤霉酸喷果1次，具有防止果皮软化、保鲜的作用。

⑤柑橘：绿果期使用5～15毫克/千克的赤霉酸喷果1次，具有果实保绿、延长贮藏期的作用。

⑥柠檬：果实失绿前使用100～500毫克/千克的赤霉酸喷果

1次，具有延迟果实成熟的作用。

⑦香蕉：采收后使用10毫克/千克的赤霉酸浸果，具有延长贮藏期的作用。

⑧樱桃：收获前3周，使用5～10毫克/千克的赤霉酸喷果1次，具有延迟果实成熟、采收、减少裂果的作用。

6. 促进作物增产作用

①甘薯：使用20毫克/千克的赤霉酸浸泡薯块或薯秧根茎部10分钟，而后栽种或扦插，具有显著增产作用。

②玉米：在玉米花穗期，使用10～20毫克/千克的赤霉酸喷洒雌穗的红樱，可提高玉米结实率及产量。

③大豆：在初蕾期至花期，使用20～40毫克/千克的赤霉酸喷洒植株，具有促进结实、提高产量的作用。

④花生：在初蕾期至花期，使用10～20毫克/千克的赤霉酸喷洒植株，具有促进结实、提高产量的作用。

⑤烟草：在苗期及收获前半月，使用30～40毫克/千克的赤霉酸各喷施1次植株，可提高烟叶产量。

⑥亚麻：在苗期使用100毫克/千克的赤霉酸喷洒1次植株，具有提高产量的效果。

⑦紫云英：在初花期喷施1次15～30毫克/千克的赤霉酸，可提高产量。

【注意事项】赤霉酸遇碱易分解，不能与碱性物质混用。赤霉酸晶体水溶性很低，使用前先用少量酒精（或高度白酒）溶解，再加水稀释至所需浓度。严格按照推荐使用浓度使用，不要随意提高用药浓度，以免出现副作用。赤霉酸用于促进坐果刺激生长时，水肥一定要充足。要适当与生长抑制剂进行混用，效果才更加理想。经赤霉酸处理的棉花等作物，不孕籽增加，故留种田不宜施用。使用时最好现配现用，药液不能存放过夜。赤霉酸使用浓度计算方法："制剂百分含量×10000÷使用浓度"即为该制剂的稀释倍数。

氯吡脲

【有效成分】氯吡脲（forchlorfenuron）。

【常见商标名称】施特优、吡效隆、福美特、好美得、果旺等。

【主要含量与剂型】0.1%可溶性液剂。

【理化性质】原药为白色结晶固体，熔点165～170℃，难溶于水，易溶于酒精、甲醇和丙酮，对光、热和水稳定。属低毒植物生长调节剂，原药大鼠急性经口LD_{50}为4918毫克/千克，兔急性经皮LD_{50}大于2000毫克/千克。

【产品特点】氯吡脲属苯基脲类衍生物，具有细胞分裂素活性，作用机理与嘌呤型细胞分裂素相同，但活性很高。通过促进细胞分裂分化、器官形成和蛋白质合成，而提高光合作用、促进植物生长、增强抗逆性、促进抗衰老、防止生理落果、提高坐果率、促进果实膨大、增加产量等。与赤霉素混用，可解决生产杂交种过程中亲本难保存、种子纯度差和成本偏高的难点。

【适用作物】氯吡脲可广泛适用于猕猴桃、葡萄、桃、柑橘、草莓、枇杷、西瓜、甜瓜、黄瓜、烟草、番茄、茄子、苹果、脐橙、棉花、大豆等植物，及多种植物的组织培养。

【使用技术及效果】氯吡脲的使用技术及效果因作物不同而异。

猕猴桃 在谢花后20～25天，使用0.1%可溶性液剂50～100倍液浸渍幼果或喷果，具有促进果实膨大、增加单果重、提高产量等功效，且果实品质无不良影响。

葡萄 在谢花后10～15天，使用0.1%可溶性液剂50～100倍液浸渍幼果穗，具有提高坐果率、促进果粒膨大、增加产量的作用，处理后果粒固形物含量可提高7%左右。也可0.1%可溶性液剂200～300倍液与0.01%赤霉酸混用，促进果实膨大效果显著。

桃 在落花后20～25天，使用0.1%可溶性液剂50倍液喷洒幼果，具有促进果实膨大、促进果实着色等功效。

苹果 在落花后半月左右，使用0.1%可溶性液剂50倍液喷洒幼果，具有促进果实膨大、提高产量、促进果实着色等功效。

柑橘 在谢花后3～7天和谢花后25～30天，分别用0.1%可溶性液剂300～500倍液喷洒树冠，或用0.1%可溶性液剂100倍液涂抹果梗、密盘，具有防止落果、提高坐果率、加快果实生长的功效。

草莓 使用0.1%可溶性液剂100倍液喷洒采摘下的果实或浸果，晾干后包装，具有保持草莓新鲜、延长货架期等功效。

枇杷 使用0.1%可溶性液剂50～100倍液浸蘸幼果，具有促进果实膨大、增加产量的作用。

西瓜 在开花当天或前1天，使用0.1%可溶性液剂50～75倍液涂抹瓜柄或喷洒雌花子房，具有提高坐瓜率、增加产量、提高糖度、降低果皮厚度的作用，且瓜的品质无不良影响。

黄瓜 在开花当天或前1天，使用0.1%可溶性液剂50～100倍液涂抹瓜柄或瓜胎，具有防止化瓜、提高坐果率、并增加产量的作用。

甜瓜 在开花当天或前1天，使用0.1%可溶性液剂50～100倍液涂抹瓜柄或瓜胎，具有防止化瓜、提高坐果率、并增加产量的作用。

番茄 在开花期喷施0.1%可溶性液剂75～100倍液，具有提高坐果率、增加产量的作用。

茄子 在开花期喷施0.1%可溶性液剂75～100倍液，具有提高坐果率、增加产量的作用。

烟草 在苗期喷施0.1%可溶性液剂100～200倍液，具有促进叶片肥大、增加产量的作用。

组织培养 在培养基内加入0.0001%浓度的氯吡脲，可诱导多种植物的愈伤组织长出芽来。

【注意事项】 本品易挥发，用后应盖紧瓶盖。药液应随配随用，久置会降低药效。严格掌握用药浓度和时期，浓度偏高会影响果实品质，形成空心果、畸形果，并影响果内维生素C的含量。施药后6小时内遇雨应该补施。可以与赤霉素及其他农药混用。

萘　乙　酸

【有效成分】 萘乙酸（1-naphthyl acetic acid）。

【常见商标名称】 根大旺、茁青、生跟、科丰、巨根、国光生跟等。

【主要含量与剂型】 40%可溶粉剂、20%可溶粉剂、5%水剂、1%水剂。

【理化性质】 原药纯品为白色无味结晶，熔点130℃，易溶于丙酮、乙醚、苯、乙醇和氯仿等有机溶剂，几乎不溶于冷水，易溶于热水。80%萘乙酸原粉为浅黄色粉末，熔点106～120℃，常温下贮存，有效成分含量变化不大。萘乙酸遇碱生成盐类，盐易溶于水，所以配制药液时常将原粉溶于氨水后再稀释使用。属低毒植物生长调节剂，原药大鼠急性经口LD_{50}为1000～5900毫克/千克，急性经皮LD_{50}为2000～20000毫克/千克，对皮肤和黏膜有刺激作用。

【产品特点】 萘乙酸简称“NAA”，是一种广谱性植物生长调节剂，属类生长素物质，具有内源生长素吲哚乙酸的作用特点和生理机能。可通过叶片、树枝的嫩表皮、种子等部位进入到植株体内，随营养流输导到起作用的部位。低浓度时，具有促进细胞分裂与扩大、诱导形成不定根、提高座果率、防止落果、改变雌雄花比率等作用；高浓度时，可引起内源乙烯的生成，有催熟增产作用。

【适用作物】 萘乙酸可广泛使用于苹果、梨、葡萄、桃、柿、山楂、草莓、柑橘、柚、柠檬、荔枝、龙眼、菠萝、茶、番茄、茄子、西瓜、甜瓜、黄瓜、南瓜、马铃薯、甘薯、水稻、小麦、玉米、谷子、棉花、豆类及林木（桑、柏、柞、杉等）等多种植物。

【使用技术及效果】最初萘乙酸主要用作扦插生根剂，而目前应用范围很广，除此外还常作为防落果剂、坐果剂、调节开花剂等。

苹果　在采收前 10～20 天，全株喷施 1 次 10～20 毫克/千克（40%可溶粉剂 20000～40000 倍液，20%可溶粉剂 10000～20000 倍液，5%水剂 2500～5000 倍液，1%水剂 500～1000 倍液）的萘乙酸药液，要求喷湿果柄，防止采前落果效果很好，并有一定的促进着色作用。落果严重的品种，若在采收前 30～40 天先喷施 1 次，效果更好。盛花期后 1 周，喷施 1 次 20 毫克/千克（40%可溶粉剂 20000 倍液、20%可溶粉剂 10000 倍液、5%水剂 2500 倍液、1%水剂 500 倍液）的药液，具有化学疏花作用。落花后 1～2 周，喷施 1 次 10～20 毫克/千克的药液，具有疏果作用。幼树移栽时，用根系浸蘸使用 50 毫克/千克（40%可溶粉剂 8000 倍液、20%可溶粉剂 4000 倍液、5%水剂 1000 倍液、1%水剂 200 倍液）的萘乙酸药液拌和的泥浆，具有提高成活率、促进缓苗的作用。冬剪时，使用 10000～15000 毫克/千克（40%可溶粉剂 30～40 倍液、20%可溶粉剂 15～20 倍液、5%水剂 4～5 倍液）的药液涂抹剪锯口，可防止春季萌蘖的发生。

梨　在采收前 10～21 天，全株喷施 1 次 10～20 毫克/千克（40%可溶粉剂 20000～40000 倍液、20%可溶粉剂 10000～20000 倍液、5%水剂 2500～5000 倍液、1%水剂 500～1000 倍液）的萘乙酸药液，要求喷湿果柄，防止采前落果效果很好。盛花期喷施 1 次 40 毫克/千克（40%可溶粉剂 10000 倍液、20%可溶粉剂 5000 倍液、5%水剂 1250 倍液、1%水剂 250 倍液）的药液，具有化学疏花的作用。

柿 在采收前5～21天，全株喷施1次10～20毫克/千克（40%可溶粉剂20000～40000倍液、20%可溶粉剂10000～20000倍液、5%水剂2500～5000倍液、1%水剂500～1000倍液）的萘乙酸药液，要求喷湿果柄，可防止采前落果。

柑橘 采收前5～21天，全株喷施1次10～20毫克/千克（40%可溶粉剂20000～40000倍液、20%可溶粉剂10000～20000倍液、5%水剂2500～5000倍液、1%水剂500～1000倍液）的萘乙酸药液，要求喷湿果柄，防止采前落果效果好。开花后10～30天，喷施1次200～300毫克/千克（40%可溶粉剂1500～2000倍液、20%可溶粉剂700～1000倍液、5%水剂200～250倍液、1%水剂40～50倍液）的药液，具有一定的疏果作用。

巨峰葡萄 果粒似豌豆粒大小时，使用10毫克/千克（40%可溶粉剂40000倍液、20%可溶粉剂20000倍液、5%水剂5000倍液、1%水剂1000倍液）的萘乙酸药液浸蘸果穗，可有效防止果穗落粒。

桃 果实着色前15～20天喷施1次5～10毫克/千克（40%可溶粉剂40000～80000倍液、20%可溶粉剂20000～40000倍液、5%水剂5000～10000倍液、1%水剂1000～2000倍液）的萘乙酸药液，采收前3～5天再喷施1次10～15毫克/千克（40%可溶粉剂30000～40000倍液、20%可溶粉剂15000～20000倍液、5%水剂3500～5000倍液、1%水剂700～1000倍液）的药液，具有促进桃果着色、促进成熟、防止采前落果等功效。盛花后24天左右，喷施1次20～40毫克/千克（40%可溶粉剂10000～20000倍液、20%可溶粉剂5000～10000倍液、5%水剂1250～2500倍液、1%水剂250～500倍液）的药液，具有化学疏果的作用。

柠檬 早秋使用10毫克/千克（40%可溶粉剂40000倍液、20%可溶粉剂20000倍液、5%水剂5000倍液、1%水剂1000倍液）的萘乙酸药液喷洒树冠，可促进果实成熟。

菠萝 在营养生长后期，从株心处注入15～20毫克/千克（40%可溶粉剂20000～25000倍液、20%可溶粉剂10000～13000倍液、5%水剂2500～3300倍液、1%水剂500～600倍液）的萘乙酸药液30毫升，具有促进菠萝开花、形成无籽果实的作用。

山楂 播种前使用50～100毫克/千克（40%可溶粉剂4000～8000倍液、20%可溶粉剂2000～4000倍液、5%水剂500～1000倍液、1%水剂100～200倍液）的萘乙酸药液浸泡种子，可促进山楂种子发芽。幼树定植前，使用10毫克/千克的（40%可溶粉剂40000倍液、20%可溶粉剂20000倍液、5%水剂5000倍液、1%水剂1000倍液）药液浸根12小时，可促进发根、提高成活率。

葡萄、荔枝、龙眼、茶、桑等果树林木 扦插繁育苗木时，使用25～200毫克/千克（40%可溶粉剂2000～16000倍液、20%可溶粉剂1000～8000倍液、5%水剂250～2000倍液、1%水剂50～400倍液）的萘乙酸药液浸蘸扦插枝基部（浸深3～5厘米）12～24小时，而后扦插，具有促进插条生根、提高成活率的作用。

番茄 在开花期使用10～25毫克/千克（40%可溶粉剂16000～40000倍液、20%可溶粉剂8000～20000倍液、5%水剂2000～5000倍液、1%水剂400～1000倍液）的萘乙酸药液喷花，具有促进坐果、防止落花、提高坐果率的作用。

西瓜 在开花期使用10～20毫克/千克（40%可溶粉剂20000～40000倍液、20%可溶粉剂10000～20000倍液、5%水剂2500～5000倍液、1%水剂500～1000倍液）的萘乙酸药液喷花，具有促进坐果、防止落花的作用。

黄瓜 定植前，使用10毫克/千克（40%可溶粉剂40000倍液、20%可溶粉剂20000倍液、5%水剂5000倍液、1%水剂

1000倍液）的萘乙酸药液喷洒全株1～2次，可以增加雌花密度、提高产量。

南瓜 雌花开花时，使用10～20毫克/千克（40%可溶粉剂20000～40000倍液、20%可溶粉剂10000～20000倍液、5%水剂2500～5000倍液、1%水剂500～1000倍液）的萘乙酸药液涂抹开花时的子房，具有促进坐果、防止化花的功效。

马铃薯 种薯切块前，使用20～50毫克/千克（40%可溶粉剂8000～20000倍液、20%可溶粉剂4000～10000倍液、5%水剂1000～2500倍液、1%水剂200～500倍液）的萘乙酸药液浸泡种薯2～24小时，而后切块、拌药、播种，具有促进发芽、增加结薯量的作用。

甘薯 栽秧前，使用10～20毫克/千克（40%可溶粉剂20000～40000倍液、20%可溶粉剂10000～20000倍液、5%水剂2500～5000倍液、1%水剂500～1000倍液）的萘乙酸药液浸泡成捆薯秧基部3厘米深6小时，具有提高秧苗成活率、促进结薯、增加产量的作用。

小麦 播种前，使用20毫克/千克（40%可溶粉剂20000倍液、20%可溶粉剂10000倍液、5%水剂2500倍液、1%水剂500倍液）的萘乙酸药液浸种6～12小时，晾干后播种，具有促进分蘖、提高抗盐碱能力、提高成穗率的作用；拔节期喷施1次20～30毫克/千克（40%可溶粉剂15000～20000倍液、20%可溶粉剂7000～10000倍液、5%水剂1700～2500倍液、1%水剂350～500倍液）的药液，增加产量作用显著。

水稻 移栽时，使用10毫克/千克（40%可溶粉剂40000倍液、20%可溶粉剂20000倍液、5%水剂5000倍液、1%水剂1000倍液）的萘乙酸药液浸泡秧苗根1～2小时，而后插秧，具有促进返青、茎秆粗壮、提高产量的作用；拔节期，使用15～20毫克/千克（40%可溶粉剂20000～26000倍液、20%可溶粉剂10000～13000倍液、5%水剂2500～3000倍液、1%水剂

500～600倍液）的药液茎叶喷雾1次，具有抗倒伏、促进增产的作用。

玉米、谷子 播种前，使用20～30毫克/千克（40%可溶粉剂15000～20000倍液、20%可溶粉剂7000～10000倍液、5%水剂2000～2500倍液、1%水剂400～500倍液）的萘乙酸药液浸种，具有促进植株生长、增加产量的作用。

棉花 在盛花期，使用10～20毫克/千克（40%可溶粉剂20000～40000倍液、20%可溶粉剂10000～20000倍液，或5%水剂2500～5000倍液、1%水剂500～1000倍液）的萘乙酸药液喷洒植株2～3次，间隔期10天左右，具有防止蕾铃脱落、增加产量的作用。

豆类 在盛花期，使用10～100毫克/千克（40%可溶粉剂4000～40000倍液、20%可溶粉剂2000～20000倍液、5%水剂500～5000倍液、1%水剂100～1000倍液）的萘乙酸药液喷洒植株，具有增加籽粒重、提高产量的作用。

【注意事项】应用时严格按推荐浓度使用，不可任意加大浓度，以免植物出现药害。用作生根剂时，单用生根作用虽好，但往往苗生长不理想，所以一般与吲哚乙酸或其他有生根作用的调节剂进行混用，以使效果更好。萘乙酸难溶于冷水，配制时可先用少量酒精溶解，再加水稀释。可与一般非碱性药剂混用，喷施后短时间内遇雨应该补喷。国际粮农组织和世界卫生组织建议在小麦上的最大残留限量值为5毫克/千克。

芸薹素内酯

【有效成分】芸薹素内酯（brassinolide）。

【常见商标名称】农丰素、云大-120、金云大-120、硕丰481、金威丰素、大光明天丰素、八仙、保靓、奔福、大露、葛仙、绿龙、瑞德丰诺塞尔等。

【主要含量与剂型】0.004%水剂、0.01%水剂、0.01%乳油、0.01%可溶液剂、0.01%可溶粉剂、0.15%乳油等。

【理化性质】 原药（有效成分含量不低于95%）外观为白色结晶粉，熔点256～258℃，水中溶解度为5毫克/千克，易溶于甲醇、乙醇、四氢呋喃、丙酮等多种有机溶剂。属低毒植物生长调节剂，原药大鼠急性经口LD_{50}大于800毫克/千克，急性经皮LD_{50}大于1000毫克/千克，Ames试验表明没有致突变作用。

【产品特点】 芸薹素内酯为甾醇类植物激素，属第六大类植物内源激素。20世纪80年代初期首先从油菜花粉中提取精制出来。在很低浓度下具有使植物细胞分裂和延长的双重效果，能增加植物的营养体生长和促进受精作用。其在植物体内具有调节生长、促进生长、促进根系发达、提高抗逆能力、提高叶绿素含量、保花保果、提高坐果率、提高结实率、促进果实膨大、增强光合作用、增加千粒重、增加产量、促进对肥料的有效吸收利用、提早成熟、延缓衰老、改进品质、提高抗逆性、减轻药害等多重作用。在相对"恶劣"条件下，保花保果及增产效果等作用更加显著。

【适用作物】 芸薹素内酯适用作物非常广泛，可适用于苹果、梨、葡萄、桃、杏、杏扁、李、樱桃、枣、板栗、草莓、香蕉、柑橘、荔枝、杧果、枇杷、烟草、棉花、油菜、水稻、小麦、玉米、大豆、花生、黄瓜、西瓜、甜瓜、番茄、辣椒、茄子、豇豆、菜豆、十字花科蔬菜、金针菜、马铃薯、甘蔗等多种植物。

【使用技术及效果】 芸薹素内酯既可用于叶面喷雾，也可用于种子处理，且不同作物、不同目的使用方法及时期不尽相同。

枣 初花期和谢花2/3时各喷施1次，具有保花保果、提高坐果率、促进幼果膨大的作用；幼果期喷施1次，促进幼果膨大、果实大小均匀；着色期喷施1次，具有促进果实转色、提高果品质量的功效。一般使用芸薹素内酯0.02～0.04毫克/千克药液喷雾。开花期与赤霉酸混合喷施效果更好。

葡萄 开花前5天喷施第1次、7～10天后再喷施1次，可提高坐果率、减少落果、并促进果实大小均匀；果实（粒）膨大期喷施1次，促进果实膨大；果实（粒）转色期喷施1次，促进着色、增加糖度、提高果品质量。一般使用芸薹素内酯0.02～0.04毫克/千克药液喷雾。

苹果、梨　在开花前、后喷施，具有保花保果、提高坐果率、增强抗霜冻能力等作用；在幼果期喷施，可以促进果实膨大，提高果型指数；转色期或近成熟期喷施，具有促进着色、提高果品质量等效果。一般使用芸薹素内酯0.02～0.04毫克/千克药液喷雾。

桃、李、杏、杏扁、樱桃　开花前5天和落花后各喷施1次，具有防止冻花冻果、提高坐果率、增加产量等作用；果实转色期喷施1次（杏扁除外），可促进着色、提高果品质量。一般使用芸薹素内酯0.02～0.04毫克/千克药液喷雾，转色期与优质叶面肥混合喷施效果更好。

柑橘　谢花2/3时喷施第1次、10天后再喷施1次，可提高坐果率、减少落果、并促进果实大小均匀；果实膨大期喷施1次，促进果实膨大、增加产量；果实转色期喷施1次，促进着色、增加糖度、提高果品质量。一般使用芸薹素内酯0.02～0.04毫克/千克药液喷雾。开花前后喷施，与赤霉素配合使用效果更好。

杧果　开花前5天喷施第1次、7～10天后再喷施1次，可提高坐果率、减少落果、并促进果实大小均匀；果实膨大期喷施1次，促进果实膨大、提高产量；果实转色期喷施1次，促进着色、增加糖度、提高果品质量。一般使用芸薹素内酯0.02～0.04毫克/千克药液喷雾。

荔枝　开花前5天和落花后各喷施1次，具有保花保果、提高坐果率、促进果实膨大、提高产量及质量等作用。一般使用芸薹素内酯0.02～0.04毫克/千克药液喷雾。

香蕉　抽蕾初期，喷施1次芸薹素内酯0.02～0.04毫克/千克药液，可使蕉仔拉长快、弯曲自然，进而提高蕉果质量及产量。

板栗 开花前5天和落花后各喷施1次，具有提高结实率、降低空蓬率、增加产量等作用。一般使用芸薹素内酯0.02～0.04毫克/千克药液喷雾，与赤霉素配合使用效果更好。

草莓 从初花期开始喷施，10～15天1次，连喷2～3次，具有提高坐果率、结实多、果实大而均匀、糖度高、增加产量等作用。一般使用芸薹素内酯0.02～0.04毫克/千克药液喷雾。

黄瓜、甜瓜、番茄、辣椒等瓜果类及豆类蔬菜 在苗期喷施1次，可以促进花芽分化；从开花初期开始喷施，10～15天1次，连喷2～3次，具有提高坐果（荚）率、促进光合作用、增加产量、提高品质等作用。一般使用芸薹素内酯0.02～0.04毫克/千克药液喷雾。

十字花科蔬菜及其他叶菜类蔬菜 在苗期、莲座期或生长中期各喷施1次，具有调节生长、促进叶片光合作用、增加产量等效果。一般使用芸薹素内酯0.02～0.04毫克/千克药液喷雾。

油菜 从开花初期开始喷施，10天1次，连喷2～3次，具有提高结荚率、提高结实率、促进籽粒饱满、增加产量等作用。一般使用芸薹素内酯0.02～0.04毫克/千克药液喷雾。

水稻、小麦 在孕穗期、扬花初期、扬花后各喷施1次，具有提高结实率、促进籽粒饱满、抗倒伏、增加产量等作用。一般使用芸薹素内酯0.02～0.04毫克/千克药液喷雾。

玉米 在喇叭口期和扬花期各喷施1次，具有提高结实率、防止秃尖、促进籽粒饱满、增加产量等作用。一般使用芸薹素内酯0.02～0.04毫克/千克药液喷雾。

大豆、花生 从开花初期开始喷施，10天后再喷施1次，具有提高结实率、促进籽粒饱满、提高叶片光合效率、增加产量等作用。一般使用芸薹素内酯0.02～0.04毫克/千克药液喷雾。

棉花 从开花初期开始茎叶喷施，10～15天1次，连喷3

次，具有提高结铃率、减少落铃、增加产量等作用。一般使用芸薹素内酯0.02～0.04毫克/千克药液喷雾。

甘蔗　在分蘖期、抽节期各茎叶喷施1次，具有调节生长、增加糖度、提高产量等促进作用。一般使用芸薹素内酯0.02～0.04毫克/千克药液喷雾。

金针菜　从开花初期开始喷施，10天左右1次，连喷2～3次，具有调节生长、提高花蕾数、促进花蕾增大、增加产量、提高品质等作用。一般使用芸薹素内酯0.02～0.04毫克/千克药液喷雾。

烟草　从团棵期开始喷施芸薹素内酯0.02～0.04毫克/千克药液，可促进植株及叶片生长、增加产量、提高品质。

马铃薯　从株高30厘米左右或初花期开始喷施，10天后再喷施1次，可调节植株生长、促进薯块膨大、增加产量、提高品质。一般使用芸薹素内酯0.02～0.04毫克/千克药液喷雾。

缓解药害　植物发生药害后，及时喷施芸薹素内酯0.02～0.04毫克/千克药液，具有减轻药害、促进植物快速恢复的功效。

【注意事项】可与生长素类药剂及非碱性药剂混用。喷施时，在药液中加入0.05%的表面活性剂，可促进芸薹素内酯被植物体吸收利用。与优质叶面肥混用可增加药剂的使用效果。不要随意加大药剂使用浓度。在作物生育敏感期施药效果突出。芸薹素内酯使用浓度计算方法："制剂百分含量×10000÷使用浓度"即为该制剂的稀释倍数。

丙酰芸薹素内酯

【有效成分】丙酰芸薹素内酯（epocholeone）。

【常见商标名称】爱增美。

【主要含量与剂型】0.003%水剂。

【理化性质】原药（有效成分含量不低于95%）外观为白色

结晶粉，熔点256～258℃，沸点642.9℃，水中溶解度为5毫克/千克，易溶于甲醇、乙醇、四氢呋喃、丙酮等多种有机溶剂。属低毒植物生长调节剂，制剂大鼠（雌、雄）急性经口LD_{50}大于5000毫克/千克，急性经皮LD_{50}大于2000毫克/千克，试验时没有致突变作用，对兔皮肤、眼睛均无刺激。

【产品特点】丙酰芸薹素内酯是芸薹素内酯的高效结构，又称迟效型芸薹素内酯，对植物体内的赤霉素、生长素、细胞分裂素、乙烯利、脱落酸等激素具有平衡协调作用，同时调配植物体内养分向营养需求最旺盛的组织（如花、果等）运输，为花、果的生长发育提供充足的养分。通过保护细胞膜显著提高作物的耐低温、抗干旱等抗逆能力，保护作物的花、果在低温、干旱等不良天气条件下仍然健康生长发育。丙酰芸薹素内酯具有促进生长、保花保果、提高坐果率、提高结实率、促进根系发达、促进作物生长健壮、提高作物叶绿素含量、增强光合作用、增加产量、改进品质、促进早熟、提高营养成分、增强抗逆能力（耐寒、耐旱、耐低温、耐盐碱、防冻等）、减轻药害为害等多方面积极作用。该药剂喷施后5～7天药效开始发挥，持效期长达14天左右。

【适用作物】丙酰芸薹素内酯适用作物非常广泛，可适用于枣、葡萄、苹果、梨、桃、李、杏、杏扁、樱桃、柑橘、杧果、荔枝、龙眼、香蕉、青枣、板栗、草莓、茶树、西瓜、甜瓜、黄瓜、冬瓜、番茄、辣椒、豇豆、菜豆、十字花科蔬菜等叶菜类、油菜、水稻、小麦、玉米、花生、大豆、棉花、甘蔗、金针菜、药用菊花、金银花、烟草、马铃薯、生姜等多种植物。

【使用技术及效果】丙酰芸薹素内酯既可用于叶面喷雾、也可用于种子处理等，且不同作物、不同目的使用方法及时期不尽相同。

枣　初花期和谢花2/3时各喷施1次，具有保花保果、提高坐果率、促使果柄短粗、促进幼果膨大的作用；幼果期喷施1

次，促进幼果膨大、果实大小均匀；着色期喷施1次，具有促进果实转色、提高果品质量的功效。一般使用0.003%水剂2000～3000倍液均匀喷雾。开花期与赤霉酸混合喷施效果更好。

葡萄　萌芽期喷施1次，促进嫩芽整齐健壮，提高抗逆能力（倒春寒等）；开花前5天喷施1次、7～10天后再喷施1次，可提高坐果率、减少落果、并促进果实大小均匀；果实（粒）膨大期喷施1次，促进果实膨大；果实（粒）转色期喷施1次，促进着色、增加糖度、提高果品质量。一般使用0.003%水剂2000～3000倍液均匀喷雾。

苹果、梨　在开花前、后喷施，具有保花保果、提高坐果率、增强抗霜冻能力的作用，且幼果早期膨大快、叶片厚大而均匀；在幼果期喷施，可促进果实膨大，提高果型指数，促进花芽分化，缓解大小年等；转色期或近成熟期喷施，具有促进着色、提高果品质量等效果。一般使用0.003%水剂3000～4000倍液均匀喷雾。

桃、李、杏、杏扁、樱桃　开花前5天和落花后各喷施1次，具有防止冻花冻果、提高坐果率、增加产量等作用；果实转色期喷施1次（杏扁除外），可促进果实着色、提高果品质量等。一般使用0.003%水剂3000倍液均匀喷雾，转色期与优质叶面肥混合喷施效果更好。

柑橘　初花期、谢花2/3及落花后10～15天各喷施1次，具有提高坐果率、减少落果、并促进果实大小均匀的作用；果实膨大期喷施1次，促进果实膨大、增加产量；果实转色期喷施1次，促进着色、增加糖度、果面光亮、提高果品质量。一般使用0.003%水剂2000～3000倍液均匀喷雾，开花前后喷施与赤霉酸配合使用效果更好。

杧果　开花前5天喷施第1次、7～10天后再喷施1次，可提高坐果率、减少落果、并促进果实大小均匀；果实膨大期喷施1次，促进果实膨大、提高产量；果实转色期喷施1次，促进着色、增加糖度、提高果品质量。一般使用0.003%水剂3000倍液均匀喷雾。

荔枝、龙眼 开花前5天和落花后各喷施1次，具有保花保果、提高坐果率、促进果实膨大、提高产量等作用；果实转色期喷施1次，促进果实均匀转色，提高果品质量。一般使用0.003%水剂2000～3000倍液均匀喷雾。

香蕉 抽蕾初期开始喷施，10天左右1次，连喷2次，促使蕉仔拉长快、弯曲自然，进而提高蕉果质量及产量。一般使用0.003%水剂3000倍液均匀喷雾。

青枣 在花芽分化期、盛花期、幼果期各喷施1次，具有提高坐果率、促使果实大小均匀、膨大快、果面光洁等作用。一般使用0.003%水剂3000倍液均匀喷雾。

板栗 开花前5天和落花后各喷施1次，具有提高结实率、降低空蓬率、增加产量等作用。一般使用0.003%水剂2000～3000倍液均匀喷雾，与赤霉酸及硼肥配合使用效果更好。

草莓 从初花期开始喷施，10～15天1次，连喷2～3次，具有提高坐果率、结实多、果实大而均匀、糖度高、增加产量等作用。一般使用0.003%水剂3000倍液均匀喷雾。

茶树 在萌芽初期喷施1次、10天后再喷施1次，具有促使嫩芽整齐、饱满，抗寒（冻）力增强，产量增加等作用。一般使用0.003%水剂2000～3000倍液均匀喷雾。

西瓜、甜瓜 苗期喷施，增强抗逆能力，促进秧蔓健壮生长；花蕾期喷施，促进坐瓜、并坐瓜整齐，减少畸形瓜；膨大期喷施，促进瓜的膨大，提高糖度，增加产量，并防止秧蔓早衰。一般使用0.003%水剂3000倍液均匀喷雾。

黄瓜、冬瓜、番茄、辣椒等瓜果蔬菜及豆类蔬菜 在苗期喷施1次，可以促进花芽分化，并提高抗病毒能力；从开花初期开始喷施，10～15天1次，连喷2～3次，具有提高坐果（结荚）率、促使瓜果周正、结瓜果（或荚角）整齐、促进光合作用、增加产量、提高品质及提高抗病毒能力等作用。一般使用0.003%水剂3000倍液均匀喷雾。

十字花科蔬菜及其它叶菜类蔬菜　在苗期、莲座期或生长中期各喷施1次，具有调节生长、促进叶片光合作用、增加产量等效果。一般使用0.003%水剂3000倍液均匀喷雾。

油菜　从开花初期开始喷施，10天1次，连喷2～3次，具有提高结荚率、提高结实率、促进籽粒饱满、增加产量等作用。一般使用0.003%水剂2000～3000倍液均匀喷雾。

水稻　使用0.003%水剂3000倍液浸泡稻种，具有出苗快、幼苗健壮、根系发达、并促进幼苗分蘖、增加有效蘖数的作用。在孕穗期至齐穗期喷施（10～15天1次，连喷2次），具有抽穗整齐、植株健壮、提高结实率、促进籽粒饱满、抗倒伏、抗干旱、抗水淹、增加产量、抑制早衰等作用，生长期一般使用0.003%水剂3000倍液均匀喷雾。

小麦　返青期喷施1次，促进植株健壮，根系发达，提高抗逆性；扬花前后喷施1～2次，提高结实率，促进籽粒饱满，茎秆粗壮，抗倒伏，并抑制早衰，提高产量。一般使用0.003%水剂3000倍液，或每亩次使用0.003%水剂10毫升对水30千克均匀喷雾。

玉米　在喇叭口期和雌穗花线期各喷施1次，具有提高结实率、防止秃尖、促进籽粒饱满、增加产量等作用。一般每亩次使用0.003%水剂10毫升，对水30千克均匀喷雾。

大豆、花生　从开花初期开始喷施，10～15天后再喷施1次，具有提高结实率、促进籽粒饱满、提高叶片光合效率、增加产量等作用。一般每亩次使用0.003%水剂10毫升，对水30千克均匀喷雾。

棉花　从开花初期开始茎叶喷施，10～15天1次，连喷2～3次，具有提高结铃率、减少落铃、增加伏前铃、促使蕾铃均匀、提高产量等作用。一般使用0.003%水剂2000～3000倍液均匀喷雾。

甘蔗 在分蘖期、抽节期分别茎叶喷施1次，具有调节生长、增加糖度、提高产量等促进作用。一般使用0.003%水剂2000～3000倍液均匀喷雾。

金针菜 从开花初期开始喷施，10天左右1次，连喷2～3次，具有调节生长、提高花蕾数、促进花蕾增大、增加产量、提高品质等作用。一般使用0.003%水剂3000倍液均匀喷雾。

药用菊花 从花蕾分化期开始喷施，10天左右1次，连喷2次，具有促进花盘膨大、花序均匀、增加产量等作用。一般使用0.003%水剂3000倍液均匀喷雾。

金银花 从初蕾期开始喷施，10～15天1次，连喷2～3次，具有促进花蕾增多、花序大而整齐、增加产量等作用。一般使用0.003%水剂3000倍液均匀喷雾。

烟草 从团棵期开始茎叶喷雾，10～15天1次，连喷2次，具有促进植株及叶片生长、促使叶片厚大、增加产量、提高品质等作用。一般使用0.003%水剂3000倍液均匀喷雾。

马铃薯 从株高30厘米左右或初花期开始喷施，10～15天后再喷施1次，可调节植株生长、促进薯块膨大、增加产量、提高品质。一般使用0.003%水剂3000倍液均匀喷雾。

生姜 上炕催芽前，使用0.003%水剂1500倍液喷洒处理姜种，可促进幼芽健壮、整齐，种植后出苗快，根系发达，长势健壮。生长期使用0.003%水剂3000倍液喷雾或冲施，具有促进植株健壮、促使块茎膨大、提高产量等作用。

小麦、玉米、花生、大豆、棉花的种子处理 使用丙酰芸薹素内酯处理种子（包衣或拌种），具有出苗快而整齐、幼苗健壮、根系发达等作用。一般每亩种子使用0.003%水剂5毫升均匀处理种子。

缓解药害 药害发生后，喷施0.003%水剂2000～3000倍药液，具有减轻药害、促进植株快速恢复、降低损伤等功效。

【注意事项】可与生长素类药剂及非碱性药剂混用。喷施时与优质叶面肥或微肥混用，使用效果更好。不要随意加大药剂使用浓度。在作物生育敏感期施药效果突出。

多　效　唑

【有效成分】多效唑（paclobutrazol）。

【常见商标名称】矮乐丰、矮多收、绿利来、泰德仕、多生果、允收多、百丰、矮实、更壮、呵苗、立效、清佳、生花等。

【主要含量与剂型】15%可湿性粉剂、25%悬浮剂。

【理化性质】原药为白色结晶，比重1.22，熔点165～166℃，水中溶解度为35毫克/千克，溶于甲醇、丙二醇、丙酮、环己酮、氯仿、二氯甲烷、己烷、二甲苯等有机溶剂中。稀溶液在任何pH值下均稳定，对光也稳定，常温下贮存稳定性在两年以上。可与一般农药混用。对高等动物低毒，原药大白鼠急性经口LD_{50}为2000毫克/千克，急性经皮LD_{50}大于1000毫克/千克，对皮肤和眼睛有轻微刺激作用，对鱼类、鸟、蜜蜂低毒。

【产品特点】多效唑是一种广谱性三唑类植物生长调节剂，属内源赤霉素合成的抑制剂。通过根系、茎和叶片均可被植物吸收。根部吸收后通过木质部向植株顶端运转（向上运输），叶片吸收后移动较慢。其作用机理是通过抑制贝壳杉烯、贝壳杉烯醇、贝壳杉烯醛的合成，而抑制内源赤霉素的合成。多效唑的生理功能主要有：抑制新梢或植株旺长，缩短节间，促进侧芽萌发，增加花芽数量，提高坐果率，增加叶片内叶绿素含量和可溶性蛋白含量，提高光合速率，降低气孔导度和蒸腾速率，植株矮壮，根系发达，提高植株抗寒性，增加果实钙含量，减少贮藏病害；但能使叶片皱缩，过量使用导致果实变小、果柄短粗、色泽暗、金冠苹果果锈严重、叶片光合效率下降等。

【适用作物】多效唑可广泛适用于苹果、梨、葡萄、桃、杏、樱桃、草莓、柑橘、荔枝、杨梅、杧果、水稻、冬小麦、棉花、油菜、大豆、花生、番茄、辣椒、马铃薯、烟草、花卉、草坪等多种植物。

【使用技术及效果】多效唑既可喷施、也可土施、还可用于种苗处理。喷施见效快、但持效期短，一般仅维持2～3周；土施药效可维持2～3年，并可在多年生枝干内贮存，第二年效果最明显，但见效慢，一般药效滞后1～1.5个月。农业上的主要应用效果表现在它对植物生长的控制作用。

苹果 秋季采果后或春季开花前，按每平方米树冠正投影使用15%可湿性粉剂1～1.5克，或25%悬浮剂0.6～0.9克的药量在树冠下均匀土壤用药（环状沟施或均匀穴施）；或在新梢旺长期使用15%可湿性粉剂200～300倍液，或25%悬浮剂400～500倍液均匀喷洒树冠，10～15天1次，连喷2～3次。具有控制新梢徒长、控制树冠扩大、增加短果枝、促进通风透光、促进花芽分化、提高坐果率、提高产量等多种作用。土施用药量过大时，可在盛花后2～4周喷施0.02%的赤霉酸溶液，可迅速缓解多效唑的过重抑制，恢复新梢生长。

梨 在春季开花前，按每平方米树冠正投影使用15%可湿性粉剂1～1.5克，或25%悬浮剂0.6～0.9克的药量在树冠下均匀土壤用药（环状沟施或均匀穴施）；或在新梢旺长期使用15%可湿性粉剂200～300倍液，或25%悬浮剂400～500倍液均匀喷洒树冠，10～15天1次，连喷2～3次。具有控制新梢徒长、控制树冠扩大、促进通风透光、促进花芽分化、提高坐果率、提高产量等多种作用。

葡萄 在新梢打顶后，使用15%可湿性粉剂150～200倍液，或25%悬浮剂250～300倍液均匀喷洒枝叶，15天1次，连喷2～3次。具有抑制新梢及副梢旺长、提高坐果率、增加产量等多种作用。

桃、杏、樱桃 在秋季落叶期至发芽前，按照每平方米树冠正投影使用15%可湿性粉剂1～1.5克，或25%悬浮剂0.6～

0.9克的药量在树冠下均匀土壤用药；或在新梢旺长中期使用15%可湿性粉剂200～300倍液，或25%悬浮剂400～500倍液均匀喷洒树冠，10～15天1次，连喷2～3次。具有控制新梢徒长、节间缩短、控制树冠扩大、促进通风透光、促进花芽分化、叶色浓绿肥厚、提高坐果率、增加产量、提高质量、促进早熟等多种作用。

草莓　从初蕾期开始喷施，15天1次，连喷2次左右。具有控制植株旺长、提高坐果率、促进果实膨大、增加产量等作用。一般每亩使用15%可湿性粉剂40～50克，或25%悬浮剂25～30克，对水15～20千克均匀喷雾。

柑橘　在夏梢即将萌发前，使用15%可湿性粉剂100～150倍液，或25%悬浮剂200～250倍液喷洒叶片；或在夏梢萌发前1～1.5个月，在树冠下按照每平方米使用15%可湿性粉剂4克，或25%悬浮剂2.4克的药量对水均匀浇灌。具有控制夏梢旺长、提高坐果率、促使叶片增厚、促进叶色浓绿光亮、增强光合作用、提高植株抗逆性、密植早丰产等多种作用。柑橘开花期、幼果期不宜使用多效唑，以免影响幼果生长。

荔枝　使用15%可湿性粉剂300～400倍液，或25%悬浮剂500～600倍液在冬梢生长初期喷雾，具有杀冬梢、控制冬梢生长的作用。

杨梅　在春梢长至3～5厘米时，使用15%可湿性粉剂200～300倍液，或25%悬浮剂400～500倍液喷雾，15天左右1次，连喷2次；或在11月份土壤均匀用药，按树冠投影面积每平方米使用15%可湿性粉剂5克，或25%悬浮剂3克药剂。具有控制枝条生长、增加枝条粗度、促进花芽形成、提高坐果率、促进丰产等作用。

杧果　在初花期，喷施15%可湿性粉剂300～400倍液，或25%悬浮剂500～600倍液，具有提高坐果率、控制枝梢旺长的作用。

水稻 在育秧田，于1叶1心期或播种后5～7天放干秧田水，使用15%可湿性粉剂500～700倍液，或25%悬浮剂1000～1200倍液喷雾，具有控制秧苗生长、促进分蘖、预防败苗、促使秧苗健壮的作用。在水稻拔节期，使用15%可湿性粉剂300～400倍液，或25%悬浮剂500～600倍液喷雾1次，对控制水稻倒伏、提高产量效果显著。

冬小麦 播种时，每亩种子使用15%可湿性粉剂15～20克，或25%悬浮剂9～12克药剂均匀拌种，晾干后播种，具有出苗健壮、整齐、控制幼苗徒长的作用。在冬小麦拔节初期，每亩使用15%可湿性粉剂20～30克，或25%悬浮剂15～20克，对水30千克均匀茎叶喷雾1次，具有调节植株生长、防止倒伏、增加产量的作用。

棉花 从初花期开始，使用15%可湿性粉剂300～400倍液，或25%悬浮剂500～600倍液均匀喷洒植株，15天左右1次，连喷2～3次，具有控制植株徒长、提高结铃率、增加产量的作用。移栽棉，在1叶1心期的苗床上，使用15%可湿性粉剂800～1000倍液，或25%悬浮剂1300～1500倍液喷雾，具有控制幼苗徒长、防止高脚苗的作用。

油菜 在苗床期（2叶1心至3叶1心时）使用15%可湿性粉剂800～1000倍液，或25%悬浮剂1300～1500倍液喷雾，对控制植株旺长、防止高脚苗作用显著。

大豆 在开花初期，使用15%可湿性粉剂800倍液，或25%悬浮剂1200倍液茎叶喷雾1次，具有矮化株高、促进分枝、提高结荚率、增加产量的作用。

花生 在初花后25～30天，每亩使用15%可湿性粉剂40克，或25%悬浮剂24克，对水20～30千克茎叶喷雾1次，具有矮化株高、促进分枝、提高籽粒饱满度、增加产量的作用。

番茄、辣椒 在番茄或辣椒开花初期，使用15%可湿性粉剂500～600倍液，或25%悬浮剂800～1000倍液喷洒植株1

次，具有矮化株高、提高坐果率、促进果实膨大、增加产量的作用。

马铃薯　在株高 30 厘米左右时，使用 15%可湿性粉剂 500～600 倍液，或 25%悬浮剂 800～1000 倍液均匀喷洒植株 1 次，具有控制植株旺长、促进薯块膨大、提高产量的作用。

烟草　植株封顶后，使用 15%可湿性粉剂 300～400 倍液，或 25%悬浮剂 500～600 倍液均匀喷洒植株 1 次，在一定程度上可控制腋芽萌发、提高烟叶产量和质量。

草本花卉　在花卉植株旺长期，使用 15%可湿性粉剂 600 倍液，或 25%悬浮剂 1000 倍液喷洒植株，具有控制旺长、促进植株紧凑、提高观赏力等作用。

草坪　使用 15%可湿性粉剂 400～500 倍液，或 25%悬浮剂 600～800 倍液，在草坪草生长旺期均匀喷雾，具有控制草旺长、减少人工剪割的作用。

【注意事项】不要随意增加用药量，以免抑制作用过强；多效唑用量过大时，可用赤霉素缓解、并增施氮肥。土施多效唑时在土壤中持效期较长，应特别注意。喷用时严格掌握使用浓度，防止浓度过大、抑制作用过强，或用药浓度过小、控制效果不明显。

矮　壮　素

【有效成分】矮壮素（chlormequat）。

【常见商标名称】矮多丰、徒伏高、一串串、矮旺、旺穗、夺冠、绿箭、雷田大壮等。

【主要含量与剂型】80%可溶粉剂、50%水剂。

【理化性质】纯品为白色结晶，原粉为浅黄色粉末，纯品在 245℃分解，原粉在 238～242℃分解，化学性质稳定，制剂常温下贮存 2 年其有效成分含量基本不变。易吸潮，易溶于水，在 20℃水中溶解度为 74%，能溶于乙醇、丙酮，微溶于二氯乙烷，难溶于苯、二甲苯、乙醚、无水乙醇，在中性和微酸性溶液中稳定，遇强碱或加热易分解。属低毒植物生长调节剂，原药大白鼠急性经口 LD_{50} 为 966 毫克/千克，急性经皮 LD_{50} 大于 4000 毫克/千克。

【产品特点】 矮壮素是一种广谱性植物生长调节剂，属赤霉素的拮抗剂，可通过叶片、嫩枝、芽、根系和种子进入到植物体内，抑制植物体内赤霉素的生物合成，进而抑制植物细胞伸长，但不抑制细胞分裂。其作用机理是阻抑贝壳杉烯的生成，致使内源赤霉素生物合成受阻。它的主要生理机能是控制植物徒长，促进生殖生长，使植株节间缩短，长的矮、壮、粗、根系发达，抗倒伏；同时叶色深绿，叶片加厚，叶绿素含量增多，光合作用增强，坐果率提高，改善品质，提高产量；另外，还可提高某些作物的抗寒、抗旱、抗盐碱及抗病虫等抗逆能力。

【适用作物】 矮壮素适用作物非常广泛，生产上常应用于棉花、小麦、玉米、水稻、高粱、花生、大豆、番茄、黄瓜、马铃薯、甘蔗、苹果、梨、桃、杏、李、葡萄、柑橘、郁金香、杜鹃等多种植物。

【使用技术及效果】 矮壮素主要用于喷雾或喷淋，也可通过种子处理（浸种、拌种）进行用药。

苹果、梨 从新梢旺盛生长期开始喷洒植株，15 天 1 次，连喷 2～3 次，具有控制新梢旺长、增加新梢茎粗、缩短节间、叶片增厚、叶色浓绿、促进花芽分化及果实膨大等效果。一般使用 80%可溶粉剂 1500 倍液，或 50%水剂 1000 倍液均匀喷雾。

桃、杏、李 在花芽露红期或开绽前，喷施 1 次 80%可溶粉剂 1000～2000 倍液，或 50%水剂 600～800 倍液，可提高花芽的耐寒力，减轻花芽冻害。从新梢旺盛生长期开始喷洒植株，15 天 1 次，连喷 2～3 次，具有控制新梢旺长、增加新梢茎粗、缩短节间、叶片增厚、叶色浓绿、促进花芽分化、促进果实膨大及着色等作用，生长期使用 80%可溶粉剂 1500 倍液，或 50%水剂 1000 倍液均匀喷雾。

柑橘 使用 80%可溶粉剂 1500 倍液，或 50%水剂 1000 倍液在新梢旺盛生长期喷洒植株，15 天 1 次，连喷 2～3 次，具有控制新梢旺长、增加新梢茎粗、缩短节间、叶片增厚、叶色浓绿、提高坐果率、增强抗寒力等作用。

葡萄 在葡萄开花前 15 天左右和落花后 30 天左右喷洒全株，具有控制副梢生长、果穗整齐、提高坐果率、增加果粒重、提高产量等功效。一般使用 80%可溶粉剂 1000～1500 倍液，或 50%水剂 500～1000 倍液均匀喷雾。

棉花 在棉花初花期、盛花期、蕾铃期分别全株茎叶喷雾，具有防止徒长、促进植株紧凑、化学整枝打顶、提高结铃率、增加产量等功效。一般使用 80%可溶粉剂 15000～25000 倍液，或 50%水剂 10000～15000 倍液均匀喷雾。

小麦 使用 50%水剂 200～300 倍液，或 80%可溶粉剂 400～500 倍液浸泡种子 6～12 小时，晾干后播种，具有矮化植株、提高抗倒伏能力、增加产量的作用。使用 80%可溶粉剂 400～500 倍液，或 50%水剂 250～300 倍液在返青期和拔节期各喷洒 1 次，也可起到促进植株矮化、防止倒伏、增加产量的功效。

玉米 使用 80%可溶粉剂 130～160 倍液，或 50%水剂80～100 倍液浸种 6 小时，晾干后播种，或使用 80%可溶粉剂 3000 倍液，或 50%水剂 2000 倍液在孕穗前喷洒植株顶部，具有矮化植株、使结棒位低、无秃尖、穗大、粒满、提高产量等作用。

水稻 在分蘖末期，使用 80%可溶粉剂 500 倍液，或 50%水剂 300 倍液喷洒全株，具有促进植株矮化、防止倒伏、籽粒饱满、增加产量的作用。

高粱 在拔节前，使用 80%可溶粉剂 500～800 倍液，或 50%水剂 300～500 倍液喷洒全株，具有促进植株矮化、增加穗长、提高产量等作用。

花生 在播种后50天左右，使用80%可溶粉剂8000～16000倍液，或50%水剂5000～10000倍液喷洒花生叶面，具有促进植株矮化、提高结果率、增加产量等作用。

大豆 在开花期，使用80%可溶粉剂500～800倍液，或50%水剂300～500倍液喷洒全株，具有秕荚少、粒多、籽粒饱满、提高产量等作用。

番茄 在苗期，使用80%可溶粉剂10000～20000倍液，或50%水剂5000～10000倍液喷淋土表，具有促进植株紧凑、提早开花等作用。在开花前，使用80%可溶粉剂1000～1500倍液，或50%水剂500～800倍液全株喷洒，具有提高坐果率、增加产量的作用。

黄瓜 在黄瓜15叶片左右时，使用80%可溶粉剂10000～15000倍液，或50%水剂5000～10000倍液喷洒全株，具有促进坐果、增加产量的作用。

马铃薯 在开花前或株高30厘米左右时，使用80%可溶粉剂300～500倍液，或50%水剂200～300倍液喷洒叶片，具有提高植株抗逆力（抗旱、抗寒、抗盐碱等）、促进薯块膨大、增加产量的作用。

甘蔗 在甘蔗收获前1.5个月左右，使用80%可溶粉剂500～800倍液，或50%水剂300～500倍液喷洒全株，具有促进植株矮化、增加糖度、提高质量等作用。

郁金香 在开花前10天左右，使用80%可溶粉剂500～800倍液，或50%水剂300～500倍液喷洒叶片，具有矮化植株、促进鳞茎增大等作用。

杜鹃 在植株生长初期，使用80%可溶粉剂100～400倍液，或50%水剂100～200倍液喷淋土表，具有矮化植株、提早开花等作用。

【注意事项】严格控制使用浓度及用药量，浓度过高或用药量过大会出现副作用。水肥条件好、群体有徒长趋势时使用效果较好，而地利条件差、长势不旺地块不宜使用。作为坐果剂使用时，虽提高了坐果率，但果实糖度会有所下降，若与硼酸混用，既可提高坐果率、增加产量，又不致降低果实品质。不能与碱性农药混用，喷药后 4～5 小时内降雨需要重喷。

乙 烯 利

【有效成分】乙烯利（ethephon）。

【常见商标名称】快益灵、稳得富、韩高秋、果艳、果宝、巴丰、总收、春山、崔红、恒诚、虎娃、南灵、信乐、国光颜化等。

【主要含量与剂型】40%水剂、20%颗粒剂、5%膏剂。

【理化性质】纯品为无色针状结晶，工业品为白色针状结晶，熔点 74～75℃。极易吸潮，易溶于水、乙醇、乙醚，微溶于苯、二氯乙烷，不溶于石油醚。制剂为强酸性水剂，常温下 pH 值 3 以下比较稳定，几乎不放出乙烯。随着温度和 pH 值增加，乙烯释放的速度加快，在碱性沸水浴中 40 分钟就全部分解，放出乙烯、氯化物和磷酸盐。属低毒植物生长调节剂，原药大白鼠急性经口 LD_{50} 为 3030 毫克/千克，兔急性经皮 LD_{50} 为 1560 毫克/千克，对皮肤和眼睛有刺激作用，对蜜蜂和蚯蚓无毒。

【产品特点】乙烯利俗称“一试灵”，是一种促进成熟的植物生长调节剂，在酸性介质中十分稳定，而在 pH 值 4 以上则分解释放出乙稀。一般植物细胞液的 pH 值都在 4 以上。乙稀利经由植物的叶片、树皮、果实或种子进入植物体内，然后传导到起作用的部位，便释放出乙稀，具有与内源激素乙稀相同的生理功能。乙烯利释放的乙烯可能与细胞膜的脂类部分相结合，影响细胞膜的透性或可能刺激透性酶系统的活性。其主要生理功能表现在：促进果实成熟和着色、促进叶片及果实的脱落、矮化植株、改变雌雄花的比率、诱导某些作物雄性不育等。

【适用作物】乙烯利适用范围很广，目前生产中广泛使用于苹果、梨、葡萄、山楂、桃、樱桃、柿子、蜜橘、香蕉、菠萝、橡胶树、番茄、黄瓜、南瓜、瓠瓜、葫芦、甜瓜、烟草、棉花、水稻、玉米、冬小麦、甜菜、甘蔗等多种植物。

【使用技术及效果】乙烯利具有用量小、效果明显的特点，因此必须严格根据不同作物的具体特点，用水稀释成相应浓度，采用喷洒、涂抹或浸渍等方法进行使用。

苹果　幼树新梢迅速生长初期，喷施40%水剂200～400倍液，具有抑制新梢旺长、增加短枝比例、促进花芽分化、矮化树冠、提早结果等作用；喷施乙烯利后，作用快，促花效果显著，但持效期较短。果实采收前3～4周，喷施40%水剂1000倍液，具有促进糖分转换、提早着色等催熟作用。

梨　砂梨系统品种（包括日本梨），采收前3～5周，全树喷施1次40%水剂3000～4000倍液，具有促进果实膨大、增加果实含糖量、促使果实成熟等作用。应当指出，使用浓度不宜过高，喷施时间不可过早，否则会引起大量落果及裂果。

葡萄　在浆果成熟始期，喷施1次40%水剂1000～2000倍液，可促进浆果色素形成、果粒提早着色、提早成熟5～12天。但有时容易引起落果，应掌握好使用浓度，特别要注意气温对乙烯利药效的影响；另外，易落粒品种应当慎用。

山楂　采收前1周，使用40%水剂800～1000倍液喷洒全树，具有促进果实成熟、促使果实脱落（脱落率可达90%～100%）的作用，使采收省工。

桃　在果实硬核期的中期，喷施1次40%水剂5000～20000倍液，具有促进果实着色早而整齐、提早成熟3～4天等作用，但果实较软。

樱桃　在果实采收前20天左右，全株喷施1次40%水剂10000～20000倍液，具有促进果实着色、提早成熟等作用。

柿子　采收后的柿子，用40%水剂400～600倍液喷果或浸果10余秒钟，具有促进果实转色、催熟、脱涩等作用，处理后在 20～30℃条件下一般 4～5 天后果肉即软化、香甜可食。应当指出，具体脱涩时间的快慢与处理时果实的成熟度及乙烯利的浓度均呈正相关的关系。

蜜橘　果实着色前 15～20 天，全树喷洒 1 次 40%水剂 600～800 倍液，具有促进果实转色、催熟等作用。

香蕉　收获后的香蕉，使用 40%水剂 400～500 倍液喷果或浸果（3～5 秒钟），或按照每千克香蕉使用 20%颗粒剂 0.03～0.07 克的药量使用后密闭熏蒸，具有促进果实软化、产生香味、增加甜味等催熟作用。催熟作用快慢与处理后的环境温度呈正相关，20～30℃环境中一般 48 小时后即可食用。

菠萝　在开花前 2 周，喷施 40%水剂 500～600 倍液，具有抽薹早且一致、促进开花的作用；在成熟前 1～2 周，喷施 40%水剂 500～600 倍液，具有促进菠萝成熟、且成熟期整齐的作用。

橡胶树　适用于 15 年生以上的实生橡胶树，在割胶期，先将橡胶割线下部刮去 4 厘米的死皮，然后涂抹 40%水剂 5～10 倍液，或每株涂抹 5%膏剂 0.6～0.8 克。具有提高胶乳分泌量的作用，涂药后 20 小时胶乳分泌量急剧上升，药效期可达1.5～3 个月。

番茄　近成熟期的番茄青果，使用 40%水剂 600～800 倍液喷果或涂果，具有促进果实成熟、提早转色的作用。

黄瓜　在幼苗 3～4 叶期，喷施 40%水剂 2000～4000 倍液 2 次，间隔 10 天，具有增加雌花数量、提高产量的作用。

南瓜、瓠瓜　在幼苗 3～4 叶期，喷施 1 次 40%水剂 2000～4000 倍液，具有增加雌花、提高产量的作用。

葫芦　在幼苗 3～4 叶期，全株喷施 1 次 40%水剂 800 倍液，具有增加雌花数量、提高产量的作用。

甜瓜　在幼苗 1～3 叶期，喷施 1 次 40%水剂 800 倍液，具有促进两性花形成、提高产量的作用。

棉花　在棉铃 70%～80%吐絮期，全株喷施 1 次 40%水剂

300～500倍液，具有催熟、促进棉铃吐絮、增加产量的作用。

水稻 在秧苗5～6叶期（移栽前15～20天），喷施1次40%水剂600～800倍液，具有调节生长、矮化植株、促进苗壮、增产的效果。

玉米 在小喇叭口期，每亩使用40%水剂10～15毫升对水30千克喷雾，具有调节生长、矮化植株、增加产量的作用。

冬小麦 在育种田，于孕穗期至抽穗期，全株喷施1次40%水剂500～700倍液，具有导致雄性不育的作用。

烟草 在烟叶采收期，全株喷施1次40%水剂1000～1200倍液，具有促进叶片黄熟、便于集中采收的作用。

甜菜 收获前4～6周，全株喷施1次40%水剂800倍液，具有增加糖度、提高质量及产量等作用。

甘蔗 收获前4～5周，全株喷施1次40%水剂400～500倍液，具有增加糖度、提高质量及产量等作用。

【注意事项】 乙烯利为强酸性，不能与碱性物质混用，也不能用碱性较强的水稀释。使用时要现用现配，药液不可存放。该药对皮肤、黏膜、眼睛有强烈刺激作用，使用时注意安全保护。其活性与温度成正相关，低温时适当增加药量、高温时适当降低药量。严格掌握使用浓度或倍数，避免产生副作用或导致效果不好。

三 十 烷 醇

【有效成份】 三十烷醇（triacontanol）。

【常见商标名称】 国光、优丰、天帮、大鹏、农家旺等。

【主要含量与剂型】 0.1%微乳剂、0.1%可溶液剂、1.4%可溶性粉剂。

【理化性质】 三十烷醇纯品为白色鳞状结晶，熔点86.5～87.5℃，用苯重结晶的产品熔点为85～86℃，相对密度0.777，不溶于水，难溶于冷甲醇、乙醇、丙酮，微溶于苯、丁醇、戊醇，可溶于热苯、热丙酮、热四氢呋喃，易溶于乙醚、氯仿、四氯化碳、二氯甲烷。对光、空气、热、碱稳定。属低毒植物生长调节剂，原药小白鼠急性经口 LD_{50} 为 10000 毫克/千克。

【产品特点】 三十烷醇是一种高活性植物生长调节剂，具有多种生理功能，可增强酶的活性，促使种子发芽，提高发芽率；通过植物茎、叶吸收，促进植株生长，增加叶绿素含量，提高光合作用，增加干物质积累，促进矿物质元素吸收，促进细胞分裂和增生，改善细胞膜透性，激活生物酶，促进花芽分化，增加分蘖，提高座果率，保花保果，促进早熟等。使用效果显著，增强抗旱、抗寒、抗病等抗逆能力，提高品质及产量，具有良好的增产增收作用。该产品目前应用范围越来越广，已成为一种重要的植物生长调节剂品种。

【适用作物】 三十烷醇适用于西瓜、甜瓜、番茄、黄瓜、辣椒、十字花科蔬菜、瓜类及其它蔬菜、茭白、苹果、梨、山楂、葡萄、荔枝、龙眼、柑橘、草莓、杨梅、其它果树、茶树、玉米、水稻、小麦、甘薯、花生、大豆、油菜、烟叶、棉花、麻类、甘蔗、食用菌和海带、紫菜养殖等。

【使用技术及效果】 三十烷醇产品因气候条件、种植结构等不同，使用剂量有所差异，未用过的地区或品种必须先小面积试验，成功后再扩大使用。

西瓜、甜瓜　使用 0.1%微乳剂或可溶液剂稀释 1000～2000 倍液，在瓜蔓伸长期、盛花期及幼果膨大期分别喷施 1 次，具有显著增产作用。

番茄　使用 0.1%微乳剂或可溶液剂 1000～2000 倍液，在开花期或生长初期均匀喷洒叶面，具有提高坐果率、促进增产的功效。

黄瓜　使用 0.1%微乳剂或可溶液剂 2000 倍液，在初花期均匀叶面喷洒，具有提高结瓜率、增加产量的作用。

辣椒　使用 0.1%微乳剂或可溶液剂 2000 倍液，从初花期开始均匀叶面喷雾，每隔15天1次，具有提高结果率，促进早熟及增产的作用，并能减轻病害发生。

青菜、大白菜、萝卜 使用0.1%微乳剂或可溶液剂1000～2000倍液，在生长期均匀叶面喷雾，具有显著增产作用。

瓜类及其它蔬菜 使用0.1%微乳剂或可溶液剂1000～2000倍液，在苗期、生长中期和瓜果菜膨大期各均匀叶面喷雾1次（间隔期10～15天），具有促进生长和增加产量的作用。

茭白 使用0.1%微乳剂或可溶液剂1000～2000倍液，在苗期至茭白膨大期均匀叶面喷雾，10～15天1次，连喷2～3次，具有促进茭白膨大和提高产量的作用。

苹果、梨、山楂、葡萄 使用0.1%微乳剂或可溶液剂2000倍液，在幼果期和果实膨大期分别均匀叶面喷雾，具有增加产量、提高品质的作用。

荔枝、龙眼 使用0.1%微乳剂或可溶液剂2000倍液，在开花期和幼果膨大期各喷施1次，具有提高座果率、并促进增产的作用。

柑橘 使用0.1%微乳剂或可溶液剂2000倍液，在开花初期和果实转色期分别均匀喷洒叶面，具有提高坐果率、增产增甜及促进着色等作用。

草莓 使用0.1%微乳剂或可溶液剂2000倍液，在返青期和始花期各喷施1次，可显著提高产量和草莓品质。

杨梅 使用0.1%微乳剂或可溶液剂1000～2000倍液，在杨梅开花前（现蕾期）均匀喷洒1次，幼果膨大期均匀喷洒2～3次（间隔期10～15天），具有提高产量和品质的作用。

其它果树 使用0.1%微乳剂或可溶液剂1000～2000倍液，在开花前和果实膨大期各均匀叶面喷雾1次，具有促进果实膨大和增加产量的作用。

茶树 在每次采摘前7天左右（1芽1叶初展期）及其后15天，分别使用0.1%微乳剂或可溶液剂1000～2000倍液均匀喷雾，每亩次喷洒药液50千克，具有显著增产作用。

玉米　使用0.1%微乳剂或可溶液剂2000倍液，在幼穗分化期至抽雄期均匀喷施，具有提高结实率、增加产量的作用。

水稻　使用0.1%微乳剂或可溶液剂1000～2000倍液，在幼穗分化至齐穗期均匀叶面喷雾，具有提高结实率、增加产量的作用。

小麦　使用0.1%微乳剂或可溶液剂2000倍液，在扬花后均匀叶面喷雾，具有显著增产作用。

甘薯　使用0.1%微乳剂或可溶液剂1000～2000倍液，在薯块膨大初期均匀叶面喷雾，增产效果显著。

花生　使用0.1%微乳剂或可溶液剂稀释1000～2000倍液，在苗期、开花前后各喷施1次，增产效果显著。

大豆　使用0.1%微乳剂或可溶液剂1000～2000倍液播种前浸泡种子4小时，具有提高发芽率的功效，并增加三仁荚、减少单仁荚及增加大豆粒数。使用2000倍液在盛花期叶面喷洒，促使叶色增绿，提高光合作用，增加结实率和百粒重。

油菜　使用0.1%微乳剂或可溶液剂2000倍液，在油菜苗期和盛花期各喷施1次，具有显著增产作用。

烟叶　使用0.1%微乳剂或可溶液剂稀释2000倍液，在烟苗定植成活后，每隔10～15天喷施1次，连喷3次，增产和提高品质作用显著。

棉花　在盛花期，使用0.1%微乳剂或可溶液剂2000倍液均匀喷洒，显著减少蕾铃脱落，具有增产作用。

苎麻、红麻等麻类　使用0.1%微乳剂或可溶液剂1000倍液，在6～8月间均匀叶面喷雾，具有增加纤维产量的作用。

甘蔗　使用0.1%微乳剂或可溶液剂2000倍液，在甘蔗伸长期均匀叶面喷雾，具有增加甘蔗含糖量的作用。

食用菌　①拌基料：使用0.1%微乳剂或可溶液剂1000～2000倍液，用喷雾器均匀喷洒基料，边喷边拌，混合均匀。②

喷洒：使用0.1%微乳剂或可溶液剂1000～2000倍液，在每批菇蕾形成前后喷洒菌块、菌棒或菌袋，7～10天1次。具有促进菌丝生长和菌丝分化及子实体形成、并提高产量的作用，但使用浓度不宜过大。

海带 使用0.1%微乳剂或可溶液剂1000倍液在分苗时浸苗6小时，或使用0.1%微乳剂或可溶液剂500倍液在分苗时浸苗2小时，或使用1.4%可溶性粉剂7000倍液在分苗时浸苗2小时，或使用1.4%可溶性粉剂28000倍液在分苗时浸苗12小时，具有提高碘含量、增加产量的作用。

紫菜 使用0.1%微乳剂或可溶液剂1000倍液在采苗后10～17天喷雾1次、采苗后24～28天再浸泡网帘上幼苗3小时，然后下海挂养；或使用1.4%可溶性粉剂7000倍液喷洒苗帘。具有促进生长、增加采收次数、改善品质、提高产量的作用。

【注意事项】三十烷醇生理活性很强，使用浓度很低，配制药液浓度必须准确，并使用洁净水配制。田间喷雾时应选择阴天或晴天上午10时前喷施，避免高温、烈日下施药，喷药后4～6小时遇雨应及时补喷。不能与铜制剂及强碱性药剂混用，在喷施铜制剂或碱性药剂后间隔1周才能使用本品。高温、干旱或在棚室内使用及在较敏感品种上使用时应适当增加对水量。如误服，请及时送医院对证治疗。

噻 苯 隆

【有效成分】噻苯隆（thidiazuron）。

【常见商标名称】脱落宝、脱叶灵、益果灵、隆德丰、落叶净、瑞脱龙、真功夫、朝脱、丰灿、金珠、速龙、逸采等。

【主要含量与剂型】50%可湿性粉剂、80%可湿性粉剂、0.1%可溶液剂。

【理化性质】原药为无色无味晶体，熔点213℃（分解）。

23℃时，水中溶解度为20毫克/千克，在二甲基甲酰胺中为50%，在环己酮中为2.1%，在丙酮中为0.8%。室温下(23℃)，pH值为5～9时稳定。在60℃、90℃、120℃温度下，贮存稳定期超过30天。属低毒植物生长调节剂，原药大鼠急性经口LD_{50}大于4000毫克/千克，急性经皮LD_{50}大于1000毫克/千克，对眼睛有轻度刺激，对皮肤无刺激作用，试验条件下未见致畸、致癌、致突变作用。

【产品特点】噻苯隆是一种脲类植物生长调节剂，内吸效果好。被植物吸收后，可诱导植物细胞分裂、愈伤组织形成，并协调植物内源激素的分泌，提高植物的抗病及抗逆能力。在果树上使用，提高花粉活性，保花保果，提高坐果率；提高果型指数；平衡营养生长与生殖生长，防止徒长，促进花芽分化；促进果实膨大，叶片增厚；促进伤口愈合，提高嫁接成活率；提高产量，增加品质。在棉花上被叶片吸收后，可促使叶柄与茎之间的分离组织自然形成、而提早落叶。

【适用作物】噻苯隆可广泛应用于棉花、甜瓜、黄瓜、西葫芦、苹果、梨、葡萄、樱桃、桃、杏、李等多种植物。

【使用技术及效果】

棉花　在棉铃成熟期，棉桃开裂70%时，每亩使用50%可湿性粉剂30～40克，或80%可湿性粉剂20～25克，对水30～45千克茎叶喷雾，可促进棉花叶片提早脱落，有利于棉花的机械化收获，有助于提高棉花品级，并可使棉花提早收获10天左右。施药后10天开始落叶、吐絮增多，15天达到高峰，20天有所下降。具体使用效果与环境温度、空气相对湿度及施药后降雨情况有关，气温高、湿度大时效果好；植株高、密度大时应适当增加用药量。

甜瓜　在甜瓜开花期，使用0.1%可溶液剂166～250倍液浸瓜胎，或使用300～400倍液喷雾，具有调节生长、提高坐果率、增加产量的作用。

黄瓜 在黄瓜开花期，使用0.1%可溶液剂166～250倍液浸瓜胎，具有调节生长、提高坐果率、增加产量的作用。

西葫芦 在开花期，使用0.1%可溶液剂300～400倍液喷洒植株，具有提高坐果率、增加产量的作用。

苹果 在开花初期和盛花末期，分别使用0.1%可溶液剂500倍液喷洒花器（对着花的柱头均匀喷施效果好），具有提高坐果率、提高果型指数、促进果实膨大、增加着色、提高果品质量、增产20%～40%等作用。

梨 在蕾期至初花期，喷施0.1%可溶液剂1000倍液1次，可以提高抗霜冻能力。在盛花期至幼果期，使用0.1%可溶液剂1000倍液喷雾1次，具有提高坐果率、促进果面光洁、提高果品质量、增加产量等作用。

葡萄 在葡萄开花期，使用0.1%可溶液剂200～250倍液喷雾，具有提高坐果率、促进果粒膨大、增加产量的作用。

樱桃 在初花期至盛花期，喷施0.1%可溶液剂800倍液1次，可以促进坐果、提高坐果率；在幼果膨大期，喷施1次0.1%可溶液剂500倍液（重点喷幼果），具有促进果实膨大、增加着色、提高果品质量的作用，并可控制树势旺长。

桃、杏、李 在盛花期，喷施1次0.1%可溶液剂500倍液，可提高花器的抗霜冻能力、提高花粉活性、提高坐果率；在生理落果后，使用0.1%可溶液剂350倍液重点喷洒1次幼果，可促进果实膨大、大小均匀；在硬核期，全树喷施1次0.1%可溶液剂350倍液，可增加果实着色、提高果品质量，并控制树势旺长。大棚或保护地内的桃、杏、李上使用，效果更好。

【注意事项】配药时要选用干净的中性水，且随配随用，配好的药液不能放置过夜。棉花上使用时不宜早于棉桃开裂60%，以免影响产量和质量，施药后两天内降雨会影响药效。果树花期使用，只能提高花粉活性，不能代替人工授粉。瓜类及果树上使用时，若配合增施肥水则效果更佳。

氟 节 胺

【有效成分】 氟节胺（flumetralim）。

【常见商标名称】 抑芽敏、灭芽灵、压抑等。

【主要含量与剂型】 125 克/升乳油、25%乳油。

【理化性质】 纯品为黄色或橘黄色结晶体，比重 1.55（20℃），熔点 101～103℃（工业品为 92.4～103.8℃），20℃时挥发度小于 0.01 毫克/米^3，蒸气压小于 133.3×10^{-6} 帕。水中溶解度为 0.07 毫克/千克，二氯甲烷中大于 800 克/升，丙酮中为 560 克/升，甲苯中为 400 克/升，甲醇中为 250 克/升，乙醇中为 18 克/升，正己烷中为 14 克/升，正辛醇中为 6.8 克/升。pH 值 5～9 稳定，250℃以上放热分解。属低毒植物生长调节剂，原药大鼠急性经口 LD_{50} 大于 5000 毫克/千克，急性经皮 LD_{50} 大于 2000 毫克/千克。对皮肤和眼睛均有刺激作用，在试验剂量内对动物无致畸、致突变作用。对鱼类有毒，对蜜蜂毒性较低，对鸟类低毒。

【产品特点】 氟节胺属硝基苯类植物生长调节剂，是一种接触兼局部内吸型高效烟草侧芽抑制剂。该药作用迅速，吸收快，施药后只要两小时无雨即可奏效，雨季中施药方便；药效期长，打顶后施药 1 次，能抑制烟草腋芽发生直至收获；使用安全，药剂接触完全伸展的烟叶不产生药害；能节省大量打侧芽的人工，并使自然成熟度保持一致，提高烟叶上、中级的比例；还可减轻田间花叶病的接触传播，对预防花叶病有一定作用。

【适用作物】 氟节胺主要在烟草上用于抑制侧芽的生长，适用于烤烟、明火烤烟、马丽兰烟、晒烟、雪茄烟等。

【使用技术及效果】 在烟草花蕾伸长期至始花期，人工打顶并抹去大于 2.5 厘米的腋芽 24 小时内施药，可控制全生育期腋芽的发生。

施药时可以全株喷雾、也可采用杯淋法或笔涂法。杯淋法是将配好的药液按每株烟15～20毫升，在打顶的当时从顶部顺主茎淋下，简便快速。笔涂法是用毛笔蘸满稀释药液涂抹各侧芽，效果好，省药，但费工较多。

一般使用125克/升乳油200～250倍液，或25%乳油400～500倍液。浓度高时效果好，但成本高；浓度偏低，有时不能抑制生长旺盛的高位侧芽。

【注意事项】本剂对2.5厘米以上的侧芽效果不好，施药前要人工打去。对鱼类有毒，应避免药液污染水塘、河流、湖泊等水域。不能与其它农药混用。

复　硝　酚　钠

【有效成分】复硝酚钠（sodium nitrophenolate）。

【常见商标名称】爱多收、必丰收、表现美、大农博、金爱收、任我行、碧星、稳生、喜露、雨阳、金尔动力源、诺普信优比乐等。

【主要含量与剂型】1.4%水剂、1.8%水剂、0.7%水剂。

【理化性质】复硝酚钠由邻硝基苯酚钠、对硝基苯酚钠和5-硝基邻甲氧基苯酚钠三种成分组成。①邻硝基苯酚钠原药外观为红色针状晶体，具有特殊的芳香烃气味，熔点44.9℃（游离酸）。游离酸状态下可溶于水，易溶于丙酮、乙醚、乙醇、氯仿等有机溶剂。常规条件下贮存稳定。对高等动物低毒，大鼠急性经口LD_{50}为1460～2050毫克/千克，对眼睛和皮肤无刺激作用，在试验剂量内对动物无致突变作用。②对硝基苯酚钠原药外观为无味黄色片状结晶体，熔点113～114℃（游离酸）。游离酸状态下可溶于水，易溶于丙酮、乙醇、乙醚、氯仿等有机溶剂。常规条件下贮存稳定。对高等动物低毒，大鼠急性经口LD_{50}为482～1250毫克/千克，对眼睛和皮肤无刺激作用，在试验剂量内对动物无致突变作用。③5-硝基邻甲氧基苯酚钠原药外观为无味的桔红色片状结晶体，熔点105～106℃（游离酸）。游离酸状态下可溶于水，易溶于丙酮、乙醇、乙醚、氯仿等有机溶剂。常规条件下贮存稳定。对高等动物低毒，大鼠急性经口 LD_{50} 为 1270～3100 毫克/千克，对眼睛和皮肤无刺激作用，在试验剂量内对动物无致突变作用。

【产品特点】复硝酚钠属硝基苯类植物生长调节剂，为单硝化愈创木酚钠盐植物细胞赋活剂。能迅速渗透到植物体内，促进细胞的原生质流动，赋予细胞活力，加快植物发根速度，对植物生根、发芽、生长、生殖及结果等发育阶段均有程度不同的促进作用。尤其促进花粉管伸长、帮助受精结实的作用最为明显。可用于促进植物生长发育、提早开花、打破休眠、促进发芽、防止落花落果、改良植物产品的品质等方面。该药可以通过叶面喷洒、浸种、苗床浇灌及花蕾撒布等方式进行处理，从植物播种开始至收获之间的任何时期都可使用。

【适用作物】复硝酚钠可广泛使用于苹果、梨、葡萄、桃、李、柿、柑橘、橙、柠檬、荔枝、龙眼、木瓜、番石榴、梅、黄瓜、西葫芦、甜瓜、西瓜、番茄、茄子、辣椒、芹菜、十字花科蔬菜、马铃薯、水稻、小麦、玉米、花生、大豆、绿豆、豌豆、棉花、黄麻、亚麻、烟草、甘蔗、茶树等多种植物。

【使用技术及效果】复硝酚钠在多种粮食及经济作物上主要用于促进增产。

苹果、梨、葡萄、柑橘等果树　在开花前（发芽后）和坐果后各喷施 1 次；成龄果树施肥时，在树干周围挖浅沟每株浇灌药液 20～35 千克。具有促进坐果、防止落果、增加产量的作用。在苹果、葡萄、李、柿、柑橘、柠檬、龙眼、木瓜、番石榴、梅等果树上，一般使用 1.4%水剂 3000～4000 倍液，或 1.8%水剂 4000～5000 倍液，或 0.7%水剂 1500～2000 倍液；在梨、桃、橙、荔枝等果树上，一般使用 1.4%水剂 1500～2000 倍液，或 1.8%水剂 2000～3000 倍液，或 0.7%水剂 800～1000 倍液。

黄瓜、西葫芦、番茄、辣椒、茄子等瓜果类蔬菜　使用药液浸种8～20小时，在暗处晾干后播种，具有促进发芽、培育壮苗等作用；在生长期及花蕾期喷施，具有调节生长、防止落花落果、增加产量的作用；一般使用1.4%水剂3000～4000倍液，或1.8%水剂4000～5000倍液，或0.7%水剂1500～2000倍液。

芹菜、十字花科蔬菜等叶菜类蔬菜 使用药液浸种8～10小时，在暗处晾干后播种，具有促进发芽、培育壮苗等作用；在生长期全株喷施1～2次，具有促进生长、显著增产作用。一般使用1.4%水剂3000～4000倍液，或1.8%水剂4000～5000倍液，或0.7%水剂1500～2000倍液。

移栽瓜果蔬菜 移栽定植后，使用复消酚钠药液（或与液肥混合后）浇灌根部，具有防止根系老化、促进新根形成等作用。一般使用1.4%水剂3000～4000倍液，或1.8%水剂4000～5000倍液，或0.7%水剂1500～2000倍液浇灌。

马铃薯 种薯切块前，将薯块在药液中浸泡5～10小时，而后切块、消毒、播种，具有促进发芽、苗齐苗壮等作用。一般使用1.4%水剂3000～4000倍液，或1.8%水剂4000～5000倍液，或0.7%水剂1500～2000倍液浸泡薯块。

水稻 播种前用药液浸种10～12小时，在幼穗形成期和齐穗期各叶面喷施1次，具有促进出苗齐、苗壮、产量高等作用。一般使用1.4%水剂2500倍液，或1.8%水剂3000倍液，或0.7%水剂1200倍液。

小麦 播种前用药液浸种10～12小时，小麦拔节期和抽穗期各喷施1次，具有促进苗齐、苗壮、调节生长、增加产量的作用。一般使用1.4%水剂3000倍液，或1.8%水剂4000倍液，或0.7%水剂1500倍液。

玉米 在生长期、开花前数日各喷洒1次叶面及花蕾，具有调节生长、增加产量的作用。一般使用1.4%水剂3500～4500倍液，或1.8%水剂5000～6000倍液，或0.7%水剂1800～2000倍液喷雾。

棉花　在苗期、蕾期、盛花期、棉铃开裂期分别喷施复消酚钠1次，具有调节生长、防止落蕾落铃、提高结铃率、增加产量的作用。一般使用1.4%水剂1500～2000倍液，或1.8%水剂2000～3000倍液，或0.7%水剂800～1000倍液均匀喷雾。

大豆　播种前使用1.4%水剂4000倍液，或1.8%水剂5000倍液，或0.7%水剂2000倍液浸种3小时，而后晾干播种，具有促进发芽、促使苗齐、苗壮等作用。在苗期、开花初期各喷洒茎叶1次，可调节植株生长、提高结荚率、增加产量，喷雾时一般使用1.4%水剂3000～4000倍液，或1.8%水剂4000～5000倍液，或0.7%水剂1500～2000倍液。

绿豆、豌豆、花生等豆类　在苗期、开花初期各喷洒茎叶1次，可调节植株生长、提高结荚率、增加产量。一般使用1.4%水剂3000～4000倍液，或1.8%水剂4000～5000倍液，或0.7%水剂1500～2000倍液均匀喷雾。

烟草　在幼苗期至移栽前4～5天，使用1.4%水剂15000倍液，或1.8%水剂20000倍液，或0.7%水剂7500倍液浇灌苗床1次；移栽后使用1.4%水剂8000倍液，或1.8%水剂10000倍液，或0.7%水剂4000倍液叶面喷洒2次（间隔7～10天）。具有促进苗壮、快速缓苗、提高产量等作用。

甘蔗　插苗时，使用1.4%水剂6000倍液，或1.8%水剂8000倍液，或0.7%水剂3000倍液浸苗8小时；分蘖初期，使用1.4%水剂2000倍液，或1.8%水剂2500倍液，或0.7%水剂1000倍液茎叶喷雾。具有促进发芽、苗壮、产量高等作用。

茶树　插苗时，使用复硝酚钠药液浸渍苗木12小时；生长期叶面喷洒药液数次。具有调节生长、促进植株健壮、增加产量等作用。一般使用1.4%水剂4000倍液，或1.8%水剂5000倍液，或0.7%水剂2000倍液。

黄麻、亚麻　植株苗期，使用1.4%水剂15000倍液，或1.8%水剂20000倍液，或0.7%水剂7500倍液浇灌植株2次

（间隔5～7天），具有促进植株健壮、调节生长、增加产量的作用。

缓解药害 作物发生较轻药害后，及时喷施1.4%水剂5000～7000倍液，或1.8%水剂6000～10000倍液，或0.7%水剂2500～3000倍液1～2次，具有促进植株恢复正常生长的作用。

【注意事项】 不要随意提高使用浓度，浓度过高时，对幼芽及生长有抑制作用。用药应均匀周到，以保证使用效果。蜡质层较厚的作物，喷雾时在药液中混加展着剂等助剂，可提高使用效果。与尿素及液体肥料混用，可提高复硝酚钠的功效。球茎类叶菜和烟草，应在结球前和收烟叶前一个月前停止使用。